Einführung in die physikalische Chemie der Eisenhüttenprozesse

Von

Dr.-Ing. **Hermann Schenck**
Ingenieur der Fa. Fried. Krupp A.-G., Essen

Zweiter Band

Die Stahlerzeugung

Mit 148 Textabbildungen
und 4 Tafeln

Springer-Verlag Berlin Heidelberg GmbH

ISBN 978-3-642-90348-9 ISBN 978-3-642-92205-3 (eBook)
DOI 10.1007/978-3-642-92205-3

Ursprünglich erschienen bei Julius Springer in Berlin 1934
Softcover reprint of the hardcover 1st edition 1934

Meinem Vater gewidmet

Vorwort.

Der heutige Stand der physikalisch-chemischen Metallurgie ist, soweit er die technische Stahlerzeugung betrifft, gekennzeichnet durch das Suchen nach quantitativen Formulierungen des Reaktionsgeschehens auf der Grundlage von Gleichgewichtsbetrachtungen. Diesen Bestrebungen ist der Erfolg nicht versagt geblieben: Die Auffassungen über den Verlauf der chemischen Vorgänge haben in den letzten Jahren an Klarheit ganz wesentlich gewonnen, und dies ist zweifellos bereits das Entscheidende für den praktisch tätigen Metallurgen, der in erster Linie die Richtung zu erkennen wünscht, in der die Ausnutzung der Reaktionen durch Änderung der betrieblichen Bedingungen verändert wird, der sein Urteil über den zahlenmäßigen Erfolg neuer Maßnahmen aber am Prozesse selbst bildet.

Im vorliegenden Bande ist der Versuch unternommen, durch Synthese betrieblicher Beobachtungen und Forschungen mit den Ergebnissen von Laboratoriumsuntersuchungen verschiedener Forschungsstätten das für den Stahlwerker wünschenswerte theoretisch-metallurgische Material zusammenzufassen, wobei das Schrifttum im allgemeinen bis zum März 1934 berücksichtigt ist. Gleichzeitig sei auf die hervorragende, zusammenfassende Darstellung hingewiesen, die wir R. Durrer[1] verdanken, und die über zahlreiche Arbeiten berichtet, welche an dieser Stelle aus Raummangel nicht behandelt werden konnten.

Wenn hier den Arbeiten des Verfassers und seiner Mitarbeiter ein breiterer Raum gewidmet ist, so beruht dies auf dem Umstand, daß sie mit dem Bestreben, die molekulare Konstitution der Schlacken bei der Formulierung der Gesetzmäßigkeiten zu berücksichtigen, in besonderem Maße einer meist vernachlässigten, theoretischen Forderung Rechnung zu tragen suchten. Dieser Versuch hat sich für die quantitative Beurteilung der in den Prozessen stattfindenden Vorgänge vielfach bewährt, was für ihren praktischen Wert spricht. Es sei aber ausdrücklich betont, daß von einer Entwicklung derartiger Gedankengänge bis zur wissenschaftlichen Unanfechtbarkeit heute keinesfalls die Rede sein kann. Nachdem aber neben den anderen Forschungsstätten insbesondere das Kaiser-Wilhelm-Institut für Eisenforschung in Düsseldorf in der Durchführung eines großzügigen, die Laboratoriums- und Betriebsforschung verbindenden Arbeitsplanes bereits zu einer Reihe theoretisch bedeutsamer und praktisch wertvoller Erkenntnisse gelangt ist, scheint die Zeit einer weitergehenden Aufklärung der molekularen Konstitution flüssiger Schlacken und Metalle nicht mehr fern zu sein.

---

[1] Die Metallurgie des Eisens, aus Gmelins Handbuch der anorganischen Chemie. 8. Auflage. Berlin 1934. Verlag Chemie G. m. b. H.

Die Fa. Fried. Krupp A.-G., Essen, hatte mir und meinen Mitarbeitern in großzügiger Weise die Möglichkeit zur erneuten experimentellen Untersuchung der Stahlerzeugungsverfahren gegeben, wofür ich ihr und ihren Leitern, insbesondere Herrn Professor Dr.-Ing., Dr. phil. h. c. P. Goerens, auch an dieser Stelle meinen aufrichtigen Dank ausspreche.

Die Herren Dr.-Ing. W. Rieß, Dipl.-Ing. W. Heischkeil und Dipl.-Ing. K. Grünberg unterstützten mich in dankenswerter Weise beim Lesen der Korrekturen.

Der Verlagsbuchhandlung Julius Springer danke ich für die angenehme Zusammenarbeit und die auf die Ausstattung des Buches gewandte Sorgfalt.

Essen, im Oktober 1934.

Hermann Schenck.

Inhaltsübersicht.

Einleitung.

Wesen und Zweck der Anwendung physikalisch-chemischer Gedankengänge auf die Stahlherstellungsprozesse.

Der vorliegende Band befaßt sich mit den chemischen Vorgängen, die bei den heute gebräuchlichen Verfahren der eisenschaffenden Industrie die Umwandlung der Rohstoffe in schmiedbares Eisen oder Stahl bewirken.

Eine eingehende Darstellung dieser Vorgänge, die sich von einer bloßen Beschreibung löst und die Wiedergabe zahlenmäßiger Zusammenhänge anstrebt, kann nicht auf die Grundlagen jener universellen Gesetze der Physik verzichten, die im Zusammenwirken mit den Lehren der Chemie das Wissensgebiet der physikalischen Chemie zu einer Blüte brachten, deren Früchten die moderne technische Chemie ihren Aufstieg verdankt.

Die Stahlerzeugung, als ein Zweig der technischen Chemie, hat aus mancherlei Gründen[1] erst recht spät die von diesen theoretischen Grundlagen hergeleiteten Gedankengänge zu Rate gezogen, und doch verlangen gerade die wirtschaftlichen Anforderungen an die Durchführung der Prozesse und das gesteigerte Bedürfnis nach hochwertigen Erzeugnissen eine besonders scharfe Sondierung und Überwachung der zahlreichen Umsetzungen innerhalb des verwickelten Reaktionssystems.

Es gibt wenige Industriezweige, in denen eine so umfangreiche Erörterung der täglich zu beobachtenden grundlegenden Betriebsvorgänge stattfindet und so viele Fragen nicht zur endgültigen Beantwortung gekommen sind, wie im Stahlwerkswesen; Jahr für Jahr erscheinen in allen Ländern auf den Tagesordnungen der wissenschaftlichen Sitzungen Beiträge zur Frage der Mangan-, Phosphor-, Schwefel-, Siliziumreaktionen, der Metallverluste in der Schlacke, der Sauerstoffaufnahme des Stahls und ihrer Verhütung, der Desoxydation und Reinigung des Stahls, der Bildung von Gasblasen u. a. mehr. Erst allmählich beginnt sich unter dem Einfluß neuer, nach wissenschaftlichen Grundsätzen geleiteter und ausgewerteter Versuche das Bild zu klären.

Bei den chemischen Vorgängen der Stahlherstellung tritt besonders deutlich das Merkmal aller chemischen Umsetzungen zutage, daß ihr Verlauf begrenzt ist, d. h. daß sich die Stoffe nur in beschränktem Umfange im Sinne der angestrebten Reaktion umsetzen, auch wenn sie mengenmäßig ausreichend in das Reaktionssystem eingebracht werden. Als Beispiel kann die unterschiedliche Wirkung äquivalenter Zusätze von Mangan, Silizium oder Aluminium auf die Zerstörung des im Stahl gelösten Eisenoxyduls genannt werden. Auf die gleichen Ursachen ist zurückzuführen, daß die Reaktionen oft einen der Erwartung oder Absicht entgegengesetzten Verlauf nehmen; die Rückphosphorung und Rückschwefelung sind Beispiele solcher, bei hüttenmännischen Verfahren häufig auftretender umkehrbarer Vorgänge.

[1] Vgl. Bd. I, S. 2.

Erfahrungsgemäß sind die Bedingungen, die das Ausmaß des Reaktionsverlaufes und dessen rücklaufende Tendenz beherrschen, in erster Linie durch die Zusammensetzung der Schlacke und des Stahlbades und die Höhe der Temperatur gegeben; diese drei, die sich infolge der zahlreichen Abwandlungsmöglichkeiten der Stahl- und Schlackenzusammensetzung in eine große Zahl einflußreicher Faktoren auflösen, sind maßgebend für die Endlage, der eine Reaktion zustrebt.

Wir nennen diese Endlage den Gleichgewichtszustand[1]; hat eine Reaktion den Gleichgewichtszustand erreicht (und erfährt dieser infolge äußerer Einflüsse, wie Änderung der Temperatur, der Stahl- und Schlackenzusammensetzung durch Zuschläge, Herdauflösung usw. oder durch den Ablauf anderer Umsetzungen keine Verschiebung[2]), so ist die betreffende Reaktion zum weiteren Fortschreiten nicht mehr befähigt.

Die Kenntnis der Gleichgewichtsgesetze ermöglicht mithin die Aussage, wie weit eine Reaktion unter gegebenen Bedingungen vorschreiten kann, und wie diese Bedingungen zu ändern sind, um die Endlage des Umsatzes mehr oder weniger weit zu verschieben.

Beispiel. Bei gegebener Temperatur wird die Entphosphorung des Stahls durch wachsende Kalk- und Eisengehalte der Schlacke begünstigt. Diese erfahrungsmäßig bekannte Wirkung kann mit Hilfe der Gleichgewichtslehre eine allgemeine zahlen- oder kurvenmäßige Darstellung erfahren.

Nach den grundlegenden Gesetzen der physikalischen Chemie kann eine Reaktion nur in derjenigen Richtung verlaufen, die sie dem Gleichgewichtszustande zuführt; ein von seinem Gleichgewichtszustande wegführender Umsatz ist unmöglich. Aus dem gleichen Grunde ist es den Reaktionen unmöglich, ihren Gleichgewichtszustand zu überschreiten oder um denselben herumzupendeln, denn dies wäre mit einem zeitweisen Abrücken vom Gleichgewichtszustande gleichbedeutend. Dagegen tritt der Fall ein, daß die Gleichgewichtslage infolge Änderung der Gleichgewichtsbedingungen um den von der Reaktion erreichten Zustand herumpendelt; unter diesen Umständen ist der Umsatz gezwungen, entsprechend der Lage des Gleichgewichtes seine Richtung umzukehren (vgl. S. 8 u. 9).

Die Kenntnis der Gleichgewichtsgesetze ermöglicht also die Aussage, unter welchen Bedingungen eine Reaktion in der angestrebten oder in der entgegengesetzten Richtung zum Ablauf kommt.

Beispiel. Die Reaktionen von Phosphor und Schwefel können durch Kalkzusätze zur Schlacke so beeinflußt werden, daß diese Stoffe aus dem Metall in die Schlacke übergehen; bei Kieselsäurezusätzen wird hingegen unter Umständen die Rückphosphorung und Rückschwefelung hervorgerufen.

---

[1] Außer in Bd. I findet sich in folgenden Abhandlungen eine grundsätzliche Stellungnahme zu dem Zweck und Ziel der auf die Stahlerzeugung angewandten Gleichgewichtslehre: H. Le Chatelier: Rév. Métallurg. Bd. 9 (1912) S. 513; H. Styri: J. Iron. Steel Inst. Bd. 108 (1923) S. 189; A. McCance, T. P. Colclough u. a.: Physical chemistry of Steel making Processes, London 1925; H. Schenck: Arch. Eisenhüttenwes. Bd. 1 (1927/28) S. 483, Stahl u. Eisen Bd. 50 (1930) S. 953, Bd. 51 (1931) S. 197; F. Sauerwald: Physikalische Chemie der metallurgischen Reaktionen. Berlin: Julius Springer 1930; Arch. Eisenhüttenwes. Bd. 4 (1930/31) S. 361; F. Körber u. W. Oelsen: Arch. Eisenhüttenwes. Bd. 6 (1932/33) S. 307. [2] Vgl. S. 8.

Im Hinblick auf die Möglichkeit von Mißverständnissen sei die Bemerkung eingefügt, daß das Gleichgewicht einen Zustand darstellt, der lediglich Richtung und Ende des Reaktionsablaufes bestimmt; damit ist keinesfalls gleichbedeutend, daß dieser Zustand im Laufe der Prozesse dauernd oder überhaupt erreicht wird. Durch ungünstige Diffusionsmöglichkeiten, wie sie z. B. bei steifer Schlacke oder in einem vollständig unbewegt ruhenden Metallbade vorhanden sind, wird tatsächlich der Fall eintreten, daß die Umsetzungen ihre Endlage nicht erreichen, d. h. daß zwischen dem von der Reaktion erreichten Zustande und dem Gleichgewichtszustande ein erheblicher Abstand (Gleichgewichtsabstand) besteht. Derartige Erscheinungen haben gelegentlich zu der Anregung geführt, an Stelle der recht verwickelten Gleichgewichtsuntersuchungen die Untersuchung der Reaktionsgeschwindigkeit im Zusammenhang mit den Diffusionsvorgängen und den Viskositäten in den Vordergrund zu stellen. Ein solcher Vorschlag läßt ein völliges Mißverstehen der Gleichgewichtslehre erkennen; denn die Frage, warum die Reaktion einmal in der einen, das andere Mal in der entgegengesetzten Richtung verläuft, und warum ihre Geschwindigkeit selbst unter günstigsten Diffusionsbedingungen zu Null werden kann, ist offenbar nur bei Kenntnis der jeweiligen Gleichgewichtsbedingungen zu entscheiden. Es kommt hinzu, daß der Gleichgewichtsabstand gerade dann in enge Beziehungen zur Reaktionsgeschwindigkeit tritt, wenn die Diffusion der Reaktionsteilnehmer besonders begünstigt ist.

Ungeachtet dieser hiermit klar hervorgehobenen Reihenfolge der Probleme hinsichtlich ihrer Wichtigkeit sei betont, daß eine systematische Vertiefung unserer Kenntnisse über die Rolle der Diffusionsvorgänge im System Schlacke—Metall die noch bestehenden Unklarheiten über den Reaktionsablauf weitgehend zu beheben vermag. Tatsächlich tritt der Fall häufig ein, daß die chemischen Umsetzungen trotz an sich hohen Gleichgewichtsabstandes anscheinend in einer Ruhelage verharren, weil die Transportgeschwindigkeit der Reaktionsteilnehmer zum Orte der Reaktion (z. B. der Berührungsfläche zwischen Metall und Schlacke) zu gering ist. Überdies beansprucht die mit der Diffusionsmöglichkeit eng gekoppelte Viskosität der flüssigen Stahl- und Schlackenschmelzen aus Gründen der mechanischen, durch die Gasreaktionen ausgelösten Bewegungskräfte und ihrer Regelung (Konverterauswurf) ein weiteres Interesse.

Bemerkungen zur Anwendung der Gleichgewichtsgesetze auf die Stahlerzeugungsreaktionen.

Zur quantitativen Behandlung der für die Stahlherstellung in Betracht kommenden chemischen Vorgänge, d. h. ihrer Gleichgewichtszustände, reichen im allgemeinen wenige Gesetzmäßigkeiten aus, sofern man nicht auf eine Genauigkeit der Aussagen Wert legt, die die Bedürfnisse des Betriebes weit übersteigt; es kommen hauptsächlich in Betracht das (ideale) Massenwirkungsgesetz (künftig abgekürzt M.W.G.), der Nernstsche Verteilungssatz und das Henrysche Absorptionsgesetz[1].

Die genannten Gesetze befassen sich mit den Konzentrationen, mit denen die Reaktionsteilnehmer in den verschiedenen, am Umsatz beteiligten Phasen

[1] Sofern darüber hinaus weitere Gesetzmäßigkeiten Anwendung finden, werden im Text entsprechende Hinweise gegeben.

(Gas, Metall, Schlacke, Herd) vorhanden sein müssen, sofern sich der Gleichgewichtszustand eingestellt hat. Eine eingehendere Beschreibung dieser Gesetze ist an anderer Stelle [1] erfolgt; die Aufgabe dieses Abschnittes ist der Hinweis auf eine Anzahl von Vereinfachungen und beachtenswerter Punkte, die bei der praktischen Verwendung der Gesetze vorgenommen werden bzw. zu berücksichtigen sind.

Vorausgeschickt sei, daß die Konzentrationen eines im Stahlbad gelösten Stoffes X durch eckige $[X]$ und die Schlackenkonzentrationen durch runde Klammern (X) gekennzeichnet werden sollen, während die Konzentration der Gase an deren Partialdruck gemessen wird (p_X).

Die Verwendung von Gewichtsprozenten als Maßstab der Stahl- und Schlackenkonzentrationen, die wir im folgenden aus Gründen der Einfachheit und Übersichtlichkeit durchweg beibehalten werden, ist theoretisch nicht exakt; die Gesetze sind vielmehr abgeleitet für den räumlichen Konzentrationsmaßstab „Mol pro Volumeneinheit" oder den „Molenbruch". Ändert sich die Dichte der Flüssigkeit bei gegebener Temperatur nicht mit ihrer Zusammensetzung, so ist die Einführung der Gewichtskonzentration unbedenklich, da diese der räumlichen Konzentration proportional bleibt. Dieser Fall darf für das Metallbad als praktisch stets zutreffend vorausgesetzt werden. In stärkerem Umfange ändert sich die Dichte der Schlacken mit ihrer Zusammensetzung, ohne daß es heute möglich ist, das Verhalten der flüssigen technischen Schlacken in dieser Hinsicht quantitativ zu beurteilen. Bei der Einführung der Gewichtskonzentrationen in die genannten Gesetze ist besonders dann mit Fehlermöglichkeiten zu rechnen, wenn die am Umsatz beteiligten Schlackenkomponenten bei Veränderung ihrer Konzentration selbst einen Einfluß auf die Schlackendichte ausüben. Im allgemeinen ist es aber möglich, derartige Fehler bei der Auswertung von Gleichgewichtsuntersuchungen an metallurgischen Systemen schon mathematisch soweit mit zu verarbeiten, daß die Schlußfolgerungen auf den Verlauf der Reaktionen nicht darunter leiden. Unbedenklich ist die Einführung der Gewichtskonzentrationen dann, wenn die Anzahl der bei der Reaktion in der Schlacke entstehenden Mole gleich der aus der Schlacke verschwindenden Mole ist.

Letzteres trifft z. B. bei dem Umsatz $FeO + Mn \rightleftharpoons MnO + Fe$ zu. Ist $\frac{a_X}{s_L}$ der zur Umrechnung der räumlichen auf Gewichtskonzentrationen gebrauchte Faktor [2] für den Stoff X und beziehen sich die mit * versehenen Konzentrationsgrößen auf den räumlichen Maßstab, so wird

$$\frac{(FeO)^* [Mn]}{(MnO)^*} = \frac{a_{FeO} \cdot s_L}{a_{MnO} \cdot s_L} \cdot \frac{(FeO) [Mn]}{(MnO)} = K'_{Mn},$$

d. h. die durch die Vereinfachung eintretende Dichte s_L der Lösung hebt sich heraus. Die Umrechnungsfaktoren a können natürlich mit K'_{Mn} zu einer weiteren Gleichgewichtskonstanten zusammengefaßt werden, die der Berechnung der einander zugeordneten Gleichgewichtskonzentrationen ohne weiteres zugrunde gelegt werden kann. Anders dagegen, wenn die Zahl der auf der linken und auf der rechten Seite der Gleichung befindlichen Schlackenmole verschieden ist, wie beispielsweise bei dem Umsatz $2\,CaO + SiO_2 \rightleftharpoons (CaO)_2SiO_2$; hier wird

$$\frac{(CaO)^{*2} \cdot (SiO_2)^*}{((CaO)_2\,SiO_2)^*} = s_L^{\frac{1}{2}} \frac{a_{CaO}^2\, a_{SiO_2}}{a_{(CaO)_2\,SiO_2}} \cdot \frac{(CaO)^2\,(SiO_2)}{((CaO)_2\,SiO_2)} = K$$

[1] Bd. I, Allgemeiner Teil.

[2] s_L = Dichte der (Schlacken-) Lösung; $a_X = 0{,}1 \cdot$ Molekulargewicht für X; vgl. Bd. I, S. 39.

und die mit der Schlackenzusammensetzung veränderliche Dichte bleibt in der Gleichung enthalten.

Eine andere, bei Verwendung der Gesetze zu berücksichtigende Fehlerquelle ist in dem Umstand zu erblicken, daß sie in ihrer idealen Form streng genommen nur für verdünnte Lösungen Gültigkeit besitzen können. F. Sauerwald[1] hat mit Recht die ausgedehntere Verwendbarkeit des M.W.G. ohne genauere Prüfung der Gültigkeitsgrenzen bestritten, denn in der Tat ist die Voraussetzung der verdünnten Lösung allenfalls für das weitgehend heruntergearbeitete Stahlbad, aber kaum für die Schlacken gegeben. Insbesondere mußten die von R. Lorenz[2] und seinen Mitarbeitern gewonnenen Versuchsergebnisse starke Bedenken betreffs der Anwendbarkeit der idealen Gesetze auf technisch-metallurgische Probleme erwecken, die sie bekanntlich durch eine Erweiterung des M.W.G. (Lorenzsches M.W.G.) zu beseitigen suchten. Auf etwas anderem Wege (durch Einführung der Aktivitätskoeffizienten) strebte G. N. Lewis[3] die Ausdehnung des M.W.G. auf konzentrierte Lösungen an. Beide Wege sind mit dem Nachteil behaftet, daß die entwickelten Gesetze bei ihrer praktischen Auswertung auf die Probleme der Stahlherstellung zu äußerst unhandlichen mathematischen Ausdrücken führen.

Es war daher eine außerordentlich wertvolle Erleichterung, als eine erneute Bearbeitung dieser Fragen durch F. Körber und W. Oelsen[4] zu dem Ergebnis führte, daß die idealen Gesetzmäßigkeiten zur Beschreibung der Gleichgewichte doch in wesentlich größerem Umfange herangezogen werden können, als man früher annahm. Die Nachprüfung der Gleichgewichtssysteme, die Lorenz als Beleg für das Versagen des idealen M.W.G. aufgeführt hatte, ergab, daß dessen Versuchsdaten offenbar durch experimentelle Fehlereinflüsse[5] unkontrollierbare Verschiebungen erfahren hatten, bei deren Vermeidung keine wesentlichen Widersprüche mit den Aussagen des idealen M.W.G. mehr auftraten. Die Lage ist heute dadurch gekennzeichnet, daß sich bei allen, unter einwandfreien experimentellen Bedingungen im Laboratorium untersuchten, Metall-Schlacke-Gleichgewichten die Abweichungen vom idealen Verhalten als genügend gering erwiesen haben, um auf die komplizierteren Gesetze verzichten zu können. Wenn sich daraus zunächst auch noch nicht die Berechtigung ableiten läßt, die Gültigkeit der idealen Gesetze ohne Einschränkung für sämtliche Metall-Schlacken-Reaktionen vorauszusetzen, so gibt andererseits die von Körber und Oelsen hervorgehobene Beziehung zwischen der Gestalt der Zustandsdiagramme von Metall- und Schlackenmischungen und ihrem thermodynamischen Verhalten einen Anhalt für den Gültigkeitsbereich der idealen Gesetze. Stellen wir ferner fest, daß für die hier angestrebten technischen Zwecke eine gute, einfache Annäherungsgleichung einer theoretisch einwandfreien, aber komplizierten mathematischen Darstellung vorzuziehen ist, so können wir mit Körber und Oelsen formulieren:

---

[1] Arch. Eisenhüttenwes. Bd. 4 (1930/31) S. 364.

[2] Vgl. R. Lorenz: Das Gesetz der chemischen Massenwirkung, Leipzig: Leop. Voß 1927. [3] Vgl. Bd. I, S. 37.

[4] Mitt. Kais.-Wilh.-Inst. Eisenforschg., Düsseld. Bd. 84 (1932) S. 119—136; Z. Elektrochem. Bd. 38 (1932) S. 557—562.

[5] Nachträgliche Reaktionen bei der Abkühlung des Systems.

„Das ideale M.W.G. erweist sich als ein genügend zuverlässiger Wegführer durch die Mannigfaltigkeit der metallurgischen Reaktionen zwischen Metallbad und Schlacke. Wenn man außerdem die vielen Einzeltatsachen, die in den Erstarrungsdiagrammen der Metall- und Schlackenmischungen zum Ausdruck kommen, sinngemäß berücksichtigt, sind Mißerfolge bei seiner Anwendung nicht zu erwarten.“

Tatsächlich haben sich die idealen Gesetze als weitgehend brauchbar zur Beschreibung der Reaktionsendlagen bei den Stahlerzeugungsprozessen erwiesen; in einem einzigen Ausnahmefall[1] schien es notwendig, das ideale M.W.G. durch ein Korrektionsglied dem experimentellen Befund anzupassen, doch blieb auch dort die Frage offen, ob dieses Glied nicht eher auf die Wahl von Gewichtsprozenten als Konzentrationsmaßstab zurückzuführen sei.

Von entscheidender Bedeutung für die Leistungsfähigkeit der Gesetze ist folgende, von seiten der Theorie her zu erhebende grundsätzliche Forderung:

Bei der Anwendung der Gesetzmäßigkeiten dürfen in die Gleichungen nur die Konzentrationen jener Stoffe eingeführt werden, die hinsichtlich ihres molekularen Aufbaues mit dem in der Reaktionsgleichung auftretenden chemischen Symbol übereinstimmen[2].

Die Bedeutung dieser Forderung wird an folgendem Beispiel klar; für die Reaktion $FeO + Mn \rightleftharpoons MnO + Fe$ gibt das M.W.G. den Ausdruck: $\frac{(FeO)\,[Mn]}{(MnO)} = K_{Mn}$, worin K_{Mn} bei gegebener Temperatur konstant sein soll. Letzteres trifft jedoch nur zu, solange man als Konzentrationsgrößen von Eisen- und Manganoxydul jene einführt, die sich tatsächlich auf die in den Molekularformen FeO und MnO anwesenden Verbindungen beziehen. Nun muß man auf Grund der bei den technisch-metallurgischen Systemen beobachteten Reaktionserscheinungen zu der Auffassung gelangen, daß die oxydischen Verbindungen des Eisens und Mangans in der Schlacke keinesfalls nur in Gestalt der Oxydule FeO und MnO auftreten, daß vielmehr gleichzeitig andere Verbindungen (Kalkferrite, Eisen- und Mangansilikate usw.) anwesend sind. Eine getrennte Ermittlung dieser verschiedenen Verbindungen ist auf analytischem Wege nicht möglich; im vorliegenden Falle liefert die Analyse lediglich die Gesamtkonzentrationen des Eisens und Mangans in der Schlacke, die wir mit (ΣFe) und (ΣMn) bezeichnen wollen. Man pflegt diese Konzentrationen häufig auf Eisen- und Manganoxydul (ΣFeO) und (ΣMnO) umzurechnen; es ist aber klar, daß die Einführung der so entstehenden Konzentrationen in das M.W.G. gegen vorstehende grundsätzliche Forderung verstößt: Der mit Hilfe der Gesamtkonzentrationen gebildete Ausdruck $\frac{(\Sigma FeO)\,[Mn]}{(\Sigma MnO)} = (K_{Mn})$ hat nur eine äußerliche, formale Ähnlichkeit mit dem M.W.G.; seinem inneren Wesen nach ist er jedoch mit dem M.W.G. nicht mehr identisch und die mit Hilfe der Gesamtkonzentrationen gebildete Größe (K_{Mn}) hat ihre Bedeutung als Gleichgewichtskonstante eingebüßt. In der Tat ist bekannt, daß sich (K_{Mn}) auch bei gegebener Temperatur mit der Zusammensetzung der metallurgischen Schlacken ändert.

Wir erkennen an diesem Beispiel die Notwendigkeit, uns eingehend Klarheit zu verschaffen über die Bindungsformen und deren Einzelkonzentrationen, nach denen die analytisch ermittelten Gesamtkonzentrationen aufzuteilen sind. Infolgedessen werden die Bestrebungen zur Feststellung der Konzentrationen der sog. „freien Oxyde“ verständlich, unter denen wir jene Oxyde verstehen, die nicht mit anderen zu komplizierteren Verbindungen (z. B. Silikaten) zusammengetreten sind.

Die mit den Gesamtkonzentrationen gebildeten Konstanten wollen wir im Gegensatz zu den (mit den Konzentrationen der Einzelverbindungen gebildeten) wahren Gleichgewichtskonstanten als Gleichgewichtskennzahlen

---

[1] Vgl. die Reaktionen des Phosphors, S. 152.

[2] Vgl. auch F. Sauerwald: Arch. Eisenhüttenwes. Bd. 4 (1930/31) S. 364.

bezeichnen. Es sei nun ausdrücklich betont, daß die Gleichgewichtskennzahl sich in vielen Fällen durchaus bewährt hat, um die Reaktionsendlagen im Rahmen der betrieblichen Anforderungen zu beschreiben. Das ist insbesonders dann der Fall, wenn die in die Gleichungen eingeführten Gesamtkonzentrationen den wirklich einzusetzenden Konzentrationen proportional sind. Hingegen lassen sich andere Aufgaben, z. B. der Übergang des Eisenoxyduls in den Stahl, ohne die Kenntnis der einzelnen Schlackenverbindungen nicht lösen.

Die Schwierigkeiten einer Aufteilung der Gesamtkonzentrationen in die Konzentrationen der Einzelverbindungen sind außerordentlich groß. Ein eingehenderer Versuch zur Lösung dieses Problems ist vom Verfasser in Zusammenarbeit mit W. Rieß und E. O. Brüggemann[1] unternommen worden und die in diesem Buche enthaltenen Darlegungen stützen sich weitgehend auf die dabei erhaltenen Ergebnisse. Der Verfasser hebt aber ausdrücklich hervor, daß die gefundenen Lösungen auf theoretische Vollständigkeit noch keinen Anspruch erheben können, was sich z. B. darin äußert, daß die aus den Gleichgewichtskonstanten zu berechnenden Wärmetönungen der Reaktionen oft merklich von denen unterscheiden, die aus den bekannten Bildungswärmen zu berechnen sind[2]. Das hier gesteckte Ziel ist vielmehr in erster Linie, die Gesetzmäßigkeiten der metallurgischen Reaktionen so zu formulieren, daß sie unter den verschiedenartigsten Betriebsbedingungen befriedigend arbeiten. Man wird dieses Ziel noch nicht erreichen können, wenn man Annahmen, Vermutungen oder Vernachlässigungen, die sich vorerst nicht umgehen lassen, aus Gründen theoretischer Genauigkeit ablehnt.

Eine solche Vernachlässigung ist u. a. hinsichtlich der elektrolytischen Dissoziation der Schlackenkomponenten in ihre Ionen heute noch kaum zu umgehen, obwohl aus den Farben von Silikatschlacken deutlich zu entnehmen ist, daß zumindest die Eisen- und Mangansilikate recht weitgehend elektrolytisch gespalten sind, worauf besonders F. Körber und W. Oelsen[3] hinwiesen. Es ist sicher, daß die Nichtberücksichtigung dieser Erscheinungen den theoretischen Wert der hier gegebenen Gesetzmäßigkeiten herabsetzen wird; es besteht aber kein Anhalt, der die zahlenmäßige Beurteilung des Fehlers gestattet. Leider kann man auch nicht damit rechnen, daß die elektrolytische Spaltung der Silikate vollständig ist; in diesem Falle wäre es nämlich vielfach möglich, mit Hilfe der elektrochemischen Theorie zu einer einfachen und übersichtlichen Darstellung der Gleichgewichte zu gelangen, wie sie z. B. von G. Tammann[4] für die Probleme der Geochemie und später in den Grundzügen für die Stahl-Schlacken-Reaktionen entwickelt wurde. Daß die elektrochemische Theorie unter einfacher gelagerten Bedingungen gute Erfolge liefert, geht auch aus den Arbeiten von F. Sauerwald[5] hervor.

[1] Neuere Untersuchungen in den Stahlwerken der Firma Fried. Krupp A.G., Essen (demnächst).

[2] Vgl. Bd. I, S. 81f. Es ist allerdings zu bemerken, daß eine Übereinstimmung der aus Gleichgewichtskonstanten und aus den bekannten Bildungswärmen berechneten Wärmetönungen nicht notwendig vorhanden sein muß, denn erstere beziehen sich hier auf den flüssigen Zustand, letztere auf Raumtemperatur. Abgesehen davon, daß die Wärmetönung mit der Temperatur veränderlich ist (Bd. I, S. 55), enthält sie für den flüssigen Zustand noch die Schmelz- und Lösungswärmen der Reaktionsteilnehmer.

[3] Mitt. Kais.-Wilh.-Inst. Eisenforschg., Düsseld. Bd. 15 (1933) S. 293.

[4] Vgl. Arch. Eisenhüttenwes. Bd. 5 (1931/32) S. 71—74.

[5] Arch. Eisenhüttenwes. Bd. 4 (1930/31) S. 364.

Die Ermittlung von Reaktionsgleichgewichten bei Untersuchungen im Stahlwerksbetrieb.

Während man bei Laboratoriumsuntersuchungen die Möglichkeit schaffen kann, eine Reaktion unter konstanten Bedingungen bis zum Gleichgewichtszustand auslaufen zu lassen und das Erreichen dieses Zustandes durch die Endlage der entgegengesetzten Reaktion zu prüfen, hat man bei den im Betrieb entnommenen Proben meist nicht die Sicherheit, daß die Gleichgewichtslage wirklich erreicht wurde. Die Temperatur und die Zusammensetzung der Schlacke befinden sich während der betrieblichen Prozesse in dauernder Änderung und nur selten wird man Gelegenheit haben, den Prozeß so lange hinauszuzögern, daß das Gleichgewicht aller Reaktionen mit Bestimmtheit eingestellt ist; bei den Windfrischprozessen ist dies ganz unmöglich.

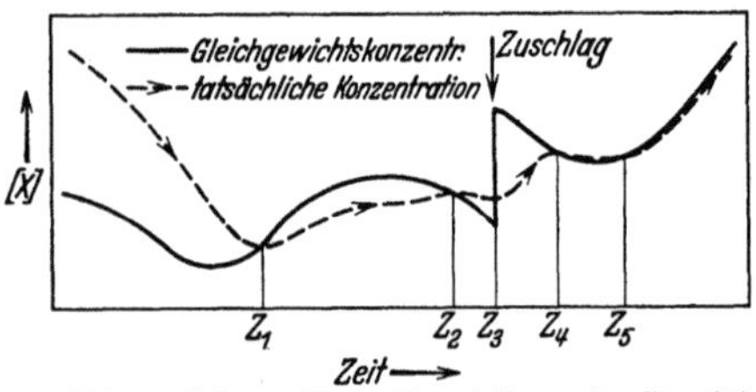

Abb. 1. Schematische Darstellung der Ermittlung von Gleichgewichtslagen mit Hilfe von „Umkehrpunkten".

Um dennoch aus dem reichen Material der bei Stahlwerksuntersuchungen anfallenden Analysen- und Temperaturangaben diejenigen aussondern zu können, die dem Gleichgewichte einer einzelnen Reaktion entsprechen, hat der Verfasser[1] folgenden Weg eingeschlagen, der an Hand von Abb. 1 näher erläutert sei. Fassen wir einen einzelnen Stoff X ins Auge, der infolge der Reaktionen sowohl vom Stahl in die Schlacke, als auch in umgekehrter Richtung wandern kann, so ergibt sich aus den Gleichgewichtsgesetzen, daß seine Gleichgewichtskonzentration in einer der Phasen (z. B. im Metall, $[X]$) von der Temperatur und zahlreichen anderen Konzentrationsgrößen abhängig sein muß. Letztere befinden sich mit der Zeit in dauernder Veränderung; dasselbe gilt infolgedessen für die Gleichgewichtskonzentration $[X]$, deren zeitlicher Verlauf in Abb. 1 durch die ausgezogenen Kurven (schematisch und vergröbert) veranschaulicht werden möge. Durch die Analyse finden wir die tatsächliche Konzentration von X, die wir ebenfalls (gestrichelt) in das Schaubild eintragen können. Das Charakteristikum des Gleichgewichtszustandes ist aber, daß er die Richtung der Reaktion vorschreibt; im Sinne des Schaubildes heißt das, daß die Kurve der tatsächlichen Konzentration mit fortschreitender Zeit nur in Richtung auf die Gleichgewichtskurve, niemals entgegengesetzt verlaufen kann. Es ist nun offenbar möglich, daß die Gleichgewichtskurve die Kurve der tatsächlichen X-Gehalte durchschneidet, wobei sich die Reaktionsrichtung umkehren muß. Dies ist in Abb. 1 zu den Zeiten Z_1, Z_2, Z_4 und Z_5 der Fall; hier wird der Zustand eines (wenn auch nur kurzzeitig) erreichten Gleichgewichtes durch die Umkehrpunkte auf der tatsächlichen Konzentrationszeitkurve angezeigt. Man sieht jedoch an den beim Zeitpunkt Z_3 eintretenden Verhältnissen, daß derartige Umkehrpunkte auch auftreten können, wenn eine unstetige Veränderung der Gleichgewichtsbedingungen durch äußere Eingriffe in den Prozeß (beispielsweise durch Zuschläge oder plötzliches Hochkommen des Herdes[2]) vorgenommen wird.

[1] Arch. Eisenhüttenwes. Bd. 3 (1929/30) S. 505—530.

[2] Die Mitwirkung des Herdes führt normalerweise zu einer stetigen Änderung der Gleichgewichtsbedingungen. Auch die Veränderung der Temperatur ist meist wegen der

Stetigkeit der Konzentrations- und Temperaturänderungen ist daher Voraussetzung für die Ermittlung von Gleichgewichtslagen nach dem hier angegebenen Verfahren.

Eine zeitweise Unveränderlichkeit des tatsächlichen X-Gehaltes (z. B. kurzzeitig zwischen Z_1 und Z_2) läßt nicht mit Sicherheit auf Gleichgewichtseinstellung schließen; sie kann vielmehr durch Trägheit der Diffusionsvorgänge (insbesondere bei mangelnder mechanischer Bewegung) vorgetäuscht werden. Andererseits darf die Beobachtung einer schnellen Konzentrationsänderung nicht dazu verleiten, die Gleichgewichtseinstellung zu bezweifeln; Verhältnisse, wie sie uns in Abb. 1 nach dem Zeitpunkt Z_5 entgegentreten, werden im Betrieb häufig angetroffen, wenn die Bedingungen des Konzentrationsausgleiches so günstig sind, daß sich der chemische Umsatz den veränderten Gleichgewichtsbedingungen schnell anpassen kann.

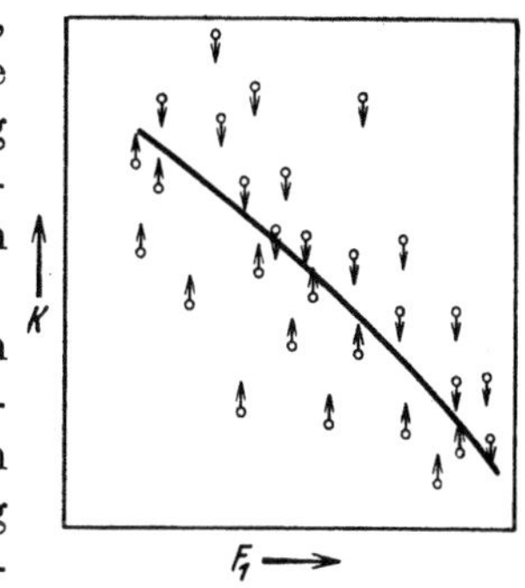

Abb. 2. Schematische Darstellung der Ermittlung von Gleichgewichtsbeziehungen durch Einengung.

Ebenso kann man natürlich aus den analytischen Angaben die Gleichgewichtskonstanten oder -kennzahlen bilden und deren zeitliches Verhalten in Kurven darstellen, deren Umkehrpunkte, stetige Änderung aller Bedingungen vorausgesetzt, ebenso auf zeitweise erreichtes Gleichgewicht schließen lassen.

Ein anderes Verfahren, das durch E. Maurer und W. Bischof[1] zur Festlegung der Mangangleichgewichte Anwendung fand, macht sich ebenfalls die Tatsache zunutze, daß die Gleichgewichtslage die Reaktionsrichtung eindeutig vorschreibt. Um die Abhängigkeit der Gleichgewichtskonstanten oder -kennzahl K von einem der das Gleichgewicht beherrschenden Faktoren F_1 zu ermitteln, tragen sie die aus Analysenangaben berechneten K-Werte in Abhängigkeit von F_1 auf und kennzeichnen durch Pfeile die augenblickliche Richtung, in der sich K ändert. (Es werden dabei natürlich nur jene Punkte verwendet, für die die anderen Gleichgewichtsfaktoren $F_2 - F_n$ in etwa konstant bleiben.) Das in dieser Weise zustande kommende Schaubild (Abb. 2) wird durch eine Kurve in zwei Felder geteilt, dergestalt, daß in dem oberen Feld nur solche Bedingungen herrschen, unter denen die Reaktion unter Verminderung von K verlaufen muß, während im unteren Feld allein der entgegengesetzte Umsatz stattfinden kann. Die Grenzkurve der beiden Felder ist nichts anderes, als die Gleichgewichtskurve, die die Abhängigkeit zwischen K und dem gewählten Faktor F_1 wiedergibt; durch eine hinreichende Anzahl von Punkten läßt sich ihre Lage offensichtlich recht genau „einengen".

Bemerkungen zur Probenahme, Temperaturmessung und Viskositätsbestimmung im Betriebe.

Die normalen Betriebsproben des Stahlwerks reichen gewöhnlich aus, um Schlußfolgerungen auf den augenblicklichen Stand des Prozesses zu ziehen und

hohen Wärmekapazität des Bades stetig, ausgenommen wenn dem Bade Zuschläge gegeben werden.

[1] Ergebnisse der angewandten physikalischen Chemie, Bd. 1, S. 109—197. Leipzig: Akademische Verlagsgesellschaft m. b. H.

festzustellen, ob er abgebrochen werden kann, oder ob noch weitere Eingriffe notwendig sind.

Soll jedoch die Probenahme zum Zwecke von Auswertungen wissenschaftlicher Art vorgenommen werden, so sind eine Reihe von Vorsichtsmaßregeln streng zu beachten, wenn der Wert des Versuchsmaterials sowohl hinsichtlich der Vergleichbarkeit mit anderen Untersuchungen, wie auch als Grundlage der abgeleiteten Gesetzmäßigkeiten nicht stark vermindert werden soll. Da man mit der Probenahme den Zweck verfolgt, sich zu einem gewählten Zeitpunkt Klarheit über die Zusammensetzung der miteinander im Umsatze befindlichen Phasen zu verschaffen, treten folgende Punkte in den Vordergrund: 1. Die Probenahme muß die Gewähr bieten, daß der wirklich im Umsatz befindliche Anteil der Phasen erfaßt wird; 2. es ist zu verhüten, daß sich die Zusammensetzung der Proben durch nachträglich stattfindende Reaktionen ändert.

Zu Punkt 1. Bekanntlich sind das Stahlbad und die Schlacke in ihrer Zusammensetzung nicht immer homogen; insbesondere dann nicht, wenn der Einsatz noch nicht vollständig geschmolzen ist, oder wenn Zusätze zu Metall bzw. Schlacke gegeben wurden, deren Auflösung längere Zeit erfordert. Unter diesen Umständen kann nicht erwartet werden, daß die Probenahme Daten liefert, die zur wissenschaftlichen Auswertung geeignet sind; es sei denn, daß die Trennung der festen und flüssigen Phasen einwandfrei gelingt. Dies gilt insbesondere für die Schlacke, in der sich häufig Einsprengungen erkennen lassen, die offenbar in der Flüssigkeit als feste Körper suspendiert gewesen sind. So enthält die Thomasschlacke meist bis zur Beendigung der Kohlenstoffverbrennung ungelösten Kalk, dessen analytische Mitbestimmung ein falsches Bild der Schlackenzusammensetzung liefern würde. Eine mechanische Aussonderung ungelöst gebliebener Teilchen ist meist aussichtslos; Kalkeinsprengungen lassen sich zwar durch gewisse chemische Agenzien herauslösen; es ist aber nicht klar, inwieweit bei diesem Verfahren unter Umständen auch solche Kalkkristalle angegriffen werden, die sich aus dem homogen-flüssigen Anteil der Schlacke bei ihrer Erstarrung gebildet haben[1]. So bleibt die Entnahme inhomogener Schlackenproben für Zwecke wissenschaftlich-zahlenmäßiger Auswertungen zwecklos; es empfiehlt sich daher stets eine makroskopische oder mikroskopische Beobachtung der erstarrten Schlacken, sofern man Ursache hat, ihre Homogenität im flüssigen Zustande zu bezweifeln. Die Entnahme von Stahlproben aus einem noch in der Verflüssigung befindlichem Bade gibt ebenfalls nur Aufschlüsse von beschränktem wissenschaftlichem Wert, weil sich nur schwer entscheiden läßt, inwieweit Konzentrationsänderungen auf chemische Reaktionen oder auf die fortschreitende Verflüssigung zurückzuführen sind.

Wenn mithin die Gewinnung der für unsere Zwecke geeigneten Proben an den Zustand vollständiger Verflüssigung gebunden ist, so treten doch auch in diesem Falle Ungleichmäßigkeiten der Zusammensetzung sowohl in waagerechter, wie in senkrechter Richtung auf, die zu beachten sind.

Konzentrations-Ungleichmäßigkeiten in waagerechter Richtung entstehen vorzugsweise unter dem Einfluß sog. „toter Ecken“ bei mangelnder mechanischer Bewegung; sie finden sich hauptsächlich an den Türöffnungen zwischen den Pfeilern von Herdöfen, wo die Schlacke (wegen der Steigung des Herdes) nicht auf dem Stahl, sondern teilweise auf dem Herdfutter ruht und infolge mangelnder Beheizung und der Abkühlung durch die Türöffnungen zu dickflüssig ist, um an den Reaktionen lebhaft teilzunehmen. Die Wirkung solcher „toter Stellen“ erstreckt sich oft ziemlich weit in den Ofen hinein, so daß man Sorge dafür tragen muß, zur Probenahme Löffel von genügender Länge[2] zu verwenden. Insbesondere ist diese Vorsichtsmaßnahme bei großen Öfen erforderlich; wenn sich eine große Zahl der im Schrifttum enthaltenen Analysenangaben trotz aller Auswertungsbestrebungen nicht einem Gesetze unterordnen läßt, so möchte der Verfasser dies in erster Linie auf eine zu geringe Sorgfalt bei der Entnahme von Schlackenproben zurückführen.

Konzentrations-Ungleichmäßigkeiten in senkrechter Richtung, d. h. in verschiedenen Badtiefen sind bei genügender Kochbewegung wohl für die verhältnismäßig dünne Schlacken-

[1] Vgl. Bd. 1, S. 201.

[2] Bei wissenschaftlichen Versuchen wird man sich zu Probeöffeln entschließen müssen, die etwa bis in die Mitte des Herdofens reichen.

decke zu vernachlässigen, mit den gebräuchlichen Methoden allerdings auch schwer nachzuweisen. Für das Metallbad wurden sie mehrfach untersucht; so tauchte S. Schleicher[1] ein mit Blei ummantelte Eisenstange in das Bad ein, an der sich nach dem Abschmelzen des Bleies eine dünne Schicht erstarrten Stahls ansetzte, die entsprechend den verschiedenen Badtiefen analysiert werden konnte. H. Neuhauß[2] verwendete ein Gefäß aus feuerfestem Steinmaterial, mit dem der Stahl aus verschiedenen Tiefen geholt werden konnte und W. Alberts[3] vervollkommnete dieses Verfahren, indem er ein feuerfestes Rohr benutzte, das in mehrere, übereinander befindliche Kammern zur Aufnahme des Metalls unterteilt war. Die beiden letzten Verfahren scheinen zuverlässiger zu sein; denn gemäß den in der Erörterung der Schleicherschen Methode vorgebrachten Bedenken und Versuchen anderer Beobachter ist damit zu rechnen, daß sich beim Herausziehen der Stange aus dem Bade den zuerst haftenden Metallschichten andere Schichten überlagern. Für den Verlauf der chemischen Umsetzungen zwischen Metall und Schlacke interessieren naturgemäß die an deren Trennungsfläche vorhandenen Konzentrationen. Die mit einem nicht zu tief eingetauchten Löffel entnommene Stahlprobe dürfte die Verhältnisse mit befriedigender Genauigkeit wiedergeben.

Es ist anzunehmen, daß waagerechte und senkrechte Konzentrations-Ungleichmäßigkeiten mit zunehmender Stärke der mechanischen Badbewegung mehr und mehr verschwinden; im Konverter und im elektrischen Induktionsofen werden sie nicht mehr in Betracht kommen. Die als Folge der Kohlenstoffverbrennung im Herdofen erscheinende mechanische Bewegungsenergie kann man berechnen[4]; sie ist im allgemeinen so groß, daß die beim Durchrühren eines kochenden Bades (mit Krätzern) seitens der Ofenbedienung geleistete mechanische Arbeit daneben ganz zurücktritt.

Zu Punkt 2. Die entnommene Stahlprobe kann im Löffel und beim Ausgießen und Erstarren verändert werden durch Reaktionen, die sich innerhalb des Metalls allein oder zwischen Metall und Luft oder der stets gleichzeitig anwesenden Schlacke abspielen. Schlackenproben werden im allgemeinen getrennt vom Metall entnommen; nachträgliche Veränderungen sind dabei weniger zu befürchten, wenn man von der Seigerung beim Erstarren absieht.

Innerhalb der aus einem kochenden Metallbade entnommenen Stahlprobe setzt sich die Verbrennung des Kohlenstoffs bis zur beendeten Erstarrung fort; als Sauerstofflieferanten kommen dabei das im Metall gelöste Eisenoxydul, die Luft oder die Eisenoxyde in der Schlacke in Betracht. Durch schnelle Beruhigung der Probe im Löffel, die zweckmäßig mit Aluminiumdraht vorgenommen wird, kann man den Verlust von Kohlenstoff weitgehend verhüten. Dennoch scheint auch auf dem Wege des Löffels aus dem Bade bis zur Beruhigung etwas Kohlenstoff abzubrennen, was für wissenschaftliche Untersuchungen immerhin von Bedeutung sein kann. Der Verfasser stellte fest, daß die im Löffel beruhigten Proben etwa 0,03—0,07% C weniger enthielten, als solche, die mit einem Gefäß aus (nichtrostendem V2A-) Stahl geschöpft wurden, das Aluminiumdraht enthielt und zur Vermeidung frühzeitigen Einlaufens von Schlacke mit einem leicht aufschmelzbaren Deckel verschlossen war. Da der Stahl in dem Gefäß erstarrte, war überdies keine Gelegenheit zum Zutritt von Luft gegeben.

Dieses Verfahren wurde ursprünglich vom Verfasser und seinen Mitarbeitern[5] als Abänderung der eleganten, von C. H. Herty jr.[6] entwickelten Methode zur Bestimmung des im Stahl gelösten Eisenoxyduls benutzt; sie besteht bekanntlich darin, daß das Eisenoxydul durch Aluminium praktisch quantitativ in Tonerde übergeführt wird, die sich nicht aus dem Stahle ausscheidet und analytisch[7] bestimmt werden kann ($\% \, FeO = 2{,}1 \cdot \% \, Al_2O_3$). Es ist vorstellbar, daß die mit Al beruhigte Löffelprobe durch Luft oder

[1] Stahl u. Eisen Bd. 50 (1930) S. 1049f.

[2] Mitt. Kais.-Wilh.-Inst. Eisenforschg., Düsseld. Bd. 8 (1926) S. 177.

[3] Stahl u. Eisen Bd. 51 (1931) S. 119. [4] Vgl. S. 64.

[5] H. Schenck, W. Rieß u. E. O. Brüggemann: Z. Elektrochem. Bd. 38 (1932) S. 562—568.

[6] Min. Met. Invest. Bull. Nr. 46; vgl. Stahl und Eisen Bd. 50 (1930) S. 1230.

[7] Zur analytischen Bestimmung vgl. P. Herasymenko u. G. Pondělik: Stahl u. Eisen Bd. 53 (1933) S. 381; P. Klinger u. H. Fucke: Arch. Eisenhüttenwes. Bd. 7 (1933/34) S. 615f.

Schlacke nachoxydiert wird, oder bei zu spät einsetzender Beruhigung durch die Kohlenstoffreaktion Eisenoxydul verlieren kann; obschon Vergleichsversuche mit Proben, die im Löffel oder im eingetauchten Gefäß beruhigt wurden, bisher nicht bekannt geworden sind, betrachtet der Verfasser die Verwendung des Tauchgefäßes als eine nicht überflüssige Vorsichtsmaßnahme bei der Durchführung der Eisenoxydulbestimmung nach Herty. Dabei ist es zur schnellen Auflösung des Aluminiums wichtig, daß man den Al-Draht nicht zu stark wählt (< 1 mm Ø) und ihn möglichst locker (in Spiralform) in das Gefäß füllt[1]. Beide Methoden bergen allerdings noch die Gefahr in sich, daß neben dem gelösten Eisenoxydul auch die in suspendierter Form im Stahl enthaltenen Oxyde (SiO_2, Cr_2O_3 u. a.) angegriffen und als Tonerde mitbestimmt werden, was hauptsächlich für manganarme, harte Stähle[2] denkbar ist. Die reduzierende Wirkung des gelösten Aluminiums wird sich in erster Linie auf das gleichfalls gelöste Eisenoxydul erstrecken; es ist wahrscheinlich, daß sein Angriff auf die Suspensionen wesentlich langsamer erfolgt und durch schnelle Abkühlung gehemmt werden kann. Tatsächlich haben P. Herasymenko und G. Pondělik[3] den Nachweis geführt, daß sich die Fremdoxyde neben Tonerde im Rückstande vorfinden.

Die Probenahme mit dem beschriebenen Tauchgefäß schließt ferner aus, daß die Konzentrationen der anderen Begleitelemente durch Wechselwirkung mit der Schlacke verändert werden. Im Gegensatz zu dem Probelöffel braucht und darf das Tauchgefäß nicht eingeschlackt werden; wenn es bis an den Rand mit Stahl gefüllt ist, findet sich nur wenig Schlacke, die nachträglich mit der aluminierten Probe reagieren kann. Es besteht also nicht die Gefahr, daß die Konzentrationen von Mangan, Phosphor, Silizium u. a. infolge Wechselwirkung mit der Schlacke zunehmen und die des Schwefels (bei basischen Prozessen) fällt. Derartige Umsetzungen sind bei der beruhigten Löffelprobe immerhin nicht ausgeschlossen; bei der unberuhigten kann die durch den Temperaturabfall bewirkte Gleichgewichtsverschiebung ebenfalls Anlaß zu nachträglichen Reaktionen geben.

Schließlich ist zu beachten, daß Stahl und Schlacke unter Seigerungserscheinungen erstarren, die zu Ungleichmäßigkeiten der Zusammensetzung führen. Man gießt zweckmäßig die Schlacke sehr schnell in kleine Klötzchenformen und übergibt das ganze Klötzchen nach dem Pulvern und magnetischer Abscheidung von eingeschlossenen Metallspritzern der analytischen Untersuchung. Auch das Metall wird zur Vermeidung von Seigerungen am besten in sehr kleine, kalte Formen gegossen und die Entnahme von Spänen erfolgt zweckmäßig über den ganzen Querschnitt der der Länge nach geteilten Probe.

Eine wesentliche Verbesserung der Probenahme, die Seigerungserscheinungen und Umsetzungen innerhalb des Metalls stark einschränkt, ermöglicht die von P. Bardenheuer[4] vorgeschlagene und bei den Untersuchungen des Kaiser-Wilhelm-Instituts für Eisenforschung (Düsseldorf) bevorzugte, dickwandige Kupferkokille, bei der es lediglich noch unsicher ist, ob sie die Umsetzungen zwischen Kohlenstoff und Eisenoxydul bei der Erstarrung ganz auszuschließen vermag.

Der beherrschende Einfluß der Temperatur auf den Verlauf aller chemischen Reaktionen macht deren richtige Messung zu einer der wichtigsten Aufgaben metallurgischer Untersuchungen. Leider müssen wir feststellen, daß noch sehr große Schwierigkeiten zu überwinden sind, ehe der Forschung Meßergebnisse von wissenschaftlicher Genauigkeit zur Verfügung gestellt werden können[5].

Das heute gebräuchlichste Meßverfahren für Stahl- und Schlackentemperaturen ist die optische Pyrometrie mit dem Teilstrahlungspyrometer, die dadurch

---

[1] Für Stähle mit mehr als 0,08% C hat sich eine Aluminiummenge von 0,2% des Probengewichtes bewährt.

[2] In solchen Stählen ist die Abscheidung von suspendierten Oxyden erschwert, vgl. S. 226.

[3] A. a. O.

[4] P. Bardenheuer u. W. Bottenberg: Mitt. Kais.-Wilh.-Inst. Eisenforschg., Düsseld. Bd. 13 (1931) S. 151.

[5] Mit freundlicher Erlaubnis von Herrn Prof. Dr.-Ing. K. Rummel (Düsseldorf) habe ich mich bei den Ausführungen über die Temperaturmessung an das Protokoll einer Sitzung der Wärmestelle des Vereins deutscher Eisenhüttenleute angelehnt, in der die Fragen der Messungen im Betriebe eingehend durchgesprochen wurden.

gekennzeichnet ist, daß die Intensität der von dem anzumessenden Körper ausgesandten Strahlung von bestimmter Wellenlänge mit der Strahlungsintensität einer geeichten Lampe verglichen wird.

Es sind Teilstrahlungspyrometer verschiedener Bauart in Gebrauch, unter denen für unsere Zwecke jedoch nur diejenigen verwendbar sind, die ein punktförmiges Anvisieren des zu messenden Körpers (zweckmäßig unter gleichzeitiger Beobachtungsmöglichkeit der näheren Umgebung des Meßpunktes) gestatten. Diese Forderung ergibt sich aus der schon durch das gewöhnliche Schauglas bemerkbaren Erscheinung, daß auf der Oberfläche eines ruhenden oder fließenden Stahles bekanntlich hellere und dunklere Stellen miteinander abwechseln. Diese werden im allgemeinen keinesfalls durch Ungleichmäßigkeiten der Temperatur hervorgerufen; sie sind vielmehr darauf zurückzuführen, daß die Intensität der von verschiedenen Körpern (Metall, Schlackenhaut) ausgesandten Strahlung auch dann verschieden ist, wenn die Körper sich auf gleicher Temperatur befinden.

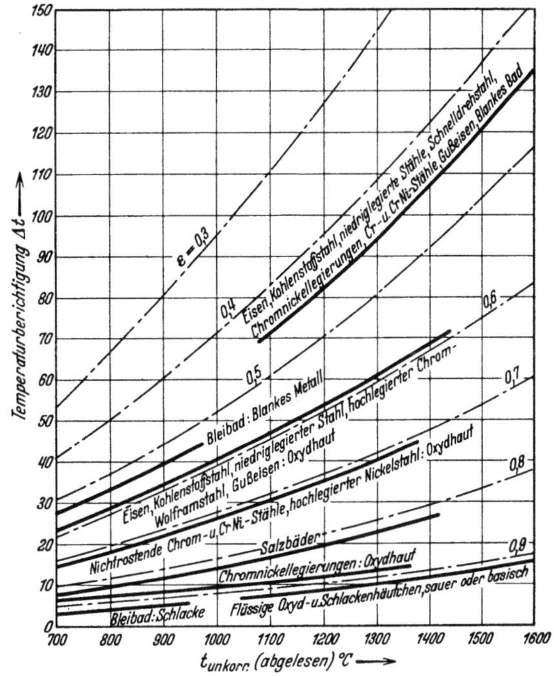

Abb. 3. Temperaturkorrektion für verschiedene Emissionskoeffizienten ε bei der Messung durch Rotfilter ($M = 0{,}65\ \mu$). Ausgezogene Kurven nach A. Fry.

Wir bezeichnen die Fähigkeit eines Körpers zur Strahlung als Emissionsvermögen ε und beziehen diese Größe auf das Emissionsvermögen des sog. schwarzen Körpers, der durch das höchste Emissionsvermögen $\varepsilon = 1$ gekennzeichnet ist. Bei allen nicht schwarzen Körpern ist $\varepsilon < 1$ und tritt als eine dem Stoff eigentümliche Materialkonstante auf; je kleiner ε, um so geringer ist die Intensität der ausgesandten Strahlung gegenüber der eines schwarzen Körpers gleicher Temperatur und um so geringer wird infolgedessen die vom Teilstrahlungspyrometer angezeigte Temperatur. Die angezeigte scheinbare Temperatur muß also eine Korrektur erfahren, um die wahre Temperatur zu ermitteln, die derjenigen des schwarzen Körpers entspricht. Es besteht folgende physikalische Beziehung zwischen der absoluten scheinbaren, unkorrigierten und der absoluten wahren Temperatur ($T_{\text{unkorr.}}$ und $T_{\text{w.}}$), sowie dem Emissionsvermögen ε:

$$\log \varepsilon = \frac{\log e \cdot C}{\lambda} \left(\frac{1}{T_{\text{w.}}} - \frac{1}{T_{\text{unkorr.}}} \right),$$

worin λ (in Zentimetern) die Wellenlänge ist, in der gemessen wurde; e ist die Basis der natürlichen Logarithmen ($\log e = 0{,}4343$), $C = 1{,}43$ cm · Grad ist eine optische Konstante.

Die zur Messung benutzte Wellenlänge ist meist $\lambda = 0{,}65\ \mu$; sie entspricht der Strahlung, die durch ein Rotfilter (Kupferoxydulglas), wie es in den gebräuchlichen Instrumenten eingebaut ist, beobachtet wird. Für diese Wellenlänge ist auch Abb. 3 berechnet, in der (an Stelle von $T_{\text{w.}}$ und $T_{\text{unkorr.}}$) die gemessene, unkorrigierte Temperatur und der zur Ermittlung der wahren Temperatur $t_{\text{w.}}$ notwendige Zuschlag Δt ($t_{\text{w.}} = t_{\text{unkorr.}} + \Delta t$, alles in ^{0} C) für verschiedene Emissionskoeffizienten aufgezeichnet sind.

An Hand dieses Schaubildes ist es leicht, sich ein Urteil über die wahre Temperatur des untersuchten Körpers zu bilden, sofern ε bekannt ist. Hierin liegen aber die tatsächlichen Schwierigkeiten der Temperaturermittlung; während die Messung selbst durch geübte Beobachter mit einer ausreichenden Genauigkeit von $\pm 5^0$ vorgenommen werden kann, bestehen Zweifel, wie der Emissionskoeffizient der anvisierten Stelle einzusetzen ist.

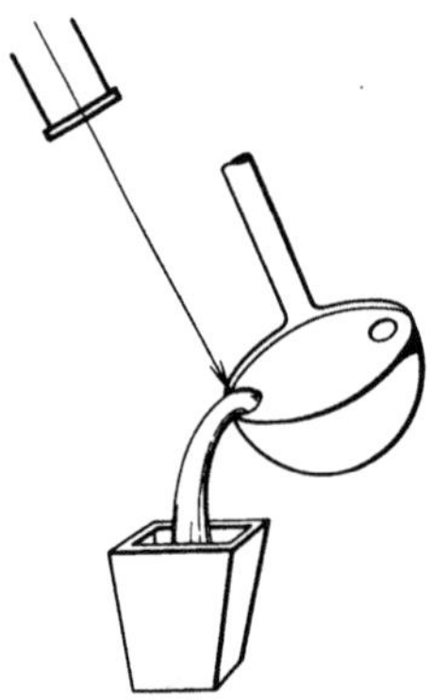

Abb. 4. Gebräuchliche Temperaturmessung im Stahlwerk.

Eine sehr vollständige Übersicht über die bisherigen Ergebnisse für ε hat E. Schröder[1] mitgeteilt, aus der Zahlentafel 1 zusammengestellt wurde. Es wird daraus ersichtlich, daß die Strahlungsintensität des blanken Metalls geringer als die der Oxydhäutchen und Schlacken ist; in der Tat erscheint das blanke Metall stets dunkler, als die darauf zur Ausbildung kommenden Oxydhäutchen.

Die Messung erfolgt sehr oft in der Weise, daß der mit Stahl gefüllte Löffel nach Zurückschieben der Schlacke ausgegossen wird, wobei man das Metall gemäß Abb. 4 in der Löffelschnauze anvisiert. Obwohl man hierbei am ehesten die blanke Metalloberfläche erhält, ist doch nicht sicher, ob nicht hier schon eine geringfügige Luftoxydation zur Ausbildung eines dünnen Oxydfilms führt, der mit einem anderen Emissionsvermögen zu korrigieren ist, als das wirklich blanke Metall. Um diesen vermuteten Einfluß zu berücksichtigen, haben der Verfasser und seine Mitarbeiter bei allen eigenen Messungen die Konstante $\varepsilon = 0{,}5$ gewählt, die gegenüber den in Zahlentafel 1 für blankes Metall angegebenen Werte etwas erhöht ist. E. Schröder gelangte durch Vergleichsmessungen mit Thermoelementen ebenfalls zu $\varepsilon = 0{,}5$ für das blanke Metall. Bei dieser Art der Temperaturmessung ist ferner zu berücksichtigen, daß sich der Stahl im Löffel etwas abkühlt; der Verfasser sowie Schröder fanden, daß der Temperaturverlust mit etwa 25^0 anzusetzen sei, so daß die Temperaturmessung des Löffelinhalts zu korrigieren ist nach: $t_{\text{w.}} = t_{\text{unkorr.}} + 25^0 + \Delta t_{\varepsilon = 0{,}5}$.

Bei Gelegenheit einer Erörterung[2] der Schröderschen Temperaturangaben stellte sich trotz der Korrektion mit gleichem ε ein erheblicher Unterschied in den von verschiedensten Seiten mitgeteilten Meßergebnissen heraus, der demnach nur auf unterschiedliche unkorrigierte Messungen zurückzuführen ist. Die Angaben Schröders für flüssigen S.M.-Stahl, die sich bis zu 1700^0 C (korrigiert) bewegen, liegen im Mittel etwa 50^0 höher als die anderer Beobachter; das gleiche scheint für die auf demselben Werke durchgeführten Messungen zuzutreffen, die C. Schwarz, E. Schröder und G. Leiber[3] der Aufstellung ihrer Gleichgewichtsgesetze für die Mangan- und Phosphorreaktionen zugrunde legten.

---

[1] Stahl u. Eisen Bd. 54 (1934) S. 873—881. [2] Stahl u. Eisen Bd. 54 (1934) S. 881—884.

[3] Arch. Eisenhüttenwes. Bd. 7 (1933/34) S. 165—174; vgl. S. 60, 102, 113f., 159.

Zahlentafel 1. Emissionsvermögen von Metall und Schlacke.

Stoff (flüssig)	Temperaturbereich °C	Oberflächenbeschaffenheit	ε ($\lambda = 0{,}65\,\mu$)	Beobachter[1]
Eisen mit 0,66—3,5% C	1350—1550	blank	0,35—0,38	Naeser
Eisen	—	„	0,35—0,37	Le Chatelier
„	—	„	0,40	Burgess, Le Chatelier
„	—	„	0,40	Wensel u. Roeser
„	—	„	0,37	Foote u. Mitarb.
Stahl	—	„	0,40	Greenwood
Gußeisen	> 1375	„	0,40—0,45	Wensel u. Roeser
„	1100—1600	„	0,45	Fry
Eisen mit 3,1% C	1250—1600	„	0,43—0,45	Hase
Stahl	—	blank	0,50	Schröder
Gußeisen	< 1375	oxydiert	0,70	Wensel u. Roeser
„	1270—1370	„	0,90—0,95	Wenzl u. Morawe
„	1270—1280	oxydiertes Häutchen	0,90—0,95	Fry
Eisen mit 3,1% C	1250—1580	oxydiert	0,90—0,95	Hase
S.M.-Schlacke	—	—	0,55—0,75	Burgess
„	—	—	0,56	Greenwood
„	—	—	0,65	Foote
„	—	—	0,63—0,67	Le Chatelier
„	—	—	0,65	Wärmestelle V.d.E.
„	—	—	0,612	Naeser
„	—	—	0,90	Fry
„	—	—	0,90	Wenzl
„	—	—	0,60	Schröder

Obwohl zugunsten der Schröderschen Messungen spricht, daß sie teilweise thermoelektrisch (vgl. weiter unten) bestätigt wurden, scheinen sie dem Verfasser doch durch eine ungeklärte Fehlerquelle zu hoch zu liegen, zumal die mitgeteilten Abstichtemperaturen sich wieder gut in die bei anderen Werken gefundenen Werte einordnen. Die Ursache der Abweichungen, die die in verschiedenen Betrieben tatsächlich vorliegenden Unterschiede zu übersteigen scheinen, dürfte darin zu suchen sein, daß örtliche Oxydationserscheinungen, Fältelungen usw. auf dem Metall Bedingungen schaffen können, unter denen sich das Emissionsvermögen von dem des dunklen Metalls unterscheidet. Die genannten Unterschiede äußern sich in der Weise, daß die Gleichgewichtsfunktionen vorerst nicht ohne weiteres miteinander vergleichbar sind; es sei aber bemerkt, daß keine Schwierigkeiten bestehen werden, die Funktionen entsprechend zu verändern, falls sich die eine oder die andere Auffassung später als richtig herausstellen sollte.

Angesichts der noch bestehenden Unklarheiten verdient der Vorschlag von A. Fry[2] besonderes Interesse, an Stelle der dunkelsten die hellsten im Gesichtsfeld erscheinenden Stellen zu messen. Diesem Gedanken liegt zugrunde, daß sich die Strahlung wie in Hohlräumen, so auch in Fältelungen des fließenden

[1] Betr. der Schrifttumsangaben vgl. die Originalarbeit von Schröder.
[2] Kruppsche Mh. Bd. 5 (1924) S. 193—201.

Metallstrahls infolge von Reflektionserscheinungen der Strahlung des schwarzen Körpers nähert; enthalten solche Fältelungen dann noch Oxydhäutchen mit ihrem an sich hohen Emissionsvermögen, so nähert man sich der schwarzen Strahlung so weit, daß die Unsicherheiten der Korrektion nicht mehr beträchtlich sind. Man kann dann $\varepsilon = 0{,}9$ verwenden. Dieses Verfahren scheint besonders für Messungen am Gießstrahl empfehlenswert.

Die Abstichtemperatur läßt sich im allgemeinen recht sicher messen; bei dem breiten Strahl erblickt man überwiegend das dunkle Metall; es empfiehlt sich dabei, möglichst nahe an das Ende der Abstichrinne heranzugehen. Das gleiche gilt für Messungen am Konverter, die nach einem Vorschlag von E. Herzog zweckmäßig auf der Unterseite des Metallstroms (Abb. 5) vorgenommen wird. Zur Korrektion kommt etwa $\varepsilon = 0{,}5$ in Betracht.

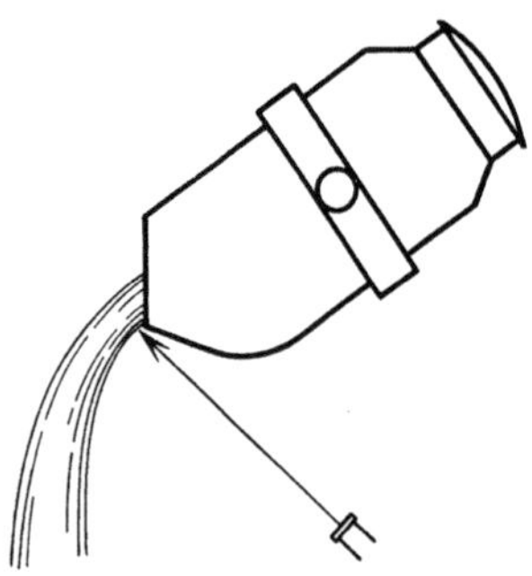

Abb. 5. Optische Temperaturmessung am Konverter.

Über den Wert optischer Messungen im Ofenraum, die die Schlackendecke erfassen, kann man ein klares Bild noch nicht gewinnen, weil die Reflektion der Flamme und des Gewölbes immerhin störend wirken kann.

Es kann kein Zweifel darüber bestehen, daß die unterschiedliche Verwendungsfähigkeit der für die metallurgischen Reaktionen abgeleiteten Gesetzmäßigkeiten außer durch Fehler bei der Probenahme durch die mangelhafte Vergleichbarkeit der Temperaturangaben bedingt ist; man muß daher die Bestrebungen der Wärmestelle des Vereins Deutscher Eisenhüttenleute begrüßen, durch Schaffung eines Merkblattes für die Teilstrahlungspyrometrie die Erinnerung an alle beachtenswerten Punkte wachzurufen und die Vergleichbarkeit der Messungen zu fördern. Die dort angestrebte Vereinheitlichung der notwendigen Angaben (Art des Instrumentes, Beobachter, Standort des Beobachters, Beleuchtungsverhältnisse, Art der Meßstelle, Angaben über Fältelungen, helle und dunkle Stellen, äußere Eingriffe vor der Messung usw.) werden dem Wert der Messung zweifellos zugute kommen. Es versteht sich von selbst, daß die Grundbedingung der zuverlässigen Messung, ein stets geeichtes und scharf eingestelltes Instrument, sowie die Abwesenheit von Rauch und Dämpfen, immer erfüllt sein sollte.

Die mit der Frage des Emissionskoeffizienten zusammenhängenden Unsicherheiten werden sich durch das Verfahren der Farbpyrometrie weitgehend ausschalten lassen; G. Naeser[1], der dieses Gebiet eingehend behandelt hat, zeigte die Wege, wie sich derartige Messungen praktisch ermöglichen lassen.

Von amerikanischer Seite wurde vorgeschlagen, die Temperaturen flüssigen Stahls auf kalorimetrischem Wege zu bestimmen, indem man ein einseitig geschlossenes Graphitrohr, an dessen Boden sich eine Graphitkugel befindet, in das Stahlbad taucht und die Kugel nach dem Temperaturausgleich schnell in ein Wasserkalorimeter bringt. Über die Bewährung eines solchen Verfahrens ist nichts bekannt geworden.

Der naheliegende Weg, die Stahltemperaturen thermoelektrisch zu erfassen, war lange Zeit nicht gangbar, da die Materialfrage hinsichtlich Preis und Widerstandsfähigkeit große Schwierigkeiten bereitete. Nun haben neuere Untersuchungen von B. Osann jr. und E. Schröder[2] mit Wolfram-Molybdän-Thermoelementen zu sehr beachtenswerten Ergebnissen geführt und einige grund-

[1] Stahl u. Eisen Bd. 49 (1929) S. 464, Bd. 50 (1930) S. 264, 554, 1788.

[2] Arch. Eisenhüttenwes. Bd. 7 (1933/34) S. 89—94.

sätzliche Fragen geklärt. Messungen über die Temperaturdifferenzen in einem normal kochenden Bade (S.M.-Ofen mit 154 t Fassung, größte Badtiefe etwa 1000 mm) ergaben beispielsweise einen Abfall von 17° zwischen der Metalloberfläche und einer 650 mm darunter gelegenen Zone. Durch Vergleich der auf thermoelektrischem und auf optischem Wege erhaltenen Angaben wurden ferner die bereits mitgeteilten Emissionskoeffizienten $\varepsilon = 0{,}5$ für Stahl und $\varepsilon = 0{,}6$ für Schlacke gefunden (Zahlentafel 1, Angaben von Schröder).

Lediglich die beschränkte Haltbarkeit der das Thermoelement vor dem Metallangriff bewahrenden Schutzrohre steht umfassenden Messungen dieser Art noch entgegen, während die Kosten des Elementes selbst durch die Wahl von Wolfram- und Molybdänschenkeln auf eine erträgliche Höhe herabgesetzt sind.

Die Messung der Viskosität von Schlacken wird durch Schwierigkeiten experimenteller Natur, die sich selbst bei Laboratoriumsuntersuchungen auswirken, im Betriebe praktisch kaum durchführbar sein, sofern man wissenschaftlich genaue Angaben erhalten will. Als Behelf hat C. H. Herty jr.[1] ein „Planviskosimeter" vorgeschlagen, das im wesentlichen aus einer um 30° geneigten Metallplatte besteht, auf die die Schlacke ausgegossen wird. Die Dicke des nach dem Ablaufen zurückbleibenden Schlackenfadens wird als relatives Viskositätsmaß (in Millimetern) angesehen. Über die Brauchbarkeit dieses Verfahrens, dessen theoretische Grundlage recht unsicher ist, sind die Ansichten geteilt[2]. Eine neuere Ausführungsform[3] des gleichen Verfahrens ist dadurch gekennzeichnet, daß man die Schlacke in die Bohrung eines Metallklotzes fließen läßt und den von ihr zurückgelegten Weg zum Maßstabe des Flüssigkeitsgrades wählt. E. Diepschlag und F. K. Buchholz[4] haben schließlich den Versuch gemacht, mit einem eigens für den Betrieb gebauten Torsionsviskosimeter die Zähigkeit der dem Ofen entnommenen Schlacken zu messen.

[1] Vgl. Stahl u. Eisen Bd. 50 (1930) S. 51—54.

[2] Vgl. Erörterung Stahl u. Eisen Bd. 51 (1931) S. 358 (C. H. Pottgießer, F. Sauerwald, B. Matuschka, M. Philips) ferner C. Schwarz: Stahl u. Eisen Bd. 51 (1931) S. 453.

[3] Vgl. Stahl u. Eisen Bd. 54 (1934) S. 611.

[4] Arch. Eisenhüttenwes. Bd. 6 (1932/33) S. 525.

Physikalisch-chemische Natur der Schlacken.

Basische, saure und amphotere Schlackenbestandteile.

Man pflegt die in den Schlacken enthaltenen oxydischen Stoffe einzuordnen in die Hauptgruppen der basischen und der sauren Bestandteile und kennzeichnet damit ihre Tendenz, miteinander chemische Verbindungen einzugehen. Basische Oxyde treten im allgemeinen nur mit sauren Oxyden zu Verbindungen zusammen; Verbindungen saurer mit sauren oder basischer mit basischen Schlackenbestandteilen werden unter normalen Verhältnissen bei der Stahlherstellung nicht beobachtet[1]. Doch gibt es eine Anzahl von Schlackenbestandteilen, die saure und basische Eigenschaften in sich vereinen und demgemäß sowohl mit sauren, wie mit basischen Oxyden Verbindungen bilden können; sie bilden die Gruppe der amphoteren Schlackenbestandteile.

Für die Schlacken der Eisenhüttenprozesse entsteht so die folgende Gruppeneinteilung:

Basische Oxyde:

FeO	Eisenoxydul
MnO	Manganoxydul
CaO	Kalziumoxyd
MgO	Magnesiumoxyd
Na_2O	Natriumoxyd [2]
K_2O	Kaliumoxyd [2]

Saure Oxyde:

SiO_2	Kieselsäure, Siliziumdioxyd
P_2O_5	Phosphorsäure, Phosphorpentoxyd
Cr_2O_3	[2]
WO_3	[2]
V_2O_5	[2]
MoO_3	[2]

Amphotere Oxyde:

Al_2O_3, Fe_2O_3, MgO *

Die Zahl der heute bekannten oder vermuteten Verbindungen zwischen diesen Stoffen ist sehr groß; eine summarische Aufzählung der wichtigeren, die durch nähere Angaben im I. Band dieses Buches ergänzt wird, findet sich in folgender Zusammenstellung:

Silikate:

$FeOSiO_2$	$MgOSiO_2$	$CaOAl_2O_3(SiO_2)_2$
$(FeO)_2SiO_2$	$(MgO)_2SiO_2$	$(CaO)_2Al_2O_3SiO_2$
		$(CaO)_3Al_2O_3SiO_2$
$MnOSiO_2$	$Al_2O_3SiO_2$	$(CaO)_3Al_2O_3(SiO_2)_2$
$(MnO)_2SiO_2$	$(Al_2O_3)_3(SiO_2)_2$?	
$(MnO)_3(SiO_2)_2$?		$CaOMgO(SiO_2)_2$
	$(MnO)_2FeOSiO_2$	$(CaO)_5(MgO)_2(SiO_2)_6$
$CaOSiO_2$		$(CaO)_2MgO(SiO_2)_2$
$(CaO)_3(SiO_2)_2$		$CaOMgOSiO_2$
$(CaO)_2SiO_2$		
$(CaO)_3SiO_2$		$(MgO)_2(Al_2O_3)_2(SiO_2)_5$

[1] Die Verbindungen zwischen Phosphorsäure und Kieselsäure, sog. „Silizylphosphate" (vgl. Bd. I, S. 259) scheinen in den Schlacken der metallurgischen Prozesse nicht aufzutreten.

[2] Diese Oxyde bleiben im vorliegenden Band unberücksichtigt.

* Bei hohen Temperaturen nimmt MgO nach H. Salmang und F. Schick [Arch. Eisenhüttenwes. Bd. 4 (1930/31) S. 299—316] allmählich saure Eigenschaften an.

Phosphate:	Aluminate:	Ferrite:
$(FeO)_3P_2O_5$	$(FeO)_2Al_2O_3$	$FeO \cdot Fe_2O_3 = Fe_3O_4$
	$FeOAl_2O_3$	
$(MnO)_3P_2O_5$	$FeO(Al_2O_3)_2$	$(CaO)_2Fe_2O_3$
		$CaOFe_2O_3$
$\mathbf{(CaO)_3P_2O_5}$	$(CaO)_3Al_2O_3$	$\mathbf{(CaO)_m(Fe_3O_4)_n}$
$\mathbf{(CaO)_4P_2O_5}$ u. a.	$(CaO)_5(Al_2O_3)_3$	
	$CaOAl_2O_3$	
$(MgO)_3P_2O_5$ u. a.	$(CaO)_3(Al_2O_3)_5$	
$Al_2O_3P_2O_5$ u. a.	$MgOAl_2O_3$	

Für das tiefere Eindringen in die chemischen Wechselwirkungen zwischen Schlacke und Metall ist prinzipiell die Kenntnis der Konzentrationsgrößen notwendig, mit der jede einzelne der oben genannten Verbindungen in der Schlacke anwesend ist. Angesichts der Vielzahl dieser Verbindungen und dem geringen Umfang unserer Kenntnisse über ihr Bildungsbestreben ist es heute noch unmöglich, eine im wissenschaftlichen Sinne exakte Darstellung der theoretischen Grundlagen der Stahlerzeugung zu geben; sie wird in absehbarer Zeit kaum bis zur wissenschaftlichen Vollkommenheit ausreifen.

Wiewohl auf diesen Punkt ausdrücklich hinzuweisen ist, muß bemerkt werden, daß die angewandte Wissenschaft nicht vor Annahmen, Vermutungen und gewissen Einschränkungen zurückschrecken darf, wenn sie das ihr gesetzte Ziel, die Aufklärung des technischen Prozesses, soweit treiben will, wie sich das technische Bedürfnis erstreckt.

Unter diesem Gesichtspunkt hat sich gezeigt, daß die Existenz der Mehrzahl obiger Verbindungen vernachlässigt werden kann in der Annahme, daß ihr Bildungsbestreben gering ist und sie in merkbarer Konzentration nicht auftreten. Die von den verschiedenen Forschern in ihren Gleichgewichtsgesetzen berücksichtigten Verbindungen sind durch fetten Druck hervorgehoben.

Basische und saure Schlacken, die „Basizität“.

Je nachdem, ob die basischen oder sauren Bestandteile einer Schlacke überwiegen, unterscheidet man basische und saure Schlacken. Aus Gründen der Widerstandsfähigkeit sind die Schmelzgefäße bei Verwendung basischer Schlacken mit basischen, bei sauren Schlacken mit saurem Futter ausgekleidet; dementsprechend gliedern sich die heutigen Stahlerzeugungsverfahren in die beiden großen Gruppen der basischen und der sauren Verfahren.

Die durch die chemische Analyse zu ermittelnde Zusammensetzung der Schlacken zeigt je nach der Art des Verfahrens, der herzustellenden Stahl- und Flußeisensorten, der Art und dem Umfang der angestrebten chemischen Reaktionen, dem metallischen Einsatz, der Auskleidung des Schmelzgefäßes, der erreichten Temperatur und auch nach örtlichen Betriebsbedingungen und -erfahrungen erhebliche Unterschiede. Sie ändert sich überdies mehr oder weniger schnell im Laufe des betrachteten Prozesses. Eine Übersicht über die Zusammensetzung der Schlacken einiger Verfahren und ihre zeitliche Änderung findet sich in der graphischen Auftragung der Schmelzberichte, die in diesem Buche zahlreich enthalten sind; mit der chemischen Bedeutung der einzelnen Schlackenbestandteile werden wir uns später eingehend auseinanderzusetzen haben.

Als eine gewisse Regelmäßigkeit stellt sich heraus, daß das Verhältnis

$$\frac{\text{Summe der Gewichtsprozente aller basischen Schlackenbestandteile}}{\text{Summe der Gewichtsprozente aller sauren Schlackenbestandteile}}$$

bei den sauren Verfahren meist kleiner als 1, bei den basischen Verfahren meist größer als 1,3 ist, wenn Aluminiumoxyd nicht berücksichtigt wird. Besonders große Unterschiede in diesem Verhältnis trifft man bei basischen Schlacken an, die demgemäß häufig als „hochbasische" Schlacken, Schlacken „mittlerer Basizität" usw. gekennzeichnet werden.

In zahlreichen Arbeiten des Schrifttums hat man sich bemüht, als Maßstab der chemischen Wirksamkeit der Schlacken die „Basizität" oder den „Basenüberschuß" einzuführen, deren Definition in verschiedenster Weise vorgenommen wurde.

R. Back[1] kennzeichnet die Basizität als das Verhältnis der in der Schlacke vorgefundenen Kalk- und Kieselsäuregehalte: $V = \%\ CaO : \%\ SiO_2$.

G. Tammann und W. Oelsen[2] stellen die Gleichgewichtslage der Manganreaktionen in Beziehung zu dem prozentualen Anteil des Kalkgehaltes an der Summe der Kalk- und Kieselsäurekonzentrationen: $\frac{\%\ CaO' \cdot 100}{\%\ CaO' + \%\ SiO_2}$; dabei ist % CaO′ als jene Konzentration aufzufassen, die nach Abzug des als Kalziumtriphosphat gebundenen Kalks vom Gesamtkalk % CaO entsteht: $\%\ CaO' = \%\ CaO - 1{,}18\ \%\ P_2O_5$.

G. Oishi[3] wählt als Bezugsgröße den Basenüberschuß, gemessen in „Mole auf 100 Gewichtsteile"; er ergibt sich, indem man die Konzentrationen der basischen Schlackenkomponenten (FeO, MnO, CaO, MgO) nach Division durch das entsprechende Molargewicht addiert und die der Kiesel- und Phosphorsäure (letztere 3fach) nach Division durch die Molargewichte von der Summe abzieht. Tonerde, Kalziumsulfid und -fluorid werden vernachlässigt; für saure Schlacken ergeben sich negative Basizitätsgrößen.

C. H. Herty jr.[4] betrachtet als Basenüberschuß oder „freie Basen" den Kalkgehalt, der sich durch Abzug des als Triphosphat und Metasilikat gebundenen Kalks vom Gesamtkalk ergibt zu: $B = \%\ CaO - 0{,}93 \cdot \%\ SiO_2 - 1{,}18 \cdot \%\ P_2O_5$.

C. Schwarz, E. Schröder und G. Leiber[5] bedienen sich zur Kennzeichnung der Mangan- und Phosphorgleichgewichte der gleichen, jedoch durch 100 dividierten Größe: $B' = 0{,}01\ (\%\ CaO - 0{,}93 \cdot \%\ SiO_2 - 1{,}18 \cdot \%\ P_2O_5)$.

Welcher speziellen Fassung des Basizitätsbegriffes man auch den Vorzug geben will, immer ist zu betonen, daß keine der vorstehenden Definitionen einer theoretischen Erörterung standhalten kann. Um dies zu verstehen, ist vorauszuschicken, daß im allgemeinen die Konzentrationen der einzelnen Verbindungen selbst für den Ablauf einer bestimmten Reaktion maßgebend sind; durch Einführen der „Basizität" oder ähnlicher Begriffe bestimmt man aber nicht die absoluten Konzentrationen, sondern deren Verhältnisse (Back), Summen oder Differenzen zum Maßstab des Reaktionsverlaufes. Bei der Wahl von Konzentrationssummen (Oishi) trifft man unausgesprochen die Annahme, ein Schlackenbestandteil sei ohne Veränderung der Reaktionsfähigkeit durch einen anderen ersetzbar[6]. Wählt man den Kalküberschuß zur Kenngröße von Gleichgewichtszuständen, indem man die teilweise Bindung des Kalks nach stöchiometrischen Beziehungen berechnet (Herty, Schwarz und Mitarbeiter), so ist darin die unausgesprochene Voraussetzung enthalten, die Verbindungen

[1] Stahl u. Eisen Bd. 51 (1931) S. 359. [2] Arch. Eisenhüttenwes. Bd. 5 (1931/32) S. 77.

[3] World Engineering Congress Tokyo 1929, Proceedings Bd. 33 (1931) S. 397; vgl. Stahl u. Eisen Bd. 50 (1930) S. 1363; Min. metallurg. Invest. 1927 Nr. 34.

[4] Min. metallurg. Invest. Bull. Nr. 34. [5] Arch. Eisenhüttenwes. Bd. 7 (1933/34) S. 165.

[6] Vgl. H. Schenck: Arch. Eisenhüttenwes. Bd. 1 (1927/28) S. 486.

bildeten sich quantitativ nach Maßgabe der beteiligten Konzentrationsgrößen; in Wirklichkeit hat man zu erwarten, daß eine Anzahl dieser Verbindungen (insbesondere Silikate) mehr oder weniger weitgehend dissoziiert sind.

Es ist hervorzuheben, daß die theoretische Unzulänglichkeit des Basizitätsbegriffes von einigen Seiten (z. B. Schwarz und Mitarbeitern) durchaus erkannt wurde; wenn er dennoch zur Grundlage zur Beschreibung von Reaktionsgleichgewichten gewählt wurde, so beruht dies auf der Erfahrung, daß tatsächlich des öfteren befriedigende quantitative Zusammenhänge zwischen Basizität und Gleichgewichtslage herstellbar sind, wenn man deren Gültigkeitsbereich nicht zu weit ausdehnt. Unter diesen Bedingungen muß die Berechtigung zur Verwendung selbst theoretisch nicht einwandfreier Vorstellungen anerkannt werden, wenn es gelingt, betriebliche Vorgänge in die Form einfacher Gesetzmäßigkeiten zu kleiden.

Als qualitatives Merkmal reicht der Basizitätsbegriff weitgehend aus, um die Natur der Schlacke hinsichtlich des Mengenanteils der sie aufbauenden basischen oder sauren Komponenten kurz zu kennzeichnen und deren Einfluß auf die Reaktionsmöglichkeiten zu erläutern.

Verbindungen und „freie" Komponenten in basischen und sauren Schlacken.

In der bei Anwendung der Gleichgewichtsgesetze zu erhebenden Forderung[1], die Konzentrationsgrößen nur jener Stoffe in die Ausdrücke einzuführen, die hinsichtlich ihres molekularen Aufbaues mit den chemischen Symbolen der zu untersuchenden Reaktionsgleichung übereinstimmen, haben wir wohl in erster Linie die Schwierigkeit zu erblicken, die der Aufklärung der Stahlherstellung nach ihrer chemischen Seite den größten Widerstand geleistet hat.

Wir haben uns nämlich wieder zu vergegenwärtigen, daß die Grundbaustoffe miteinander zur Bildung einer größeren Anzahl chemischer Verbindungen von komplizierterem Molekularaufbau neigen (vgl. S. 18); theoretisch verlaufen diese Vorgänge aber niemals so weitgehend, daß die Stoffe von einfacherem Bau vollständig zugunsten der Verbindungen aufgebraucht werden; es bleibt ein gewisser Anteil der Stoffe in unverbundenem, „freiem“ Zustand zurück, weil auch die Vorgänge der Verbindungsbildung (Assoziation) den Gleichgewichtsgesetzen unterworfen sind, die für die homogene Schlackenlösung ganz bestimmte Verhältnisse zwischen den Konzentrationen der Verbindung und der unverbundenen Stoffe fordern.

Es ist gleichgültig, ob wir uns das Gleichgewicht zwischen freien und unverbundenen Stoffen in der Schlacke durch Assoziation oder Dissoziation hergestellt denken; wenn wir Schlacken gleicher Zusammensetzung bei gleicher Temperatur einmal durch Zusammenschmelzen freier Oxyde, das andere Mal durch Einschmelzen von Verbindungen herstellen, enthalten sie in beiden Fällen gleiche Konzentrationen der „freien“ und verbundenen Stoffe, weil die Gleichgewichtslage unabhängig von dem Wege ist, auf dem sie erreicht wird. Dies ist zu beachten, wenn wir im folgenden die die Verbindungsbildung regelnden Konstanten — wie sich dies eingebürgert hat — meist als Dissoziationskonstanten bezeichnen; sie stellen bekanntlich[2] nichts anderes dar, als die Gleichgewichtskonstanten des M.W.G. und wir werden sie zwecks kurzer Charakteristik der in Frage kommenden Reaktion mit D unter Beifügung der dissoziierenden Verbindung (als Index) kennzeichnen. Die Bildung oder

---

[1] Vgl. S. 6. [2] Vgl. Bd. I, S. 21.

Zersetzung des Eisenorthosilikats nach $2\,FeO + SiO_2 \rightleftharpoons (FeO)_2SiO_2$ wird beispielsweise geregelt durch den Ausdruck:

$$\frac{(FeO)^2(SiO_2)}{((FeO)_2SiO_2)} = D_{(FeO)_2SiO_2}.$$

Die erwähnten Schwierigkeiten bei der Aufklärung der metallurgischen Reaktionen sind nun darin zu suchen, daß es heute noch nicht möglich ist, mit Hilfe analytischer Verfahren die einzelnen verbundenen und freien Schlackenbestandteile zu isolieren und deren Konzentrationen und molekularen Aufbau zu bestimmen. Zwar ist es gelegentlich möglich, den Mengenanteil einiger Verbindungen unter dem Mikroskop oder durch fraktioniertes Lösen zu schätzen; aber abgesehen davon, daß solche Verfahren recht unsichere Ergebnisse liefern, sind auch sie — wie die normale analytische Untersuchung — nur auf erstarrte Schlacken anwendbar, in denen der Anteil und die Art der Verbindungen wesentlich verschieden sein dürfte von den im Schmelzfluß vorliegenden Verhältnissen[1].

Als Ergebnisse der chemischen Analyse stehen uns daher nur die „Gesamtkonzentrationen" der in der Schlacke enthaltenen Stoffe zur Verfügung, also beispielsweise der „Gesamtkalkgehalt" oder der „Gesamtkieselsäuregehalt", wie sie in den Schmelzberichten des Schrifttums durchweg angegeben werden. Um den Charakter des analytischen Befundes als „Konzentrationssumme" zu kennzeichnen, führen wir das bekannte Summenzeichen Σ ein und schreiben beispielsweise für die Gesamtgehalte der Schlacken an Kalk, Kieselsäure, Phosphorsäure usw.:

$$(\Sigma\,CaO),\ (\Sigma\,SiO_2),\ (\Sigma\,P_2O_5)\ \text{usw.}$$

Dagegen sollen die Konzentrationen der einzelnen im freien oder im verbundenen Zustand befindlichen Schlackenbestandteile durch die ihnen zukommende Molekularformel beschrieben werden; die Konzentrationen von freiem Kalk, freiem Eisenoxydul und freier Kieselsäure sind also:

$$(CaO),\ (FeO),\ (SiO_2)$$

und die der Verbindungen Eisenorthosilikat, Kalziumtriphosphat, Kalziummetasilikat:

$$((FeO)_2SiO_2),\ ((CaO)_3P_2O_5),\ (CaOSiO_2).$$

In manchen Fällen ist es vorteilhaft, von einer genauen Definition der Molekularformel abzusehen und durch einen Index auf die Natur chemischer Bindung hinzuweisen; in diesem Sinne beziehen sich z. B. die Konzentrationsangaben:

$(Fe)_{FeO}$	auf das in Form von freiem Eisenoxydul vorliegende Eisen,
$(Fe)_{CaO}$	auf das in Form von Kalk-Eisenoxydverbindungen vorliegende Eisen,
$(CaO)_{P_2O_5}$	auf den in Form von Kalkphosphaten gebundenen Kalk,
$(MnO)_{SiO_2}$	auf das in Form von Mangansilikaten gebundene Manganoxydul usw.

Für den Praktiker von Interesse ist — in diesem Zusammenhange — lediglich die Frage, in welcher Weise die analytisch erfaßbare Gesamtzusammensetzung der Schlacke den Ablauf ihrer chemischen Wechselwirkungen mit dem Metallbad beeinflusse; wir müssen nun versuchen, die analytisch bestimmbaren

[1] Vgl. z. B. die Bestimmung des „freien Kalks", Bd. I, S. 201. Neuerdings haben W. Jander und E. Hoffmann [Z. angew. Chem. Bd. 46 (1933) S. 76—80] analytische Verfahren entwickelt, mit denen man in erstarrten Kalk-Kieselsäuregemengen die Verbindungen CaO, $(CaO)_3SiO_2$, $(CaO)_2SiO_2$ $(CaO)_3(SiO_2)_2$, $CaOSiO_2$ und SiO_2 einzeln bestimmen kann. Die Ergebnisse gelten natürlich nur für den kristallisierten Zustand und dürfen nicht auf die in der Flüssigkeit vorliegenden Verhältnisse übertragen werden.

Konzentrationssummen in ihre Summanden, d. h. die „freien“ Konzentrationen und die der vorhandenen Verbindungen zu zerlegen.

Freie und gebundene Eisenoxyde.

Eine der wichtigsten Größen, deren Kenntnis für die Betrachtung fast aller metallurgischen Reaktionen unerläßlich ist, muß in der Konzentration des „freien Eisenoxyduls“ (FeO) in der Schlacke erblickt werden. Sie ist nicht nur maßgebend für die Oxydationsfähigkeit der Schlacke und demnach für alle chemischen Vorgänge, denen Oxydations- oder Reduktionsvorgänge zugrunde liegen; darüber hinaus erhält sie ihre besondere Bedeutung durch den Umstand, daß sie für diejenigen Prozesse, bei denen eine Einstellung des Gleichgewichtes annähernd erwartet werden darf, den Übergang von Eisenoxydul in das Metallbad beherrscht. Da man heute der Auffassung sein muß, daß die Eigenschaften der metallischen Werkstoffe weitgehend, wenn auch nicht allein entscheidend, durch die Auflösung von Eisenoxydul im Schmelzfluß beeinflußt werden, liegt der Gedanke nahe, zur Erläuterung der Zusammenhänge zwischen Stahlqualität und Schlackenführung die Konzentration des freien Eisenoxyduls in der Schlacke (FeO) heranzuziehen.

Theoretisch ergeben sich die Gleichgewichtsbeziehungen zwischen (FeO) und dem Eisenoxydulgehalt des Stahls [FeO] aus dem Verteilungssatz, nach dem $\frac{[FeO]}{(FeO)} = L_{FeO}$ ist, sofern die Konzentrationsgrößen sich auf Verbindungen gleichen Molekulargewichtes beziehen[1]. Die diesem Ausdruck entsprechende Proportionalität der beiden Konzentrationsgrößen wurde von F. Körber und W. Oelsen[2] durch eingehende Untersuchung der Reaktion $FeO + Mn \rightleftharpoons MnO + Fe$ bestätigt, die dadurch gekennzeichnet ist, daß in der (nur aus FeO und MnO bestehenden) Schlacke keine Verbindungen zwischen den Oxyden auftreten. Die bei diesem System aufgefundenen einfachen und idealen Verhältnisse lassen die Annahme wahrscheinlich werden, daß das freie Eisenoxydul in der Schlacke und das im flüssigen Eisen gelöste Eisenoxydul der Molekularformel FeO entsprechen. In der von den genannten Beobachtern aufgefundenen temperaturabhängigen Verteilungskonstanten L_{FeO} werden wir eine für die späteren Erörterungen grundlegend wichtige Größe erkennen.

Bekanntlich liefert die chemische Untersuchung der Schlacken deren Gesamteisengehalt[3] (Σ Fe), der das in Form von Oxyden vorliegende zwei- und dreiwertige Eisen umfaßt. Gewöhnlich nimmt man die Bestimmung der beiden Oxydationsstufen getrennt vor und rechnet das zweiwertige Eisen auf Eisenoxydul, das dreiwertige auf Eisenoxyd um. Der Anteil des dreiwertigen Eisens nimmt in der Gruppe der basischen Schlacken meist mit wachsender Basizität zu; in sauren kalkfreien Schlacken finden sich gewöhnlich nur geringe Gehalte der höheren Oxydationsstufe.

Welcher Anteil der in der Schlacke vorgefundenen Eisenoxyde als in Form der gesuchten Größe „freies Eisenoxydul“ vorliegend angesehen werden darf, ist heute noch umstritten; die Lösung dieser Frage ist von verschiedenen Seiten versucht worden. Eine Erläuterung der bis heute gewonnenen Erkenntnisse nehmen wir für die basischen und die sauren Schlacken zweckmäßig getrennt vor.

---

[1] Vgl. Bd. I, S. 30 u. 136.

[2] Mitt. Kais.-Wilh.-Inst. Eisenforschg., Düsseld. Bd. 14 (1932) S. 181—204; vgl. F. Körber: Stahl u. Eisen Bd. 52 (1932) S. 133—144 sowie Bd. I, S. 240f.

[3] Der Bestimmung des Gesamteisengehaltes (Σ Fe) hat natürlich eine magnetische Abscheidung des in Form mechanisch festgehaltener Tropfen und Flitter anwesenden metallischen Eisens voranzugehen.

Saure Schlacken. Die Schlacken der sauren Stahlherstellungsprozesse bestehen in der Hauptsache aus den drei Stoffen Kieselsäure, Manganoxydul, Eisenoxydul; durch die Analyse werden die Gesamtgehalte (Σ SiO_2), (Σ MnO) und (Σ FeO) erfaßt. Daneben finden sich in geringeren Konzentrationen Tonerde als Verunreinigung und Kalk (bis etwa 12%), der meist absichtlich in die Schlacken eingeführt wird. Der Einfluß der letzteren Stoffe soll später behandelt werden. Obwohl der Eisengehalt in sauren Schlacken meist höher als in basischen liegt — sofern wir die Herstellung eines Stahls der gleichen Zusammensetzung ins Auge fassen — bemerkt man eine geringere Eisenoxydulaufnahme des sauren Stahls, was sich z. B. im sauren Siemens-Martin-Ofen in einer geringeren Abscheidungsgeschwindigkeit des Kohlenstoffes äußert[1]. Es liegt demnach nur ein gewisser Anteil des gesamten Eisenoxyduls in freier Form vor; der Rest geht mit den übrigen Schlackenkomponenten Verbindungen ein. Da solche Verbindungen zwischen den basischen Oxyden FeO und MnO unwahrscheinlich[2] sind, dürfte die Neigung der Kieselsäure zur Bildung von Silikaten die Bindung von Eisenoxydul erklären.

Unter diesem Gesichtspunkt hat bereits H. Styri[3] versucht, die Reaktionsfähigkeit der sauren Schlacken durch Berechnung der Dissoziationskonstanten für das Silikat $FeOSiO_2$ zu beschreiben. Der Verfasser[4] hat die Versuche später in ähnlicher Richtung aufgenommen, doch hat sich auch hier gezeigt, daß die Unterlagen zur sicheren Berechnung chemischer Affinitäten von Vorgängen in flüssigen Schlacken noch nicht ausreichen. Erst die neueren, gemeinsam mit E. O. Brüggemann[5] vorgenommenen Messungen an sauren S.M.-Öfen, bei deren Auswertung auf Affinitätsberechnungen aus thermischen Daten verzichtet werden konnte, scheinen geeignet, das in Frage stehende Problem der Lösung näher zu führen.

H. Schenck und E. O. Brüggemann machten von dem durch S. 23 nahegelegten Umstand Gebrauch, daß die Konzentration des Eisenoxyduls im Stahl [FeO] durch den Verteilungssatz mit der Konzentration des freien Eisenoxyduls in der Schlacke (FeO) verknüpft ist; durch Bestimmung von [FeO] an Proben des sauren S.M.-Ofens, deren nahe Gleichgewichtseinstellung wahrscheinlich war, und mit Hilfe der Körber-Oelsenschen Konstanten wurde (FeO) ermittelt. Die Differenz zwischen der Gesamtkonzentration (Σ FeO) und (FeO) ist dann das in Form von Silikat gebundene Eisenoxydul $(FeO)_{SiO_2}$. Nähere Betrachtungen[6] ergeben, daß als Bindungsform das Orthosilikat $(FeO)_2SiO_2$ vorzugsweise in Frage kommt.

Mit Hilfe eines längeren Rechnungsweges wurde folgende Beziehung zwischen den Konzentrationen des freien Eisenoxyduls und des Silikates abgeleitet, durch stöchiometrische Umrechnung gelangt man damit leicht zu den Konzentrationsgrößen des in Form von Eisensilikat gebundenen Eisens $(Fe)_{SiO_2}$, Eisenoxyduls $(FeO)_{SiO_2}$ und Siliziumdioxyds $(SiO_2)_{FeO}$:

$$\frac{(FeO)^2\,(SiO_2)}{((FeO)_2\,SiO_2)} = D_{(FeO)_2\,SiO_2} = \frac{(FeO)^2\,(SiO_2)}{1{,}82\cdot(Fe)_{SiO_2}} = \frac{(FeO)^2\,(SiO_2)}{1{,}42\cdot(FeO)_{SiO_2}} = \frac{(FeO)^2\,(SiO_2)}{3{,}39\,(SiO_2)_{FeO}}\,. \quad \text{(I)}$$

[1] Vgl. S. 186f.

[2] Die auf S. 23 erwähnten Untersuchungen von Körber und Oelsen geben keinen Anhalt für das Vorhandensein solcher Verbindungen.

[3] J. Iron. Steel. Inst. Bd. 108 (1923) S. 189.

[4] Arch. Eisenhüttenwes. Bd. 4 (1930/31) S. 319—332.

[5] Untersuchungen in den Stahlwerken der Firma Fried. Krupp A.G., Essen (demnächst). [6] Vgl. Bd. I, S. 184.

Die Temperaturabhängigkeit[1] der Dissoziationskonstanten wird beschrieben durch den Ausdruck:

$$\log D_{(FeO)_2SiO_2} = -\frac{11230}{T} + 7{,}76, \qquad \text{(Ia)}$$

dessen Ergebnisse für verschiedene Temperaturen in Zahlentafel 15, S. 264 niedergelegt sind.

Die weitere Verwendung dieser Beziehung, in der noch die Konzentration der freien Kieselsäure (SiO_2) enthalten ist, wird auf S. 33f. dargelegt.

Basische Schlacken. Außer den in sauren Schlacken enthaltenen drei Hauptbestandteilen finden wir in basischen Schlacken als weitere Bestandteile Kalk, Magnesiumoxyd, Phosphorsäure, Tonerde, daneben Schwefel und Fluorkalzium, ferner Kalziumkarbid (in Elektroofenschlacken), deren Verhalten später besprochen werden soll. Wie erwähnt, bestimmt man außer dem Gesamteisengehalt (Σ Fe) meist noch die Konzentrationen von zwei- und dreiwertigen Eisen, die auf % FeO und % Fe_2O_3 umgerechnet angegeben werden.

Die größere Zahl der in basischen — gegenüber den sauren — Schlacken enthaltenen Stoffe bedeutet hinsichtlich der Ermittlung des freien Eisenoxyduls eine erhebliche Erschwerung und im Schrifttum findet man die verschiedensten Annahmen darüber, wie die gesuchte Konzentrationsgröße zu bewerten sei. Vielfach wurde das gesamte in der Schlacke anwesende Eisen als in Form von freiem Eisenoxydul vorliegend betrachtet; dieser Annahme schließen sich — wenn auch unausgesprochen — sämtliche Forscher an, die die Gleichungen des M.W.G. ohne Einschränkung mit Hilfe der Gesamtkonzentration (Σ Fe) oder der aus ihr berechneten Gesamtkonzentration des Eisenoxyduls (Σ FeO) aufstellen.

In einer anderen Reihe von Arbeiten findet zwar auch der Gesamteisengehalt der Schlacke zur Aufstellung des M.W.G. Verwendung, jedoch mit der einschränkenden Annahme, daß der Anteil des freien Eisenoxyduls am Gesamteisengehalt sich mit wechselnder Konzentration der übrigen Schlackenbestandteile ändere, daß dagegen das freie Eisenoxydul proportional dem Gesamteisengehalt sei, sofern alle übrigen Schlackenbestandteile (vorzugsweise Kalk, Kieselsäure und Phosphorsäure) unverändert gleiche Konzentration besitzen. Diese Ansicht wird z. B. unausgesprochen vertreten von G. Oishi[2], G. Tammann und W. Oelsen[3], Ed. Maurer und W. Bischof[4], W. Krings und H. Schackmann[5], auf deren Arbeiten später noch eingegangen wird. Sie äußert sich in der Weise, daß die, die Beziehungen zwischen (FeO) und (Σ Fe) regelnde Proportionalitätskonstante in die Konstante des M.W.G. einbezogen wird, die sich mithin ändert, wenn die Proportionalitätskonstante infolge Konzentrationsverschiebung der übrigen Schlackenbestandteile verändert wird.

C. H. Herty jr.[6] führt das in basischen Schlacken vorgefundene Eisenoxyd auf Oxydation von Eisenoxydul durch die Flammengase des S.M.-Ofens zurück;

---

[1] Die Gleichung der Temperaturabhängigkeit hat sich infolge weiterer Untersuchungen gegenüber den Angaben von Bd. I, S. 186 etwas verändert.

[2] Ber. Nr. 193 des Weltingenieurkongresses, Tokio 1929; vgl. Stahl u. Eisen Bd. 50 (1930) S. 1363. [3] Arch. Eisenhüttenwes. Bd. 5 (1931/32) S. 75—80.

[4] Ergebnisse der angewandten physikalischen Chemie, Bd. 1, S. 109—197. Leipzig: Akademische Verlagsgesellschaft m. b. H. 1931.

[5] Z. anorg. allg. Chem. Bd. 206 (1932) S. 337—355.

[6] Trans. Amer. Inst. min. metallurg. Engr. Bd. 73 (1926) S. 1079; vgl. Stahl u. Eisen Bd. 46 (1926) S. 1597—1601.

in Berührung mit dem Metall werde Eisenoxyd wieder reduziert nach $Fe_2O_3 + Fe \rightarrow 3\,FeO$, wobei aus 1% Fe_2O_3 1,35% FeO entstehen, die dem Eisenoxydulgehalt zuzuzählen sind. Neuerdings[1] erfährt seine Auffassung insofern eine Änderung, als das analytisch bestimmte Eisenoxyd nur soweit mittels vorstehender Umrechnung berücksichtigt wird, als es ein Fünftel des gleichzeitig anwesenden Eisenoxyduls nicht überschreitet. Der dieses Fünftel überschreitende Eisenoxydgehalt wird als an Kalk gebunden betrachtet.

Enthält eine Schlacke z. B. 15% FeO und 4% Fe_2O_3, so errechnet sich die Konzentration des freien Eisenoxyduls nach Herty folgendermaßen: Eisenoxyd im Betrage von $^1/_5$ der Eisenoxydulkonzentration, d. h. $15:5 = 3$% Fe_2O_3 werden an der Berührungsfläche von Schlacke und Metall reduziert, wobei $1{,}35 \cdot 3 = 4{,}05$% FeO gebildet werden. Diese sind dem Eisenoxydulgehalt zuzuzählen; die Schlacke enthält demnach $15 + 4{,}05 = 19{,}05$% freies Eisenoxydul. Die restlichen 1% Fe_2O_3 sind an Kalk gebunden.

Dieser Auffassung ist entgegenzustellen[2], daß auch die Schlacken des Thomaskonverters und des basischen Lichtbogenofens Eisenoxyd in höheren Beträgen enthalten, obwohl eine Oxydation durch Flammengase bei diesen Verfahren eine untergeordnete Rolle spielen dürfte.

Schon J. H. Whiteney[3] und T. P. Colclough[4] hatten die Ansicht vertreten, daß die in basischen Schlacken enthaltenen Eisenoxyde in gewissem Umfang durch Kalk abgebunden sein müßten, und dieser Auffassung kann man sich in der Tat nicht verschließen, wenn man die Verminderung der Oxydationsfähigkeit solcher Schlacken bei gleichbleibendem Gesamteisengehalt durch Steigerung des Kalkgehaltes zu erklären sucht. Colclough betrachtet daher nur das analytisch bestimmte Eisenoxydul als frei und nimmt an, daß Eisenoxyd in Form eines nicht näher definierten Kalkferrits $(CaO)_xFe_2O_3$ gebunden sei.

Bedenken bereitet die Berechnungsweise Colcloughs insofern, als man die Ergebnisse der Schlackenanalyse hinsichtlich des zwei- und dreiwertigen Eisens nicht überschätzen darf. Die Beobachtung von Ed. Herzog[5], daß bei langsamer Abkühlung von Thomasschlacken der Eisenoxydulgehalt auf Kosten des Eisenoxyds zunimmt, der Hinweis von J. H. Whiteney[6], daß dreiwertiges Eisen durch den bei der Analyse entstehenden Schwefelwasserstoff reduzierbar ist, sowie die Möglichkeit zahlreicher Umsetzungen[7] bei der Erstarrung der Schlacken (u. a. Luftoxydation) mahnen zur Vorsicht[8].

Der Verfasser ist daher der Ansicht, daß nur in dem analytisch feststellbaren Gesamteisengehalt (Σ Fe) der Schlacke eine einigermaßen sichere Größe zu erblicken ist, während die Bestimmung des zwei- und dreiwertigen Eisens verhältnismäßig geringen theoretischen Wert hat, und seine Bemühungen waren in erster Linie darauf gerichtet, die Beziehungen zwischen (FeO), (Σ Fe) und den Konzentrationen der übrigen Schlackenbestandteile, sowie der Temperatur zu entwickeln.

Ein in dieser Richtung angestellter erster Versuch[9] ist inzwischen durch eine gemeinsam mit W. Rieß[10] unternommene Arbeit überholt, die wiederum

---

[1] Min. metallurg. Invest. Bull. Nr. 58; vgl. Stahl u. Eisen Bd. 53 (1933) S. 862.

[2] Vgl. Bd. I, S. 200. [3] Iron Age Bd. 116 (1925) S. 1031.

[4] The physical chemistry of Steel-making processes, S. 221. London: Gurney u. Jackson 1925. [5] Arch. Eisenhüttenwes. Bd. 1 (1927/28) S. 497, Erörterung.

[6] Iron Age Bd. 116 (1925) S. 1031. [7] Vgl. Arch. Eisenhüttenwes. Bd. 3 (1929/30) S. 511.

[8] Vgl. S. 35. [9] Arch. Eisenhüttenwes. Bd. 3 (1929/30) S. 505—530.

[10] Neue Untersuchungen in den Stahlwerken der Firma Fried. Krupp A. G., Essen (demnächst).

— wie bei der Untersuchung der sauren Schlacken[1] — auf der Grundlage von Bestimmungen des im Metall gelösten Eisenoxyduls durchgeführt wurde.

Als Ausgangspunkt diente die folgende Bilanzgleichung:

$(\Sigma \mathrm{Fe}) = 0{,}78\,(\mathrm{FeO}) + 0{,}55\,((\mathrm{FeO})_2\mathrm{SiO}_2) + (\mathrm{Fe})_{\mathrm{CaO}} + (\mathrm{Fe})_{\mathrm{MgO}} + (\mathrm{Fe})_{\mathrm{Al_2O_3}} + (\mathrm{Fe})_{\mathrm{P_2O_5}} + \cdots,$

in der zum Ausdruck kommt, daß der Gesamteisengehalt der Schlacke sich zusammensetzt aus dem freien Eisenoxydul, sowie den Konzentrationen des Eisens, das in Form von Verbindungen mit Kieselsäure, Kalk, Magnesiumoxyd, Tonerde, Phosphorsäure u. a. vorliegt.

In der Annahme, daß die Schlacken als ideale Lösungsmittel von wenig veränderlicher Dichte zu betrachten seien, wurde vorausgesetzt, daß die Konzentration des Eisensilikates durch die gleiche Dissoziationskonstante beschreibbar sei[2], die H. Schenck und E. O. Brüggemann für saure Schlacken abgeleitet hatten.

Als weiteres wichtiges Glied der Bilanzgleichung tritt die Größe $(\mathrm{Fe})_{\mathrm{CaO}}$ auf, die dem in Form von Kalkferriten gebundenen Eisen entspricht. Das Schrifttum[3] weist auf die Existenz mehrerer Verbindungen $(\mathrm{CaO})_x\,\mathrm{Fe_2O_3}$ hin; als die stabileren in Gegenwart des Metalls wird man aber nach Messungen von R. Schenck, H. Franz und H. Willecke[4] Kalziumferroferrite der Formel $(\mathrm{CaO})_m(\mathrm{Fe_3O_4})_n$ zu betrachten haben. Da eine nähere Definition der in Frage kommenden Verbindung noch aussteht, versuchten H. Schenck und W. Rieß durch Auswertung der Betriebsmessungen mit wechselnden Werten von m und n die wahrscheinlichste Bindungsform herauszusondern. Dabei zeigte sich, daß Werte für $n > 1$ nicht in Betracht kommen, daß also Verbindungen der Form $(\mathrm{CaO})_m\mathrm{Fe_3O_4}$ wahrscheinlicher sind. Die Auswertung hinsichtlich m ergab auffallenderweise die Möglichkeit, die Beziehungen mit Werten von $m = 1$ bis $m = 4$ etwa gleich gut zu beschreiben. Man kann dies theoretisch mit der Annahme erklären, daß mehrere solcher Ferroferrite in den Schlacken anwesend sind, doch ist es vorläufig unmöglich, diese getrennt zu berücksichtigen. Die Verfasser haben daher vorgeschlagen, einen mittleren Wert $m = 3$ zu wählen, der sich in der Tat als zur Beschreibung der Reaktionsmöglichkeiten gut geeignet erwiesen hat. Sie leiteten demgemäß ab[5]:

$$\frac{(\mathrm{CaO})^3\,(\mathrm{FeO})^4}{((\mathrm{CaO})_3\,\mathrm{Fe_3O_4})} = (K_{\mathrm{Fe/CaO}}) = \frac{(\mathrm{CaO})^3\,(\mathrm{FeO})^4}{2{,}38 \cdot (\mathrm{Fe})_{\mathrm{CaO}}} = \frac{(\mathrm{CaO})^3\,(\mathrm{FeO})^4}{2{,}37 \cdot (\mathrm{CaO})_{\mathrm{Fe}}} \tag{II}$$

worin $(K_{\mathrm{Fe/CaO}})$ von der absoluten Temperatur gemäß folgender Gleichung abhängig ist:

$$\log\,(K_{\mathrm{Fe/CaO}}) = -\frac{39684}{T} + 27{,}26\,. \tag{IIa}$$

Mit Gl. (II) ist zugleich — durch Einführung stöchiometrischer Faktoren — das an Kalk gebundene Eisen $(\mathrm{Fe})_{\mathrm{CaO}}$ und der an Eisen gebundene Kalk $(\mathrm{CaO})_{\mathrm{Fe}}$ erfaßt.

Vorstehender Ausdruck würde einer Reaktionsgleichung

$$3\,\mathrm{CaO} + 4\,\mathrm{FeO} \rightleftharpoons (\mathrm{CaO})_3\mathrm{Fe_3O_4} + \mathrm{Fe}$$

entsprechen. Wir müssen aber berücksichtigen, daß diese Gleichung der vermutlichen Anwesenheit anderer Ferritverbindungen nicht streng gerecht wird;

[1] Vgl. S. 24. [2] Vgl. S. 24f. Gl. (I) und (Ia). [3] Vgl. Bd. I, S. 198.

[4] Z. anorg. allg. Chem. Bd. 184 (1929) S. 1—38; vgl. Bd. I, S. 199.

[5] Die Ableitung ist in analoger Weise vorgenommen, wie in einer früheren Arbeit für den Ferrit $\mathrm{CaOFe_2O_3}$, vgl. Bd. I, S. 200f.

um die mehr empirische Natur der Konstanten hervorzuheben, haben wir sie in Klammern gesetzt. Rechnungsergebnisse für $(K_{Fe/CaO})$ finden sich in Zahlentafel 15, S. 264 für mehrere Temperaturen.

Wie aus der Gleichung hervorgeht, wird das Verhältnis des freien Eisenoxyduls zu dem des Ferroferrits in starkem Maße durch die Konzentration des freien Kalks (CaO) reguliert.

Aus Laboratoriumsuntersuchungen über die Gleichgewichtslage vom flüssigen Eisen, das gelöstes Mangan[1] oder Nickel[2] enthielt, mit den entsprechenden FeO-MnO-, bzw. FeO—NiO-Schlacken ging übereinstimmend hervor, daß Magnesiumoxyd und Tonerde auch in Gehalten, die normalerweise bei den technischen Schlacken nicht erreicht werden, keinen Einfluß auf die Gleichgewichtslage ausüben. Die bei tieferen Temperaturen bekannten Eisenoxydverbindungen dieser Stoffe[3] dürften demnach im Schmelzfluß praktisch vollkommen zersetzt sein.

Daß Eisenphosphate in den basischen Schlacken nicht zur Bildung kommen, ergibt sich aus einer Abschätzung ihrer Stabilitätsverhältnisse gegenüber den Kalziumphosphaten[4], sowie aus den Untersuchungen von H. Schackmann und W. Krings[5].

Höhere Oxydstufen des Eisens (Fe_3O_4, Fe_2O_3) sind im freien Zustand gegenüber flüssigem Eisen nicht beständig; man braucht daher auf sie keine Rücksicht zu nehmen, sobald sich das Gleichgewicht zwischen Schlacke und Metall eingestellt hat[6].

Somit scheint für basische Schlacken nur das Vorhandensein von Kalkferriten und Eisensilikaten bezüglich der Konzentration des freien Eisenoxyduls von praktischer Bedeutung zu sein, während wir vorerst alle anderen Eisenoxydverbindungen als soweit dissoziiert betrachten müssen, daß sie zu vernachlässigen sind. Die eingangs dieses Abschnittes aufgestellte Bilanzgleichung verkürzt sich also auf:

$$(\Sigma\,Fe) = 0{,}78\,(FeO) + (Fe)_{SiO_2} + (Fe)_{CaO}\,.$$

Silikate- und „freie“ Kieselsäure.

Man muß mit dem Umstand rechnen, daß Kieselsäure mit allen basischen und amphoteren Oxyden der Schlacke mehr oder weniger beständige Verbindungen bildet und hat demgemäß von der Bilanzgleichung auszugehen:

$$(\Sigma\,SiO_2) = (SiO_2) + (SiO_2)_{FeO} + (SiO_2)_{MnO} + (SiO_2)_{CaO} + (SiO_2)_{MgO} + (SiO_2)_{Al_2O_3} + \cdots$$

Darin ist die Größe $(SiO_2)_{FeO}$ bereits von S. 24, Gl. (I) her bekannt; die Konzentration des in Form von Mangansilikaten gebundenen Siliziumdioxyds haben H. Schenck und E. O. Brüggemann[7] an Hand von Betriebsversuchen an sauren S.M.-Ofen eingehender studiert, wobei sie zu dem Ergebnis gelangten, daß sich die dort beobachteten Gleichgewichtslagen dann gut beschreiben ließen, wenn man die Rechnung auf dem Manganorthosilikat $(MnO)_2SiO_2$ aufbaut und

---

[1] F. Körber u. W. Oelsen a. a. O. (bis 8% MgO); W. Krings u. H. Schackmann: Z. anorg. allg. Chem. Bd. 202 (1931) S. 99—112 (bis 30% Al_2O_3, bis 20% MgO).

[2] W. Jander u. H. Senf: Z. anorg. allg. Chem. Bd. 210 (1933) S. 316—324 (bis 12% MgO, bis 14% Al_2O_3). [3] Vgl. Bd. I, S. 207 u. 211. [4] Vgl. Bd. I, S. 216.

[5] Vgl. S. 153. [6] Vgl. Körber u. Oelsen a. a. O. [7] A. a. O.

die übrigen bekannten Mangansilikate[1] als praktisch vollkommen dissoziiert betrachtet. Es erwiesen sich folgende Gleichungen als gut verwendbar:

$$\frac{(MnO)^2\,(SiO_2)}{((MnO)_2\,SiO_2)} = D_{(MnO)_2SiO_2} = \frac{(MnO)^2\,(SiO_2)}{1{,}42\,(MnO)_{SiO_2}} = \frac{(MnO)^2\,(SiO_2)}{3{,}36\cdot(SiO_2)_{MnO}}\,. \qquad \text{(III)}$$

$$\log D_{(MnO)_2SiO_2} = -\frac{18\,880}{T} + 10{,}77. \qquad \text{(IIIa)}^{2}$$

Die gleichen Ausdrücke wurden von H. Schenck und W. Rieß[3] für basische Schlacken übernommen, bei denen nunmehr auch der Einfluß des Kalks in den Vordergrund tritt. Es sind eine ganze Reihe von Kalksilikaten[4] bekannt; als wesentlich für die Schlacken der Eisenhüttenprozesse werden vorzugsweise das Orthosilikat $(CaO)_2SiO_2$ und das Metasilikat $CaOSiO_2$ betrachtet. Schenck und Rieß konnten zeigen, daß das Vorhandensein des Orthosilikats in maßgebender Konzentration wenig wahrscheinlich ist, wenn theoretisch auch berücksichtigt werden muß, daß alle bekannten Kalksilikate im Schmelzfluß anwesend sein werden. Doch scheint die Stabilität des Metasilikats die der anderen Silikate so weitgehend zu überwiegen, daß deren Anwesenheit praktisch nicht ins Gewicht fällt. Ähnliche Folgerungen zogen auch W. Krings und H. Schackmann[5] aus Untersuchungen im Laboratoriumsofen. Wir werden daher folgende, auf der alleinigen Existenz des Metasilikats aufgebaute Beziehung verwenden:

$$\frac{(CaO)\,(SiO_2)}{(CaOSiO_2)} = D_{CaOSiO_2} = \frac{(CaO)\,(SiO_2)}{1{,}94\cdot(SiO_2)_{CaO}} = \frac{(CaO)\,(SiO_2)}{2{,}07\cdot(CaO)_{SiO_2}} \qquad \text{(IV)}$$

mit der Temperaturfunktion (Schenck und Rieß):

$$\log D_{CaO\,SiO_2} = -\frac{3186}{T} + 2{,}61\,. \qquad \text{(IVa)}$$

Untersuchungen an sauren S.M.-Öfen[6] haben ergeben, daß der Tonerde hinsichtlich ihrer theoretisch zu erwartenden Wechselwirkungen[7] mit Kieselsäure praktisch keine Bedeutung zukommt, sofern sie nicht in höheren Konzentrationen auftritt, als sie in normalen technischen Schlacken anzutreffen sind. Auch Krings und Schackmann konnten eine merkbare Beeinflussung entsprechender Gleichgewichte durch Aluminiumoxyd nicht feststellen. Dagegen glaubten sie, aus gewissen Anomalien die Fähigkeit des Magnesiumoxyds zur stärkeren Bildung des Metasilikats[7] $MgOSiO_2$ ableiten zu können, während Ed. Maurer und W. Bischof[8] in Parallele zu Ergebnissen von H. Salmang und F. Schick[9] das Auftreten von Verbindungen vermuteten, in denen Magnesiumoxyd als Säure auftritt. Tatsächlich ist die eigentliche Ursache gewisser Verschiebungen der Reaktionsgleichgewichte durch Magnesiumoxyd noch nicht klar erkennbar; Schenck und Rieß verkürzten daher die Bilanzgleichung der Kieselsäure zunächst auf:

$$(\Sigma\,SiO_2) = (SiO_2) + (SiO_2)_{FeO} + (SiO_2)_{MnO} + (SiO_2)_{CaO}$$

und versuchten den Einfluß höherer MgO-Gehalte der Schlacke durch ein besonderes Korrektionsglied zu berücksichtigen (vgl. S. 108).

---

[1] Vgl. Bd. I, S. 246.

[2] Gl. (IIIa) ist gegenüber den Angaben von Bd. I, S. 247 infolge weiterer Untersuchungen verändert. [3] A. a. O. [4] Vgl. Bd. I, S. 214.

[5] Z. anorg. allg. Chem. Bd. 206 (1932) S. 352.

[6] H. Schenck u. E. O. Brüggemann a. a. O. [7] Vgl. Bd. I, S. 217.

[8] A. a. O. [9] A. a. O.

Kalkverbindungen und „freier" Kalk.

Es ist verschiedentlich der Versuch unternommen worden, den in der Schlacke befindlichen „freien" Kalk auf analytischem Wege zu bestimmen; selbst wenn es gelingt, ein Lösungsmittel zu finden, das nur freien Kalk und nicht auch die übrigen Kalkverbindungen angreift, sind die Ergebnisse der Analyse unbrauchbar, weil sich im allgemeinen die Konzentrationen der freien Stoffe bei der Abkühlung und Erstarrung zu Gunsten der Verbindungen vermindern[1].

C. H. Herty jr.[2] betrachtet als „freien" Kalk die Differenz zwischen dem gesamten Kalk (Σ CaO) und demjenigen, der in Form von $(CaO)_3P_2O_5$ und $CaOSiO_2$ gebunden ist. Dabei wird vorausgesetzt, daß sich Phosphorsäure und Kieselsäure nur mit Kalziumoxyd verbinden und daß beide Verbindungen undissoziiert sind. Das Auftreten von Eisensilikaten und Kalkferriten, wie von freier Kieselsäure wäre demnach ausgeschlossen. Diese Annahmen sind offenbar unzutreffend.

Eine Bilanzgleichung des Kalks wird die Gestalt annehmen:

$$(\Sigma\,CaO) = (CaO) + (CaO)_{Fe} + (CaO)_{SiO_2} + (CaO)_{P_2O_5} + (CaO)_{Al_2O_3} + \cdots$$

Die Gesetze, die die Höhe der darin befindlichen Konzentrationen $(CaO)_{Fe}$ und $(CaO)_{SiO_2}$ regeln, sind von S. 27 bzw. S. 29 her bereits bekannt [Gl. (II), (IIa), (IV) und (IVa)].

Sehr wichtig — auch im Hinblick auf die Phosphorreaktionen — ist die Kenntnis der Kalkphosphatverbindungen hinsichtlich ihrer Konzentration und Molekularformel. Wie spätere Ausführungen[3] ergeben werden, soll hier die Phosphorsäure als in Form des Tetraphosphates $(CaO)_4P_2O_5$ vorliegend betrachtet werden, woraus sich ergibt:

$$(CaO)_{P_2O_5} = 1{,}57\,(\Sigma\,P_2O_5).$$

In der Frage, ob Tonerde in höherem Maße befähigt sei, Kalziumoxyd in flüssigen Schlacken abzubinden[4], gehen die Ansichten noch auseinander. Bei höheren Tonerdegehalten beobachteten sowohl Ed. Maurer und W. Bischof, wie W. Krings und H. Schackmann Verschiebungen der Mangangleichgewichte unter basischen Schlacken, über die noch zu berichten ist[5]. In Schlacken mit normalen Tonerdegehalten (bis rund 3% Al_2O_3) haben sich derartige Einflüsse noch nicht als wirksam erwiesen, so daß es berechtigt erscheint, der Bilanzgleichung des Gesamtkalks für normale Schlacken die verkürzte Form zu geben:

$$(\Sigma\,CaO) = (CaO) + (CaO)_{Fe} + (CaO)_{SiO_2} + (CaO)_{P_2O_5}\,.$$

Freies und gebundenes Manganoxydul.

In den Schlacken der Eisenhüttenprozesse scheint man nur die Bindung von Manganoxydul durch Kieselsäure berücksichtigen zu müssen, die vorzugsweise durch das Vorhandensein des Orthosilikats[6] beschrieben werden kann. Die Bilanzgleichung lautet daher:

$$(\Sigma\,MnO) = (MnO) + (MnO)_{SiO_2},$$

worin das letzte Glied durch Gl. (III), S. 29, erfaßbar ist.

Indem wir Gl. (III) in vorstehende Bilanzgleichung einführen, ergibt sich:

$$(\Sigma\,MnO) = (MnO) + (MnO)^2\,\frac{(SiO_2)}{1{,}42\cdot D_{(MnO)_2\,SiO_2}}\,.$$

[1] Vgl. Bd. I, S. 201. [2] Min. metallurg. Invest. Bull. Nr. 34. [3] S. 31 u. 152f.
[4] Bd. I, S. 218. [5] S. 100f. [6] Vgl. Bd. I, S. 246.

Im Hinblick auf spätere Erörterungen[1] bemerken wir, daß laut dieser Gleichung eine Proportionalität zwischen den Konzentrationen des gesamten und des freien Manganoxyduls nicht besteht.

Höhere Oxydstufen des Mangans werden in den Schlacken der Stahlerzeugungsprozesse nicht aufgefunden[2].

Phosphate.

Die in den Schlacken vorgefundene Phosphorsäure mit der Gesamtkonzentration $(\Sigma\, P_2O_5)$ liegt praktisch vollkommen in Form von Phosphat vor, demgegenüber die „freie“ Phosphorsäure[3] nicht zur Geltung kommt. Obwohl alle basischen Oxydbestandteile der Schlacken zur Bildung von Phosphaten befähigt sind, läßt eine Abschätzung der Stabilitätsverhältnisse erkennen, daß die Phosphorsäure in normalen kalkhaltigen Schlacken des basischen S.M.- und des Thomasverfahrens nur an Kalk gebunden sein dürfte[4]. Diese Auffassung ist heute wohl allgemein; lediglich die Frage, ob das Kalziumtriphosphat $(CaO)_3P_2O_5$ oder das -tetraphosphat $(CaO)_4P_2O_5$ als Träger der Entphosphorung zu betrachten sei, ist noch umstritten. Während von den meisten Bearbeitern der Metall-Schlackengleichgewichte mit dem Auftreten des Triphosphates gerechnet wurde[5], glaubten E. Maurer und W. Bischof[6] auf Grund ihrer Untersuchungsergebnisse über die Mangan- und Phosphorgleichgewichte den Schluß ziehen zu können, daß das Tetraphosphat als maßgebende Phosphorverbindung in den basischen Schlacken vertreten sei.

Aus dem von G. Trömel[7] mitgeteilten Zustandsdiagramm des Systems Kalk—Phosphorsäure ist zu entnehmen, daß die Stabilität der beiden genannten Phosphate recht hoch sein dürfte; in Übereinstimmung damit steht, daß H. Schenck und W. Rieß die Gleichgewichte der Phosphorreaktion unter der Annahme des Tri- oder des Tetraphosphates etwa gleich gut beschreiben konnten, wenn die Formulierung des M.W.G. auf dem „freien“ Kalk und Eisenoxydul aufgebaut wurde, deren Konzentrationen nach den angegebenen Gleichungen miteinander verknüpft sind. Sie folgerten daraus, daß beide Phosphate in den basischen Schlacken anwesend seien, beschränken sich lediglich aus Gründen einer einfacheren mathematischen Beschreibung der Reaktionsendlagen aber auf die Annahme der alleinigen Anwesenheit des Tetraphosphates $(CaO)_4P_2O_5$ und wählen als Bilanzgleichung der Phosphorsäurekonzentration

$$(\Sigma\, P_2O_5) = (P_2O_5)_{CaO}$$

aus der sich ergibt:

$$(CaO)_{P_2O_5} = 1{,}57\, (\Sigma\, P_2O_5).$$

Magnesiumoxyd, Aluminiumoxyd und chemisch weniger bedeutsame Schlackenbestandteile.

Die Anwesenheit von Magnesium- und Aluminiumoxyd ist für die chemischen Wechselwirkungen zwischen Stahl und Schlacke dann von Bedeutung, wenn

---

[1] S. 97. [2] H. Salmang: Vgl. Arch. Eisenhüttenwes. Bd. 3 (1929/30) S. 513.

[3] Wegen des hohen Dampfdruckes der Phosphorsäure ist es unwahrscheinlich, daß sie in den technischen Schlacken in merkbarer Konzentration „frei“ vorliegt.

[4] Vgl. Bd. I S. 260 sowie Bd. II, S. 153.

[5] Vgl. die Berechnung der „Basizitätsgrößen“, S. 20.

[6] Ergebnisse der angewandten physikalischen Chemie (Leipzig 1931) Bd. 1, S. 128f.; Arch. f. Eisenhüttenwes. Bd. 6 (1932/33) S. 415f.

[7] Mitt. Kais.-Wilh.-Inst. Eisenforschg., Düsseld. Bd. 14 (1932) S. 25.

diese Stoffe mit anderen Schlackenbestandteilen Verbindungen bilden, durch die solche „freien" Konzentrationsgrößen vermindert werden, die später in die Gleichungen des M.W.G. eingesetzt werden sollen[1], also die Größen (FeO), (MnO), (CaO) und (SiO_2). Werden diese Konzentrationsgrößen nicht beeinflußt, so dürfen wir MgO und Al_2O_3 als praktisch neutrale Verdünnungsmittel der Schlacken betrachten; dies gilt auch, wenn beide miteinander Verbindungen (Spinelle)[2] bilden. Gemäß den vorangegangenen Ausführungen[3] werden wir in diesem Sinne die Oxyde von Magnesium und Aluminium als praktisch neutral betrachten können, so lange sie sich in normalen Konzentrationsbereichen bewegen. Spätere Ausführungen werden allerdings nachweisen, daß die Gleichgewichte der Manganreaktion vom Magnesiumoxydgehalt der Schlacke abhängig sind; die Berücksichtigung dieses Einflusses muß vorläufig durch ein Korrektionsglied erfolgen.

Als neutrales Verdünnungsmittel haben wir ferner Flußspat (Fluorkalzium CaF_2) anzusehen, der basischen Schlacken gelegentlich zur Verbesserung des Flüssigkeitsgrades und Erniedrigung des Schmelzpunktes zugesetzt wird. Wohl bildet dieser Stoff mit Kieselsäure teilweise Siliziumfluorid ($2\,CaF_2 + SiO_2 \rightarrow 2\,CaO + SiF_4$)[4]; die Verbindung ist aber flüchtig, so daß sie in der Bilanzgleichung für Kalk oder Kieselsäure nicht berücksichtigt zu werden braucht.

Die absichtliche Zugabe von Tonerde (Bauxit) oder Flußspat zu den Schlacken des basischen S.M.-Ofens beruht auf der Fähigkeit dieser Stoffe, den Flüssigkeitsgrad der Schlacken zu erhöhen, dies gilt insbesondere für Flußspat, dessen intensiver Einfluß auf die Viskosität kürzlich von F. Hartmann[5] auch im Laboratorium nachgewiesen wurde. Die Wirkung von Tonerde ist demgegenüber viel geringer; sie kann nach Hartmann unter Umständen sogar eine Steigerung der Zähigkeit zur Folge haben.

Das im Elektroofen auftretende Kalziumkarbid CaC_2 kann gegenüber den sonstigen Schlackenkomponenten ebenfalls als neutral betrachtet werden.

Die Schlacken weisen als Verunreinigungen schließlich auch Alkalioxyde (Na_2O, K_2O) auf; ihrer basischen Eigenschaften wegen wird man annehmen müssen, daß sie teilweise in Form von Silikaten vorhanden sein können. Da die Konzentrationssumme der Alkalioxyde in den Schlacken nur gering ist und 1% nicht überschreiten dürfte, können sie vernachlässigt werden. Eine Ausnahme bilden jedoch Schlacken des Hochfrequenzofens, die häufig unter Verwendung von alkalireichen Glasabfällen gebildet werden; wieweit man unter diesen Umständen mit dem Auftreten von Alkalisilikaten zu rechnen hat, ist noch unbekannt.

Quantitative Zusammenhänge zwischen den Konzentrationen der „freien" Komponenten und der Gesamtzusammensetzung der Schlacke.

Nachdem wir in den vorangegangenen Abschnitten versucht haben, uns Klarheit über die in den Schlacken vorliegenden Verbindungen und deren Bildungsbestreben (Dissoziation) zu verschaffen, können wir zur Beantwortung

[1] Vgl. S. 6f. [2] Vgl. Bd. I, S. 219. [3] S. 28 u. 30.

[4] Auf die Bildung von Siliziumfluorid bei der Schlackenanalyse ist Rücksicht zu nehmen, da sonst zu niedrige Kieselsäuregehalte gefunden werden.

[5] Stahl u. Eisen Bd. 54 (1934) S. 564—572.

der Frage übergehen, mit welchen Zahlenwerten der „freien“ Komponenten wir bei den verschiedenen Schlacken zu rechnen haben.

Kritisch sei dazu gesagt: Ein Vergleich der auf S. 18f. gegebenen Liste der grundsätzlich möglichen Verbindungen mit der verhältnismäßig geringen Anzahl, die wir später als maßgebend für die chemischen Wechselwirkungen berücksichtigen wollen, läßt erkennen, daß wir die meisten Verbindungen als genügend weitgehend dissoziiert gedacht haben, um ihr Vorhandensein vernachlässigen zu dürfen. Für einige Verbindungen fand diese Annahme ihre Begründung oder Stütze in den Ergebnissen der aus verschiedenen Forschungslaboratorien stammenden Experimentalarbeiten über verhältnismäßig einfache Gleichgewichtssysteme; andere Verbindungen wieder wurden bei der Auswertung von Betriebsuntersuchungen als nicht in Betracht kommend erkannt.

Nun ist zu bemerken, daß die Auswertung der Betriebs-, in geringerem Maße auch der Laboratoriumsversuche, immer gewisse Fehlerbereiche zeigt, die teils auf unvollkommene Gleichgewichtseinstellung, teils auf Ungenauigkeiten der Probenahme, Analyse und Temperaturmessung zurückzuführen sind. Es wäre dann möglich, daß die hier nicht berücksichtigten Verbindungen ihren Einfluß innerhalb des Fehlerbereichs geltend machen könnten, und daß die mit ihrer Vernachlässigung begangene Ungenauigkeit von den Gl. (I) bis (IV) aufgenommen wird, mit denen wir das Bildungsbestreben der vorhanden gedachten Verbindungen beschrieben haben. Zweifellos ist dies ein Umstand, der der Kritik der reinen Theorie Angriffsflächen bieten wird; von Seiten der angewandten theoretischen Metallurgie wird dagegen die Berechtigung zu gewissen Annahmen und Vernachlässigungen aus dem Gesichtspunkt heraus entschieden, ob die verbleibenden Rechnungsunterlagen zur Bestätigung der Betriebserfahrungen, zur vertieften Kenntnis der Prozesse und zur bewußten Beeinflussung der chemischen Vorgänge hinreichen.

Berechnung der Gesamtkonzentrationen aus freien Konzentrationen.

Wir hatten die wichtigsten Gesamtkonzentrationen im Sinne folgender Bilanzgleichungen in die Konzentrationen der „freien“ und der verbundenen Bestandteile zerlegt:

$$(\Sigma\,\mathrm{Fe}) = 0{,}78\,(\mathrm{FeO}) + (\mathrm{Fe})_{\mathrm{CaO}} + (\mathrm{Fe})_{\mathrm{SiO_2}} \tag{a}$$

$$(\Sigma\,\mathrm{SiO_2}) = (\mathrm{SiO_2}) + (\mathrm{SiO_2})_{\mathrm{FeO}} + (\mathrm{SiO_2})_{\mathrm{MnO}} + (\mathrm{SiO_2})_{\mathrm{CaO}} \tag{b}$$

$$(\Sigma\,\mathrm{CaO}) = (\mathrm{CaO}) + (\mathrm{CaO})_{\mathrm{Fe}} + (\mathrm{CaO})_{\mathrm{SiO_2}} + (\mathrm{CaO})_{\mathrm{P_2O_5}} \tag{c}$$

$$(\Sigma\,\mathrm{MnO}) = (\mathrm{MnO}) + (\mathrm{MnO})_{\mathrm{SiO_2}} \tag{d}$$

Außerdem wollen wir noch die Gesamtkonzentration $(\Sigma\,\mathrm{CaO})'$ einführen, die sich von $(\Sigma\,\mathrm{CaO})$ dadurch unterscheidet, daß sie den als Phosphat gebundenen Kalk nicht mit umfaßt; es ist also:

$$(\Sigma\,\mathrm{CaO})' = (\mathrm{CaO}) + (\mathrm{CaO})_{\mathrm{Fe}} + (\mathrm{CaO})_{\mathrm{SiO_2}}\,. \tag{c'}$$

Indem wir die vollständige Bindung der Phosphorsäure zu Kalziumtetraphosphat annehmen (vgl. S. 31), läßt sich $(\mathrm{CaO})_{\mathrm{P_2O_5}}$ sehr einfach berechnen; es ist $(\mathrm{CaO})_{\mathrm{P_2O_5}} = 1{,}57\;(\Sigma\,\mathrm{P_2O_5})$ und demnach:

$$(\Sigma\,\mathrm{CaO}) = (\Sigma\,\mathrm{CaO})' + 1{,}57\;(\Sigma\,\mathrm{P_2O_5}).$$

Die Einführung der Größe $(\Sigma\,\mathrm{CaO})'$ wird sich als sehr zweckmäßig erweisen.

Der einfachste Weg zur Aufstellung der Beziehungen zwischen gesamten und freien Konzentrationen ist der, von beliebigen Voraussetzungen über die Höhe der freien Konzentrationen, also

$$(\mathrm{FeO}),\ (\mathrm{SiO_2}),\ (\mathrm{CaO})\ \text{und}\ (\mathrm{MnO})$$

auszugehen und mit Hilfe der Gl. (I) bis (IV) die dazugehörigen Konzentrationssummen im Sinne der Bilanzgleichungen auszurechnen. Indem wir zu diesem Zwecke die Bilanzgleichungen vertikal anordnen, erhalten wir [unter Beifügung der Gl. (I) bis (IV)] folgendes:

Zahlentafel 2. Schema zur Berechnung der Gesamt-

$(\Sigma Fe) =$	$(\Sigma SiO_2) =$
$0{,}78\,(FeO)$	(SiO_2)
+	+
$(Fe)_{SiO_2} \left(= \frac{(FeO)^2\,(SiO_2)}{1{,}82 \cdot D_{(FeO)_2\,SiO_2}}\right)$	$(SiO_2)_{FeO} \left(= \frac{(FeO)^2\,(SiO_2)}{3{,}39 \cdot D_{(FeO)_2SiO_2}}\right)$
+	+
$(Fe)_{CaO} \left(= \frac{(CaO)^3\,(FeO)^4}{2{,}38 \cdot (K_{Fe/CaO})}\right)$	$(SiO_2)_{MnO} \left(= \frac{(MnO)^2\,(SiO_2)}{3{,}36 \cdot D_{(MnO)_2\,SiO_2}}\right)$
	+
	$(SiO_2)_{CaO} \left(= \frac{(CaO)\,(SiO_2)}{1{,}94 \cdot D_{CaO\,SiO_2}}\right)$
$= (\Sigma Fe)$	**$= (\Sigma SiO_2)$**

Die Konstanten $D_{(FeO)_2SiO_2}$, $(K_{Fe/CaO})$, $D_{(MnO)_2SiO_2}$ und D_{CaOSiO_2} können aus Zahlentafel 15 (S. 264) entnommen werden, wo auch ihre Temperaturfunktionen nochmals zusammengestellt sind.

Durchführungsbeispiel: Angenommen seien folgende freie Konzentrationen (Gewichtsprozente):

$$(FeO) = 6{,}0; \quad (SiO_2) = 7{,}0; \quad (CaO) = 25{,}0; \quad (MnO) = 3{,}0.$$

Die Berechnung erfolge für 1627° C (= 1900° abs.); für diese Temperatur ist:

$$D_{(FeO)_2\,SiO_2} = 70{,}8; \quad (K_{Fe/CaO}) = 2{,}3 \cdot 10^6; \quad D_{(MnO)_2\,SiO_2} = 6{,}8; \quad D_{CaOSiO_2} = 8{,}6.$$

(ΣFe)	(ΣSiO_2)	$(\Sigma CaO)'$	(ΣMnO)
$0{,}78 \cdot 6{,}0$	$7{,}0$	$25{,}0$	$3{,}0$
+	+	+	
$\frac{6{,}0^2 \cdot 7{,}0}{1{,}82 \cdot 70{,}8}$	$\frac{6{,}0^2 \cdot 7{,}0}{3{,}39 \cdot 70{,}8}$		
+			+
$\frac{25^3 \cdot 6{,}0^4}{2{,}38 \cdot 2{,}3 \cdot 10^6}$	+	$\frac{25^3 \cdot 6{,}0^4}{2{,}37 \cdot 2{,}3 \cdot 10^6}$	
	$\frac{3{,}0^2 \cdot 7{,}0}{3{,}36 \cdot 6{,}8}$		$\frac{3{,}0^2 \cdot 7{,}0}{1{,}42 \cdot 6{,}8}$
	+	+	
	$\frac{25{,}0 \cdot 7{,}0}{1{,}94 \cdot 8{,}6}$	$\frac{25{,}0 \cdot 7{,}0}{2{,}07 \cdot 8{,}6}$	
$(\Sigma Fe) =$	$(\Sigma SiO_2) =$	$(\Sigma CaO)' =$	$(\Sigma MnO) =$
4,68 + 1,96 + 4,09 = **10,73**	7,0 + 1,05 + 2,79 + 10,52 = **21,36**	25,0 + 4,11 + 9,87 = **38,98**	3,0 + 6,60 = **9,60**

konzentrationen aus angenommenen freien Konzentrationen.

$(\Sigma\, CaO) =$	$(\Sigma\, MnO) =$	Ermittlung erfolgt nach
(CaO)	(MnO)	Voraussetzung
$+$		Gl. (I), S. 25
$(CaO)_{Fe}\left(=\frac{(CaO)^3\,(FeO)^4}{2{,}37\cdot(K_{Fe/CaO})}\right)$	$+$	Gl. (II), S. 27
$+$	$(MnO)_{SiO_2}\left(=\frac{(MnO)^2\,(SiO_2)}{1{,}42\cdot D_{(MnO_2)\,SiO_2}}\right)$	Gl, (III), S. 29
$(CaO)_{SiO_2}\left(=\frac{(CaO)\,(SiO_2)}{2{,}07\cdot D_{CaO\,SiO_2}}\right)$		Gl. (IV), S. 29
$= \mathbf{(\Sigma\, CaO)'}$ $+$ $(CaO)_{P_2O_5} = (1{,}57\,(\Sigma\, P_2O_5))$ $= \mathbf{(\Sigma\, CaO)}$	$= \mathbf{(\Sigma\, MnO)}$	S. 33

Enthält die Schlacke dazu Phosphorsäure im Betrag von beispielsweise $(\Sigma\, P_2O_5) = 1{,}5\%$, so wird

$$(\Sigma\, CaO) = (\Sigma\, CaO)' + 1{,}57\,(\Sigma\, P_2O_5) = 38{,}98 + 1{,}57\cdot 1{,}5 = 41{,}33.$$

Von Interesse ist noch folgende Überlegung: Es ergibt sich oben $(Fe)_{CaO} = 4{,}09$. Dieser Eisenanteil liegt unserer Auffassung gemäß als $(CaO)_3Fe_3O_4$ vor und entspricht einem Betrage von 1,36% zweiwertigem und 2,73% dreiwertigem Eisen. Das freie und das als Silikat gebundene Eisen liegt zweiwertig vor; man erhält also insgesamt 8,0% $Fe^{\cdot\cdot}$ und 2,73% $Fe^{\cdot\cdot\cdot}$, was nach der gebräuchlichen Umrechnung 10,2% FeO und 3,9% Fe_2O_3 entsprechen würde. Dieses Verhältnis von zwei- und dreiwertigem Eisen findet man in der Tat bei basischen Schlacken häufig vor; wir sehen aber, daß es keinen Hinweis für den Anteil des „freien" Eisenoxyduls bietet. Vorstehende Errechnung des zwei- und dreiwertigen Eisens ist daher nur von geringem Wert und wir erkennen weiter die Unzulässigkeit des Verfahrens, aus der analytischen Bestimmung des zweiwertigen Eisens auf den Gehalt der Schlacke an freiem Eisenoxydul zu schließen. Wir werden daher von vorstehender Umrechnung im allgemeinen absehen; lediglich bei kalkfreien, sauren Schlacken, die dreiwertiges Eisen nicht enthalten, werden wir den Gesamteisengehalt (durch Multiplikation mit 1,28) auf Eisenoxydul umrechnen und erhalten dann die Gesamtkonzentration $(\Sigma\, FeO)$, die das freie und das silikatisch gebundene Eisenoxydul umfaßt.

Es ist nur noch auf den Umstand aufmerksam zu machen — und hier gewinnt der Anteil des Eisenoxyduls und Eisenoxyds seine einzige Bedeutung —, daß die Summe der errechneten Gesamtkonzentrationen nicht 100% erreicht; wir errechneten:

$$\begin{array}{ll} (\Sigma\, Fe) = 10{,}73 \text{ entsprechend} & \left\{\begin{array}{l} 10{,}20\%\ FeO \\ 3{,}90\%\ Fe_2O_3 \end{array}\right. \\ (\Sigma\, SiO_2) & = 21{,}36\% \\ (\Sigma\, CaO) & = 41{,}33\% \\ (\Sigma\, MnO) & = \ \ 9{,}60\% \\ (\Sigma\, P_2O_5) & = \ \ 1{,}50\% \\ \hline & \ \ \ 87{,}89\% \end{array}$$

Die restlichen Schlackenkomponenten dürfen nur solche sein, die mit Eisenoxyden, Kieselsäure, Kalk, Manganoxydul und Phosphorsäure keine Verbindungen bilden, die also hinsichtlich von Reaktionen **innerhalb** der Schlacke als neutral zu gelten haben. Solche „neutralen Komponenten", deren Konzentrationssumme wir mit $(\Sigma\, NK)$ bezeichnen wollen, sind nach den vorangegangenen Ausführungen z. B. MgO, Al_2O_3, CaF_2, CaS und CaC_2, sofern sie nicht in außergewöhnlich hohen Konzentrationen auftreten.

Graphische Darstellung der Beziehungen zwischen freien und Gesamtkonzentrationen.

Wir haben im vorigen Abschnitt die Gesamtkonzentrationen errechnet, indem wir die Kenntnis der freien Konzentrationen voraussetzten. Wichtiger ist offenbar der umgekehrte Weg, d. h. die Ermittlung der freien Konzentrationsgrößen aus gegebenen Gesamtkonzentrationen, wie sie die chemische Analyse liefert. Man sieht leicht ein, daß dieses Problem auf rechnerischem Wege praktisch kaum zu lösen ist. Es lassen sich prinzipiell zwar Ausdrücke entwickeln, die eine Berechnung der freien Konzentrationen aus den analytischen Angaben erlauben; dabei entstehen aber Gleichungen höheren Grades, die äußerst unhandlich und auch nur durch umständliche Proberechnungen auflösbar sind.

Aus diesen Gründen bleiben nur umfangreiche graphische Darstellungen als einzig brauchbarer Weg zur Ermittlung der gesuchten Beziehungen übrig; sie finden sich in den Tafeln[1] Ia—d speziell für die kalkfreien, sauren Schlacken und in Tafeln II—IV für alle Schlacken, die aus Eisenoxyden, Kalk, Kieselsäure, Manganoxydul, Phosphorsäure und den erwähnten „neutralen Bestandteilen" zusammengesetzt sind. An Hand dieser Darstellungen erörtern wir nunmehr die wichtigsten „freien" Konzentrationen, (FeO) und (CaO).

Freies Eisenoxydul in kalkfreien, sauren Schlacken. In der unteren Teilbilderreihe von Tafel Ia—d sind die Linien gleicher (FeO)-Werte für vier verschiedene Temperaturen in Abhängigkeit von den Gesamtkonzentrationen (Σ FeO) und (Σ MnO) zur Darstellung gebracht; der Rest — auf 100% bezogen — ist Kieselsäure.

Wir entnehmen den Kurvenzügen, daß die Schlacken bei gleichem Gesamteisenoxydulgehalt (Σ FeO) um so mehr freies Eisenoxydul enthalten, je höher der Manganoxydulgehalt (Σ MnO) liegt; sie geben also die quantitative Erläuterung der Auffassung, daß durch steigenden Manganoxydulgehalt einmal der gesamte Kieselsäuregehalt und infolge verstärkter Bildung von Mangansilikat auch der freie Kieselsäuregehalt erniedrigt wird. Es vermindert sich daher der Kieselsäureanteil, der zur Bindung von Eisenoxydul zur Verfügung steht.

Die eben beschriebenen Kurven haben nur Gültigkeit, solange die Schlacke eine homogene flüssige Lösung darstellt, deren Konzentrationsgebiet in den Teilbildern der Tafel I mit *I* bezeichnet ist, zur Unterscheidung von Feld *II*, in dem neben der gesättigten flüssigen Silikatlösung feste Kieselsäure auftritt. Die Grenzkurve der beiden Felder (Sättigungskurve) liegt nach neueren Messungen von F. Körber und W. Oelsen[2] ziemlich genau bei (Σ SiO_2) = 50% und ist mit *a* gekennzeichnet, während C. H. Herty jr.[3] und Mitarbeiter eine etwas höhere und mit der Temperatur veränderliche Lage (*b*) festgestellt hatten. Da die technischen sauren Schlacken stets geringe Beimengungen enthalten,

[1] Über das Zustandekommen der Abbildungen vgl. Bd. I, S. 249f; die dort befindliche entsprechende Abb. 131 ist durch die Veränderung der Dissoziationskonstanten nicht mehr ganz maßgebend.

[2] Mitt. Kais.-Wilh.-Inst. Eisenforschg., Düsseld. Bd. 15 (1933) S. 279.

[3] Vgl. C. H. Herty jr., J. E. Conley u. M. B. Royer: Stahl u. Eisen Bd. 51 (1931) S. 1174 sowie Bd. I S. 247f., Abb. 129.

liegt ihre Sättigungskurve wahrscheinlich zwischen *a* und *b* (vgl. S. 74). In Feld *III* treten neben der flüssigen Silikatlösung FeO—MnO-Mischkristalle auf, in Feld *IV* nur Mischkristalle. Die Grenzkurven dieser beiden Felder sind noch unsicher; ihre Ausgangspunkte wurden den Arbeiten von Herty entnommen.

Wie bei Anwesenheit ausgeschiedener Kieselsäure (Feld *II*) die Konzentration des freien Eisenoxyduls zu ermitteln ist, sei an der — in Analogie zu Tafel I gezeichneten — schematischen Abb. 6 erläutert, in der der Kurvenzug $x-y$ das Feld der homogenen Lösung begrenzt. Hat die heterogene Schlacke die Zusammensetzung des Punktes *a*, so zieht man durch *a*, ausgehend vom Nullpunkt des Koordinatensystems eine Gerade bis zur Kurve $x-y$; ihr Schnittpunkt mit $x-y$ (Punkt *b*) gibt die Zusammensetzung des in flüssiger Form vorhandenen Schlackenanteils und des in diesem enthaltenen freien Eisenoxyduls an. Nach Abb. 6 würde die flüssige Lösung, die für die Beurteilung der Oxydationsfähigkeit allein entscheidend ist, etwa 4,5% freies Eisenoxydul enthalten.

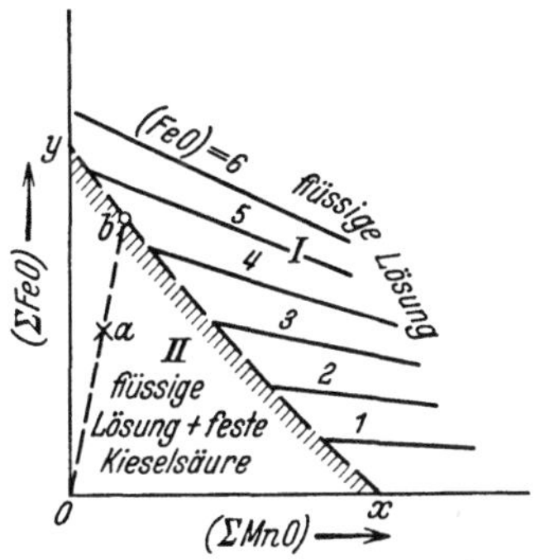

Abb. 6. Schematische Darstellung der Ermittlung von freiem Eisenoxydul in heterogenen sauren Schlacken.

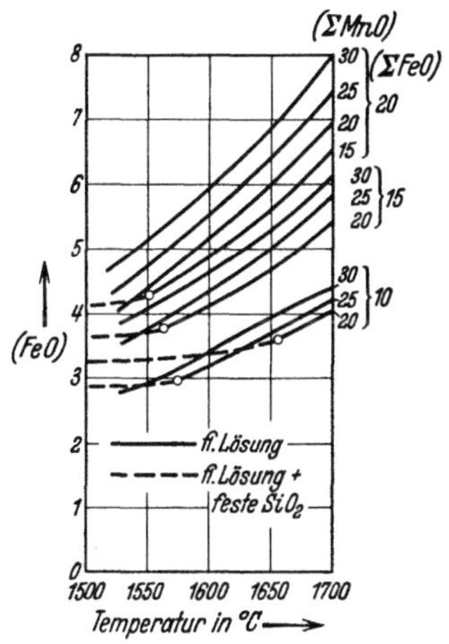

Abb. 7. Temperaturabhängigkeit des freien Eisenoxyduls in mehreren sauren Schlacken (Rest: Kieselsäure).

Dieses graphische Verfahren beruht auf dem Umstand, daß die Konzentration des freien Eisenoxyduls unabhängig vom Mengenverhältnis der flüssigen Lösung und der im Überschuß vorhandenen festen Kieselsäure ist[1, 2].

An Hand einer solchen Ermittlung von (FeO) ist festzustellen, daß (bei gleichem Gesamteisenoxydulgehalt) das freie Eisenoxydul in heterogenen Schlacken mit steigender Manganoxydulkonzentration abnimmt; dies steht im Gegensatz zu den Verhältnissen bei homogenen flüssigen Schlacken (vgl. auch Abb. 7).

Mit steigender Temperatur nimmt das freie Eisenoxydul in Schlacken gleicher Gesamtkonzentrationen (wegen vermehrter Dissoziation der Verbindungen) zu, gemäß Abb. 7, die aus Tafel I gewonnen ist.

Den Einfluß neutraler Beimengungen (Al_2O_3) auf die Höhe der Konzentration von freiem Eisenoxydul in sauren Schlacken kann man in gleicher Weise

[1] Satz vom Einfluß des Mengenverhältnisses der Phasen; vgl. Bd. I, S. 13.

[2] Das gleiche Verfahren wird später Verwendung finden, um die Gleichgewichte der heterogenen Schlacken mit dem Stahlbad bezüglich dessen Mangan- und Siliziumkonzentration (S. 137 u. 146) festzustellen.

errechnen, wie Tafel I[1]. Abb. 8a und b gibt die Verhältnisse wieder für Schlakken, die 10% neutrale Bestandteile enthalten; ein Vergleich mit Tafel I zeigt, daß der Ersatz von Kieselsäure durch neutrale Bestandteile (wegen verminderter Silikatbildung) zu einer Steigerung von (FeO) führt. Um die immerhin umständlichen Berechnungen von (FeO) bei wechselnder Menge neutraler Bestandteile zu vermeiden, kann man für praktische Zwecke den Annäherungsansatz verwenden:

$$(\mathrm{FeO}) = (\mathrm{FeO})_{\mathrm{Tafel\,I}} \left(1 + \frac{(\Sigma NK)}{100}\right), \qquad (1)$$

worin $(\Sigma\, NK)$ die Konzentrationssumme der neutralen Komponenten ist und $(\mathrm{FeO})_{\mathrm{Tafel\,I}}$ den aus Tafel I abzulesenden freien Eisenoxydulgehalt für die gegebenen (Σ FeO)- und (Σ MnO)-Werte darstellt.

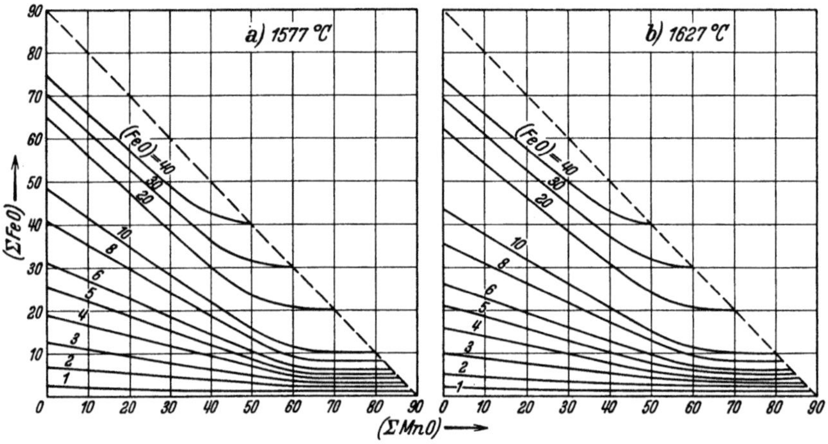

Abb. 8a u. b. Freies Eisenoxydul in FeO—MnO—SiO_2-Schlacken, die noch 10 % neutrale Bestandteile enthalten.

Freies Eisenoxydul in kalkhaltigen Schlacken. Die folgenden Erörterungen erstrecken sich sowohl auf saure Schlacken, denen gelegentlich Kalk zugeführt wird, wie auch auf die ausgesprochen basischen Schlacken des S.M.-Ofens, des Thomaskonverters und des Elektroofens.

Wir schicken voraus, daß alle diese Schlacken außer „neutralen Bestandteilen" im Sinne von S. 35f. eine Reihe von Stoffen enthalten, die einen zum Teil erheblichen Einfluß auf die Konzentration des freien Eisenoxyduls ausüben; außer der Temperatur sind die folgenden Konzentrationsgrößen zu berücksichtigen.

$$(\Sigma\,\mathrm{Fe}),\quad (\Sigma\,\mathrm{CaO}),\quad (\Sigma\,\mathrm{SiO_2}),\quad (\Sigma\,\mathrm{MnO}) \text{ und } (\Sigma\,\mathrm{P_2O_5}).$$

Diese — bei gegebener Temperatur — fünf wirksamen Variablen können wir auf vier vermindern, indem wir die Größe (Σ CaO)' einführen, die nach S. 33 der einfachen Beziehung folgt:

$$(\Sigma\,\mathrm{CaO})' = (\Sigma\,\mathrm{CaO}) - 1{,}57\,(\Sigma\,\mathrm{P_2O_5}).$$

Dann bleiben neben der Temperatur die vier Variablen

$$(\Sigma\,\mathrm{Fe}),\quad (\Sigma\,\mathrm{MnO}),\quad (\Sigma\,\mathrm{CaO})' \text{ und } (\Sigma\,\mathrm{SiO_2})$$

maßgebend für die Konzentration des freien Eisenoxyduls.

---

[1] Die Konzentrationssumme der neutralen Komponenten $(\Sigma\, NK)$ kann in den Gleichungen sofort berücksichtigt werden (vgl. Bd. I, S. 250).

Die gesuchten Beziehungen haben in Tafel II—IV für die Temperaturen 1527, 1577 und 1627° C ihre Darstellung gefunden.

Jede der Tafeln besteht aus 20 Teilbildern in 5 waagerechten und 4 senkrechten Reihen. Jede senkrechte Reihe entspricht einem festgelegten Gesamteisengehalt der Schlacke [(Σ Fe) = 5, 10, 15 und 20], jede waagerechte Reihe bezieht sich auf Schlacken von gleichem Manganoxydulgehalt [(Σ MnO) = 0, 5, 10, 15 und 20]. Somit sind für jedes Teilbild zwei Variabele festgelegt; die beiden anderen, (Σ CaO)′ und (Σ SiO_2) sind an den Ordinaten bzw. Abszissen aufgetragen.

Weiter sei darauf hingewiesen, daß die Tafeln gemäß den ihrer Aufstellung zugrunde liegenden Untersuchungen für Schlacken Geltung haben, deren Magnesiumoxyd- und Tonerdegehalte die normalerweise auftretenden Konzentrationen (etwa 7% MgO, etwa 4% Al_2O_3) nicht wesentlich überschreiten.

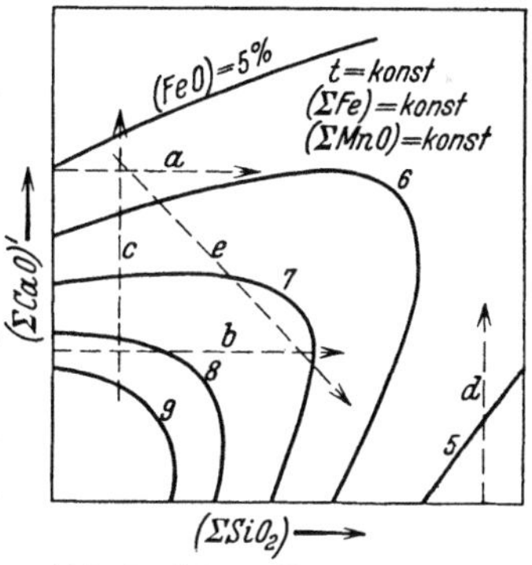

Abb. 9. Schematische Darstellung des Verhaltens von freiem Eisenoxydul in den Schlacken.

Die in den Teilbildern aufgezeichneten Kurven gleicher Konzentrationen von freiem Eisenoxydul nehmen den in Abb. 9 nochmals schematisch dargestellten Verlauf. Es wird dann zunächst ersichtlich, daß Schlacken von gleichem Gesamteisengehalt bei gleicher Temperatur eine in verhältnismäßig weiten Grenzen schwankende Konzentration von freiem Eisenoxydul aufweisen können, je nach der absoluten Höhe von (Σ CaO)′ und (Σ SiO_2).

Schlacke Nr.	(Σ CaO)′	(Σ SiO_2)	(Σ MnO)
1		5	
2	20	10	10
3		15	
4		20	
5		5	
6	30	10	10
7		15	
8		20	
9		5	
10	40	10	10
11		15	
12		20	

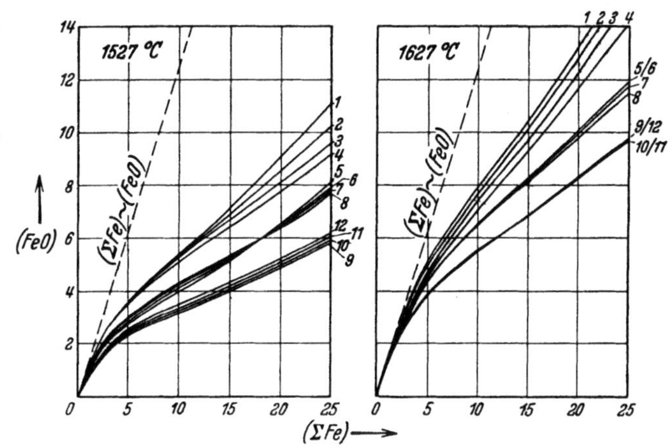

Abb. 10. Beziehungen zwischen der Konzentration des freien Eisenoxyduls und dem Gesamteisengehalt für mehrere Schlacken.

Wir wollen nunmehr durch Vergleich der einzelnen Teilbilder untersuchen, in welchem Maße die Konzentration des freien Eisenoxyduls durch Veränderung der verschiedenen Variablen beeinflußt wird.

Den Einfluß des Gesamteisengehalts (Σ Fe) auf (FeO) zeigt Abb. 10 für zwei Temperaturen und 12 Schlacken verschiedener Zusammensetzung; sie enthält gleichzeitig (gestrichelt) eine Gerade, die sich ergibt, wenn das gesamte Eisen als freies Oxydul vorliegen würde. Eine geradlinige Proportionalität zwischen (Σ Fe) und (FeO) ist offensichtlich nicht vorhanden. Damit entfällt die Möglichkeit, in das ideale M.W.G. an Stelle von (FeO) die Größe (Σ Fe) (unter

Einbeziehung der Proportionalitäts- in die Gleichgewichtskonstante[1]) einzuführen.

Manganoxydul kann in zweierlei Weise von Einfluß auf das freie Eisenoxydul sein. Durch die Bildung von Mangansilikat wird Eisenoxydul sowie Kalk aus Silikaten frei; der erhöhte Betrag freien Kalks bindet wieder Eisenoxyd ab. In sehr basischen Schlacken kann die Ferritbildung bevorzugt werden, dort zeigt sich gelegentlich eine geringe Abnahme des freien Eisenoxyduls bei wachsenden (Σ MnO); in normalen basischen Schlacken kompensieren sich die Vorgänge, so daß Manganoxydul praktisch ohne Einfluß ist. Dagegen wird (FeO) in sauren Schlacken — wie schon dargelegt — durch steigenden Manganoxydulgehalt stark erhöht. Eine Illustration der Verhältnisse gibt — in Zusammenhang mit den Ausführungen von S. 36 f. — nebenstehende Zahlentafel 3[2].

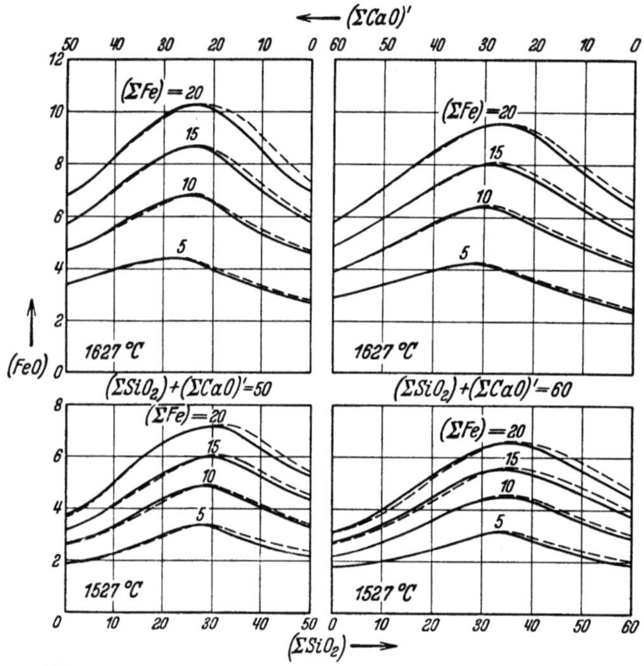

Abb. 11. Die Konzentration des freien Eisenoxyduls in Abhängigkeit vom Kalk-Kieselsäureverhältnis.
———— (Σ MnO) = 10 % – – – – (Σ MnO) = 20 %.

An Hand der in die schematische Abb. 9 eingezeichneten Pfeile *a* und *b*, sowie an nebenstehender Zahlentafel kann man sich den Einfluß von Kieselsäure klarmachen. Man ersieht daraus, daß steigende Kieselsäurekonzentration im Gebiete kalkreicher Schlacken (Pfeil *a*) das freie Eisenoxydul vermehrt, in kalkarmen Schlacken (Pfeil *b*) dagegen vermindert. Diese zweifache Wirkung erklärt sich aus der Fähigkeit der Kieselsäure, sowohl Eisenoxydul, wie Kalk zu binden. Infolge der silikatischen Bindung von Kalk wird andererseits das Entstehen von Kalkferriten beeinträchtigt bzw. Kalkferrite werden zerlegt. Dieser Vorgang tritt bei kalkreichen Schlacken in den Vordergrund, während in kalkarmen die Bildung von Eisensilikat bevorzugt wird.

Steigender Kalkgehalt der Schlacken kann sich ebenfalls in doppelter Weise auswirken. Im Gebiete der normalerweise für basische Schlacken in Betracht kommenden Kieselsäuregehalte nimmt die Konzentration des freien Eisenoxyduls mit wachsendem Kalkgehalt (Σ CaO)' ab (Pfeil *c*, Abb. 9) infolge der Bildung von Kalkferriten; in sauren Schlacken (Pfeil *d*) kann man dagegen durch Kalkzusätze eine leichte Steigerung von (FeO) herbeiführen, die sich aus der Bildung von Kalksilikat auf Kosten von Eisensilikat erklärt.

[1] Vgl. S. 25. [2] Vgl. auch Abb. 11.

Zahlentafel 3. Die Konzentration des freien Eisenoxyduls in verschiedenen Schlacken mit wechselndem Manganoxydulgehalt.

$(\Sigma MnO) \rightarrow$			0			5			10			15			20		
			(FeO) für °C			(FeO) für °C			(FeO) für °C			(FeO) für °C			(FeO) für °C		
(ΣFe)	$(\Sigma CaO)'$	(ΣSiO_2)	1527	1577	1627	1527	1577	1627	1527	1577	1627	1527	1577	1627	1527	1577	1627
		10	3,7	4,35	4,85	3,75	4,4	4,9	3,7	4,4	4,95	3,7	4,4	5,0	3,7	4,45	5,05
5	20	20	3,5	3,9	4,3	3,75	4,05	4,4	3,65	4,2	4,5	3,7	4,2	4,6	3,7	4,3	4,7
		30	3,1	3,55	3,85	3,15	3,6	3,9	3,2	3,65	3,95	3,3	3,75	4,05	3,4	3,85	4,2
		10	2,5	3,25	4,0	2,5	3,2	4,0	2,45	3,2	4,0	2,5	3,2	4,0	2,5	3,2	4,0
5	40	20	2,65	3,4	3,95	2,65	3,35	3,95	2,6	3,35	4,0	2,6	3,35	4,0	2,6	3,3	4,0
		30	2,7	3,4	3,9	2,7	3,5	3,9	2,7	3,45	3,95	2,7	3,4	3,95	2,7	3,35	3,97
		10	5,3	6,5	7,7	5,3	6,55	7,8	5,3	6,6	7,85	5,4	6,65	7,95	5,4	6,75	8,0
10	20	20	5,05	6,1	7,0	5,1	6,2	7,1	5,2	6,3	7,2	5,25	6,4	7,4	5,3	6,45	7,5
		30	4,6	5,4	6,2	4,7	5,5	6,3	4,8	5,6	6,4	4,85	5,8	6,6	4,9	5,95	6,8
		10	3,4	4,4	5,7	3,4	4,4	5,7	3,4	4,4	5,7	3,4	4,4	5,7	3,35	4,4	5,7
10	40	20	3,7	4,7	5,8	3,65	4,7	5,8	3,65	4,7	5,8	3,65	4,65	5,8	3,60	4,6	5,8
		30	3,8	4,8	5,85	3,8	4,8	5,85	3,8	4,8	5,9	3,75	4,75	5,85	3,7	4,7	5,85
		10	8,4	10,3	12,6	8,5	10,5	12,7	8,6	10,65	12,8	8,8	10,85	12,9	9,0	10,95	13,1
20	20	20	7,55	9,2	11,4	7,7	9,3	11,4	7,8	9,5	11,6	8,0	9,75	11,9	8,7	9,85	12,1
		30	6,85	8,35	9,8	6,9	8,3	9,9	7,1	8,7	10,15	7,25	8,8	10,4	7,45	8,9	10,8
		10	5,05	6,6	8,3	5,05	6,6	8,3	5,05	6,6	8,3	5,0	6,55	8,3	5,0	6,3	8,3
20	40	20	5,3	6,8	8,45	5,3	6,8	8,45	5,25	6,8	8,45	5,2	6,75	8,4	5,2	6,4	8,4
		30	5,4	6,9	8,45	5,45	6,9	8,45	5,3	6,9	8,4	—	—	—	—	—	—

Den Einfluß von Phosphorsäure auf (FeO) haben wir implizite schon behandelt, indem wir an Stelle der analytisch bestimmbaren Gesamtkonzentration des Kalks (Σ CaO) die Größe (Σ CaO)' = (Σ CaO) — 1,57 · (Σ P_2O_5) zum Maßstab wählten. Durch wachsenden Phosphorsäuregehalt wird (Σ CaO)' herabgedrückt; dies bedeutet — wie oben ausgeführt — für basische Schlacken eine Zunahme des freien Eisenoxyduls. In Thomas-Schlacken, für die (Σ CaO) = rd. 50, (ΣP_2O_5) = rd. 20 ist, nimmt (Σ CaO)' gewöhnlich Werte von 10—25% an, ist also kleiner als in normalen S.M.-Schlacken; daher weisen Thomas-Schlacken einen höheren Gehalt an freiem Eisenoxydul auf, als basische S.M.-Schlacken von gleichem Gesamteisengehalt.

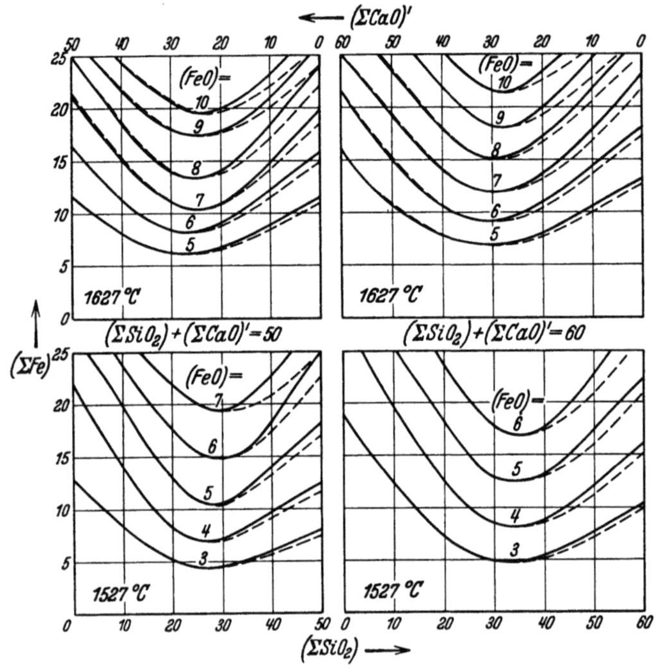

Abb. 12. Einfluß des Kalk-Kieselsäureverhältnisses von Schlacken mit gleicher Konzentration von freiem Eisenoxydul auf den Gesamteisengehalt.
——— (Σ MnO) = 10% – – – – (Σ MnO) = 20%.

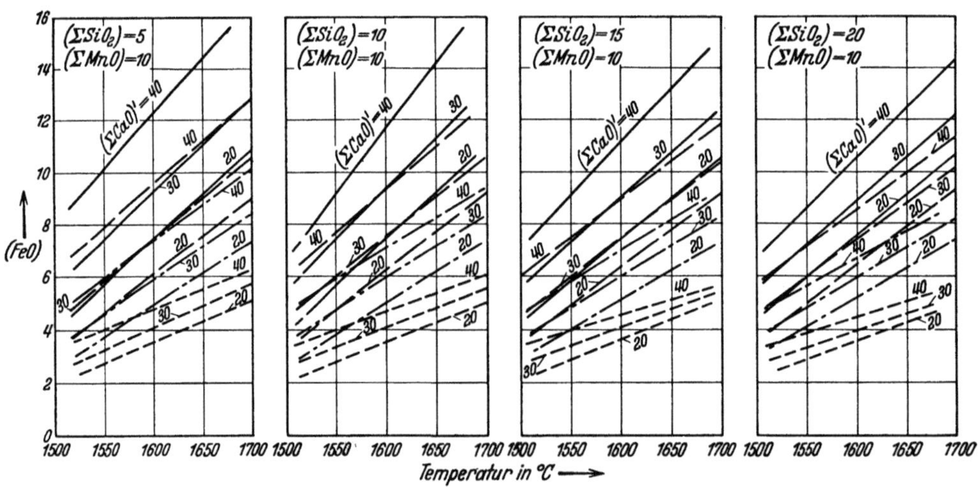

Abb. 13. Temperaturabhängigkeit der Konzentration des freien Eisenoxyduls für verschiedene Schlacken.
——— (Σ Fe) = 20%) — – — (Σ Fe) = 10%)
— — — (Σ Fe) = 15%) – – – – (Σ Fe) = 5%).

Von besonderem Interesse ist die Wirkung einer gleichzeitigen Veränderung von (Σ CaO)' und (Σ SiO_2). Im allgemeinen enthalten kalkreiche S.M.-

Schlacken weniger Kieselsäure als kalkarme. Indem man diesen Umstand berücksichtigt, schneidet man die Teilbilder der Tafeln II—IV gewöhnlich durch einen schrägen Pfeil, wie dies in Abb. 9 durch Pfeil *e* schematisch dargestellt ist. Wir denken uns nun die Summe von Kalk und Kieselsäure, $(\Sigma\, CaO)' + (\Sigma\, SiO_2)$, als gleichbleibend und wollen untersuchen, wie sich eine Konzentrationsverschiebung der beiden Stoffe, also eine Änderung der „Basizität" auf das „freie" Eisenoxydul auswirkt. In den linken Teilbildern von Abb. 11[1], die für die Summe $(\Sigma\, CaO)' + (\Sigma\, SiO_2) = 50$ gelten, ist (FeO) für Schlacken mit verschiedenen Gesamteisengehalten (Σ Fe) dargestellt. Es ergibt sich als höchst aufschlußreiche Tatsache, daß die Konzentration des freien Eisenoxyduls beim Wechsel vom Gebiet der basischen in das der sauren Schlacken einen **Höchstwert** durchläuft. Das gleiche Ergebnis liefern die rechten Teilbilder, die für $(\Sigma\, CaO)' + (\Sigma\, SiO_2) = 60$ aufgestellt sind. Mit wachsendem (Σ Fe) verlagert sich der Höchstwert von (FeO) schwach nach der Seite höherer Kieselsäuregehalte; im Mittel liegt er bei einem Verhältnis

$$\frac{(\Sigma\, CaO)'}{(\Sigma\, SiO_2)} = 0{,}7\text{—}0{,}8\,.$$

Bemerkt sei noch unter Hinweis auf die Ausführungen von S. 40, daß der Einfluß von Manganoxydul auf (FeO) erst merklich auftritt, wenn obiges Verhältnis unterschritten wird.

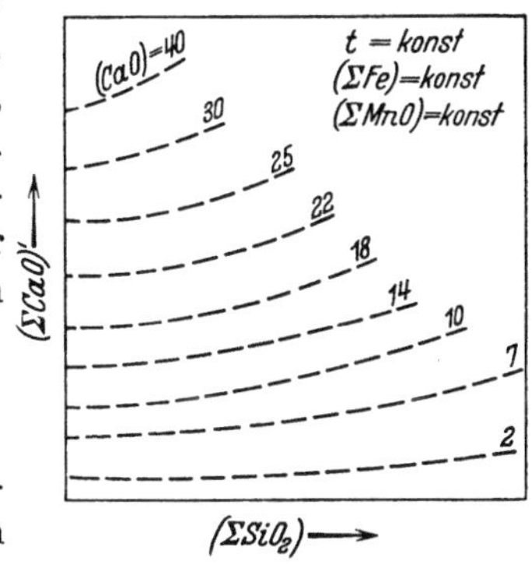

Abb. 14. Verlauf der Kurven gleicher Konzentration von freiem Kalk in den Tafeln II—IV (schematisch.)

Durch eine einfache Umkehrung der Abb. 11, die in Abb. 12 vorgenommen wurde, läßt sich nun leicht zeigen, daß der Gesamteisengehalt (Σ Fe) von Schlacken mit **gleicher Konzentration von freiem Eisenoxydul** (FeO) beim Übergang aus dem basischen in den sauren Bereich einen Tiefstwert aufweist, der naturgemäß ebenfalls in der Gegend des obigen Verhältnisses $\frac{(\Sigma\, CaO)'}{(\Sigma\, SiO_2)}$ liegt. Diese Überlegung ist im Hinblick auf die Frage des **Eisenabbrandes** von besonderer Bedeutung.

Aus den Abb. 10 bis 12 ging bereits hervor, daß durch **Temperatursteigerung** die Konzentration des freien Eisenoxyduls in gleichartigen Schlacken erhöht wird. In Abb. 13 (gewonnen aus den Tafeln II—IV) ist die Temperaturabhängigkeit von (FeO) für verschiedene Schlacken dargestellt. Bemerkenswerterweise erfolgt die Zunahme von (FeO) praktisch geradlinig; zur Interpolation der gesuchten Konzentrationsgröße genügt also die Festlegung von (FeO) für zwei Temperaturen (zweckmäßig 1527 und 1627° C). Die Temperaturabhängigkeit wächst mit steigendem Gesamteisengehalt der Schlacken.

Freier Kalk. In den bereits hinsichtlich ihrer Anordnung beschriebenen[2] Tafeln II—IV nehmen die Kurven gleicher Konzentrationen von freiem Kalk (CaO) einen Verlauf, wie er schematisch nochmals durch Abb. 14 veranschaulicht wird.

Es geht daraus hervor, daß der freie Kalk unter sonst gleichen Bedingungen **zunimmt**:

[1] Entstanden aus den Tafeln II und IV. [2] Vgl. S. 39.

1. Wenn die Konzentrationsgröße (Σ CaO)' wächst. Da steigende Phosphorsäurekonzentration ($\Sigma\ P_2O_5$) zu einer Verminderung von (Σ CaO)' führt, fällt auch (CaO).

2. Wenn der Gesamteisengehalt (Σ Fe) der Schlacken sich vermindert. Dieser Einfluß ist bei hohen Werten von (Σ CaO)', sowie bei niedrigen Temperaturen stärker ausgeprägt; er beruht auf der recht starken Bindung des Eisens in Form von Kalkferriten.

3. Wenn der Kieselsäuregehalt ($\Sigma\ SiO_2$) der Schlacken abnimmt, womit die Bildung von Silikaten zurücktritt. Bei hohen Gesamteisengehalten [(Σ Fe) = > 15%)] und geringen Kieselsäure- und Kalkgehalten bemerkt man eine leichte Abnahme des freien Kalks mit fallendem ($\Sigma\ SiO_2$); dies ist darauf zurückzuführen, daß auch die Eisensilikatbildung zurücktritt, wodurch mehr Eisenoxydul zur Bindung von Kalk zur Verfügung steht.

4. Wenn der Gesamtmanganoxydulgehalt (Σ MnO) der Schlacken erhöht wird. Diese Erscheinung, die man auf die Zerlegung von Kalksilikat zugunsten von Mangansilikat zurückzuführen hat, ist nur wenig ausgeprägt, weil gleichzeitig Eisensilikat zerlegt wird und daher wiederum mehr Eisenoxydul für die Kalkbindung verfügbar ist.

5. Wenn die Temperatur zunimmt und infolgedessen alle Verbindungen weitergehend dissoziieren.

Im übrigen geben die Tafeln II—IV jeden wünschenswerten Aufschluß. Auf die Unzulässigkeit einer analytischen Bestimmung des „freien" Kalks sei nochmals hingewiesen[1].

Freies Manganoxydul und freie Kieselsäure. Auf die Eintragung von Kurven gleicher Konzentrationsgrößen (MnO) und (SiO_2) in die Tafeln I bis IV wurde verzichtet, weil diese Größen lediglich zur Erfassung der Gleichgewichte von Reaktionen zwischen Schlacke und mangan- und siliziumhaltigen Eisenbädern dienen. Wir haben daher sofort die Metallkonzentrationen [Mn] und [Si] in die Tafeln aufgenommen, die später[2] zu erörtern sind.

Der chemische Umsatz des Kohlenstoffs.

Allgemeines.

Die Entfernung des Kohlenstoffs aus dem Metallbade kann durch die chemische Gleichung beschrieben werden:

$$C + FeO \rightleftharpoons Fe + CO.$$

Wie an der lebhaften Bewegung des Bades im S.M.-Ofen zu erkennen ist, spielt sich dieser Umsatz während der Kochperiode zum größten Teil innerhalb des Metallbades und an der Grenzfläche Schlacke — Metall ab, wo gelöster Kohlenstoff und gelöstes Eisenoxydul miteinander in Reaktion treten. Durch die Kohlenoxydentwicklung geraten Metallbad und Schlacke in Wallung; Metall- und Schlackentropfen werden in den Ofenraum gestoßen, wo sie von den Heizgasen umspült, erhitzt und zum Teil auch oxydiert werden. Diese Vorgänge begünstigen ihrerseits wieder die Aufheizung von Metall und Schlacke, weil das bewegte Bad den Heizgasen eine größere Fläche zum Wärmeübergang durch Strahlung und Konvektion darbietet und den Wärmetransport zu den

[1] Vgl. S. 30. [2] Im Abschnitt: Die Reaktionen von Mangan und Silizium.

tieferen Metallschichten hin beschleunigt. Auch bei der Oxydation des Metalls wird Wärme erzeugt, die allerdings der Aufheizung nur in geringem Maße zugute kommt, weil das entstehende Eisenoxydul durch Kohlenstoff wieder zerlegt wird.

Die Menge des durch die Flammenoxydation während des Frischvorgangs hergestellten Eisenoxyduls reicht meist nicht aus, um den Kohlenstoffgehalt bis auf die gewünschte Konzentration zu erniedrigen; zur Einleitung der Reaktion müssen bereits Eisenoxyde vorhanden sein, die sich zum Teil vor dem Einschmelzen des Metalls durch Verbrennung festen Eisens in den Heizgasen bilden, zum Teil als Erz angeliefert werden. Die Menge der beim Einschmelzen entstehenden Oxyde läßt sich durch Wahl des Einsatzes und durch Veränderung der den Heizgasen zugemischten Luftmenge in gewissen Grenzen ändern; in Anlehnung an C. H. Herty jr.[1] kann man die zur Verringerung der Einschmelzoxydation einzuhaltenden Bedingungen folgendermaßen beschreiben:

1. Auswahl geeigneten Schrotts mit nicht zu großer Oberfläche.
2. Verringerung der Flammenoxydation durch Verminderung des Luftüberschusses.
3. Verkürzung der Einschmelzzeit.
4. Regelung der Zusammensetzung des Einsatzes hinsichtlich Anteil, Silizium- und Mangangehalt des Roheisens.
5. Verminderung der Kalksteinmenge, d. h. des bei deren Zersetzung entstehenden Kohlendioxyds.

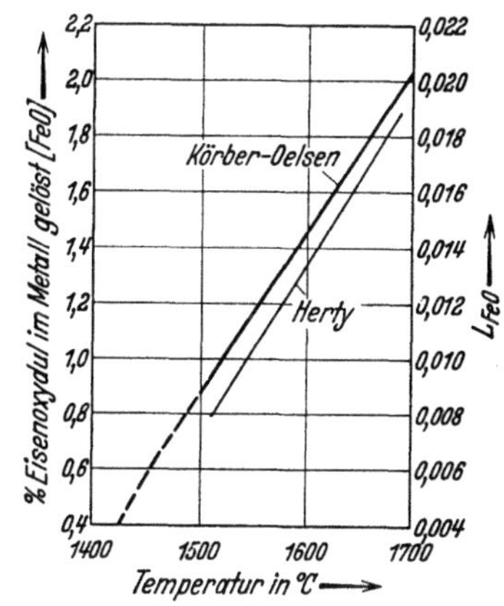

Abb. 15. Die Löslichkeit von Eisenoxydul in flüssigem Eisen und die daraus berechnete Verteilungskonstante L_{FeO}.

Die Punkte 2 und 3 sind nicht ohne weiteres miteinander vereinbar, insofern als die zur Abkürzung der Einschmelzzeit benötigte scharfe Flamme stark oxydierend wirkt.

Es ist nicht wahrscheinlich, daß das Metall nach seiner Verflüssigung vollständig oder auch nur nahezu an Eisenoxydul gesättigt ist. Die Aufnahmefähigkeit (Sättigung) des flüssigen Eisens für Eisenoxydul ist zwar bei den Temperaturen der beendeten Verflüssigung noch recht klein, wie aus den Untersuchungen von F. Körber und W. Oelsen[2], sowie C. H. Herty jr.[3] hervorgeht (Abb. 15, bei 1450° C beträgt sie etwa 0,6% FeO, ein Gehalt, der stöchiometrisch schon durch Umsatz mit 0,1% Kohlenstoff zerstört wird); wesentlicher aber ist, daß sich die beim Einschmelzen gebildeten Eisenoxyde mit dem Herdbaustoff, mit Kalk und anderen Produkten der Einschmelzoxydation (Manganoxydul, Kieselsäure) unter Bildung einer flüssigen Schlacke vereinigen. Diese Schlacke nimmt den Hauptanteil der Eisenoxyde auf und dient im weiteren Verlauf des Prozesses als Akkumulator für das zur Durchführung der Oxydationsvorgänge notwendige Eisenoxydul. Reicht ihre Eisenoxydulkonzentration nicht aus, so wird ihre Oxydationsfähigkeit durch Erzzusätze erhöht. Da die technischen Schlacken jeden ihnen gebotenen Eisenoxydbetrag aufnehmen können, in der Praxis aber nur einen Teilbetrag enthalten und infolgedessen ungesättigt sind, ist auch das mit ihnen in Berührung stehende Metallbad an Eisenoxydul ungesättigt[4].

[1] Min. metallurg. Invest. Bull Nr. 58; vgl. Stahl u. Eisen Bd. 53 (1933) S. 862.
[2] Mitt. Kaiser-Wilhelm-Inst. Eisenforschg. Düsseldorf Bd. 14 (1932) S. 181—204.
[3] Vgl. Bd. I, S. 132, Abb. 38. [4] Verteilungssatz, vgl. Bd. I, S. 29.

In der Oxydationsperiode des Elektroofenprozesses spielt die Schlacke im gleichen Sinne die Rolle eines Akkumulators für Eisenoxydul; da die oxydierenden Heizgase fehlen und der Zutritt von Luftsauerstoff (der im Lichtbogenofen zum Teil an den Elektroden zu Kohlenoxyd umgesetzt wird) erschwert ist, nimmt die Einschmelzoxydation einen viel geringeren Raum ein, als im S.M.-Ofen; die gewünschte Oxydationsfähigkeit der Schlacke muß durch Erzzugabe erzielt werden.

Bei den Windfrischverfahren werden die Oxydationsvorgänge ausschließlich durch den in das Metall gedrückten Luftsauerstoff veranlaßt, der sich mit Eisen zu Eisenoxydul umsetzt. Die Schlacke, die sich beim Bessemer-Verfahren allein aus den Verbrennungsprodukten des eingesetzten Roheisens und der Konverterauskleidung, beim Thomas-Verfahren überdies durch Auflösung von Kalk bildet, ist bestrebt, das fortlaufend gebildete Eisenoxydul aus dem Metall herauszulösen. Sie lädt sich demnach im Laufe des Prozesses an Eisenoxydul auf und hat nur in einem Einzelfalle[1] Gelegenheit, wieder an einer Oxydation der im Metall gelösten Fremdkörper teilzunehmen.

Die Probleme, die bei der Besprechung der Kohlenstoffreaktionen auf Grund physikalisch-chemischer Erörterungen untersucht werden müssen, sind die Geschwindigkeit der Entkohlungsvorgänge und die Zusammensetzung der zur Entkohlung geeigneten Schlacke. Beide sind von wirtschaftlicher Bedeutung, da sie die Fragen der Ofen-, Wärme- und Bedienungsausnutzung, sowie den Metallabbrand betreffen.

Für die Geschwindigkeit der Reaktion:

$$FeO + C \rightleftharpoons Fe + CO$$

liefert die Theorie[2] den Ausdruck:

$$v = [FeO]\,[\Sigma\, C] \cdot k_1 - k_2 \cdot p_{CO}, \tag{1}$$

worin die Abbrandgeschwindigkeit v in % C/min gemessen werden möge. Der Partialdruck p_{CO} wird später noch erörtert werden; die Konzentrationen [FeO] und [Σ C] beziehen sich auf das Metallbad. Das Summenzeichen in der Konzentrationsgröße des Kohlenstoffs soll daran erinnern, daß der analytisch bestimmbare Kohlenstoff im flüssigen Metall sowohl als Karbid, wie in atomarer Form gelöst vorliegen kann[3].

Die unmittelbare Untersuchung der Geschwindigkeitskonstanten k_1 und k_2 wurde zuerst von C. H. Herty jr.[4] vorgenommen; eine weitere Untersuchung an basischen und sauren S.M.-Ofen durch H. Schenck, W. Rieß und E. O. Brüggemann[5] lieferte jedoch — im Gegensatz zu Herty — das Ergebnis, daß k_1 und k_2 praktisch unabhängig von der Temperatur und — wie zu erwarten — von der Auskleidung des Ofens sei. Dagegen zeigte sich eine Abhängigkeit der Konstanten von [Σ C], die in der Anwesenheit der beiden verschiedenen Molekelformen begründet ist. Die Zahlenwerte der Konstanten finden sich in Zahlentafel 14 (S. 263) für den Bereich der in Frage kommenden Kohlenstoffkonzentrationen angegeben.

---

[1] Vgl. S. 197. [2] Vgl. Bd. I, S. 108.

[3] In Analogie zu den „Gesamtkonzentrationen" der Schlackenbestandteile.

[4] Vgl. Stahl u. Eisen Bd. 50 (1930) S. 1785, sowie Bd. I, S. 150f.

[5] Z. Elektrochem. Bd. 38 (1932) S. 562; Stahl u. Eisen Bd. 52 (1932) S. 831; sowie Bd. I, S. 293.

Den gesuchten Übergang zu der Zusammensetzung der Schlacke finden wir, indem wir berücksichtigen, daß sich bezüglich der Gehalte von Eisenoxydul in Stahl und Schlacke das Verteilungsgesetz geltend zu machen sucht, das hier die Gestalt besitzt:

$$\frac{[\mathrm{FeO}]}{(\mathrm{FeO})} = L_{\mathrm{FeO}}\,. \tag{V}$$

Wir wählen die von F. Körber und W. Oelsen[1] für FeO—MnO-Schlacken ermittelte Konstante, die man erhält, wenn man die Sättigungskonzentration des Eisenoxyduls in Eisen (Abb. 15) durch 100 dividiert[2]. Sie folgt der einfachen, geradlinigen Beziehung:

$$L_{\mathrm{FeO}} = 0{,}588 \cdot 10^{-4} \cdot t^0\,\mathrm{C} - 0{,}0793 \tag{Va}$$

(Zahlenwerte vgl. Abb. 15, sowie Zahlentafel 15, S. 264.)

Durch Kombination von Gl. (V) mit der Geschwindigkeitsgleichung ergibt sich:

$$v = (\mathrm{FeO})\,[\Sigma\,\mathrm{C}] \cdot k_1 \cdot L_{\mathrm{FeO}} - k_2 \cdot p_{\mathrm{CO}}\,. \tag{1a}$$

Ist die Reaktion in den Zustand des Gleichgewichtes gekommen, in dem ihre Geschwindigkeit $v = 0$ wird, so wird bekanntlich:

$$\frac{p_{\mathrm{CO}}}{(\mathrm{FeO})\,[\Sigma \mathrm{C}]} = \frac{k_1}{k_2} \cdot L_{\mathrm{FeO}} = K \cdot L_{\mathrm{FeO}}\,. \tag{1b}$$

worin K die Gleichgewichtskonstante darstellt, die von der Temperatur ebenfalls praktisch unabhängig, mit dem Kohlenstoffgehalt aber veränderlich ist (Zahlentafel 14, S. 263).

Es sei daran erinnert, daß (FeO) in vorstehenden Gleichungen nichts anderes darstellen darf[3], als die Konzentration des „freien" Eisenoxyduls in der Schlacke, eine Größe, die ihrerseits mit dem Gesamteisengehalt (Σ Fe) durch die Temperatur und die Konzentrationen der übrigen Schlackenkomponenten verknüpft ist, wie dies in den vorangegangenen Abschnitten geschildert wurde.

Die Entwicklung der Beziehungen zwischen diesen Größen und dem Verlauf der Kohlenstoffreaktionen wird Gegenstand der nächsten Abschnitte sein; infolge der verschiedenen Natur der Schlacke und der Verschiedenheit der Prozesse werden wir die Erörterung der Entkohlung getrennt für die sauren und basischen Herdfrisch- (S.M.- und Elektroofen-) Verfahren, sowie für die sauren und basischen Windfrischverfahren vornehmen.

Die Kohlenstoffabscheidung bei den Herdfrischverfahren.

Der Partialdruck des Kohlenoxyds.

Unter der in der Gleichung der Entkohlungsgeschwindigkeit auftretenden Größe p_{CO} haben wir jenen Partialdruck des Kohlenoxyds zu verstehen, der unmittelbar am Ort der Reaktion herrscht, d. h. an jenem Ort, wo Kohlenstoff- und Eisenoxydulmolekel aufeinander treffen. Wie erwähnt, findet die Reaktion hauptsächlich im Metallbad und an der Grenzfläche Schlacke—Metall statt. Bei dem Kochprozeß werden auch geringe Mengen Stickstoff und Wasserstoff aus dem Metall herausgewaschen, wahrscheinlich bilden sich ferner aus Kohlenoxyd und Wasserstoff durch Reaktion mit Eisenoxydul auch Kohlendioxyd und Wasserdampf gemäß den Gleichungen

$$\mathrm{FeO} + \mathrm{CO} \rightleftharpoons \mathrm{Fe} + \mathrm{CO_2} \quad \text{und} \quad \mathrm{FeO} + \mathrm{H_2} \rightleftharpoons \mathrm{Fe} + \mathrm{H_2O}\,.$$

---

[1] A. a. O. [2] Vgl. Bd. I, S. 137 u. 241. [3] Vgl. S. 6.

Am Orte der Reaktion entsteht also ein Gasgemisch vom Gesamtdruck:

$$P = p_{CO} + p_{CO_2} + p_{H_2} + p_{H_2O} + p_{N_2}.$$

Nun sind die aus dem Metall herausgewaschenen Wasserstoff- und Stickstoffmengen gegenüber der Menge der gebildeten Kohlenoxyde so gering, daß die drei letzten Partialdruckgrößen in vorstehender Gleichung vernachlässigt werden können; am Orte der Reaktion herrscht also der Gesamtdruck:

$$P = p_{CO} + p_{CO_2}.$$

Dagegen erfordert der Partialdruck des Kohlendioxyds p_{CO_2} noch eine Erörterung. Die äußerste Höhe, die diese Größe annehmen kann, wird erreicht, wenn sich der (unüberschreitbare) Gleichgewichtszustand der Reaktion FeO + CO $\rightleftharpoons$ Fe + CO_2 einstellt, den das M.W.G. in Gestalt des Ausdrucks (unter Berücksichtigung vorstehender Gleichung für P):

$$\frac{p_{CO}[\text{FeO}]}{p_{CO_2}} = K_{CO_2} = \frac{p_{CO}[\text{FeO}]}{P - p_{CO}} \quad \text{oder} \quad p_{CO} = \frac{K_{CO_2} \cdot P}{[\text{FeO}] + K_{CO_2}}$$

beherrscht. Die Gleichgewichtskonstante K_{CO_2} ist in Abb. 136 (S. 239) dargestellt[1]. Da die Konzentration des Eisenoxyduls im Metall eine recht kleine Größe ist, die unter den Bedingungen des S.M.-Prozesses 0,3% nur selten überschreitet, ist p_{CO} nur wenig kleiner als P.

Beispiel. Es sei $P = 1{,}1$ at, für 1620° C ist K_{CO_2} = etwa 20; als äußerste Größe erhalten wir also $p_{CO} = \frac{20 \cdot 1{,}1}{0{,}3 + 20} = 1{,}08$ at.

Der eben errechnete unwesentliche Unterschied zwischen P und p_{CO} vergrößert sich allerdings mit sinkender Temperatur wegen der Abnahme von K_{CO_2}; dies wird aber wieder durch den Umstand ausgeglichen, daß der Stahl bei niedrigen Temperaturen weit geringere Eisenoxydulgehalte aufweist, als in vorstehendem Beispiel angenommen wurde. Wir setzen also $P = p_{CO}$ und nehmen damit an, daß das am Ort der Reaktion entstehende Gas praktisch reines Kohlenoxyd darstellt[2].

Wir erhalten nun die absolute Höhe von p_{CO}, indem wir berücksichtigen, daß sich das Gas bei seiner Bildung unter einem Druck befindet, der den hydrostatischen Drucken der über dem Reaktionsort stehenden Säulen von flüssigem Metall p_M und flüssiger Schlacke p_S, sowie dem Druck der Heizgase p_H entspricht. Es ist also

$$p_{CO} = p_M + p_S + p_H.$$

Theoretisch ist als weiterer Summand noch die Größe des Reibungsdrucks hinzuzufügen, die aber vernachlässigt werden kann.

Im S.M.-Ofen ist p_H praktisch dem Atmosphärendruck gleichzusetzen; für die hydrostatischen Drucke gilt, wenn s die Dichte, h die Höhe (in Metern) von Schlacke und Metall darstellen:

$$p_M = \frac{h_M \cdot s_M}{10} \quad \text{und} \quad p_S = \frac{h_S \cdot s_S}{10}.$$

Indem wir s_M = etwa 7, s_S = etwa 3 setzen, ergibt sich für den Kohlenoxyddruck innerhalb des Metallbades:

$$p_{CO} = \frac{h_M \cdot 7}{10} + \frac{h_S \cdot 3}{10} + 1.$$

[1] Vgl. Bd. I, S. 292, Zahlentafel 22 (dort K'_3). [2] Vgl. auch S. 51.

Da sich die Entkohlung in verschiedenen Tiefen des Metallbades abspielen kann, ist p_{CO} variabel, je nachdem, ob man die Grenzfläche Schlacke—Metall oder den Boden des Herdes als Ort der Reaktion betrachtet. Bei der experimentellen Untersuchung des S.M.-Prozesses durch H. Schenck, W. Rieß und E. O. Brüggemann[1] hat sich aber aber gezeigt, daß alle Beobachtungen gut erklärbar werden und auch Anschluß an Laboratoriumsmessungen von H. C. Vacher und E. H. Hamilton[2] finden, wenn man mit einem Mittelwert

$$p_{CO} = 1{,}1 \text{ at}$$

rechnet. Dieser Wert entspricht z. B. einer Höhe des Metallbades über dem Reaktionsort von 10 cm und einer Schlackenschicht von ebenfalls 10 cm. Bei der gleichen Schlackenhöhe und einer Reaktionstiefe von 20 cm unter der Metalloberfläche würde sich $p_{CO} = 1{,}17$ errechnen. Wie zahlreiche weitere Messungen des Verfassers und seiner Mitarbeiter gezeigt haben, ist es aber auch bei großen Herdöfen unnötig, p_{CO} den verschiedenen Badtiefen anzugleichen; in allen Fällen wurden mit dem Mittelwert $p_{CO} = 1{,}1$ at befriedigende Ergebnisse erzielt. Überdies geht aus der Geschwindigkeitsgleichung hervor, daß die verhältnismäßig geringen Schwankungen von p_{CO} sich kaum noch bemerkbar machen, wenn die Frischgeschwindigkeit sich in normalen Bereichen bewegt. In der genannten Gleichung tritt p_{CO} zusammen mit k_2 als Produkt $k_2 \cdot p_{CO}$ auf; in Zahlentafel 14 (S. 263) ist u. a. auch dieses Produkt (mit $p_{CO} = 1{,}1$ at) aufgeführt und es sei betont, daß die entsprechenden Zahlenwerte für den S.M.-Prozeß, keinesfalls aber für die Windfrischprozesse[3], errechnet wurden. Es bestehen aber keine Bedenken, auch für die Elektroofenprozesse $p_{CO} = 1{,}1$ at zu wählen.

Wahrscheinlich spielt sich die Entkohlung des Eisens zu einem geringen Teil auch an den beim Kochprozeß über die Schlackendecke hinausgeschleuderten Metalltropfen ab, die dort in den Bereich der Heizgase kommen, wobei man eine Übersicht über den Wert von p_{CO} verliert. Wenn man annehmen darf, daß das von den Metallspritzern entwickelte Reaktionsgas sich gewissermaßen als Pufferschicht zwischen Heizgase und Metall einschiebt, ist der Ansatz p_{CO} = etwa 1 at berechtigt. Genügt jedoch die Gasentwicklung nicht zur Ausbildung einer genügend widerstandsfähigen Pufferschicht — und dies muß wegen der durch die Flamme bewirkten Metalloxydation angenommen werden — so werden die Heizgase die Partialdruckgröße p_{CO} stark beeinflussen. Infolge der örtlich äußerst verschiedenen Zusammensetzung, die die Feuergase in ein und demselben Ofenraum zeigen[4], die ferner von der Wahl des Gases und des Luftüberschusses, sowie vom Ofenbau und auch Zufälligkeiten (undichte Türen, Schlitze in Kippöfen usw.) abhängt, läßt sich dieser Fall wohl kaum einwandfrei behandeln. Es scheint aber, daß die Entkohlung im Gasraum gegenüber derjenigen, die unter der Schlacke stattfindet, nur eine untergeordnete Rolle spielt.

Der Einfluß des freien Eisenoxyduls in der Schlacke auf die Entkohlung.

Die Besprechung der Entkohlungsvorgänge hinsichtlich ihrer Beeinflussung durch die Zusammensetzung der Schlacke und die Temperatur soll ihren Ausgang nehmen von der Gleichung der Entkohlungsgeschwindigkeit (vgl. S. 47)

$$v = (\mathrm{FeO})\,[\Sigma\,\mathrm{C}] \cdot k_1 \cdot L_{\mathrm{FeO}} - k_2 \cdot p_{CO}, \qquad (1\,\mathrm{a})$$

in der $[\Sigma\,C]$ den Kohlenstoffgehalt des Metallbades und (FeO) die Konzentration des freien Eisenoxyduls in der Schlacke bedeuten. Aus dieser Gleichung

[1] Vgl. S. 46. [2] Vgl. Bd. I, S. 150. [3] Vgl. S. 78f.

[4] Vgl. z. B. die Messungen von S. Schleicher und F. Lüth (Bericht des Stahlwerksausschusses des Ver. dtsch. Eisenh. Nr. 142).

folgt, daß bei gegebener Temperatur die Frischgeschwindigkeit v (= % C/min) proportional mit der Konzentration des freien Eisenoxyduls in der Schlacke ansteigt; sie steigt ferner mit wachsendem Kohlenstoffgehalt, jedoch nicht proportional, da k_1 und k_2 von $[\Sigma C]$ abhängig sind[1].

Befindet sich ein Stahlbad mit gegebenem Kohlenstoffgehalt unter einer Schlacke mit einer unveränderlichen Konzentration von freiem Eisenoxydul, so steigt die Frischgeschwindigkeit proportional mit der Temperatur an, weil die Verteilungskonstante L_{FeO} der Temperatur proportional ist[2].

Durch Umformung von Gl. (1a) nach (FeO)

$$(FeO) = \frac{v + k_2 \cdot p_{CO}}{[\Sigma C] \cdot k_1 \cdot L_{FeO}} \tag{1c}$$

erhalten wir die Konzentration des freien Eisenoxyduls in der Schlacke, die notwendig ist, um bei einem gegebenen Kohlenstoffgehalt und gegebener Temperatur die Frischgeschwindigkeit v zu erreichen.

Wir wollen zunächst die zahlenmäßigen Beziehungen zwischen dem Kohlenstoffgehalt des Metalls, der Entkohlungsgeschwindigkeit, der Temperatur und der Konzentration des freien Eisenoxyduls in der Schlacke entwickeln.

Der einfachste Fall ist der des Gleichgewichts zwischen Schlacke und Metall, also jenes Zustandes, in dem jeglicher Umsatz des Kohlenstoffs aufhört. Der Stahlwerker betrachtet das Stahlbad in diesem Zustande als „ausgekocht". Aus Gl. (1c) geht hervor, daß der Gehalt der Schlacke an freiem Eisenoxydul im Gleichgewicht ($v = 0$) kleiner sein muß, als wenn sich der Kochprozeß noch im Gang befindet; um den Kochprozeß aufrecht zu erhalten, muß (FeO) größer sein, als die Gleichgewichtskonzentration, mit anderen Worten: die Gleichgewichtskonzentration (FeO) stellt die geringste Konzentration, den Mindestbedarf von freiem Eisenoxydul dar, den die Schlacke aufweisen muß, um das Bad mit einem gegebenem Kohlenstoffgehalt in Kochbewegung zu erhalten[3].

Beispiel: Das Stahlbad enthalte 0,5% C, die Temperatur sei 1577° C. Aus den Zahlentafeln 14 und 15 (Anhang) ergeben sich für diese Bedingungen folgende, in Gl. (1c) einzuführende Konstanten: $k_1 = 0{,}332$, $k_2 \cdot p_{CO} = 0{,}00495$, $L_{FeO} = 0{,}0134$. Als Mindestbedarf der Schlacke an freiem Eisenoxydul erhalten wir für $v = 0$

$$(FeO) = \frac{0 + 0{,}00495}{0{,}5 \cdot 0{,}332 \cdot 0{,}0134} = 2{,}25\,\% .$$

Bei dieser Konzentration ist das Stahlbad ausgekocht; der Fortgang des Frischprozesses bei dieser Temperatur erfordert unter allen Umständen eine höhere Konzentration freien Eisenoxyduls.

Gleichzeitig ist klar, daß der einer bestimmten Gleichgewichtskonzentration (FeO) zugeordnete Wert von $[\Sigma C]$ den geringsten Kohlenstoffgehalt darstellt, der mit dieser Konzentration (FeO) erzielt werden kann.

Gemäß vorstehendem Beispiel wurden in Abb. 16 die Beziehungen zwischen dem Kohlenstoffgehalt des Stahls und der freien Konzentration (FeO) für

[1] Vgl. Zahlentafel 14, S. 263.

[2] Vgl. Zahlentafel 15, S. 264; in Schlacken gleicher Gesamtzusammensetzung wächst überdies (FeO) mit steigender Temperatur.

[3] Ist (FeO) durch irgend einen Vorgang kleiner geworden, als die Gleichgewichtskonzentration, so kann unter geeigneten Bedingungen eine Aufkohlung erfolgen, weil v nach Gl. (1a) negativ wird; vgl. hierzu S. 66.

$v = 0$ (Gleichgewicht) und $v = 0{,}006$ aufgetragen; man sieht, daß die Einhaltung der Abbrandgeschwindigkeit 0,006% C/min einen erheblichen Mehrbedarf der Schlacke an freiem Eisenoxydul über die, für das Gleichgewicht maßgebende Konzentration hinaus erfordert.

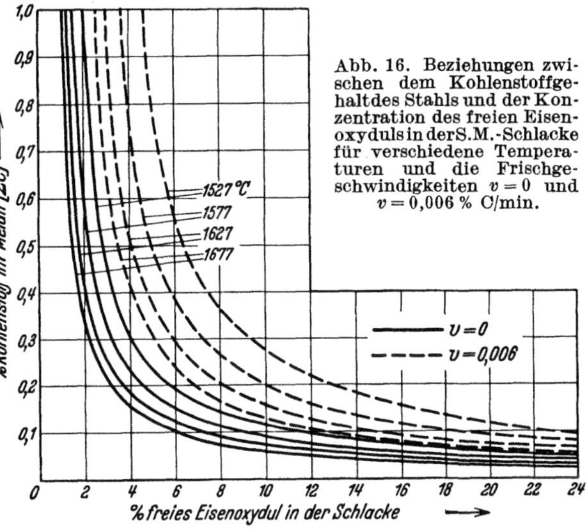

Abb. 16. Beziehungen zwischen dem Kohlenstoffgehalt des Stahls und der Konzentration des freien Eisenoxyduls in der S.M.-Schlacke für verschiedene Temperaturen und die Frischgeschwindigkeiten $v = 0$ und $v = 0{,}006$ % C/min.

Einen einfachen Anhalt für die Zunahme des freien Eisenoxyduls in der Schlacke bei steigender Frischgeschwindigkeit gibt folgende Überlegung: In dem Konzentrationsbereich von 0—0,5% C liegt $k_2 \cdot p_{CO}$ in der Nähe von 0,005 (vgl. Zahlentafel 14, S. 263). Hat auch die Frischgeschwindigkeit bei einem Kohlenstoffgehalt innerhalb dieses Bereiches den Wert $v = 0{,}005$% C/min, so ist (FeO) etwa doppelt so groß, wie im Gleichgewichtszustand bei diesem Kohlenstoffgehalt. Dies folgt ohne weiteres aus Gl. (1c).

Die Frage, wieweit der Kohlenstoff unter Schlacken verschiedener Konzentration von freiem Eisenoxydul vermindert werden kann, ist mit Abb. 16 schon weitgehend beantwortet, wenn wir beachten, daß das Ende der Reaktion im Gleichgewichtszustand ($v = 0$) erreicht ist. Eine weitere Erläuterung hierzu gibt die ebenso errechnete Abb. 17, in der die Verhältnisse für sehr niedrige Kohlenstoffgehalte in Abhängigkeit von der Temperatur zur Darstellung gebracht wurden. Hohe Temperatur begünstigt darnach die Entkohlung des Stahls. Der höchste Gehalt an freiem Eisenoxydul, den die Schlacke aufweisen kann, ist (FeO) = 100; er entspricht Schlacken, die nur aus Eisenoxydul bestehen, einem in der Praxis des S.M.-Betriebes nicht vorkommenden Fall; immerhin ist die Feststellung aufschlußreich, daß das Metall sich im Herdofen auch unter reiner Eisenoxydulschlacke nicht vollständig entkohlen läßt.

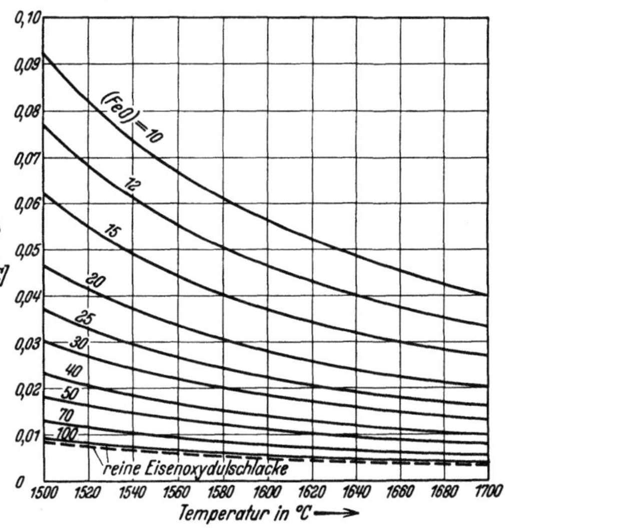

Abb. 17. Erreichbarer Mindest-Kohlenstoffgehalt des Stahls unter Schlacken mit verschiedenen Gehalten an freiem Eisenoxydul (nur für den Herdofenprozeß).

In Abb. 17 ist durch eine gestrichelte Kurve für (FeO) = 100 dem auf S. 48 betrachteten Umstande Rechnung getragen worden, daß sich neben Kohlenoxyd auch das -dioxyd bilden kann. Selbst bei derartig hohen FeO-Konzentrationen spielt danach die CO_2-Bildung praktisch keine Rolle für unsere Betrachtungen.

Die vorstehenden Entwicklungen gelten in gleicher Weise für die sauren wie für die basischen Herdofenprozesse, da vorerst lediglich das in der Schlacke frei vorliegende Eisenoxydul berücksichtigt ist. Da wir nun durch den vorangegangenen Hauptabschnitt die Beziehungen zwischen dem freien Eisenoxydul und der Gesamtzusammensetzung der Schlacke hergestellt haben, bereitet es keine prinzipiellen Schwierigkeiten mehr, den Verlauf der Entkohlung unter basischen und sauren Schlacken zu studieren.

Die Kohlenstoffreaktion im basischen Herdofen.

Die Tafeln II—IV geben uns im Verein mit den Überlegungen von S. 49 bis 52 Aufschluß über den Gehalt der basischen Schlacken an freiem Eisenoxydul. Es ist nun offenbar möglich, aus diesen Tafeln für eine Schlacke gegebener Gesamtanalyse und für gegebene Temperatur die Konzentration des freien Eisenoxyduls (FeO) zu entnehmen und — wie im vorigen Abschnitt durchgeführt — zu untersuchen, wie die Entkohlung bei diesem (FeO)-Wert verläuft. Umgekehrt können wir einen bestimmten Kohlenstoffgehalt und eine bestimmte Frischgeschwindigkeit für eine gegebene Temperatur annehmen, für diese gewählten Bedingungen (FeO) errechnen und nachprüfen, welchen Schlacken dieser (FeO)-Wert zukommt. Im folgenden werden beide Wege eingeschlagen.

Es sei zunächst angenommen, der chemische Umsatz zwischen Schlacke und Kohlenstoff im Metall sei bis zum Gleichgewicht vorgeschritten, in dem $v = 0$ ist. Nach Gl. (1c) gehört dann zu jedem Kohlenstoffgehalt des Metalls [Σ C] ein von der Temperatur abhängiger[1] Wert von (FeO). Analog den Betrachtungen, die uns zu Abb. 12 (S. 42) führten, wollen wir untersuchen, welchen Gesamteisengehalt (Σ Fe) die Schlacke im Gleichgewicht mit Kohlenstoff aufweist, wenn sich ihr Kieselsäure- und Kalkgehalt ($\Sigma\ SiO_2$) und (Σ CaO)' ändert. Wir gelangen zu der für 1527 und 1627° C aufgestellten Abb. 18, in der angenommen ist, daß die Summe (Σ CaO)' + ($\Sigma\ SiO_2$) einmal 50, das andere Mal 60% betrage. Da der freie Eisenoxydulgehalt der Schlacke gemäß dem Gleichgewichtsgesetze um so höher sein muß, je weiter der Kohlenstoff aus dem Metall heraus gefrischt wurde, steigt auch der Eisengehalt[2] (Σ Fe) der Schlacke mit sinkendem Kohlenstoffgehalt an. Darüber hinaus sehen wir, daß der Eisengehalt der Schlacke je nach der Höhe des Kalk- und Kieselsäuregehaltes auch bei gegebener Temperatur starken Schwankungen unterworfen sein kann; er nimmt ferner mit steigender Temperatur ab.

Die in Abb. 18a—d zur Darstellung gebrachten Gesamteisengehalte (Σ Fe) stellen den Mindestbedarf der Schlacken an Eisen dar, der zum Erreichen eines gegebenen Kohlenstoffgehaltes notwendig ist; sie entsprechen dem Zustand, den der Stahlwerker als „ausgekochte" oder „totgekochte" Schmelzung (Gleichgewicht) bezeichnet.

Um den Kochprozeß wieder in Gang zu bringen, ist es notwendig, den Eisengehalt über den Mindestbedarf hinaus zu erhöhen. Dies kann einmal durch Zusatz von Erz, im Bereich der basischen Schlacken aber auch durch Erhöhung des Kieselsäuregehaltes ($\Sigma\ SiO_2$) z. B. durch Sandzusatz erfolgen.

---

[1] Die Temperaturabhängigkeit ist auf die Verteilungskonstante L_{FeO} (Zahlentafel 15, S. 264) zurückzuführen.

[2] Es sei daran erinnert, daß wir unter (Σ Fe) nur das in oxydischer Form vorhandene Eisen verstehen.

Wir sehen z. B. an Abb. 18b, daß bei 1627° C eine Schmelzung mit 0,15% C unter einer Schlacke mit etwa $(\Sigma\,SiO_2) = 12\%$, $(\Sigma\,CaO)' = 48\%$ bei $(\Sigma\,Fe) = 10\%$ ausgekocht ist. Durch Erhöhung des Gesamteisengehaltes auf $(\Sigma\,Fe) = 15\%$ würde sich der Kohlenstoffgehalt auf 0,12% senken lassen. Soll der Stahl auf 0,12% C auskochen, ohne daß der Eisengehalt der Schlacke 10% übersteigt, so wäre eine Änderung des Kalk- und Kieselsäuregehaltes auf $(\Sigma\,CaO)' = 36\%$ und $(\Sigma\,SiO_2) = 24\%$ notwendig.

Eine dritte Möglichkeit, den ins Gleichgewicht geratenen Frischprozeß wieder in Gang zu bringen, wäre die Steigerung der Temperatur; für den S.M.-Ofen hat

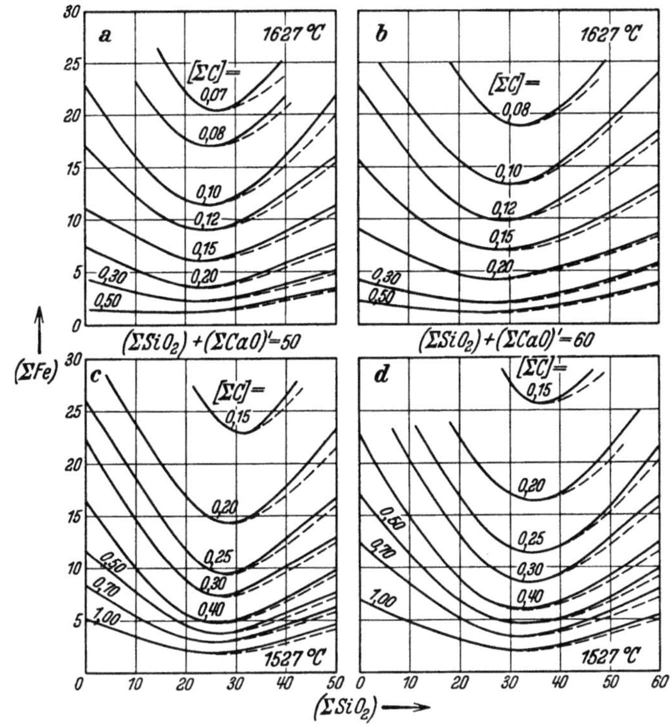

Abb. 18. Beziehungen zwischen dem Gesamteisengehalt der Schlacke und ihrem Kalk- und Kieselsäuregehalt, wenn sie sich mit Stählen von verschiedenem Kohlenstoffgehalt im Gleichgewichte $(v = 0)$ befindet. ——— $(\Sigma\,MnO) = 10\%$, – – – $(\Sigma\,MnO) = 20\%$. (Nur für Herdofenprozesse.)

sie allerdings nur theoretischen Charakter, weil die Beheizung des flüssigen Bades praktisch nur während des Kochprozesses merkbar fortschreiten kann[1]; im Elektroofen ist die Temperatursteigerung durch erhöhte elektrische Leistung eher zu erzielen.

Die gebräuchlichste Maßnahme zur Belebung der Kohlenstoffabscheidung ist die Zugabe von Eisenerz, durch den sowohl der Gesamteisengehalt $(\Sigma\,Fe)$, wie die Konzentration des freien Eisenoxyduls in der Schlacke erhöht werden. Auch hier ist der Eisenbedarf der Schlacke gekennzeichnet durch die Temperatur, den Kalk- und Kieselsäuregehalt, sowie den Kohlenstoffgehalt des Bades und die angestrebte Frischgeschwindigkeit. In Abb. 19 a—h, die in gleicher Weise wie Abb. 18 zustande gekommen ist, wurde der für die Aufrechterhaltung der Frischgeschwindigkeiten $v = 0{,}003$ und $0{,}006$ notwendige Eisenbedarf für

[1] Vgl. S. 44.

1527 und 1627° C eingezeichnet; der Charakter der Kurven ist gegenüber Abb. 18 ($v = 0$) qualitativ unverändert geblieben, aber der Eisenbedarf der Schlacke

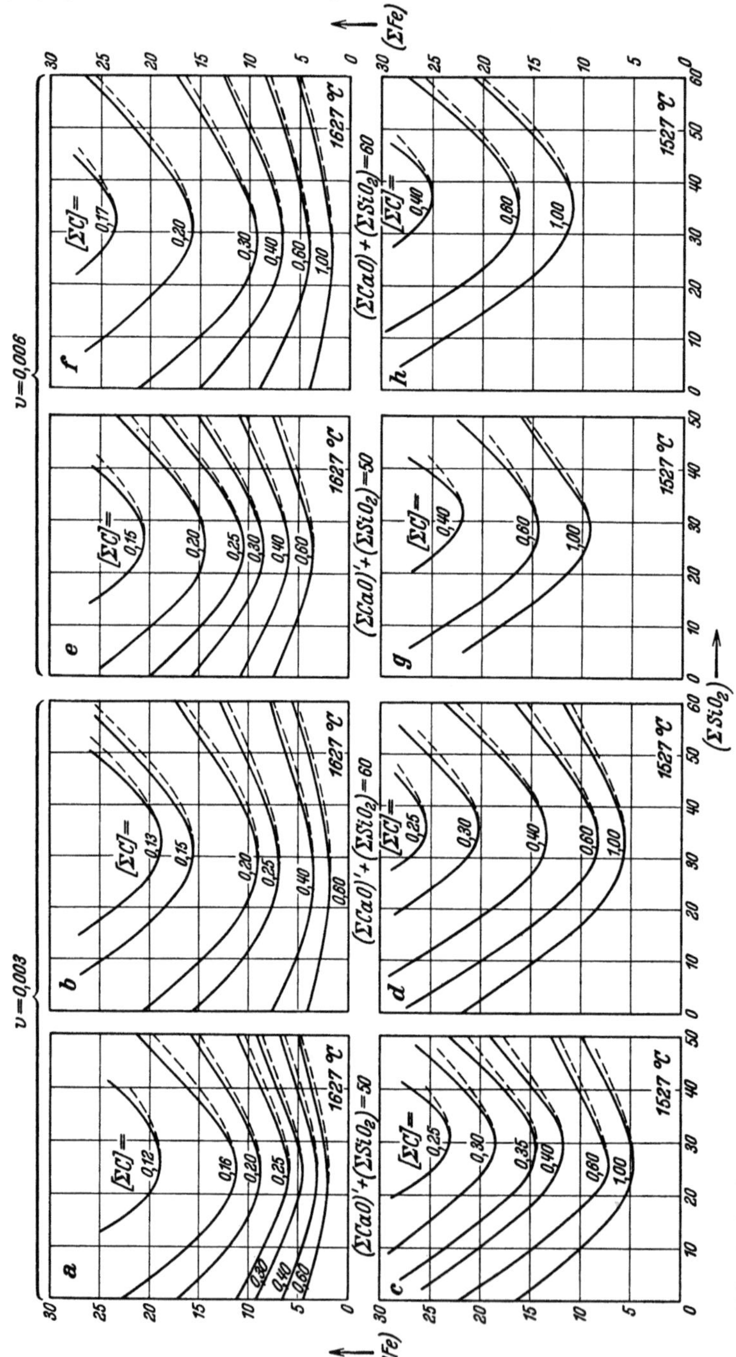

Abb. 19. Beziehungen zwischen dem Gesamteisengehalt (Eisenbedarf) und dem Kalk- und Kieselsäuregehalt der Schlacken, wenn verschiedene Kohlenstoffgehalte des Stahls mit den Frischgeschwindigkeiten $v = 0{,}003$ und $v = 0{,}006$ % C/min durchschritten werden. ——— (Σ MnO) = 10 %, — — — (Σ MnO) = 20 %. (Nur für Herdofenprozesse.)

hat sich mit wachsender Frischgeschwindigkeit (bei sonst gleich bleibenden Verhältnissen) wesentlich erhöht.

Während bei 1627° C, (ΣSiO_2) = 15% und (ΣCaO)′ = 35% die Schmelzung auf 0,20% C mit etwa (ΣFe) = 4,5% auskochen kann ($v = 0$, Abb. 18a), sind bei gleicher Temperatur, Kieselsäure- und Kalkgehalt notwendig (ΣFe) = 10% und (ΣFe) = 17%, wenn der gleiche Kohlenstoffgehalt mit $v = 0{,}003$ bzw. $v = 0{,}006$ durchschritten werden soll (Abb. 19a und e).

Steigerung der Temperatur setzt in allen gleich liegenden Fällen den Eisenbedarf der Schlacke herab. Der Manganoxydulgehalt der Schlacke erweist sich für den Eisenbedarf der basischen Schlacken als praktisch bedeutungslos (Abb. 18 und 19). Dies ist aus der nur geringfügigen Beeinflussung der Konzentration des freien Eisenoxyduls heraus zu verstehen[1]. Die Tatsache, daß man den Frischvorgang auch durch Manganerz beschleunigen kann, beruht auf später zu besprechenden Vorgängen[2].

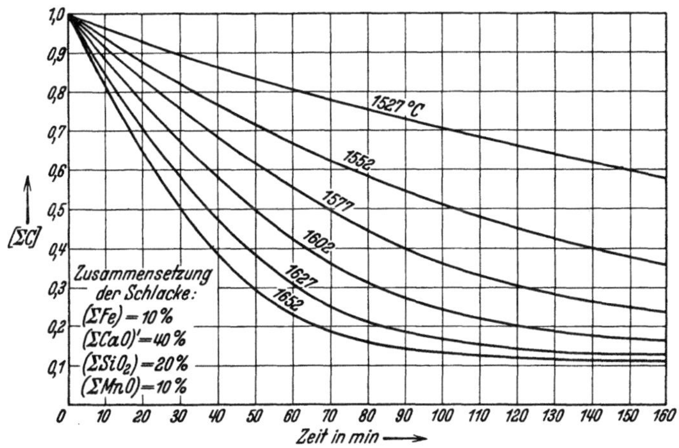

Abb. 20. Zeitlicher Verlauf des Kohlenstoffabbrandes im basischen Herdofen unter einer Schlacke unveränderlicher Zusammensetzung bei mehreren Temperaturen.

Häufig ändert sich die Schlacke über einen längeren Zeitraum hinweg so wenig, daß man von einer praktisch gleich bleibenden Zusammensetzung sprechen kann. Es ist aufschlußreich, zu untersuchen, wie der Frischvorgang sich unter diesen Umständen gestaltet. In Abb. 20 ist angenommen, ein Stahl mit dem Anfangsgehalt von 1% Kohlenstoff befinde sich mit einer Schlacke der folgenden unveränderlichen Zusammensetzung in Berührung:

(ΣFe) = 10%, (ΣCaO)′ = 40%, (ΣSiO_2) = 20%, (ΣMnO) = 10%[3].

Für verschiedene Temperaturen wurde der zeitliche Verlauf der Entkohlung berechnet.

Die Berechnung gestaltet sich folgendermaßen: Man ermittelt mit Hilfe der Tafeln II bis IV die zu obiger Schlacke gehörige Konzentration des freien Eisenoxyduls (FeO), wobei man für die nicht berücksichtigten Temperaturen die Interpolation zu Hilfe nimmt. Es ergibt sich z. B.:

t^0 C	1527	1552	1577	1602	1627	1652
(FeO)	3,65	4,20	4,70	5,25	5,80	6,30

[1] Vgl. S. 40. Da (FeO) durch steigendes (ΣMnO) in basischen Schlacken geringfügig vermindert wird, ist der Eisenbedarf (ΣFe) etwas höher; der Mehrbedarf ist aber so gering, daß er im Maßstabe der Abb. 18 und 19 nicht zum Ausdruck kommt.

[2] S. 70 u. 71. [3] (ΣMnO) ist praktisch bedeutungslos.

Die Zeit z (in Minuten), die erforderlich ist, um bei gegebenem (FeO) den Kohlenstoffgehalt von $[\Sigma C]_0$ auf $[\Sigma C]$ zu senken, wird bestimmt durch die Gleichung[1]:

$$z = \frac{2{,}303}{k_1 \cdot L_{FeO} \cdot (FeO)} \cdot \log \frac{[\Sigma C]_0 - \dfrac{k_2 \cdot p_{CO}}{k_1 \cdot L_{FeO} \cdot (FeO)}}{[\Sigma C] - \dfrac{k_2 \cdot p_{CO}}{k_1 \cdot L_{FeO} \cdot (FeO)}}. \tag{2}$$

Da k_1 und $k_2 \cdot p_{CO}$ mit $[\Sigma C]$ veränderlich sind (Zahlentafel 14, S. 263) ist die Berechnung schrittweise für kleine Kohlenstoffabnahmen durchzuführen, wobei zweckmäßig der Mittelwert der Konstanten k_1 und $k_2 \cdot p_{CO}$ für den jeweiligen Ausgangs- und Endkohlenstoffgehalt in obige Gleichung eingesetzt wird.

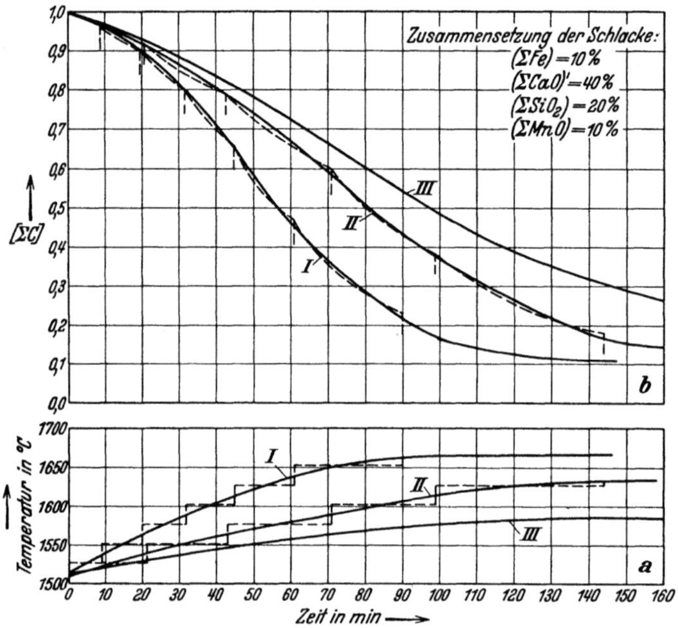

Abb. 21. Frischkurve des Kohlenstoffs für basische Herdöfen bei sehr guter (*I*), normaler (*II*) und schlechter (*III*) Temperatursteigerung bei Gegenwart einer Schlacke unveränderlicher Zusammensetzung.

Sämtliche Kurven zeigen eine mit sinkendem Kohlenstoffgehalt zunehmende Verflachung und schließlich den asypmtotischen Übergang in eine Horizontale ($v = 0$), die dem Gleichgewicht entspricht. Die Gleichgewichtskonzentration des Kohlenstoffs sinkt mit wachsender Temperatur, d. h. unter einer Schlacke gleich bleibender Zusammensetzung kocht das heißere Stahlbad bei geringerem Kohlenstoffgehalt aus als das kältere, weil bei steigender Temperatur das freie Eisenoxydul (infolge steigender Dissoziation der Eisenoxydverbindungen) und die Verteilungskonstante L_{FeO} zunehmen. Aus den gleichen Gründen liegt die Frischgeschwindigkeit bei gleichen Kohlenstoffgehalten und gleichen Schlacken für heißere Schmelzungen höher.

Der in Abb. 20 dargestellte Fall isothermer Abbrandkurven bedarf für praktische Zwecke einer Erweiterung insofern, als die Temperatur während des Frischprozesses kontinuierlich ansteigt. In Abb. 21 a und b ist diesem Verhalten

[1] Wegen der Ableitung dieses Ausdrucks vgl. Bd. I, S. 108. Wir haben hier [FeO] mit Hilfe des Verteilungssatzes durch (FeO) · L_{FeO} (vgl. S. 47) ersetzt.

Rechnung getragen worden, wobei angenommen wurde, daß ein Ofen (*I*) eine sehr gute Aufheizung des Bades ermögliche, während Ofen *II* normal arbeitet und Ofen *III* eine schlechte Wärmeleistung aufweist. Der (angenommene) zeitliche Temperaturverlauf in diesen Öfen wird durch Abb. 21a veranschaulicht. Abb. 21b zeigt die für diese drei Ofentypen zu erwartenden Frischkurven, wobei wiederum die Anwesenheit einer Schlacke vorausgesetzt ist, die über den gesamten Zeitraum hin ihre Zusammensetzung nicht ändert.

Die in Abb. 21b dargestellten Frischkurven erhält man mit guter Annäherung, indem man sich die Temperatursteigerung stufenweise vor sich gehend denkt, wie dies in Abb. 21a für Ofen *I* und *II* dargestellt ist. Wir legen die Stufen derart in die Zeit-Temperaturkurve, daß letztere annähernd die Hypothenuse zweier etwa flächengleicher Dreiecke für jede Stufe bildet. Wir ermitteln mit Hilfe von Abb. 20 die Frischkurve und den erreichten Kohlenstoffgehalt $[\Sigma C]_1$ für die unterste Temperaturstufe (1527° C); sodann verfolgen wir für die nächst höhere Stufe (1552° C) den Frischvorgang von $[\Sigma C]_1$ bis zu dem entsprechenden Endkohlenstoffgehalt $[\Sigma C]_2$ dieser Stufe und so fort. Indem wir die Frischkurven für jede einzelne Stufe aneinander hängen, entsteht eine Kette aufeinander folgender Isothermen (in Abb. 21b gestrichelt) durch die man die wirkliche kontinuierliche Frischkurve hindurchlegen kann.

Man erkennt deutlich den durch gute Heizmöglichkeit gegebenen wirtschaftlichen Vorteil, die Kohlenstoffabscheidung schnell durchzuführen und damit Zeit zu sparen. Will man dagegen aus qualitativen Gründen[1] auf hohe Frischleistung verzichten, so bietet sich im gut gehenden Ofen die Möglichkeit, die Abbrandkurve durch Verminderung des freien Eisenoxyduls (FeO) zu verflachen, d. h. durch Steigerung des Kalkgehaltes oder durch Verminderung des Gesamteisengehaltes (Σ Fe) oder beides. Es folgt daraus weiter, daß die Schlacke (bei gleichem Kalk- und Kieselsäuregehalt) im heiß gehenden Ofen weniger Eisen enthält, als im schlechter gehenden Ofen, sofern in beiden die gleiche Kohlenstoffabbrandkurve durchlaufen wird.

Im schlecht gehenden Ofen muß die Frischgeschwindigkeit dagegen durch Erhöhung des freien Eisenoxyduls in der Schlacke gesteigert werden; dahinzielende Maßnahmen können sein: Verringerung des Kalk- und Erhöhung des Kieselsäuregehaltes und schließlich, als gebräuchlichstes Hilfsmittel, die Zugabe von Erz. Alle diese Maßnahmen haben ihre Schattenseiten; so erschwert die Zunahme des Kieselsäuregehaltes die Abscheidung von Phosphor und Schwefel[2] und erhöht den Manganabbrand[3]; bei Zusatz größerer Eisenerzmengen wird die gewünschte Wirkung infolge einer gewissen Abkühlung der Schmelzung mit ihren gekennzeichneten Nachteilen hinsichtlich der Frischgeschwindigkeit häufig nicht erzielt. Als letzte Maßnahme bleibt dann noch der Schritt, durch Aufkohlung des Metalls den Kochprozeß auch bei niedrigem (FeO) zu erzwingen, um dadurch den Wärmeübergang zu begünstigen und so die Frischung mit höherer Temperatur beginnend gewissermaßen zu wiederholen.

Die Grundlage der Überlegungen, die zu den Abb. 18—21 führten, bilden die Messungen über die Zusammenhänge zwischen Frischgeschwindigkeit, Kohlenstoff- und Eisenoxydulgehalt des Metalls[4], sowie die Untersuchungen über die Zusammenhänge zwischen der Zusammensetzung der Schlacke und der Konzentration des freien Eisenoxyduls[5]. Die Kombination beider Arbeiten erfolgte mit Hilfe des Verteilungssatzes unter Verwendung der von Körber und Oelsen[6] angegebenen Zahlenwerte für die Konstante $L_{FeO} = [FeO] : (FeO)$.

[1] Vgl. S. 189f. [2] Vgl. S. 159 u. 173. [3] Vgl. S. 96f. [4] Vgl. S. 46f.
[5] Vgl. S. 36—43. [6] Vgl. S. 47.

Voraussetzung für die Zulässigkeit dieser Kombination ist nun offenbar, daß sich das Verteilungsgleichgewicht mit genügender Geschwindigkeit herstellt, und das im Metall durch den Umsatz mit Kohlenstoff verbrauchte Eisenoxydul wieder so schnell angeliefert wird, daß das durch L_{FeO} bedingte Konzentrationsverhältnis weitgehend erhalten bleibt. Ob und wie weit diese Voraussetzung mit den praktischen Verhältnissen übereinstimmt, erörtern wir zweckmäßig an Hand der Erfahrungen und Auffassungen, die im Schrifttum niedergelegt sind. Dabei ist leider zu bemerken, daß von den verschiedenen Beobachtern nicht immer alle diejenigen Größen mitgeteilt wurden, die zur Beurteilung ihrer Schlußfolgerungen notwendig sind. So fehlen in den meisten Arbeiten Angaben über die Temperatur und über die Art der Probenahme, auf deren Wichtigkeit bereits hingewiesen wurde[1]. Eine besondere Rolle spielt für die vorliegenden Betrachtungen auch die meist fehlende Angabe, ob die analytische Bestimmung des Kohlenstoffs an beruhigten oder an unberuhigten Proben vorgenommen wurde; auf S. 11 wurde ausgeführt, daß der Kohlenstoffverlust, den unberuhigte Proben unter dem Einfluß des gelösten Eisenoxyduls und der Luftoxydation erleiden, in wenig kontrollierbarer Weise schwanken kann.

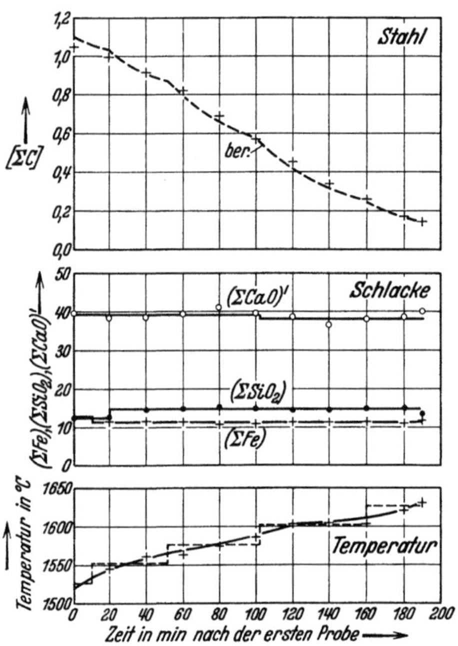

Abb. 22. Vergleich der beobachteten und berechneten Abbrandkurven des Kohlenstoffs im basischen S.M.-Ofen. Schmelzung: F. Körber, H X.)

Immerhin werden wir sehen, daß alle Stahlwerkserfahrungen unsere oben gezogenen Schlüsse, die ja schließlich als Ergebnisse praktischer Stahlwerksuntersuchungen keine theoretische Spekulation darstellen, zum mindesten qualitativ bestätigen, womit dem praktischen Interesse weitgehend gedient ist.

Fassen wir die bis hierher gewonnenen Erkenntnisse über die den Verlauf der Kohlenstoffreaktion in basischen Herdofen beeinflussenden Umstände zusammen, so sehen wir, daß folgende Einzelgrößen aufs engste miteinander verknüpft sind:

a) die Abbrandgeschwindigkeit des Kohlenstoffs v,
b) der Kohlenstoffgehalt des Metalls $[\Sigma$ C],
c) der Gesamteisengehalt (Σ Fe) ⎫
d) der Kalkgehalt (Σ CaO)' ⎬ der Schlacke,
e) der Kieselsäuregehalt (Σ SiO_2) ⎭
f) die Temperatur.

Unter diesen Punkten interessieren vom Standpunkt der Wirtschaftlichkeit insbesondere die ersten drei, die wir näher betrachten wollen, indem wir jeweils den speziellen Einfluß einer einzigen Größe — unter Konstanthalten aller anderen — erörtern.

[1] Vgl. S. 11.

Die Geschwindigkeit der Kohlenstoffreaktion. Die Abbrandgeschwindigkeit v des Kohlenstoffs bei den basischen Herdofenprozessen nimmt zu:

1. Bei Erhöhung des Kohlenstoffgehaltes $[\Sigma\, C]$.
2. Bei Erhöhung der Gesamteisenkonzentration der Schlacke $(\Sigma\, Fe)$,
3. Bei Erniedrigung des Kalkgehalts $(\Sigma\, CaO)'$. Da wir unter $(\Sigma\, CaO)'$ die analytische Gesamtkonzentration des Kalks abzüglich des als Phosphat gebundenen Kalks[1] verstehen $((\Sigma\, CaO)' = (\Sigma\, CaO) - 1{,}57\, (\Sigma\, P_2O_5))$, bewirkt eine Zunahme der Phosphorsäurekonzentration $(\Sigma\, P_2O_5)$ ebenfalls eine Steigerung der Frischgeschwindigkeit.
4. Bei Zunahme des Kieselsäuregehalts $(\Sigma\, SiO_2)$.
5. Bei Steigerung der Temperatur.

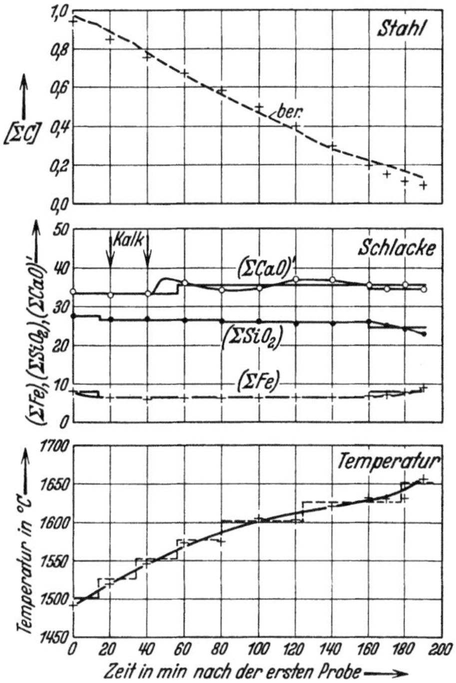

Abb. 23. Wie Abb. 22. (Schmelzung: F. Körber, H I.)

An Hand einiger aus dem Schrifttum entnommener Schmelzberichte wurde in den Abb. 22—27 (obere Teilbilder) die Kohlenstoffverbrennungskurve aus der Zusammensetzung der Schlacke und den mitgeteilten Temperaturangaben errechnet und in Vergleich zu dem analytischen Befund gestellt. Es handelt sich um Schmelzungen, die von F. Körber[2], H. Schenck und W. Rieß[3], C. Schwarz und Mitarbeitern[4] sowie von K. Mittank[5] untersucht wurden; bei Körber fehlt leider die Angabe, ob die Metallproben beruhigt oder unberuhigt zur Analyse gelangten. Über die genannten Beobachter hinaus sind anscheinend vorläufig von keiner Seite vollständige Schmelzberichte mit Temperaturangaben veröffentlicht worden[6].

Die Abb. 22—27 sind in analoger Weise zustande gekommen wie Abb. 21; zwecks Vereinfachung wurden außer den Temperaturkurven auch die Konzentrationskurven für $(\Sigma\, Fe)$, $(\Sigma\, SiO_2)$ und $(\Sigma\, CaO)'$ in Stufen unterteilt, die in den unteren Teilbildern kenntlich gemacht sind.

Man sieht, daß sich die analytisch ermittelten Punkte der Kohlenstoffgehalte — trotz des verhältnismäßig rohen Berechnungsverfahrens — in durchaus befriedigender Weise um die errechneten Frischkurven gruppieren; die entwickelten Gesetzmäßigkeiten dürften damit in der Lage sein, die Zusammenhänge zwischen Schlackenzusammensetzung, Temperatur und Frischvorgang in

[1] Vgl. S. 33.

[2] Diss. Techn. Hochsch. Aachen (1921); vgl. P. Oberhoffer u. F. Körber: Stahl u. Eisen Bd. 43 (1923) S. 329, das Zahlenmaterial ist mitgeteilt im Arch. Eisenhüttenwes. Bd. 3 (1929/30) S. 505—530. [3] A. a. O. vgl. S. 26.

[4] Arch. Eisenhüttenwes. Bd. 7 (1933/34) S. 165—174. [5] Diss. T. H. Berlin 1932.

[6] Die Schmelzberichte von H. Styri [J. Iron Steel Inst. Bd. 108 (1923) S. 189—230 sind hier nicht ausgewertet worden, weil die Temperaturmessung im Ofenraum nicht sicher ist.

einer Weise zu beschreiben, die in quantitativer Richtung den Anforderungen der Praxis weitgehend genügt. Lediglich die Beobachtungen von Schwarz und Leiber (Abb. 25) lassen sich mit den von ihnen mitgeteilten Temperaturen nicht befriedigend erfassen. Hier tritt wieder jene ungeklärte Differenz der Temperaturmessungen auf, die bereits auf S. 14 erwähnt wurde. In Abb. 25 wurde diesem Umstand Rechnung getragen, indem die mitgeteilten Temperaturen um 50° vermindert wurden; trotzdem zeigt die berechnete Frischkurve auch jetzt noch einen zu steilen Abfall[1], so daß zu vermuten ist, die Temperaturdifferenz sei im vorliegenden Falle noch etwas größer.

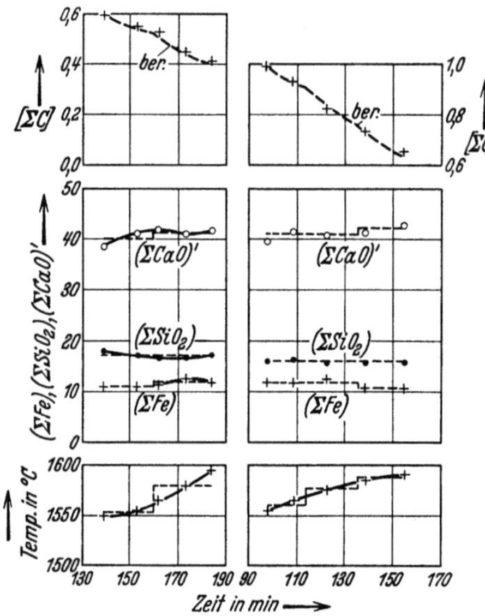

Abb. 24. Wie Abb. 22. (Schmelzungen: H. Schenck und W. Rieß, VII u. X.)

Im Gegensatz zu allen bisher im Schrifttum vertretenen Ansichten haben wir die Zusammenhänge zwischen Entkohlung, Schlackenzusammensetzung und Temperatur unter der Voraussetzung entwickelt, daß sich der Übergang des freien Eisenoxyduls aus der Schlacke in den Stahl und seine Diffusion innerhalb des Metalls mit so großer Geschwindigkeit vollziehe, daß das Verteilungsgesetz in der Gestalt [FeO] : (FeO) = L_{FeO} praktisch stets erfüllt ist. Auch die Spaltung der Eisenoxyde in der Schlacke bis zu dem durch die Dissoziationskonstanten der verschiedenen Eisenverbindungen (Silikate, Ferrite) begrenzter Ausmaße haben wir uns als derartig schnell vor sich gehend vorgestellt, daß die Schlacke bezüglich des Anteils von freiem Eisenoxydul und undissoziierten Eisenoxydverbindungen stets im inneren homogenen Gleichgewichte ist; dieser Annahme dürfte eine hohe Wahrscheinlichkeit zuzusprechen sein. Als den Vorgang mit der geringsten Geschwindigkeit betrachteten wir die Reaktion FeO + C → Fe + CO innerhalb des Metallbades, und da der langsamste Teilvorgang stets die Geschwindigkeit eines aus dem Ineinandergreifen mehrerer Vorgänge bestehenden Prozesses maßgebend beherrscht, müßte der hier aufgezeigte Rechnungsweg zum Ziele führen, sobald die oben aufgeführten Voraussetzungen den Tatsachen entsprechen.

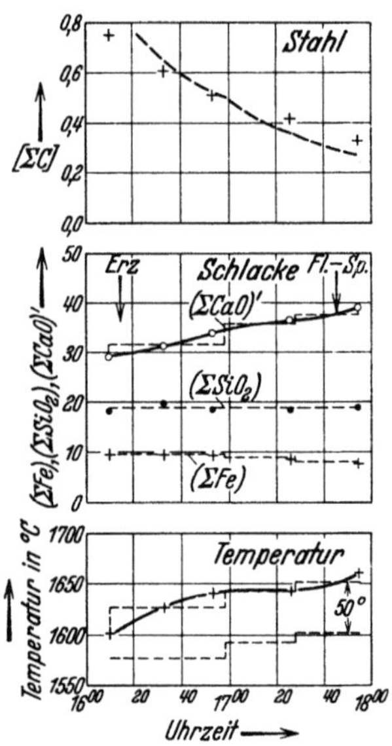

Abb. 25. Wie Abb. 22. (Schmelzung: C. Schwarz und G. Leiber II.)

Die früheren Bearbeiter des Entkohlungsvorgangs haben die theoretische Erörterungsgrundlage der Frischgeschwindigkeit in erster Linie im Problem der Diffusion der reagierenden Bestandteile gesehen und mithin ihre Aufmerk-

[1] Die Frischkurve ist um so steiler, je höher die Temperatur ist.

samkeit den Fragen zugewandt, mit welcher Geschwindigkeit sich das reagierende Oxyd durch die Schlacke zur Metalloberfläche und in das Metall hinein bewegt und wie schnell sich der Ausgleich des Kohlenstoffs aus den tieferen Badschichten zu der Oberfläche hin vollzieht, der ja bei der Reaktion fortgesetzt Kohlenstoff entzogen wird. Daß der Eisengehalt der Schlacke zum Teil in gebundener Form vorliegt, wurde bei keiner der Arbeiten berücksichtigt.

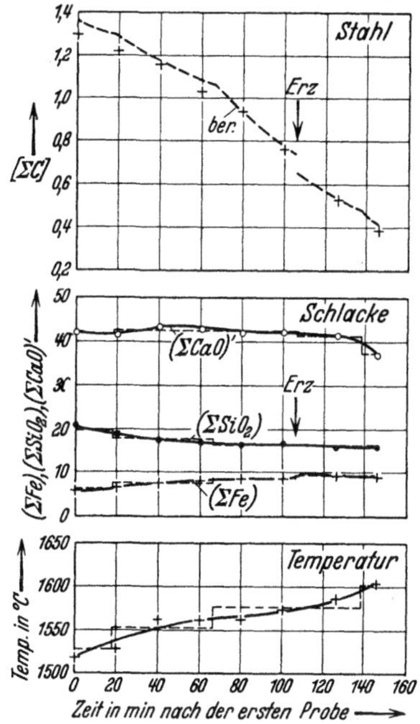

Abb. 26. Wie Abb. 26. (Schmelzung: F. Körber, H IX.)

Ein von A. L. Feild[1] entworfenes und von C. H. Herty jr.[2] übernommenes Bild vom Übergang des Eisenoxyduls zwischen Stahl und Schlacke beruht auf der Vorstellung, daß jede der Phasen an ihrer gemeinsamen Grenzfläche eine filmdünne Schlacken- bzw. Metallschicht bilde, an deren Berührungsfläche das Gleichgewicht immer eingestellt ist. Während die innere Grenzfläche des Doppelfilms mithin durch einen Konzentrationssprung des Eisenoxyduls gemäß $[FeO] : (FeO) = L_{FeO}$ gekennzeichnet ist, zeigt sich innerhalb des Schlackenfilms ein Konzentrationsgefälle dergestalt, daß an der Berührungsfläche Schlackenfilm — Schlacke der mittlere Eisenoxydulgehalt der Schlacke erreicht wird, der infolge der Kochbewegung gleichmäßig verteilt ist. Ein entsprechendes, jedoch geringeres Konzentrationsgefälle weist der Metallfilm auf. Obwohl die Vorstellung derartiger Konzentrationsgefälle im Doppelfilm die Erklärung dafür geben kann, daß sich eine einfache Verteilungsbeziehung zwischen dem Gesamteisengehalt der Schlacke und dem Eisenoxydulgehalt des Stahls nicht einzustellen pflegt, bietet sie vorerst keine Handhabe, die wahren Beziehungen befriedigend zu erfassen, selbst wenn man mit Feild annimmt, daß die Zusammensetzung des Metallfilms und des Metalls praktisch gleich sei. Ungezwungener erscheint demgegenüber die Vorstellung einer teilweisen Bindung des Eisens in der Schlacke und die alleinige Berücksichtigung des freien Eisenoxyduls, zumal sich damit auch die Wirkungen wechselnder Kalk- und Kieselsäuregehalte hinsichtlich der Oxydationsfähigkeit der Schlacken erklären lassen.

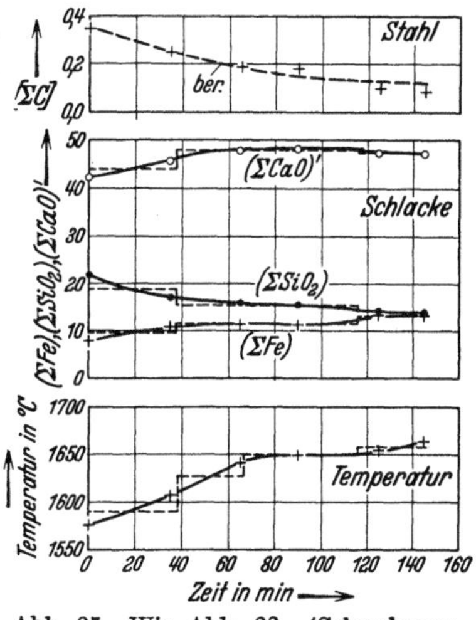

Abb. 27. Wie Abb. 22. (Schmelzung: K. Mittank Nr. 2732 A, 150 t Schrott-Kohlenstoffverfahren.)

[1] Trans. Amer. Inst. min. metallurg. Engr; Iron Steel Techn. (1928) S. 114; vgl. Stahl u. Eisen Bd. 48 (1928) S. 1341.

[2] Amer. Inst. min. metallurg. Engr. Techn. Publ. (1929) Nr. 229; vgl. Stahl u. Eisen Bd. 50 (1930) S. 51.

M. de Loisy[1] versuchte, die Frischgeschwindigkeit von der Seite der Kohlenstoffdiffusion her zu erfassen, indem er das Diffusionsgesetz[2] auf den Konzentrationsausgleich des Kohlenstoffs innerhalb des Metalls in Anwendung brachte. Er gelangte zu dem Ausdruck:

$$z = \frac{D}{h^2} \cdot \ln \frac{[\Sigma\,C]_1}{[\Sigma\,C]_2},$$

worin z die zur Verminderung des Kohlenstoffs von $[\Sigma\,C]_1$ auf $[\Sigma\,C]_2$ Gewichtsprozente notwendige Zeit, D die Diffusionskonstante und h die Höhe des Stahlbades bedeuten. Diese Gleichung würde z. B. aussagen, daß die Entkohlungsgeschwindigkeit umgekehrt proportional dem Quadrate der Badhöhe ist[3]. Vereinfachende Voraussetzungen bei der Ableitung obigen Ausdrucks waren, daß die Konzentration des zur Reaktion befähigten Eisenoxyduls sich in der Schlacke infolge der Kochbewegung schnell ausgleiche und mit konstantem Betrage an der Berührungsfläche zwischen Schlacke und Metall zur Verfügung stehe; ferner gehe auch die Reaktion $FeO + C \rightarrow Fe + CO$ derartig schnell vor sich, daß lediglich in der langsameren Diffusion des Kohlenstoffs die Erklärung für die Verzögerung des Entkohlungsprozesses zu suchen sei.

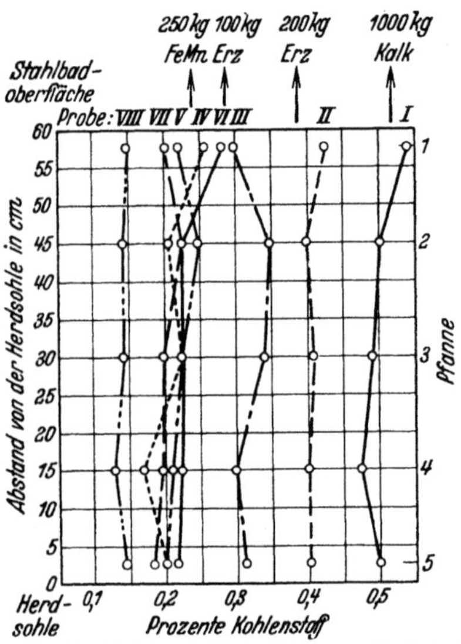

Abb. 28. Kohlenstoffgehalt in verschiedenen Tiefenlagen eines S.M.-Stahlbades (Schleicher).

Probe *I* 15 h 31 min vollkomm. geschmolzen,
15 h 35 min 1000 kg Kalk;
Probe *II* 15 h 45 min
16 h 1 min 200 kg Erz;
Probe *III* 16 h 21 min
16 h 35 min 100 kg Erz;
Probe *IV* 16 h 49 min
16 h 50 min bis 16 h 53 min
250 kg Fe-Mn;
Probe *VIII* Pfannenprobe.

Während die Annahme einer konstanten Konzentration des Eisenoxyduls sicherlich abzulehnen ist, haben die erwähnten Untersuchungen von H. Schenck, W. Rieß und E. O. Brüggemann[4] gerade das Ergebnis geliefert, daß der eigentliche chemische Umsatz keineswegs unendlich schnell vor sich geht, sondern auf Konzentrationsänderungen der Reaktionsteilnehmer recht scharf anspricht. Weiter zeigen Untersuchungen von S. Schleicher[5], daß die Diffusionsgeschwindigkeit des Kohlenstoffs genügend hoch ist, um (wenigstens während des Kochprozesses) seine Konzentration durch das ganze Bad hindurch praktisch auszugleichen (Abb. 28); bei der von Schleicher gewählten Probenahme sind allerdings gewisse Fehlerquellen nicht ausgeschlossen.

W. Alberts[6] beobachtete folgende Konzentrationsdifferenzen bei Untersuchungen an einem 200-t-Ofen:

[1] Rev. Métallurg. Bd. 24 (1927) S. 47. [2] Vgl. Bd. I, S. 109.

[3] Darnach müßte sich z. B. die Entkohlungsgeschwindigkeit auf die Hälfte verringern, wenn die Badtiefe von 40 auf 56 cm gesteigert wird. [4] Vgl. S. 46.

[5] Stahl u. Eisen Bd. 50 (1930) S. 1049—1061; Probenahme mit einer bleiumhüllten Stange, vgl. S. 11.

[6] Stahl u. Eisen Bd. 51 (1931) S. 119. Die Proben waren nicht beruhigt (Kohlenstoffverluste?); vgl. auch S. 11.

Tiefe unter der Schlackendecke in mm	Nr. 1960	Nr. 2107	Nr. 2137	Nr. 2155		
				Zeit 2^{46}	3^{05}	3^{25}
	% C	% C	% C	% C	% C	% C
200	0,18	0,09	0,11	0,020	0,030	0,030
400	0,20	0,06	0,09	0,050	0,040	0,040
600	0,26	0,09	0,09	0,070	0,030	0,025

Auch hier sind die Unterschiede in verschiedenen Tiefen nicht sehr erheblich, obwohl infolge recht geringer Frischgeschwindigkeit in der Untersuchungsperiode die den Ausgleich begünstigende, mechanische Bewegung keine große Rolle mehr spielte. Gegen Ende des Prozesses hat sich der Ausgleich praktisch vollkommen eingestellt.

Vielfach ist ein höherer Kohlenstoffgehalt in der Nähe der Herdsohle darauf zurückzuführen, daß die zuerst entstandene, kohlenstoffreichere Flüssigkeit in den Furchen des Herdes einsickert und dort mechanisch festgehalten wird, was mit den Diffusionsgesetzen nicht erfaßbar ist.

Wenn Schleicher auf Grund seiner Ergebnisse folgert, daß die Entkohlung in tiefen und flachen Bädern mit gleicher Geschwindigkeit vor sich gehen müsse, so trifft dies nicht in allen Fällen zu; gerade bei älteren Großöfen gab die geringe Stundenleistung oft zu Klagen Anlaß. Dennoch dürfte der Kern der Schleicherschen Auffassung, hinreichend schneller Konzentrationsausgleich, auch für große Öfen richtig sein; entscheidend für die Geschwindigkeit der Entkohlung tiefer Bäder ist aber, daß die Möglichkeit zur Temperatursteigerung, auf deren Einfluß wir S. 57 hinweisen, in genügendem Umfang vorhanden ist.

Ist diese Möglichkeit durch richtige Ofen- und Kammerkonstruktion und heizkräftige Flamme mit guter Führung gegeben, so läßt sich bei flachen und tieferen Bädern die gleiche Neigung der Frischkurven erreichen, ohne daß bei letzteren eine stärker oxydierende Schlacke vorhanden sein muß. Daß die hier angegebenen Gesetzmäßigkeiten zwischen Frischverlauf, Schlackenzusammensetzung und Temperatur auch für große Öfen ihre Gültigkeit hinreichend behalten, geht schließlich aus der guten Übereinstimmung von Rechnung und Beobachtung hervor, die in Abb. 27 für eine basische 150-t-Schmelzung nach den Messungen von K. Mittank[1] festgestellt wurde.

Schlägt man eine kalte, flußeiserne Stange tief in das mehr oder weniger kochende Bad hinein und bewegt sie dort hin und her, so setzt fast augenblicklich ein Vorgang ein, der das Bad in hohen Wogen aufwallen läßt. Man könnte sich denken, daß diese Erscheinung auf einen durch das Rühren beschleunigten Konzentrationsausgleich und den dadurch begünstigten Umsatz zwischen Eisenoxydul und Kohlenstoff zurückzuführen sei. Eine genaue analytische Verfolgung des Kohlenstoffgehaltes vor und nach dem Einschlagen der Stange (Abb. 29)[2] zeigt aber, daß die Frischkurve innerhalb der analytischen Fehlergrenze ihren Verlauf praktisch nicht ändert; ein merklicher Abfall während des Rührens, wie er beim Anblick des intensiven Aufwallens zu erwarten wäre, bleibt jedenfalls aus. Damit steht im Einklang, daß auch die beim normalen Kochvorgang aus dem Bade hervorzüngelnden Flammenspitzen hierbei nicht in vermehrter Zahl auftreten. Bemerkenswert ist ferner, daß sich das Aufwallen nicht einstellt, wenn die Stange vorher in der Schlacke erwärmt wird, oder Stangen aus schlecht wärmeleitendem austenitischen Material (verschleißfestem Mangan-, nichtrostendem Stahl) gewählt werden. Alle diese Beobachtungen

[1] Diss. Techn. Hochsch. Berlin 1932.

[2] Für die freundliche Durchführung der der Abb. 29 zugrunde liegenden Messungen bin ich Herrn Dipl.-Ing. H. Spitzer, Essen, zu Dank verpflichtet.

sprechen gegen die Ansicht, daß durch das Durchrühren und das dabei erfolgende Aufwallen ein Konzentrationsausgleich des gelösten Kohlenstoffs und Eisenoxyduls über das bereits beim normalen Kochvorgang erreichte Maß hinaus eintrete. Schließlich ist zu erwähnen, daß die vom Schmelzer beim Durchrühren aufgewandte Arbeitsleistung in gar keinem Verhältnis zu der mechanischen Leistung stehen kann, mit der das Bad durch den Kochvorgang selbst bewegt wird und deren Größe sich gut abschätzen läßt (vgl. w. u.).

Einige Schwierigkeiten bereitet die noch ausstehende Erklärung des oben geschilderten Vorgangs. Es ist denkbar, daß sich das Metall beim Eintauchen des kalten Körpers örtlich auf die Erstarrungstemperatur abkühlt, bei der aus anderen Gründen[1] der Umsatz $FeO + C \rightarrow Fe + CO$ über die Grenze hinaus gefördert wird, die ihm im flüssigen Zustande durch das Gleichgewicht gezogen ist. Wenn die lokal entstandenen Mischkristalle wieder schmelzen, müßte sich das entstandene Kohlenoxyd wieder auflösen, so daß das Gas tatsächlich nicht aus dem Stahl entweicht. Mit dieser Erklärung, die mit allem Vorbehalt gegeben sei, wäre auch vereinbar, daß erwärmte und schlecht wärmeleitende Stangen nicht zum Aufwallen führen, weil sie dem Stahl nicht soviel Wärme entziehen, daß es zur örtlichen Erstarrung kommt.

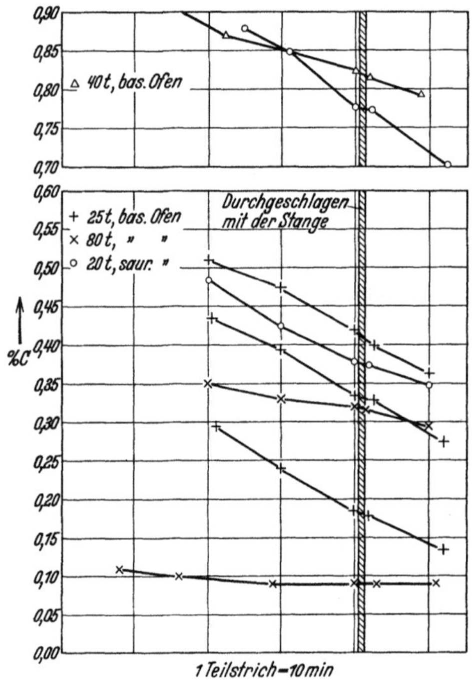

Abb. 29. Praktisch unveränderter Entkohlungsverlauf im S.M.-Ofen beim Durchrühren des Bades mit Flußeisenstangen.

Es ist interessant, sich an Hand des folgenden Beispiels von der Größe der durch den Kochprozeß in das Bad hineingetragenen Bewegungsenergie ein Bild zu machen. Nehmen wir an, ein Stahlbad von 70 t Gewicht werde bei 1620° C mit der Geschwindigkeit $v = 0{,}005\%$ C/min entkohlt, so bedeutet dies eine abgeschiedene Kohlenstoffmenge von 0,0584 kg C/sec oder ein Volumen von 688 Litern CO/sec, das gegen einen Druck von etwa 1,1 at abgegeben wird. Das Energiemaß von $688 \cdot 1{,}1 = 757$ Literatmosphären ist $757 \cdot 10{,}333 = 7820$ mkg äquivalent[2]; die mechanische Leistung entspricht mithin derjenigen, die man von einer zur Bewegung des Bades verfügbaren Maschine von etwa 104 PS erhalten könnte, ist also weit höher, als sie z. B. durch Rühren seitens des Ofenpersonals erzielbar wäre[3]. Da das Gas im Inneren das Bades entsteht, wird diese Leistung vollständig vom Metall und von der Schlacke aufgenommen.

Nach obigen Betrachtungen wird wahrscheinlich, daß der Herdofen nicht die Verhältnisse bietet, die die Anwendung der — nur für ruhende Systeme gültigen — Diffusionsgleichungen gestatten. Es scheint vielmehr, daß die Kochbewegung den Konzentrationsausgleich genügend weit fördert, um die Kohlenstoffreaktion in dem Umfange zum Ablauf zu bringen, wie es das freie Eisenoxydul in der Schlacke vorschreibt; und die vorangegangenen Beispiele zeigen, daß die Kenntnis der im früheren Schrifttum niemals berücksichtigten freien Konzen-

[1] Vgl. S. 239. [2] Vgl. Bd. I, S. 41, Zahlentafel 2.

[3] Allgemein beträgt die durch den Kochvorgang gelieferte mechanische Leistung pro Tonne Stahl: $0{,}156 \cdot T \cdot v$ PS (T = absolute Temperatur v = % C/min).

tration (FeO) weitgehende praktische Schlüsse auf den Entkohlungsvorgang erlaubt.

Dennoch sei betont, daß die Diffusionseinflüsse nicht in allen Fällen zu vernachlässigen sind. Bei besonders schwerflüssigen (dicken) Schlacken, wie man sie häufig gegen Ende der Schmelzung herstellt, um die Kohlenstoffreaktion abzubremsen und die Weiteroxydation des Metalls zu verhindern, dürfte die Beweglichkeit der Molekel stark eingeschränkt werden. Abgesehen davon wird durch das Ansteifen der Schlacke mit Kalk das freie Eisenoxydul weitergehend gebunden. Dann liegen aber meist Fälle vor, in denen ein Interesse an der Entkohlung für den Stahlwerker nicht mehr besteht. In normalen Schlacken von allen Flüssigkeitsgraden zwischen dem leicht flüssigen und dem cremeartigen Zustand scheinen dagegen die Diffusionsvorgänge mit genügender Schnelligkeit abzulaufen, so daß eine Verzögerung der Entkohlung weniger auf mangelnden Konzentrationsausgleich, als auf eine zu geringe Konzentration des freien Eisenoxyduls und zu geringe Temperatur zurückzuführen ist.

Während und nach dem Einschmelzen des Einsatzes wird die Einleitung der Entkohlung oft durch das „Schäumen" der Schlacke verzögert, ein Zustand, in dem die Schlacke das aus dem Bade aufsteigende Gas weitgehend in Form kleiner Blasen festhält, wobei sie sich aufbläht und dem Wärmeübergang von der Flamme zum Metall größeren Widerstand entgegensetzt. In dieser Periode, die für die Wirtschaftlichkeit des S.M.-Verfahrens von erheblichem Einfluß ist, macht sich der Einfluß der Diffusion natürlich stark geltend, denn der Transport des Eisenoxyduls kann sich hier nur in unberechenbarer Weise durch die „Gaszellenwände" vollziehen.

Das Schäumen der Schlacke ist vor allem durch ihre bei geringer Temperatur höhere Zähigkeit und Oberflächenspannung bedingt. Daneben scheint niedrige Temperatur diesen Vorgang auch durch den Umstand zu begünstigen, daß infolge geringer Dissoziation nur wenig freies Eisenoxydul vorhanden ist; es kann also aus der Schlacke nur wenig Eisenoxydul in den Stahl übergehen, zumal auch dessen Verteilungskonstante L_{FeO} klein ist. Infolgedessen bemerkt man an Stelle eines intensiven Aufkochens des Metalls nur ein langsames, oberflächliches Sprudeln; die entstehenden Gasblasen sind klein und werden infolge ihres geringen Auftriebes in der Schlacke leichter zurückgehalten. Durch gute Beheizungsmöglichkeit und durch mechanische Bewegung der Schlacke, wie sie ein mit hoher Geschwindigkeit auftreffender Gasstrom bewirkt (R. Hennecke[1]) läßt sich die Schaumperiode abkürzen.

Es besteht kein Anlaß zu der Annahme, daß die Zusammenhänge zwischen Entkohlung, Schlackenzusammensetzung und Temperatur sich für den elektrischen Stahlschmelzofen von den für den S.MOfen entwickelten Zusammenhängen unterscheiden. Geeignete experimentelle Unterlagen zur Erörterung sind noch nicht vorhanden. Für den Lichtbogenofen dürfte die Feststellung der Gesetzmäßigkeiten einige Schwierigkeiten machen, weil die Schlacke und das Metall örtlich stark überhitzt werden, so daß man sich im Unklaren darüber befinden muß, mit welcher mittleren Temperatur gerechnet werden soll.

Prinzipiell müßte sich die Aufkohlung des Metalls im Lichtbogenofen nach den gleichen Gesichtspunkten erörtern lassen. Diese setzt bekanntlich in

[1] Bericht des Stahlwerksausschusses des Ver. dtsch. Eisenh. Nr. 119 (1926), Bericht und Erörterung.

mehr oder weniger großem Umfange ein, wenn die Schlacke in der Raffinationsperiode mit Hilfe von Reduktionsmitteln (z. B. Silizium) unter Zerstörung der Eisen- und Manganoxyde weitgehend reduziert wird[1]. Indem wir auf die Grundgleichung der Entkohlung [Gl. (1a), S. 47]:

$$v = (\mathrm{FeO}) \cdot [\Sigma\, \mathrm{C}] \cdot k_1 \cdot L_{\mathrm{FeO}} - k_2 \cdot p_{\mathrm{CO}}$$

zurückgreifen, sehen wir, daß die Aufkohlungsgeschwindigkeit gewissermaßen als negative Entkohlungsgeschwindigkeit erscheint, wenn (FeO) so gering geworden ist, daß das erste Glied kleiner als das zweite wird. Die Konstante k_2 gibt an, mit welcher Geschwindigkeit Kohlenoxyd auf das Metall im Sinne der Reaktion $\mathrm{CO} + \mathrm{Fe} \rightarrow \mathrm{FeO} + \mathrm{C}$ einwirkt, wobei die negative Größe v nunmehr die Zunahmegeschwindigkeit in % C/min darstellt. Die Anwendung der obigen Gleichung setzt natürlich voraus, daß das im Ofenraum befindliche Kohlenoxyd ungehindert durch die Schlacke zum Metall durchtreten kann, und daß die Aufkohlung nicht etwa direkt durch Elektroden- oder Reduktionskohlenstoff erfolgt. Das folgende Beispiel scheint darauf hinzudeuten, daß die Schlacke den Durchgang des Kohlenoxyds zum Metall verhindert.

Wir nehmen an, der Gehalt der Schlacke an freiem Eisenoxydul sei (FeO) = 1% und der auf der mittleren Temperatur von 1627° C befindliche Stahl enthalte 0,2% C. Nach den Zahlentafeln 14 und 15 (Anhang) ist hierfür $L_{\mathrm{FeO}} = 0{,}0162$, $k_1 = 0{,}414$, $k_2 = 0{,}00457$. Mit $p_{\mathrm{CO}} = 1$ at wird dann:

$$v = 0{,}414 \cdot 1 \cdot 0{,}2 \cdot 0{,}0162 - 0{,}00457 = -0{,}00323\,\%\ \mathrm{C/min}.$$

Aus dieser minutlichen Kohlenstoffzunahme würde sich eine stündliche Aufkohlung von etwa 0,19% C errechnen, die die Erfahrungswerte (0,02—0,03% C/Stunde bei Graphitelektroden) weit überschreitet.

Erreichbarer Mindest-Kohlenstoffgehalt. Wir haben gesehen, daß die Entkohlung des Stahlbades unter gewissen Bedingungen zum Stillstand kommen kann, ein Zustand, der dann erreicht wird, wenn Schlackenzusammensetzung und Temperatur derart beschaffen sind, daß die Entkohlungsgeschwindigkeit v zu Null wird (Gleichgewicht). Oft hat man geglaubt, die Ursache dieser Reaktionsträgheit ausschließlich in der physikalischen Beschaffenheit der Schlacke, also etwa ungenügender Dünnflüssigkeit suchen zu müssen und erklärte dann die belebende Wirkung eines Erzzusatzes auf den Frischvorgang mit einer Erhöhung des Flüssigkeitsgrades. In Wirklichkeit liegen die Ursachen jedoch meist auf chemischem Gebiete; die Trägheit der Reaktion ist — wenn man von außergewöhnlich steifen Schlacken absieht — durchweg auf eine Annäherung an den chemischen Gleichgewichtszustand zurückzuführen. Eine sinngemäße Übertragung unserer früheren Überlegungen ergibt, daß der Kohlenstoffgehalt, bis zu dem man das Metallbad im Herdofen herunterarbeiten kann, um so geringer ist, je weitergehend folgende Bedingungen erfüllt sind:

1. geringe Frischgeschwindigkeit am Ende des Entkohlungsvorganges,
2. hoher Gesamteisengehalt der Schlacke,
3. geringer Kalk- und hoher Phosphorsäuregehalt der Schlacke,
4. hoher Kieselsäuregehalt der Schlacke,
5. hohe Temperatur.

Die erste Bedingung ist so zu verstehen, daß ein bestimmter Kohlenstoffgehalt nur dann mit großer Frischgeschwindigkeit erreicht oder durchschritten werden kann, wenn die anderen Bedingungen in hohem Maße gegeben sind. Da

[1] Vgl. S. 198f.

der Steigerung des Eisen- und Kieselsäuregehaltes, sowie der Temperatur aus Gründen der Ofenhaltbarkeit Grenzen gesetzt sind, hat man insbesondere bei niedrigen Kohlenstoffgehalten geringe Frischgeschwindigkeiten in Kauf zu nehmen. In der Tat ist ja hinlänglich bekannt, daß die Entkohlung im Bereiche kleiner Konzentrationen nur langsam und unter hoch eisenhaltigen Schlacken sowie in heiß gehenden Ofen vorgenommen werden kann.

Besonders lehrreiche Beispiele für die Entkohlung auf geringste Konzentrationen bietet die Herstellung des „Armco-Eisens", jenes von allen Begleitelementen fast vollständig freien Metalls[1], die z. B. von J. H. Nead[2] beschrieben wurde. Um die notwendige, in der Hauptsache durch den Kochprozeß selbst bewirkte Temperatursteigerung[3] zu ermöglichen, muß dem Metall mehrfach Kohlenstoff in Form von Roheisen zugesetzt werden, um die Kochzeit zu verlängern und dadurch mit genügend hoher Temperatur in die letzte Phase der Entkohlung eintreten zu können. Die Endschlacken sind in den von Nead (leider ohne Temperaturen) angegebenen Beispielen folgendermaßen zusammengesetzt:

Nr.	$[\Sigma C]$	(ΣFe)	(ΣSiO_2)	(ΣCaO)	(ΣP_2O_5)	(ΣMnO)	$(\Sigma CaO)'$	(FeO) für °C		
								1627	1652	1677
I	0,012	31,7	7,0	38,6	1,55	2,5	36,2	12,5	14,0	16,0
II	0,010	36,6	7,0	29,3	0,75	3,5	28,1	17,0	18,5	20,0

In den letzten Spalten sind die Gehalte dieser Schlacken an freiem Eisenoxydul für verschiedene Temperaturen berechnet; mit Wahrscheinlichkeit kommen die höchsten Temperaturen in Betracht. Für 1677° C und die angegebenen „freien" Eisenoxydulgehalte würden sich aus Abb. 17 (S. 51) als tiefste erreichbare Kohlenstoffgehalte entnehmen lassen: für Schmelzung I 0,027% C, für Schmelzung II 0,022% C. Wenn Nead noch geringere Gehalte angibt, so dürfte dies dem Umstand zuzuschreiben sein, daß — in Anbetracht des hohen Eisenoxydulgehalts des Metalls — bei der Probenahme und dem Abstich nochmals Kohlenstoff umgesetzt wird.

Eisengehalt der Schlacke, Abbrand. Schließlich ergeben sich aus unseren Betrachtungen alle Umstände, die den Gesamteisengehalt (Σ Fe) der Schlacke bei der Entkohlung im Herdofen beeinflussen und damit ein Urteil über den in solcher Weise beim Frischvorgang eintretenden Verlust ermöglichen.

Im Hinblick auf manche widersprechenden Darstellungen im Schrifttum muß noch einmal darauf hingewiesen werden, daß die Gesetze der chemischen Reaktionen nur die Konzentrationsgrößen der am Umsatz beteiligten Stoffe bestimmen, nicht aber deren Gewichtsmengen. Die Konzentration des in der Schlacke befindlichen oxydierten Eisens (Σ Fe) wird mithin lediglich durch die weiter unten aufgeführten Bedingungen beherrscht, unabhängig von der Schlackenmenge; gewichtsmäßig steigt der Eisengehalt natürlich proportional mit der Schlackenmenge an.

Der Eisengehalt der Schlacke ist — wie sich aus den früheren Ableitungen ergibt — um so höher:

1. je höher die Frischgeschwindigkeit,
2. je geringer der Kohlenstoffgehalt des Metalls,

[1] Vgl. amerikanisches Patent Nr. 940784.
[2] Trans. Amer. Inst. min. metallurg. Engr. Bd. 70 (1924) S. 176. [3] Vgl. S. 44.

3. je höher der Kalkgehalt $(\Sigma\, CaO)'$ und je geringer der Phosphorsäuregehalt der Schlacke $(\Sigma\, P_2O_5)$,
4. je geringer der Kieselsäuregehalt und
5. je niedriger die Temperatur ist.

Alle diese Größen sind mit dem Eisengehalt der Schlacke mathematisch fest verknüpft; es spielt für die Gesetzmäßigkeiten auch keine Rolle, auf welchem Wege die Anlieferung des oxydierten Eisens zur Schlacke erfolgt, d. h. ob die Konzentrationsgröße $(\Sigma\, Fe)$ zustande kommt durch die vom Einsatz mit eingeführten Oxyde, durch Flammenoxydation während des Einschmelzens oder beim Kochen oder durch die Zugabe von Eisenerzen. Würde es z. B. gelingen, einen vollkommen rostfreien Einsatz unter Ausschaltung jeglicher Flammenoxydation einzuschmelzen, so wäre der Eisengehalt der Schlacke durch vermehrten Erzzusatz auf den Betrag zu bringen, der zur Aufrechterhaltung des Frischvorgangs hinsichtlich Geschwindigkeit und Kohlenstoffkonzentration und unter Berücksichtigung von Kalk, Kieselsäure und Temperatur notwendig ist. Im anderen Falle, d. h. wenn die Oxydation des Metalls infolge der auf S. 45 erörterten Umstände schon beim Einschmelzen zu einem hohen Abbrand geführt hat, ist der Bedarf an Eisenerz entsprechend geringer, sofern die übrigen beeinflussenden Größen die gleichen bleiben.

Auch die Art des Prozesses, d. h. ob die Erzeugung des Stahls nach dem Roheisen-Erz-, Roheisen-Schrott-, Kohlenstoff-Schrott[1]-Verfahren oder anderen speziellen Eigentümlichkeiten (flüssiger oder fester Einsatz) erfolgt, ist für die Gültigkeit der Zusammenhänge zwischen $(\Sigma\, Fe)$ und ihren beeinflussenden Faktoren ebenso ohne Bedeutung, wie die Ofenbauart. Wenn derartige Besonderheiten tatsächlich ein Einfluß auf den Eisengehalt der Schlacke in dem einen oder anderen Sinne zugesprochen wird, so ist dies lediglich darin begründet, daß gleichzeitig einer oder mehrere der vorstehenden Faktoren zwangsläufig eine Änderung erfahren. Meist bestehen derartige Änderungen in einer Verschiebung der Schlackenzusammensetzung $[(\Sigma\, CaO)', (\Sigma\, SiO_2)]$ oder einer veränderten Möglichkeit zur Temperatursteigerung.

In diesem Sinne steht z. B. die Feststellung von E. Killing[2], daß die S.M.-Schlacken beim Einsatz flüssigen Roheisens eisenhaltiger sind, als bei festem Roheiseneinsatz, in Parallele mit seinen Angaben, daß die Neigung der Frischkurve bei flüssigem Einsatz ebenfalls größer war. Ferner zeigt uns die in Abb. 27 zutage getretene Übereinstimmung zwischen dem berechneten und beobachteten Verlauf der Kohlenstoffkurve an einer 150-t-Schmelzung nach dem Kohlenstoff-Schrott-Verfahren, daß auch hier der Eisengehalt der Schlacke den angegebenen Zusammenhängen gehorcht und keineswegs durch die Sonderstellung des Prozesses verändert wird.

Überhaupt erübrigt der in den Abb. 22—27 an Hand der Kohlenstoffkurven erbrachte Nachweis einer befriedigenden quantitativen Gültigkeit der hier dargelegten Zusammenhänge eine ins Einzelne gehende Darstellung nach der Seite des Eisenabbrandes hin. Es sei nur darauf aufmerksam gemacht, daß die Schmelzungen X und I von Körber (Abb. 22 und 23)[3], die etwa gleiche Kohlenstoff- und Temperaturkurven aufweisen, sich jedoch im Kalk- und Kieselsäuregehalt der Schlacken stark unterscheiden, auch hinsichtlich des Eisengehaltes $(\Sigma\, Fe)$ mit unseren Schlüssen übereinstimmen. Eine weitere Bestätigung der

---

[1] Vgl. z. B. R. Hennecke: Bericht des Stahlwerksausschusses des Ver. dtsch. Eisenh. Nr. 119 (1926); K. Mittank, Diss. T. H. Berlin 1932.

[2] Stahl u. Eisen Bd. 49 (1929) S. 1821. [3] S. 58 u. 59.

Zusammenhänge findet sich in der Beobachtung von R. Back[1], A. Sonntag und N. Wark[2] u. a. daß der Eisenabbrand mit wachsender „Basizität“ $\left(V = \frac{(\Sigma CaO)}{(\Sigma SiO_2)}\right)$ steige, sowie in den Angaben von P. Kühn[3], daß die Schlacken sehr heiß geführter Schmelzungen sich durch geringen Eisengehalt auszeichnen. Wir können somit die Abb. 18 und 19 (S. 53f.) als weitgehend brauchbar zur Beurteilung des Eisengehaltes der Schlacke betrachten.

Im Sinne physikalisch-chemischer Betrachtungen muß es für die erläuterten Beziehungen zwischen dem Verlauf der Kohlenstoffreaktion, der Temperatur, sowie dem Eisengehalt der Schlacke und ihrer sonstigen Zusammensetzung gleichgültig sein, in welcher Form die Eisenoxyde der Schlacke angeliefert werden, d. h. ob durch Flammenoxydation des Metalls und nachherige Verteilung oder durch Zusatz von Erzen, Walzensinter, Hammerschlag usw.

Diese Zusätze zeigen bekanntlich in ihren physikalischen und chemischen Eigenschaften (Stückigkeit, Dichte, Porosität, Beimengungen, Oxydstufe usw.) erhebliche Unterschiede. Aus den Untersuchungen von S. Schleicher[4] ging hervor, daß bei Zugabe von Walzensinter oder grobstückigen Erzen wesentliche Unterschiede in der Zeit bis zu ihrer Wirksamkeit nicht bemerkbar werden; der Konzentrationsausgleich scheint sich demnach mit etwa der gleichen Geschwindigkeit zu vollziehen. W. Alberts[5] konnte diese Beobachtung für das Schrottverfahren bestätigen; dagegen stellte er beim Talbot-Verfahren mit seiner fast doppelt so großen Schlackenmenge eine Verlängerung der Schmelzungsdauer weicher Chargen mit etwa 0,01% C um 1—$1^1/_2$ Stunden fest, wenn an Stelle von Stückerz mit Walzensinter oder Feinerz gearbeitet wurde. Es ist in der Tat denkbar, daß der längere Diffusionsweg bei hohen Schlacken den Konzentrationsausgleich verzögert, zumal bei weichen Schmelzungen die Kochbewegung gering ist; wir haben ferner zu beachten, daß die Zugabe schwerer Erzstücke — wenigstens für kurze Zeit — in der Nähe des Metalls vollkommen andere Bedingungen zur Folge hat, als sie gewöhnlich für die Wechselwirkung zwischen Schlacke und Metall in Betracht kommen. Sinkt ein schweres Erzstück in die Schlacke ein, so bildet sich bei dessen Verflüssigung in der Nähe des Metalls örtlich zunächst eine an den übrigen Schlackenbestandteilen arme Eisenoxydlösung, die wesentlich höhere Mengen Eisenoxydul in das Metall hineinzudrücken vermag. Dazu kommt, daß die höheren Eisenoxydstufen vom Metall im Sinne der Gleichungen:

$$Fe_2O_3 + Fe \rightarrow 3\,FeO \quad \text{oder} \quad Fe_3O_4 + Fe \rightarrow 4\,FeO$$

quantitativ zerlegt werden, solange kein Kalk zur Bildung von Ferriten zur Verfügung steht. Diese Vorgänge führen also dem Metall örtlich eine größere Menge Eisenoxydul zu; es erfolgt ein Aufkochen, das den Konzentrationsausgleich und den Transport der feinen Erzteile beschleunigt. Allmählich gleicht sich die Zusammensetzung der Schlacke aus; gleichzeitig wird das freie Eisenoxydul gebunden und nun kann der Fall eintreten, daß die Schlacke ihrerseits wieder Eisenoxydul aus dem örtlich stärker angereicherten Metall herauszieht, bis sich das Verteilungsgleichgewicht $(FeO) = [FeO] : L_{FeO}$ wieder hergestellt hat. Hierdurch, sowie infolge der teilweisen Aufzehrung des Eisenoxyduls durch Kohlenstoff, klingt die anfänglich nach dem Zusatz hohe Frischgeschwindigkeit allmählich wieder ab. Dies wird z. B. durch die Schleicherschen Untersuchungen (Abb. 30) gut illustriert. Bemerkenswert ist, daß sich nach Schleicher, sowie E. Killing[6] besonders häufig die gleiche minutlich abgeschiedene Kohlenstoffmenge von etwa 4,5 kg C ergibt, wenn man einen Zeitabschnitt von etwa 30 Minuten nach der Erzzugabe betrachtet; auch C. Schwarz[7] wies auf das Auftreten dieser Zahl hin.

[1] Stahl u. Eisen Bd. 51 (1931) S. 359.
[2] Arch. Eisenhüttenwes. Bd. 4 (1930/31) S. 242.
[3] Vgl. z. B. Schweiz. Patent Nr. 152014.
[4] Stahl u. Eisen Bd. 49 (1929) S. 458—464, Bd. 50 (1930) S. 1049—1061.
[5] Stahl u. Eisen Bd. 50 (1930) S. 1061, Erörterung.
[6] Stahl u. Eisen Bd. 49 (1929) S. 527—531, 1087.
[7] Stahl u. Eisen Bd. 49 (1929) S. 464, Erörterung.

Bei der Auswahl der Erze hat man sich von wirtschaftlichen und metallurgischen Erwägungen leiten zu lassen, bei denen besonders die Frage der Beimengungen zu berücksichtigen ist. So wird man Erze mit niedrigen Phosphor- und Schwefelgehalten vorziehen. Die Metallurgie des basischen Ofens fordert weiter, daß die Schlacke im Hinblick auf die Entphosphorungsmöglichkeiten einen nicht zu hohen Kieselsäuregehalt und im Hinblick auf den Abbrand einen nicht zu hohen Kalkgehalt besitzt. Werden die zulässigen Werte durch das Einbringen kalk- oder kieselsäurereicher Erze überschritten, so muß dem durch Sand- oder Kalkzuschläge wieder entgegengewirkt werden. Letztere erhöhen wiederum die Schlackenmenge und infolgedessen das Gewicht des in der Schlacke zurückbleibenden Eisens, da ja eine Mindestkonzentration Gesamteisen in der Schlacke notwendig ist, wenn auf einen bestimmten Kohlenstoffgehalt hingearbeitet werden soll. Zu den Ausgaben

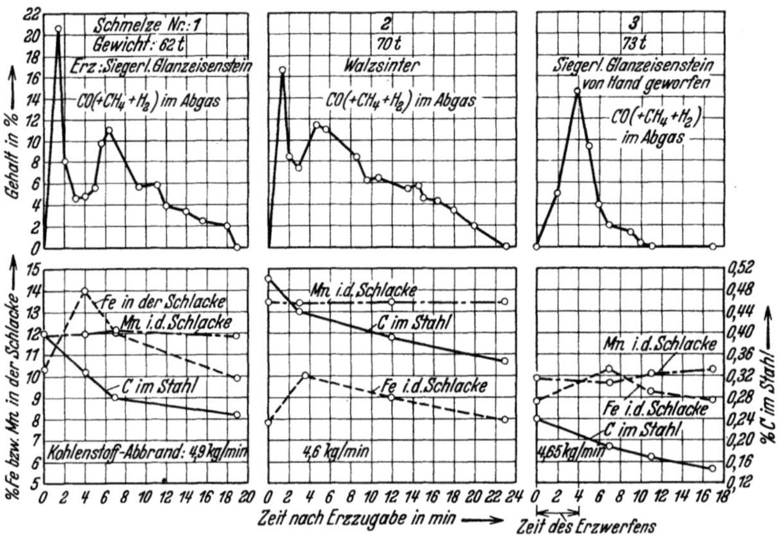

Abb. 30. Beispiele des Entkohlungsverlaufes im basischen S.M.-Ofen nach Zusatz von Erz oder Walzensinter (Schleicher).

für das Erz treten daher Ausgaben für Zuschläge und den erhöhten Eisenabbrand; auf der Einnahmeseite ist dagegen der Gewinn an metallischem Eisen zu buchen, das durch Reduktion aus dem Erz frei gemacht wurde.

Den Einfluß der einzelnen Beträge auf den Gesamtkostenaufwand für die Erzfrischung haben E. Killing und S. Schleicher in den vorerwähnten Berichten an Hand einiger Rechnungsbeispiele dargelegt.

Die Frage, ob die Bindungsform des Sauerstoffs im Erz, d. h. der Gehalt an Eisenoxyd oder Eisenoxyduloxyd die Wirtschaftlichkeit des Frischmittels beeinflussen könne, glaubte E. Killing zugunsten der Eisenoxyduloxyderze entscheiden zu können. Er machte die Beobachtung, daß die Konzentration des Gesamteisens in der Schlacke nach der Zugabe von Eisenoxyd höhere Werte hatte, als nach Zugabe von Eisenoxyduloxyd. Theoretisch ist diese Beobachtung nicht deutbar, da es für die Endlage der Umsetzungen an sich gleichgültig ist, welches der Oxyde als Ausgangsstoff zugeführt wird. Der Gesamteisengehalt der Schlacken ist aber von so vielen Umständen abhängig, daß Killings Angabe, die Basizität der Versuchsschlacken sei in allen Fällen etwa gleich gewesen, den Zustand des Systems nicht eindeutig zu beschreiben vermag. Außerdem sprechen die vom gleichen Autor erwähnten Versuchsergebnisse eines anderen Werkes, sowie die Beobachtungen Schleichers mit Roteisensteinzusätzen gegen die Ansicht, daß die Bindungsform des Erzsauerstoffs sich in einer Erhöhung des Eisenabbrandes zeigen müsse.

Gelegentlich führt man die Oxydation des Kohlenstoffs mit Manganerzen durch, um damit metallisches Mangan im Einsatz zu sparen. Die Wirkung von Manganerzzusätzen kann man sich klar machen, wenn man die Reaktionen in mehrere Stufen zerlegt denkt:

1. Zerlegung höherer Manganoxyde durch das Metall, z. B.: $Mn_3O_4 + Fe \rightarrow 3\, MnO + FeO$.

2. Reaktion des Manganoxyduls mit dem Metall: $MnO + Fe \rightleftharpoons Mn + FeO$. Im Gegensatz zu dem ersten Umsatz, der praktisch vollständig nach rechts abläuft, wird der zweite durch die wohl ausgeprägten Gleichgewichtszustände der Manganreaktion begrenzt, die später zu erörtern sind. Bei beiden Vorgängen entsteht zunächst Eisenoxydul, das in der Schlacke zum Teil gebunden wird. Der Gesamteisengehalt der Schlacke (Σ Fe) wird also um einen gewissen Betrag erhöht, zu dessen Kenntnis die Gleichgewichtslage von Umsatz 2 bekannt sein muß; in ihrer Wirkung auf den Frischvorgang verhält sich die durch vorstehende Umsetzungen erzielte Größe (Σ Fe) ebenso, wie wenn sie durch Eisenerzzusätze erzielt worden wäre. Da der Umsatz 2 mit steigender Temperatur weiter nach rechts verläuft, ist die Frischwirkung von Manganerzen bei hohen Temperaturen ausgeprägter als bei tieferen.

Die Kohlenstoffreaktion im sauren Herdofen.

Die Erörterungsgrundlagen der Zusammenhänge zwischen dem Verlauf der Entkohlung, der Schlackenbeschaffenheit und der Temperatur bei den sauren Herdofenprozessen werden wiederum gegeben durch die Ausführungen von S. 47—49, in denen wir uns über den Partialdruck des Kohlenoxyds und über die Wirkung des freien Eisenoxyduls (FeO) in der Schlacke Klarheit verschafft haben. Nachdem wir ferner die Beziehungen zwischen der Gesamtzusammensetzung der sauren Schlacken und der Konzentration des freien Eisenoxyduls auf S. 36—38 erläutert und in Tafel I a—d, sowie Abb. 7 und 8 zur Darstellung gebracht haben, ist es möglich — genau wie für die basischen Prozesse — auf folgendem Wege zu den gesuchten Zusammenhängen zu gelangen: Wir stellen an Hand der Grundgleichung [Gl. (1a), S. 47]:

$$v = k_1 \cdot L_{FeO} \cdot (FeO) \cdot [\Sigma\, C] - k_2 \cdot p_{CO}$$

fest, wie groß (FeO) für gegebene Temperatur sowie beliebig gewählte Kohlenstoffgehalte [Σ C] und Frischgeschwindigkeiten v sein muß und ermitteln sodann mit Hilfe der Tafeln Ia—d, welcher Zusammensetzung der Schlacke dieser (FeO)-Wert entspricht. Durch systematische Wiederholung dieses Ganges — auch für andere Temperaturen — erhalten wir Auskunft über die Entkohlungsmöglichkeiten unter verschiedenartigsten Schlacken.

Auf diesem Wege ist z. B. Abb. 31 entstanden, in der jene Kohlenstoffgehalte in Abhängigkeit von Gesamteisenoxydul- und Gesamtmanganoxydulgehalt[1] (Σ FeO) und (Σ MnO) aufgetragen sind, mit denen das Metallbad auskocht (Gleichgewicht, $v = 0$). Diese Kohlenstoffgehalte stellen also die geringsten dar, auf die das Metall unter den entsprechenden Schlacken heruntergearbeitet werden kann[2]. Man sieht, daß der Eisenoxydulgehalt der Schlacken für einen angestrebten Kohlenstoffgehalt um so geringer sein kann, je mehr Kieselsäure durch Manganoxydul ersetzt ist und je höher die Temperatur liegt. Das Bestreben, die Entkohlung unter die in Abb. 31 eingezeichneten Konzentrationen herunterzutreiben, erfordert eine Steigerung der Temperatur oder der Oxydulkonzentrationen in der Schlacke.

[1] Rest Kieselsäure. [2] Vgl. S. 50.

Enthält die Schlacke ausgeschiedene feste Kieselsäure, so kann der zugehörige Kohlenstoffgehalt in Abb. 31 und 32 in gleicher Weise bestimmt werden, wie dies auf S. 37 (Abb. 6) für das freie Eisenoxydul beschrieben wurde.

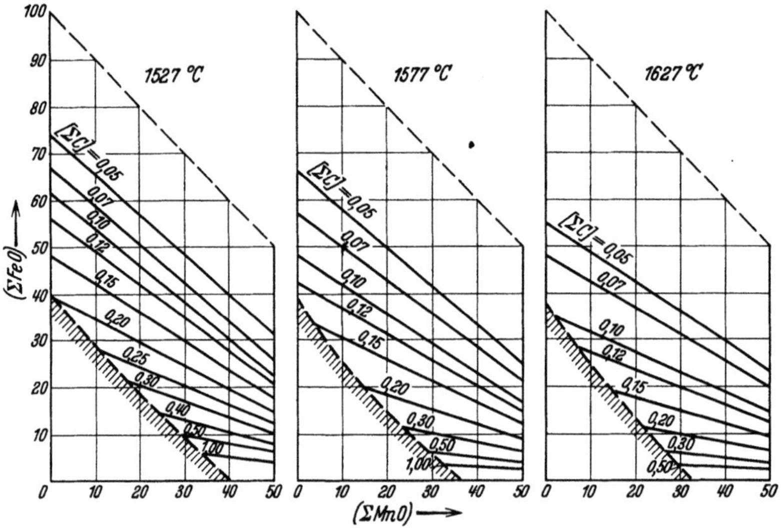

Abb. 31. Zusammensetzung saurer S.M.-Schlacken über ausgekochten Stahlbädern mit verschiedenen Kohlenstoffgehalten.

In welcher Weise die Frischgeschwindigkeit durch die Schlackenzusammensetzung beeinflußt wird, zeigen die in Abb. 32 für 1627° C gegebenen Beispiele.

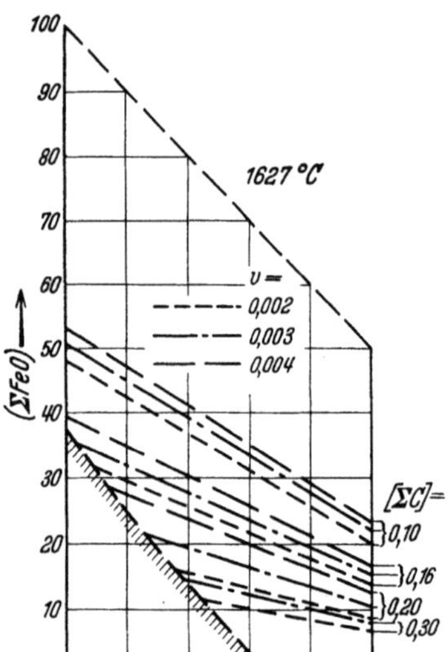

Abb. 32. Zusammensetzung saurer S.M.-Schlacken über Stahlbädern, deren Kohlenstoffkonzentration mit verschiedenen Frischgeschwindigkeiten durchschritten wird (1627° C).

Bei gegebener Temperatur kann die Belebung des Kochvorgangs durch Zusätze von Eisen- oder Manganerz erfolgen, doch zeigt sich ersteres unvergleichlich viel wirksamer, wie aus den schematischen Abb. 33a und b leicht zu entnehmen ist.

In Abb. 33a ist angenommen worden, daß einer Schlacke von der Zusammensetzung des Punktes A Eisenerz in Form von reinem Eisenoxydul zugesetzt wurde, wodurch (Σ FeO) wächst, (Σ MnO) und (Σ SiO_2) infolge der Verdünnung abnehmen. Die infolge des Erzzusatzes erreichte Schlackenzusammensetzung B kann man bekanntlich in unserer Darstellung graphisch ermitteln, indem man von A aus eine Gerade zum Punkte x zieht, der der Zusammensetzung des reinen Zusatzes, also hier (ΣFeO) = 100% entspricht. Punkt B liegt dann auf der Geraden $A - x$; sein Abstand von A wird gefunden, indem man die Gerade derart aufteilt, daß

$$\frac{\text{Strecke } x\text{—}B}{\text{Strecke } B\text{—}A} = \frac{\text{ursprüngliches Gewicht der Schlacke}}{\text{Gewicht des Zuschlags}}$$

oder

$$\frac{\text{Strecke } x\text{—}A}{\text{Strecke } x\text{—}B} = \frac{\text{Gewicht von Schlacke + Zuschlag}}{\text{ursprüngliches Gewicht der Schlacke}}$$

wird.

In Abb. 33b, für welche der Schlacke von der Zusammensetzung A ein Zusatz von reinem Manganoxydul gegeben wurde, verschiebt sich die Zusammensetzung zu dem auf der Geraden A—y gelegenen Punkte C. Punkt y entspricht wieder der Zusammensetzung des Zuschlags, hier also (Σ MnO) = 100%. Die Lage von C wird sinngemäß wie oben bestimmt.

Da der Zusatz von Manganoxydul das System Schlacke—Metall bezüglich der Manganreaktion aus dem Gleichgewicht bringt, wird ein Teil des Manganoxyduls reduziert nach $Fe + MnO \rightarrow Mn + FeO$, wobei die Konzentration des Eisenoxyduls zunimmt[1]. Punkt *C* erfährt also eine weitere Verschiebung in Richtung auf *D*, die um so größer ist, je höher die Temperatur liegt, aber niemals so weit geht, daß der ursprüngliche Wert von (Σ FeO) vor dem Zusatz (Punkt *A*) erreicht wird.

Bei der Darstellung in Abb. 33a und b wurden gleiche Zusatzmengen von Eisen- bzw. Manganoxydul gewählt; es ist unverkennbar, daß der erstgenannte Zusatz die Entkohlung wesentlich mehr begünstigt. Erst die erwähnte Verschiebung des Punktes *C* nach *D* bewirkt in der Hauptsache eine Beschleunigung des Frischvorganges. Da diese Verschiebung mit wachsender Temperatur zunimmt, zeigen sich die Auswirkungen von Manganerzzusätzen in der Tat erst bei höheren Temperaturen.

Wenn die Zusätze nicht — wie vorstehend angenommen — aus reinem Eisen- oder Manganoxydul, sondern aus höheren Oxydstufen bestehen, kann man den gleichen Weg

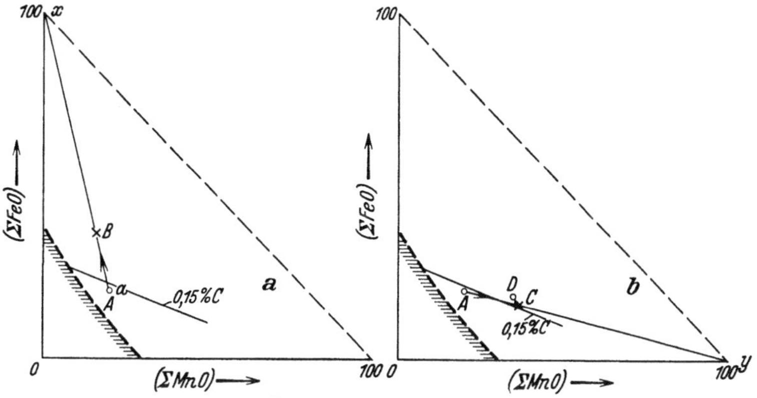

Abb. 33. Graphische Bestimmung der Änderung der Schlackenzusammensetzung durch Erzzuschläge.

beschreiten, indem man zunächst berücksichtigt, daß die höheren Oxydstufen vom Metall reduziert werden, z. B. nach: $Fe_3O_4 + Fe \rightarrow 3\,FeO$ oder $Mn_3O_4 + Fe \rightarrow 3\,MnO + FeO$. Zur Ermittlung der Schlackenänderung benutzt man dann die sich aus solchen Reaktionsgleichungen ergebenden äquivalenten Zuschlagmengen der reinen Oxydule. Man hat nur zu beachten, daß die höchsten Oxydstufen von Eisen und Mangan bei den Temperaturen der Stahlerzeugung bereits einen Teil ihres Sauerstoffs gasförmig abspalten nach den Gleichungen:

$$3\,Fe_2O_3 \rightarrow 2\,Fe_3O_4 + \frac{1}{2}\,O_2{}^{*} \quad \text{und} \quad \begin{matrix} 2\,MnO_2 \rightarrow Mn_2O_3 + \frac{1}{2}\,O_2{}^{**} \\ 3\,Mn_2O_3 \rightarrow 2\,Mn_3O_4 + \frac{1}{2}\,O_2{}^{**} \end{matrix}$$

Der abgespaltete Sauerstoff wird mit den Heizgasen weggeführt.

Enthalten die Erze außer Kieselsäure noch fremde Gangart, so muß die Änderung der Schlackenzusammensetzung rechnerisch ermittelt werden; die Einwirkung der fremden Begleitstoffe wird weiter unten behandelt werden.

Die Abb. 31 und 32 zeigen, daß die Entkohlung des Metalls auf niedrige Gehalte, z. B. unter 0,2% C recht erhebliche Eisenoxydulgehalte der Schlacke erfordert, die dabei recht dünnflüssig wird und den Herd stark angreift. Es ist daher verständlich, wenn die Herstellung weicher Eisensorten im sauren Herdofen nach Möglichkeit vermieden wird.

Die Anfressung des sauren Herdfutters vollzieht sich nicht nur an der Berührungsfläche des Herdes mit der Schlacke, sondern auch unter dem Metallbad, denn es sucht sich auch der Herd mit dem Metall ins Gleichgewicht zu

[1] Vgl. S. 144f. * Vgl. Bd. I, S. 133 ** Vgl. Bd. I, S. 235.

setzen, dessen Endprodukt eine in ihrer Zusammensetzung vom Mangan- und Eisenoxydulgehalt des Metalls, sowie der Temperatur abhängige **flüssige** Schlacke ist. Der Vorgang ist so zu denken, daß die Kieselsäure des Herdes Eisenoxydul aus dem Metall herauslöst und gleichzeitig die Bildung von Manganoxydul nach $FeO + Mn \rightarrow MnO + Fe$ bewirkt[1]. Die beiden Oxydule verbinden sich mit der festen Kieselsäure unter allmählicher Bildung einer flüssigen Lösung, die sich vom Herde ablöst und in die Schlacke aufsteigt. Dabei steigt der Kieselsäuregehalt der Schlacke langsam an; man beobachtet daher, daß sich die Zusammensetzung saurer Schlacken — sofern keinerlei Zusätze zu Metall oder Schlacke erfolgen — im Laufe des Prozesses etwa gemäß Abb. 34 in Richtung auf die linke Ecke des Dreiecks verschiebt. An der Sättigungsgrenze der Schlacken für Kieselsäure kommt die Verschiebung gewöhnlich zum Stillstand, da dort Gleichgewicht zwischen der flüssigen Lösung und fester Kieselsäure herrscht und mithin auch keine Neigung zum weiteren Angriff des Herdes besteht[2]. Tatsächlich liegen die Analysen der Endschlacken meist dicht an der Sättigungsgrenze[3] (vgl. Abb. 35). Nach den vorhergegangenen Betrachtungen muß sich

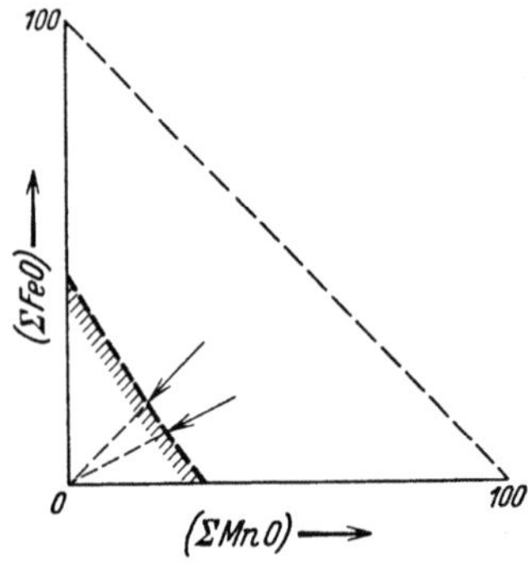

Abb. 34. Einfluß des Herdes auf die Zusammensetzung saurer Schlacken.

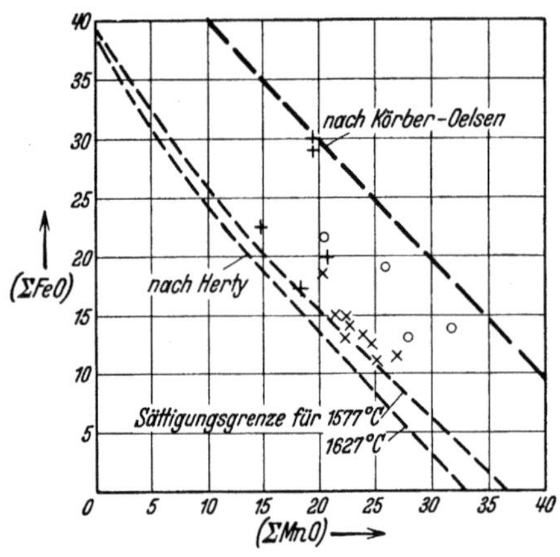

Abb. 35. Zusammensetzung der Endschlacken saurer S.M.-Schmelzungen. (Verschiedene Beobachter.)

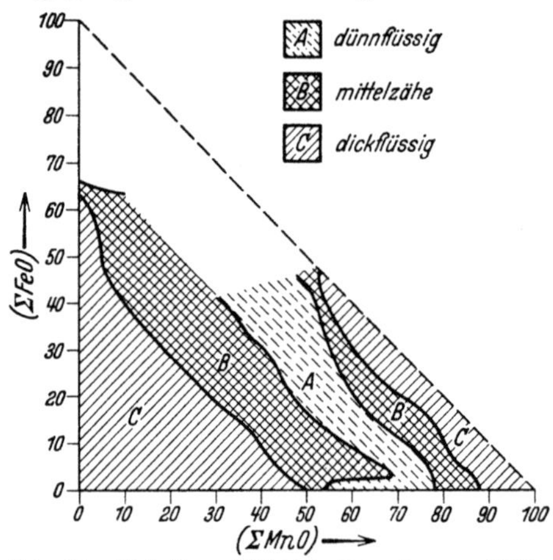

Abb. 36. Relativer Flüssigkeitsgrad von FeO—MnO—SiO_2-Schlacken bei etwa 1550°C. (Herty und Mitarbeiter.)

die Korrosion des Herdes hemmend auf die Entkohlung auswirken, sofern nicht die gleichzeitige Temperatursteigerung ihren günstigen Einfluß auf die Frisch-

[1] Weitere Ausführungen hierzu werden auf S. 145 gegeben.

[2] Da gegen Ende der Schmelzung auch das Gleichgewicht zwischen Stahl und Schlacke meist praktisch erreicht wird, kann auch von seiten des im Metall gelösten Eisenoxyduls kein Angriff auf den Herd mehr stattfinden, sofern die Schlacke mit dem Herde im Gleichgewicht ist (Satz von der Vertretbarkeit der Phasen, s. Bd. I, S. 12).

[3] Für die technischen sauren Schlacken, die noch etwa 6% Fremdbestandteile enthalten, scheint sich die Sättigungsgrenze gegenüber den Angaben von **Körber** und **Oelsen** (vgl. S. 36) für praktisch reine Dreistoffschlacken so zu verschieben, daß sie mit den von **Herty** angegebenen zur Deckung kommt.

geschwindigkeit geltend macht. Diese kann sich aber praktisch nicht in vollem Umfange auswirken, weil sie ihrerseits wieder die Korrosion des Herdes fördert. Dazu kommt, daß die Schlacke bei Aufnahme größerer Mengen Kieselsäure

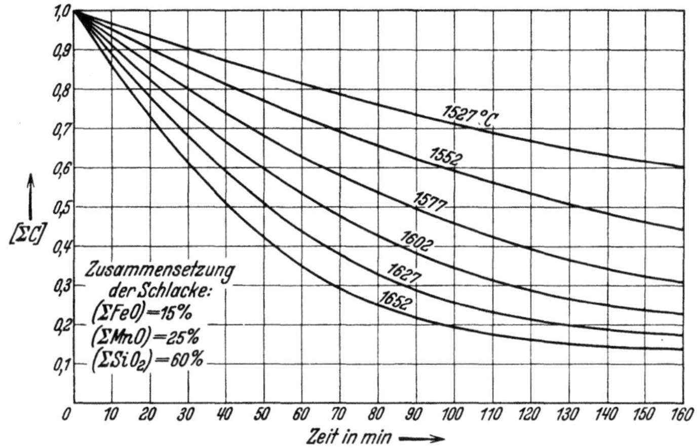

Abb. 37. Abbrandkurven des Kohlenstoffs im sauren S.M.-Ofen für eine Schlacke unveränderlicher Zusammensetzung bei verschiedenen Temperaturen.

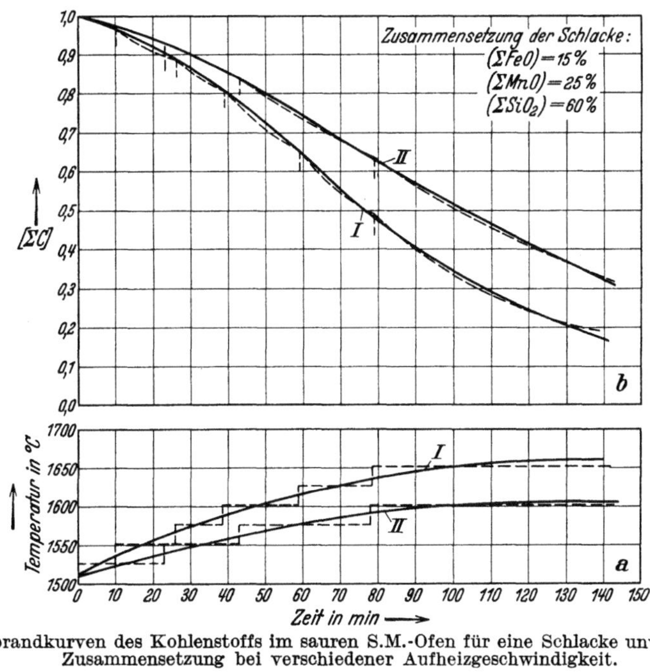

Abb. 38. Abbrandkurven des Kohlenstoffs im sauren S.M.-Ofen für eine Schlacke unveränderlicher Zusammensetzung bei verschiedener Aufheizgeschwindigkeit.

steif wird; die in Abb. 36 nach C. H. Herty jr. und Mitarbeitern[1] veranschaulichten Angaben über die relative Zähigkeit saurer Schlacken deuten diese Gefahr an.

In welchem Maße die Möglichkeit einer flotten Temperatursteigerung auf den Entkohlungsvorgang Einfluß hat, können wir uns an Hand der Abb. 37

[1] Vgl. Bd. I, S. 248.

und 38 klar machen, die unter der Annahme einer Schlacke folgender Zusammensetzung errechnet wurden: $(\Sigma\,FeO) = 15\%$, $(\Sigma\,MnO) = 25\%$, $(\Sigma\,SiO_2) = 60\%$.

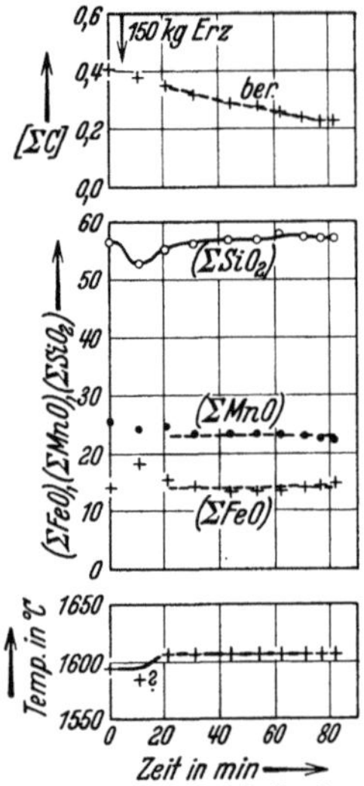

Abb. 39. Vergleich des beobachteten und errechneten Kohlenstoffabbrandes im sauren S.M.-Ofen.

Eine solche Schlacke weist, wie aus Tafel I durch Interpolation zu entnehmen ist, nachstehende Gehalte an freiem Eisenoxydul auf:

t^0 C	1527	1552	1577	1602	1627	1652	1677
(FeO)	3,5	3,8	4,1	4,4	4,7	5,05	5,4

Mit Hilfe dieser (FeO)-Werte, aus der Verteilungskonstanten L_{FeO} sowie unter Verwendung der Gl. (2) S. 56 entsteht Abb. 37 in der gleichen Weise, wie Abb. 20 (S. 55) für eine basische Schlacke zustande gekommen war. Der Übergang zu Abb. 38 wird in der gleichen Weise vorgenommen, wie der von Abb. 20 zu Abb. 21, d. h. durch stufenweise Unterteilung der Temperatur-Zeit-Kurve, wie auf S. 57 beschrieben.

Es zeigt sich in beiden Abbildungen, daß durch die Möglichkeit schneller und hoher Temperatursteigerung die Kochzeit verkürzt werden kann.

Die Nachprüfung der im Vorangegangenen dargelegten Gesetzmäßigkeiten kann nur in geringem Umfang erfolgen, weil im Schrifttum nur wenige vollständige Schmelzberichte enthalten sind, die unter gleichzeitiger Temperaturmessung aufgestellt wurden. In den Abb. 39 und 40 nach Schmelzungen von H. Schenck und E. O. Brüggemann[1] ist ein Vergleich von berechneter und beobachteter Frischkurve mit befriedigender Übereinstimmung durchgeführt, wobei allerdings zu bemerken ist, daß u. a. diese beiden Schmelzungen zur Aufstellung der Zusammenhänge verwendet worden waren. Die Tatsache, daß die experimentellen Unterlagen unserer Schlußfolgerungen an einer recht großen Zahl verschiedenartiger saurer S.M.-Schmelzungen, sowie an Öfen von 20—60 t Fassung genommen waren, dürfte aber wahrscheinlich machen, daß die Zusammenhänge auch eine weiter reichende quantitative Gültigkeit beanspruchen können; qualitativ stimmen sie jedenfalls mit allen Beobachtungen des Betriebs überein.

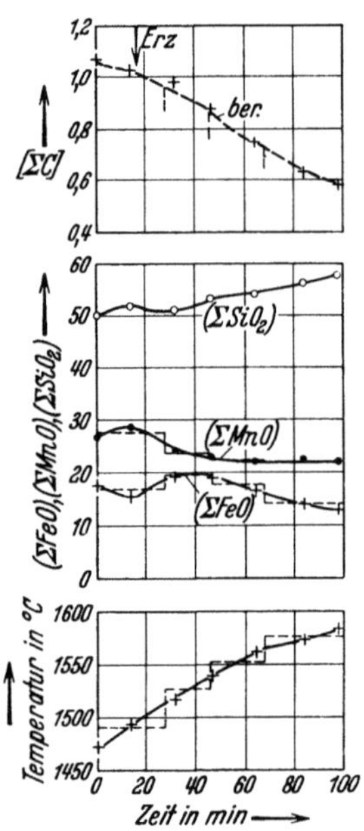

Abb. 40. Wie Abb. 39.

Es besteht kein Grund, für den sauren Elektroofen anders geartete Zusammenhänge vermuten zu wollen, ebenso wie man einen Unterschied zwischen großen und kleinen Fassungen des S.M.-Ofens hinsichtlich der Gesetzmäßigkeiten nicht erkennen wird. Wie bei der Besprechung der Entkohlung im basischen S.M.-Ofen erläutert wurde[2], dürften auch hier in erster Linie die Konzentration des freien Eisenoxyduls in der Schlacke sowie die Temperatur den Verlauf der Kohlenstoffreaktion beherrschen, während die Diffusionsvorgänge bei kochendem Bad als genügend schnell vor sich gehend betrachtet werden können.

[1] A. a. O.

[2] Vgl. insbesondere S. 57f.; die dortigen Überlegungen lassen sich vollständig auf den sauren S.M.-Prozeß übertragen.

Die sauren Schlacken enthalten als Verunreinigungen gewöhnlich geringe Beträge von Tonerde, deren Konzentration etwa bei 5% liegt; auf manchen Werken wird der Schlacke ferner Kalk bis zu Höchstgehalten von etwa 12% zugesetzt.

Tonerde ist gegenüber Kieselsäure, Mangan- und Eisenoxydul als neutral zu betrachten; sie übt nur insofern einen Einfluß auf die Konzentration des freien Eisenoxyduls aus, als beim Ersatz von Kieselsäure durch Tonerde weniger Eisenoxydul zu Silikat gebunden werden kann[1], wodurch sich (FeO) und demnach auch die Frischgeschwindigkeit gegenüber einer Schlacke von gleichen (Σ FeO)- und (Σ MnO)-Gehalten und gleicher Temperatur erhöht [s. Gl. (1), S. 38 und Abb. 8].

Dagegen hat der Zusatz von Kalk stärkere Auswirkungen zur Folge. Wir erinnern uns, daß Kalk und Eisenoxyde Ferrite bilden, wodurch die Konzentration des freien Eisenoxyduls herabgesetzt wird. Dieser Vorgang wird aber überlagert durch die gleichzeitige Bildung von Kalksilikat, die ihrerseits zur Folge hat, daß Eisen- und Mangansilikate zerlegt und Eisen- und Manganoxydul in Freiheit gesetzt werden. Den letzteren Vorgängen gegenüber tritt die Bildung von Kalkferriten in den Hintergrund, so daß als Resultat eines Kalkzusatzes zur sauren Schlacke ein Anwachsen des freien Eisenoxyduls (FeO) zu verzeichnen ist. Man ist also in der Lage, mit Hilfe von Kalkzusätzen zu den Schlacken des sauren S.M.- (und Elektroofen-) Prozesses eine Frischwirkung zu erzielen.

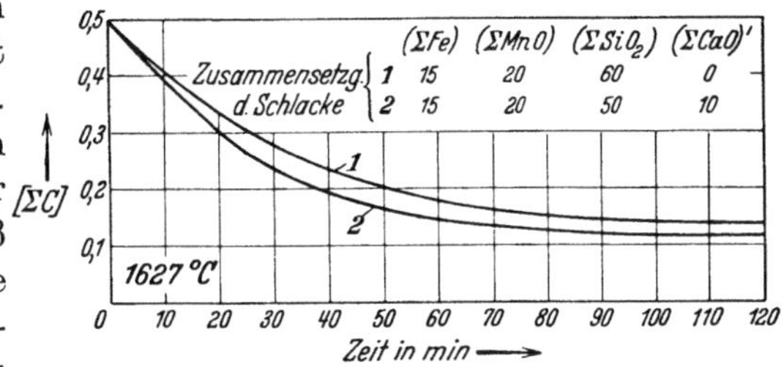

Abb. 41. Wirkung eines teilweisen Ersatzes der Kieselsäure durch Kalk auf den Kohlenstoffabbrand im sauren Herdofen (für 1627° C und die angegebenen Schlacken).

Einen quantitativen Überblick über die Konzentration des freien Eisenoxyduls in sauren Schlacken, die Kalk enthalten, geben die Tafeln II—IV, sowie die daraus gewonnene Abb. 11 (S. 40).

Wir entnehmen z. B. aus Abb. 11, daß eine Schlacke mit den Gehalten (Σ Fe) = 15%, (Σ MnO) = 20% und (Σ SiO_2) = 60% bei 1627° C an freiem Eisenoxydul aufweist: (FeO) = 5,5%. Denken wir uns 10% Kieselsäure durch Kalk ersetzt, so daß die Gesamtzusammensetzung der Schlacke ist: (Σ Fe) = 15%, (Σ MnO) = 20%, (Σ SiO_2) = 50%, (Σ CaO)' = 10% [2], so verschiebt sich ihr Gehalt an freiem Eisenoxydul bei der gleichen Temperatur auf 6,6%. Diese Zunahme von (FeO) bedeutet eine Steigerung der Frischgeschwindigkeit, wie aus Abb. 41 hervorgeht[3].

Wenn wir in der Lage sind, durch Kalk eine Frischwirkung auf das Bad auszuüben, indem wir damit die Konzentration des freien Eisenoxyduls erhöhen, so ist andererseits verständlich, daß saure Schlacken bei gegebener Temperatur um so weniger Eisen enthalten können, je höher ihr Kalkgehalt ist, sofern der gleiche Entkohlungsverlauf ins Auge gefaßt wird. In welchem Zusammenhange die Konzentrationsgrößen (Σ Fe) und (Σ CaO)' stehen, geht aus den bereits früher (S. 42f.) beschriebenen Abb. 12 und 13 hervor.

Schließlich wurde in Abb. 42 versucht, für eine saure Charge, der mehrfach Kalk zugesetzt worden war, und deren Verlauf von H. Styri[4] mitgeteilt wurde,

[1] Vgl. S. 38.

[2] Da die sauren Schlacken keine Phosphorsäure enthalten, werden hier (Σ CaO) und (Σ CaO)' identisch. [3] Abb. 41 entsteht in gleicher Weise wie Abb. 37.

[4] J. Iron Steel Inst. Bd. 108 (1923) S. 108f. Schmelzung Nr. 51161.

die Frischkurve des Kohlenstoffs zu berechnen. Da das von Styri gewählte Temperaturmeßverfahren etwas unsicher ist[1] — es liefert wahrscheinlich zu hohe Werte — kann dieser Vergleich von Rechnung und Beobachtung noch nicht als befriedigend betrachtet werden. Qualitativ gesprochen steht aber die Möglichkeit, mit Kalkzusätzen die Entkohlung leicht zu beschleunigen, außer Zweifel; auf vielen Werken wird von ihr Gebrauch gemacht, wenn man den Frischvorgang vorsichtig noch etwas beleben will.

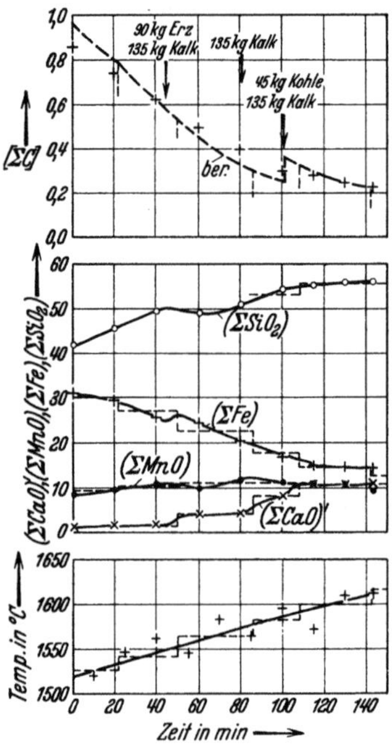

Abb. 42. Wie Abb. 39.

Die Zugabe von Kalk zur sauren Schlacke wurde besonders von J. N. Kilby[2] befürwortet, der einen Vorteil darin erblickt, daß kalkhaltige Schlacken (infolge der Verschiebung der Sättigungsgrenze) höhere Kieselsäurekonzentrationen (bis 62%) aufweisen können, leichtflüssiger sind und sich daher (?) zur Aufnahme im Stahl suspendierter Teilchen eignen sollen. B. Yaneske[3] konnte allerdings eine ausgeprägtere Dünnflüssigkeit kalkhaltiger saurer Schlacken nur dann bestätigen, wenn ihr Kieselsäuregehalt 60% nicht erreichte; wesentlich ist ferner seine Bemerkung, daß man bei der Zugabe von Kalk eine gewisse Vorsicht walten lassen muß. Während der ersten Zeit des Prozesses, in der an sich oxydierende Bedingungen vorherrschend sein sollen, sind höhere Kalkzusätze nicht von nachteiligem Einfluß; gegen Ende des Prozesses wird man aber davon absehen, nochmals durch Kalk Eisenoxydul in Freiheit zu setzen, das dann in verstärktem Maße in den Stahl übergehen würde.

Die Kohlenstoffabscheidung bei den Windfrischverfahren.

Der Partialdruck des Kohlenoxyds.

F. Wüst und L. Laval[4], sowie R. v. Seth[5] haben bei ihren Untersuchungen am Konverter die Zusammensetzung der Gasphase und deren zeitliche Veränderung eingehend verfolgt. Die Abb. 43 und 44, die der letztgenannten Arbeit entnommen wurden, lassen erkennen, daß sowohl das saure, wie das basische Windfrischverfahren durch eine erste Periode gekennzeichnet sind, in der der zugeführte Luftsauerstoff noch nicht vollkommen umgesetzt wird. Die Gase weisen neben freiem Sauerstoff Kohlendioxyd auf, das sich wahrscheinlich durch sekundäre Verbrennung des im Metall entstandenen Kohlenoxyds gebildet hat. Nach Abschluß der ersten Periode, deren Dauer je nach der physikalischen Beschaffenheit des Roheisens verschieden und beim

[1] Optische Messung der Schlackendecke; vgl. das untere Teilbild von Abb. 42.
[2] J. Iron Steel Inst. Bd. 95 (1917) S. 69.
[3] J. Iron. Steel Inst. Bd. 99 (1919) S. 255—273; vgl. Stahl u. Eisen Bd. 40 (1920) S. 1129f.
[4] Metallurgie Bd. 9 (1908) S. 431.
[5] Jernkont. Ann. Bd. 108 (1924) S. 1/93; vgl. Z. VDI Bd. 70 (1926) S. 973.

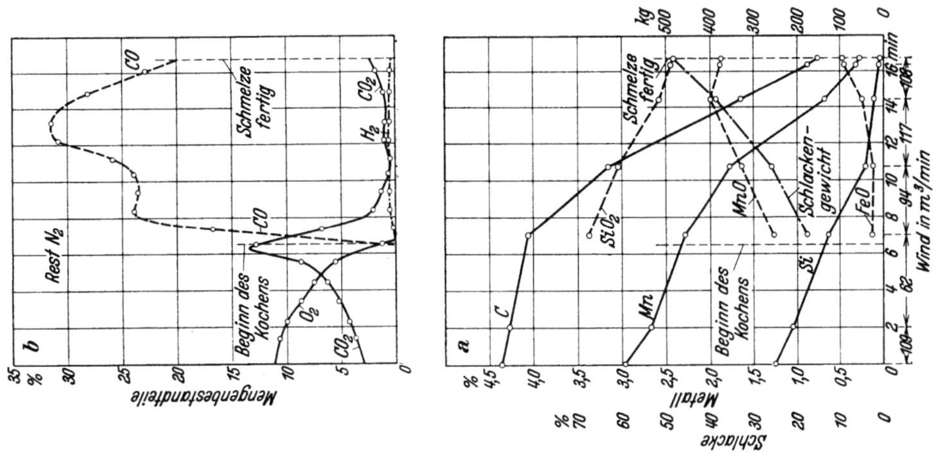

Abb. 44.

Abb. 44. Metall-, Schlacken- und Gaszusammensetzung bei der Bessemerschmelzung A 60 (v. Seth).

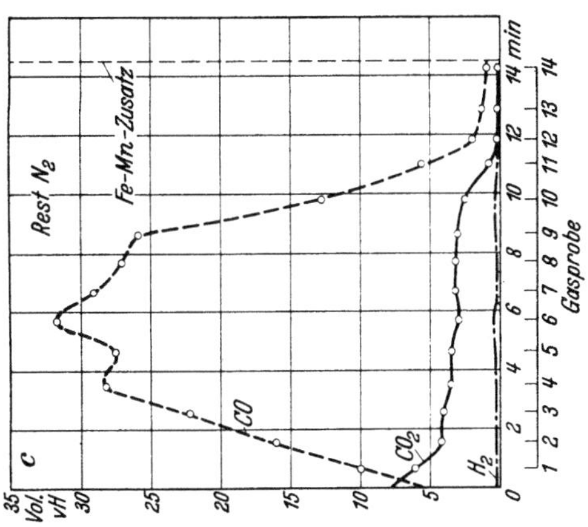

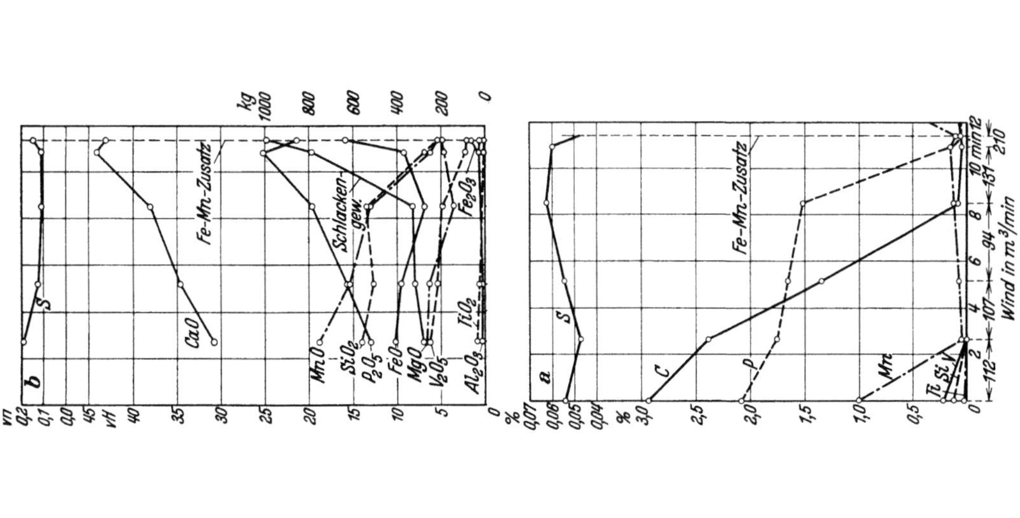

Abb. 43.

Abb. 43. Zusammensetzung von Metall (a) und Schlacke (b) bei der Thomasschmelzung C 66, sowie normale Abgaszusammensetzung auf dem gleichen Werk (v. Seth).

Thomasverfahren geringer als beim Bessemerprozeß ist, beginnt die Kohlenstoffausscheidung lebhaft zu werden; zugleich geht der elementare Sauerstoff in den Abgasen auf nahezu Null zurück, wobei die Konzentration des Kohlendioxyds kleine, die des Kohlenoxyds höhere Werte annimmt. In diesem zweiten Abschnitt werden mit Ausnahme von Phosphor alle oxydierbaren Begleitelemente des Metalls (C, Si, Mn) nach und nach weitgehend abgeschieden. Während die Bessemerschmelzen in der zweiten Periode abgegossen werden können, sobald sie den erwünschten Kohlenstoffgehalt erreicht haben, erfordert die Entphosphorung des Thomaseisens eine „Nachblaseperiode", die mit dem Ende der Entkohlung (Übergang) einsetzt und als abgeschlossen betrachtet wird, sobald die Konzentration des Phosphors im Metall auf den gewünschten Wert gesunken ist. Die Entkohlung macht in der Nachblaseperiode keine bemerkenswerten Fortschritte mehr; infolgedessen nimmt der Kohlenoxydgehalt der Gasphase erheblich ab.

Sieht man von dem ersten Abschnitt des Blaseprozesses ab, in dem Sauerstoff ohne Reaktion durch das Bad zu gehen vermag, so bemerkt man, daß die Abgase im weiteren Verlauf der Schmelze praktisch nur aus Kohlenoxyden und Stickstoff bestehen. Der geringe Wasserstoffgehalt (durchschnittlich etwa 0,5%), der durch Reduktion der Luftfeuchtigkeit entsteht und demnach in seinem Betrage von atmosphärischen Bedingungen abhängig ist, kann gegenüber den Hauptbestandteilen der Abgase vernachlässigt werden. Betreffs des Kohlendioxydgehaltes der Gasphase muß man im Zweifel sein, ob die erwähnten Messungen den Zustand wiedergeben, in dem sich das Gas bei Berührung des Metalls befindet. Nach den Betrachtungen von S. 48 wird das Verhältnis der Partialdrucke von Kohlenoxyd und -dioxyd durch den Ausdruck geregelt:

$$\frac{p_{CO}}{p_{CO_2}} = \frac{K_{CO_2}}{[FeO]},$$

worin die temperaturabhängige Konstante K_{CO_2} durch Abb. 136 (S. 239) wiedergegeben wird. Sie hat bei 1577° C z. B. den Wert $K_{CO_2} = 14{,}5$. Da der Eisenoxydulgehalt des Metalls nach den Untersuchungen von F. Körber und G. Thanheiser[1] den Wert [FeO] = 0,5% kaum übersteigen wird, ist p_{CO_2} gegenüber p_{CO} praktisch zu vernachlässigen. Die experimentelle Untersuchung der Abgase hat demgegenüber für das Mischungsverhältnis der beiden Gase auch für die Periode lebhafter Kohlenstoffverbrennung Werte ergeben, die zum Teil unter 10 liegen.

Zur Erklärung der Unstimmigkeit wird man — wie dies auch durch v. Seth geschehen ist — eine sekundäre Verbrennung des Kohlenoxyds durch unverbrauchten Sauerstoff heranziehen, die zum Teil bereits innerhalb des Bades einsetzen kann und an seiner Oberfläche bis zum praktisch vollständigen Verschwinden des elementaren Sauerstoffs verläuft. Die Menge des unverbrauchten Sauerstoffs ist aber derartig wechselnden Einflüssen unterworfen (Viskosität des Bades, Temperatur, Düsenform- und Anordnung, Abnutzung von Boden und Futter), daß eine gesetzmäßige Erfassung der sekundär entstehenden Kohlendioxydmengen schwierig ist[2]. In dieser Hinsicht liegen die Verhältnisse während der ersten Periode des Blaseprozesses natürlich besonders ungünstig.

Wir sind daher gezwungen, vorläufig nur den idealen Fall ins Auge zu fassen, bei dem der eingeblasene Sauerstoff bis zu seinem vollkommenen Verbrauch

[1] Mitt. Kais.-Wilh.-Inst. Eisenforschg., Düsseld. Bd. 14 (1932) S. 205—219; vgl. S. 196.
[2] Vgl. auch S. 89 (K. Thomas).

mit dem Metall und seinen gelösten Begleitelementen reagiert, und Kohlendioxyd nur nach Maßgabe der obigen Gleichgewichtsbeziehung entsteht, wobei sein Partialdruck vernachlässigt werden kann. Dann gilt für den Gesamtdruck der Abgase:

$$P = p_{CO} + p_{N_2}.$$

Aus x g-Atomen Kohlenstoff entstehen die gleiche Zahl von g-Molen Kohlenoxyd. Die während der Verbrennung von x g-Atomen C in das Bad eingeblasenen y g-Mole Stickstoff erscheinen praktisch unverbraucht in den Abgasen wieder; es ist also:

$$x\,CO_{Abg.} = x\,C_{verbr.}$$

und

$$y\,N_{2Abg.} = y\,N_{2Wind}.$$

Durch Division dieser Beziehungen und unter Berücksichtigung, daß sich in einem Gasgemisch die Partialdrucke der Gase wie ihre Molzahlen verhalten, sowie mit Einführung des obigen Gesamtdruckes P gelangt man zu:

$$\frac{x\,CO_{Abg.}}{y\,N_{2Abg.}} = \frac{p_{CO}}{p_{N_2}} = \frac{p_{CO}}{P - p_{CO}} = \frac{x\,C_{verbr.}}{y\,N_{2Wind}}.$$

Die Auflösung nach p_{CO} liefert:

$$p_{CO} = P \frac{x\,C_{verbr.}}{y\,N_{2Wind.} + x\,C_{verbr.}}.$$

In diesem Ausdruck müssen die g-Atome bzw. g-Mole noch auf die gebräuchlicheren Gewichte Kilogramm C und Normalkubikmeter N_2 bzw. Luft (0°, 760 mm Q.S.) umgerechnet werden.

Wir erhalten für den Partialdruck des Kohlenoxyds in einem bestimmten Zeitabschnitt:

$$p_{CO} = P \cdot \frac{\text{kg } C_{verbr.}}{0{,}54\text{ nm}^3\, N_{2Wind.} + \text{kg } C_{verbr.}} = P \cdot \frac{\text{kg } C_{verbr.}}{0{,}54 \cdot \frac{79}{100}\text{ nm}^3\text{ Luft} + \text{kg } C_{verbr.}}. \quad (1)$$

Die Zahl 79 im Nenner des rechten Gliedes kennzeichnet den prozentualen Stickstoffgehalt der Luft; bei Sauerstoffanreicherung des Windes ist sie entsprechend zu verringern. Auch ist zu berücksichtigen, daß man den Zeitabschnitt, in dem ein bestimmtes Kohlenstoffgewicht verbrennt, und die entsprechende Stickstoff- oder Luftmenge in das Bad eingeblasen wird, nicht zu groß wählt, da sich beide Größen ziemlich schnell gegeneinander verschieben, und man mithin einen mittleren Partialdruck erhalten würde.

Der in obige Beziehung einzusetzende Wert des Gesamtdrucks P bedarf noch einer Erläuterung. Bei den Windfrischprozessen spielt sich die Kohlenstoffreaktion innerhalb des gesamten Metallbades ab; infolgedessen ist der Gesamtdruck der durch den Konverter gehenden Gase verschieden, wenn wir den Kohlenstoffumsatz einmal für den unteren, das andere Mal für den oberen Teil des Konverters erörtern wollen. Da die mechanische Bewegung der flüssigen Phasen keine Konzentrationsunterschiede innerhalb der Phasen aufkommen läßt, wird es statthaft sein, die für die mittlere Badhöhe geltenden Reaktionsbedingungen für den Umsatz in allen Höhenlagen zu verallgemeinern. Der Gesamtdruck der Gasphase im Innern des Metallbades setzt sich zusammen aus dem Druck der Gase oberhalb des Metallbades p_{at} und den hydrostatischen Drucken $p_S + p_M$ von Schlacke und Metall in den gewählten Höhenlagen; p_{at} ist seinerseits abhängig von atmosphärischem Außendruck und — infolge der Stauung an der Konvertermündung von der Temperatur und Menge der Abgase, sowie der Größe der Konvertermündung. Letztere Faktoren sind jedoch von verhältnismäßig geringem Einfluß; man wird keinen großen Fehler begehen, wenn man p_{at} mit 1,05 at ansetzt. Bei der Ermittlung von $p_S + p_M$ ist zu berücksichtigen, daß eine geordnete Übereinanderschichtung der Schlacken- und

Metallphase bei intensiver Badbewegung nicht mehr vorhanden ist; man nähert sich vielmehr dem Zustande einer Emulsion, deren mittleres spezifisches Gewicht s' sich aus den Gewichten von Schlacke und Metall (m_S und m_M) sowie aus den spezifischen Gewichten (s_S und s_M) berechnet zu:

$$s' = \frac{m_M + m_S}{\frac{m_M}{s_M} + \frac{m_S}{s_S}}.$$

Man kann überschlägig $s_M = 7$ und $s_S = 3$ setzen. Beträgt ferner das Schlackengewicht etwa 30% des Metallgewichts, so errechnet sich daraus das mittlere spezifische Gewicht der „Emulsion" zu $s' = 5{,}4$.

Die Höhe der Flüssigkeitssäule berechnet sich aus den Höhen der Metall- und Schlackenlösung im Ruhezustand. Sie sind abhängig von den Abmessungen des Konverters und den Gewichten von Schlacke und Metall. Die Höhe des Eisenbades sei beispielsweise für einen Thomaskonverter im Mittel zu 0,75 m für neues Futter, für verschlissenes Futter zu etwa 0,6 m angenommen. Die Höhe der Schlackenschicht betrage für den neuen Konverter etwa 0,4 m, bei größtem Verschleiß etwa 0,3 m. Als Gesamthöhe des Bades ergeben sich somit im Durchschnitt: $h = 1{,}15$ m bzw. $h = 0{,}9$ m. Der hydrostatische Druck in halber Badhöhe kann für dieses Beispiel mittels der Beziehung

$$p_S + p_M = \frac{h}{2} \cdot \frac{s'}{10} \quad (s' = 5{,}4,\ h \text{ in Metern})$$

durchschnittlich mit 0,31 at für den neu zugestellten und mit 0,25 at für den verbrauchten Konverter angegeben werden. Als Gesamtdruck $P = p_{\mathrm{at}} + p_S + p_M$ findet man 1,36 bzw. 1,30 at. Die Unterschiede im Gesamtdruck wirken sich bei Berechnung des Partialdrucks p_{CO} nur wenig aus; wir wollen daher für normale Thomaskonverter $P = 1{,}3$ at setzen. Für andere Bauarten ist die Rechnung entsprechend abzuändern.

Aus Gl. (1) geht hervor, daß der Partialdruck des Kohlenoxyds um so höhere Werte annehmen kann, je größer der Anteil des mit dem Wind eingebrachten Sauerstoffs ist, der zum Umsatz von Kohlenstoff verbraucht wird. Der höchste Wert des Partialdrucks bei Verwendung atmosphärischer Luft ohne Sauerstoffanreichung berechnet sich nach folgender Überlegung:

1 nm^3 Luft enthält 0,21 nm^3 O_2 entsprechend 0,30 kg O_2, die mit 0,225 kg C verbrennen können. Beim Einführen dieser Zahlen in Gl. (1) ergibt sich:

$$p_{\mathrm{CO}} = P \cdot \frac{0{,}225}{0{,}54 \frac{79}{100} + 0{,}225} = P \cdot 0{,}348.$$

In einem Konverter, für den wir oben $P = 1{,}3$ at wählten, würde als äußerster Wert des mittleren Partialdrucks demnach $p_{\mathrm{CO}} = 1{,}3 \cdot 0{,}348 = 0{,}45$ at zu erwarten sein. Sobald jedoch die übrigen oxydierbaren Begleitelemente des Eisens mit verbrannt werden, sinkt p_{CO} nach Maßgabe des Sauerstoffanteils, der zu deren Verbrennung aufzuwenden ist. Besonders deutlich werden diese Verhältnisse beim Thomasprozeß zur Zeit des Übergangs (vgl. Abb. 43c); die an sich geringe Kohlenstoffkonzentration vermindert sich sehr langsam, während große Phosphormengen abgeschieden werden; gleichzeitig fällt der Kohlenoxydgehalt der Abgase steil ab.

Die Entkohlung bei dem Thomasverfahren.

Man wird annehmen können, daß sich die Kohlenstoffabscheidung im Konverter in der Weise vollzieht, daß der Luftsauerstoff zunächst mit dem im Überschuß befindlichen Eisen zu Eisenoxydul umgesetzt wird, das seinerseits auf

Kohlenstoff (und die übrigen Begleitelemente) oxydierend einwirkt. Das dabei im Metall entstehende Eisenoxydul wird andererseits das Bestreben haben, sich auf die in Bildung begriffene Schlacke zu verteilen, bis das Verteilungsgesetz $\frac{[FeO]}{(FeO)} = L_{FeO}$ erfüllt ist. Letztere Beziehung wird jedoch ständig gestört durch die Überführung des freien Eisenoxyduls in gebundene Eisenoxyde (Ferrite, Silikate); dieser Vorgang erfordert einen zusätzlichen Übergang von Eisenoxydul in die Schlacke über den Betrag hinaus, der den Verteilungssatz an sich befriedigen würde. Als Gleichgewichtsgesetze würden für die Beziehungen zwischen der Konzentration von freiem Eisenoxydul (FeO) und Gesamteisen (Σ Fe) die gleichen Gesetzmäßigkeiten in Frage kommen, die wir in den Tafeln II—IV zur Darstellung gebracht haben.

Prinzipiell werden aber durch den Umstand, daß die Bildung des Eisenoxyduls ausschließlich im Stahlbade selbst und überdies mit unvergleichlich viel höherer Geschwindigkeit als beim Herdofenprozeß erfolgt, Tatsachen geschaffen, die eine Einstellung des Gleichgewichts zwischen dem Eisenoxydulgehalt des Metalls und dem Eisengehalt der Schlacke unwahrscheinlich machen. Der Eisengehalt der Schlacke wird geringer sein, als das Gleichgewichtsgesetz verlangt (vgl. auch S. 195f.).

Die Erforschung der Zusammenhänge zwischen dem Verlauf der Kohlenstoffverbrennung und der Konzentration von freiem Eisenoxydul in der Schlacke, bzw. deren Gesamtzusammensetzung und der Temperatur wird ferner durch den Umstand wesentlich behindert, daß die Schlacke während der Entkohlungsperiode keine homogene Lösung, sondern ein heterogenes Gemenge aus flüssiger Lösung und unverflüssigten Kalkstücken darstellt. Die Hauptbestandteile der flüssigen Lösung sind im Anfang des Prozesses Kieselsäure, Manganoxydul und Eisenoxyde, d. h. die Verbrennungsprodukte der Eisenbegleiter mit hoher Sauerstoffaffinität, die mit Eisenoxyden eine leicht flüssige Schlacke von einem, den Schlacken der sauren Prozesse ähnlichen Charakter bilden. In dieser primären Schlacke geht der Kalkeinsatz allmählich in Lösung mit einer Geschwindigkeit, die wesentlich von seiner Stückigkeit und Zusammensetzung sowie von der Zusammensetzung der Lösung und der Temperatur abhängig ist. Aus den bisherigen Untersuchungen geht hervor, daß allgemein eine vollständige Auflösung des Kalks vor dem Ende der Entkohlung nicht zu erwarten ist; es scheint, daß die Schlacke erst in der Entphosphorungsperiode unter dem Einfluß der höheren Phosphat- und Eisenkonzentrationen, sowie der höheren Temperatur zur schnellen Verflüssigung des gesamten Kalkeinsatzes befähigt ist.

Die einwandfreie Aussonderung der ungelösten Kalkstückchen aus der erstarrten Schlacke dürfte auf mechanischem Wege kaum möglich sein; E. Herzog[1], R. v. Seth[2], sowie P. Bardenheuer und G. Thanheiser[3], denen wir die zur Zeit einzig vorliegenden Angaben über die Änderung der Schlackenzusammensetzung während der Entkohlung verdanken[4] (vgl. Abb. 45) haben daher die Schlacke mit Zuckerlösung behandelt, die die Kalkeinsprengungen aus der erstarrten Schlackenmasse bevorzugt herauslöst.

[1] Stahl u. Eisen Bd. 41 (1921) S. 781—789.

[2] Jernkont. Ann. Bd. 108 (1924) S. 1—93.

[3] Mitt. Kais.-Wilh.-Inst. Eisenforschg., Düsseld. Bd. 15 (1933) S. 205.

[4] Die Untersuchungen von F. Körber und G. Thanheiser (a. a. O.) beziehen sich nur auf die Nachblaseperiode. Bei den von F. Wüst und L. Laval (a. a. O.) mitgeteilten Angaben über die Zusammensetzung der Schlacken ist die Berücksichtigung des ungelösten Kalks unterblieben, so daß sie für die Entkohlungsperiode kein einwandfreies Bild liefern.

Überblicken wir die Abb. 45, so lassen sich erhebliche Unterschiede im zeitlichen Verlauf der Gesamtkonzentration (Σ Fe) feststellen. Allgemein scheint (Σ Fe) bei Beginn des Blaseprozesses einen zwischen 5 und 10% liegenden Wert zu erreichen, um dann einem Minimum zuzustreben, das gewöhnlich in der Nähe des Übergangs erreicht wird. Während der Entphosphorungsperiode steigt dann (Σ Fe) wieder an. Eine Abweichung von diesem Verhalten zeigt die von Herzog untersuchte Charge (Abb. 45a), bei der die Zeitkurve von (Σ Fe) zwei Minima sowie ein zur Zeit des Übergangs auftretendes Maximum aufweist.

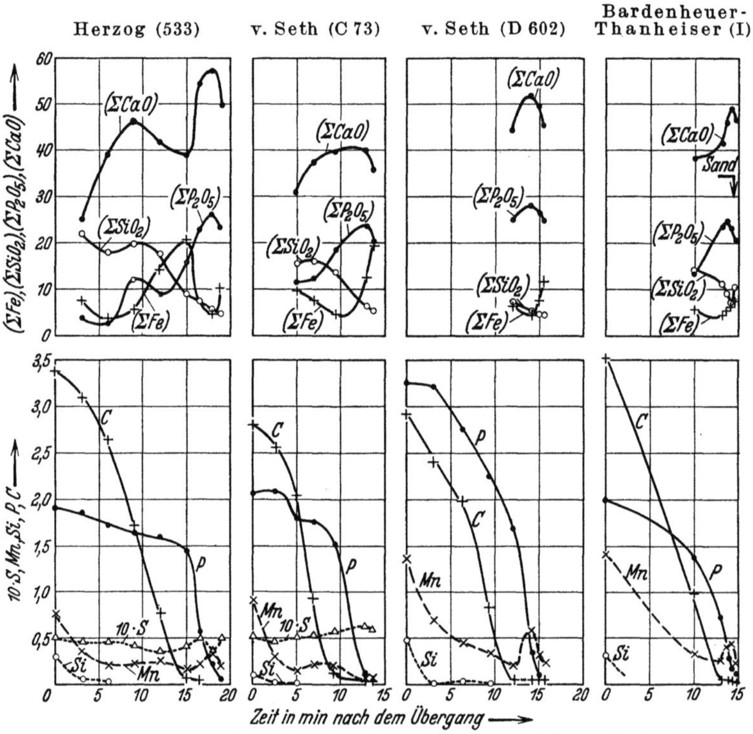

Abb. 45. Verlauf einiger Thomasschmelzungen nach verschiedenen Beobachtern.

Wenn wir diesen Erscheinungen nachgehen wollen, so haben wir zu untersuchen, welche Faktoren an der Änderung von (Σ Fe) beteiligt sind. Es handelt sich offenbar um mehrere physikalische und chemische Vorgänge, die gerade während der Entkohlung zusammenwirken und teils eine Abnahme, teils eine Zunahme von (Σ Fe) veranlassen, nämlich:

1. Der Gehalt des Metalls an gelöstem, nicht umgesetzten Eisenoxydul [FeO], der vermöge des Verteilungsgesetzes die Konzentration des freien Eisenoxyduls (FeO) in der Schlacke zu bestimmen sucht.

2. Die Zusammensetzung der Schlacke, d. h. ihr Gehalt an Kieselsäure, Kalk und Phosphorsäure [bzw. die Konzentration $(\Sigma\, CaO)' = (\Sigma\, CaO) - 1{,}57\, (\Sigma\, P_2O_5)$], die den als Ferrit und Silikat vorliegenden Überschuß des Eisens über den dem freien Eisenoxydul entsprechenden Betrag bestimmen.

3. Die Geschwindigkeit der Kalkauflösung, die zur Zunahme von $(\Sigma\, CaO)'$ führt und damit die Bildung von Kalkferriten begünstigt. Andererseits führt die Kalkauflösung eine Vermehrung der Schlackenmenge herbei, die (Σ Fe) zu senken strebt.

4. Die Geschwindigkeit der Temperaturänderung, die auf die Punkte 1 und 2 insofern von Einfluß ist, als die Höhe der Temperatur die Verteilungskonstante des Eisenoxyduls und die Dissoziationskonstanten der Eisenoxydverbindungen bestimmt. Je höher die Temperatur ist, desto höher ist die Verteilungskonstante $L_{FeO} = \frac{[FeO]}{(FeO)}$, d. h. bei einer gegebenen Konzentration von Eisenoxydul im Metall fällt die angestrebte Konzentration von freiem Eisenoxydul in der Schlacke. Da ferner höhere Temperatur die Bildung von Ferriten und Silikaten benachteiligt, fällt auch die diesen Verbindungen entsprechende zusätzliche Eisenkonzentration. Schließlich ist anzunehmen, daß höhere Temperatur die Auflösung des Kalks begünstigt und damit auch auf Punkt 3 einen Einfluß ausübt.

Es ist heute noch nicht möglich, den Einfluß aller dieser schnell veränderlichen Faktoren im einzelnen gegeneinander auszuwägen, zumal nur wenige Untersuchungen einen Einblick in den Verlauf des Entkohlungsprozesses gestatten. Vor allem fehlt eine Beobachtung der Entkohlungsperiode, die neben der gleichzeitigen Registrierung der Metall- und Schlackenzusammensetzung auch die Temperatur umfaßt. Derartige Messungen wurden nur für die Zeit nach dem Übergang von E. Herzog[1] veranlaßt; bei den umfangreichen Untersuchungen von F. Körber, P. Bardenheuer und G. Thanheiser[2] wurde nur die Anfangs- und zum Teil die Endtemperatur angegeben. Insbesondere die Messungen der letzteren legen aber überzeugend dar, daß von einem Gleichgewichtszustand zwischen Stahl und Schlacke bezüglich des Eisenoxyduls beim Windfrischprozeß nicht gesprochen werden kann[3]; den im Stahl vorgefundenen Eisenoxydulkonzentrationen würden bedeutend höhere Gesamteisengehalte der Schlacke entsprechen müssen, ein Beweis, daß die Gleichgewichtseinstellung zwischen Schlacke und Metall bezüglich des Eisenoxyduls wesentlich langsamer verläuft, als dessen Bildung im Metall.

Man hat gelegentlich versucht, aus der Verfolgung des Frischvorgangs einen Schluß auf den Eisenabbrand zu ziehen, ohne daß man jedoch zu maßgebenden Resultaten gelangt wäre. Es erscheint in der Tat auch vorläufig aussichtslos, die Konzentration des Gesamteisens in der Schlacke während der Entkohlung gesetzmäßig zu erfassen, ohne die zahlreichen Möglichkeiten zu berücksichtigen, die in dieser Periode für die Gesamtzusammensetzung des flüssigen Anteils des Schlacke-Kalk-Gemenges gegeben sind. Bei näherer Betrachtung kommt man aber zu dem Ergebnis, daß das Schwergewicht für das Zustandekommen eines größeren oder geringeren Eisenabbrandes nicht in der Entkohlungs- sondern in der Entphosphorungsperiode zu erblicken ist. Denn, wie die bisherigen Versuche gezeigt haben, wird der Eisengehalt der Schlacke am Schluß der Entphosphorungsperiode allein beherrscht durch den gewünschten Grad der Entphosphorung, den Kieselsäure- und Kalkgehalt $(\Sigma\, CaO)'$ sowie die Temperatur. Die Schlackenzusammensetzung wird aber bereits Linie durch den Einsatz, d. h. durch den Silizium- und Mangangehalt des Roheisens und den Kalkzusatz bestimmt, so daß also nur die Temperatur als eine Größe zurückbleibt, die durch den Verlauf der Entkohlung beeinflußt werden könnte. Daß gewisse Zusammenhänge zwischen der Frischgeschwindigkeit und der Temperatur bestehen, geht aus der Untersuchung von R. Frerich[4] hervor, auf die noch eingegangen wird.

---

[1] Vgl. H. Schenck: Arch. Eisenhüttenwes. Bd. 3 (1929/30) S. 505—531.
[2] Mitt. Kais.-Wilh.-Inst. Eisenforschg., Düsseld. Bd. 14 (1932) S. 205.
[3] Vgl. S. 195f. [4] Vgl. S. 90.

Aus vorstehenden Überlegungen ist zu entnehmen, daß die Zusammensetzung der Schlacke, insbesondere der Eisenabbrand — im Gegensatz zu den Herdfrischverfahren — keine Schlüsse auf die Durchführung der Kohlenstoffreaktion erlaubt; dagegen haben sich eine Zahl wichtiger Folgerungen ergeben, als man den Zustand des angelieferten Roheisens in Beziehung zum Verlauf der Entkohlung setzte.

Wie die Untersuchung der Konverterabgase gezeigt hat, tritt in ihnen am Anfang des Prozesses elementarer Sauerstoff auf, der das Metall ohne Reaktion durchlaufen hat. Die Trägheit der chemischen Vorgänge steht offensichtlich in Zusammenhang mit der niedrigen Temperatur des eingesetzten Roheisens, deren Einfluß sich in doppelter Weise geltend macht. Zunächst ist bekannt, daß die Geschwindigkeit chemischer Reaktionen mit sinkender Temperatur abnimmt; es scheint aber, daß dieser Umstand nicht der in erster Linie maßgebende ist, denn erfahrungsgemäß ist die Temperaturabhängigkeit der Reaktionsgeschwindigkeit an sich im Bereiche der Roheisentemperatur nicht mehr so groß, daß von einer Temperaturerhöhung um 50^0 und weniger bereits eine so merkbare Zunahme des Kohlenstoffumsatzes zu erwarten wäre, wie sie praktisch tatsächlich eintritt. O. Holz[1], der zum erstenmal auf die bis dahin nicht so stark beachtete Wichtigkeit der Einsatztemperatur des Roheisens hinwies, hat insbesondere die höhere Viskosität kälteren Roheisens für die längere Blasezeit verantwortlich gemacht. Durch Vergleich mehrerer Roheiseneinsätze ohne und mit Überhitzung konnte Holz die Parallelität zwischen höherer Einsatztemperatur, geringerer Viskosität und Verkürzung der Blasezeit deutlich nachweisen. Angeregt durch diese Untersuchung gingen dann P. Oberhoffer und A. Wimmer[2] dem inneren Zusammenhang zwischen Temperatur, Viskosität und chemischer Zusammensetzung des Roheisens mit den Hilfsmitteln des Laboratoriums nach, wobei sie feststellten, daß der Einfluß der chemischen Zusammensetzung in erster Linie in der Verschiebung der Temperatur der beginnenden Erstarrung t_A zu erblicken ist. Mit einer Abkühlung des Eisens unter t_A steigt die Viskosität infolge der Ausscheidung von Mischkristallen plötzlich sehr steil an und es ist leicht erklärlich, daß dieser Vorgang den chemischen Angriff des Windes herabmindert. Bei der großen Zahl der Begleitelemente im Thomaseisen läßt sich ein allgemeines Gesetz für die Abhängigkeit der Temperatur beginnender Erstarrung von der Zusammensetzung noch nicht aufstellen; immerhin können die folgenden von Oberhoffer und Wimmer aufgeführten Zahlen einen gewissen Anhalt für die Verschiebung von t_A geben: Unter der Voraussetzung linearer Abhängigkeit ändert sich die Temperatur beginnender Erstarrung bei einer

Zunahme	des Kohlenstoffs	von	0,1%	um	$-17{,}5^0$
,,	,, Phosphors	,,	0,1%	,,	$-1{,}9^0$
,,	,, Schwefels	,,	0,1%	,,	$-5{,}5^0$

Auf Grund dieses Ergebnisses empfehlen sie, dem Kohlenstoffgehalt des Roheisens, dessen Wichtigkeit auch von A. Wagner[3] erläutert wurde, größere Aufmerksamkeit zuzuwenden. Die Erniedrigung von t_A durch Schwefel hat nur eine beschränkte Bedeutung; abgesehen von der Qualitätsminderung des Stahls

[1] Bericht des Stahlwerksausschusses des Ver. dtsch. Eisenh. Nr. 58 (1921).
[2] Bericht des Stahlwerksausschusses des Ver. dtsch. Eisenh. Nr. 85 (1924).
[3] Stahl u. Eisen Bd. 50 (1930) S. 667.

durch hohe Schwefelgehalte des Roheisens soll sich bei Anwesenheit von Mangan die Bildung einer feinen Suspension von Mangansulfid bemerkbar machen, die sich im Verhalten der Viskosität in ähnlicher Weise äußert, wie die Ausscheidung von Mischkristallen. Betreffs des Einflusses von Mangan und Silizium kamen Oberhoffer und Wimmer zu dem Schluß, daß durch ersteres t_A herabgesetzt werde, während Silizium anscheinend in umgekehrter Richtung wirksam sei.

Gegenüber der starken Beeinflussung der Viskosität infolge Bildung von Mischkristallen (Entschwefelungsprodukten) scheint die spezifische Einwirkung der verschiedenen Begleitelemente auf die Änderung des Flüssigkeitsgrades homogener Lösungen von untergeordneter Bedeutung zu sein. Auch hier verschleiert die Vielzahl der gelösten Stoffe das Gesetz, so daß die nebenstehenden Daten, die von Oberhoffer und Wimmer gewonnen und mit Vorbehalt mitgeteilt wurden, nur als rohe Vergleichszahlen zu werten sind.

0,1% Zunahme von	ändert das logarithmische Dekrement um
C	+ 1,5 %
P	— 1,0 %
Mn	+ 0,4 %
Si	+ 0,75%
S(MnS)	+ 3,00%

Bemerkenswert ist das mit den Erfahrungen der Praxis übereinstimmende Ergebnis, daß Phosphor im Gegensatz zu den übrigen Eisenbegleitern die Viskosität erniedrigt.

Silizium ist in höheren Konzentrationen bekanntlich ein unerwünschtes Legierungselement des Thomasroheisens, da es zu Beginn des Blaseprozesses zuerst unter Bildung von Kieselsäure verbrennt, die sich teilweise in Form von Suspensionen im Metall vorfindet. Das Metall wird hierbei dickflüssiger und setzt dem Durchgang des Windes erhöhten Widerstand entgegen, so daß man die in der Zeiteinheit zugeführte Windmenge zunächst kleiner halten muß, anderenfalls der Auswurf zu hoch wird. Als obere Grenze des Siliziumgehalts im Thomasroheisen ist nach E. Herzog[1] etwa 0,35% zu betrachten.

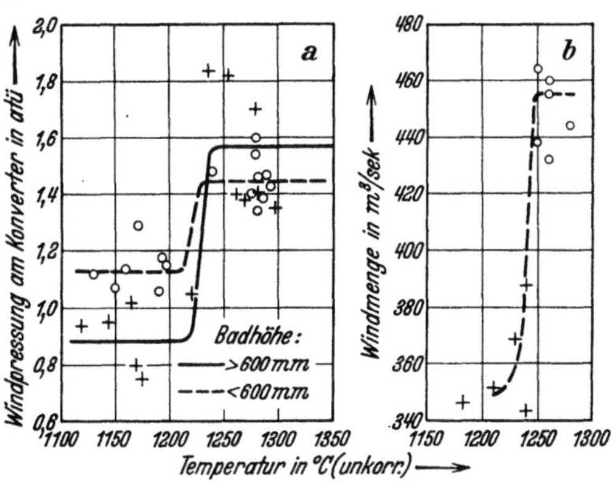

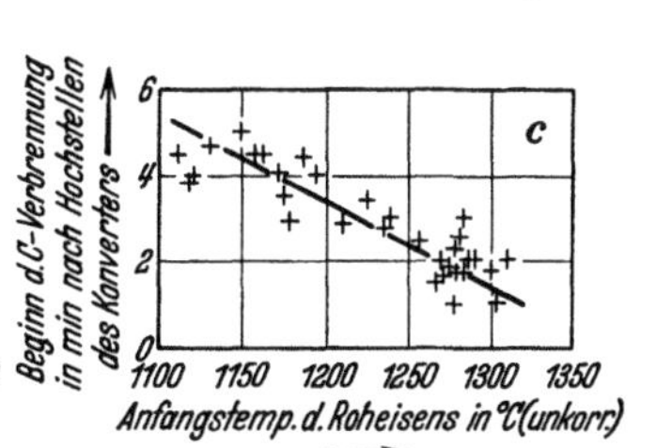

Abb. 46. Einfluß der Roheisentemperatur auf die Menge des vom Thomaskonverter angenommenen Windes und den Beginn der Entkohlung (a und c nach Frerich, b nach Thomas).

Aus vorstehenden Erörterungen geht hervor, daß die Temperatur der beginnenden Erstarrung unter allen Umständen überschritten sein muß, wenn das Verblasen ohne Schwierigkeiten in Gang kommen soll; seit den Holzschen

[1] Vgl. Erörterung zu K. Thomas (a. a. O.); ferner sei auf die umfassende Behandlung dieser Fragen in der (während der Drucklegung erschienenen) Arbeit von K. Eichel [Stahl u. Eisen Bd. 54 (1934) S. 229] und ihrer anschließenden Erörterung hingewiesen.

Hinweisen hat sich diese Erkenntnis überall durchgesetzt, wie dies in den zahlreichen Aussprachen über die Fragen des Thomasprozesses zum Ausdruck kommt. Eine Illustration der Zusammenhänge zwischen dem Beginn der Entkohlungsperiode und der Roheisentemperatur geben die Messungen von R. Frerich[1] und K. Thomas[2] (Abb. 46a und b), nach denen die vom Konverter (ohne übermäßige Auswurfserscheinungen) aufgenommene Windmenge bei Abnahme der Temperatur nahezu sprunghaft abnimmt, was mit großer Wahrscheinlichkeit durch die Bildung von Mischkristallen zu erklären ist. In gleicher Linie liegt, daß die Kohlenstoffverbrennung nach Beobachtungen von Frerich (Abb. 46c) um so eher in Gang kommt, je höher die Roheisentemperatur ist.

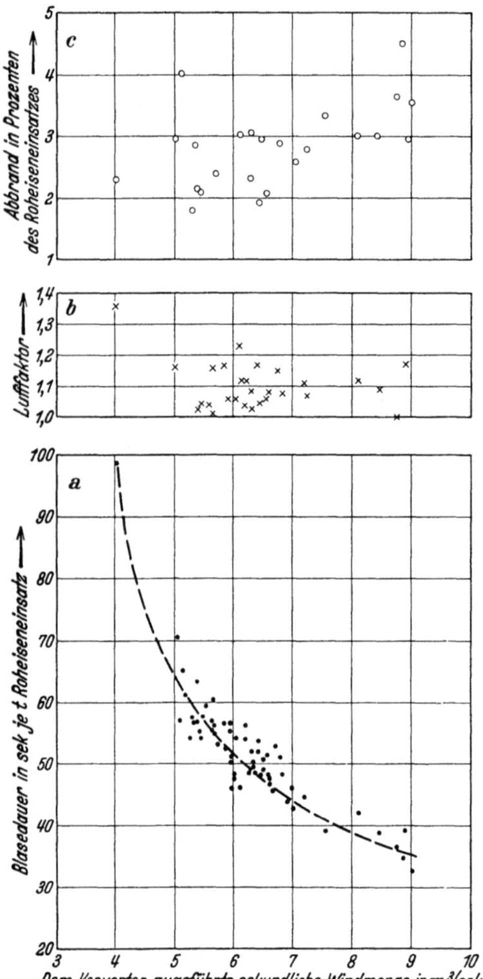

Abb. 47. Abhängigkeit der Blasedauer (a), des Luftfaktors (b) und des Abbrandes (c) von der sekundlich zugeführten Windmenge. (Nipper und Becker, 20-t-Thomaskonverter.)

Damit ist schon nahegelegt, daß die Geschwindigkeit, mit der der zur Reaktion notwendige Sauerstoff zur Anlieferung gelangt, die Abscheidungsgeschwindigkeit der Roheisenbegleiter und damit die Blasdauer wesentlich beeinflußt. Bestätigt wird diese Mutmaßung durch zahlreiche Messungen von H. Nipper und K. Becker[3] an einem basischen 20-t-Konverter. Zwischen Blasdauer und sekundlich zugeführter Windmenge zeigt sich eine hyperbolische Abhängigkeit (Abb. 47a), die rechnungsmäßig zu erwarten ist, wenn der gesamte Sauerstoff sich augenblicklich mit Kohlenstoff umsetzt.

Bedeutet nämlich V den zur Umwandlung des Roheisens in Stahl erforderlichen Sauerstoffbedarf in Kubikmetern, v das in der Zeiteinheit zugeführte Sauerstoffvolumen, so ist (vgl. J. Haag):

$$V = v \cdot z \text{ und } z = \frac{V}{v}.$$

Nimmt nun die Blasgeschwindigkeit selbst keinen Einfluß auf den Sauerstoffbedarf (etwa in dem Sinne, daß infolge geringer Reaktionsgeschwindigkeiten bei schneller Windzufuhr unverbrauchter Sauerstoff entweicht), so ist V für Roheisen von gleicher physikalischer und chemischer Beschaffenheit konstant und damit ergibt sich aus obiger Beziehung ohne weiteres eine hyperbolische Abhängigkeit zwischen der Blasdauer z und damit auch zwischen z und der in der Zeiteinheit zugeführten Luftmenge.

[1] Stahl u. Eisen Bd. 48 (1928) S. 1233f.; Bd. 50 (1930) S. 1713.

[2] Stahl u. Eisen Bd. 50 (1930) S. 1665, 1708.

[3] Herrn Prof. Dr. Ing. H. Folkerts (Aachen), der die Durchführung dieser Messungen veranlaßte, sei für die freundliche Überlassung der Ergebnisse bestens gedankt.

Bemerkenswert ist, daß nach diesen Messungen der „Luftfaktor“, unter dem das Mengenverhältnis des zugeführten zu dem rechnerisch benötigten Sauerstoff zu verstehen ist, von der Blasgeschwindigkeit kaum abhängig zu sein scheint (Abb. 47b). Der Eisenabbrand steigt hingegen mit der Verkürzung der Blasezeit an (Abb. 46c), eine Erscheinung, die mit der bei schnellerem Blasen erzielbaren höheren Temperatur in Zusammenhang zu bringen ist und im Abschnitt „Entphosphorung“ erörtert werden soll.

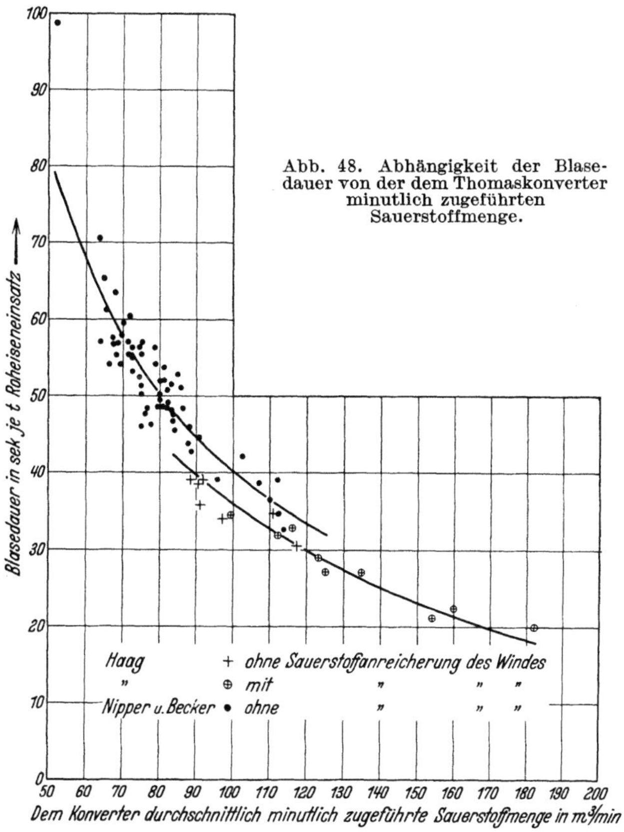

Abb. 48. Abhängigkeit der Blasedauer von der dem Thomaskonverter minutlich zugeführten Sauerstoffmenge.

Der beliebigen Vergrößerung der sekundlich zugeführten Windmenge, die im Interesse kürzerer Blasezeit anzustreben wäre, steht vor allem die gleichzeitige Erhöhung des Auswurfs entgegen, die zum Teil mit der gesteigerten kinetischen Energie der Gase in Verbindung steht. Durch die künstliche Anreicherung des Windes mit Sauerstoff vermag man die kinetische Energie der Konvertergase zu begrenzen, eine Maßnahme, deren allgemeine Einführung wohl noch an den Kosten des reinen Sauerstoffs scheitert. Eine experimentelle Untersuchung der sich bei Verwendung sauerstoffreicheren Windes ergebenden Vor- und Nachteile hat J. Haag[1] ausgeführt. Die Ergebnisse dieser Arbeit sind nochmals zusammen mit denen von Nipper und Becker in Abb. 48 dargestellt. Die mittleren Hyperbeln der beiden Versuchsreihen fallen nahezu zusammen; ob die insgesamt um etwa 10% kürzere Blasezeit bei den Versuchen von Haag auf andere Konverterabmessungen oder auf physikalische und chemische Verschiedenheiten von Roheisen und Stahl zurückzuführen ist, läßt sich nicht entscheiden.

Mit den baulichen Abmessungen des Konverters hat sich u. a. K. Thomas befaßt und nachgewiesen, daß eine Vergrößerung des Umlaufquerschnitts:

$$\text{Umlaufquerschnitt} = \frac{\text{Badquerschnitt} - \text{Querschnitt der blasenden Fläche}}{t \text{ Einsatz}}$$

bei kaltem Roheisen ($< 1250^0$ unkorr.) eindeutig zu einer Verkürzung der Blasezeit führt. Bei vergrößertem Umlaufquerschnitt zeigte sich ferner ein

[1] Stahl u. Eisen Bd. 45 (1925) S. 1873.

schnellerer Anstieg der Badtemperatur, als dessen Ursache vermutet wird, daß freier Sauerstoff mit Kohlenoxyd innerhalb des Metalls verbrennt.

Die Frage nach der Abhängigkeit der Entkohlungsgeschwindigkeit vom Temperaturverlauf der Schmelze suchte R. Frerich[1] zu klären, ohne jedoch zu einem klaren Ergebnis zu gelangen. Er wies nach, daß der Temperaturverlauf durch die Windführung in starkem Maße beeinflußt werden könne; eine Zunahme des Winddrucks äußert sich in einem starken Anstieg der Temperaturkurven, während sich bei einer Herabsetzung des Winddrucks der Temperaturanstieg verlangsamt (Abb. 49). Dabei war stillschweigende Voraussetzung, daß höhere Winddrucke mit einer Erhöhung der in der Zeiteinheit eingeblasenen Windmenge gleichbedeutend seien[2]. Der Befund, daß höherer Winddruck die Kohlenstoffverbrennung beschleunige, kann daher, wie Frerich selbst angibt, allein mit der vermehrten Sauerstoffzufuhr erklärt werden.

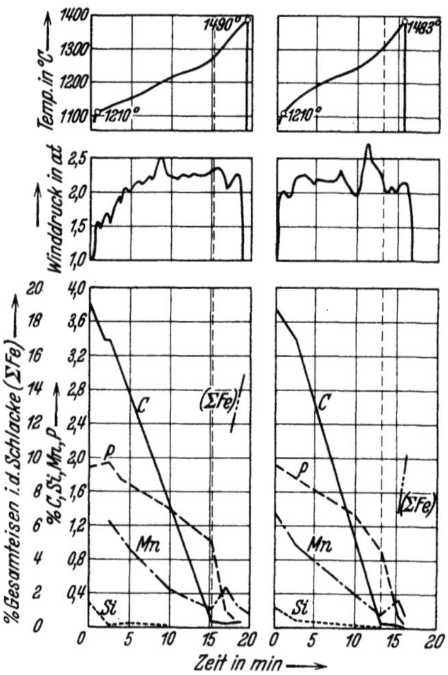

Abb. 49. Beziehungen zwischen dem Winddruck am Thomaskonverter und dem Temperaturverlauf (Frerich).

Obwohl man theoretisch die Entkohlung des Metalls beim Thomasverfahren ohne Schwierigkeiten auf weniger als 0,01% C heruntertreiben können müßte, ohne den Eisenoxydulgehalt des Metalls über die normalen Endgehalte zu erhöhen, findet man praktisch meist ein Stehenbleiben des Kohlenstoffgehaltes in der Nachblaseperiode bei etwa 0,03—0,02% C und nur selten wird 0,01% C erreicht. Desungeachtet weisen die Abgase bis zur Beendigung des Blasens stets Kohlenoxyd in gut nachweisbaren Beträgen auf (etwa 1% CO), ohne daß eine äquivalente Verminderung des Kohlenstoffgehalts bemerkbar würde; vielmehr ist oft ein geringes Ansteigen der Kohlenstoffkonzentration zu verzeichnen, die nicht nur auf eine Anreichung infolge der Verbrennung von Eisen und Phosphor zurückgeführt werden kann. Man wird diese Erscheinung mit der Auflösung des Konverterbodens und -futters erklären können, in dem noch verkokter Teer enthalten ist. In diesem Zusammenhang muß erwähnt werden, daß R. v. Seth in der Schlacke seiner Thomasschmelzung C 66 (vgl. Abb. 43) Gehalte von 0,09 oder 0,11% Kohlenstoff nachweisen konnte. In geringerem Maße besteht auch die Wahrscheinlichkeit, daß beim Brennen des Kalks unverbrannte Koksstückchen zurückgeblieben sind, die zusammen mit der Auflösung von Futter und Boden den aus dem Metall herausgebrannten Kohlenstoff ersetzen.

[1] Stahl u. Eisen Bd. 48 (1928) S. 1233—1243.

[2] Wie H. Bansen in der Erörterung der Frerichschen Arbeit betonte, ist der Winddruck kein eindeutiger Maßstab für die in der Zeiteinheit zugeführte Luftmenge, da die Verstopfung der Düsen oft einen verstärkten Druck erfordert, ohne daß hierdurch die Windmenge erhöht wird.

Die Entkohlung bei dem Bessemerverfahren.

Die inneren Beziehungen zwischen der Bildung der Schlacke und der Verbrennung des Kohlenstoffes beim Bessemerverfahren lassen sich heute nur in Umrissen erfassen, da der Temperaturverlauf während der Schmelzungen bisher noch nicht verfolgt wurde. Auch die analytische Verfolgung der Schlackenzusammensetzung wurde erst in den letzten Jahren, vornehmlich durch

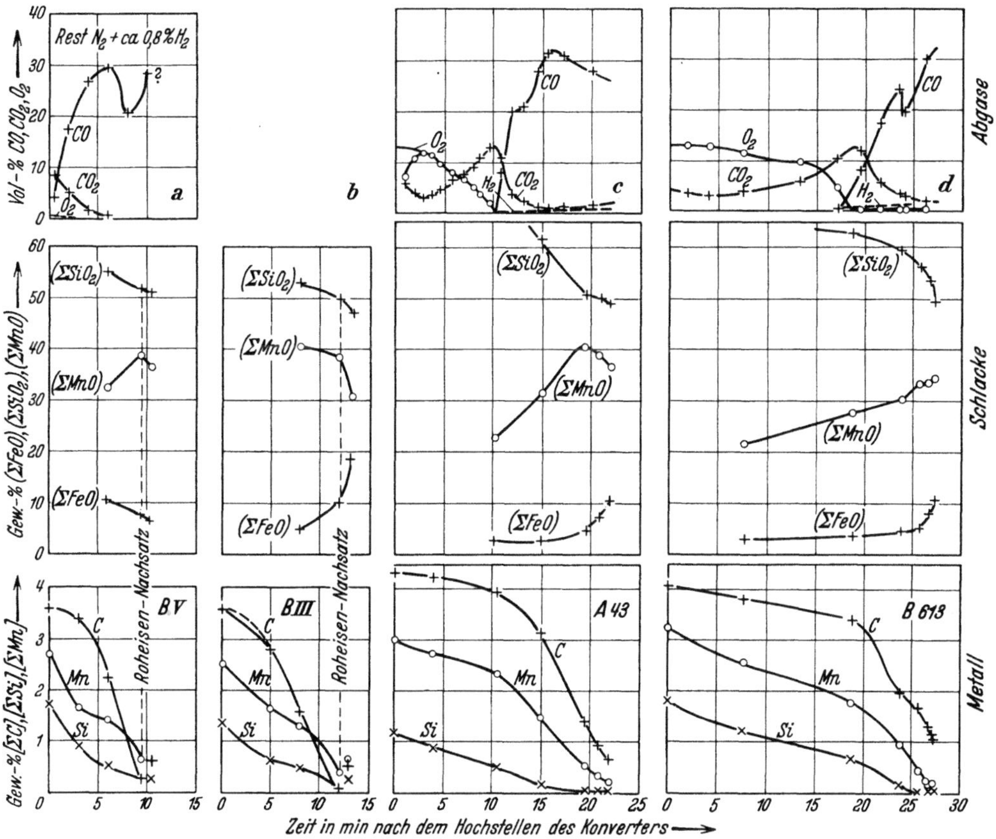

Abb. 50. Verlauf einiger Bessemerschmelzungen. (a und b nach Smeets, c und d nach v. Seth.)

R. v. Seth[1], in größerem Umfang aufgenommen. Ein Teil seiner Ergebnisse, die sich durchweg auf härtere Chargen (0,70—1,00% C) erstrecken, wird durch die Abb. 44 und 50 veranschaulicht. Ferner zeigt die Abb. 50a u. b das Ergebnis einiger Messungen von K. Smeets[2] an Bessemerschmelzungen der Fa. Fried. Krupp A.G., bei denen auf weiches Material heruntergeblasen wurde. Allen Bessemerschmelzen ist gemeinsam, daß sich die oxydierende Wirkung des primär im Metall gebildeten Eisenoxyduls zunächst auf Silizium und Mangan richtet, während die Verbrennung des Kohlenstoffs erst nach längerem Blasen

[1] Jernkont. Ann. Bd. 108 (1924) S. 1—93.

[2] Unveröffentlichte Messungen, für deren freundliche Überlassung ich Herrn Dipl.-Ing. K. Smeets (Essen) zu Dank verpflichtet bin.

lebhaft wird. Wie die Analysen erweisen, scheidet sich zunächst eine Schlacke mit hohem Kieselsäuregehalt aus, der nach und nach zugunsten von Mangan- und Eisenoxydul abnimmt. Offenbar gestattet die hohe Sauerstoffaffinität von Silizium und Mangan nicht die Anwesenheit höherer Konzentrationen von Eisenoxydul im Stahl und somit von freiem Eisenoxydul in der Schlacke, solange diese Stoffe noch in größeren Beträgen in der metallischen Lösung vorhanden sind. Da zur Abscheidung des Kohlenstoffs aber das Vorhandensein einer gewissen Konzentration von Eisenoxydul erforderlich ist, wird der Entkohlungsvorgang zunächst verzögert.

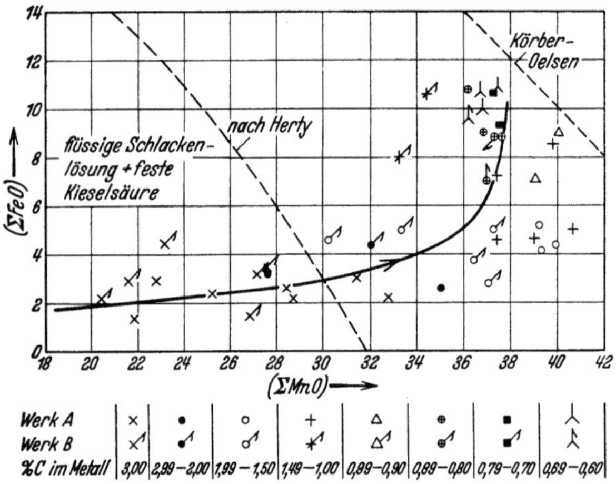

Abb. 51. Änderung der Schlackenzusammensetzung bei der Herstellung harter Bessemerschmelzungen (v. Seth).

Ähnlich wie beim Thomasprozeß ist anzunehmen, daß es auch im Bessemerkonverter zum Gleichgewicht zwischen Stahl und Schlacke bezüglich der Verteilung des Eisenoxyduls nicht kommt, weil die Übergangsgeschwindigkeit des Eisenoxyduls in die Schlacke geringer sein wird, als seine Anlieferungsgeschwindigkeit zum Stahl. Untersuchungen über den Eisenoxydulgehalt des Metalls während des Blaseprozesses wurden anscheinend noch nicht durchgeführt.

Um einen gewissen Einblick in die Zusammenhänge zwischen der Entkohlung und der Änderung der Schlacke zu gewinnen, wurden die von R. v. Seth mitgeteilten Beobachtungen auf zwei verschiedenen Werken in Abb. 51 (analog Tafel I) eingezeichnet. Man sieht, daß sich zunächst ein Gemenge von fester Kieselsäure mit flüssiger Schlacke bildet; bei fortschreitender Windzufuhr gelangt die Schlacke in das Gebiet der homogenen Lösung, d. h. die feste Kieselsäure löst sich auf in der flüssigen Phase, deren Gehalte an Mangan- und Eisenoxydul zunehmen. Die von v. Seth angegebenen unkorrigierten Temperaturen der Endschlacken liegen zwischen 1480 und 1520° C, die wahren Temperaturen nach seinen Angaben um etwa 15° höher.

Die Ergebnisse von K. Smeets an weichen Bessemerschmelzungen mit 0,07—0,26% C, können nicht ohne weiteres in Abb. 51 übernommen werden, da dieses Material eine um etwa 100° höhere Temperatur aufwies. Wie die nachfolgende Zusammenstellung (Zahlentafel 4) der Endanalysen (vor der Rückkohlung) zeigt, bewegen sich die Gesamteisenoxydulgehalte (Σ FeO) in der gleichen Höhe, wie die der kälteren und härteren Schmelzungen v. Seths.

Wenn auch — wie oben ausgeführt — unmittelbare Zusammenhänge zwischen der Zusammensetzung der Schlacke und der Entkohlung nicht bestehen, so erlaubt die Kenntnis der Schlacke und der Temperatur immerhin, die untere Grenze der Eisenoxydulkonzentration in Stahl zu bestimmen[1]. Für eine Schlacke von der Zusammensetzung:

[1] Vgl. auch S. 197.

(Σ FeO) = 10, (Σ MnO) = 37, Rest Kieselsäure würde man z. B. nach Tafel Ia für 1527° C ermitteln: (FeO) = 3,0; aus dem Verteilungssatz ergibt sich ferner: [FeO] = L_{FeO} · (FeO) = 0,0105 · 3,0 = 0,032%. In Zahlentafel 4 wurde die gleiche Rechnung für 1627° C durchgeführt. (Nähere Ausführungen hierzu S. 197.)

Zahlentafel 4. Endanalysen von Stahl und Schlacke einiger Bessemerschmelzungen vor (a) und nach (b) der Rückkohlung (Smeets).

Nr.		[Σ C]	[Si]	[Mn]	(Σ FeO)	(Σ MnO)	(Σ SiO_2)	(FeO)	$[FeO]_{min}$
								ber. f. 1627° C	
B III	a	0,10	0,10	0,42	10,0	38,1	50,0	4,1	0,067
	b	0,51	0,24	0,63	18,7	30,9	47,2	—	—
B IV	a	0,03	0,07	0,17	12,6	17,5	65,2	4,2	0,069
	b	0,38	0,17	0,39	11,2	23,2	58,5	—	—
B V	a	0,26	0,26	0,62	7,2	38,1	51,8	3,3	0,054
	b	0,58	0,25	0,67	6,6	36,4	51,3	—	—
B II	a	0,09	0,26	0,54	—	—	—	—	—
	b	0,37	0,35	0,65	7,3	35,5	53,6	—	—

(Die Schmelzungen wurden nach Zugabe des Nachsatzes 3mal durchgestoßen.)

Die Frischgeschwindigkeit wird in der Bessemerbirne von ganz ähnlichen Umständen beeinflußt, wie im Thomaskonverter; auf die entsprechenden Ausführungen kann daher zum Teil zurückgegriffen werden. Besonders auffallend tritt bei einem Vergleich der von Smeets sowie von Seth untersuchten Schmelzungen die verschiedene Zeitdauer jener Periode in Erscheinung, während der große Mengen Luftsauerstoff unverbraucht durch das Metall gehen. Diese Unterschiede dürften in erster Linie auf der verschiedenen Temperatur des eingesetzten Roheisens beruhen. Ein kaltes Bessemereisen ist sehr dickflüssig, und zwar in um so höherem Maße, je größer sein Gehalt an Silizium und Kohlenstoff und je geringer sein Mangangehalt ist. Die Erklärung für dieses Verhalten ist leicht zu geben, wenn wir uns erinnern, daß Silizium Kohlenstoff aus der metallischen Lösung verdrängt und zur Bildung von Garschaumgraphit führt, der sich zum Teil in Form einer Suspension im Metall schwebend erhält, zum Teil auf seiner Oberfläche ansammelt. Erhöhte Temperatur und zunehmender Mangangehalt erhöhen die Aufnahmefähigkeit des Roheisens für Kohlenstoff. Wir stehen also ähnlichen Erscheinungen gegenüber, wie sie ein Thomasroheisen mit höherem Schwefel- und Mangangehalt aufweist, in dem sich bei tieferen Temperaturen Suspensionen von Mangansulfid ausscheiden, die die Viskosität erhöhen und das Verblasen erschweren. Es hat sich daher gezeigt, daß ein warmes Roheisen mit einem niedrigen Siliziumgehalt eine schnellere Kohlenstoffabscheidung ermöglicht, als ein mattes Eisen mit höherem Siliziumgehalt. Die Verbrennung des Siliziums ist zwar der für den Bessemerprozeß in erster Linie in Betracht kommende wärmeliefernde Vorgang; dieser Vorgang kann aber infolge der hohen Viskosität nicht so schnell in Erscheinung treten, daß er den Nachteil tieferer Roheisentemperatur auszugleichen vermag. Es ist zudem nicht ausgeschlossen, daß die Verbrennung des Siliziums — wenn sie auch zunächst eine Temperatursteigerung hervorruft — andererseits die Viskosität des Bades dadurch erhöht, daß sich anfangs eine Suspension von fester Kieselsäure ausscheidet. Ein höherer Mangangehalt wirkt in dieser Hinsicht günstig, da seine Verbrennung Wärme liefert und gleichzeitig das Verbrennungsprodukt Manganoxydul die Verflüssigung der Kieselsäure und die Koagulation der schwebenden

Ausscheidungen befördert. Ein übermäßig hoher Mangangehalt verzögert andererseits wieder die beginnende Entkohlung, da ein gewisser Betrag des zugeführten Sauerstoffs zur Bildung von Manganoxydul aufgebraucht wird; doch ist es auch hier möglich, durch Wahl eines heißen Roheisens den Beginn der Entkohlung zu beschleunigen.

Es ist anzunehmen, daß — ebenso wie beim Thomasverfahren — die Geschwindigkeit der Windzufuhr in engem Zusammenhang mit der Frischgeschwindigkeit steht. Versuche, analog denen von H. Nipper und K. Becker, sowie J. Haag[1], die Abhängigkeit der Frischzeit von der Sauerstoffzufuhr festzulegen, wurden anscheinend noch nicht durchgeführt. Auch hier setzt der in Verbindung mit höherer Luftzufuhr auftretende höhere Auswurf einer beliebigen Steigerung der Frischgeschwindigkeit Grenzen.

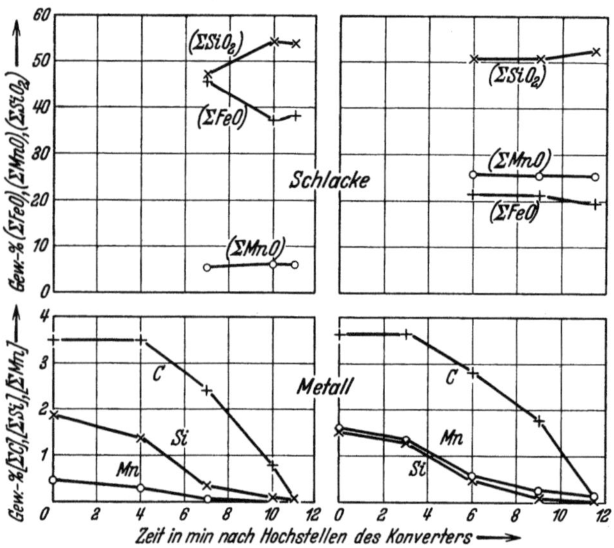

Abb. 52. Verlauf von Klein-Bessemerschmelzungen. (Smeets.)

Die oben besprochenen Anforderungen an ein Roheisen leichter Verblasbarkeit bleiben auch für das Klein-Bessemerverfahren bestehen; doch verläuft dort die Entkohlung unter wesentlich anderen Bedingungen als beim normalen Konverter. Der Luftstrahl geht nicht durch das Metallbad hindurch, sondern wird durch seitlich angeordnete Düsen auf oder dicht unter die Oberfläche des Metalls geblasen. Das primär entstehende Eisenoxydul wird durch mechanische Bewegung und Diffusion durch das Bad verteilt und reagiert dort mit dem gelösten Kohlenstoff. Das beim Umsatz am Orte der Reaktion entstehende Kohlenoxyd wird nun nicht mehr durch Stickstoff verdünnt; es ist vielmehr anzunehmen, daß aus dem Innern des Bades nahezu reines Kohlenoxyd entweicht, dem erst an der Badoberfläche Stickstoff und unverbrauchter Sauerstoff zugemischt wird. Der Partialdruck des Kohlenoxyds wird also im Innern des Bades Werte erreichen können, die — unter Berücksichtigung des hydrostatischen Druck der Metall- und Schlackensäule, sowie des atmosphärischen Drucks — ähnlich wie beim S.M.-Verfahren in der Nähe von 1 at liegen[2], während wir bei den Konverten mit Bodendüsen etwa $p_{CO} = 0{,}45$ at als zeitweise erreichten Höchstwert[3] erwarten dürfen.

Infolge des höheren Kohlenoxydpartialdruckes erfordert die Entkohlung — bei gleicher Geschwindigkeit — entsprechend höhere Eisenoxydkonzentrationen im Metall, die ihrerseits wieder einen höheren Gehalt freien Eisenoxyduls in

[1] Vgl. S. 88f., Abb. 47 u. 48. [2] Vgl. S. 48f. [3] Vgl. S. 82.

der Schlacke zur Folge haben. In der Tat zeigen die leider ohne Temperaturmessung angestellten Beobachtungen von L. Treuheit[1] und von K. Smeets[2] (vgl. Zahlentafel 5 und Abb. 52) wesentlich höhere Gesamteisenoxydul- und Manganoxydulgehalte, als Bessemerschmelzungen gleicher Härte aus dem Großkonverter. Eine entsprechende Berechnung der unteren Konzentrationsgrenze des im Metall gelösten Eisenoxyduls[3] ist in Zahlentafel 5 für 1627° C durchgeführt.

Zahlentafel 5. Endanalysen von Stahl und Schlacke bei einigen Klein-Bessemerschmelzungen.

Nr.	[ΣC]	[Si]	[Mn]	(ΣFeO)	(ΣMnO)	(ΣSiO$_2$)	(FeO) ber. f. 1627 °C	[FeO]$_{min}$ ber. f. 1627 °C	Beobachter
K_{I}	0,04	0,06	0,02	37,9	5,9	52,5	8,4	0,134	Smeets
K_{III}	0,04	0,02	0,02	38,4	6,2	54,0	8,6	0,141	
K_{V}	0,11	0,05	0,17	19,7	25,7	52,7	5,9	0,096	
K_{VI}	0,07	0,02	0,12	21,9	23,2	53,1	6,3	0,103	
1	0,05	0,094	Sp.	28,35	4,99	63,72	6,5	0,106	Treuheit
2	0,075	0,060	0,041	36,04	7,82	52,81	8,1	0,132	
3	0,05	0,18	0,30	32,20	3,83	58,60	7,1	0,116	
4	0,12	0,15	0,41	11,97	9,89	73,14	5,0	0,082	
5	0,145	0,13	0,35	19,62	10,98	62,70	5,4	0,088	

Die Reaktionen von Mangan und Silizium.

Allgemeines.

Bei den sauren Stahlherstellungsverfahren sind die Gesetze für das chemische Verhalten von Mangan und Silizium in so enger Weise miteinander verknüpft, daß zur Vermeidung von Wiederholungen eine zusammenfassende Behandlung der Reaktionen beider Stoffe notwendig wird. Bei den basischen Verfahren brennt Silizium schon zu Beginn des Prozesses weitgehend ab; seine Reaktionen haben im weiteren Verlauf der Schmelzung keine praktische Bedeutung mehr, wenn wir von der Desoxydation absehen, deren Besprechung einem weiteren Abschnitt vorbehalten bleibt. Die unbedeutenden Wechselwirkungen zwischen Metall und Schlacke hinsichtlich der Siliziumreduktion und -oxydation im Thomaskonverter und im normalen basischen S.M.-Betrieb sollen daher im Anschluß an die Besprechung der Manganreaktionen nur kurz gestreift werden.

Der Übergang von Mangan aus dem Metall in die Schlacke und der entgegengesetzte Vorgang haben bei den Stahlwerkern von jeher Interesse gefunden, einmal weil man in der Richtung und dem Ausmaß der Vorgänge einen Indikator für die Qualität des Fertigproduktes erblicken zu können glaubte, das andere Mal, weil die Verbrennung dieses Begleitelementes einen wirtschaftlichen Verlust darstellt, den man durch eine geeignete Führung der Prozesse in gewissen Grenzen halten kann.

Für die Leitung der Siliziumreaktionen sind ähnliche Gesichtspunkte maßgebend, die jedoch, wie erwähnt, nur bei den sauren Verfahren Bedeutung

[1] Stahl u. Eisen Bd. 39 (1919) S. 997f. Die von Treuheit gemessenen Abgastemperaturen können hier nicht herangezogen werden. [2] Vgl. S. 91. [3] Vgl. S. 92f.

gewinnen. Hier treten allerdings die Fragen wirtschaftlicher Natur neben den Qualitätsfragen nicht in so ausgesprochenem Maße hervor.

Mit den folgenden Ausführungen soll versucht werden, einen vertieften Einblick in den Mechanismus der Mangan- und Siliziumreaktionen zu gewinnen, mit dem Ziel, die Bedingungen zahlenmäßig zu präzisieren, die den Übergang dieser Stoffe von der Schlacke in das Metall oder umgekehrt beherrschen. Dieses Ziel ist auf keinem anderen Wege erreichbar, als durch Festlegung der Gleichgewichtszustände, die die Reaktionsrichtung beherrschen, unabhängig davon, ob sich der chemische Umsatz oder der Konzentrationsausgleich der daran beteiligten Stoffe schnell vollziehen kann, oder durch ungünstige Verhältnisse gehemmt wird. Sind die Gleichgewichtsgesetze bekannt, so bleibt uns als weitere Aufgabe, zu untersuchen, wieweit die Reaktion im Betriebe den durch das Gleichgewicht vorgeschriebenen Zustand zu erreichen vermag und welche speziellen Vorgänge, Eigenschaften und Zustände den „Abstand vom Gleichgewicht" bestimmen.

Die Reaktionen des Mangans bei den basischen Stahlherstellungsverfahren.

Untersuchungen über die „Gleichgewichtskennzahl" (K_{Mn}).

Ein tieferer Einblick in die bei der Stahlherstellung ablaufenden Reaktionen ist lange Zeit dadurch erschwert worden, daß man den Einfluß der Temperatur unberücksichtigt ließ. Die ersten Forscher, die das Problem der Manganreaktion auf physikalisch-chemischer Grundlage zu behandeln suchten (z. B. P. M. Macnair[1], T. P. Colclough[2], E. Faust[3]), haben sich darauf beschränkt, an Hand analytischer Untersuchungen zusammengehöriger Stahl- und Schlackenproben den zahlenmäßigen Wert des Ausdrucks:

$$\frac{(\Sigma\,\mathrm{FeO})\,[\mathrm{Mn}]}{(\Sigma\,\mathrm{MnO})} = (K_{Mn})$$

oder ähnlicher Ausdrücke zu bestimmen, in denen die Gesamtkonzentrationen des Manganoxyduls (Σ MnO) und des Eisenoxyduls[4] (Σ FeO) in der Schlacke auftreten. Gleichungen dieser Art sind meist entstanden aus der Auffassung heraus, daß man das M.W.G. unmittelbar auf den Umsatz $\mathrm{FeO} + \mathrm{Mn} \rightleftharpoons \mathrm{MnO} + \mathrm{Fe}$ unter Einführung der Gesamtkonzentrationen anwenden dürfe. Wie wir früher (S. 6f.) ausführten, trifft diese Auffassung dann zu, wenn sich die am Umsatz teilnehmenden Stoffe vollständig im freien Zustand befinden oder den „freien" Konzentrationen proportional sind; nur in diesem Fall dürfen wir in obiger Gleichung einen Ausdruck des M.W.G. erblicken, sofern wir von den auf S. 5 besprochenen Einschränkungen absehen.

Wir haben nun in der Tat feststellen können, daß die Konzentration des Gesamteisens (Σ Fe) keinesfalls mit der des freien Eisenoxyduls (FeO) identisch ist, daß vielmehr recht verwickelte Beziehungen zwischen beiden bestehen, in die außer der Temperatur die sonstige Zusammensetzung der Schlacke maßgebend eingreift.

---

[1] Carnegie Scholarship. Mem. Bd. 13 (1924) S. 267—294.

[2] The physical chemistry of stell-making processes, S. 202—223.

[3] Arch. Eisenhüttenwes. Bd. 1 (1927/28) S. 119—126.

[4] Die Größe (Σ FeO) wurde errechnet aus dem Gesamteisengehalt (Σ Fe) der Schlacke; eine Ausnahme davon machen Colclough und Herty (vgl. S. 25f.).

Colclough hat an Stelle der aus dem Gesamteisengehalt berechneten Konzentrationsgröße (ΣFeO) nur den analytisch festgestellten Anteil des zweiwertigen Eisens in vorstehende Gleichung eingeführt, der ebenfalls nicht mit dem „freien" Eisenoxydul identisch ist[1].

Auch eine Gleichheit oder Proportionalität der Konzentrationsgrößen (ΣMnO) und (MnO) besteht nach den vorangegangenen Ausführungen nicht, da sich unter dem Einfluß der in den technischen Schlacken stets vorhandenen Kieselsäure Mangansilikat in Beträgen bildet, die sich mit der Temperatur und der Konzentration der übrigen Schlackenkomponenten gesetzmäßig ändern.

Somit dürfte einleuchten, daß wir in einem, unter Einführung der Gesamtkonzentrationen aufgestellten Ausdruck

$$\frac{(\Sigma \mathrm{FeO})\ [\mathrm{Mn}]}{(\Sigma \mathrm{MnO})} = (K_{\mathrm{Mn}})$$

nicht die Gleichung des M.W.G. zu sehen haben. Diese Konstante stellt also nicht eine Gleichgewichtskonstante dar, sie ist vielmehr — im Sinne von S. 6 — als eine Gleichgewichtskennzahl zu betrachten, die nur eine äußere formale Ähnlichkeit mit der Gleichgewichtskonstanten aufweist. Dieser Charakter der Größe (K_{Mn}) soll durch ihre Einklammerung angedeutet werden.

Somit darf nicht erwartet werden, daß die Gleichgewichtskennzahl (K_{Mn}) das charakteristische Merkmal der Gleichgewichtskonstanten besitzt, bei gegebener Temperatur unveränderlich zu sein; dem Umstand zufolge, daß die Beziehungen zwischen den freien und den Gesamtkonzentrationen von den übrigen Schlackenkomponenten abhängig sind, ändert (K_{Mn}) — auch bei gegebener Temperatur — ihren Wert bei Konzentrationsänderung der übrigen Schlackenkomponenten. Wir werden ferner sehen können[2], daß (K_{Mn}) noch weitere grundlegende Unterschiede gegenüber einer wahren Gleichgewichtskonstanten aufweist.

Desungeachtet haben die verschiedenen Versuche, (K_{Mn}) gesetzmäßig zu erfassen, inzwischen weitgehend Klarheit in das Problem der Manganreaktion gebracht; nachstehend sei über die wichtigeren Arbeiten auf diesem Gebiete berichtet[3].

Der erste Versuch zur Aufstellung eines Gleichgewichtsgesetzes der Manganreaktionen, das auch den Einfluß der Temperatur und der Schlackenzusammensetzung berücksichtigt, ging von C. H. Herty jr.[4] aus, dessen mit Hilfe von Betriebs- und Laboratoriumsmessungen abgeleitete Gleichgewichtsbedingung in ihrer neuesten Form[5] lautet:

$$\log (K_{\mathrm{Mn}}) = \log \frac{[\mathrm{Mn}]\ (\Sigma \mathrm{FeO})'}{(\Sigma \mathrm{MnO})\sqrt{B}} = -\frac{11260}{T} + 5{,}76\,.$$

Die Konzentration des wirksamen Eisenoxyduls (ΣFeO)' ist darin nach Hertys Auffassung aus dem analytisch bestimmten Gehalt der Schlacke an zwei- und dreiwertigem Eisen zu berechnen. Die Größe B bezeichnet die Konzentration der „freien Basen", unter denen das chemisch nicht gebundene Kalziumoxyd verstanden wird; ihre Berechnung erfolgt nach dem auf S. 25f. angegebenen Verfahren. Außerdem wird die Konzentration aller Schlackenbestandteile im Maßstab „Molenbruch" gemessen, während für den Mangangehalt des Metalls [Mn] Gewichtsprozente beibehalten bleiben.

---

[1] Vgl. S. 26 u. 35. [2] Vgl. S. 110.

[3] Eine umfassende kritische Übersicht über die verschiedenen Arbeiten haben F. Sauerwald u. W. Hummitzsch [Arch. Eisenhüttenwes. Bd. 5 (1931/32) S. 363] gegeben.

[4] Trans. Amer. Inst. min. metallurg. Engr. Bd. 73 (1926) S. 1079, vgl. Stahl u. Eisen Bd. 46 (1926) S. 1597—1601. [5] Min. metallurg. Invest Bull. Nr. 34.

Durchführungsbeispiel einer Gleichgewichtsberechnung nach Herty: Die Schlackenanalyse ergebe folgende Werte in Gewichtsprozenten:

FeO	Fe_2O_3	SiO_2	MnO	CaO	MgO	Al_2O_3	P_2O_5
12,0	5,5	15,3	7,5	47,7	6,0	3,0	2,6

Die Division durch die entsprechende Molekulargewichte, nämlich:

71,8	159,7	60,1	70,9	56,1	40,3	101,9	42,1

ergibt die Konzentrationen „Mole auf 100 Gewichtsteile":

0,167	0,034	0,255	0,106	0,850	0,149	0,029	0,018.

Da nach Hertys Auffassung aus 1 Mol Fe_2O_3 3 Mole FeO, im vorliegenden Falle also $3 \cdot 0{,}034 = 0{,}102$ Mole FeO entstehen und sich ferner 1 Mol P_2O_5 mit 3 Molen CaO, 1 Mol SiO_2 mit 1 Mol CaO verbindet, lautet die Analyse nunmehr (Mole auf 100 Gewichtsteile):

FeO	$CaOSiO_2$	$(CaO)_3P_2O_5$	MnO	MgO	Al_2O_3	$CaO = B$
0,269	0,255	0,054	0,106	0,149	0,029	0,541

Die Summe aller Mole auf 100 Gewichtsteile beträgt 1,403. Zur Berechnung des Molenbruchs, der sich auf die Einheit der Summe aller Mole bezieht, sind vorstehende Zahlen durch 1,403 zu dividieren; es folgt daraus:

Molenbruch	FeO	$CaOSiO_2$	$(CaO)_3P_2O_5$	MnO	MgO	Al_2O_3	B
	0,192	0,182	0,038	0,074	0,106	0,021	0,386

Für 1627° C ($T = 1900°$) würde sich (K_{Mn}) nach Hertys Gleichung zu 0,68 berechnen. Damit findet man den Mangangehalt des Metalls, der mit einer Schlacke der angegebenen Zusammensetzung bei 1627° C im Gleichgewicht ist, zu:

$$[Mn] = \frac{(\Sigma\, MnO)\, \sqrt{B}}{(\Sigma\, FeO)'\, (K_{Mn})} = \frac{0{,}074 \cdot 0{,}621}{0{,}192 \cdot 0{,}68} = 0{,}35 \text{ Gew.-\%}.$$

Das Berechnungsverfahren versagt nach Hertys Angaben, wenn die Schlacke mehr als 5% Phosphorsäure enthält; auch sonst zeigt das Gesetz gewisse Mängel die teils in ungenügenden Versuchsunterlagen, teils in den zugrunde gelegten theoretischen Annahmen begründet sind, so daß eine befriedigende Übereinstimmung zwischen Rechnung und Beobachtung oft nicht zu erzielen ist[1].

E. Faust[2] verwendete den Ausdruck:

$$(K_{Mn})' = \frac{(\Sigma\, Mn) \cdot [Fe]}{(\Sigma\, Fe) \cdot [Mn]},$$

in dem (Σ Mn) den Gesamtmangangehalt der Schlacke, [Fe] den Eisengehalt des Metalls bedeuten; letzterer wurde gleich 100 gesetzt. Alle Größen wurden in Gewichtsprozenten gemessen. Der Einheitlichkeit halber sei vorstehende Gleichung umgeformt auf die Kennzahl

$$(K_{Mn}) = \frac{(\Sigma\, FeO)\, [Mn]}{(\Sigma\, MnO)}.$$

Da Mangan und Eisen praktisch das gleiche Atomgewicht besitzen, besteht zwischen den beiden Größen die einfache Beziehung:

$$(K_{Mn}) = \frac{100}{(K_{Mn})'}.$$

Aus den Beobachtungen von Faust ergab sich, daß (K_{Mn}) beim Thomasverfahren zwischen 0,278 und 0,526 schwankte, als Mittelwert des Thomasverfahrens wurde (K_{Mn}) = 0,405 gewählt. Für die Fertigperiode des Hoesch-Verfahrens wurden etwa gleich große Mittelwerte aufgefunden. Die beobachteten Schwankungen wurden mit wechselnden Temperaturen erklärt, deren Messung leider unterblieb. Es stellte sich aber heraus, daß (K_{Mn}) beim Thomasverfahren durch Einsatz von heißem Roheisen gesteigert werden konnte.

[1] Betr. der Verwendbarkeit der Gl. von Herty vgl. C. Schwarz u. Mitarb. a. a. O.
[2] Vgl. S. 96.

G. Oishi[1] zeigte an Hand einiger Schmelzungen aus Betrieb und Laboratorium, daß (K_{Mn}) sich mit wachsender „Basizität“ b (in dem von ihm gewählten Sinne[2]) erhöhe. Die von ihm angegebenen Werte sollen nur maßgebend sein, wenn der Stahl geringe Kohlenstoffgehalte und nicht mehr als 0,3% Mn aufweist. Die Mitteilungen lassen keine Aussage über die Rolle der Temperatur zu.

Ähnlich wie Faust wählten G. Tammann und W. Oelsen[3] den Ausdruck

$$(K_{Mn})' = \frac{(\Sigma \mathrm{MnO}) \cdot 100}{(\Sigma \mathrm{FeO}) \cdot [\mathrm{Mn}]}$$

zur Auswertung der im Schrifttum enthaltenen Unterlagen über die Zusammensetzung von Schlacke und Stahl bei den Herd- und Windfrischprozessen. Auch ihre Ergebnisse seien der Einheitlichkeit halber durch den reziproken und mit 100 multiplizierten Wert

$$(K_{Mn}) = \frac{100}{(K_{Mn})'} = \frac{(\Sigma \mathrm{FeO})\,[\mathrm{Mn}]}{(\Sigma \mathrm{MnO})}$$

zur Darstellung gebracht. Wie Abb. 53 veranschaulicht, erkannten sie den Kalk- und Kieselsäuregehalt der Schlacken als maßgebend für die Höhe des (K_{Mn})-Wertes.

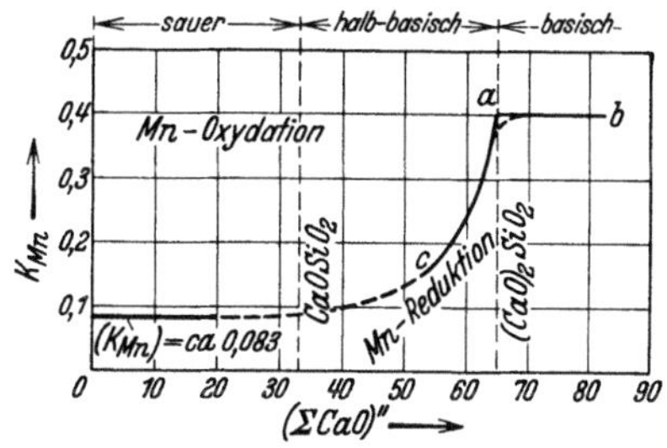

Abb. 53. Abhängigkeit der Gleichgewichtskennzahl (K_{Mn}) von der „Basizität“ (Tammann und Oelsen).

Auf der Abszisse des Schaubilds ist der prozentuale Anteil des Kalks an dem in der Schlacke enthaltenen Kalk-Kieselsäuregemisch aufgetragen, wobei vom analytisch festgestellten Gesamtkalk (Σ CaO) zunächst der als Kalziumtriphosphat gebundene Kalk abgezogen wurde [$(\Sigma \mathrm{CaO})' = (\Sigma \mathrm{CaO}) - 1{,}18\,(\Sigma \mathrm{P_2O_5})$][4]. Mit der Konzentration der Gesamtkieselsäure wird sodann die Größe:

$$(\Sigma \mathrm{CaO})'' = \frac{(\Sigma \mathrm{CaO})' \cdot 100}{(\Sigma \mathrm{CaO})' + (\Sigma \mathrm{SiO_2})}$$

gebildet und als Maßstab für die Veränderung von (K_{Mn}) betrachtet. Aus den Versuchspunkten gewannen Tammann und Oelsen den mittleren Linienzug *c*—*a*—*b*, der bei *a* einen Knick- oder Wendepunkt[5] aufweist. Punkt *a* fällt etwa mit dem der Verbindung $(\mathrm{CaO})_2\mathrm{SiO_2}$ entsprechenden Kalk-Kieselsäureverhältnis zusammen.

Diesen Befund kleiden sie in Form der Regel: „Wenn der Kalkgehalt der Schlacke, vermindert um den an Phosphorsäure gebundenen Kalk, größer ist, als der zur Bildung von $(\mathrm{CaO})_2\,\mathrm{SiO_2}$ notwendige Kalkgehalt, so ist die Konstante (= etwa 0,40) unabhängig vom (Σ CaO)''-Gehalt (Waagerechte *a*—*b*, Abb. 53); ist der (Σ CaO)''-Gehalt aber kleiner, so fällt (K_{Mn}) mit abnehmendem Kalkgehalt (*a*—*c*).“ Die Temperaturabhängigkeit von (K_{Mn}) ist nach Tammann und Oelsen nur gering und liegt innerhalb der Schwankungen der Versuchswerte.

Wie in der Abhandlung betont wurde, stellt der Linienzug *c*—*a*—*b* das Gesetz der Manganreaktionen in erster Annäherung dar; als solches ist es in der Tat für überschlägige Betrachtungen bereits verwendbar.

Noch eingehender mit dem Einfluß von Kalk und Kieselsäure beschäftigten sich Ed. Maurer und W. Bischof[6], die die Konstante formulierten nach:

$$(K_{Mn}) = \frac{(\Sigma \mathrm{Fe})\,[\mathrm{Mn}]}{(\Sigma \mathrm{Mn})} \left(= \frac{(\Sigma \mathrm{FeO})\,[\mathrm{Mn}]}{(\Sigma \mathrm{MnO})} \right),$$

[1] Ber. Nr. 193 des Welt-Ingenieurkongr. Tokio 1929; vgl. Stahl u. Eisen Bd. 50 (1930) S. 1363. [2] Vgl. S. 20.

[3] Arch. Eisenhüttenwes. Bd. 5 (1931/32) S. 75—80. [4] Vgl. S. 20.

[5] Es sei bemerkt, daß sich Tammann und Oelsen auf den scharfen Knickpunkt bei *a* nicht festlegen.

[6] Ergebnisse der angewandten physikalischen Chemie, Bd. 1, S. 109—197. (1931).

worin (Σ Fe) und (Σ Mn) den Gesamteisen- bzw. Mangangehalt der Schlacke bedeuten. Damit glaubten die Verfasser, der Schwierigkeiten überhoben zu sein, die die Existenz von dreiwertigem Eisen in der Schlacke der theoretischen Behandlung der Reaktionen bereitet. Wegen der annähernden Gleichheit der Atomgewichte von Eisen und Mangan ist ihre Formulierung aber mit der hier gewählten Kennzahl praktisch identisch.

Gemäß dem Grundsatze, daß jede Reaktion nur zum Gleichgewichte hin ablaufen kann, wurden die (K_{Mn})-Werte unter Berücksichtigung der Reaktionsrichtung eingegabelt[1]. Versuchsunterlagen waren die im Schrifttum niedergelegten analytischen Angaben der Schmelzberichte basischer und saurer Wind- und Herdfrischprozesse, sowie eigene Beobachtungen. Als mittlere Temperatur aller Proben wurde etwa 1600° C angenommen.

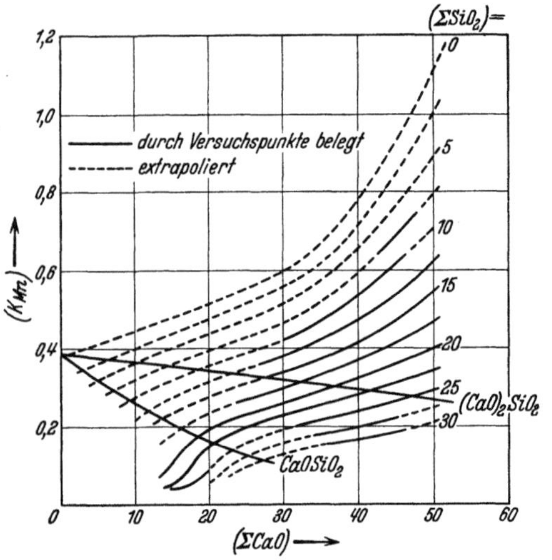

Abb. 54. Abhängigkeit der Gleichgewichtskennzahl (K_{Mn}) vom Gesamtkalk- und -kieselsäuregehalt basischer Schlacken (Grunddiagramm von Maurer und Bischof).

Das Ergebnis dieser Untersuchungen ist in dem Grunddiagramm (Abb. 54) dargestellt in Abhängigkeit vom Gesamtkalkgehalt (Σ CaO) und einer Anzahl verschiedener Kieselsäuregehalte der Schlacke. Zwei das Diagramm schneidende Kurvenzüge weisen auf die Kalk- und Kieselsäurekonzentrationen hin, die den Verbindungen $(CaO)_2SiO_2$ und $CaOSiO_2$ stichiometrisch entsprechen würden (sofern diese Schlackenkomponenten nicht zum Teil anderweitig gebunden sind).

Die Verfasser haben sodann den Einfluß von Beimengungen in Schlacke und Metall untersucht, wobei sie feststellten, daß insbesondere Phosphorsäure die (K_{Mn})-Werte stark herabsetzt. Um zu den für phosphorsäurehaltige Schlacken gültigen Werte zu gelangen, sind von den aus dem Grunddiagramm Abb. 54 zu entnehmenden Zahlen abzuziehen:

für (ΣP_2O_5) =	1	5	10	15	20	25
die Werte:	0	0,03	0,10	0,21	0,38	0,56

Beispiel: Für eine phosphorsäurefreie Schlacke mit (Σ CaO) = 40 und (ΣSiO_2) = 15 ist (K_{Mn}) = 0,41 (Abb. 54); enthält die Schlacke bei gleichem Kalk- und Kieselsäuregehalt 15% P_2O_5, so wird (K_{Mn}) = 0,41 — 0,21 = 0,20.

Die von Maurer und Bischof an diesen Befund angeschlossenen Überlegungen führen sie zu dem Ergebnis, daß das Kalziumtetraphosphat als die in metallurgischen Schlacken wahrscheinlichste Verbindung anzusehen sei.

Auch Magnesiumoxyd setzt (K_{Mn}) herab, während Tonerde bei niedrigen Kieselsäuregehalten eine Zunahme, bei höheren eine Abnahme der Konstanten bewirkt. Der Einfluß von Magnesiumoxyd wird in Parallele gestellt zu den Beobachtungen von H. Salmang und F. Schick[2], wonach MgO bei hohen Temperaturen seinen stark basischen Charakter einbüßt. Die Korrektion der der Kennzahlen nimmt man in der Weise vor, daß von den aus dem Grund-

[1] Vgl. S. 9, Abb. 2. [2] A. a. O. vgl. S. 18.

diagramm Abb. 54 zu entnehmenden $(K_{Mn})_{G.D.}$-Werten für Schlacken mit mehr als 10% MgO eine in Abb. 55 dargestellte Korrektionsgröße β abgezogen wird. Um die Wirkung der Tonerde zu deuten, machen Maurer und

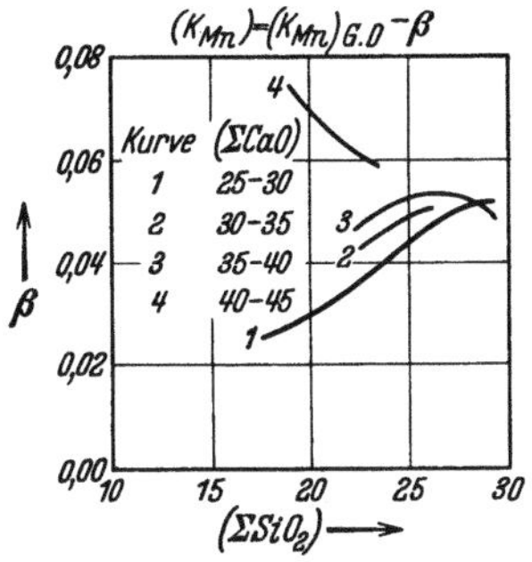

Abb. 55. Korrektion der aus Abb. 54 zu entnehmenden Gleichgewichtskennzahl $(K_{Mn})_{G.D.}$ für MgO > 10 % (Maurer und Bischof).

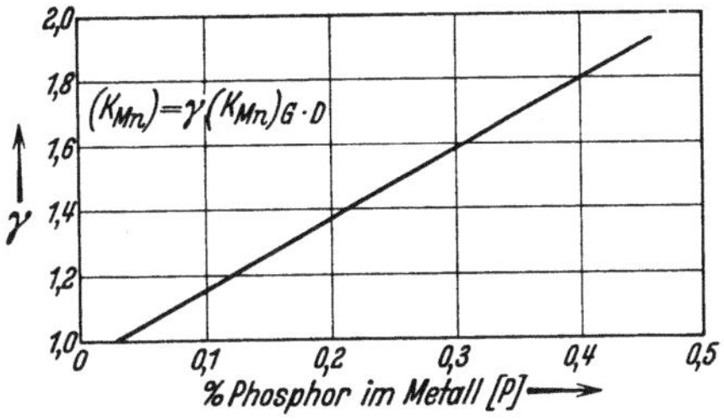

Abb. 56. Korrektion der aus Abb. 54 zu entnehmenden Gleichgewichtskennzahl $(K_{Mn})_{G.D.}$ für höhere Phosphorgehalte des Stahls (Maurer und Bischof).

Bischof die Annahme, daß bei geringen Kieselsäuregehalten $FeO-Al_2O_3$-Verbindungen, in sauren Schlacken wahrscheinlich ein Tonerdemangansilikat gebildet werde. In normalen basischen Schlacken sind die Tonerdegehalte meist zu gering, um wirksam zu werden.

Für höhere Gehalte des Metalls an Silizium stellen Maurer und Bischof eine Steigerung von (K_{Mn}) fest, die sich z. B. bei 1,2% Si auf das 2fache der aus Abb. 54 zu entnehmenden Werte erhöht; zur Erklärung dieser Beobachtung, die später (S. 119) noch behandelt werden soll, wird die Bildung von Mangansiliziden im Stahl angenommen. Sehr bemerkenswert ist ferner ihre von mehreren Seiten bestätigte Feststellung, daß der im Metall gelöste Phosphor die Gleichgewichtslage des Mangans empfindlich zu verschieben vermag. Die aus dem Grunddiagramm (Abb. 54) zu entnehmende Gleichgewichtskennzahl (K_{Mn}) ist mit einem von [P] abhängigen Faktor γ zu multiplizieren, der durch Abb. 56 veranschaulicht wird.

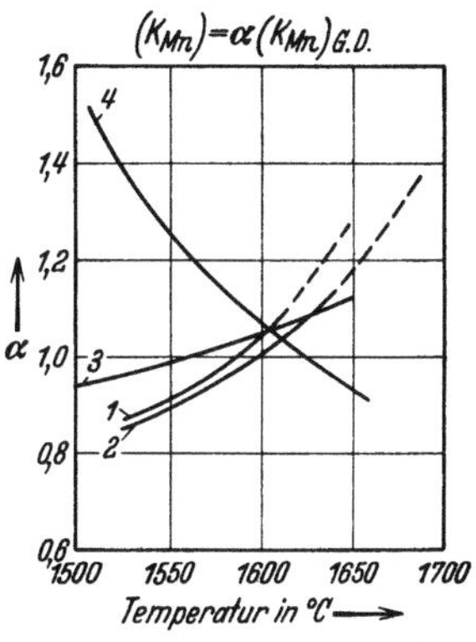

Abb. 57. Temperaturkorrektion der aus Abb. 54 zu entnehmenden Gleichgewichtskennzahl $K_{(Mn)G.D.}$ (Maurer und Bischof).

Kurve	(ΣCaO)	(ΣSiO_2)
1	35—45	14—20
2	35—45	20—25
3	35—45	25—30
4	für saure Schlacken	

Die Änderung von (K_{Mn}) mit der Temperatur ist nach Maurer und Bischof von der Schlackenzusammensetzung, insbesondere von deren Kieselsäuregehalt abhängig. Die Temperaturkorrektion erfolgt, indem man die aus dem Grunddiagramm (Abb. 54) zu entnehmende Konstante $(K_{Mn})_{G.D.}$ mit einem temperaturabhängigen Faktor (α) multipliziert, womit man zu der für die betrachtete Temperatur gültigen Konstanten $(K_{Mn}) = \alpha \cdot (K_{Mn})_{G.D.}$ gelangt. Der Faktor α ist in Abb. 57 für einige Schlackengruppen zur Darstellung gebracht.

Beispiel: Für eine Schlacke der Zusammensetzung $(\Sigma CaO) = 40$ und $(\Sigma SiO_2) = 15$ ist nach Abb. 54 $(K_{Mn})_{G.D.} = 0{,}42$. Bei 1540° C ist (nach Abb. 57, Kurve 1) $\alpha = 0{,}9$ und somit $(K_{Mn}) = 0{,}9 \cdot 0{,}42 = 0{,}38$.

Auf der Grundlage der bereits besprochenen Temperaturmessungen[1] von E. Schröder haben C. Schwarz, E. Schröder und G. Leiber[2] nochmals größere Untersuchungsreihen am basischen Herdofen ausgewertet und als Temperaturfunktion den Ausdruck entwickelt:

$$\log (K_{\mathrm{Mn}}) = \log \frac{(\Sigma\,\mathrm{FeO})\,[\mathrm{Mn}]}{(\Sigma\,\mathrm{MnO})} = -\frac{5920}{T} - 0{,}332 \cdot 10^{-3}\,T + \tag{1}$$
$$+ 1{,}700 \cdot B' - 1{,}778 \cdot B'^2 + 3{,}0263.$$

Leiber zeigte, daß sich dieser Ausdruck auch auf eine Interpolationsformel:

$$(K_{\mathrm{Mn}}) = \frac{100}{7\,606 - 2\,460\; B'(1 - 1{,}565\,B') - 7{,}850 \cdot t\,(1 - 2{,}787 \cdot 10^{-4}\,t)} = \frac{(\Sigma\,\mathrm{FeO})\,[\mathrm{Mn}]}{(\Sigma\,\mathrm{MnO})}$$

bringen läßt, in der die Temperatur t in ^{0} C einzusetzen ist.

In beiden Formeln ist die Konzentration von Kalk, Kieselsäure und Phosphorsäure bereits — ähnlich wie bei Herty — durch die „Basizität“ B' berücksichtigt[3], die von den genannten Verfassern definiert wurde nach:

$$B' = 0{,}01\,((\Sigma\,\mathrm{CaO}) - 0{,}93\,(\Sigma\,\mathrm{SiO_2}) - 1{,}18\,(\Sigma\,\mathrm{P_2O_5})).$$

Die auch bei Verwendung der Interpolationsformel noch verbleibende Unbequemlichkeit längerer Rechnungen hat nun C. Schwarz[4] in einer weiteren Arbeit in glänzender Weise durch das in Abb. 58 dargestellte elegante Nomogramm umgangen, das alle Aussagen der Gleichungen in einfachster Weise zu erkennen gestattet[5].

Der Gebrauch des Nomogramms sei an folgendem Beispiel erläutert. Metall und Schlacke mögen sich bei 1675° C im Gleichgewicht befinden; die Zusammensetzung der Schlacke sei:

(Σ Fe)	(Σ Mn) ~ (Σ MnO)	(Σ CaO)	(Σ SiO_2)	(Σ P_2O_5)
9,0	12,0 ~ 15,5	42,0	16,2	1,7

Gesucht wird der Mangangehalt des Stahls.

Zunächst wird B' nach obiger Gleichung errechnet, wobei sich ergibt:

$$B' = 0{,}01\,(42{,}0 - 0{,}93 \cdot 16{,}2 - 1{,}18 \cdot 1{,}7) = 0{,}25 \text{ und } 100 \cdot B' = 25.$$

Man zieht sodann (wie verstärkt vorgezeichnet) in Maßstab I die Senkrechte für (Σ Mn) = 12%, in Maßstab II die Horizontale für (Σ Fe) = 9%; die beiden Geraden treffen sich im Maßstab III beim Punkt A, der dem Verhältnis $\frac{(\Sigma\,\mathrm{Mn})}{(\Sigma\,\mathrm{Fe})} = 1{,}33$ entspricht. In Maßstab IV ist die Größe $100 \cdot B'$ aufgetragen; es wird die Senkrechte für $100 \cdot B'$ (= 25) errichtet, die die Temperaturleitlinien a für 1675° C im Punkt C schneidet. Von C aus zieht man nunmehr eine Horizontale bis zu ihrem Schnitt mit der dem Maßstab III zugehörigen Linie für das oben ermittelte Verhältnis $\frac{(\Sigma\,\mathrm{Mn})}{(\Sigma\,\mathrm{Fe})} = 1{,}33$ (Punkt B). Indem man schließlich in B eine weitere Senkrechte errichtet, kann man im Maßstab V den Mangangehalt des Stahls ablesen; man findet [Mn] = 0,6%.

Natürlich kann man auch die Aufgabe umkehren und z. B. die Frage lösen, welchen Gesamteisengehalt die Schlacke im Gleichgewicht aufweist, wenn B', [Mn], (Σ Mn) und die Temperatur bekannt sind.

Schließlich sei bemerkt, daß man an Stelle von (Σ Mn) in Maßstab I auch (Σ MnO) wählen kann, sofern man gleichzeitig in Maßstab II die Größe (Σ FeO) an Stelle von (Σ Fe) abliest.

Eine weitere, auf Untersuchungen im Thomaswerk aufbauende Arbeit von O. Scheiblich[6] ist besonders aufschlußreich durch das Ergebnis, daß die

[1] Vgl. S. 14f. [2] Arch. Eisenhüttenwes. Bd. 7 (1933/34) S. 165—174.

[3] Vgl. die Erläuterung S. 20.

[4] Arch. Eisenhüttenwes. Bd. 7 (1933/34) S. 223—227.

[5] Auf die Wiedergabe des von Schwarz gleichfalls aufgestellten Nomogramms zur Ermittlung von B' sei hier wegen Raummangels und der Einfachheit der Rechnung verzichtet.

[6] Stahl u. Eisen Bd. 54 (1934) S. 337f. u. 365f.

Gleichgewichtskennzahl eine außerordentlich starke Abhängigkeit vom Phosphorgehalt des Metalles zeigt; sie wirkt sich so aus, daß der Wert:

$$(K_{\mathrm{Mn}}) = \frac{[\mathrm{Mn}]\,(\Sigma\,\mathrm{FeO})}{(\Sigma\,\mathrm{MnO})}$$

beispielsweise für [P] = 0,15 doppelt so hoch wird, wie für [P] = 0,03. Dieser Einfluß ist nach Scheiblich so stark, daß er den Einfluß der im Rahmen des Thomasprozesses möglichen Verschiebungen der Basizität vollkommen überdeckt. Wichtig ist ferner seine Erkenntnis, daß neben der Basizität auch steigender Eisengehalt auf eine Steigerung von (K_{Mn}) hinwirkt, während steigender Manganeinsatz je Tonne Schlacke die Kennzahl erniedrigt.

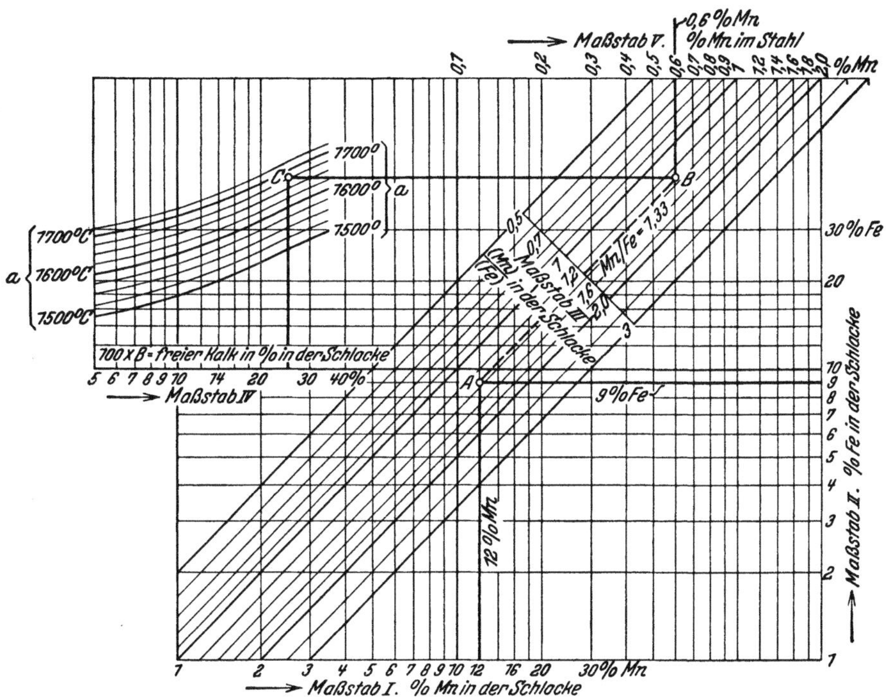

Abb. 58. Nomogramm zur Ermittlung der Mangangleichgewichte im basischen S.M.-Ofen (Schwarz).

Schließlich haben W. Krings und H. Schackmann[1] das Problem der Manganreaktion nochmals im Laboratorium verfolgt, ausgehend von dem Gedanken, daß sich dort der Einfluß der verschiedenen Schlackenkomponenten im einzelnen schärfer erfassen lasse. Sie wählen die Konstante:

$$(K_{\mathrm{Mn}})'' = \frac{(\Sigma\,\mathrm{FeO})\,[\mathrm{Mn}]}{(\Sigma\,\mathrm{MnO})\,[\mathrm{Fe}]} = \frac{(K_{\mathrm{Mn}})}{100}\,.$$

Die infolge der Berücksichtigung der Eisenkonzentration im Metall praktisch 100mal kleiner ist als die oben gewählte Größe; im übrigen bleibt für sie der Charakter der Gleichgewichtskennzahl bestehen, sobald sich die fremden Schlackenbestandteile mit Eisen- oder Manganoxydul verbinden. Neben dem Einfluß von Kieselsäure, der sich in einer Verminderung von (K_{Mn}) äußert[2],

[1] Z. anorg. allg. Chem. Bd. 202 (1931) S. 99f., Bd. 206 (1932) S. 337—355.

[2] Vgl. S. 139, Abb. 77e.

untersuchten sie die Wirkung von Kalk und Zusätzen von $CaOSiO_2$, $(CaO)_2SiO_2$ und Al_2O_3.

Darnach steigt (K_{Mn}) mit wachsendem Kalkgehalt, in geringerem Maße auch bei Zusatz des Orthosilikats $(CaO)_2SiO_2$, während das Metasilikat keine Änderung bewirkt. Tonerde hat keinen Einfluß, sofern andere Schlackenkomponenten fehlen; dagegen wirkt sie dem Einfluß von Kalk entgegen, woraus die Verfasser auf die Existenz von Kalkaluminaten schließen. Die Beobachtung, daß die in Magnesiatiegeln durchgeführten Schmelzungen nicht einen so starken Einfluß der Kieselsäure erkennen ließen, führte sie ferner auf die Vermutung, daß sich Magnesiasilikate bildeten.

Mit den vorstehenden Arbeiten, denen noch die von W. Dinkler[1] zuzuzählen ist, die sich aber auf Roheisen erstreckt, haben wir alle wichtigeren Untersuchungen über die Mangangleichgewichte aufgeführt, soweit sie auf die Ermittlung der unter Einführung der Gesamtkonzentrationen gebildeten Gleichgewichtskennzahl

$$(K_{Mn}) = \frac{(\Sigma\,FeO)\,[Mn]}{(\Sigma\,MnO)}$$

oder gleichartiger Größen hinzielen. Der Umstand, daß diese Größe mit der wahren Gleichgewichtskonstanten nur eine formale Ähnlichkeit aufweist, beeinträchtigt an sich ihre praktische Verwendbarkeit nicht, wenn es gelingt, ihre Veränderung durch die in der Schlacke sonst noch anwesenden Stoffe allein ausreichend zu beschreiben. Es liegt nahe, ihre Veränderung bei wechselnder Schlackenzusammensetzung mit der Vorstellung zu begründen, daß der Anteil von freiem Eisen- und Manganoxydul an den entsprechenden Gesamtgehalten $(\Sigma\,Fe)$ bzw. $(\Sigma\,MnO)$ ebenfalls verändert werde. Es leuchtet aber ein, daß nur dann der Übergang von der wahren Gleichgewichtskonstante K_{Mn} auf die Kennzahl (K_{Mn}) in einfacher Weise zulässig ist, wenn — bei gegebener Konzentration der übrigen Schlackenbestandteile — die „freien" und die entsprechenden Gesamtkonzentrationen einander proportional sind, wenn also z. B. $(\Sigma\,FeO) = a \cdot (FeO)$ und $(\Sigma\,MnO) = b \cdot (MnO)$ ist.

In diesem Falle wären die wahre Konstante und die Gleichgewichtskennzahl durch die Beziehungen verbunden:

$$K_{Mn} = \frac{(FeO)\,[Mn]}{(MnO)}, \quad (K_{Mn}) = \frac{(\Sigma FeO)\,[Mn]}{(\Sigma MnO)} = \frac{a \cdot (FeO)\,[Mn]}{b \cdot (MnO)}$$

und daher ist:

$$(K_{Mn}) = K_{Mn} \cdot \frac{a}{b};$$

man würde den Einfluß der verschiedenen Schlackenkomponenten auf (K_{Mn}) leicht mit deren Wirkung auf die Proportionalitätskonstanten a und b erklären können.

Die entscheidende Schwierigkeit des Problems liegt nun darin, daß die Proportionalitätsbedingungen $(\Sigma FeO) \sim (\Sigma Fe) = a \cdot (FeO)$ und $(\Sigma MnO) = b \cdot (MnO)$ nicht erfüllt sind, selbst wenn die sonst anwesenden Schlackenbestandteile in unveränderlicher Konzentration vorhanden bleiben; auf diesen Umstand sind die verschiedenartigen Ergebnisse der genannten Bearbeiter im wesentlichen zurückzuführen. Sie wirkt sich darin aus, daß die Kennzahl (K_{Mn}) nicht allein von der Konzentration der Schlackenbestandteile CaO, SiO_2, P_2O_5 (und vielleicht anderen), sondern auch von der Höhe der Gesamtkonzentrationen (ΣFe) und (ΣMnO) selbst abhängt.

Daß eine Proportionalität zwischen (FeO) und $(\Sigma\,Fe)$ bei basischen Schlacken in der Tat nicht vorhanden ist, ersehen wir aus Abb. 10 (S. 39); die Beziehungen zwischen $(\Sigma\,Fe)$ und (FeO) werden nicht durch eine gerade, sondern durch eine gekrümmte Kurve wieder-

[1] Mitt. Kais.-Wilh.-Inst. Eisenforschg., Düsseld. Bd. 15 (1933) S. 187f.

gegeben. Das gleiche gilt für die Beziehungen zwischen $(\Sigma\,\mathrm{MnO})$ und (MnO); eine geradlinige Beziehung besteht auch hier nicht, worauf bereits auf S. 31 hingewiesen wurde. In beiden Fällen wächst die Gesamtkonzentration schneller an, als die des entsprechenden freien Oxyduls; in Potenzreihen ausgedrückt würden beispielsweise Funktionen der Art: $(\Sigma\,\mathrm{Fe}) \sim (\Sigma\,\mathrm{FeO}) = \alpha\,(\mathrm{FeO}) + \beta\,(\mathrm{FeO})^2 + \ldots$ und $(\Sigma\,\mathrm{MnO}) = \alpha'\,(\mathrm{MnO}) + \beta'\,(\mathrm{MnO})^2 + \ldots$ Geltung haben.

Als Folge dieser Abhängigkeiten ergibt sich, daß — unter sonst gleichen Bedingungen — die Gleichgewichtskennzahl

$$(K_{\mathrm{Mn}}) = \frac{(\Sigma\,\mathrm{FeO})\,[\mathrm{Mn}]}{(\Sigma\,\mathrm{MnO})}$$

mit steigendem Gesamteisengehalt $(\Sigma\,\mathrm{Fe})$ bzw. $(\Sigma\,\mathrm{FeO})$ wächst und mit steigendem Gesamtmanganoxydulgehalt $(\Sigma\,\mathrm{MnO})$ der Schlacke fällt.

Tatsächlich stellt sich beispielsweise bei näherer Durchsicht der den vorerwähnten Arbeiten zugrundeliegenden Schlackenanalysen heraus, daß diejenigen Bearbeiter, denen besonders manganreiche Schlacken zur Verfügung standen, geringere Werte für (K_{Mn}) fanden. Merkwürdigerweise ist von den Autoren mit Ausnahme von Scheiblich, der ja auch zu den gleichen Schlußfolgerungen gelangte (S. 103), niemals nachgeprüft worden, ob (K_{Mn}) auch eine Abhängigkeit von $(\Sigma\,\mathrm{FeO})$ und $(\Sigma\,\mathrm{MnO})$ zeigt.

Untersuchungen über die Mangangleichgewichte auf der Grundlage der freien Oxydule.

Nach einer allgemeineren Übersicht[1] über die hier waltenden Beziehungen hatte der Verfasser versucht, die Mangangleichgewichte[2] auf der Grundlage des freien Eisenoxyduls in der Schlacke zu entwickeln und in der Tat stellte sich dabei bereits die zu erwartende Abhängigkeit zwischen (K_{Mn}) und $(\Sigma\,\mathrm{Fe})$ heraus[3]. Da die Ergebnisse noch nicht voll befriedigten, haben H. Schenck und W. Rieß[4] mit Hilfe der früher[5] mitgeteilten Zusammenhänge zwischen freien und den Gesamtkonzentrationen nochmals die Mangangleichgewichte behandelt und graphisch dargestellt.

Der Grundgedanke dieser Arbeit läßt sich in folgender Weise zum Ausdruck bringen: In einer Schlacke mit gegebenen Konzentrationen $(\Sigma\,\mathrm{Fe})$, $(\Sigma\,\mathrm{MnO})$, $(\Sigma\,\mathrm{SiO_2})$, $(\Sigma\,\mathrm{CaO})$ und $(\Sigma\,\mathrm{P_2O_5})$ und gegebener Temperatur liegen Mangan- und Eisenoxydul mit den gegebenen Konzentrationen (MnO) und (FeO) frei vor. Die Manganreaktion führt zu einem Gleichgewicht des Mangans im Stahl mit dem freien Mangan- und Eisenoxydul, das durch die wahre Gleichgewichtskonstante:

$$K_{\mathrm{Mn}} = \frac{(\mathrm{FeO})\,[\mathrm{Mn}]}{(\mathrm{MnO})} \quad \text{und} \quad \log K_{\mathrm{Mn}} = -\frac{6232}{T} + 3{,}026 \qquad \text{(VI)}$$

beherrscht wird, deren Größe unabhängig von der sonstigen Zusammensetzung der Schlacke ist und mit den im Laboratorium am reinen System von Körber und Oelsen gewonnenen Meßergebnissen übereinstimmt.

Damit ist offenbar der Anschluß an das Laboratorium hergestellt und wir finden denjenigen zum praktischen Betrieb, d. h. zu der Frage der Mangangleichgewichte unter technischen Schlacken, indem wir feststellen, in welchem Zusammenhang freies Eisenoxydul und Gesamteisen, sowie freies und Gesamtmanganoxydul für diese Schlacken stehen.

---

[1] Arch. Eisenhüttenwes. Bd. 1 (1927/28) S. 483—497.

[2] Arch. Eisenhüttenwes. Bd. 3 (1929/30) S. 505—530.

[3] Vgl. auch F. Sauerwald u. Hummitzsch: Arch. Eisenhüttenwes. Bd. 5 (1931/32) S. 363. [4] A. a. O. [5] S. 25f.

Als — nur temperaturabhängige — wahre Gleichgewichtskonstante haben sie die von Körber und Oelsen[1] [Gl. (VI)] für reine FeO-MnO-Schlacken gewählt; ihre Werte für verschiedene Temperaturen sind in Zahlentafel 15 (S. 264) mitgeteilt.

Es muß darauf hingewiesen werden, daß die Voraussetzung, K_{Mn} sei von der Schlackenzusammensetzung unabhängig, theoretisch nicht exakt erfüllt sein wird, sobald wir diese Größe — wie hier immer — auf Gewichtsprozente, anstatt auf Molenbrüche oder Mole pro Liter beziehen. Der Fehler wird jedoch sehr klein sein[2]; überdies hebt er sich bei den Betrachtungen an betrieblichen Prozessen heraus, weil er bei der Ableitung der gesamten Zusammenhänge in die Dissoziationskonstanten der Schlackenverbindungen hineingeschoben wurde.

Da die besagten Dissoziationskonstanten unter Verwendung der Körber-Oelsenschen Konstanten K_{Mn} ermittelt wurden, sind sie auch nur in Verbindung miteinander zur Berechnung der Metall-Schlackengleichgewichte zu benutzen.

Ferner sei bemerkt, daß [Mn] zunächst ebenfalls nur die Konzentration des freien Mangans im Metall darstellt. Indem wir diese aber mit der (analytisch zu bestimmenden) Gesamtkonzentration des Mangans identifizieren, setzen wir voraus, daß die Konzentrationen von etwa im Eisen gelöstem Manganoxydul, -karbid, -sulfid und -phosphid klein sind, gegenüber der des atomar gelösten Mangans. Diese Voraussetzung scheint vielleicht für das Phosphid nicht erfüllt zu sein; die von Maurer-Bischof und Scheiblich gefundene Abhängigkeit der Mangangleichgewichte vom Phosphorgehalt wurde auch von Schenck und Rieß wieder vorgefunden und wird weiter unten erläutert und berücksichtigt werden.

Ein praktisches Rechnungsbeispiel möge den Gedankengang näher erläutern: Mit dem Durchführungsbeispiel von S. 34 hatten wir gefunden, daß eine Schlacke mit der Zusammensetzung:

$(\Sigma\,Fe)$	$(\Sigma\,SiO_2)$	$(\Sigma\,MnO)$	$(\Sigma\,CaO)$	$(\Sigma\,P_2O_5)$	$(\Sigma\,CaO)' = (\Sigma\,CaO) - 1{,}57\,(\Sigma\,P_2O_5)$
10,73	21,36	9,60	41,33	1,5	38,98

an freiem Eisen- und Manganoxydul bei 1627° C enthält:

$$(FeO) = 6{,}0 \quad \text{und} \quad (MnO) = 3{,}0\,.$$

Für dieselbe Temperatur ist $K_{Mn} = 0{,}556$, somit errechnet sich die Gleichgewichtskonzentration des Mangans in Stahl zu

$$[Mn] = \frac{(MnO)}{(FeO)} \cdot K_{Mn} = \frac{3{,}0}{6{,}0} \cdot 0{,}556 = 0{,}28\,\%\,.$$

Man hätte grundsätzlich auch andere Reaktionsgleichungen wählen können, z. B. $(FeO)_2SiO_2 + 2\,Mn \rightleftharpoons (MnO)_2SiO_2 + 2\,Fe$; dann hätte man zwangsläufig den M.W.G. die Gestalt zu geben:

$$\frac{[Mn]^2\,((FeO)_2\,SiO_2)}{((MnO)_2\,SiO_2)} = K$$

und dürfte lediglich das in Form von Orthosilikaten vorliegende Eisen- und Manganoxydul zur Errechnung der Konstanten verwenden. Die hier gewählte Form der Reaktionsgleichung schließt ferner das Einführen der Konzentrationsgrößen solcher Oxyde aus, die zwar in dem Sinne „frei“ vorliegen, als sie nicht mit fremden Oxyden zu Verbindungen (z. B. Silikaten) zusammengetreten sind, die aber — mit gleichartigen Molekeln assoziiert — polymerisierte Verbindungen bilden [z. B. $(FeO)_x$, $(SiO_2)_y$]. Sind derartige Verbindungen zugegen, so wären sie wiederum gesondert zu berücksichtigen; das M.W.G. würde z. B. für einen Umsatz der Form $2\,Mn + (FeO)_2 \rightleftharpoons 2\,MnO + 2\,Fe$ die Gestalt annehmen:

$$\frac{[Mn]^2\,(FeO)_2}{(MnO)^2} = K\,.$$

Nun deuten die Ergebnisse der bisher vorliegenden Untersuchungen aber darauf hin, daß die Oxydule von Eisen und Mangan praktisch nicht polymerisieren; die Bildung polymerisierter Kieselsäuremolekel, die von W. Krings und H. Schackmann zur Erklärung gewisser Gleichgewichtsanomalien bei der Reaktion im eisenfreien System: $2\,Mn + SiO_2 \rightleftharpoons$

[1] Vgl. S. 23. [2] Vgl. Bd. I, S. 38.

Si + 2 MnO herangezogen wurde, scheint für die Umsetzungen bei der Stahlherstellung keine Rolle zu spielen.

Mit welcher Reaktionsgleichung man den Umsatz von Mangan und Silizium beschreiben will, ist prinzipiell gleichgültig; eine folgerichtige Entwicklung der Gedankengänge wird stets zu gleichen Endergebnissen bezüglich der hier aufgesuchten Gleichgewichtsbeziehungen zwischen der analytisch feststellbaren Gesamtzusammensetzung von Metall und Schlacke, sowie der Temperatur führen[1]. Entscheidend für die Wahl des gedachten Reaktionsweges ist lediglich, welcher Gedankengang in der einfachsten Weise zu den gesuchten Beziehungen führt. Nachdem wir aber die Konzentration des freien Eisenoxyduls als eine für den Verlauf der Entkohlung maßgebende Größe erkannt und sie in Beziehung zum Gesamteisengehalt der Schlacke in Beziehung gesetzt haben, liegt es nahe, aus Gründen der Einheitlichkeit auch die anderen Oxydations- und Reduktionsvorgänge unter Teilnahme von freiem Eisenoxydul ablaufend zu denken.

Nachdem klargestellt ist, daß die Gleichgewichtsbeziehungen zwischen dem Mangangehalt [Mn] des (phosphorfreien) Stahls und dem freien Eisenoxydul (FeO) und Manganoxydul (MnO) in der Schlacke lediglich von der Temperatur abhängig sind, leuchtet ein, daß die Beziehungen zwischen [Mn] und den Gesamtkonzentrationen (Σ FeO) und (Σ MnO) durch die gleichen Gesetze mitbeherrscht werden, die die Beziehungen zwischen (Σ FeO) [bzw. (Σ Fe)] und (FeO) bzw. (Σ MnO) und (MnO) regeln. Zurückgreifend auf die Ableitungen der S. 30 und 38f. erkennen wir dann folgendes:

Im Zustande des Gleichgewichts ist der Mangangehalt des (phosphorfreien) Stahls abhängig von

der Temperatur
dem Gesamteisengehalt (Σ Fe) ⎫
dem Gesamtmangangehalt (Σ MnO) ⎪
dem Kieselsäuregehalt (Σ SiO_2) ⎬ der Schlacke.
dem Kalkgehalt (Σ CaO) ⎪
dem Phosphorsäuregehalt (Σ P_2O_5) ⎭

Wir können diese sechs Faktoren um einen vermindern, indem wir von der Beziehung Gebrauch machen[2]: (Σ CaO)' = (Σ CaO) − 1,57 (Σ P_2O_5); es bleiben also von Einfluß auf [Mn] die Größen:

$$(\Sigma \,\mathrm{Fe}),\ (\Sigma \,\mathrm{MnO}),\ (\Sigma \,\mathrm{SiO_2}),\ (\Sigma \,\mathrm{CaO})',$$

in denen die Phosphorsäure bereits berücksichtigt ist.

Die Darstellung dieser Beziehungen ist in den Tafeln[3] II—IV erfolgt für die Gesamteisengehalte (Σ Fe) = 5, 10, 15 und 20% und die gleichen Gesamtmanganoxydulgehalte (Σ MnO); es ergeben sich Linien gleicher Mangankonzentration, die den in Abb. 59 schematisch gezeigten Verlauf aufweisen.

Durch systematischen Vergleich der in den Tafeln enthaltenen Teilbilder erkennen wir, in welcher Weise der Mangangehalt des Metalls durch die Zusammensetzung der Schlacke beeinflußt wird; das Bad vermag um so

[1] Dies ergibt sich aus der theoretischen Forderung, daß die Lage des Gleichgewichts unabhängig von dem Weg ist, auf dem sich die Einstellung vollzieht; vgl. Bd. I, S. 65.

[2] Vgl. S. 33.

[3] Die Tafeln II—IV sind durch langwierige systematische Rechnungen entstanden, über die näher von W. Rieß (Diss. Techn. Hochsch. Aachen 1934) berichtet wurde. Auf die Einzeichnung der Linien des freien Manganoxyduls wurde der Übersichtlichkeit wegen verzichtet, doch läßt sich diese Größe sofort mit Hilfe der Beziehung $(\mathrm{MnO}) = \frac{[\mathrm{Mn}]\,(\mathrm{FeO})}{K_{\mathrm{Mn}}}$ aus den Tafeln berechnen.

mehr Mangan aufzunehmen: je höher die Temperatur, der Gesamtmanganoxydulgehalt (Σ MnO) und der Kalkgehalt (Σ CaO)′ der Schlacke und je geringer der Gesamteisengehalt (Σ Fe) und der Kieselsäuregehalt (Σ SiO_2) der Schlacke ist.

Für die Verwendung der Tafeln II—IV ist wichtig, daß sie durch Auswertung von (Betriebs-) Schmelzen entstanden ist, die wenig Phosphor (etwa 0,02%) im Metall und nicht übermäßig hohe Magnesiumkonzentrationen (etwa 6% MgO) in der Schlacke enthalten. Es hat sich nun herausgestellt, daß diese beiden Stoffe einen zum Teil bedeutenden Einfluß auf die Mangangleichgewichte ausüben, der durch entsprechende Korrektion zu berücksichtigen ist.

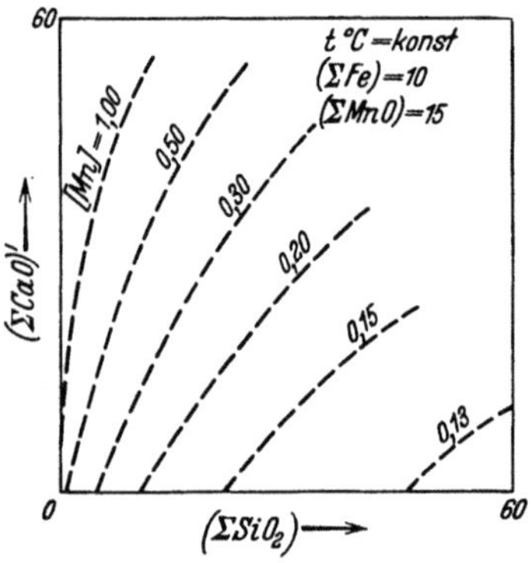

Abb. 59. Verlauf der Kurven gleicher Mangankonzentrationen des Stahls in den Tafeln II—IV (schematisch).

Zunehmende Phosphorgehalte des Stahls fördern die Manganreduktion; zunehmende Magnesiumoxydgehalte der Schlacke wirken im entgegengesetzten Sinne.

Bezeichnen wir die aus Tafel II—IV zu entnehmenden Mangangehalte mit $[\Sigma \mathrm{Mn}]_{\mathrm{T.}}$, so lautet die Korrektion für Gehalte des Stahls von mehr als 0,02% Phosphor:

$$[\mathrm{Mn}] = [\mathrm{Mn}]_{\mathrm{T.}} (1 + 4{,}9 \cdot [\mathrm{P}]) .$$

Ob dieser Ausdruck mit wechselnder Temperatur veränderlich ist, konnte nicht entschieden werden.

Der Anwesenheit von Magnesiumoxyd in der Schlacke kann mit Hilfe eines durch Abb. 60 veranschaulichten Korrektionsgliedes β Rechnung getragen werden, mit dem der aus den Tafeln II—IV zu entnehmende Mangangehalt zu multiplizieren ist.

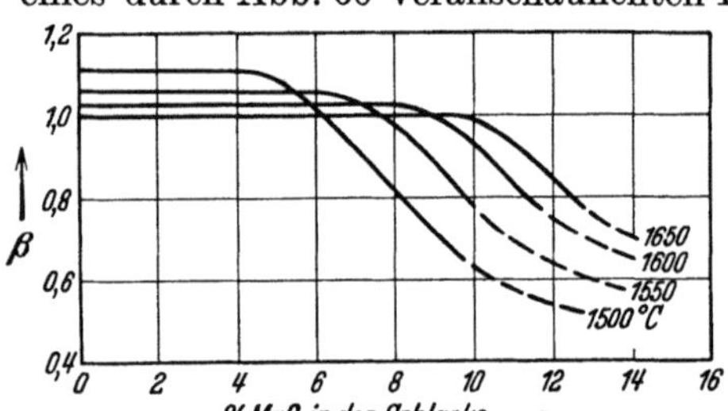

Abb. 60. Korrektion der aus den Tafeln II—IV zu entnehmenden Mangangehalte $[\mathrm{Mn}]_{\mathrm{T}}$ für wechselnde MgO-Gehalte der Schlacke: $[\mathrm{Mn}] = \beta \cdot [\mathrm{Mn}]_{\mathrm{T}}$.

Es liegt nahe, die Beeinflussung des Mangangleichgewichts durch den im Metall gelösten Phosphor, die bereits Maurer und Bischof, sowie Scheiblich festgestellt haben, mit der Bildung von Manganphosphiden zu erklären, was Maurer und Bischof bereits aussprachen. Trifft dies zu, so muß auf ein außerordentlich hohes Bildungsbestreben dieser Verbindungen geschlossen werden. Rechnet man mit einem Phosphid, in dem 3 Atome Mn auf 1 Atom P kommen, so würde Phosphor die 5,3fache Gewichtsmenge Mangan abbinden können; der obige Faktor (4,9) kommt diesem Verhältnis nahe. Andererseits kann aber dann das Phosphorgleichgewicht von der Anwesenheit wechselnder Mangangehalte des Stahls nicht unberührt bleiben; die Entphosphorung des Stahls müßte (bei sonst gleichen Bedingungen) durch hohe Mankonzentrationen erschwert werden. Eine derartige Abhängigkeit hat sich bei der Auswertung von Betriebsschmelzen zwecks Ermittlung der Phosphorgleichgewichte bisher nicht ergeben.

Die Ursache des MgO-Einflusses ist ebenfalls noch ungeklärt; die Gestalt der Kurven (Abb. 60) könnte zu der Vermutung Anlaß geben, daß sich Magnesiumoxyd oberhalb einer gewissen (temperaturabhängigen) Konzentration aus der Schlacke ausscheidet unter Bildung einer zweiten Phase, die MnO enthält. Von amerikanischer Seite ist die Bildung heterogener Schlacken bei höheren MgO-Gehalten in der Tat behauptet worden.

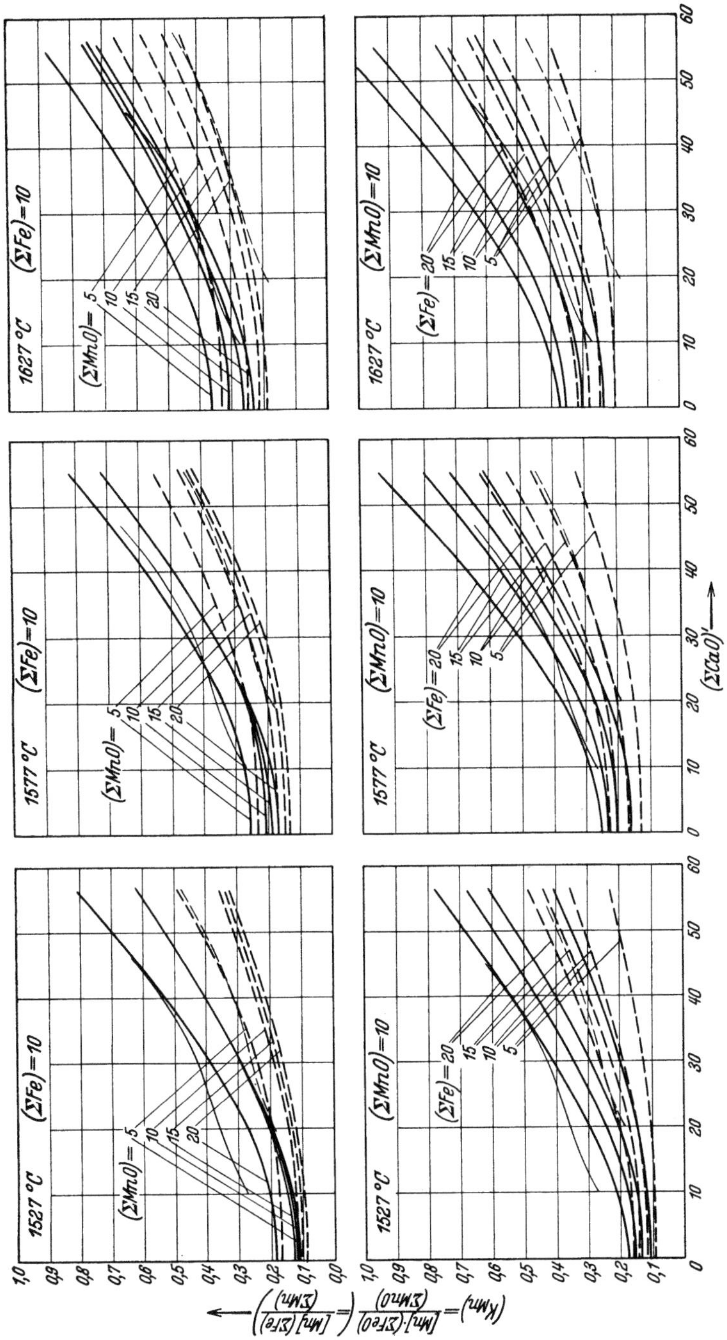

Abb. 61. Vergleich der aus den Tafeln II—IV berechneten Gleichgewichtskennzahlen (K_{Mn}) mit den von Maurer und Bischof abgeleiteten.
—— (ΣSiO_2)=10 } nach Schenck und Rieß
— — (ΣSiO_2)=20 } Tafel II—IV;
—— (ΣSiO_2)=10 } nach Maurer und Bischof für 1600° C
— — (ΣSiO_2)=20 } (Abb. 55), unabhängig von (ΣFe) und (ΣMnO).

Sehen wir zunächst von dem Einfluß von [P] und (MgO) ab, so decken sich die Aussagen der Tafeln II—IV voll mit den im vorigen Abschnitt behandelten Untersuchungen, die ergeben, daß in dem Ausdruck:

$$(K_{Mn}) = \frac{(\Sigma FeO)\,[Mn]}{(\Sigma MnO)} \quad \text{oder umgeformt:} \quad [Mn] = \frac{(\Sigma MnO)}{(\Sigma FeO)} \cdot (K_{Mn})$$

die Gleichgewichtskennzahl mit der Temperatur und steigendem Kalkgehalt (bzw. der „Basizität") wachse, dagegen mit steigendem Kieselsäure- und Phosphorsäuregehalt der Schlacke abnehme.

Indem wir aber nun mit Hilfe der Tafeln II—IV gleichfalls die Gleichgewichtskennzahl (K_{Mn}) bilden und sie mit denen der anderen Autoren vergleichen (Abb. 61 und 62), finden wir bestätigt, daß (K_{Mn}) nicht allein von (Σ CaO)', (Σ SiO_2) und der Temperatur, sondern auch von (Σ Fe) bzw. (Σ FeO) und (Σ MnO) bestimmt wird. Sie wächst — aus den auf S. 105 angegebenen Gründen — mit steigendem Gesamteisengehalt (Σ Fe) und mit sinkendem Gesamtmanganoxydulgehalt(ΣMnO) der Schlacke.

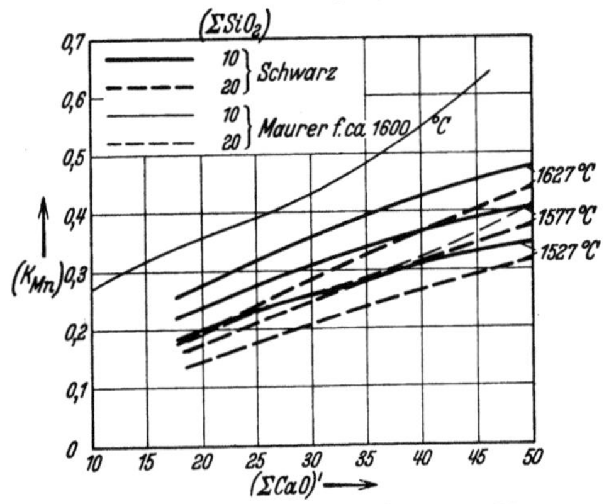

Abb. 62. Vergleich der (K_{Mn})-Werte von Maurer und Bischof (etwa 1600°C) und von C. Schwarz und Mitarbeitern.

In der oberen Teilbilderreihe von Abb. 61 ist (Σ Fe) = 10 als konstant angenommen und (ΣMnO) verändert worden. Die untere Teilbilderreihe bezieht sich auf den konstanten Wert (Σ MnO) = 10 und veränderliches (Σ Fe). Bei tieferen Temperaturen und geringem Kieselsäuregehalt (Σ SiO_2) = 10 tritt der Einfluß des Manganoxyduls erst deutlicher zutage, wenn (Σ MnO) $<$ 10% ist. Geringer Gesamteisengehalt (Σ Fe) setzt dagegen (K_{Mn}) unter allen Umständen deutlich herab. Der Einfluß von (Σ Fe) und (Σ MnO) auf (K_{Mn}) zeigt sich bei hoher Temperatur und hohem Kieselsäuregehalt in verstärktem Maße.

Die gleichzeitig in Abb. 61 nach Maurer und Bischof eingezeichneten Kurven für (Σ SiO_2) = 10 und 20% sind dem Grunddiagramm Abb. 54 (S. 100) entnommen.

Die von Schwarz und Mitarbeitern angegebenen Konstanten liegen, wenn wir sie zunächst für (Σ SiO_2) = 10 betrachten, tiefer als die von Maurer und Bischof (Abb. 62) und die aus Tafel II—IV berechneten. Dies wird in den auf S. 14 erwähnten Differenzen in der Temperaturmessung begründet sein; dagegen tritt die Verminderung von (K_{Mn}) durch wachsenden Kieselsäuregehalt bei Schwarz weit weniger stark in Erscheinung [vgl. die Kurven für (Σ SiO_2) = 20%]. Eine Erklärung für diesen Befund kann noch nicht gegeben werden.

Aus Abb. 61 finden wir ferner die Schlußfolgerungen von Krings und Schackmann[1] bestätigt, daß (K_{Mn}) durch Zusatz von Kalkorthosilikat $(CaO)_2SiO_2$ erhöht wird, während das Metasilikat $CaOSiO_2$ praktisch keinen Einfluß besitzt[2].

Daß die Erörterung der Manganreaktion auf der Grundlage der Gleichgewichtskennzahlen (K_{Mn}) dennoch für vielen Betriebsschmelzungen weitgehende Übereinstimmung von Rechnung und Beobachtung ergeben hat, ist auf folgende Umstände zurückzuführen: Die Schwankungen des Gesamteisen- und -manganoxydulgehalts (Σ Fe) und (Σ MnO) sind normalerweise bei den praktischen Prozessen nicht sehr groß; sie bewegen sich meist in einem Bereich, der noch gestattet, die sich aus der Nichtbeachtung von (Σ Fe) und (Σ MnO) ergebenden Fehler auf andere Ursachen (Probenahme, Fehlerbereich von Temperatur-

---

[1] Vgl. S. 104.

[2] Für das Orthosilikat ist in Abb. 61 $\frac{(\Sigma\,CaO)'}{(\Sigma\,SiO)_2} = \frac{18,6}{10} = \frac{37,2}{20}$ und für das Metasilikat $= \frac{9,3}{10} = \frac{18,6}{20}$ aufzusuchen.

messung und Analyse, mangelhafte Gleichgewichtseinstellung) zurückzuführen[1]. Daneben ist zu beachten, daß (Σ Fe) und (Σ MnO) in entgegengesetztem Sinne auf (K_{Mn}) einwirken; eine gleichzeitige Vermehrung oder Verminderung dieser beiden Konzentrationsgrößen, wie sie häufig im Betrieb beobachtet werden kann, kann sich daher hinsichtlich der Änderung von (K_{Mn}) kompensieren.

Im Betrieb treffen wir jedoch auch auf Schlacken, die sich durch einen kleinen Gesamteisengehalt (Σ Fe) und hohen Manganoxydulgehalt (Σ MnO) oder umgekehrt vom Normalfall weit unterscheiden, so daß die Berücksichtigung dieser Konzentrationsgrößen zur Notwendigkeit wird.

Natürlich würde eine mathematische Formulierung der Gleichgewichtskennzahl, die unter Berücksichtigung obiger Überlegungen in unentwickelter Gestalt zumindest in der Form:

$$(K_{Mn}) = f\ [T,\ (\Sigma\,CaO),\ (\Sigma\,SiO_2),\ (\Sigma\,P_2O_5),\ (\Sigma\,MnO),\ (\Sigma\,Fe)]$$

zu erscheinen hätte, zu sehr unhandlichen Gleichungen führen. Wir haben daher auf die Entwicklung eines solchen Ausdrucks verzichtet und uns auf die Wiedergabe der Beziehungen in Tafel II—IV beschränkt, aus der durch Inter- und Extrapolation alle wünschenswerten Angaben zu gewinnen sind, soweit sie den Gleichgewichtszustand betreffen.

Das Verhalten des Mangans im basischen Herdofen.

Die Gleichgewichtsbetrachtungen der vorigen Abschnitte richten sich auf die Frage: Mit welcher Konzentration ist Mangan in einem Stahlbad unter einer Schlacke gegebener Zusammensetzung und gegebener Temperatur beständig und in welcher Weise wirken Änderungen der Schlacke und der Temperatur auf diese Konzentrationsgröße ein? Gelingt eine befriedigende Beantwortung, so sind wir zu der Aussage befähigt, in welchem Sinne sich der Mangangehalt des Stahls ändern muß, falls das Gleichgewicht nicht eingestellt ist; denn es kann nur diejenige Reaktion stattfinden, die den tatsächlichen Mangangehalt des Stahls hinführt auf die vom Gleichgewichtszustand geforderte Konzentration. Ist also der tatsächliche Mangangehalt geringer, als der aus der Zusammensetzung der Schlacke und der Temperatur abzuleitende Gleichgewichtsgehalt, so kann nur eine Reduktion von Manganoxydul, im umgekehrten Fall nur eine Oxydation des Mangans stattfinden. Mit dem Erreichen der Gleichgewichtskonzentration kommt jeglicher chemische Umsatz des Mangans zur Ruhe, sofern sich die Gleichgewichtslage nicht selbst verschiebt; es ist nicht möglich, daß beispielsweise die Reduktion des Manganoxyduls zu höheren Mangangehalten des Stahls führt, als sie der Gleichgewichtszustand vorschreibt. Die durch die Temperatur und die Schlackenzusammensetzung festgelegte Gleichgewichtskonzentration des Mangans stellt also den maximalen Mangangehalt dar, den das Metall aus der Schlacke aufnehmen kann; im gleichen Sinne ist sie die geringste Konzentration, bis zu der Mangan durch Oxydation aus dem Stahl entfernbar ist.

Um den Anschluß der reinen Gleichgewichtsbetrachtungen an die praktische Stahlherstellung zu finden, müssen wir weiter untersuchen, wieweit sich die Reaktion in den metallurgischen Öfen dem Gleichgewichte nähert und welche Bedingungen die Geschwindigkeit des Manganumsatzes fördern oder hemmen.

---

[1] F. Sauerwald und Hummitzsch [Arch. Eisenhüttenwes. Bd. 5 (1931/32) S. 363] haben bereits darauf hingewiesen, daß die Konstanz der als Gleichgewichtskonstanten betrachteten Größen häufig darauf zurückzuführen sei, daß nur verhältnismäßig enge Konzentrationsbereiche geprüft werden.

Bekanntlich ist früher häufig die Auffassung vertreten worden, daß das Gleichgewicht im Betrieb nie erreicht werde, ohne daß deren Richtigkeit wirklich nachgeprüft wurde.

Die Reduktion des Manganoxyduls kann nur an der Berührungsfläche von Schlacke und Metall stattfinden; auch für die Oxydation des Mangans ist diese Grenzfläche als alleiniger Ort der Reaktion anzusehen, weil der im Ofen befindliche Stahl normalerweise nicht soviel Eisenoxydul und Mangan enthält, daß diese Stoffe miteinander unter Bildung von FeO—MnO-Suspensionen innerhalb des Metalls reagieren können[1]. Somit wird für die Geschwindigkeit des Manganumsatzes nicht allein die Geschwindigkeit der Reaktion selbst maßgebend sein, sondern auch die Schnelligkeit, mit der sich der Transport der reagierenden Bestandteile zum Ort der Reaktion vollzieht. Die Geschwindigkeit des Konzentrationsausgleichs der Reaktionsteilnehmer in Schlacke und Metall wird ihrerseits durch mechanische Bewegung, wie sie vom Kochprozeß verursacht wird, befördert; es erscheint daher nicht ausgeschlossen, daß der Einfluß mangelnder Transportgeschwindigkeit bei lebhafter Kohlenstoffverbrennung mehr und mehr zurücktritt und nunmehr die Geschwindigkeit der Reaktion selbst maßgebend für die Geschwindigkeit der Konzentrationsänderungen des Mangans wird. Die Betrachtungen über die Frischgeschwindigkeit legten ja in der Tat nahe, daß der Konzentrationsausgleich sich bei kochendem Bad ziemlich schnell vollzieht.

In Analogie zur Gleichung der Frischgeschwindigkeit gilt auch für die Änderungsgeschwindigkeit der Mangankonzentration ein Ausdruck[2]:

$$v = (\mathrm{FeO})\,[\mathrm{Mn}]' \cdot k_1 - (\mathrm{MnO}) \cdot k_2\,, \qquad \text{(a)}$$

worin v z. B. als Manganabnahme in Prozent pro Minute gemessen werden kann. Die Konzentrationsgröße [Mn]′ möge den Mangangehalt bezeichnen, der nicht dem Gleichgewicht entspricht. Ist [Mn] der Gleichgewichtsgehalt, so wird die Geschwindigkeit der Reaktion zu:

$$0 = (\mathrm{FeO})\,[\mathrm{Mn}] \cdot k_1 - (\mathrm{MnO}) \cdot k_2. \qquad \text{(b)}$$

Vergleichen wir nun die beiden Geschwindigkeiten für ein und dieselbe Schlacke und Temperatur, so gelangen wir durch Subtraktion der beiden Ausdrücke (a) und (b) zu der Gleichung:

$$v = (\mathrm{FeO}) \cdot k_1\,([\mathrm{Mn}]' - [\mathrm{Mn}]) = (\mathrm{FeO}) \cdot k_1 \cdot \Delta\,[\mathrm{Mn}]\,, \qquad \text{(c)}$$

die angibt, daß die Geschwindigkeit der Manganänderung unter gleichen Bedingungen proportional ist der Differenz zwischen dem beobachteten und dem Gleichgewichtsmangangehalt $\Delta\,[\mathrm{Mn}] = [\mathrm{Mn}]' - [\mathrm{Mn}]$, die wir als Gleichgewichtsabstand bezeichnen können. Diese Beziehung behält für uns zunächst nur qualitativen Charakter, da der Faktor k_1 noch nicht bekannt ist. Es ist wahrscheinlich, daß k_1 mit steigender Temperatur wächst; seine Bestimmung stößt auf Schwierigkeiten, da der Gleichgewichtsabstand $\Delta\,[\mathrm{Mn}]$ in den Herdöfen meist so klein ist, daß Fehler der Temperaturmessung, Probenahme und Analyse sowie die noch bestehenden Mängel der Gleichgewichtsfunktionen eine zahlenmäßige Auswertung vorerst nicht zulassen.

Einen Überblick über die Gleichgewichtsannäherung in Herdöfen gewinnen wir zweckmäßig in der Weise, daß wir für eine Anzahl Schmelzungen des Schrifttums die Konzentrationszeitkurven des Mangans mit den entsprechenden

[1] Vgl. S. 204. [2] Vgl. Bd. I, S. 106f.

Gleichgewichtskurven vergleichen, die mit Hilfe der früher aufgeführten Gesetzmäßigkeiten aus der Schlackenanalyse und der Temperatur zu ermitteln sind. Gleichzeitig erhalten wir damit eine Übersicht über die Anwendbarkeit der verschiedenen Gleichgewichtsgesetze.

In den folgenden Abbildungen (obere Teilbilder) ist dieser Vergleich für mehrere basische S.M.-Schmelzungen verschiedener Beobachter durchgeführt; zur Berechnung der Gleichgewichtskonzentrationen wurden nur diejenigen Gesetzmäßigkeiten herangezogen, die auch den Einfluß der Temperatur mit berücksichtigen, also die von E. Maurer und W. Bischof[1], C. Schwarz, E. Schröder und G. Leiber[2], sowie von H. Schenck und W. Rieß[3].

Abb. 63a, Beobachter H. Schenck und W. Rieß, Schmelzung XI, 20 *t*. Bei Beginn der Schmelzung findet eine lebhafte Mn-Verbrennung statt in Übereinstimmung damit, daß die Gleichgewichtskurven schnell absinken bzw. einen großen Abstand (Schenck-Rieß) von der analytisch bestimmten Kurve aufweisen. Nach der 40. Minute scheint praktisch Gleichgewicht zu herrschen bis dieses durch Manganzusatz empfindlich gestört wird. Der nach dem Zusatz erneut einsetzende Manganabbrand geht unter anscheinend praktisch eingestelltem Gleichgewicht in schwache Reduktion über, bis durch erneuten Manganzusatz das Gleichgewicht nochmals unter ähnlichen Erscheinungen gestört wird. Die nach Schwarz gezeichnete Kurve scheint im zweiten Teil der Schmelzung etwas zu tief zu verlaufen.

Abb. 63b, Beobachter Schenck und Rieß, Schmelzung VII, 20 *t*. Der anfänglich starke Manganabbrand zeigt um die 30. Minute eine Verlangsamung oder Umkehrung, die auf die — durch den Temperaturbuckel — veranlaßte Überschreitung der analytischen Kurve verursacht wird. Der darauf erneut einsetzende Mn-Abfall wird weiterhin von einer leichten Reduktion abgelöst, die praktisch unter dauernder Gleichgewichtseinstellung verläuft.

Abb. 64, Beobachter Schenck und Rieß, Schmelzung XII, 20 *t*. Die Schmelzung verläuft in ähnlicher Weise, wie Schmelzung XI, Abb. 63a. Auch hier bewirkt der Erzzusatz zunächst einen Steilabfall des Mangans, der zum Gleichgewicht und nachher zu schwacher Reduktion führt in Übereinstimmung mit der Kurve nach Maurer-Bischof und Schenck-Rieß. Auf die Störung durch Mn-Zusatz in der 90. Minute folgt innerhalb weniger Minuten erneut die Gleichgewichtseinstellung.

Die soeben beschriebenen Schmelzungen scheinen hinsichtlich der Gleichgewichtslage besonders gut durch die Schenck-Rießschen Kurven beschrieben zu werden, was darauf zurückzuführen ist, daß einige Punkte dieser Chargen zur Aufstellung der den Kurven zugrunde liegenden Gesetzmäßigkeiten gedient haben. Auch die Konstanten von Maurer-Bischof bewähren sich gut zur Beschreibung der Reaktionsrichtung. Die von Schwarz entwickelte Funktion führt im weiteren Verlaufe der Schmelzungen zu etwas geringen Mn-Gehalten.

Abb. 65a, Beobachter H. Schenck[4], Schmelzung XII, 60 *t*. Die Zeitkonzentrationskurve von Mn sinkt zunächst in Richtung auf die Gleichgewichtskurven ab. Beim Schnitt

[1] Vgl. S. 99f. Die Konstante (K_{Mn}) wird zunächst aus dem Grunddiagramm Abb. 54 entnommen und auf Grund des Phosphorsäuregehalts der Schlacke korrigiert (vgl. S. 100). Sodann erfolgt die Korrektion nach der Temperatur mit Hilfe von Abb. 57. (Für einige Schlacken mit hohen Kalkgehalten reicht Abb. 57 zur Temperaturkorrektion noch nicht aus; hier wurde die Korrektion an Hand der den Verhältnissen zunächst kommenden Kurve zum Teil durch Extrapolation vorgenommen.) Bei Schlacken mit mehr als 10% MgO ist vor der Temperaturkorrektion eine weitere Korrektion nach Abb. 55 vorzunehmen. Eine Berücksichtigung von Phosphor (Abb. 56) und Silizium ist hier wegen der geringen Gehalte nicht notwendig.

[2] Vgl. S. 102. Die Ermittlung der Gleichgewichtskonzentration des Mangans erfolgte rechnerisch nach Gl. (1), S. 102 auf dem Umweg über log (K_{Mn}).

[3] Vgl. S. 105f. Die Gleichgewichtskonzentration des Mangans wurde durch graphische Inter- und Extrapolation aus den Tafeln II—IV ermittelt und mit Hilfe von Abb. 60 für den MgO-Gehalt der Schlacke korrigiert. Außerdem wurde der Einfluß des Phosphors im Stahl gemäß S. 108 berücksichtigt.

[4] Arch. Eisenhüttenwes. Bd. 3 (1929/30) S. 518, Zahlentafel 5.

mit den weiter schwach ansteigenden Gleichgewichtskurven erfolgt Mn-Reduktion unter praktisch anhaltender Gleichgewichtseinstellung. Die Schwarzsche Funktion würde eine weitergehende Mn-Oxydation erfordern.

Abb. 65b, Beobachter H. Schenck, Schmelzung X, 60 *t*. Es handelt sich um die letzte Periode einer weichen Schmelzung, in der leicht reduzierende Bedingungen herrschen. Der Gleichgewichtsabstand ist nicht groß; die Reaktion schreitet wegen der geringen Kochbewegung nur langsam fort. Durch den Zusatz von Ferromangan wird der Gleichgewichtsabstand plötzlich stark erhöht; demzufolge brennt Mn mit großer Geschwindigkeit ab.

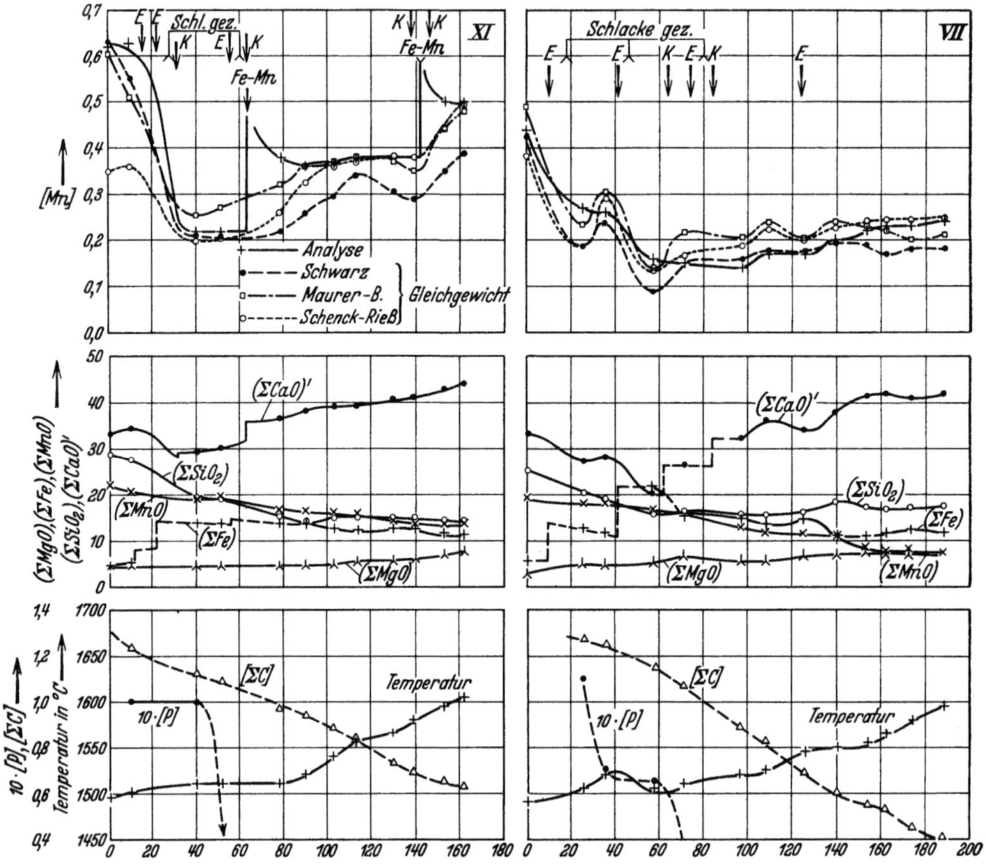

Abb. 63a und b. Vergleich der beobachteten Mangangehalte von basischem S.M.-Stahl mit den nach verschiedenen Bearbeitern ermittelten Gleichgewichtskonzentrationen.

Es sei bemerkt, daß die in Abb. 65a und b dargestellten Schmelzungen nicht zur Aufstellung der Schenck-Rießschen Funktionen gedient hatten, dagegen den Auswertungen von Maurer und Bischof mit zugrunde lagen. Beide Gleichgewichtsableitungen beschreiben den Reaktionsverlauf nahezu gleich gut.

Abb. 66a, Beobachter F. Körber[1], Schmelzung I, 20 *t*. Der Manganansteig in den ersten 20 Minuten wird von keiner der Gleichgewichtskurven richtig beschrieben; die Anfangsreduktion steht bis zur 60. Minute in Übereinstimmung mit Maurer-Bischof, bis zur 100. Minute mit Schwarz und Schenck-Rieß. Daran anschließend setzt ein leichter Mn-Abfall ein, der nach Maurer-Bischof praktisch unter ständiger Gleichgewichtseinstellung verläuft. Während der Oxydationsperiode des Mangans liegen die nach Schwarz und Schenck-Rieß berechneten Gleichgewichtskonzentrationen zu hoch.

[1] Vgl. Arch. Eisenhüttenwes. Bd. 3 (1929/30) S. 516, Zahlentafel 4.

Abb. 66b, Beobachter Körber, Schmelzung II, 20 *t*. Die durchweg stattfindende Manganoxydation entspricht der tiefen Lage aller drei Gleichgewichtskurven.

Abb. 67a, Beobachter Körber, Schmelzung III, 20 *t*. Die bis zur 30. Minute anhaltende Mn-Reduktion wird auffallenderweise von keiner der Gleichgewichtskurven richtig erfaßt;

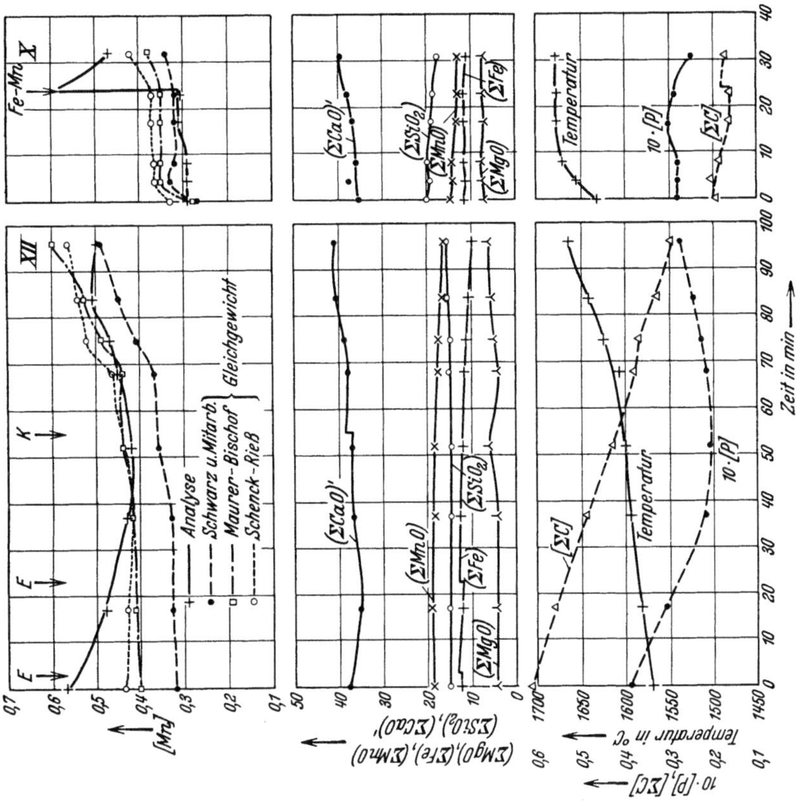

Abb. 65a und b. Wie Abb. 63.

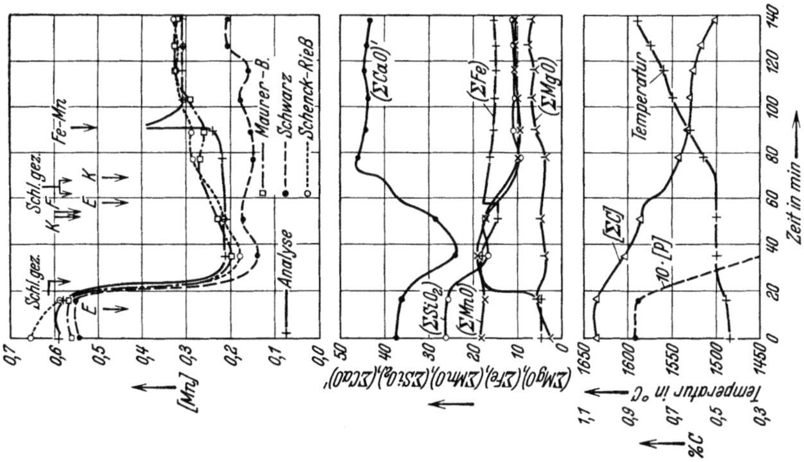

Abb. 64. Wie Abb. 63.

die anschließend einsetzende Oxydation folgt am besten der Kurve von Schenck-Rieß, während die beiden anderen noch eine Schleife in das Gebiet der Reduktion beschreiben.

Abb. 67b, Beobachter Körber, Schmelzung VI, 20 *t*. Der steile Abfall bei Beginn der Beobachtung deckt sich mit dem hohen Gleichgewichtsabstand. Ähnlich wie bei der vorigen

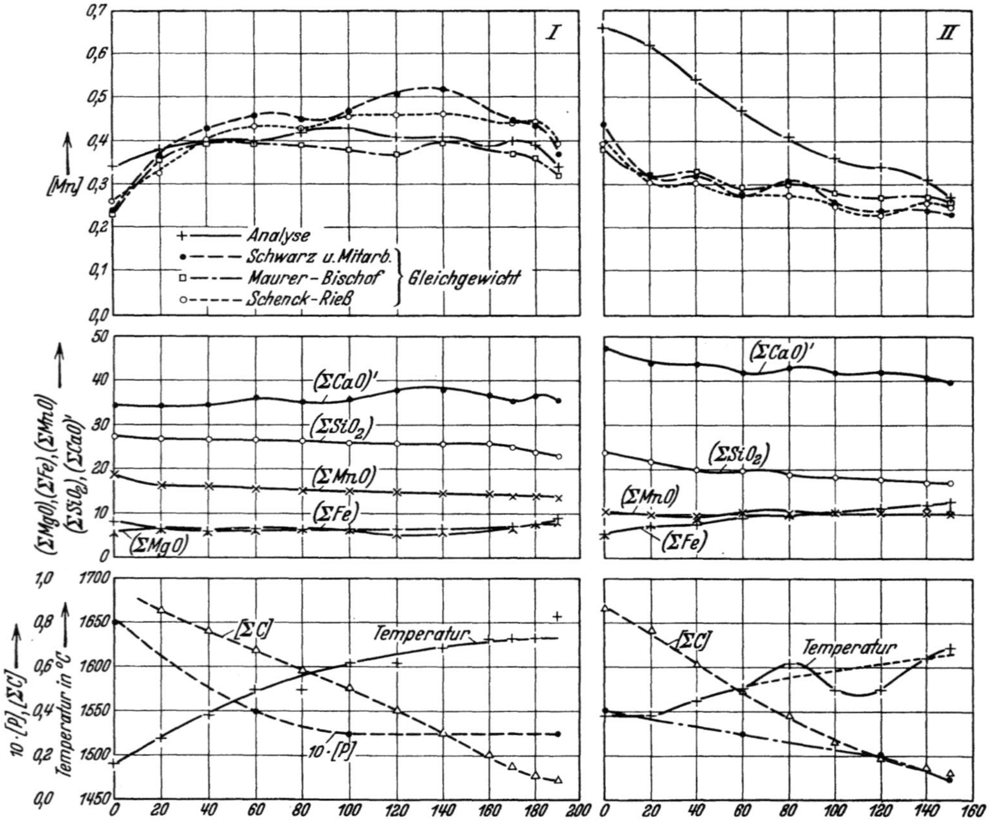

Abb. 66a und b. Wie Abb. 63.

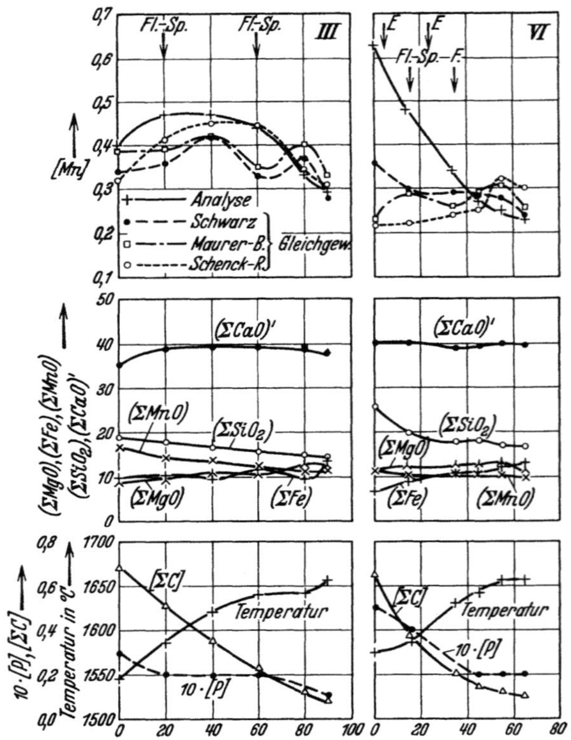

Abb. 67a und b. Wie Abb. 63.

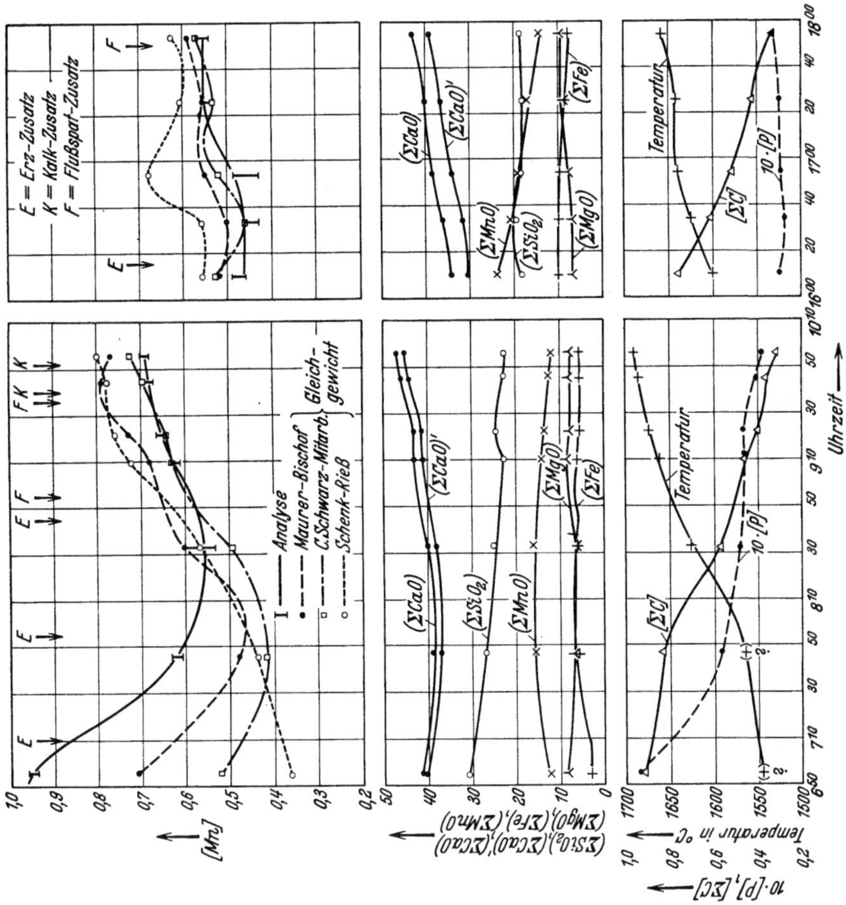

Abb. 69a und b. Wie Abb. 63.

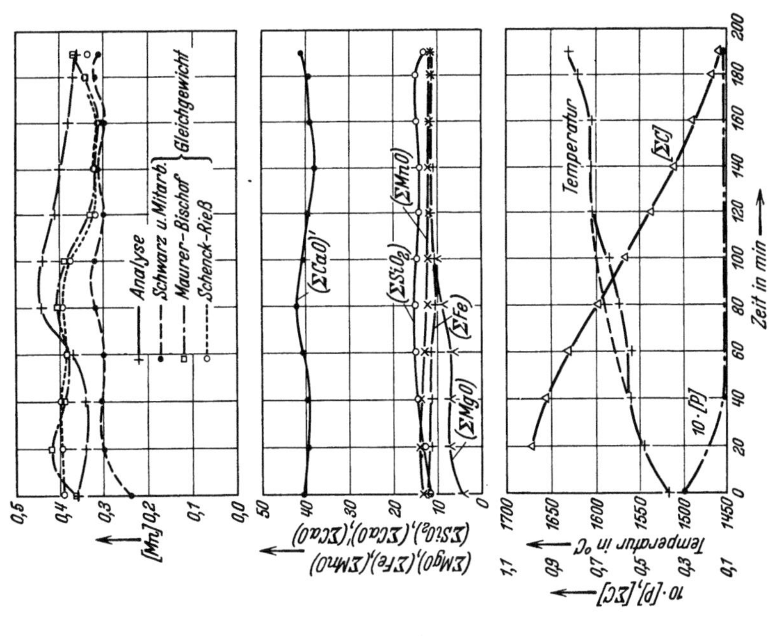

Abb. 68. Wie Abb. 63.

Charge zeigt sich am Ende bei allen drei Kurven ein Überschneiden der Analysenkurve, ohne daß Reduktion stattfindet. Allerdings verlangsamt sich gleichzeitig die Abnahme des Mangangehalts.

Abb. 68, Beobachter Körber, Schmelzung X, 20 *t*. Bis zur 60. Minute steht der Verlauf der Manganreaktion in Übereinstimmung mit den Gleichgewichtskurven nach Maurer-Bischof und Schenck-Rieß. Dagegen gelingt es mit keiner der Kurven den anschließenden steilen Mn-Anstieg zu begründen, während die dann folgende Oxydation wieder mit der tieferen Lage aller drei Gleichgewichtskurven in Übereinstimmung steht.

Die von Körber verfolgten Schmelzungen (Abb. 66—68) waren unter anderem von Maurer und Bischof zur Aufstellung ihres Gleichgewichtsdiagramms benutzt worden; von einigen Ausnahmen abgesehen gelingt es daher, die Reaktionsrichtung durch die Maurer-Bischofschen Kurven befriedigend zu beschreiben. Mit etwa der gleichen Sicherheit beschreiben auch die nach Schenck-Rieß ermittelten Kurven die Richtung und Endlage des Manganumsatzes, wobei zu bemerken ist, daß die Körberschen Chargen bei der Entwicklung der Gesetzmäßigkeiten keine Berücksichtigung gefunden hatten. Etwas weniger gut arbeitet auch hier die von C. Schwarz und Mitarbeitern aufgestellte Gleichung.

Abb. 69a, Beobachter Schwarz und Leiber, Schmelzung I (Proben-Nr. 1—7)[1]. Alle drei Gleichgewichtskurven beschreiben den Abfall und Wiederanstieg der Mn-Konzentration befriedigend; nach Maurer-Bischof findet die Reduktion unter dauernder Gleichgewichtseinstellung statt. Das gleiche würde für die Schenck-Rießsche Kurve zutreffen, wenn die Temperaturangaben von Schwarz und Leiber um etwa 50^0 geringer wären; in der Tat verläuft die Temperaturkurve sehr hoch und es tritt hier wiederum der Einfluß des Meßverfahrens in Erscheinung, über den schon auf S. 14 berichtet wurde.

Die gute Übereinstimmung der Maurer-Bischofschen Kurve ist zum Teil darauf zurückzuführen, daß die Temperaturabhängigkeit ihrer (K_{Mn})-Werte (vgl. Abb. 57) an Hand vorliegender Schmelzung extrapoliert wurde. Noch nicht zu entscheiden ist, ob der hohe Gleichgewichtsabstand nach Schenck-Rieß am Beginn der Schmelzung oder die geringeren Abstände der beiden anderen Kurven wahrscheinlich sind.

Abb. 69b, Beobachter Schwarz und Leiber, Schmelzung II (Proben-Nr. 8—12). Während die Kurven nach Maurer-Bischof und Schwarz das Verhalten des Mangans gut beschreiben, liegt die von Schenck-Rieß zu hoch, zeigt aber sonst einen gleichartigen Verlauf; bei einer um 50^0 tieferen Temperatur würde sie ebenfalls dem Verlauf der Reaktion gerecht werden.

Zusammengefaßt zeigen die Wahrnehmungen beim Vergleich der analytisch bestimmten Konzentrationszeitkurven des Mangans mit den entsprechenden Gleichgewichtskurven, daß zwar nicht in allen Fällen eine exakte Beschreibung der Reaktionsrichtung erzielt wurde, daß aber zumindest die Gleichgewichtsgesetze nach Maurer-Bischof und Schenck-Rieß den Verhältnissen im basischen S.M.-Ofen genügend nahe kommen, um ihnen eine weit mehr als nur qualitative Gültigkeit zusprechen zu können. Auch die von C. Schwarz und Mitarbeitern angegebene Funktion leistet in manchen Fällen gute Dienste. Sicherlich sind aber gewisse Unstimmigkeiten nicht allein auf Mängel der Gleichgewichtsgesetze, sondern auf fehlerhafte Versuchsergebnisse zurückzuführen, denn es muß als fraglich hingestellt werden, ob von allen Beobachtern alle die Punkte berücksichtigt wurden, die wir als Fehlerquellen[2] bei der Aufnahme der Schmelzberichte erkannt haben.

Obwohl nur verhältnismäßig wenige Schmelzungen mit hohem Magnesiumoxydgehalt der Schlacke durch Auswertung erfaßt werden können, finden wir doch den Einfluß dieses Stoffes, der sich in einer Verminderung von (K_{Mn}) bzw. des Gleichgewichtsmangangehalts äußert, im Sinne der Darstellung von Maurer und Bischof (Abb. 55) sowie H. Schenck und Rieß (Abb. 62) in Verbindung mit den jeweiligen Gleichgewichtsgesetzen der Manganreaktion bestätigt.

[1] Arch. Eisenhüttenwes. Bd. 7 (1933/34) S. 165—174, Zahlentafel 2. [2] Vgl. S. 9f.

Wie erwähnt, haben Maurer und Bischof noch eine zum Teil recht empfindliche Beeinflussung der Manganleichgewichte durch höhere Tonerdegehalte der Schlacken zu erkennen geglaubt[1]. Ihre Schlußfolgerungen basieren auf Versuchsschmelzungen von G. Mars[2], die leider ohne Temperaturmessung vorgenommen wurden und daher eine gleichartige zahlenmäßige Auswertung nicht zulassen. Bemerkenswert ist, daß die Marsschen Schmelzungen auch in anderer Hinsicht aus dem Rahmen normaler S.M.-Chargen herausfallen; so weisen die Schlacken der Lichtbogenofenversuche teilweise einen außergewöhnlich hohen Eisengehalt und sehr niedrige Manganoxydulgehalte auf. Indem wir uns erinnern, daß nach der Auffassung von Schenck und Rieß die Kennzahl (K_{Mn}) von den Größen (Σ Fe) und (Σ MnO) selbst beeinflußt wird[3], erscheint es nicht ausgeschlossen, daß weniger der höhere Tonerdegehalt, als die anormalen Konzentrationsgrößen (Σ Fe) und (Σ MnO) für die Abweichungen verantwortlich sind.

Es besteht keine Veranlassung zu der Annahme, daß die Manganreaktion im Elektrostahl-Ofen von anderen Gesetzmäßigkeiten beherrscht wird, als im S.M.-Ofen; namentlich die Frischperiode einer Elektrostahlschmelzung weist eine weitgehende Ähnlichkeit mit der eines S.M.-Ofens auf und es ist wahrscheinlich, daß die Gesetze, die sich weiter oben als brauchbar erwiesen haben, auch hier anwendbar sind. Leider liegen noch keine zur Auswertung geeigneten Schmelzberichte aus dem Elektrostahlbetrieb vor.

An die Frischperiode des Elektrostahlverfahrens schließt sich gewöhnlich die Desoxydations- (Feinungs-) Periode an, die dadurch gekennzeichnet ist, daß die Schlacke durch Aufgabe von Reduktionsstoffen weitgehend von Eisen- und Manganoxyden befreit wird[4]. Dabei nimmt der Stahl Silizium in Gehalten auf, die von der Art und Menge der Reduktionsstoffe und der Temperatur abhängig sind. In ein auf diese Weise behandeltes Stahlbad können dann größere Mengen leicht oxydierbarer Legierungszuschläge (Silizium, Mangan, Chrom usw.) ohne die Gefahr eines größeren Abbrandes eingebracht werden. Mit den Mangangleichgewichten bei Herstellung höher silizierten Transformatorenmaterials (bis 5% Si) haben sich Maurer und Bischof befaßt, wobei sie — wie bereits erwähnt[5] — eine erhebliche Zunahme von (K_{Mn}) in Abhängigkeit vom Siliziumgehalt feststellen zu können glaubten. Danach wäre der aus Abb. 54 zu entnehmende (K_{Mn})-Wert z. B. bei einem Gehalte von 1,2% Si mit 2, bei 3% Si mit 4, bei 5% Si mit 6,6 zu multiplizieren.

Es ist nun bemerkenswert, daß die durch Reduktion von Eisen oder Mangan weitgehend befreiten Desoxydationsschlacken (sog. weiße Schlacken) des Elektroofens die Eigentümlichkeit aufweisen, zu wesentlich höheren (K_{Mn})-Werten zu führen, als die besprochenen Gleichgewichtsgesetze, und zwar auch dann, wenn der Siliziumgehalt des Metalls verhältnismäßig gering ist. An Zahlentafel 6 sehen wir, daß schon bei Gehalten $< 0{,}30\%$ Si eine vielfache Erhöhung der Maurer-Bischofschen Konstanten eingetreten ist, die also nicht allein auf die Wirkung des Siliziums[6] zurückgeführt werden kann. (Dabei ist dort, wo die Schlacke nur Spuren von Manganoxydul aufwies, mit dem sicher nicht zu geringen Gehalt von $< 0{,}03\%$ MnO gerechnet worden.) Diese Erscheinung möchte der Verfasser mit der Annahme erklären, daß das in reduzierten weißen Schlacken enthaltene Eisen zum Teil in Form feinster Metallflitter und -nebel

[1] Vgl. S. 100. [2] Arch. Eisenhüttenwes. Bd. 3 (1929/30) S. 103. [3] Vgl. S. 105.
[4] Vgl. S. 198f. [5] Vgl. S. 101. [6] Bildung von Mangansiliziden.

vorliegt, die magnetisch nicht abscheidbar sind, so daß die analytische Untersuchung ein falsches Bild liefert.

Doch bedarf die Frage der Mangangleichgewichte unter reduzierten Elektroofenschlacken noch weiterer Untersuchung; für die Praxis genügt aber der Hinweis, daß bei Herstellung derartiger Schlacken praktisch ihr gesamter Mangangehalt in den Stahl übergeführt wird.

Bei dem Vergleich der analytisch aufgenommenen Konzentrationszeitkurven des Mangans mit den Gleichgewichtskurven (Abb. 63—69) mußten wir schließen, daß — im Gegensatz zu früheren Anschauungen — der Gleichgewichtszustand

Zahentafel 6. Endproben von

Lfd. Nr.	t ° C	C	Si	Mn	(Σ Fe)	(Σ MnO	(Σ CaO)	(Σ SiO_2)
1	—	0,64	< 0,21	0,38	0,062	0,03	57,3	20,2
2	—	1,06	0,21	0,36	0,12	Sp.	57,6	20,7
3	—	1,07	0,30	0,28	1,06	,,	53,6	18,3
4	—	1,01	0,21	0,28	0,83	,,	52,8	19,5
5	—	0,99	0,21	0,33	1,06	,,	53,2	18,6
6	—	1,03	0,21	0,33	0,52	,,	56,1	21,2
7	1605	0,59	0,09	0,14	1,26	0,15	56,7	7,2
8	1600	0,66	0,12	0,23	1,78	0,46	57,7	11,3
9	1610	0,66	0,14	0,28	1,53	0,34	54,0	14,8
10	1610	0,66	0,15	0,28	0,71	0,32	56,4	16,2
11	—	0,08	2,70	0,10	0,74	0,05	58,3	20,6
12	—	0,07	4,0	0,12	1,36	0,07	61,2	20,7
13	—	0,06	4,9	0,11	0,56	0,04	59,6	21,5

doch recht häufig erreicht wird. In fast allen Fällen zeigte sich, daß das Gleichgewicht zumindest gegen Ende der Schmelzung praktisch eingestellt ist und häufig konnten wir feststellen, daß sich auch über längere Zeitspannen hinweg die analytische und die Gleichgewichtskurve weitgehend decken. Selbst nach einer größeren Störung, wie sie durch Zusätze von etwa 0,20% Mn von außen her vorgenommen wird, erreicht die Reaktion in nicht allzulanger Zeit ihre Endlage. Schließlich ist es nicht ausgeschlossen, daß in manchen Fällen das Gleichgewicht nur deswegen nicht eingestellt scheint, weil Probenahme und Temperaturmessung fehlerhaft gewesen sind, oder die Gleichgewichtsfunktionen noch nicht allen Anforderungen genügen. Aus diesem Grunde läßt sich auch noch nicht exakt die Nachprüfung vornehmen, ob die Reaktionsgeschwindigkeit des Mangans — wie auf S. 112 ausgeführt — vom Gleichgewichtsabstand entscheidend beeinflußt wird. Daß diese Forderung der Theorie jedoch bei starker Kochbewegung wenigstens qualitativ erfüllt ist, geht aus einigen der erörterten Schmelzungen deutlich hervor.

Die auf S. 60f. erwähnte Schwierigkeit, die Geschwindigkeit der zwischen Schlacke und Metall ablaufenden Vorgänge mittels der Diffusionsgesetze zu beschreiben, tritt auch hier auf. M. Piérard[1] hat die mathematischen Grundlagen dieses Problems eingehend dargelegt, zugleich aber auch auf die Rolle der Kochbewegung hingewiesen, die eine betriebliche Verwertung solcher Überlegungen verhindert. Für den praktischen Fall kann man damit rechnen, daß

[1] Rev. Métallurg. Bd. 24 (1927) S. 47f.

die Kochbewegung wesentlich zum Konzentrationsausgleich beiträgt (vgl. S. 64f.); doch wird auch hier gelten, daß sich dieser Ausgleich — unter sonst gleichen Bedingungen — bei hohen Schlackenmengen langsamer vollzieht als bei geringen.

Während es bisher nicht möglich war, sich ein Bild von der Höhe evtl. Konzentrationsunterschiede innerhalb der Schlacke (in senkrechter Richtung) zu machen, haben S. Schleicher[1] und W. Alberts[2] durch die Entnahme von Proben in verschiedenen Tiefen des Metallbades feststellen können, daß sich der Konzentrationsausgleich dort mit verhältnismäßig hoher Geschwindigkeit

Elektrostahl-Schmelzungen.

(ΣMgO)	(Al_2O_3)	(CaF_2)	(K_{Mn}) a. d. Analyse	$\frac{(K_{Mn})_{analyt.}}{(K_{Mn})_{M.-B.}}$[3]	Beobachter
13,4	2,0	—	1,02	2,17	Sisco-Kriz[4]
14,2	1,8	—	> 1,9	> 4,0	
4,0	3,9	—	> 1,3	> 2,7	Verfasser
5,1	3,6	—	> 1,1	> 2,6	
4,0	4,7	—	> 1,5	> 3,3	
4,1	3,9	—	> 0,7	> 1,7	
—	—	27,7	1,52	1,53	
—	—	15,4	1,14	1,43	
—	—	16,9	1,61	2,60	
—	—	14,8	0,80	1,29	
8,7	3,4	5,9	1,91	4,4	Maurer u. Bischof
6,7	4,2	2,1	3,00	5,6	
10,7	5,0	1,2	1,98	4,4	

vollzieht. Nach Alberts scheinen z. B. die Konzentrationsdifferenzen des Mangans im kochenden Bad 0,03% nur selten zu überschreiten; also auch hier wird der Stofftransport unter dem Einfluß der Badbewegung weitgehend beschleunigt.

Alle diese Tatsachen stehen in Übereinstimmung damit, daß die Einstellung des Mangangleichgewichts im basischen Herdofen durchaus keine seltene Erscheinung ist und, obwohl eine zahlenmäßige Erfassung der Reaktionsgeschwindigkeit noch auf Schwierigkeiten stößt, darf nach den bisherigen Beobachtungen folgender Satz als Richtlinie für die Leitung des Manganumsatzes ausgesprochen werden:

Die Aufenthaltszeit des Stahlbades im Ofen reicht aus, um den Gleichgewichtsbedingungen die Möglichkeit zu geben, dem Verlaufe der Manganreaktion ihren Stempel aufzudrücken. Fördern die obwaltenden Gleichgewichtsbedingungen die Reduktion des Manganoxyduls, so wird man auch tatsächlich mit einer hohen Manganausbeute aus der Schlacke zu rechnen haben; doch wird die Ausbeute schlecht sein, wenn die Gleichgewichtsbedingungen eine weitgehende Oxydation des Mangans verlangen.

Wir haben erkannt, daß neben hoher Temperatur und hohem Phosphorgehalt des Stahls die Schlackenkomponenten Kalk und Manganoxydul mit wachsender

[1] Stahl u. Eisen Bd. 50 (1930) S. 1049f. [2] Stahl u. Eisen Bd. 51 (1931) S. 119.
[3] Nach dem Grunddiagramm Abb. 54.
[4] Das Elektrostahlverfahren. Berlin: Julius Springer 1929.

Konzentration die Gleichgewichtslage im Sinne eines hohen Mangangehaltes im Stahl begünstigen, während wachsende Gehalte von Eisen, Kiesel- und Phosphorsäure sowie von Magnesiumoxyd die Oxydation des Mangans erleichtern. Diese Verhältnisse haben sich bei allen Forschungsarbeiten wenigstens qualitativ übereinstimmend herausgestellt; sie lassen sich zwanglos einordnen in die Beobachtungen des Betriebs, die nicht auf theoretischer Grundlage durchgeführt wurden. Insbesondere sind hier die Arbeiten von E. Killing[1] und R. Back[2] zu nennen, die ihre Aufmerksamkeit dem Verhalten des Ausnutzungswertes

$$Q = \frac{\text{Kilogramm Mangan im Stahl}}{\text{Kilogramm Mangan in der Schlacke}}$$

zuwandten. Dieser Wert ist nun, wie leicht zu zeigen, nicht allein von den obwaltenden chemischen Bedingungen, sondern auch von dem Mengenverhältnis von Schlacke und Stahl abhängig, was nicht immer beachtet wurde. Es sei nochmals ausdrücklich betont, daß die chemischen Gesetze, die das Gleichgewicht der Manganreaktion bestimmen, unbeeinflußt von der Gewichtsmenge[3] des Stahls und der Schlacke ihre Gültigkeit behalten. Wir wollen der Einfachheit halber voraussetzen, daß die Gleichgewichtslage in gewissen Gebieten durch die Kennzahl:

$$\frac{[\mathrm{Mn}]\,(\Sigma\,\mathrm{FeO})}{(\Sigma\,\mathrm{MnO})} = (K_{\mathrm{Mn}}) \quad \text{oder} \quad \eta_{\mathrm{Mn}} = \frac{[\mathrm{Mn}]}{(\Sigma\,\mathrm{MnO})} = \frac{(K_{\mathrm{Mn}})}{(\Sigma\,\mathrm{FeO})}$$

beschrieben werden kann, worin η_{Mn} den auf den Konzentrationen aufgebauten Ausnutzungswert darstellt, der mit Q durch die Beziehung:

$$Q = \eta_{\mathrm{Mn}} \frac{m_M}{m_S} \cdot 1{,}29 \quad \text{bzw.} \quad \eta_{\mathrm{Mn}} = \frac{Q}{1{,}29} \cdot \frac{m_S}{m_M}$$

verknüpft ist (m_M und m_S sind die Gewichte von Stahl und Schlacke). Demnach ist (bei Gleichgewichtseinstellung):

$$Q = \frac{(K_{\mathrm{Mn}})}{(\Sigma\,\mathrm{FeO})} \cdot \frac{m_M}{m_S} \cdot 1{,}29\,.$$

Auf Grund seiner Untersuchungen formuliert Killing folgende Leitsätze für die zweckmäßige Führung der Manganreaktion im basischen S.M.-Ofen:

Die Manganausnutzung (Q) wird vergrößert:

1. Wenn die Schmelzungen in dem Zeitpunkt der größten Manganreduktion aus der Schlacke abgestochen werden.
2. Wenn der Manganeinsatz nicht zu groß bemessen wird (zweckmäßig 1,6—1,8%),
3. Wenn die Basen in solchen Mengen zugeführt werden, daß weder ein Überfluß, noch ein Mangel entsprechend der Aufnahmefähigkeit der Schlacke verhanden ist. Besonders schädlich wirkt ein Überschuß an Basen bei zu hohem Manganeinsatz.
4. Durch möglichst geringen Einsatz der kalkbindenden Elemente (Silizium, Phosphor, Kieselsäure).
5. Durch Zuführen des Mangans in metallischer Form.
6. Durch möglichst hohe Temperatur.

Durch Diskussion dieser Leitsätze auf Grund der Gleichungen

$$Q = \frac{(K_{\mathrm{Mn}})}{(\Sigma\,\mathrm{FeO})} \cdot \frac{m_M}{m_S} \cdot 1{,}29 \quad \text{und} \quad \eta_{\mathrm{Mn}} = \frac{(K_{\mathrm{Mn}})}{(\Sigma\,\mathrm{FeO})}$$

können wir völlige Übereinstimmung mit den Ergebnissen unserer früheren Betrachtungen erzielen.

[1] Stahl u. Eisen Bd. 40 (1920) S. 1547.
[2] Stahl u. Eisen Bd. 51 (1931) S. 317—324, 351—360.
[3] Satz vom Einfluß des Mengenverhältnisses der Phasen, vgl. Bd. I, S. 13.

Der erste Leitsatz ist ohne weiteres verständlich; die Forderung des zweiten leuchtet ein, wenn wir beachten, daß bei hohem Manganeinsatz neben dem Mangangehalt des Bades auch der Manganoxydulgehalt der Schlacke steigt. Dabei wächst die Schlackenmenge m_S, zugleich aber sinkt nach S. 105 (K_{Mn}) mit wachsendem $(\Sigma\,MnO)$, so daß in der Tat eine Verminderung von Q die Folge sein muß.

Auch dem dritten Leitsatz liegen nur teilweise chemische Ursachen zugrunde. Zwar begünstigt steigende Kalkzugabe zur Schlacke die Reduktion wegen der Steigerung von (K_{Mn}), andererseits erhöht sich aber die Schlackenmenge m_S, so daß bei hohen Kalkgehalten tatsächlich eine Verminderung von Q resultiert. Hieraus erklärt sich auch der Befund von Back, daß die Manganreduktion bei Steigerung der Schlackenbasizität abnimmt; in der Tat lassen seine Zahlentafeln ein starkes Anwachsen der Schlackenmenge mit der Basizität erkennen. Überdies stellten wir bei Erörterung des Entkohlungsprozesses fest, daß der Gesamteisengehalt $(\Sigma\,Fe)$ und daher die Größe $(\Sigma\,FeO)$ mit steigender Basizität (unter sonst gleichen Bedingungen) zunehmen[1], was sich ebenfalls in der Richtung einer Verminderung von Q auswirken muß.

In Übereinstimmung mit dem 4. Killingschen Leitsatz ergab sich, daß (K_{Mn}) bei wachsendem Kiesel- und Phosphorsäuregehalt der Schlacke zurückgeht. Eine Verminderung dieser Konzentrationsgrößen durch höhere Kalkzuschläge würde zwar (K_{Mn}) vergrößern, jedoch gleichzeitig zur Steigerung von m_S und $(\Sigma\,FeO)$ führen.

Führt man dem Prozeß Mangan in Form von Erzen zu, so bewirken dann meist vorhandene Verunreinigungen eine Steigerung des Schlackengewichtes m_S, die die Forderung des 5. Leitsatzes, Mangan in metallischer Form einzusetzen, verständlich macht[2].

Der günstige Einfluß hoher Temperatur (6. Leitsatz) geht aus den vorangegangenen Erörterungen, sowie aus den Beobachtungen von Back ebenfalls hervor.

Auffallend ist, daß sich Killing in seinen Leitsätzen nicht zu dem Einfluß des Eisengehaltes der Schlacke äußert; in einem späteren Meinungsaustausch[3] teilt er mit, daß er eine solche Abhängigkeit nicht gefunden habe. Es ist anzunehmen, daß sich die Rolle des Eisengehalts angesichts der verwickelten Zusammenhänge bei seinen Untersuchungen ohne die Verwendung der physikalisch-chemischen Gesetze nicht scharf herausschälen ließ.

Der Frage, in welcher Weise Einsatz und Abbrand sich hinsichtlich der Manganausnutzung auswirken, sind E. Maurer und W. Bischof[4] mit einem eleganten Rechnungswege nachgegangen, der sie zu dem Ausdruck führte:

$$(K_{Mn}) = \frac{[Mn]\cdot(\Sigma\,Fe)\cdot b}{100\left(\frac{a}{D} - [Mn]\right)}. \qquad \text{(a)}$$

Darin bedeuten a den Mangangehalt des Einsatzes in Prozent und b die Schlackenmenge in Prozent des Metallgewichts. Die Größe D wird in folgender Weise definiert: Bezeichnet d den prozentualen Abbrand des Metallgewichts (hervorgerufen durch Oxydation von Eisen, Kohlenstoff, Mangan, Phosphor, Silizium usw.), so ist $D = \frac{100 - d}{100}$, d. h. sie stellt das nach erfolgtem Abbrand zurückbleibende Metallgewicht, bezogen auf die Einheit des metallischen Einsatzes dar (beträgt der Abbrand z. B. 5%, so ist $D = 0{,}95$).

Auf der Grundlage dieser Gleichung bauten Maurer und Bischof systematische Rechnungen auf, indem sie für wechselnde Mangangehalte des Stahls, Manganeinsätze a, Schlackenmengen b und Eisengehalte der Schlacke $(\Sigma\,Fe)$ die Größe (K_{Mn}) aufsuchten. Mit (K_{Mn}) ist dann auch der Mangangehalt der Schlacke $(\Sigma\,Mn)$ bzw. $[\Sigma\,MnO]$ bekannt; ferner gestattet die Kenntnis von (K_{Mn}) aus dem Grunddiagramm (Abb. 54) auf den Kalk- und Kieselsäuregehalt der Schlacke zu schließen. Dieser Schluß ist zunächst mehrdeutig; er wird aber eindeutig, sobald man in der Lage ist, über die Konzentrationssumme $(\Sigma\,CaO) + (\Sigma\,SiO_2)$ Annahmen zu treffen. Solche Annahmen können mit ziemlicher Sicherheit auf dem Umstand

[1] Vgl. S. 67f.

[2] Es sei betont, daß die Gleichgewichtslage unabhängig von der Art des Manganeinsatzes sein muß; es ist gleichgültig, ob sie sich durch Oxydation oder Reduktion einstellt. Neben der obigen Deutung wäre denkbar, daß die Reduktion $(MnO + Fe \rightarrow FeO + Mn)$ zu einem höheren Eisengehalt der Schlacke als normal führt.

[3] Arch. Eisenhüttenwes. Bd. 1 (1927/28) S. 496.

[4] Z. physik. Chem. Abt. A Bd. 157 (1931) S. 285—309.

begründet werden, daß normalerweise die Summe der Restbestandteile in der Schlacke

$$\% R = \% MgO + \% Al_2O_3 + \% P_2O_5 + \% S + \ldots .$$ [1]

in nicht zu weiten Grenzen schwankt und etwa $R = 10$—15% gesetzt werden kann. Dann ist

$$(\Sigma CaO) + (\Sigma SiO_2) = 100 - ((\Sigma FeO) + (\Sigma MnO) + R), \qquad \text{(b)}$$

womit (Σ CaO) und (Σ SiO_2) im einzelnen aus Abb. 54 für etwa 1600° C entnommen werden können.

Beispiel: Es wird angenommen: Mangangehalt des Einsatzes $a = 2\%$, Schlackenmenge $b = 15\%$, $R = 10\%$, [Mn] = 0,40%, (Σ Fe) = 10%, [(Σ FeO) = 12,8%], Abbrand 5% (d. h. $D = 0{,}95$). Somit wird

$$(K_{Mn}) = \frac{0{,}40 \cdot 10 \cdot 15}{100\left(\frac{2}{0{,}95} - 0{,}40\right)} = 0{,}352 \text{ und } (\Sigma MnO) = \frac{[Mn](\Sigma FeO)}{(K_{Mn})} = \frac{0{,}40 \cdot 12{,}8}{0{,}352} = 14{,}6$$

und (Σ CaO) + (Σ SiO_2) = 100 — (12,8 + 14,6 + 10) = 62,6%. Aus Abb. 54 ergibt sich dann durch graphische Interpolation (Σ CaO) = 43,0% und (Σ SiO_2) = 19,6% für etwa 1600° C.

Die planmäßige Durchführung dieser Gedankengänge führte Maurer und Bischof unter anderem zu den Abb. 70 und 71, in denen der (Gleichgewichts-) Mangangehalt des Stahls auf der Grundlage von Abb. 54 dargestellt wird in Abhängigkeit vom Manganeinsatz (1 und 2%) bei gegebener Schlackenmenge und in Abhängigkeit von der Schlackenmenge bei gegebenem Manganeinsatz.

Aus Abb. 70 ist folgendes zu entnehmen:

1. Bei gleicher Manganmenge des Einsatzes würde der Mangangehalt im Metallbad stets um so größer sein, je mehr Kalk die Schlacke enthielt.

2. Ein zunehmender Kieselsäuregehalt würde bei einem Kalkgehalt unter 30—40% ungünstig einwirken, bei einem Kalkgehalt über 30—40% indessen günstig (vgl. die Punkte *1—1* und *2—2*), so daß man zwischen 30 und 40% CaO von einem Drehpunkt sprechen könnte.

3. Bei einer Steigerung des Mangangehalts im Einsatz könnte die Schlacke bei gleichem Mangangehalt des Bades weniger Kalk enthalten (vgl. die Punkte *3—3*).

4. Die Steigerung des Mangangehalts im Einsatz um das Doppelte könnte eine Steigerung des Mangangehalts im Bade bis über das Dreifache hervorrufen (vgl. z. B. die gestrichelte, sowie die ausgezogene Kurve in Punkt *4* bei etwa 19,6% SiO_2 und 48,5% CaO).

Aus Abb. 71 ergibt sich die Verminderung des im Stahl verbleibenden Mangans durch erhöhte Schlackenmenge bei gleich bleibendem Manganeinsatz (Punkt *1*).

Wie Maurer und Bischof zeigten, lassen sich mit diesen Überlegungen noch eine Reihe weiterer übersichtlicher Schaubilder für den Verlauf und die Ausnutzung der Manganreaktion entwickeln[2], aus denen unter anderem hervorgeht, daß eine Steigerung der Restoxyde R bei gleich bleibender Schlackenmenge und gleichem Manganeinsatz die Manganreaktion befördert [wobei die Einschränkung zu machen ist, daß diese nicht (wie z. B. MgO über 10%, P_2O_5 über 2,5%) selbst einen Einfluß auf die Maurer-Bischofsche Kennzahl haben[3]]. Diese Folgerung hat ihre Ursache zum Teil in dem Umstand, daß bei dem eingeschlagenen Rechnungsweg die Summe der Restoxyde auf Kosten des Eisengehalts der

[1] In R ist ferner der Sauerstoffgehalt einbegriffen, der sich als Überschuß ergibt, wenn (Σ FeO) $\sim$ (Σ Fe) gesetzt wird, ohne Rücksicht auf das dreiwertige Eisen.

[2] Vgl. den Originalaufsatz, sowie Arch. Eisenhüttenwes. Bd. 5 (1931/32) S. 549f.

[3] Vgl. S. 100f.

Schlacke (Σ Fe) bzw. (Σ FeO) zunimmt [s. vorstehende Gl. (b)], was eine Erleichterung der Reduktion bedeutet.

Ausgehend von dem Gedanken, daß der Herdofenprozeß in erster Linie die Entkohlung des Einsatzes (und damit Kochbewegung und Erhitzung) bezweckt, während die befriedigende Leitung der Manganreaktion eine zwar wichtige, aber dem Hauptziel doch nachgeordnete Aufgabe darstellt, hat der Verfasser in Abb. 72 eine etwas andere Darstellung versucht. Die Entkohlung verlangt einen bestimmten, von der Temperatur und der sonstigen Schlackenzusammensetzung,

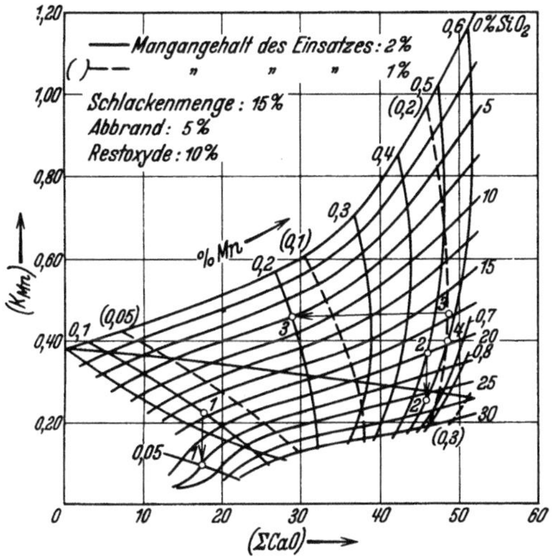

Abb. 70. Einfluß des Mangangehaltes im Einsatz auf (K_{Mn}) und den Mangangehalt des Stahls für etwa 1600° C (Maurer und Bischof).

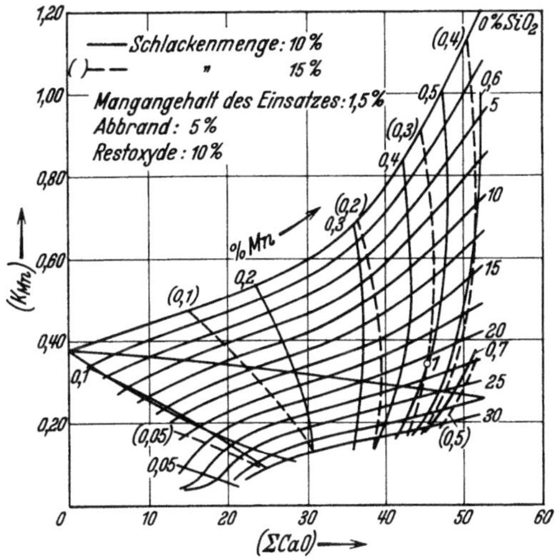

Abb. 71. Einfluß der Schlackenmenge auf (K_{Mn}) und den Mangangehalt des Stahls für etwa 1600° C (Maurer und Bischof).

sowie von dem angestrebten Endkohlenstoffgehalt abhängigen Eisengehalt (Σ Fe) der Schlacke.

Abb. 72, die für 1627° C aufgestellt wurde, enthält daher drei untereinander befindliche Reihen von Teilbildern für (Σ Fe) = 7, 10 und 15%, während die waagerechten Reihen verschiedenen Kalk- und Kieselsäuregehalten [(Σ CaO)' und (Σ SiO_2)] entsprechen, wie sie normalerweise anzutreffen sind. Die Teilbilder enthalten die Kurven für den Mangangehalt [Mn] des Stahls, sowie den Ausnutzungsquotienten

$$Q = \frac{\text{Kilogramm Mn im Stahl}}{\text{Kilogramm Mn in der Schlacke}}$$

in Abhängigkeit von der Schlackenmenge und für die Manganeinsätze $[\mathrm{Mn}]_E = 1$, 1,5 und 2%.

Abb. 72 ist in folgender Weise zustande gekommen: Für die gewählten Konzentrationen (Σ CaO)', (Σ SiO_2) und (Σ Fe) wird (Mn) in Abhängigkeit von (Σ MnO) mit Hilfe der Tafel IV (1627°) aufgezeichnet und von der Stoffbilanzgleichung Gebrauch gemacht:

$$m_E\,[\mathrm{Mn}]_E = m_M\,[\mathrm{Mn}] + m_S \frac{(\Sigma\,\mathrm{MnO})}{1{,}29} \quad \text{bzw.} \quad m_S = \frac{m_E\,[\mathrm{Mn}]_E - m_M\,[\mathrm{Mn}]}{(\Sigma\,\mathrm{MnO})} \cdot 1{,}29$$

(m_E = Gewicht des Metalleinsatzes, m_M = Badgewicht, m_S = Schlackengewicht). Damit wurde m_S für ein zusammengehöriges Wertepaar von [Mn] und (Σ MnO) und verschiedene Manganeinsätze $[\mathrm{Mn}]_E$ errechnet; die wiederholte Durchrechnung führt zu den oberen

Kurven jedes Teilbildes. Die unteren Kurven (für Q) findet man dann mit Hilfe der Gleichung:

$$Q = \frac{m_M\,[\mathrm{Mn}]}{m_S\,(\Sigma\,\mathrm{MnO})} \cdot 1{,}29.$$

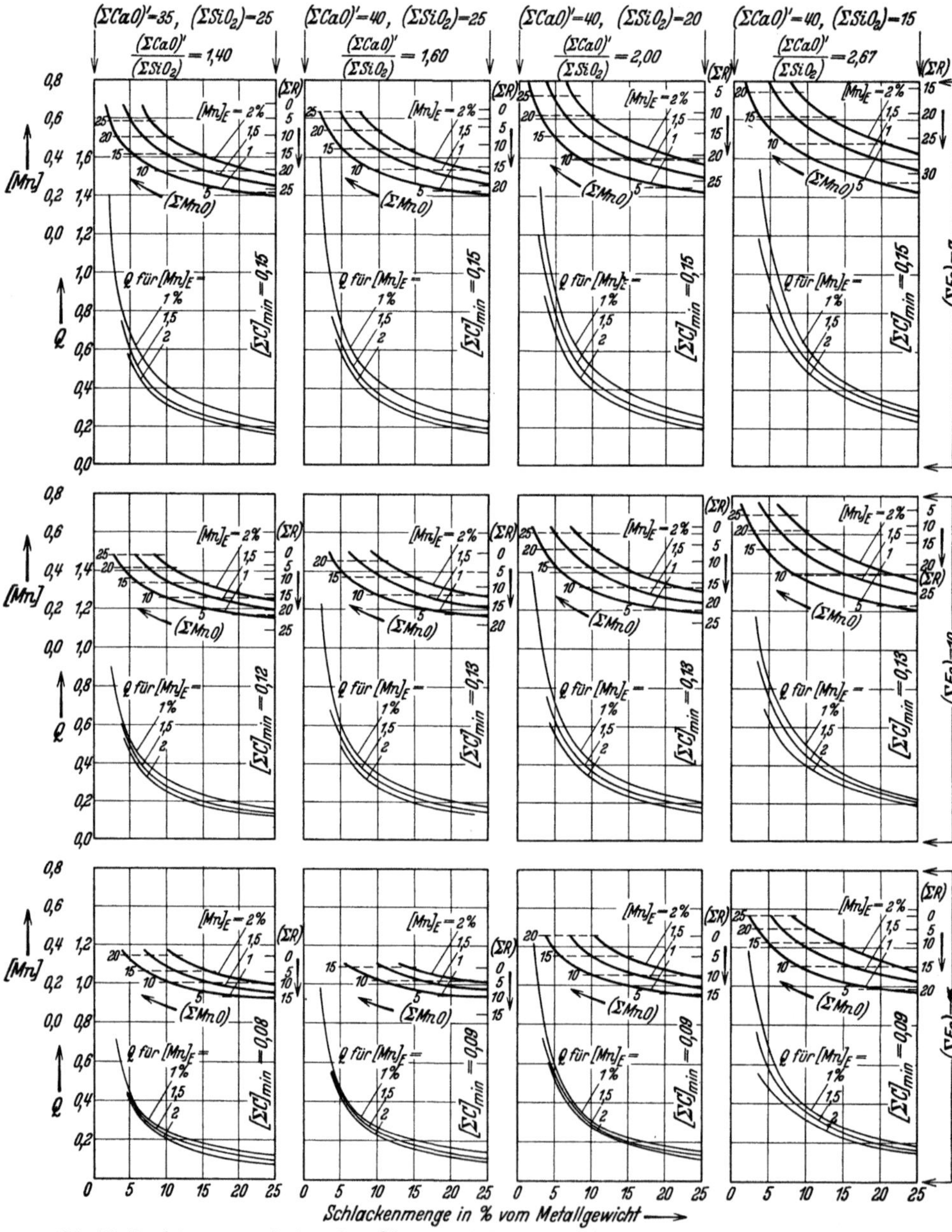

Abb. 72. Beziehungen zwischen dem Mangangehalt des Stahls [Mn], dem Ausnutzungswert Q und der Schlackenmenge für verschiedene Kalk-, Kieselsäure- und Eisengehalte der Schlacke, sowie verschiedene Mangangehalte $[\mathrm{Mn}]_E$ im Einsatz. Berechnet für 1627° C.

Bei der Durchführung der Rechnung wurde angenommen, daß aus 104 kg metallischem Einsatz 100 kg Stahl entstehen, was einem Abbrand von etwa 4% entspricht.

Man kann sodann die Punkte gleicher Gehalte (Σ MnO) für verschiedene Manganeinsätze $[\mathrm{Mn}]_E$ verbinden und gelangt dabei zu (gestrichelten) Horizontalen; dies steht in

Übereinstimmung mit der theoretischen Forderung, daß das Gleichgewichtsverhältnis zwischen [Mn] und (Σ MnO) nur von der Schlackenzusammensetzung (und Temperatur), nicht aber von der Schlackenmenge oder der Höhe des Manganeinsatzes abhängig ist.

Schließlich befindet sich am rechten Rand jedes Teilbildes eine Skala, die die Summe der noch verbleibenden neutralen Restoxyde (ΣR) darstellt. Als neutral erkannten wir bei den Gleichgewichtsableitungen von Schenck und Rieß (die hier durch Verwendung der Tafel IV benutzt werden) die Stoffe: Tonerde, Phosphorsäure und den als Triphosphat gebundenen Kalk. Magnesiumoxyd hat nach Abb. 60 bei der hier gewählten Temperatur von 1627° C erst einen Einfluß, sobald sein Gehalt etwa 9% übersteigt; hier soll (ΣMgO) < 9% vorausgesetzt sein. Es ist also:

$$(\Sigma R) = (\Sigma\, Al_2O_3) + (\Sigma\, P_2O_5) + (CaO)_{P_2O_5} + (\Sigma\, MgO),$$

worin $(CaO)_{P_2O_5} = 1{,}57\,(\Sigma\, P_2O_5)$ gemäß S. 33. Bei der Berechnung von (ΣR) wurde ferner angenommen, daß ein Viertel des in der Schlacke vorhandenen Gesamteisens (Σ Fe) dreiwertig vorliegt; die geringen Abweichungen von dieser Annahme äußern sich nicht wesentlich auf der Skala für (ΣR).

Wir ersehen aus Abb. 72, daß der Mangangehalt [Mn] des Stahls mit wachsendem Manganeinsatz steigt und mit wachsender Schlackenmenge absinkt (in Übereinstimmung mit Maurer-Bischof). Der Ausnutzungskoeffizient Q sinkt ebenfalls mit wachsender Schlackenmenge, aber auch mit wachsendem Manganeinsatz, was sich mit den Beobachtungen von Killing deckt und bereits auf S. 123 erklärt wurde. Ein steigendes Verhältnis (Σ CaO)′ : (Σ SiO_2) setzt [Mn] und Q herauf; dies steht zunächst in Widerspruch mit den Ergebnissen von Back[1], der einen Rückgang der Manganausnutzung bei wachsender Basizität der Schlacke beobachtete. Dieser Widerspruch läßt sich jedoch leicht lösen, wenn man beachtet, daß sich höhere Basizität im allgemeinen nur durch Erhöhung der Schlackenmenge erkaufen läßt, wenn man nicht einen siliziumärmeren Einsatz zur Verfügung hat. Auch der die Reduktion des Mangans befördernde Phosphorgehalt des Stahls ist bei gleichartigem Einsatz unter basischen Schlacken geringer.

In den einzelnen Teilbildern ist ferner der Kohlenstoffgehalt $[\Sigma\, C]_{min}$ verzeichnet, den man mit den betreffenden Schlacken äußerstenfalls (Gleichgewicht) erreichen kann[2]. Je tiefer der Kohlenstoffgehalt ist, bei dem das Bad auskocht, um so geringer ist auch die Manganausnutzung [gleiche Temperatur, (Σ CaO)′, (Σ SiO_2) vorausgesetzt].

Bei Anwachsen der Temperatur verschieben sich alle Kurven der Abb. 72 nach oben; die Manganausnutzung erfährt also eine Steigerung.

Das Verhalten des Mangans im Thomaskonverter.

Betrachtet man das zeitliche Verhalten des Mangans im Thomaskonverter in graphischer Darstellung (Abb. 43, 45 und 73), so kann man bei allen Schmelzungen feststellen, daß dieses Element zunächst sehr schnell abbrennt, wobei sich seine Konzentration — ausgehend von dem zwischen 0,6 und 1,7% Mn liegenden Anfangsgehalt — vermindert auf Gehalte in der Größenordnung von 0,1 und 0,3% Mn. Bei beendeter Entkohlung, also zur Zeit des Übergangs, der den Beginn verstärkter Phosphorabscheidung einleitet, pflegt der Mangangehalt des Stahls wieder anzusteigen, um anschließend nochmals abzufallen. In graphischer Darstellung äußert sich dieses Verhalten in der Ausbildung des sog.

[1] Vgl. S. 123.

[2] $[\Sigma\, C]_{min}$ wird aus Abb. 16 entnommen, nachdem man mittels Tafel IV für $v = 0$ die Konzentration des freien Eisenoxyduls (FeO) für die betreffenden Schlacken ermittelt hat.

Manganbuckels, der je nach Temperatur und Einsatz mehr oder weniger stark ausgeprägt ist.

Um den Ursachen der Reaktionsumkehr quantitativ nachgehen zu können, müßten wir Kenntnis von der Zusammensetzung des verflüssigten Schlackenanteils haben, der bekanntlich bis zum Übergang weitgehend mit ungelösten Kalkstücken vermengt ist. Es liegen eine Anzahl von Untersuchungen der Schlacke während der Entkohlungsperiode vor, bei denen der ungelöste Kalk durch geeignete Lösungsmittel ausgesondert wurde; E. Herzog[1] und R. v. Seth[2] verwendeten hierzu Zuckerlösung, P. Bardenheuer und G. Thanheiser[3]

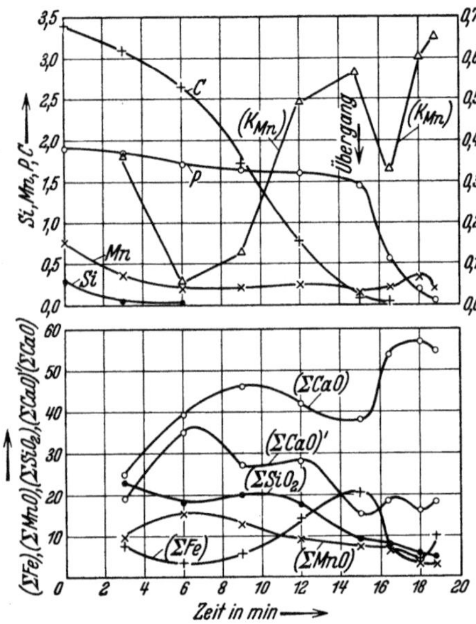

Abb. 73a. Verlauf der Thomasschmelzung I nach Herzog.

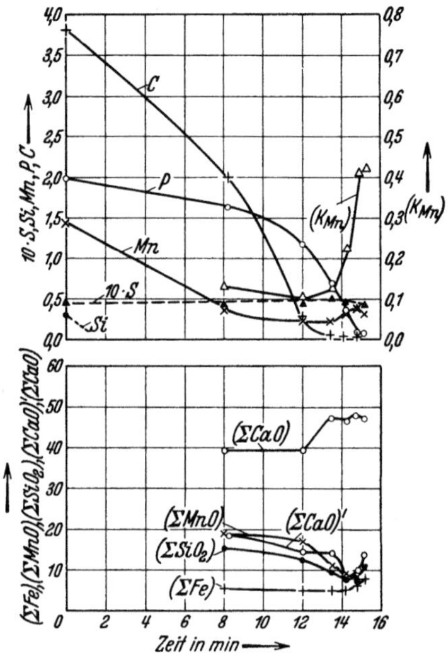

Abb. 73b. Verlauf der Thomasschmelzung IV nach Bardenheuer-Thanheiser.

Glyzerin (nach E. Diepschlag und H. Fliegenschmidt[4]). Unsicher sind alle diese Trennungsverfahren, weil der ungelöste Kalk sich teilweise mit Eisen- und anderen Oxyden imprägniert; die Zusammensetzung dieser in fester Lösung übergegangenen Schlacke wird eine andere sein, als die des flüssigen Schlackenanteils. Wesentlicher ist aber, daß die darüber hinaus notwendigen Temperaturangaben (in Verbindung mit der gleichzeitigen Zusammensetzung der Schlacke) zur Zeit nicht greifbar sind, so daß wir lediglich aus der Änderung der Schlacke eine beschreibende Darstellung des Reaktionsverlaufs geben können.

Infolge der trägen Auflösung des Kalks[5] nimmt die Schlacke zunächst einen vorwiegend sauren Charakter an; im Sinne der Tafeln II—IV gesprochen liegt sie etwa in der unteren Hälfte der in Betracht kommenden Teilbilder, wo die

[1] Stahl u. Eisen Bd. 41 (1921) S. 781—789.

[2] Jernkont. Ann. Bd. 108 (1924) S. 1—93.

[3] Mitt. Kais.-Wilh.-Inst. Eisenforschg., Düsseld. Bd. 15 (1933) S. 311.

[4] Zbl. Hütten- u. Walzw. Bd. 31 (1927) S. 551, 567, 587.

[5] Bardenheuer u. Thanheiser stellten fest, daß die Schlacke nach einer Blasedauer von 8—10 Minuten noch etwa 50% ungelösten Kalk enthielt.

Mangangehalte des Stahls noch gering sind. Das gleiche ergibt sich aus Abb. 61; für kalkarme Schlacken ist (K_{Mn}) klein; infolgedessen wird Mangan weitgehend aus dem Stahl herausoxydiert. Zwar steigt im weiteren Verlauf des Blasevorgangs die Temperatur und der Kalkgehalt an, was an sich der Rückreduktion günstig ist; gleichzeitig wächst aber auch der Eisengehalt der Schlacke, so daß die für die Reduktion günstigen Umstände kompensiert werden. Beachtet man noch, daß der in Lösung gehende Kalk zum Teil auch durch Phosphorsäure abgebunden wird, wodurch sich die für das Gleichgewicht einflußreiche Konzentrationsgröße $(\Sigma\, CaO)' = (\Sigma\, CaO) - 1{,}57\,(\Sigma\, P_2O_5)$ wieder vermindert (vgl. Abb. 73) und ferner, daß der Manganoxydulgehalt der Schlacke infolge der ständig anwachsenden Schlackenmenge absinkt, so versteht man, daß die Manganreaktion vor dem Übergang im wesentlichen unter oxydierenden Bedingungen steht.

Mit erreichtem Übergang ändert sich das Bild zunächst vollständig: Charakteristisch ist die schnelle Zunahme des Gesamtkalkgehalts, die in ihrer günstigen Wirkung auf die Manganreaktion allerdings wegen der gleichfalls schnellen Zunahme des Phosphorsäuregehalts nicht voll ausgenützt wird. Gleichzeitig fällt der Eisengehalt $(\Sigma\, Fe)$ der Schlacke ab, infolge der Erhöhung der Schlackenmenge, dann aber auch — wie F. Körber und G. Thanheiser[1] ausführten —, weil Phosphor in Gegenwart der kalkreichen Schlacke nunmehr reaktionsfähig wird und den zur Bildung von Phosphorsäure notwendigen Sauerstoff teilweise durch Zerlegung der Eisen- und Manganoxyde in der Schlacke an sich nimmt. Dieser Reduktionsprozeß führt zu dem ansteigenden Ast des Manganbuckels. Um die Abscheidung des Phosphors sodann bis auf den angestrebten niedrigen Endgehalt zu bringen, muß dem Metall weiter Sauerstoff zugeführt werden, wobei der Eisengehalt der Schlacke unter Absinken des Mangangehalts im Stahl erneut wächst.

Einen Beleg für die Deutung, daß der Umschlag der Schlacke vom sauren zum basischen Charakter für den Verlauf der Reaktion von Einfluß ist, erblicken Körber und Thanheiser in dem zeitlichen Verhalten der (aus den Analysenangaben berechneten) Kennzahl (K_{Mn}) (vgl. Abb. 73), die zunächst kleine Werte hat, um mit der Kalkauflösung anzusteigen. Dies steht in Übereinstimmung mit dem von Tammann und Oelsen (Abb. 53) ermittelten allgemeinen Verhalten dieser Größe, sowie auch mit den Ableitungen von Maurer und Bischof (Abb. 54) und Schenck-Rieß (Tafel II—IV und Abb. 61).

Beschäftigen wir uns mit der Frage, ob sich beim Windfrischverfahren ein Gleichgewichtszustand der Manganreaktion einstellt, so geht zunächst aus den Untersuchungen von E. Faust und O. Scheiblich[2] hervor, daß die Reaktion in der Tat gewissen Gesetzmäßigkeiten, nämlich den Gleichgewichtskennzahlen, über deren Verhalten beim Thomasprozeß auf S. 98 und 102 berichtet wurde, gehorcht; Körber und Thanheiser schlossen ferner, daß (K_{Mn}) bei wachsender Temperatur steigt[3].

Aus den erwähnten Gründen ist eine quantitative Untersuchung, wie weit sich das Gleichgewicht eingestellt hat, nur bei homogener Schlacke, also nach

[1] Mitt. Kais.-Wilh.-Inst. Eisenforschg. Bd. 14 (1932) S. 206—219. [2] Vgl. S. 102f.

[3] Diese Folgerung ergab sich mittelbar aus der Beobachtung, daß (K_{Mn}) parallel mit dem Stickstoffgehalt des Stahls steigt und fällt im Verein mit den Angaben von F. Wüst sowie E. H. Schulz und R. Frerich, wonach der Stickstoffgehalt mit der Temperatur wächst (S. 253).

Zahlentafel 7. Vergleich von Manganamalyse und Gleichgewichts-

Lfd. Nr.	Charge Nr.	Schlacke					[P]
		(Σ Fe)	(Σ MnO)	(Σ SiO_2)	(Σ CaO)	(Σ P_2O_5)	
1	I/6	11,5	5,4	8,9	49,0	17,4	0,045
2	I/7	11,1	5,7	8,9	50,1	17,5	0,043
3	II/5	9,8	4,9	8,6	51,1	18,3	0,053
4	III/4	11,75	6,3	7,4	45,7	19,8	0,051
5	IV/5	12,3	5,8	8,1	46,7	17,9	0,042
6	V/5	8,7	6,0	9,3	48,3	20,8	0,061
7	VI/4	10,1	6,3	9,8	46,0	19,0	0,054
8	VII/6	9,55	6,9	6,1	50,3	20,9	0,049
9	VIII/5	7,8	6,5	7,7	50,4	21,4	0,065
10	VIII/6	9,65	6,7	7,4	50,3	19,9	0,049
11	C 66/V	13,47	5,40	5,52	43,10	21,25	0,068
12	C 75/VI	19,40	4,90	5,21	35,70	20,05	0,057
13	D 600/VII	10,93	5,57	5,07	44,87	25,00	0,070
14	D 602/VII	11,72	5,15	4,46	45,39	24,8	0,054
15	1	10,57	4,94	8,92	46,49	22,01	0,045
16	23	8,31	3,75	6,44	50,60	24,11	0,050
17	33	8,12	3,93	5,39	48,22	24,51	0,040
18	1463	9,50	4,42	7,02	48,43	19,97	0,046
19	8	6,81	3,98	6,20	53,60	24,69	0,062
20	504	12,15	6,12	9,25	44,90	18,91	0,054
21	648	9,46	5,97	8,90	50,60	15,87	0,036
22	453	7,05	7,63	10,04	50,90	18,81	0,067
23	876	10,80	8,15	11,24	48,47	14,43	0,040
24	638311	6,50	6,50	6,14	49,00	26,00	0,16
25	639226	6,90	7,40	6,04	46,40	26,00	0,14
26	638325	7,30	4,93	5,04	44,80	27,56	0,13
27	639300	8,00	3,96	5,80	44,50	25,57	0,15
28	639442	10,20	7,22	5,62	45,20	23,73	0,14
29	677184	12,10	5,54	5,54	45,39	22,07	0,035

dem Übergang möglich; ferner müssen die Temperaturen bekannt sein. Für vier Thomaschargen, bei denen auch die Temperatur gemessen wurde[1], ist der Vergleich der Zeitkonzentrationskurve des Mangans mit den nach Maurer und Bischof, sowie Schenck und Rieß ermittelten Gleichgewichtskurven in Abb. 74 durchgeführt worden.

Die nach Maurer und Bischof ermittelten Gleichgewichtsmangangehalte sind für Phosphorsäure in der Schlacke und Phosphor im Metall korrigiert (vgl. S. 101). Eine Möglichkeit zur Temperaturkorrektion ist noch nicht gegeben; die Zahlen gelten für etwa 1600° C Zur Ermittlung von [Mn] nach Schenck und Rieß wurden wieder die Tafeln II—IV benutzt und der Anwesenheit höherer Phosphorgehalte durch Korrektion nach S. 108 Rechnung getragen[2].

Im einzelnen ergibt sich aus Abb. 74 folgendes:

[1] Messungen von E. Herzog u. H. Schenck: Arch. Eisenhüttenwes. Bd. 3 (1929/30) S. 519, Zahlentafel 6.

[2] Die Verwendung der Gleichgewichtsfunktion von Schwarz und Mitarbeitern, die nur für den S.M.-Prozeß abgeleitet wurde, ist für den Thomasprozeß nicht statthaft; sie ergibt hier zu tief liegende Mangangehalte.

konzentrationen (1627° C) für die Endproben einiger Thomasschmelzungen.

[Mn] beobachtet	[Mn] Maurer-Bischof[1]	[Mn] Schenck-Rieß[2]	Beobachter	Bemerkungen
0,21	0,17	0,21	F. Körber u. O. Thanheiser: Mitt. Kais.-Wilh.-Inst. Eisenforschg, Düsseld., Bd. 14 (1932) S. 205	
0,20	0,19	0,23		
0,25	0,19	0,26		
0,20	0,15	0,25		
0,16	0,16	0,22		
0,23	0,17	0,27		
0,17	0,15	0,25		
0,25	0,25	0,35		
0,32	0,25	0,40		
0,26	0,25	0,32		
0,10	0,10	0,21	R. v. Seth: Jernkont. Ann. Bd. 108 (1924) S. 1—93	
0,03	0,04	0,11		
0,24	0,01	0,23		
0,24	0,10	0,22		
0,10	0,09	0,17	E. Faust: Arch. Eisenhüttenw. Bd. 1 (1927/28) S. 119	
0,12	0,12	0,20		
0,12	0,12	0,18		
0,15	0,15	0,21		
0,17	0,20	0,26		Ferromangan mit eingesetzt
0,13	0,13	0,22		Manganerz zugesetzt
0,25	0,27	0,30		Desgl.
0,31	0,30	0,45		,,
0,28	0,28	0,31		,,
0,52	0,27	0,54	O. Scheiblich: Stahl u. Eisen Bd. 54 (1934) S. 337f.	
0,45	0,26	0,58		
0,32	0,097	0,33		
0,30	0,074	0,28		
0,44	0,17	0,37		
0,17	0,12	0,22		

Schmelzung I: Der Manganbuckel ist bereits überschritten; es herrschen oxydierende Bedingungen. In den letzten 20 Sekunden hat sich das Gleichgewicht nach Schenck und Rieß praktisch eingestellt, während nach Maurer und Bischof zu dieser Zeit Reduktion zu erwarten wäre.

Schmelzung II: Hier ist der Manganbuckel in seinem ganzen Verlauf analytisch erfaßt; während der Reduktion liegt der Gleichgewichtsgehalt sehr hoch über dem analytischen, um bei der Reaktionsumkehr mit diesem zusammenzufallen.

Schmelzung III: Die Beobachtung begann anscheinend dicht hinter dem Maximum des Manganbuckels; eine rückwärtige Verlängerung der Gleichgewichtskurven zeigt in der Tat, daß sie aus der Reduktions- in die Oxydationsrichtung umgeschlagen ist. Die Oxydation scheint unter dauernder Gleichgewichtseinstellung zu verlaufen.

Schmelzung IV: Die Verhältnisse liegen ähnlich wie bei Schmelzung III; am Schluß scheint sich der Gleichgewichtszustand eingestellt zu haben.

Schließlich ist in Zahlentafel 7 der Vergleich von Beobachtung und errechnetem Mangangleichgewicht für eine Anzahl letzter Proben aus Thomasschmelzungen vorgenommen worden, bei denen Temperaturangaben fehlen. Die

[1] Berechnet aus Abb. 54 ohne Temperaturkorrektion.
[2] Für 1627° C aus Tafel IV.

nach Maurer-Bischof ermittelten Zahlen gelten wieder für 1600° C, die Schenck-Rießschen Werte sind auf 1627° C bezogen; beide sind für [P] korrigiert.

Die Übereinstimmung zwischen den analytischen und den Gleichgewichtswerten in Zahlentafel 7 läßt in einigen Fällen zu wünschen übrig, wobei allerdings zu beachten ist, daß in den angenommenen Temperaturen eine gewisse Unsicherheit liegt; die nach Schenck-Rieß ermittelten Gehalte würden sich beispielsweise bei einer um 25° geringeren Temperatur um 0,06—0,10% Mn erniedrigen. Maurer und Bischof haben die Angaben von Faust und v. Seth zur Aufstellung ihrer Gesetzmäßigkeiten mit benutzt; es ist daher verständlich, daß ihre Berechnung hier wieder recht gut auf die experimentellen Grundlagen zurückführt.

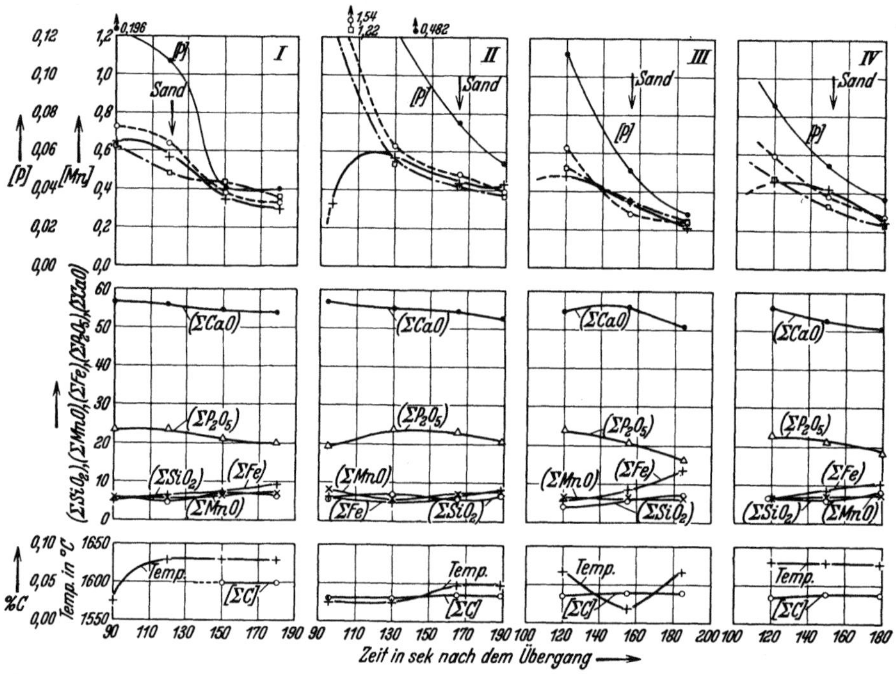

Abb. 74. Vergleich der beobachteten Mangangehalte (+————) mit den nach Maurer-Bischof (□— · —) und Schenck-Rieß (○ — — — —) ermittelten Gleichgewichtsgehalten für die Nachblaseperiode von vier Thomasschmelzungen.

Aus vorstehenden Vergleichen folgt, daß sich das Mangangleichgewicht im Thomaskonverter in zahlreichen Fällen praktisch eingestellt hat. Dort, wo größere Unstimmigkeiten bestehen, kann nicht entschieden werden, ob sie durch Mängel der Gleichgewichtsgesetze, die fehlenden Temperaturangaben oder Fehler bei der Probenahme und Analyse bedingt werden.

Immerhin befähigen uns die mitgeteilten Gesetze in mehr als nur qualitativem Sinne, die Faktoren zu übersehen, die die Oxydation des Mangans erschweren bzw. seine Rückgewinnung aus der Schlacke fördern. Es sind dies — wie beim S.M.-Verfahren — geringer Eisengehalt, geringer Phosphorsäure- und Kieselsäure- und hoher Kalkgehalt (also hohe „Basizität") der Schlacke, ferner ein hoher Phosphorgehalt des Metalls und gesteigerte Temperatur. Aus der Erkenntnis heraus, daß die Gleichgewichtskennzahl (K_{Mn}) in den Ausdrücken $\frac{[Mn]}{(\Sigma MnO)} = \eta_{Mn} = \frac{(K_{Mn})}{(\Sigma FeO)}$ oder $Q = \frac{(K_{Mn})}{(\Sigma FeO)} \cdot \frac{m_M}{m_S} \cdot 1{,}29$ (vgl. S. 122) mit steigendem

Mangangehalt der Schlacke absinkt (S. 105), verstehen wir nunmehr, daß die auf Gewichte oder Konzentrationen bezogenen Ausnutzungswerte Q bzw. η_{Mn} bei erhöhtem Manganoxydulgehalt (Σ MnO), aber sonst gleichbleibenden Bedingungen, ebenfalls abfallen. Damit ist nahegelegt, daß höhere Mangan-einsätze die Manganausnutzung herunterdrücken. Dies ist in der Tat von O. Scheiblich[1] überzeugend nachgewiesen worden und deckt sich auch mit früheren Feststellungen von A. Jung[2] u. a. Es kommt hinzu, daß sich nach Scheiblich auch der Gesamteisengehalt (Σ Fe) [bzw. (Σ FeO)] mit wachsendem Manganeinsatz erhöht[3] was — neben der erhöhten Schlackenmenge — ebenfalls auf den Ausnutzungswert Q drückt. Die Verhältnisse liegen also ähnlich, wie sie auf S. 122f. für den basischen S.M.-Prozeß auseinandergesetzt wurden.

Die Reaktionen des Siliziums bei den basischen Stahlherstellungsverfahren.

Unter den normalen Begleitelementen des metallischen Einsatzes beim basischen Herd- und Windfrischprozeß hat Silizium die höchste Sauerstoff-affinität; es zeigt daher bei Zutritt von Sauerstoff die größte Neigung zur Abscheidung und schützt die weniger leicht oxydierbaren Begleitelemente vor frühzeitiger Verbrennung. Dies ist beim S.M.-Verfahren besonders wichtig im Hinblick auf die Erhaltung des Kohlenstoffs im Metall bis zu dessen Verflüssigung. Bei Abwesenheit von Silizium kann der Kohlenstoffgehalt während des Einschmelzens so weit vermindert werden, daß der Kochprozeß nicht genügend ausgedehnt werden kann, wie es im Interesse einer ausreichenden Aufheizung und mechanischen Bewegung, sowie der Abscheidung von gelösten Gasen notwendig ist. Andererseits ist ein zu hoher Siliziumgehalt zu vermeiden, da die Schlacke sonst zu kieselsäurereich wird und die für befriedigende Entphosphorung und Entschwefelung notwendige Basizität durch hohe Kalkzuschläge und große Schlackenmenge erkauft werden muß; damit wird auch die Ausnutzung der Manganreaktion verringert (vgl. S. 123f.).

Der Abbrand des Siliziums, dem man die Reaktionsgleichung

$$2\,FeO + Si \rightleftharpoons SiO_2 + 2\,Fe$$

zugrunde legen kann, erfolgt bei den basischen Prozessen praktisch quantitativ von links nach rechts. Wie man sich an Hand des folgenden Beispiels klar machen kann, strebt zwar die Reaktion ebenfalls einem Gleichgewicht zu, bei dessen Erreichen Silizium mit einer gewissen — von Schlackenzusammensetzung und Temperatur abhängigen — Konzentration im Metall beständig ist; doch liegt diese Konzentration in einer Größenordnung, die nur noch theoretisches Interesse biete.

Zur Erfassung der Gleichgewichtslage obiger Reaktion, die durch das M.W.G., also die Gleichung:

$$\frac{(FeO)^2\,[Si]}{(SiO_2)} = K_{Si} \tag{VII}$$

---

[1] Vgl. S. 102. [2] Stahl u. Eisen Bd. 49 (1929) S. 1577.

[3] Bei der Parallelität zwischen Manganeinsatz und (ΣFe) spricht vielleicht eine zusätzliche Temperatursteigerung infolge heißeren Roheisens und der Verbrennungswärme des Mangans mit, für die die Entphosphorung einen höheren Eisengehalt der Schlacke verlangt (vgl. S. 161). A. Jung hat bereits auf die bei hohen Manganeinsätzen erschwerte Durchführung der Entphosphorung aufmerksam gemacht. Wenn auch (K_{Mn}) bei höherer Temperatur und höherem (Σ Fe) wächst, so vermag dies die ungünstige Verschiebung der Ausnutzung offenbar nicht auszugleichen.

beschrieben wird, ist zu berücksichtigen, daß (FeO) und (SiO_2) auch hier nur wieder die Schlackengehalte von freiem Eisenoxydul und freier Kieselsäure darstellen dürfen. Man hat also zunächst zu untersuchen, mit welchem Anteil in einer Schlacke gegebener Analyse Eisenoxydul und Kieselsäure frei vorliegen und darf nur diese Konzentrationsgrößen in die Gleichung des M.W.G. einführen, um den Siliziumgehalt des Metalls zu berechnen.

Die Konstante K_{Si} wurde von H. Schenck und E. O. Brüggemann bei Untersuchung des sauren Prozesses ermittelt, und es ist anzunehmen, daß sie für die basischen Prozesse in erster Annäherung beibehalten werden darf. Als Temperaturfunktion wurde gefunden:

$$\log K_{Si} = -\frac{11106}{T} + 4{,}50\,. \tag{VIIa}$$

Zahlenmäßige Angaben über K_{Si}, die mit Hilfe dieser Gleichung für mehrere Temperaturen errechnet wurden, finden sich in Zahlentafel 15 (S. 264).

Beispiel[1]: In dem Durchführungsbeispiel von S. 34 stellten wir fest, daß eine Schlacke folgender Gesamtzusammensetzung:

(Σ Fe)	(Σ SiO_2)	(Σ CaO)	(Σ P_2O_5)	(Σ CaO)′	(Σ MnO)
10,73	21,36	41,3	1,50	38,98	9,60

bei 1627° C an freiem Eisenoxydul und freier Kieselsäure enthält

$$(FeO) = 6{,}0 \qquad (SiO_2) = 7{,}0.$$

Ferner ist für die gleiche Temperatur $K_{Si} = 0{,}0447$; somit wird

$$[Si] = K_{Si}\,\frac{(SiO_2)}{(FeO)^2} = 0{,}0447 \cdot \frac{7{,}0}{6{,}02} = 0{,}0087\,\%\,.$$

Die Ursache des (gegenüber den sauren Prozessen) geringen Siliziumgehalts im Metall ist nicht so sehr darin zu suchen, daß der (freie) Eisenoxydulgehalt basischer Schlacken höher ist als der von sauren — es kann auch das Gegenteil der Fall sein —, sondern in dem Umstand, daß der an sich geringere Gesamtkieselsäuregehalt in basischen Schlacken noch weitgehend durch Kalk abgebunden wird.

In den Tafeln II—IV ist der in dieser Weise berechnete Siliziumgehalt des Metalls, jedoch nur für kieselsäurereiche Schlacken eingetragen. Man sieht, daß [Si] beim Übergang in das Gebiet normaler basischer Schlacken schnell unter die Größe von 0,01% sinkt.

In Übereinstimmung mit diesen Berechnungen steht, daß die analytische Bestimmung des Siliziums in unberuhigten basischen Stählen fast immer Gehalte unter 0,01% liefert; zwar finden sich gelegentlich im Schrifttum Angaben bis zur Größenordnung von 0,03% Si, doch scheinen derartig hohe Werte durch Verunreinigungen oder die Mitbestimmung von Kieselsäuresuspensionen zustande gekommen zu sein.

Dagegen ist Silizium auch in höherer Konzentration im Stahlbade unter basischer Schlacke beständig, wenn ihr Gesamteisengehalt stark erniedrigt wird. Solche Fälle treten in der Desoxydationsperiode des Elektroofenprozesses auf, wenn man durch Zugabe desoxydierender Mittel eine „weiße Schlacke“ unter Verminderung von (Σ Fe) herstellt. Das folgende Beispiel, das für eine nicht ungewöhnliche Schlacke dieser Art durchgerechnet ist, bestätigt diese Erfahrungstatsache.

[1] Eine ähnliche Durchrechnung wurde bereits von F. Sauerwald und E. Hummitzsch [a. a. O.] ausgeführt.

Bei 1627° C weist eine Schlacke der Gesamtzusammensetzung:

(Σ Fe)	(Σ SiO_2)	(Σ CaO)	(Σ P_2O_5)	(Σ CaO)′	(Σ MnO)	Rest neutrale Bestandteile
0,74	18,67	57,70	0,030	57,65	0,104	(CaF_2, Al_2O_3, MgO, CaC_2)

folgende Gehalte an freien Oxyden auf[1]

$$(\text{FeO}) = 0{,}9,\ (\text{SiO}_2) = 5{,}0,\ (\text{MnO}) = 0{,}100,\ (\text{CaO}) = 45{,}0.$$

Mit $K_{\text{Si}} = 0{,}0447$ (für 1627° C) wird demnach wie oben

$$[\text{Si}] = 0{,}0447\,\frac{5{,}0}{0{,}92} = 0{,}27\,\%.$$

Vermindert man (Σ Fe) noch weiter, z. B. auf 0,48%, so wird [Si] = 0,62.

Die Rechnung führt also zu Siliziumgehalten der gleichen Größenordnung, wie sie bei der Untersuchung von Elektroofenschmelzungen gefunden wurden (vgl. Zahlentafel 6, S. 120). Bei wachsender Temperatur erhöht sich der unter ein und derselben Schlacke beständige Siliziumgehalt. Man gelangt ferner durch wiederholte Durchrechnung solcher Beispiele zu der Schlußfolgerung, daß die Schlacke bei gegebener Temperatur und gegebenem Siliziumgehalt des Stahls um so mehr freies Eisenoxydul enthält, je höher der Kieselsäure- und je geringer der Kalkgehalt der Schlacke ist. Da der Eisenoxydulgehalt des Stahls dem freien Eisenoxydulgehalt der Schlacke proportional ist (Verteilungssatz), wäre es denkbar, daß aus dieser Folgerung weitere Schlüsse auf die Qualität des Stahls zu ziehen sind; dies wäre noch nachzuprüfen.

Die Reaktionen von Mangan und Silizium bei den sauren Stahlherstellungsverfahren.

Untersuchungen über die Gleichgewichtsgesetze der Mangan- und Siliziumreaktionen.

Zur Beschreibung der Mangangleichgewichte bei den sauren Stahlherstellungsprozessen haben die meisten Bearbeiter ebenfalls die Größe:

$$(K_{\text{Mn}}) = \frac{(\Sigma\,\text{FeO})\,[\text{Mn}]}{(\Sigma\,\text{MnO})} = \frac{(\Sigma\,\text{Fe})\,[\text{Mn}]}{(\Sigma\,\text{Mn})}$$

(oder deren reziproken Wert) herangezogen, die in ihrer Natur als Gleichgewichtskennzahl bereits früher (S. 96 f.) charakterisiert wurde.

E. Faust[2] fand als Mittelwert dieser Konstanten für den sauren Windfrischprozeß $(K_{\text{Mn}}) = 0{,}074$; nach G. Tammann und W. Oelsen[3] liegt sie auf der rückwärtigen Verlängerung der Kurven a—c in Abb. 53. E. Maurer und W. Bischof[4] berücksichtigten gleichzeitig den Einfluß der beim sauren Herdfrischprozeß manchmal gegebenen Kalkzuschläge; sie gelangten zu Abb. 75 für etwa 1620° C, die erkennen läßt, daß (K_{Mn}) mit wachsendem Kieselsäuregehalt steigt, mit wachsendem Kalkgehalt absinkt. Temperatursteigerung führt ebenfalls zu einer Abnahme von (K_{Mn}), wie Kurve 4 der Abb. 57 (S. 101) zeigt, durch die der Korrektionsfaktor α veranschaulicht wird, mit dem die aus Abb. 75 zu entnehmende Kennzahl zu multiplizieren ist. Die im Laboratorium durchgeführten Versuchsschmelzungen von W. Krings und H. Schackmann[5]

[1] Die Gesamtzusammensetzung der Schlacke ist — in Analogie zu dem Beispiel von S. 34 — aus den angenommenen Konzentrationen (FeO) und (SiO_2) rückwärts berechnet.

[2] Arch. Eisenhüttenwes. Bd. 1 (1927/28) S. 119—126.

[3] Arch. Eisenhüttenwes. Bd. 5 (1931/32) S. 75—80.

[4] A. a. O. S. 99 f.

[5] Z. anorg. allg. Chem. Bd. 206 (1932) S. 337—355.

führten zu Ergebnissen, die denen von Maurer und Bischof entgegengesetzt sind; wachsender Kieselsäuregehalt und fallende Temperatur setzen danach (K_{Mn}) stark herab. Über die Ergebnisse von G. Oishi wurde bereits berichtet (S. 99).

Während in den vorstehenden Arbeiten die analytisch zu findenden Gesamtkonzentrationen zur Bildung der Gleichgewichtsgesetze herangezogen werden, hatte bereits H. Styri[1] den grundsätzlich einwandfreieren Weg einer Ermittlung der wahren Gleichgewichtskonstanten für die Reaktionen

$$FeO + Mn \rightleftharpoons MnO + Fe \qquad K_{Mn} = \frac{(FeO)[Mn]}{(MnO)}$$

$$2\,FeO + Si \rightleftharpoons SiO_2 + 2\,Fe \qquad K_{Si} = \frac{(FeO)^2[Si]}{(SiO_2)}$$

unter Verwendung der „freien" Konzentrationen (FeO), (MnO) und (SiO_2) einzuschlagen versucht. Diese Konstanten ermittelte er, ebenso wie die Dissoziationskonstanten der Eisen- und Mangansilikate ($FeOSiO_2$ und $MnOSiO_2$), durch Affinitätsrechnungen. Nun hat sich die Verwendung der Affinitätsrechnung in der Folge doch als nicht sehr zuverlässig zur Beschreibung der Vorgänge zwischen Stahl und Schlacken erwiesen, weil die Rechnungsunterlagen (insbesondere auch die chemischen Konstanten) nicht mit genügender Sicherheit bekannt sind. Aus diesem Grunde soll hier über die Ergebnisse von Styri, sowie einer Arbeit des Verfassers[2], in der ebenfalls Affinitätsrechnungen verwandt wurden, nicht weiter berichtet werden.

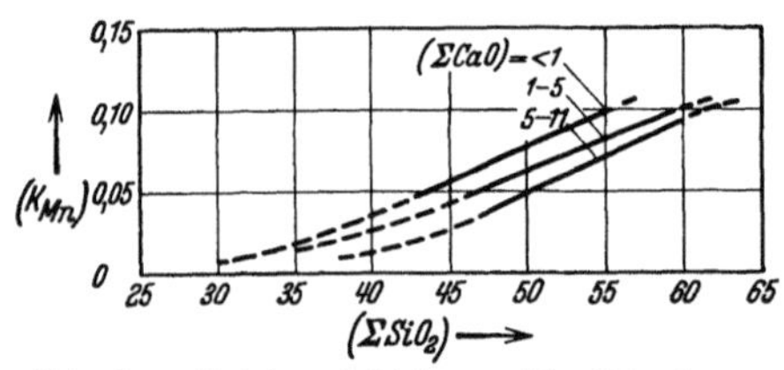

Abb. 75. Gleichgewichtskennzahl (K_{Mn}) der Manganreaktion für die sauren Stahlerzeugungsprozesse für etwa 1620° C (Maurer und Bischof).

Erst nachdem F. Körber und W. Oelsen ihre Untersuchungen über das Mangangleichgewicht und die Verteilungskonstante des Eisenoxyduls bekanntgegeben hatten, waren brauchbare Unterlagen vorhanden, um unter Verwendung von Betriebsmessungen auf Affinitätsrechnungen verzichten zu können. Indem H. Schenck und E. O. Brüggemann[3] annahmen, daß die Körber-Oelsenschen Konstanten K_{Mn} und L_{FeO} (abgeleitet für reine FeO—MnO-Schlacken) auch für die sauren Prozesse Gültigkeit hätten, sofern man sie auf die freien Oxydule bezieht, fanden sie einen Rechnungsgang, um die Reaktionsgleichgewichte zu beschreiben und gleichzeitig die Verbindung von Laboratorium zur Betriebsschmelzung herzustellen. Die dabei abgeleiteten Dissoziationskonstanten der Orthosilikate von Eisen und Mangan und ihre Temperaturabhängigkeit, sowie die Konstante der Siliziumreaktion:

$$D_{(FeO)_2SiO_4} = \frac{(FeO)^2(SiO_2)}{((FeO)_2SiO_2)}, \qquad D_{(MnO)_2SiO_4} = \frac{(MnO)^2(SiO_2)}{((MnO)_2SiO_2)}, \qquad K_{Si} = \frac{(FeO)^2[Si]}{(SiO_2)}$$

wurden bereits auf S. 25, 29 und 134 mitgeteilt; in Zahlentafel 15 (S. 264) sind ihre Temperaturfunktionen und Werte nochmals zusammengestellt.

Die besagten Temperaturfunktionen sind in folgender Weise entstanden: Die Untersuchung von Stahl und Schlacke des sauren S.M.-Ofens liefert die Konzentrationen [Si], [Mn], [FeO], ($\Sigma\,SiO_2$), ($\Sigma\,FeO$) und ($\Sigma\,MnO$). Ist auch die Temperatur bekannt und ist

[1] J. Iron Steel Inst. Bd. 108 (1923) S. 189—234.
[2] Arch. Eisenhüttenwes. Bd. 4 (1930/31) S. 319—332. [3] Vgl. S. 24.

anzunehmen, daß der Gleichgewichtszustand nahezu eingestellt ist, so kann zunächst von der Körber-Oelsenschen Verteilungskonstante $L_{FeO} = [FeO]:(FeO)$ Gebrauch gemacht werden, um die Konzentration des freien Eisenoxyduls (FeO) in der Schlacke aufzusuchen. Damit sind alle Größen bekannt, um mit Hilfe der Gleichgewichtskonstanten der Manganreaktion $K_{Mn} = \frac{(FeO)[Mn]}{(MnO)}$ (nach Körber-Oelsen) die Konzentration des freien Manganoxyduls zu errechnen. Da die analytisch feststellbaren Gesamtgehalte der Schlacke an Kieselsäure, Eisen- und Manganoxydul sich gemäß folgenden Bilanzgleichungen aus den freien Oxyden und den Silikaten zusammensetzen[1]:

$$(\Sigma\, FeO) = (FeO) + 0{,}705\ ((FeO)_2SiO_2),$$
$$(\Sigma\, MnO) = (MnO) + 0{,}705\ ((MnO)_2SiO_2),$$
$$(\Sigma\, SiO_2) = (SiO_2) + 0{,}295\ ((FeO)_2SiO_2) + 0{,}295\ ((MnO)_2SiO_2),$$

können die Konzentrationen der Silikate und der freien Kieselsäure errechnet werden. Es sind somit alle Größen bekannt, um obige Konstanten und — aus genügenden Proben bei verschiedenen Temperaturen — die Temperaturfunktionen zu berechnen. Man kann die Rechnung auch auf Grund der Annahme durchführen, daß an Stelle der Orthosilikate die Metasilikate $FeOSiO_2$ und $MnOSiO_2$ vorhanden seien; es scheint jedoch, daß die Orthosilikate in höherem Maße das Reaktionsbild beeinflussen.

Unter Zugrundelegung dieser Konstanten kann man die Mangan- und Siliziumgehalte, die das Metall im Gleichgewicht mit sauren Schlacken aufweist, auf zweierlei Weise zur graphischen Darstellung bringen. Die erste ist bereits in Tafel II—IV enthalten; auf den horizontalen Achsen der Teilbilder sind die Mangan- und Siliziumkonzentrationen des Stahls für veränderliche Kieselsäuregehalte und gegebene Werte von (Σ Fe) und (Σ MnO) abzulesen. Man ersieht daraus ferner, daß sich bei Zugabe von Kalk der Mangangehalt und damit auch die Gleichgewichtskennzahl

$$(K_{Mn}) = \frac{(\Sigma\, FeO)\,[Mn]}{(\Sigma\, MnO)}$$

schwach erhöht, was in Übereinstimmung mit den Ergebnissen von Tammann und Oelsen, Krings und Schackmann, aber im Gegensatz zu denen von Maurer und Bischof (Abb. 75) steht.

Für die sauren Prozesse, bei denen sich die Summe (Σ FeO) + (Σ MnO) + (Σ SiO_2) im allgemeinen auf annähernd 100 beläuft, ist die in Tafel Ia—d gegebene Darstellung übersichtlicher. Es finden sich dort die Linien gleicher Silizium- und Mangangehalte in Abhängigkeit von (Σ FeO) und (Σ MnO), der an 100% fehlende Rest ist Kieselsäure.

An der linken Seite dieser Dreiecke ist das Feld *II* abgegrenzt[2], in dem die Schlacke an Kieselsäure übersättigt ist, womit diese als weitere Phase neben der flüssigen Schlackenlösung auftritt. Die Mangan- und Siliziumkonzentrationen, die derartigen heterogenen Schlacken entsprechen, findet man [ebenso wie auf S. 37, (Abb. 6) für (FeO) beschrieben], indem man einen Strahl von der linken unteren Ecke des Diagramms ausgehend durch den betreffenden Schlackenpunkt in Feld *II* bis zur Begrenzungslinie gegen Feld *I* zieht.

Das auf der rechten Seite befindliche Feld *III* ist charakterisiert durch das gleichzeitige Auftreten von flüssiger Schlackenlösung und FeO—MnO-Mischkristallen; in Feld *IV* sind nur FeO—MnO-Mischkristalle beständig. Oberhalb

[1] Vgl. auch Bd. I, S. 183.

[2] Als Begrenzungslinien des Feldes *II* sind wieder die von C. H. Herty jr. und Mitarbeitern (b), wie die neuerdings von F. Körber und W. Oelsen angegebenen (a) eingezeichnet.

1610° C (Schmelzpunkt von MnO) verschwinden die Felder *III* und *IV*, deren Grenzen im übrigen nur geschätzt sind.

Tafel Ia—d ist mit Hilfe einiger Gleichungen zustande gekommen, deren Ableitung und Verwendung in Bd. I, S. 249 näher beschrieben ist. Das gleiche gilt für die folgenden Abb. 76a und b.

Beträgt die Summe (Σ FeO) + (Σ SiO_2) + (Σ MnO) infolge von Verunreinigungen oder absichtlichen Zusätzen zur Schlacke weniger als 100%, so ändert sich die Lage der Kurven in Tafel Ia—d, wobei zu unterscheiden ist, ob die Verunreinigungen bzw. Zusätze sich gegenüber den Hauptschlackenbestandteilen neutral verhalten, oder mit ihnen zu Verbindungen zusammentreten. Die Bildung von Verbindungen kommt wohl nur bei Kalkzusätzen in Betracht; die dadurch bewirkten Gleichgewichtsverschiebungen nämlich Erhöhung von [Mn] und Verminderung von [Si] werden — wie erwähnt — bereits durch die

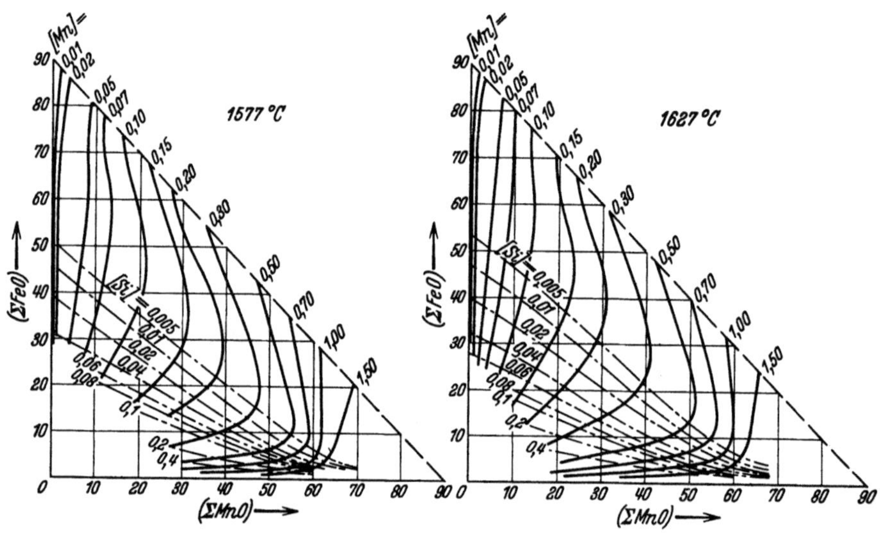

Abb. 76. Gleichgewichtskonzentrationen von Mangan und Silizium unter FeO—MnO—SiO_2-Schlacken, die noch 10 % neutrale Bestandteile enthalten.

Tafeln II—IV erfaßt. Als neutrales Verdünnungsmittel der sauren Schlacken ist in erster Linie Tonerde zu nennen, die sich in Gehalten von etwa 6% vorfindet. Daneben können in geringen Konzentrationen Alkalien auftreten.

In Abb. 76a und b sind die Mangan- und Siliziumkurven für den Fall eingezeichnet, daß die Summe aller neutralen Schlackenkomponenten ($\Sigma\, N\, K$) 10% beträgt; Kieselsäure ist wieder als Rest zu betrachten [(Σ SiO_2) = 90 — [(Σ MnO) + Σ FeO)]. Ein Vergleich mit den entsprechenden Teilbildern in Tafel I zeigt, daß der Ersatz von Kieselsäure durch neutrale Komponenten bei sonst gleichen Werten von (Σ FeO) und (Σ MnO) zu einer Verminderung von [Si] führt, während [Mn] sich nur sehr wenig erhöht. Für nicht zu große Konzentrationen der neutralen Komponenten [($\Sigma\, NK$) $<$ 10%] kann man auch folgende Näherungsformel verwenden, um den Siliziumgehalt des Stahls aus dem in Tafel I angegebenen zu berechnen:

$$[Si] = [Si]_{T.\,I.}\,(1 - 0{,}03\ (\Sigma\, NK).)$$

In Abb. 77a—e wurde schließlich die Gleichgewichtskennzahl

$$(K_{Mn}) = \frac{(\Sigma\, FeO)\,[Mn]}{(\Sigma\, MnO)}$$

aus Tafel Ia—d für gleiche Gesamteisenoxydulgehalte berechnet und in Abhängigkeit von (Σ SiO_2) aufgetragen. Wir entnehmen daraus das wesentliche und neue Ergebnis, daß (K_{Mn}) bei gegebener Temperatur nicht allein von (Σ SiO_2), sondern auch von (Σ FeO) bzw. von (Σ MnO) = [100 — (Σ SiO_2) — (Σ FeO)] abhängig ist. Vergleichen wir damit nun die Versuchspunkte von Krings und Schackmann in Abb. 77e, so bemerken wir einen durchaus ähnlichen Verlauf und finden bestätigt, daß (K_{Mn}) mit steigender Temperatur wächst.

In Abb. 77a—d finden sich ferner für die Kieselsäuregehalte (ΣSiO_2) = 50% (K_{Mn})-Werte vermerkt, die in einer neuen hochbedeutsamen Laboratoriumsuntersuchung von F. Körber und W. Oelsen[1] ermittelt wurden. Diese stellten das Gleichgewicht zwischen dem mangan- und siliziumhaltigen Metall und der ternären Schlacke unter Verwendung eines Sandtiegels her, so daß die Schlacken stets Kieselsäure bis zur Sättigung aufnahmen.

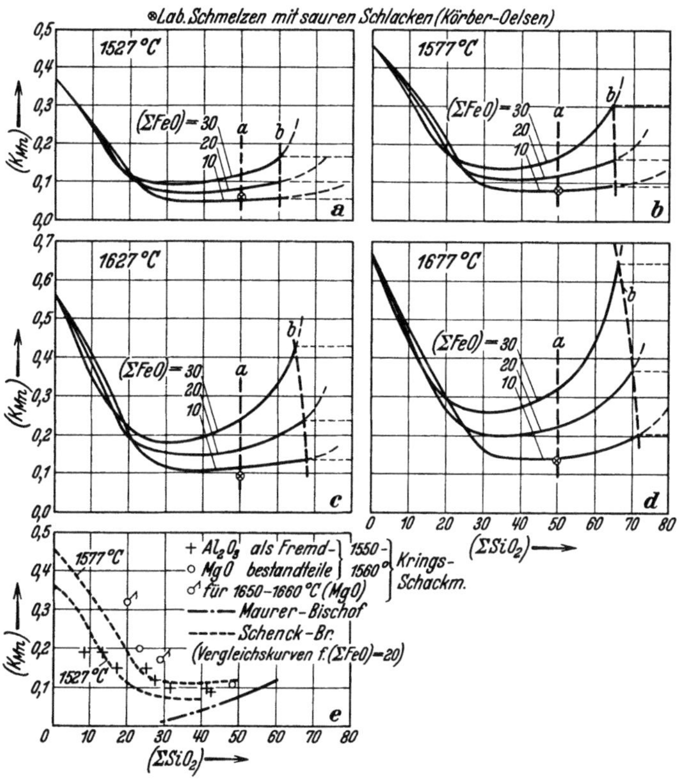

Abb. 77a—e. Die Gleichgewichtskennzahlen der Manganreaktion für die sauren Stahlerzeugungsprozesse (errechnet aus Tafel Ia—d) und ihr Vergleich mit Ergebnissen anderer Beobachter (Kurve *a*, Sättigungsgrenze der Schlacke für Kieselsäure nach Körber und Oelsen, *b* nach Herty und Mitarb.).

Die Sättigungsgrenze wurde für alle Temperaturen zwischen 1550 und 1650° C unabhängig von den Eisenoxydul- und Manganoxydulgehalten bis etwa 50% Kieselsäure gefunden (vgl. Tafel Ia—d).

Körber und Oelsen stießen auf das überraschende Ergebnis, daß sich die Mangan- und Siliziumgleichgewichte unter derart gesättigten Schlacken mit Hilfe der einfachen Ausdrücke beschreiben ließen:

$$\log K_{Mn}^{S} = \log \frac{(\Sigma FeO)[Mn]}{(\Sigma MnO)} = -\frac{7940}{T} + 3{,}172\,, \tag{A}$$

$$\log K_{Si}^{S} = \log (\Sigma FeO)^2 [Si] = -\frac{19057}{T} + 11{,}101^{*}. \tag{B}$$

(Zahlenwerte der Konstanten siehe Zahlentafel 13, S. 263.)

[1] Mitt. Kais.-Wilh.-Inst. Eisenforschg., Düsseld. Bd. 15 (1933) S. 271f.

* Da Kieselsäure für die gesättigten Schlacken mit konstanter Konzentration auftritt, ist diese in K_{Si}^{S} mit einbezogen.

Abb. 78 zeigt die Ergebnisse der Gl. (A) und (B) für einige Temperaturen.

Hiernach wäre also die Berücksichtigung der freien Oxydule jedenfalls für gesättigte Schlacken nicht notwendig. Eine Erklärung dieses einfachen Ergebnisses kann noch nicht erschöpfend gegeben werden; es sei nur erwähnt, daß die daraus zu folgernde Proportionalität zwischen Gesamt- und freien Konzentrationen eher auf die Bildung der Metasilikate $FeOSiO_2$ und $MnOSiO_2$ hindeuten würde. Daneben kann — wie Körber und Oelsen hervorhoben — die elektrolytische Dissoziation der Silikate, auf der G. Tammann[1] weitreichende theoretische Beziehungen entwickelte, die eigentliche thermische Dissoziation der Silikate überdecken.

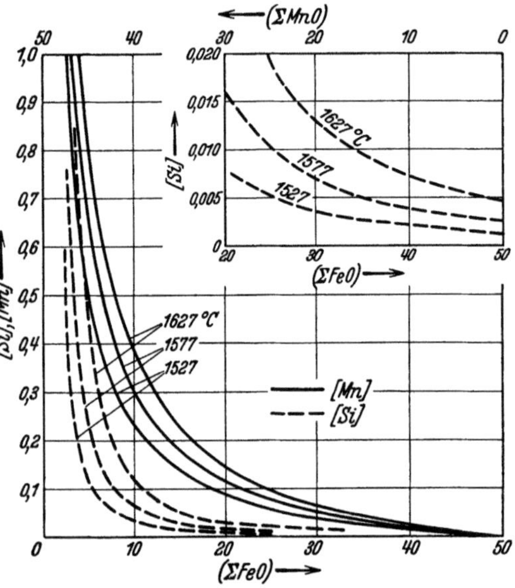

Abb. 78. Gleichgewichtsgehalte des Stahls an Mangan und Silizium unter gesättigten FeO—MnO—SiO_2-Schlacken (50% SiO_2) (Körber und Oelsen).

Das Verhalten von Mangan und Silizium im sauren Herdofen.

Wie früher soll zunächst an Hand einiger Schmelzungen der Praxis überprüft werden, inwieweit die von den einzelnen Bearbeitern gewonnenen Gleichgewichtsfunktionen die Richtung der Umsetzungen beschreiben und ob das Gleichgewicht in den Ofen des Betriebs erreicht wird. Wir ermitteln zu diesem Zweck aus der Schlackenanalyse und der Temperatur den Mangan- bzw. den Siliziumgehalt, den der Stahl im Gleichgewicht aufweisen müßte und wissen, daß die Reduktion eines der Stoffe aus der Schlacke nur dann stattfinden kann, wenn der Gleichgewichtsgehalt höher ist als seine tatsächliche, d. h. analytisch bestimmte Konzentration im Stahl. Bei tiefer liegendem Gleichgewichtsgehalt kann nur Oxydation stattfinden.

Wir wählen die Gleichgewichtsbeziehungen von Maurer-Bischof (Abb. 75, korrigiert nach der Temperatur mit Abb. 57, S. 101, nur für Mangan), Körber-Oelsen [Formeln (A) und (B), S. 139] und Schenck-Brüggemann [Tafel Ia—d, korrigiert für (ΣNK) nach S. 138].

Abb. 79, Beobachter Schenck und Brüggemann, 30 *t*. Der Mangangehalt hat während des ganzen Prozesses sinkende Tendenz; durch eine größere Zahl von Ferromanganzusätzen wird der Gehalt allmählich gesteigert. Alle Gleichgewichtskurven des Mangans liegen unter den beobachteten Kurvenzügen, woraus sich die anhaltende Oxydation erklärt. Der Siliziumgehalt steigt bis zur 160. Minute an, wo er durch Erzzugabe gedrückt wird, um anschließend wieder langsam zu steigen. Die Schenck-Brüggemannsche Kurve wird diesem Verhalten — mit Ausnahme der Zeit zwischen der 100. und 140. Minute — gerecht, während eine derartig weitgehende Reduktion der Kieselsäure nach Körber-Oelsen nicht zu erwarten wäre.

Abb. 80a, gleiche Beobachter. Mangan zeigt ein ähnliches Verhalten, wie bei der vorhergehenden Schmelzung; alle Gleichgewichtskurven beschreiben die anhaltend oxydierende Richtung der Reaktion, wenn man von der 140. Minute absieht. Das Verhalten des Siliziums steht in Übereinstimmung mit der Ermittlung von Schenck-Brüggemann, während die Körber-Oelsensche Kurve etwas zu tief liegt.

[1] Vgl. S. 7.

Abb. 80b, gleiche Beobachter. Hier zeigt sich bereits vor dem Ferromanganzusatz — nach anfänglicher Oxydation — eine Manganzunahme, die nach Schenck-Brüggemann unter dauernder Gleichgewichtseinstellung verläuft, während die Maurer-Bischofschen

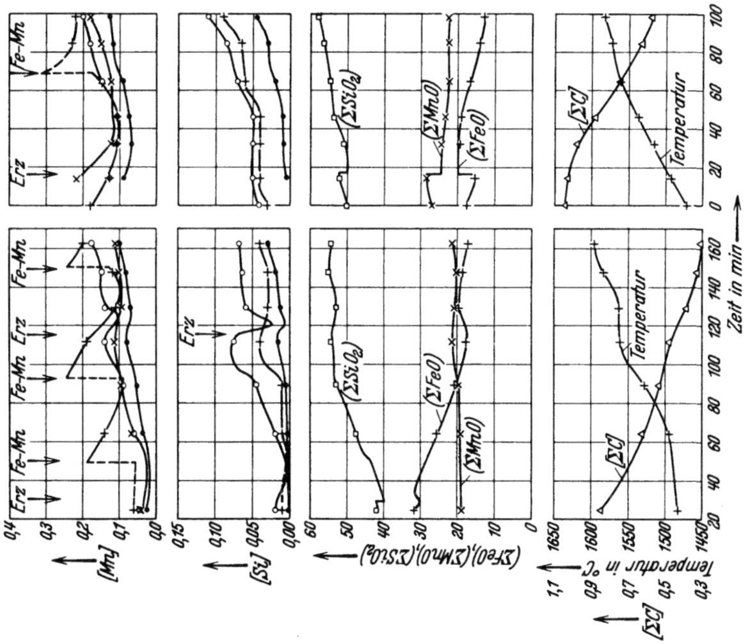

Abb. 80a, Wie Abb. 79.

Abb. 80b. Wie Abb. 79.

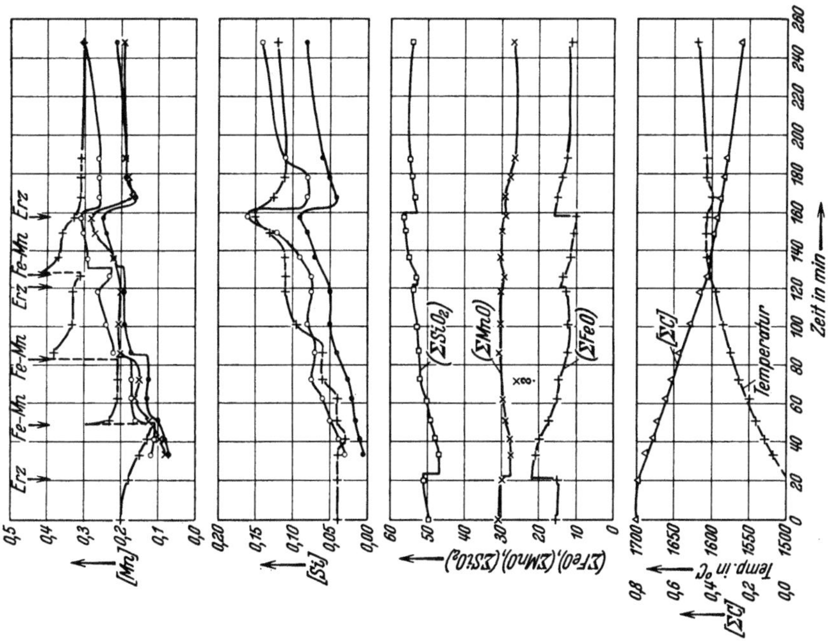

Abb. 79. Vergleich der beobachteten Konzentrationen von Mangan und Silizium (+ ——) im sauren S.M.-Ofen mit den entsprechenden Gleichgewichtsgehalten nach Maurer-Bischof (× —— nur für Mn), Körber-Oelsen (● ——) und Schenck-Brüggemann (○ ——).

Werte zunächst etwas zu hoch liegen. Die nach Körber-Oelsen gezogene Kurve liegt zwar etwas tiefer, zeigt aber bemerkenswerterweise Gleichlauf mit der analytischen Kurve. Das gleiche gilt für ihre Siliziumgehalte, die ebenfalls tiefer als die analytischen liegen, aber die gleiche steigende Tendenz zeigen.

Die vorstehenden Schmelzungen waren unter anderen von Schenck und Brüggemann zur Ableitung ihrer Funktionen herangezogen worden; es ist daher nicht verwunderlich, daß das Verhalten der Reaktion durch diese Funktionen am besten beschrieben wird; dasselbe hat sich auch an den übrigen von diesen Beobachtern untersuchten Schmelzungen ergeben, auf deren Wiedergabe verzichtet werden soll. Die nachstehend besprochenen Chargen waren jedoch den Ableitungen des Verfassers nicht zugrunde gelegt.

Abb. 81, Beobachter H. Schenck[1], Schmelzung II, 25 *t*. Zu Beginn der Beobachtung war offenbar der Einsatz noch nicht vollständig verflüssigt (kenntlich an der Zunahme des Kohlenstoffs). Mangan zeigt zunächst große Neigung zum Abbrand, nach der 100. Minute findet wieder Reduktion statt, in Übereinstimmung mit der Schenck-Brüggemannschen Kurve.

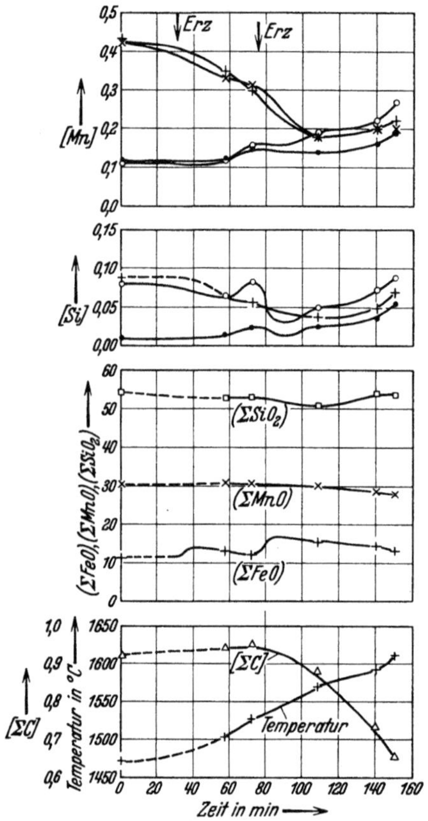

Abb. 81. Wie Abb. 79.

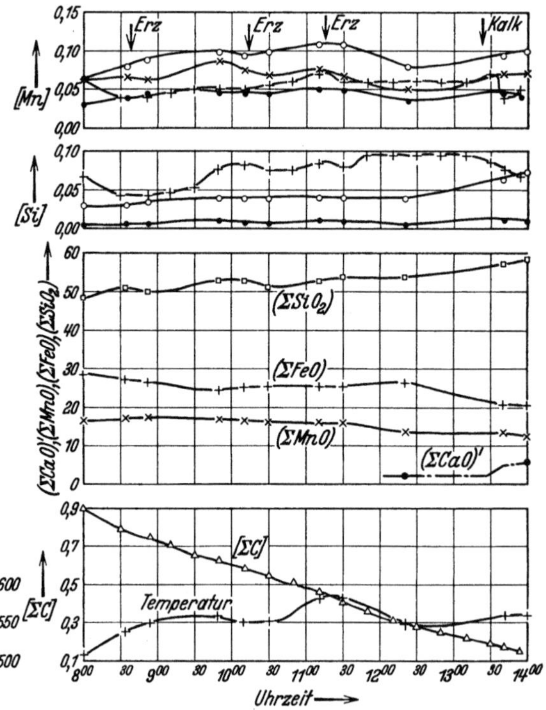

Abb. 82. Wie Abb. 79.

Nach Maurer-Bischof würden diese Vorgänge unter praktisch dauernder Gleichgewichtseinstellung verlaufen, wobei zu bemerken ist, daß ihre Ableitungen unter anderem mit Hilfe dieser Schmelzung vorgenommen wurden. Die Kurve von Körber-Oelsen zeigt für die Zeit der Mangan- und Siliziumreduktion Gleichlauf mit den beobachteten Kurven, jedoch bei geringeren Gehalten.

Abb. 82, Beobachter H. Styri[2], Schmelzung Nr. 51623, 30 *t*. Den Verlauf der Manganreaktion scheinen am besten die nach Körber-Oelsen und Maurer-Bischof gezeichneten Kurven wiederzugeben, während die von Schenck-Brüggemann zwar parallel zu Körber-Oelsen, jedoch zu hoch verläuft. Das Verhalten des Siliziums wird von keiner der beiden Kurven richtig beschrieben. Ähnliche Ergebnisse erzielt man auch bei den anderen, von Styri untersuchten Schmelzungen, ohne daß die Ursache der Abweichungen einwandfrei zu klären ist. Bemerkt sei, daß die Temperatur durch Anvisieren der Schlackendecke gemessen wurde.

---

[1] Arch. Eisenhüttenwes. Bd. 4 (1930/31) S. 327.

[2] J. Iron Stell Inst. Bd. 108 (1923) S. 222.

Leider liegen Schmelzungen mit Temperaturangaben von seiten anderer Beobachter noch nicht vor, so daß die allgemeine Brauchbarkeit der verschiedenen Gleichgewichtsgesetze nur unvollkommen durchgeprüft werden kann. Auffallen muß insbesondere, daß die an sich einwandfreien Versuchsergebnisse von Körber und Oelsen nicht auf alle Betriebsschmelzungen übertragen werden können. Wie aus neueren Ausführungen von F. Körber[1] hervorgeht, haben sich die Autoren bereits mit dieser Erscheinung befaßt und ihre Ursache in der Kohlenstoffreaktion gesehen. Darnach ist Kohlenstoff, wenn er in Gehalten unter 1% im Metall auftritt, zwar ohne merkbaren Einfluß auf die Gleichungen (A) und (B) (S. 139); seine Wechselwirkung mit den Schlacken schafft aber Verhältnisse, die von Körber folgendermaßen gekennzeichnet werden:

„Ist die Schlacke zähflüssig, so daß sich ihre Gehalte in den verschiedenen Teilen nur sehr langsam ausgleichen können, so werden von der Reaktion mit der kohlenstoffhaltigen Schmelze nur die Teile erfaßt, die sie unmittelbar berühren. Diese Teile werden durch die bevorzugte Reduktionswirkung des Kohlenstoffs auf das Eisenoxydul und Manganoxydul an diesen sehr bald verarmen und in feste Kieselsäure übergehen, so daß das ganze Bad in kurzer Zeit ringsum von fast reiner Kieselsäure umgeben ist. Eine weitere Reduktionswirkung des Kohlenstoffs kann sodann nur noch auf die Kieselsäure erfolgen, so daß bei weiterem Kohlenstoffabbrand ein beträchtlicher Siliziumzubrand eintreten muß. Unter diesen Umständen ist mit einem Gleichgewicht zwischen der Metallschmelze und der Schlakkenschmelze nicht zu rechnen, da ja die Schlacken von der Metallschmelze durch eine wenn auch nur dünne Kieselsäureschicht getrennt wird.“

Bei der Probenahme im Betriebe erfaßt man mit anderen Worten nicht jene unmittelbar mit dem Metall reagierende Haut aus fester Kieselsäure, sondern die darüber liegende Hauptmenge der Schlacke, die — weil sie vom Metall abgeschlosssen ist — auch nicht mehr von Einfluß auf das Reaktionsgeschehen sein kann. Diese Verhältnisse würden allerdings der Möglichkeit, Gesetzmäßigkeiten der Reaktionen im sauren Ofen an Hand normaler Schlackenproben aufzustellen, enge Grenzen ziehen; sie bedingen ferner ein sehr hohes Oxydationsvermögen der reinen Kieselsäure. Letzteres wird belegt mit den Ergebnissen von Laboratoriumsschmelzen, wonach z. B. Eisenlegierungen mit 0,2—0,4% C unter reiner Kieselsäure bei 1600° C stark kochen und dabei durch Reduktion bis zu 0,9% Si aufnehmen können. Hier wird allerdings eine bisher unerklärliche Abweichung von den Betriebsbeobachtungen unverkennbar, denn bei dieser Temperatur wird die Kohlenstoffreaktion im sauren S.M.-Ofen bei Zusätzen auf 0,4% Si vollständig unterdrückt und kann erst bei erneuter Oxydation und entsprechendem Si-Abbrand wieder in Gang kommen.

Wenn sich demgegenüber dennoch enge Beziehungen zwischen der Zusammensetzung normaler Schlackenproben und dem Reaktionsverlauf herausgebildet haben, scheint dies, ebenso wie die Abweichungen der Körber-Oelsenschen Gleichgewichtsfunktionen, vielleicht mit der Tatsache erklärbar zu sein, daß die technischen Schlacken gewöhnlich über 5% andere Bestandteile (hauptsächlich Al_2O_3) enthalten, die Körber und Oelsen im Interesse klarer Beziehungen bei ihren Versuchen zunächst ausgeschlossen hatten. Diese können aber von entscheidender Bedeutung für das Zutreffen der oben beschriebenen Auffassung sein, denn die durch Kohlenstoff praktisch kaum reduzierte Tonerde wird sich mit Kieselsäure zusammen zwischen Schlacke und Metall anreichern. Da der

[1] Stahl u. Eisen Bd. 54 (1934) S. 539—543.

Schmelzpunkt der Kieselsäure aber bereits durch 5% Tonerde auf 1600° C herabgesetzt wird (vgl. Bd. I, S. 218) kann es zur Bildung einer Haut von fester Kieselsäure nicht kommen; es entsteht vielmehr eine flüssige Tonerdesilikatlösung, die sich infolge der Kochbewegung in der übrigen Schlacke schnell verteilt. Ferner werden die Schlacken im Gegensatz zu denen des Laboratoriumsversuchs nicht immer an Kieselsäure gesättigt sein, abgesehen davon, daß die Sättigungsgrenze durch die Anwesenheit der fremden Schlackenbildner zu höheren Kieselsäuregehalten verschoben wird. Schließlich wäre denkbar, daß die im Laboratorium und Betrieb gemessenen Temperaturen nicht vergleichbar sind. Alle diese Umstände wirken anscheinend in der Richtung zusammen, daß die Gleichgewichtsfunktionen von Körber und Oelsen hier zwar zu tiefe Gehalte [Mn] und namentlich [Si] ergeben haben, die aber zeitlich einen ausgesprochen parallelen Verlauf zu den nach Schenck-Brüggemann gezeichneten Kurven aufweisen, so daß beide Arbeiten qualitativ zu dem gleichen Ergebnis bezüglich des Einflusses von Temperatur und Schlackenzusammensetzung auf den Reaktionsverlauf führen.

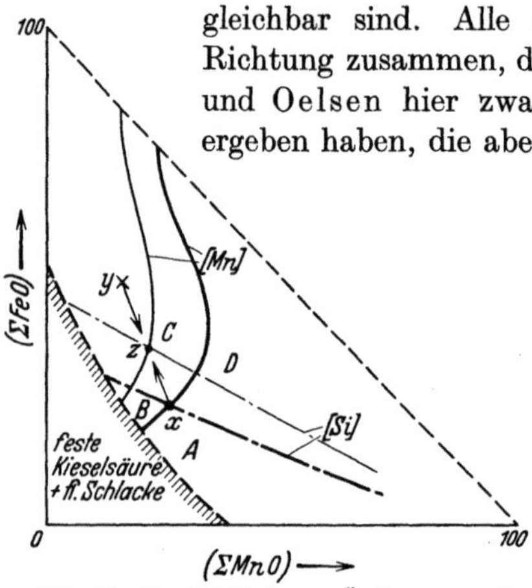

Abb. 83. Der Einfluß von Änderungen der Schlackenzusammensetzung auf die Richtung der Mangan- und Siliziumreaktion (schematisch).

Zunächst ist daraus zu folgern, daß — bei gleichbleibender Schlackenzusammensetzung — die Reduktion von Manganoxydul und Kieselsäure durch steigende Temperatur gefördert wird.

Diese Folgerung, die sich auch mit den Ergebnissen von Krings und Schackmann[1] deckt, und deren Richtigkeit nicht zu bezweifeln sein dürfte, steht im Gegensatz zu den Ergebnissen von Maurer und Bischof. Wenn deren Gleichgewichtskurven — wie oben gezeigt wurde — dennoch den Verlauf der Manganreaktion im sauren Herdofen zu beschreiben vermochten, so ist dies wahrscheinlich damit zu erklären, daß sie eine bedeuten stärkere Abhängigkeit der Konstanten (K_{Mn}) vom Kieselsäuregehalt vermuteten, als sie von den anderen Beobachtern[2] festgestellt wurde. Da aber der Kieselsäuregehalt der Schlacke gewöhnlich im Laufe des Prozesses parallel mit der Temperatur wächst, tritt ein Ausgleich ein.

Der Einfluß der Schlackenzusammensetzung auf den Verlauf der Reaktionen kann an Hand der schematischen Abb. 83 erläutert werden, die in Analogie zu Tafel I gezeichnet wurde. In dieses Schaubild ist je eine Mangan- und Siliziumlinie (stark) eingezeichnet worden, die das Diagramm in vier Einzelfelder A—D teilen. Jedes der Felder hat seine bestimmte Bedeutung für das Verhalten der im Stahl gelösten Stoffe.

Nehmen wir an, das Metallbad befinde sich mit der Schlacke von der Zusammensetzung des Punktes x bei gegebener Temperatur im Gleichgewicht und durch Zusätze werde die Schlacke so geändert, daß ihre Zusammensetzung den Punkt y (Feld C) erreicht. Die infolge dieser Gleichgewichtsstörung einsetzenden Reaktionen suchen die Zusammensetzung des Bades in der Weise zu ändern, daß sich der Punkt x in Richtung auf y verschiebt. Damit ändert sich aber gleichzeitig auch die Schlackenzusammensetzung, und zwar wird Punkt y in

[1] Vgl. S. 138 und Abb. 77.

[2] Krings und Schackmann, Schenck und Brüggemann, vgl. Abb. 77a—e.

Richtung auf x verschoben. Beide Punkte werden sich auf der Verbindungslinie $x - y$ im Punkte z treffen, der der Schnittpunkt einer neuen (schwach gezeichneten) Mangan- und Siliziumlinie ist. Ein Vergleich mit Tafel I zeigt, daß der Silizium- und Mangangehalt des Stahls im Punkt z geringer ist, als bei dem ursprünglichen Punkt x, daß also die Änderung der Schlacke in das Gebiet des Feldes C hinein zu einer Oxydation der beiden Stoffe geführt hat. Eine in dieser Weise auch auf die anderen Felder ausgedehnte Überlegung führt zu der Schlußfolgerung, daß die Verschiebung der Schlackenzusammensetzung nach

Feld A: Zunahme von [Si] und Zunahme von [Mn]
Feld B: Zunahme von [Si] und Abnahme von [Mn]
Feld C: Abnahme von [Si] und Abnahme von [Mn]
Feld D: Abnahme von [Si] und Zunahme von [Mn]

hervorruft.

Wie stark sich die Zusammensetzung des Metalls ändert, hängt von der Entfernung des Punktes z vom Punkt x ab; die beiden Punkte werden um so näher beieinander liegen, je geringer die Änderung der Schlackenzusammensetzung und die Schlackenmenge ist.

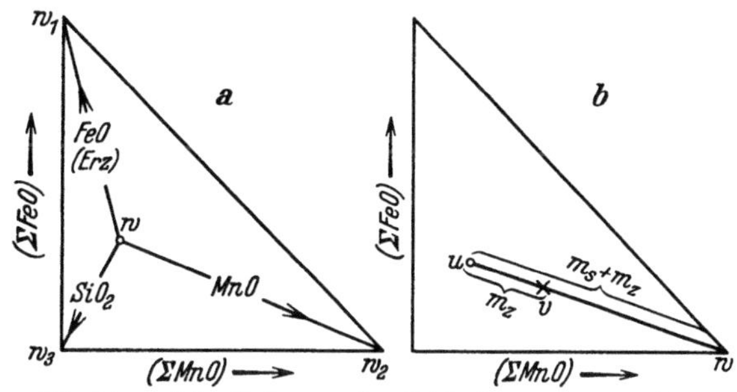

Abb. 84a und b. Änderung der Schlackenzusammensetzung durch Zuschläge zur Schlacke (schematisch).

Die Änderung, die die Schlacke durch Zusätze erfährt, kann man bekanntlich für das Dreistoffsystem FeO–MnO–SiO_2 graphisch veranschaulichen. Entspricht die ursprüngliche Schlackenzusammensetzung dem Punkt w (Abb. 84a), so liegt z. B. die durch Zusatz von reinem FeO geänderte Schlacke auf der Verbindungslinie zwischen w und der Dreiecksspitze w_1 für $(\Sigma\, FeO) = 100$, bei Zusatz von reiner Kieselsäure auf der Verbindungslinie w — Dreiecksspitze w_3 $(\Sigma\, SiO_2 = 100)$ usw. Bezeichnen m_s und m_z die Gewichte von Schlacke und Zuschlag, so errechnet sich die Lage des durch den Zuschlag erreichten Schlackenpunktes v auf der Geraden (Abb. 84b) nach der Beziehung:

$$\frac{\text{Strecke } u\text{—}v}{\text{Strecke } u-w} = \frac{m_z}{m_s + m_z}.$$

Beim Zusatz höherer Eisen- oder Manganoxyde (Erze) ist zunächst eine Reduktion durch das Metall anzunehmen, z. B. $Fe_3O_4 + Fe \rightarrow 4\,FeO$ oder $Mn_3O_4 + Fe \rightarrow 3\,MnO + FeO$; die dabei entstehenden Mengen sind in vorstehenden Beziehungen einzuführen[1].

Auf Grund dieser Überlegungen kann ausgesagt werden, daß Zusätze von Eisenerzen, die die Schlackenzusammensetzung in das Feld C (Abb. 83) hinein verlegen, die Oxydation von Mangan und Silizium zur Folge haben, während Manganerze (Feld D) ebenfalls eine Siliziumabnahme, jedoch eine Zunahme von [Mn] veranlassen. Die Wirkung von Manganerzzusätzen wird um so geringer, je höher ihre Oxydationsstufe ist, weil das primär durch deren Reduktion entstehende Eisenoxydul der MnO-Reduktion entgegenwirkt.

Eine Verschiebung der Schlackenzusammensetzung in das Feld B (Abb. 83) kommt in erster Linie durch die ständige Mitwirkung des aus Kieselsäure

[1] Die höheren Oxydstufen Fe_2O_3, MnO_2, Mn_2O_3 können bei hohen Temperaturen schon gasförmigen Sauerstoff abspalten; z. B. $3\,Mn_2O_3 \rightarrow 2\,Mn_3O_4 + \frac{1}{2}\,O_2$ (vgl. Bd. I) daher ist die Berechnung der durch ihre Reduktion entstehenden Eisenoxydulmengen nicht genau.

bestehenden Herdes zustande. Neben der der korrodierenden Einwirkung der Schlacke ausgesetzten Herdzone über dem Metallspiegel ist auch der unter dem Metall befindliche, der direkten Schlackeneinwirkung entzogene Herd zur unmittelbaren Wechselwirkung mit dem Stahl befähigt. Wir haben uns nämlich vorzustellen, daß sich reine Kieselsäure nach Tafel I keinesfalls mit einem Si-, Mn- und FeO-haltigen Eisenbade im Gleichgewichte befinden kann, sondern daß dies nur für eine Schlacke der Fall ist, die dem Schnittpunkt der betreffenden Silizium- und Mangankurve entspricht. Der Herd muß also oberflächlich die Zusammensetzung dieser Gleichgewichtsschlacke annehmen, was nur möglich ist, indem er dem Stahl Eisenoxydul und Mangan unter gleichzeitigem Umsatz zu Manganoxydul entzieht. Dabei bildet sich auf dem Herd ein flüssiger Schlackenfilm, der teils in das Herdinnere eindringt, zum Teil sich vom Herd ablöst und tropfenförmig in der Schlacke aufsteigt. Auf diesen Vorgängen beruht auch die desoxydierende Wirkung des sauren Herdes[1], die durch die Zunahme des Siliziumgehalts angezeigt wird. Es ist leicht einzusehen, daß die Wechselwirkung zwischen Herd und Stahl um so intensiver sein kann, je ärmer der Herd an den Metalloxydulen ist. Im Laufe der Ofenreise nimmt der Oxydgehalt des Herdes stark zu, wie die von J. H. Whiteley und A. F. Hallimond[2] mitgeteilten Analysen alter Herde zeigen:

Herd	SiO_2%	Fe_2O_3%	FeO%	MnO%	Al_2O_3%	CaO%	MgO%	TiO_2%
I	67,00	7,70	22,9	1,10	0,28	0,50	0,05	0,03
II	67,20	0,30	18,8	6,60	2,80	2,20	0,04	1,20
III	68,10	0,90	23,1	3,90	2,10	1,10	0,15	—

Von derartig verunreinigten Herden wird man eine desoxydierende Wirkung nicht mehr erwarten können. Man versteht daher die Bestrebungen vieler Stahlwerke, durch sorgfältiges Auskratzen des Ofens nach jeder Schmelzung und Aufbringen neuen Sandes Bedingungen zu schaffen, die — abgesehen von der Erhöhung der Herdhaltbarkeit — die Entfernung des Eisenoxyduls aus dem Stahlbad und damit die Siliziumreduktion begünstigen[3].

Im allgemeinen findet eine Zunahme des Kieselsäuregehalts nicht mehr statt, sobald die Sättigungsgrenze erreicht ist[4]. Es kommt allerdings vor, daß durch Sandzusätze oder Loslösen größerer Teile des Herdfutters die Schlackenzusammensetzung in das Feld *II* der Dreiecke in Tafel I verlegt wird, in dem die Schlacken feste Kieselsäureteilchen enthalten. Liegt die Gesamtanalyse einer solchen Zweiphasenschlacke vor, so gelangt man zu dem Silizium- und Mangangehalt des damit im Gleichgewicht befindlichen Metalls auf dem gleichen Wege, der auf S. 37 für das freie Eisenoxydul dieser Schlacken beschrieben wurde, d. h. indem man — ausgehend von der linken unteren Dreieckspitze durch den betreffenden Schlackenpunkt eine Gerade bis zur Sättigungsgrenze zieht.

Es ist durchaus nicht notwendig, anzunehmen, die Kieselsäurereduktion gehe nur in Gegenwart spezieller Reduktionsstoffe vor sich. Bekanntlich wurde des

[1] Vgl. S. 195. [2] J. Iron Steel Inst. Bd. 99 (1919) S. 199—270.

[3] Es scheint überdies, daß die Reaktionsfähigkeit des Herdes auch von physikalischen und sonstigen chemischen Eigenschaften des Sandes (Korngröße, Zusammensetzung) erheblich abhängig ist. [4] Vgl. Abb. 35, S. 74.

öfteren die Frage aufgeworfen, ob das Eisen selbst zur Reduktion befähigt sei, oder ob nur Kohlenstoff und Mangan auf Kieselsäure reduzierend einwirken könnten. Theoretisch ist diese Frage leicht zu entscheiden, wenn wir beachten, daß die Endlage der Kieselsäurereduktion durch Eisen nach dem M.W.G. durch die Beziehung

$$[\mathrm{Si}] = \frac{(\mathrm{SiO_2})}{(\mathrm{FeO})^2} \cdot K_{\mathrm{Si}}$$

beherrscht wird; darnach ist das Ausmaß der Kieselsäurereduktion außer von der Temperatur (K_{Si}) hauptsächlich von der Konzentration des freien Eisenoxyduls abhängig; es ist aber gleichgültig, ob (FeO) durch Reaktion mit Kohlenstoff oder durch Wechselwirkung der Schlacke oder des Metalls mit dem Herde herabgesetzt wird. Körber und Oelsen konnten diese Folgerung experimentell durchaus bestätigen. Erinnern wir uns nun der Beziehungen zwischen dem Kohlenstoffgehalt des Metallbads, seiner Abbrandgeschwindigkeit und dem Gehalt der Schlacke an freiem Eisenoxydul (FeO), so können wir den weiteren Schluß ziehen, daß die Kieselsäurereduktion bei Herstellung harter Stähle und geringer Frischgeschwindigkeit begünstigt wird. In der Praxis wird diese Beziehung häufig dadurch verschleiert, daß harte Stähle meist mit geringerer Temperatur erschmolzen werden als weichere.

Auf vielen Werken setzt man der Schlacke im Verlauf des Prozesses Kalk zu, so daß Kalkgehalte bis zu etwa 12% erreicht werden. J. N. Kilby[1], der diese Maßnahme besonders befürwortete, sieht einen Vorteil darin, daß kalkhaltige Schlacken höhere Kieselsäurekonzentrationen (bis zu 62%) aufweisen können, leichtflüssiger und daher zur Aufnahme der im Stahl suspendierten Teilchen besser geeignet sein sollen. B. Yaneske[2] konnte allerdings eine ausgeprägtere Dünnflüssigkeit solcher Schlacken nur dann bestätigen, wenn der Kieselsäuregehalt 60% nicht erreichte.

Durch den Zusatz des Kalks werden infolge der Bildung von Kalksilikaten Eisen- und Manganoxydul aus ihren Silikatverbindungen in geringem Maße in Freiheit gesetzt und etwas Eisenoxydul wieder in Kalkferrit übergeführt. Die Folge ist, daß die Reduktion von Manganoxydul in geringem Maße begünstigt, die der Kieselsäure etwas stärker verschlechtert wird, wie dies aus den Tafeln II bis IV hervorgeht. Auch diese Beziehungen treten im praktischen Betrieb meist nicht deutlich zutage, weil — wie erwähnt — kalkhaltige Schlacken gewöhnlich mehr Kieselsäure aufweisen.

Das Verhalten von Mangan und Silizium im Bessemerkonverter.

Infolge seiner hohen Sauerstoffaffinität setzt sich das im verblasenen Roheisen gelöste Silizium in erster Linie mit dem vom Windsauerstoff gebildeten Eisenoxydul um; die zuerst gebildete Schlacke enthält noch ungelöste, feste Kieselsäure und erst wenn sich aus der gleichzeitig beginnenden Manganverbrennung genügend Manganoxydul gebildet hat, geht die Schlacke in eine homogene Lösung über. Mit der Abnahme des Siliziums wird nunmehr auch Eisenoxydul im Metall in höherer Konzentration beständig und als solches von der Schlacke

[1] J. Iron Steel Inst. Bd. 95 (1917) S. 69.

[2] J. Iron Steel Inst. Bd. 99 (1919) S. 255—273; vgl. Stahl u. Eisen Bd. 40 (1920) S. 1129.

aufgelöst. Die Abb. 44 und 50 zeigten den allgemeinen Verlauf der Schlackenänderung an Hand einer Reihe von R. v. Seth[1] beobachteten Schmelzungen.

In den Zahlentafeln 8a und b haben wir die analytischen Ergebnisse der Endproben, die v. Seth, sowie K. Smeets[2] dem sauren Konverter entnommen hatten, mit den entsprechenden Gleichgewichtskonzentrationen verglichen. Für die v. Sethschen Proben wurde dabei als Rechnungsgrundlage 1527° C gewählt; dies entspricht etwa den von ihm angegebenen Schlackentemperaturen (optisch), für die nur ein geringer Berichtigungswert erforderlich ist[3]. Lediglich die nach Maurer und Bischof ermittelten [Mn]-Werte wurden für etwa 1620° C unmittelbar mit Hilfe der Abb. 75 gewonnen; ihre Temperaturkorrektion (Abb. 57) würde höhere Gehalte ergeben. In Zahlentafel 8b sind die Gleichgewichtskonzentrationen (mit Ausnahme der von Maurer und Bischof) für drei Temperaturen wiedergegeben, die den wirklichen Temperaturbereich dieser weichen Schmelzungen umfassen dürften.

Zahlentafel 8a zeigt im allgemeinen eine recht gute Übereinstimmung der Analyse mit den Gleichgewichtsgehalten; nur die Ermittelung nach Schenck und Brüggemann liefert etwas zu geringe [Mn]- und zu hohe [Si]-Werte. Aus Zahlentafel 8b geht hervor, daß die Annahme betreffs der Temperatur für den Wert des Vergleichs eine wesentliche Rolle spielt, für den weiter zu berücksichtigen ist, daß bei der Abkühlung der Proben (Desoxydations-)Reaktionen vor sich gehen, die mit einem Siliziumverluste verbunden sein können.

Schließlich muß man im Zweifel sein, ob für den sauren Konverter die Möglichkeit der Gleichgewichtseinstellung immer gegeben ist; wir haben nämlich zu beachten, daß die Schlacke — im Gegensatz zum Thomasverfahren — nur aus dem Innern des Metalls heraus gebildet wird. Wenn man auch vielleicht annehmen kann, daß die durch Verbrennung von Silizium und Mangan, sowie Auflösung von Eisenoxydul gebildeten Schlackentröpfchen im Augenblick ihres Entstehens mit dem Metall im Gleichgewicht sind, so verschiebt sich andererseits die Gleichgewichtszusammensetzung beider Phasen sehr schnell und es ist denkbar, daß die Tröpfchen schon nicht mehr dem Gleichgewicht entsprechen, wenn sie von der eigentlichen Schlacke aufgenommen werden.

Zahlentafel 8a. Vergleich der analytischen und der Gleichgewichtskonzentrationen für Endproben aus dem Bessemerkonverter (R. v. Seth).

Bez.	t^0 C unkorr.	$(\Sigma\ SiO_2)$	$(\Sigma\ FeO)$	$(\Sigma\ MnO)$	[Mn] anal.	[Mn] K.-Oe.[4]	[Mn] M.-B.[5]	[Mn] S.-B.[6]	[Si] anal.	[Si] K.-Oe.[4]	[Si] S.-B.[5]	$[\Sigma\ C]$
A 34	1480	50,45	10,42	36,20	0,24	0,21	0,27	0,19	0,02	0,03	0,07	0,89
A 39	1510	47,05	8,92	40,10	0,25	0,26	0,29	0,22	0,03	0,04	0,08	0,98
A 43	1480	49,05	10,58	36,60	0,23	0,20	0,26	0,19	0,03	0,029	0,07	0,69
A 46	1510	47,90	10,65	37,60	0,25	0,21	0,24	0,19	0,03	0,029	0,07	0,63
A 58	1510	48,30	9,90	36,75	0,27	0,22	0,26	0,20	0,03	0,033	0,08	0,69
A 60	1520	48,30	9,26	37,43	0,26	0,24	0,28	0,20	0,04	0,038	0,09	0,74
B 541	etwa 1500	48,25	8,85	37,40	0,20	0,25	0,30	0,21	0,039	0,042	0,10	0,81
B 468	etwa 1500	48,50	9,70	36,30	0,24	0,22	0,26	0,20	0,050	0,035	0,09	0,69

[1] Jernkont. Ann. Bd. 108 (1924) S. 1—93, vgl. Z. VDI Bd. 70 (1926) S. 973.
[2] Vgl. S. 91f., Zahlentafel 4 und 5. [3] Vgl. S. 15. [4] Körber-Oelsen.
[5] Maurer-Bischof (für 1620° C ermittelt). [6] Schenck-Brüggemann.

Zahlentafel 8b. Wie Zahlentafel 8a für Endproben von Smeets.

Bez. [ΣC]		Bessemerkonverter			Klein-Bessemerei				Gleichgewichtsgehalte nach:
		B IIIa 0,10	B IVa 0,03	B Va 0,26	K I 0,04	K III 0,04	K V 0,11	K VI 0,07	
[Si]	analytisch	0,10	0,07	0,26	0,06	0,02	0,05	0,02	—
[Mn]	analytisch	0,42	0,17	0,62	0,02	0,02	0,17	0,12	—
[Si]	1577° C	0,063	0,011	0,11	0,004	0,003	0,013	0,10	Körber und Oelsen Gl. (A) und (B), (S. 139).
[Mn]	1577° C	0,29	0,11	0,40	0,012	0,013	0,10	0,080	
[Si]	1627° C	0,118	0,021	0,20	0,007	0,006	0,024	0,019	
[Mn]	1627° C	0,37	0,14	0,52	0,015	0,016	0,13	0,10	
[Si]	1677° C	0,213	0,038	0,36	0,012	0,010	0,045	0,035	
[Mn]	1677° C	0,48	0,18	0,67	0,020	0,020	0,165	0,135	
[Si]	1577° C	0,07	0,09	0,11	0,025	0,02	0,04	0,04	Schenck und Brüggemann, Tafel Ib—d
[Mn]	1577° C	0,30	0,16	0,38	0,05	0,05	0,16	0,14	
[Si]	1627° C	0,09	0,15	0,18	0,03	0,02	0,05	0,045	
[Mn]	1627° C	0,45	0,24	0,50	0,07	0,07	0,23	0,20	
[Si]	1677° C	0,10	0,23	0,20	0,03	0,025	0,055	0,05	
[Mn]	1677° C	0,62	0,33	0,80	0,09	0,10	0,33	0,28	
[Mn] für etwa 1620° C		0,30	(0,19)	0,43	0,013	0,015	0,11	0,10	Maurer-Bischof Abb. 75

Immerhin werden die Gleichgewichtsgesetze qualitativ brauchbar sein, um auch für den sauren Windfrischprozeß auszusagen, daß hohe Temperatur die Abscheidung von Silizium und Mangan erschwert, hoher Eisenoxydulgehalt der Schlacke dagegen ein Indikator für weitgehende Verbrennung der Metallbegleiter ist. Dies steht mit den Erfahrungen der Praxis im Einklang.

Die Reaktionen des Phosphors.

Allgemeines.

Die Abscheidung des Phosphors aus dem Metall vollzieht sich durch Oxydation und die Bildung von Phosphorverbindungen, die von der Schlacke aufgenommen werden; sie wird, wie die Abscheidung der meisten anderen Begleitelemente des Eisens, ebenfalls merklich durch Gleichgewichtszustände begrenzt, was schon daraus hervorgeht, daß man nicht selten der Erscheinung der „Rückphosphorung" begegnet. Der Gleichgewichtszustand der Phosphorreaktion ist hier gekennzeichnet durch diejenige Zusammensetzung der Schlacke und des Metalls in Verbindung mit der Höhe der Temperatur, bei denen sich Oxydation und Reduktion die Waage halten; eine Änderung dieser Bedingungen, durch die der Gleichgewichtszustand aufgehoben wird, fördert entweder die Abscheidung des Phosphors oder seine Rückwanderung aus der Schlacke in das Metall.

Als primäre Reaktion des Phosphors ist sein Umsatz mit dem im Eisen gelösten Eisenoxydul anzusehen, wobei sich Phosphorsäure bildet. Sehr wahrscheinlich ist Phosphor im Metall als Phosphid gelöst, so daß der im Metall ablaufende Umsatz beschrieben werden kann durch die Gleichung [1]

$$2\,Fe_3P + 5\,FeO \rightleftharpoons P_2O_5 + 11\,Fe.$$

[1] Dieser Umsatz kann sich nur in Berührung mit der Schlacke abspielen.

Die kalkhaltigen Schlacken der basischen Stahlerzeugungsprozesse haben die Eigenschaft, die entstehende Phosphorsäure aufzunehmen und in ein stabiles Phosphat zu überführen, dem im Schrifttum die Formel $(CaO)_3P_2O_5$ (Trikalziumphosphat) oder $(CaO)_4P_2O_5$ (Tetrakalziumphosphat) zugeschrieben wird; addiert man z. B. zu der obigen Reaktionsgleichung die weitere

$$3\,CaO + P_2O_5 \rightleftharpoons (CaO)_3P_2O_5,$$

so entsteht

$$2\,Fe_3P + 5\,FeO + 3\,CaO \rightleftharpoons (CaO)_3P_2O_5 + 11\,Fe.$$

Unter der Voraussetzung, daß elementar im Metall gelöster Phosphor reagiert, würde man dagegen zu schreiben haben

$$2\,P + 5\,FeO + 3\,CaO \rightleftharpoons (CaO)_3P_2O_5 + 5\,Fe.$$

Man kann nun bei der Aufstellung des M.W.G. für beide Reaktionen in Betracht ziehen, daß die Konzentration des metallischen Eisens [Fe] unter den Bedingungen der Stahlerzeugungsprozesse nicht sehr stark schwankt; indem man [Fe] als Konstante in die Gleichgewichtskonstante mit einbezieht, erhält man

$$\frac{[\Sigma\,P]^2\,(FeO)^5\,(CaO)^3}{(\Sigma\,P_2O_5)} = K.$$

Infolge dieser Voraussetzung bleibt die Gleichgewichtskonstante unberührt von der Auffassung, ob Phosphor elementar oder als Phosphid im Stahl vorliegt[1]. Des weiteren ist bei Aufstellung der Gleichung angenommen worden, daß die gesamte Phosphorsäure praktisch als Triphosphat vorliegt; d. h. $(\Sigma\,P_2O_5)$ ist proportional $((CaO)_3P_2O_5)$ und die Proportionalitätskonstante ist ebenfalls in K enthalten.

Auf der Grundlage vorstehender Gleichung und von Messungen aus dem Betrieb ist von mehreren Seiten die Festlegung der Phosphorgleichgewichte angestrebt worden, so unter anderem von P. M. Macnair[2], dessen Gleichgewichtskonstanten jedoch wegen der Nichtberücksichtigung der Temperatur in weiten Grenzen schwanken. C. H. Herty jr.[3] führte an Stelle der Konzentrationsgröße (CaO) die „verfügbaren" Basen ein, unter denen er den Gesamtkalk, vermindert um den als $CaOSiO_2$ und $(CaO)_3P_2O_5$ gebundenen Kalk versteht. Die Konzentration (FeO), die auch hier wieder nur auf das „freie Eisenoxydul" bezogen werden darf, wurde von ihm nach den früher[4] mitgeteilten Grundsätzen berechnet.

In einer neueren Arbeit haben C. Schwarz, E. Schröder und G. Leiber[5] auf den Gedankengang Hertys zurückgegriffen und als Gleichgewichtsfunktion abgeleitet:

$$\log K = \log \frac{[\Sigma\,P]^2\,(\Sigma\,Fe)^5\,B'^3}{(\Sigma\,P_2O_5)} = -\frac{24\,000}{T} + 11{,}62,$$

worin B' — wie bei der entsprechenden Funktion für das Mangangleichgewicht — definiert ist als:

$$B' = 0{,}01\,[(\Sigma\,CaO) - 0{,}93\,(\Sigma\,SiO_2) - 1{,}18\,(\Sigma\,P_2O_5)].$$

An Stelle des freien Eisenoxyduls wird die Gesamtkonzentration des Eisens in

[1] Dies gilt jedoch nur, solange der Phosphorgehalt des Metalls — wie bei den technischen Prozessen — klein ist.

[2] Carnegie Scholarship. Mem. Bd. 13 (1924) S. 267—294.

[3] Trans. Amer. Inst. min. metallurg. Engr. Bd. 73 (1926) S. 1079; vgl. Stahl u. Eisen Bd. 46 (1926) S. 1597, sowie S. 20.

[4] Vgl. S. 25 u. 26. [5] Arch. Eisenhüttenwes. Bd. 7 (1933/34) S. 165—174.

der Schlacke (Σ Fe) eingesetzt. In einer weiteren Arbeit hat C. Schwarz[1] (ähnlich wie für die Mangangleichgewichte) auch die Aussagen dieser Gleichung in einem eleganten Nomogramm zur Darstellung gebracht, auf dessen Wiedergabe hier wegen Raummangels verzichtet werden muß.

Die obige Fassung des M.W.G. ist inzwischen infolge neuer Versuche, die von E. Maurer und W. Bischof[2], sowie von H. Schackmann und W. Krings[3] im Laboratorium durchgeführt wurden, als nicht mehr zutreffend anzusehen. In beiden Arbeiten wurde übereinstimmend festgestellt, daß das Konzentrationsverhältnis von Phosphor und Phosphorsäure bei sonst gleichen Schlacken und gleicher Temperatur nicht — wie vorstehende Gleichungen verlangen — durch einen Quotienten $\frac{[\Sigma P]^2}{(\Sigma P_2O_5)}$ sondern durch $\frac{[\Sigma P]}{(\Sigma P_2O_5)}$ darzustellen ist. An Stelle der ins Quadrat erhobenen Konzentration des Phosphors [Σ P] wäre also nur deren erste Potenz in die Gleichung des M.W.G. einzuführen:

$$\frac{[\Sigma P]\,(FeO)^5\,(CaO)^3}{(\Sigma P_2O_5)} = K_P\,.$$

Schackmann und Krings gaben für dieses Ergebnis die Erklärung, daß mit der Einführung der Größe [Σ P], die ja die Konzentrationssumme von freiem und als Phosphid gebundenen Phosphor darstellt, ein Fehler begangen werde, der empirisch durch die Wahl der ersten Potenz ausgeschaltet werden könne.

Andererseits wäre es denkbar, daß das Eisenphosphid (z. B. Fe_3P) polymerisiert ist zu $(Fe_3P)_2$; indem man dann die Reaktionsgleichung schreibt:

$$(Fe_3P)_2 + 5\,FeO + n CaO \rightleftharpoons (CaO)_n P_2O_5 + 11\,Fe$$

erscheint [Σ P] im M.W.G. ebenfalls in erster Potenz.

Die Frage, in welcher Form Phosphor im Bereich der normalen Konzentration des Stahls vorliegt, kann vorläufig nicht als entschieden gelten. Sicherlich ist theoretisch damit zu rechnen, daß neben dem Phosphid als Dissoziationsprodukt auch elementar gelöster Phosphor vorhanden ist. Der Verfasser bezweifelt aber, daß der Anteil des letzteren am Gesamtgehalt (Σ P] hoch ist, weil anderenfalls auch aus flüssigen Stählen mit geringen Phosphorgehalten eine lebhafte Phosphorverdampfung stattfinden müßte. Zudem sei bemerkt, daß sich die Versuchsergebnisse von Schackmann und Krings über die Gleichgewichte von phosphorhaltigem Eisen mit FeO—P_2O_5-Schlacken bei gegebener Temperatur sehr gut durch die Gleichung

$$\log K = \frac{[\Sigma P]\,(FeO)^8}{(P_2O_5)_{FeO}\,[Fe]^{11}} + 0{,}05\,(P_2O_5)_{FeO} \quad (= -6{,}4 \text{ für } 1525^0\,C)$$

wiedergeben lassen. Dieser Ausdruck würde aber der Reaktion:

$$(Fe_3P)_2 + 8\,FeO \rightleftharpoons (FeO)_3P_2O_5 + 11\,Fe$$

entsprechen. [Das Auftreten des Gliedes 0,05 $(P_2O_5)_{FeO}$ wird weiter unten noch zu erörtern sein.] Jedenfalls gelingt die Beschreibung der Gleichgewichtslage mit obigem Ausdruck besser, als mit dem von den Beobachtern angegebenen:

$$\frac{[\Sigma P]\,(FeO)^5}{(P_2O_5)_{FeO}\,[Fe]^5} = K \ (= 0{,}091 \text{ bei } 1525^0;\ 0{,}045 \text{ bei } 1450^0\,C),$$

der bei geringen Phosphorgehalten versagt. Dennoch sei ausdrücklich hervorgehoben, daß an dieser Stelle keineswegs das alleinige Auftreten an Phosphiden vertreten werden soll.

H. Schenck und W. Rieß[4] gingen bei dem Versuch, das Phosphorgleichgewicht zu formulieren, wieder davon aus, daß sich die Konzentrationsgrößen (FeO) und (CaO) lediglich auf die im freien Zustand befindlichen Stoffe beziehen dürfen; die Ermittlung dieser Größen war verhältnismäßig einfach, nachdem

[1] Arch. Eisenhüttenwes. Bd. 7 (1933/34) S. 223—227.

[2] Arch. Eisenhüttenwes. Bd. 6 (1932/33) S. 415—421.

[3] Z. anorg. allg. Chem. Bd. 213 (1933) S. 161—179. [4] Vgl. S. 26.

bereits in früheren Abschnitten[1] die Beziehungen von (FeO) und (CaO) zur Gesamtzusammensetzung der Schlacke entwickelt und in den Tafeln II—IV graphisch dargestellt waren.

Bei der Ableitung der Funktionen sollte geprüft werden, ob das Tri- oder das Tetrakalziumphosphat vorwiegend als Träger der Entphosphorung zu betrachten sei; es entstanden folgende Ausdrücke:

für das Triphosphat $(Fe_3P)_2 + 5\ FeO + 3\ CaO \rightleftharpoons (CaO)_3P_2O_5 + 11\ Fe$:

$$\log K_P^{III} = \log \frac{[\Sigma P](FeO)^5(CaO)^3}{(\Sigma P_2O_5)} + 0{,}045 \cdot (\Sigma P_2O_5) = -\frac{49\,400}{T} + 32{,}39;$$

für das Tetraphosphat $(Fe_3P)_2 + 5\ FeO + 4\ CaO \rightleftharpoons (CaO)_4P_2O_5 + 11\ Fe$:

$$\log K_P^{IV} = \log \frac{[\Sigma P](FeO)^5(CaO)^4}{(\Sigma P_2O_5)} + 0{,}060\ (\Sigma P_2O_5) = -\frac{51\,800}{T} + 35{,}05. \quad \text{(VIII)}$$

In beiden Fällen hatte sich auch hier herausgestellt, daß $[\Sigma P]$ eher in erster Potenz, als im Quadrat eingeführt werden müsse; es sei aber auf die eingangs dieses Abschnittes gemachte Bemerkung verwiesen, wonach bei dieser Fassung der Gleichgewichtsfunktionen die Frage der Phosphorbindung im Metall offen bleibt. Weiter hat sich als notwendig erwiesen, die Konstanten mit Korrektionsgliedern $[0{,}045 \cdot (\Sigma P_2O_5)$ bzw. $0{,}060 \cdot (\Sigma P_2O_5)]$ zu versehen, über deren theoretische Bedeutung noch keine volle Klarheit besteht.

Korrektionsglieder dieser Art würden z. B. notwendig werden, falls sich die Phosphate in der Schlackenlösung thermodynamisch nicht ideal verhalten. Wenn man der Gleichung z. B. die Gestalt gibt:

$$K_P^{III} \frac{[\Sigma P](FeO)^5(CaO)^3}{(\Sigma P_2O_5)} \cdot 10^{0{,}045\,(\Sigma P_2O_5)} = \frac{[\Sigma P](FeO)^5(CaO)^3}{(\Sigma P_2O_5)} \cdot e^{0{,}104\,(\Sigma P_2O_5)}$$

würde sie Ähnlichkeit besitzen mit der von R. Lorenz[2] für nicht ideale Reaktionsteilnehmer abgeleiteten Funktion

$$K = \frac{[A]^a\,[B]^b \cdots}{[M]^m\,[N]^n \cdots} \cdot e^u$$

worin u eine Konzentrationsfunktion der nicht idealen Stoffe darstellt. Bemerkenswert ist, daß auch die vorstehend erwähnte Neuauswertung der Versuche von Schackmann und Krings auf eine ähnliche Gleichung führte. Andererseits ist es denkbar, daß die hier begangenen Ungenauigkeiten (z. B. Rechnen mit Gewichtsprozenten anstatt Molenbrüchen, Vernachlässigung der Volumänderung) durch die Korrektionsglieder ausgeglichen werden.

Die Prüfung, ob das Tri- oder das Tetraphosphat vorwiegend in der Schlacke vorhanden sei, führte zu keinem eindeutigen Ergebnis; obwohl die Beschreibung der Gleichgewichte auf Grund des Tetraphosphates (K_P^{IV}) um ein weniges genauer schien, erhielt man auch mit K_P^{III} eine befriedigende Übereinstimmung von Analyse und Rechnung. Es scheint daher, daß beide Kalkphosphate (und vielleicht noch einige mehr) als in den basischen Schlacken beständig betrachtet werden können; sicherlich ist es unrichtig, sich nur auf ein einziges Phosphat festzulegen. Da es jedoch Schwierigkeiten macht, das Vorhandensein mehrerer Phosphate in einer einfachen Gleichung zu berücksichtigen, soll hier das Kalziumtetraphosphat — lediglich als Rechnungsgrundlage — als soweit vorherrschend betrachtet werden, daß neben ihm die anderen Phosphate vernachlässigt werden können[3]. Wir verwenden im folgenden also die Formel:

$$\log K_P^{IV} = \log \frac{[\Sigma P](FeO)^5(CaO)^4}{(\Sigma P_2O_5)} + 0{,}060\,(\Sigma P_2O_5) = -\frac{51\,800}{T} + 35{,}05, \quad \text{(VIII)}$$

[1] S. 33f. [2] Vgl. Bd. I, S. 36.

[3] Auch bei der Aufstellung der Mangangleichgewichte des Thomasverfahrens hatte sich das Tetraphosphat als etwas bessere Rechnungsgrundlage erwiesen.

worin (FeO) und (CaO) aus den Tafeln II—IV zu entnehmen sind, indem man zunächst $(\Sigma\ \mathrm{CaO})' = (\Sigma\ \mathrm{CaO}) - 1{,}57\ (\Sigma\ \mathrm{P_2O_5})$ bildet. Zahlenwerte von $K_{\mathrm{P}}^{\mathrm{IV}}$ finden sich in Zahlentafel 15 (S. 264).

Beispiel. Eine Schlacke der folgenden Zusammensetzung:

$$(\Sigma\,\mathrm{Fe}) = 10,\quad (\Sigma\,\mathrm{MnO}) = 10,\quad \Sigma\,(\mathrm{CaO}) = 45,\quad (\Sigma\,\mathrm{SiO_2}) = 20,\quad (\Sigma\,\mathrm{P_2O_5}) = 3{,}0$$

befinde sich bei 1627° C im Gleichgewicht mit einem Stahlbad, dessen Phosphorgehalt $[\Sigma\,\mathrm{P}]$ gesucht werden soll. Es ist $\log K_{\mathrm{P}}^{\mathrm{IV}} = 7{,}79$ und $(\Sigma\,\mathrm{CaO})' = 45 - 1{,}57 \cdot 3{,}0 = 40{,}3$. Aus Tafel IV findet man:

$$(\mathrm{CaO}) = 27{,}5 \qquad \text{und} \qquad (\mathrm{FeO}) = 5{,}8.$$

Somit wird

$$\log\,[\Sigma\,\mathrm{P}] = \log K_{\mathrm{P}}^{\mathrm{IV}} + \log\,(\Sigma\,\mathrm{P_2O_5}) - 5\log\,(\mathrm{FeO}) - 4\log\,(\mathrm{CaO}) - 0{,}060\,(\Sigma\,\mathrm{P_2O_5}) =$$
$$= 7{,}79 + 0{,}477 - 5 \cdot 0{,}763 - 4 \cdot 1{,}439 - 0{,}060 \cdot 3 = -1{,}48$$

und $[\Sigma\,\mathrm{P}] = 0{,}033$.

In den meisten Fällen wird es notwendig sein, (CaO) und (FeO) durch Interpolation aus den Tafeln II—IV zu entnehmen.

In Gl. (VIII) ist angenommen, daß Phosphorsäure nur auf Kalk (und zwar das Tetraphosphat) verteilt sei. Sicherlich trifft diese Voraussetzung nicht streng zu, da auch eine Reihe weiterer Schlackenbestandteile (FeO, MnO, MgO usw.) zur Bildung von Phosphaten befähigt sind, deren Einfluß auf das Gleichgewicht sich — wie der Verfasser[1] zeigte — durch folgende erweiterte Formel erfassen läßt:

$$K = \frac{[\Sigma\,\mathrm{P}]\,(\mathrm{FeO})^5}{(\Sigma\,\mathrm{P_2O_5})}\left(1 + \frac{(\mathrm{FeO})^3}{D_1} + \frac{(\mathrm{MnO})^3}{D_2} + \frac{(\mathrm{MgO})^3}{D_3} + \frac{(\mathrm{CaO})^3}{D_4} + \cdots\right).$$

Darin sind D_1, D_2 usw. die Dissoziationskonstanten der verschiedenen Phosphate; die Annahme der alleinigen Anwesenheit von Kalkphosphat würde dann zutreffen, wenn D_4 so gering ist, daß alle Glieder in der Klammer neben dem letzten vernachlässigt werden können. Auf Grund der erwähnten Messungen von Schackmann und Krings können wir den Schluß ziehen, daß eine solche Vernachlässigung für das Eisenoxydulphosphat jedenfalls durchaus berechtigt ist.

Es sei angenommen, der Stahl enthalte bei 1525° C $[\Sigma\,\mathrm{P}] = 0{,}2\%$ und die damit im Gleichgewicht stehende Schlacke an freiem Eisenoxydul $(\mathrm{FeO}) = 10\%$. Dann wird nach der auf den Schackmann-Kringsschen Messungen aufgebauten Formel (S. 151) mit $\log K = -6{,}4$ und $[\mathrm{Fe}] = 95\%$ (angenommen)

$$\log\,(\mathrm{P_2O_5})_{\mathrm{FeO}} - 0{,}05\,(\mathrm{P_2O_5})_{\mathrm{FeO}} = \log \frac{[\Sigma\,\mathrm{P}]\,(\mathrm{FeO})^8}{[\mathrm{Fe}]^{11}} = -14{,}46,$$

d. h. die Konzentration der als Eisenphosphat gebundenen Phosphorsäure beträgt $(\mathrm{P_2O_5})_{\mathrm{FeO}} = 3{,}3 \cdot 10^{-15}\%$; sie ist also zu vernachlässigen.

Über die Stabilität der anderen Phosphate sind wir noch nicht unterrichtet; aus ihrer Wärmetönung kann man roh schließen[2], daß auch sie wesentlich unbeständiger sind, als die Kalkphosphate. Da außerdem die Konzentrationen von MnO und MgO weit geringer sind, als die des Kalks und ein merklicher Einfluß dieser Stoffe auf das Gesetz der Phosphorgleichgewichte[3] bisher nicht zu beobachten war, scheint die Vernachlässigung aller anderen Phosphate zulässig. Ein Versuch von T. P. Colclough[4], das Phosphorgleichgewicht nur auf der Grundlage von Eisen- und Manganphosphat abzuleiten, führte nicht zu allgemein verwendbaren Ergebnissen.

[1] Arch. Eisenhüttenwes. Bd. 1 (1927/28) S. 487 Gl. (5). Obiger Ausdruck enthält im Gegensatz zu der angezogenen Formel die Größe $[\Sigma\,\mathrm{P}]$ nur in erster Potenz.

[2] Vgl. Bd. I, S. 260. [3] Über den Einfluß von MnO vgl. S. 159.

[4] Physical chemistry of Steel-making-processes, S. 202—223.

Das Verhalten des Phosphors bei den basischen Stahlherstellungsverfahren.

Mit den Abb. 85—87 soll zunächst geprüft werden, ob die Aussagen der von C. Schwarz und Mitarbeiter, sowie von H. Schenck und Rieß aufgestellten Gesetzmäßigkeiten den Verlauf der Phosphorreaktion befriedigend beschreiben; im Anschluß daran kann das Verhalten des Phosphors unter wechselnden Betriebsbedingungen eine allgemeinere Darstellung erfahren.

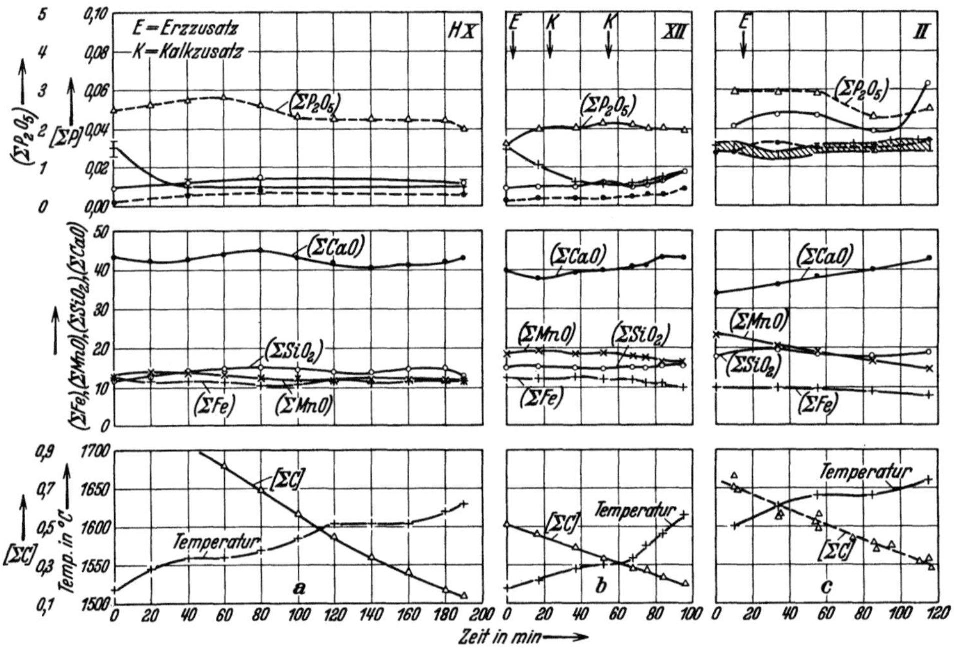

Abb. 85a—c. Vergleich der Phosphorgehalte (+ ———) des Stahls im basischen S.M.-Ofen mit den Gleichgewichtsgehalten nach Schwarz und Mitarbeiter (● - - - - - -) und Schenck-Rieß (○ ———).

Die Berechnung der Gleichgewichtskonzentration des Phosphors, die im folgenden mit dem analytisch ermittelten Gehalt zu vergleichen ist, kann mit der Schwarzschen Gleichung ohne weiteres vorgenommen werden. Vor Verwendung der Schenck-Rießschen Gleichung sind zwecks Ermittelung von (FeO) und (CaO) die Tafeln II—IV (nötigenfalls unter Zuhilfenahme von graphischen Inter- und Extrapolationen) heranzuziehen, wie in dem Beispiel von S. 153 beschrieben.

Abb. 85a, Beobachter F. Körber[1], 20 *t* bas. S.M.-Ofen (Schmelzung H X). Die Schmelzungen Körbers wurden in erster Linie auf das Verhalten des Mangans untersucht; infolgedessen ist dem Phosphor, dessen Gehalte auf Hundertstel Prozente auf- oder abgerundet angegeben wurden, weniger Aufmerksamkeit geschenkt worden. Es zeigt sich jedoch eine gute Übereinstimmung der analytischen Angaben mit der Gleichgewichtsrechnung nach Schenck-Rieß. Bei Beginn der Beobachtung ist der Gleichgewichtsabstand noch recht groß; infolgedessen fällt der Phosphorgehalt schnell ab, um weiterhin praktisch im Gleichgewicht zu bleiben. Die nach Schwarz berechneten Gleichgewichtskurve zeigt einen parallelen Verlauf, sie würde eine Abscheidung des Phosphors bis zu Gehalten unter 0,01 % zulassen.

[1] Arch. Eisenhüttenwes. Bd. 3 (1929/30) S. 516, Zahlentafel 4.

Abb. 85b, Beobachter H. Schenck[1], 60 *t* bas. S.M.-Ofen (Schmelzung XII). Auch hier beobachtet man, daß der Phosphorgehalt bei anfangs größerem Gleichgewichtsabstand (Schenck-Rieß) schnell absinkt, um sodann unter praktischer Gleichgewichtseinstellung anzusteigen. Die Schwarzsche Kurve wird dem Wiederansteigen des Phosphors nicht gerecht; sie fällt jedoch mit der Kurve nach Schenck-Rieß zusammen, wenn man mit einer um etwa 50° höheren Temperatur rechnet[2].

(Von beiden Schmelzungen haben nur die Endanalysen zur Aufstellung der Gesetzmäßigkeiten nach Schenck und Rieß Verwendung gefunden; die befriedigenden Aussagen dieser Gesetze sind daher um so bemerkenswerter.)

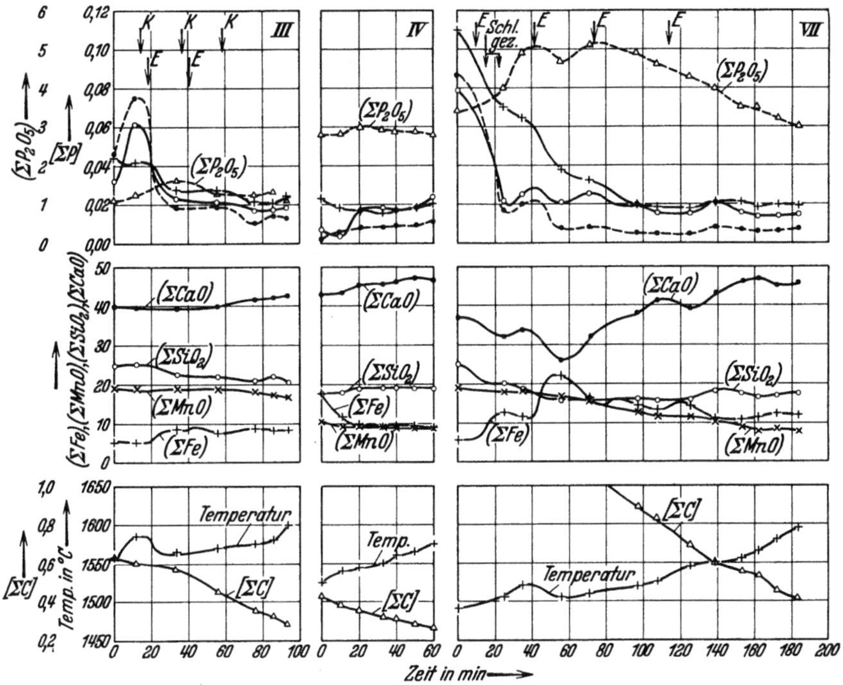

Abb. 86. Wie Abb. 85.

Abb. 85c, Beobachter C. Schwarz, E. Schröder und G. Leiber[3], bas. S.M.-Ofen (Proben 8—12). Hier liefert die Formel von Schenck und Rieß anscheinend zu hohe Phosphorgehalte, was vielleicht auf abweichende Temperaturmessung der Beobachter zurückzuführen ist. Bei einer um etwa 50° tieferen Temperatur würde bessere Übereinstimmung vorhanden sein[4]. Die Schwarzsche Gleichung, die unter anderem auf Grund dieser Charge ermittelt wurde, liefert sehr gute Ergebnisse.

Von den folgenden 25 *t* S.M.-Schmelzungen (Abb. 86), die von Schenck und Rieß beobachtet wurden, sind einige Punkte zur Aufstellung ihrer Gesetzmäßigkeiten herangezogen worden, nicht aber für die Schmelzungen in Abb. 85 und 87.

Abb. 86a (Schmelzung III). Die beiden Gleichgewichtskurven steigen zunächst schnell an, um sodann infolge des Kalk- und Erzzusatzes und der dadurch verursachten Temperaturerniedrigung wieder abzufallen. In Übereinstimmung damit wird der Phosphorgehalt nach der 20. Minute schnell erniedrigt; er behält bis zur 80. Minute sinkende Tendenz bei, was auch von den Gleichgewichtskurven gefordert wird.

---

[1] Arch. Eisenhüttenwes. Bd. 3 (1929/30) S. 518, Zahlentafel 5.

[2] Dies würde bedeuten, daß die Gleichung von Schwarz auf Temperaturmessungen basiert, die 50° oberhalb der vom Verf. gemessenen Temperaturen liegen. [3] A. a. O.

[4] Das gleiche ergab sich für dieselbe Schmelzung bei der Behandlung der Frischgeschwindigkeit, vgl. S. 60, Abb. 25.

Zahlentafel 9. Vergleich der analytisch ermittelten Phosphorgehalte des Metalls mit den nach Schenck und Rieß berechneten Gleichgewichtskonzentrationen für letzte Proben (vor Schlußzusätzen).

Lfd. Nr.	Bez.	t °C	[Σ C]	[Mn]	[S]	(Σ Fe)	(Σ MnO)	(Σ SiO_2)	(Σ CaO)	(Σ P_2O_5)	(Σ MgO)	(Σ S)	[Σ P] beob.	[Σ P] ber.	Beobachter
1	VIII	1585	0,41	0,43	0,023	8,2	12,8	22,3	43,1	0,92	6,0	0,11	0,011	0,012	H. Schenck S.M.-Ofen
2	IX	1582	0,54	0,39	0,029	9,7	11,6	21,0	42,2	1,4	6,0	0,20	0,010	0,017	
3	X	1627	0,06	0,31	0,039	11,8	13,0	18,8	40,4	1,8	7,5	0,19	0,019	0,017	
4	XII	1615	0,20	0,50	0,028	9,9	16,4	15,7	43,1	1,9	6,3	0,28	0,018	0,018	
5	XIII	1602	0,12	0,32	0,023	15,5	14,6	14,7	39,1	1,4	4,7	0,23	0,011	0,007	
6	XIV	1594	0,17	0,29	0,037	11,1	14,8	18,6	41,0	1,9	4,0	0,21	0,012	0,017	
7	H I	1657	0,09	0,34	0,03	9,0	13,6	23,2	38,4	2,47	7,80	0,12	0,03	0,059	F. Körber S.M.-Ofen
8	H II	1621	0,12	0,27	0,03	12,9	10,0	17,0	41,6	1,65	10,75	0,28	0,01	0,013	
9	H III	1657	0,08	0,29	0,03	13,3	11,4	14,4	40,2	2,24	12,68	0,32	0,01	0,012	
10	H V	1646	0,07	0,38	0,03	9,7	10,1	19,7	42,4	1,90	10,49	0,19	0,02	0,029	
11	H VI	1657	0,10	0,23	0,04	13,3	9,4	16,6	41,6	1,67	11,23	0,21	0,01	0,012	
12	H IX	1641	0,39	0,37	0,03	12,0	11,9	15,7	41,2	2,50	10,76	0,12	0,01	0,020	
13	H X	1631	0,14	0,36	0,03	11,9	11,2	13,2	43,1	1,96	12,28	0,22	0,01	0,013	
14	II/8	1600	0,25	0,29	0,033	11,8	11,3	17,0	44,3	2,8	7,2	0,18	0,014	0,016	H. Schenck und Rieß S.M.-Ofen
15	III/7	1600	0,28	0,48	0,032	8,2	16,9	20,6	42,7	1,1	5,6	0,18	0,024	0,018	
16	IV/7	1575	0,26	0,24	0,036	8,9	8,3	19,1	46,9	2,6	7,3	0,18	0,020	0,023	
17	VI/4	1585	0,27	0,44	0,034	7,4	11,8	19,1	44,9	3,3	6,4	0,15	0,040	0,048	
18	VII/13	1595	0,41	0,24	0,032	11,8	7,5	17,4	45,7	3,0	7,2	0,17	0,019	0,015	
19	IX/8	1595	0,32	0,25	0,028	13,2	7,3	14,5	48,1	2,1	5,9	0,22	0,012	0,008	
20	X/12	1590	0,65	0,38	0,021	10,5	10,1	15,7	45,1	1,8	10,7	0,23	0,015	0,011	
21	XI/10	1580	0,69	0,38	0,025	12,4	14,9	13,2	43,8	2,1	6,0	0,20	0,010	0,009	
22	XII/9	1575	0,56	0,31	0,022	15,0	10,4	10,8	46,3	1,7	7,3	0,29	0,010	0,009	
Proben ohne Temperaturangaben; Gleichgewichte berechnet für 1627° C $\left(\log K_P^{IV} = 7{,}79\right)$.															
23	—	—	—	0,69	0,029	7,60	10,7	20,8	43,52	1,09	—	0,38	0,045	0,027	R. Back S.M.-Ofen
24	—	—	—	0,44	0,055	8,53	14,0	20,2	41,44	1,47	—	0,27	0,030	0,031	
25	—	—	—	0,58	0,053	10,11	20,0	21,0	36,6	0,95	—	0,26	0,052	0,023	
26	—	—	—	0,42	0,045	8,03	10,8	19,2	43,3	0,95	—	0,32	0,018	0,019	
27	—	—	—	0,51	0,041	8,76	12,8	21,6	39,9	0,95	—	0,33	0,038	0,022	

28	—	—	—	0,20	0,048	11,2	5,7	8,9	50,1	17,5	—	0,08	0,043	0,038	F. Körber und G. Thanheiser Thomaspr.
29	—	—	—	0,25	0,047	9,8	4,9	8,6	51,1	18,3	—	0,12	0,033	0,048	
30	—	—	—	0,20	0,047	11,8	6,3	7,4	45,7	19,8	—	0,13	0,051	0,060	
31	—	—	—	0,16	0,055	12,4	5,8	8,1	46,7	17,9	—	0,17	0,042	0,040	
32	—	—	—	0,23	0,050	8,7	6,0	9,3	48,3	20,8	—	0,21	0,061	0,110	
33	—	—	—	0,17	0,058	10,2	6,3	9,8	46,0	19,0	—	0,19	0,054	0,084	
34	—	—	—	0,25	0,036	9,6	6,9	6,1	50,3	20,9	—	—	0,049	0,059	
35	—	—	—	0,26	0,040	9,7	6,7	7,4	50,3	19,9	—	—	0,049	0,057	
36*	—	—	—	0,42	0,035	9,00	5,33	4,09	53,5	22,4	1,83	0,099	0,06	0,046	J. Haag Thomaspr.
37	—	—	—	0,37	0,036	10,26	5,45	4,00	50,2	22,4	1,39	0,093	0,051	0,047	
38	—	—	—	0,36	0,037	10,10	5,38	3,85	49,0	23,0	1,01	0,093	0,052	0,065	
39*	—	—	—	0,31	0,032	9,82	5,51	4,18	52,0	21,8	2,31	0,102	0,047	0,056	
40*	—	—	—	0,34	0,038	9,36	6,76	2,60	55,1	21,9	1,53	0,022	0,057	0,029	
41	—	—	—	0,40	0,033	11,32	7,96	2,40	46,8	24,9	1,09	0,053	0,058	0,088	
42	—	—	—	0,45	0,036	9,70	7,58	2,51	51,9	24,9	1,14	0,018	0,072	0,054	
43*	—	—	—	0,40	0,035	9,70	6,88	2,31	49,9	23,3	1,25	0,027	0,06	0,06	
44	—	—	—	0,10	0,048	13,47	5,4	5,52	43,1	21,25	—	0,144	0,068	0,042	R. v. Seth Thomaspr.
45	—	—	—	0,03	0,058	19,4	4,8	5,21	35,7	20,05	—	0,116	0,057	0,038	
46	—	—	—	0,24	0,047	10,9	5,6	5,07	44,9	25,0	—	0,227	0,070	0,66	
47	—	—	—	0,24	0,039	11,7	5,2	4,46	45,4	24,8	—	0,189	0,054	0,33	
48	—	—	—	0,48	0,073	13,4	9,4	11,4	44,5	7,84	—	0,47	0,031	0,027	F. Springorum, Hoesch-Verf.
49	—	—	—	0,52	0,060	15,8	8,1	10,0	49,8	6,50	—	0,72	0,025	0,016	
50	—	—	—	0,47	0,077	15,6	6,5	10,4	46,5	6,00	—	0,66	0,020	0,017	
51	—	—	—	0,47	0,067	13,2	10,3	12,4	46,3	5,00	—	0,34	0,040	0,018	
52	—	—	—	0,14	0,044	10,93	5,7	10,6	49,34	15,66	—	0,23	0,017	0,047	W. Alberts, Talbot-Verf.
53	—	—	—	0,12	0,050	11,07	6,0	10,1	49,54	15,38	—	0,20	0,030	0,044	
54	—	—	—	0,12	0,050	13,42	5,8	10,2	49,74	15,16	—	0,24	0,030	0,024	

* Diese Schmelzungen sind mit sauerstoffangereichertem Wind verblasen.

Abb. 86b (Schmelzung IV). Nach anfänglicher Phosphorabscheidung erfolgt Reduktion, die nach Schenck-Rieß unter praktischer Gleichgewichtseinstellung verläuft; um die Schwarzsche Kurve mit der analytischen zur Deckung zu bringen, wäre wieder mit einer um etwa 50° erhöhten Temperatur zu rechnen.

Abb. 86c (Schmelzung VII). Bei Beginn des Prozesses wird die Entphosphorung durch einen hohen Gleichgewichtsabstand begünstigt. Die anfänglich große Reaktionsgeschwindigkeit klingt bei Annäherung an die Schenck-Rießsche Kurve ab; bei Abbruch des Prozesses scheint sich der Gleichgewichtszustand praktisch eingestellt zu haben. Betreffs der Gleichgewichtskurve nach Schwarz und Mitarbeitern gilt das oben Gesagte.

In Abb. 87a—d wird der Entphosphorung von vier Thomaschargen nachgegangen, die in der Nachblaseperiode von E. Herzog und H. Schenck[1] beobachtet wurden. (Über die Temperaturmessung vgl. S. 16 und Abb. 5.)

Abb. 87a. In der 150. Sekunde besteht eine Unstimmigkeit zwischen den Berechnungen und der Analyse insofern, als die Gleichgewichtskurven oberhalb der analytisch ermittelten

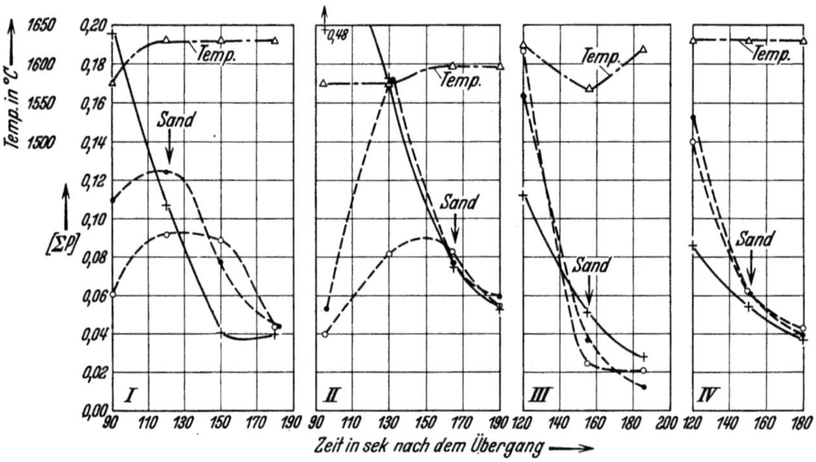

Abb. 87. Vergleich der beobachteten Phosphorgehalte (+———) bei einigen Thomasschmelzungen mit den Gleichgewichtsgehalten nach Schwarz und Mitarbeiter (●- - - -), sowie Schenck und Rieß (○- - - -).

liegen. (Der Verfasser vermutet, daß hier der Phosphorgehalt irrtümlich zu niedrig angegeben ist; in der Tat hätte keine Veranlassung zum Weiterblasen nach der 150. Sekunde vorgelegen, wenn der Gehalt von 0,04% P dort schon erreicht gewesen wäre. Bei Beendigung des Blasens ist das Gleichgewicht praktisch eingestellt.)

Abb. 87b. Nach anfänglich sehr hohem Gleichgewichtsabstand läuft die Entphosphorung unter Gleichgewichtseinstellung zu Ende.

Abb. 87c. Der gemessene Temperaturverlauf ist nicht sehr wahrscheinlich; bei einer um 50° tieferen Messung der ersten Probe würden die Gleichgewichtskonzentrationen unter die analytische sinken.

Abb. 87d. Gegen Ende des Prozesses wird auch hier der Gleichgewichtszustand eingestellt; die zu hohen Gleichgewichtskonzentrationen bei Beginn der Beobachtung werden wahrscheinlich durch zu hohe Temperaturmessungen vorgetäuscht.

Schließlich seien in Zahlentafel 9 ähnliche Vergleiche für die beobachteten und die nach Schenck und Rieß ermittelten Phosphorkonzentrationen an Hand von Betriebsproben (letzte Proben vor Zusätzen) angestellt. Dabei zeigt sich bei den Proben, deren Temperaturen gemessen wurden, innerhalb der Versuchsfehlergrenzen gute Übereinstimmung. Weniger gut und auch nicht zu erwarten ist die Übereinstimmung bei den ohne Temperaturen mitgeteilten Beobachtungsdaten. Zur Berechnung wurde dort in allen Fällen die Temperatur 1627° C

[1] Vgl. Abb. 74; sowie Arch. Eisenhüttenwes. Bd. 3 (1929/30) S. 519, Zahlentafel 6.

zugrunde gelegt, die wohl als mittlere Abstichtemperatur auf den verschiedenen Werken anzusehen ist. Die tatsächlichen Unter- oder Überschreitungen dieser Temperatur wirken sich aber entscheidend auf den Vergleich von Rechnung und Analyse aus, wie weiter unten auszuführen ist.

Soweit der Vergleich auf zuverlässiger Basis durchgeführt werden konnte, zeigt er, daß der Gleichgewichtszustand offensichtlich sowohl beim S.M.- wie beim Thomasverfahren zumindest kurz vor dem Abstich (sofern keine Störung durch Zusätze erfolgt) nahezu eingestellt ist; das gleiche erwies sich bei Betrachtung der Manganreaktionen. Somit tritt auch hier die Bedeutung von Gleichgewichtsbetrachtungen zur Festlegung der für die Entphosphorung günstigen Bedingungen einwandfrei hervor. Als geeignet zur Beschreibung der Phosphorgleichgewichte erwiesen sich die von Schenck und Rieß aufgestellten Funktionen, sofern das vom Verfasser gewählte Temperaturmeßverfahren angewendet wird. Mit der von Schwarz und Mitarbeitern angegebenen Gleichung erhält man ebenfalls befriedigende Gleichgewichtskonzentrationen, sobald man den von den von ihnen angegebenen Temperaturen etwa 50° in Abzug bringt.

Ohne die Richtigkeit der Meßverfahren hier nachprüfen zu wollen, sei hervorgehoben, daß keine Schwierigkeiten bestehen, die hier angegebenen Gleichgewichtsfunktionen für einen um 50° verschobenen Temperaturbereich umzuformen, wenn sich die Messungen von Osann, Schröder und Schwarz als zutreffender herausstellen sollten, wie sich auch umgekehrt die Gleichgewichtsfunktionen von Schwarz und Mitarbeitern leicht für tiefere Bereiche umgestalten lassen.

Die Gleichgewichtsgesetze sind also geeignet, über den Einfluß der Temperatur und der Schlackenzusammensetzung auf den Verlauf der Phosphorreaktionen Klarheit zu geben. Darnach läßt sich Phosphor um so weitergehend aus dem Metall entfernen, je weiter folgende Bedingungen erfüllt sind:

1. niedrige Temperatur,
2. hoher Eisengehalt (ΣFe) der Schlacke,
3. hoher Kalkgehalt (ΣCaO) der Schlacke,
4. niedriger Kieselsäuregehalt (ΣSiO_2) der Schlacke,
5. geringer Phosphorsäuregehalt (ΣP_2O_5) der Schlacke,
6. hoher Manganoxydulgehalt (ΣMnO) der Schlacke.

Die Bedeutung der Punkte 1—4 ist dem Stahlwerker erfahrungsgemäß hinlänglich bekannt; der Befund deckt sich ferner mit den Feststellungen von C. Schwarz und Mitarbeitern. Neu ergibt sich nach Schenck und Rieß der Einfluß des Manganoxyduls.

Hierzu sei bemerkt, daß bei Ableitung der Funktionen keinerlei Bildung von Manganphosphaten angenommen wurde; der die Entphosphorung begünstigende Einfluß von MnO ist vielmehr indirekter Natur und so zu erklären, daß Kieselsäure durch Manganoxydul in erhöhtem Maß abgebunden wird. Dadurch wird Eisenoxydul und Kalk aus den entsprechenden Silikaten frei. Eisenoxydul wird zwar durch Kalk wiederum abgebunden, so daß keine nennenswerte Änderung von (FeO) entsteht[1]; es bleibt aber ein Überschuß von freiem Kalk zur Begünstigung der Entphosphorung zurück.

Ferner leuchtet ein, daß eine Erhöhung der Schlackenmenge die Entphosphorung erleichtert, weil damit deren Phosphorsäuregehalt durch Verdünnung herabgesetzt wird. Die gleiche Wirkung hat — namentlich zu Beginn des Kochens — das vollständige oder teilweise Abziehen mit nachfolgender Neubildung der Schlacke, sowie ein geringer Phosphoreinsatz.

[1] Vgl. S. 40.

Der zahlenmäßige Einfluß der aufgeführten Bedingungen geht aus den folgenden Abbildungen hervor.

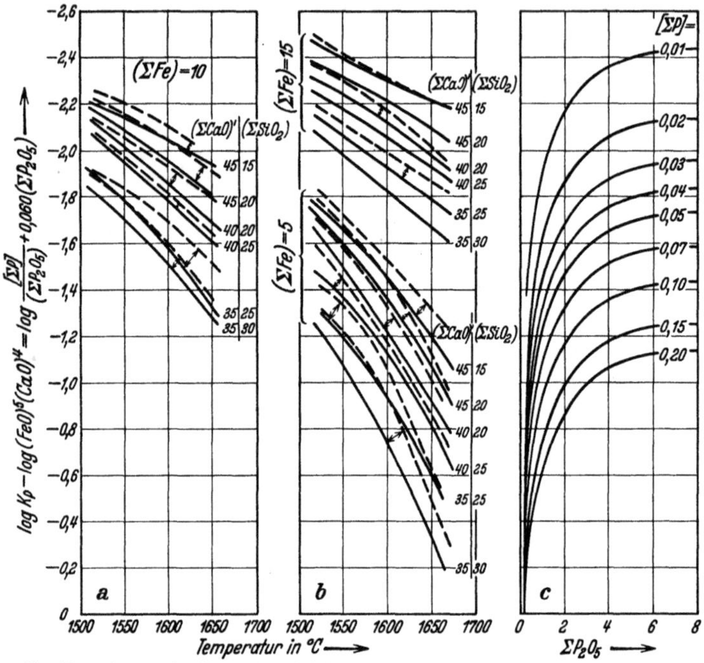

Abb. 88a—c. Zur Berechnung der Phosphorgleichgewichte bei den basischen Stahlerzeugungsverfahren [——— (ΣMnO) = 10 %, - - - - - (ΣMnO) = 20 %].

In Abb. 88 a und b ist der Wert [log K_P — log $(FeO)^5(CaO)^4$] für Schlacken mit verschiedenen Gehalten (Σ CaO)′, (Σ SiO_2) und (Σ Fe) in Abhängigkeit von

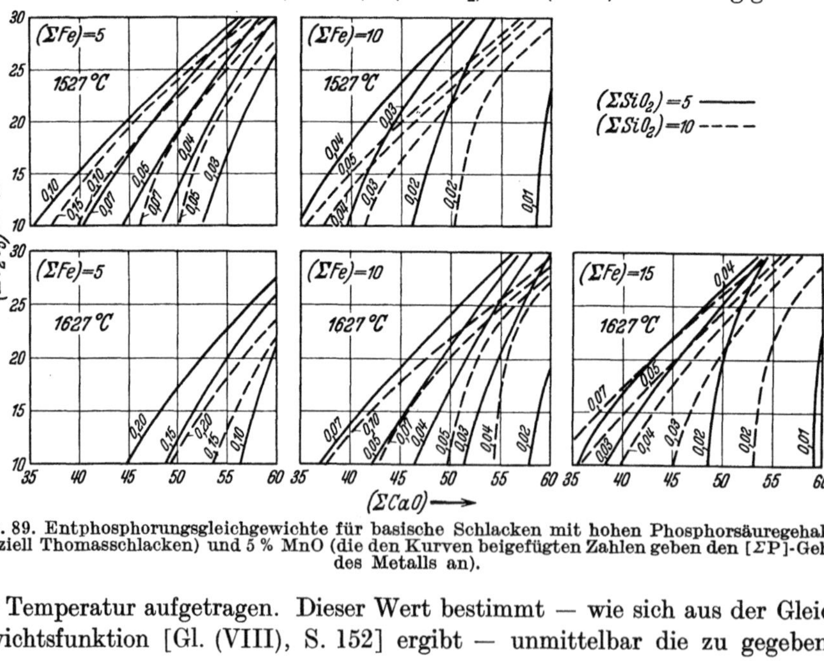

Abb. 89. Entphosphorungsgleichgewichte für basische Schlacken mit hohen Phosphorsäuregehalten (speziell Thomasschlacken) und 5 % MnO (die den Kurven beigefügten Zahlen geben den [ΣP]-Gehalt des Metalls an).

der Temperatur aufgetragen. Dieser Wert bestimmt — wie sich aus der Gleichgewichtsfunktion [Gl. (VIII), S. 152] ergibt — unmittelbar die zu gegebenen

Phosphorsäuregehalten ($\Sigma\ P_2O_5$) gehörigen Phosphorkonzentrationen [Σ P] des Stahls, die sich in Abb. 88c finden.

Beispiel: Einer Schlacke der Zusammensetzung
(Σ Fe) = 10, (Σ CaO)′ = 40, ($\Sigma\ SiO_2$) = 25, (Σ MnO) = 10, ($\Sigma\ P_2O_5$) = 2,7 und damit dem Gesamtkalkgehalt (Σ CaO) = (Σ CaO)′ + 1,57 ($\Sigma\ P_2O_5$) = 44,3 ist bei 1600° C der Wert $\left(\log K_{\mathrm{P}}^{\mathrm{IV}} - \log (\mathrm{FeO})^5(\mathrm{CaO})^4\right) = -1{,}78$ zugeordnet (Abb. 88a). Gemäß Abb. 88c enthält der Stahl im Gleichgewicht 0,03% P.

Die Betrachtung dieser Abbildung zeigt, daß die Möglichkeit zur Entfernung des Phosphors insbesondere bei eisenarmen Schlacken schnell mit steigender Temperatur abnimmt.

Für hohe Phosphorsäuregehalte der Schlacke, wie sie beim Thomas- und Hoeschverfahren auftreten, wurde Abb. 89 entwickelt, die die Phosphorkonzentration des Stahls in Abhängigkeit vom Gesamtkalkgehalt (Σ CaO) und von ($\Sigma\ P_2O_5$) wiedergibt.

Bei 1627° C, (Σ Fe) = 10, (Σ CaO) = 53, ($\Sigma\ P_2O_5$) = 20, (Σ MnO) = 5 und ($\Sigma\ SiO_2$) = 5 enthält der Stahl 0,035% P; erhöht man ($\Sigma\ SiO_2$) auf 10, so steigt die Gleichgewichtskonzentration auf [Σ P] = 0,05%.

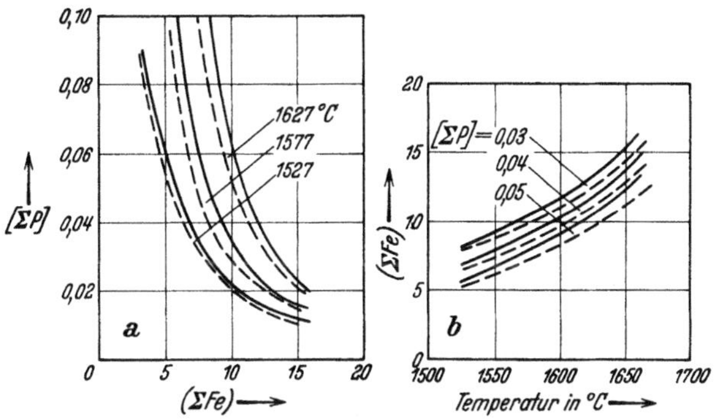

Abb. 90a und b. Einfluß der Temperatur auf die Beziehungen zwischen dem Phosphorgehalt des Stahls und dem Eisengehalt einer Schlacke mit (ΣCaO) = 50%, (ΣP_2O_5) = 20%, (ΣMnO) = 10% und (ΣSiO_2) = 6% (– – – – – –) bzw. 10% (————).

Es ist bekannt, daß eine hohe Endtemperatur für den Thomasprozeß unerwünscht und durch Kühlschrottzusätze zu drücken ist, weil andernfalls eine genügend weitgehende Entphosphorung nur mit hohem Eisenabbrand erkauft werden kann. Die Bestätigung dieser Erfahrungstatsache finden wir in Abb. 90a und b, aus denen z. B. hervorgeht, daß der Stahl unter normaler Thomasschlacke mit 9% Gesamteisen bei 1577° C auf 0,04% P entphosphort werden kann; bei 1627° C muß die gleiche Schlacke jedoch 12% Gesamteisen enthalten, um Phosphor ebensoweit abzuscheiden.

Eine Temperaturzunahme von 10° erhöht den Eisengehalt der Thomasschlacke um 0,6—0,8 Gew.-%, sofern auf die gleichen Endkonzentrationen entphosphort werden soll. Der Gefahr einer unzulässig hohen Temperatursteigerung und Eisenverbrennung, wie sie bei teilweiser Verwendung sauerstoffangereicherten Windes gegeben ist, muß — wie J. Haag[1] zeigte — durch erhöhte Kühlschrotteinsätze begegnet werden.

Abb. 90 zeigt ferner, daß wachsender Kieselsäuregehalt der Schlacke ebenfalls eine Erhöhung des Eisenabbrandes mit sich bringt. Hieraus wird die Forderung verständlich, ein siliziumarmes (< 0,40% Si) Roheisen zu verblasen und einen Kalk einzusetzen, dessen Kieselsäuregehalt ebenfalls gering ist[2]. Andererseits ist mit Rücksicht auf die Zitratlöslichkeit der Phosphorsäure Wert auf einen Mindestkieselsäuregehalt der Schlacke von etwa 8% zu legen, der auf den meisten Werken durch Sandzusätze erreicht wird. Nach dem Zusatz

[1] A. a. O.

[2] Ein gewisser Kieselsäuregehalt des Kalkes ist wünschenswert, um dessen Verflüssigung zu beschleunigen.

ist kurzzeitig weiterzublasen, um den Sand in Lösung zu bringen und die dadurch bewirkte Verschiebung des Gleichgewichts in das Gebiet der Rückphosphorung durch erneute Eisenverbrennung auszugleichen.

Treten größere Kieselsäuremengen in die Schlacke ein, ohne daß deren Eisengehalt gleichzeitig erhöht wird, so tritt die Gefahr der Rückphosphorung empfindlich in Erscheinung; sie wird z. B. beobachtet, wenn die Thomasschlacke in die Pfanne mitfließt, wobei deren Ausmauerung (Schamotte mit 65—70% SiO_2) unter Ansäuerung der Schlacke angegriffen wird (vgl. hierzu S. 231f.).

Um auch den Einfluß der Schlackenmenge und des Phosphoreinsatzes zu illustrieren, wurden die Abb. 91 und 92 entwickelt. Abb. 91 gilt für Verhältnisse, wie sie am Schluß der Vorperiode des Bertrand- Thiel- und des Hoeschprozesses häufig auftreten. Beiden Verfahren, die im S.M.-Ofen durchgeführt werden, ist bekanntlich gemeinsam, daß ein phosphorreiches Roheisen in einer Vorperiode auf etwa 1, 30% C und 0,20—0,30% P entphosphort wird. Das Vorprodukt wird in einer Fertigperiode (beim Hoeschverfahren im gleichen Ofen) auf normalen Flußstahl heruntergearbeitet. Die in der Vorperiode entfallende Schlacke enthält 20—25% Phosphorsäure und findet — ebenso wie Thomasmehl — als Düngemittel Verwendung.

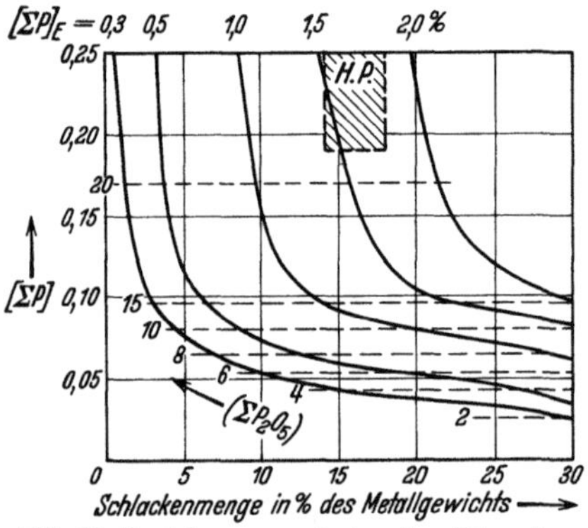

Abb. 91. Beziehungen zwischen dem Phosphorgehalt des Metalls, dem Phosphoreinsatz und der Schlackenmenge für gegebene Schlakkenzusammensetzung und Temperatur (H.P. = Hoeschprozeß, Vorperiode). 1527° C: $(\Sigma CaO) = 45$, $(\Sigma SiO_2) = 10$, $(\Sigma MnO) = 5$, $(\Sigma Fe) = 5$.

Man ersieht aus Abb. 91, daß — bei gegebenem Phosphorgehalt $[\Sigma P]$ — das Erreichen eines bestimmten Phosphorsäuregehalts der Schlacke von deren Menge und dem Phosphoreinsatz $[\Sigma P]_E$ abhängt; bei geringem Phosphoreinsatz muß auch die Schlackenmenge gering sein, wenn (ΣP_2O_5) nicht absinken soll. Ferner bemerkt man, daß — unabhängig von Schlackenmenge und Phosphoreinsatz — jeder Phosphorgehalt des Stahls stets einem bestimmten Phosphorsäuregehalt zugeordnet ist, weil die Temperatur, sowie (ΣCaO), (ΣSiO_2), (ΣMnO) und (ΣFe) hier als feststehend gedacht sind. Um das Verhältnis $[\Sigma P] : (\Sigma P_2O_5)$ gegenüber den Angaben von Abb. 91 zu senken, wäre eine Verminderung der Temperatur und von (ΣSiO_2) oder eine Erhöhung von (ΣCaO), (ΣMnO) und (ΣFe) notwendig.

O. Schweizer[1] gibt an, daß der Siliziumgehalt des Roheisens für das Hoeschverfahren 0,4% nicht überschreiten solle, weil sonst die (zur Erreichung der geeigneten Basizität) notwendige Schlackenmenge zu hoch werde. Zu geringe Siliziumgehalte sind wieder mit Rücksicht auf die Zitratlöslichkeit des Schlackenmehls[2] zu vermeiden. Als Durchschnittsanalysen eines Monats werden von ihm z. B. aufgeführt:

für Mischereisen 3,45% C, 1,85% P, 1,20% Mn, 0,35% Si,

für das Vormetall und die Endschlacke der Vorperiode:

$[\Sigma C]$	$[\Sigma P]$	[Mn]	(ΣFe)	(ΣCaO)	(ΣSiO_2)	(ΣMnO)	(ΣP_2O_5)	(ΣMgO)	(Al_2O_3)
1,80	0,30	0,36	5,7	43,0	12,8	6,31	23,9	4,4	1,1

[1] Stahl u. Eisen Bd. 43 (1923) S. 649f.

[2] Der Kieselsäuregehalt der Vorschlacken soll aus diesem Grunde nach Schweizer nicht unter 10% liegen.

Diese Schlacke entspricht etwa derjenigen, die der Abb. 91 zugrunde gelegt wurde. Auch die dort angenommene Temperatur von 1527° C dürfte für die Vorperiode des Verfahrens in etwa zutreffen. Eine zu hohe Temperatur ist zu vermeiden, da sie das Verhältnis $[\Sigma P]$ zu (ΣP_2O_5) steigern würde, wenn dies nicht durch einen höheren Eisengehalt der Schlacke ausgeglichen wird. Um das Metall bei dieser geringen Temperatur ohne teilweise Erstarrung in den Fertigofen umgießen zu können, soll sein Kohlenstoffgehalt 1,2% nicht unterschreiten. **Schweizer** gibt die Schlackenmenge mit 14—18% an, der rechnerische Phosphorgehalt des Einsatzes liegt bei 1,30—1,80%. Abb. 91 und speziell das darin schraffiert eingezeichnete Feld dürften demnach die Verhältnisse für die Vorperiode des Hoeschprozesses gut beschreiben.

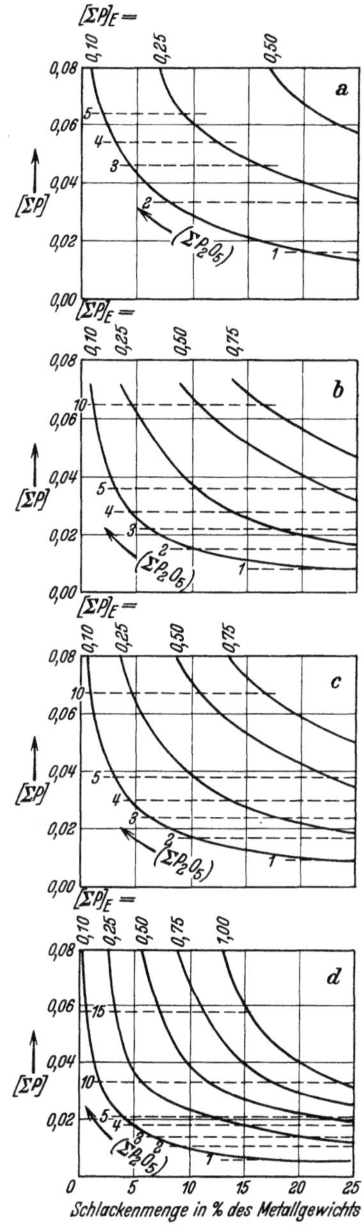

Abb. 92a—d. Wie Abb. 91, jedoch für 1627° C und folgende Schlacken:

	(ΣFe)	(ΣCaO)	(ΣSiO_2)	(ΣMnO)
a	10	40	20	10
b	15	40	20	10
c	10	45	15	10
d	15	45	15	10

In gleicher Weise gibt Abb. 92 a—d Auskunft über die Zusammenhänge zwischen der Entphosphorungsmöglichkeit, dem Phosphoreinsatz und der Schlackenmenge für 1627° C und einige Schlacken, die für die Herstellung von Flußeisen im basischen S.M.-Ofen nicht ungewöhnlich sind. Qualitativ führen sie zu den gleichen Ergebnissen wie Abb 91; um bei einer Schlacke gegebener Zusammensetzung $[(\Sigma CaO), (\Sigma SiO_2), (\Sigma Fe), (\Sigma MnO)]$ eine bestimmte Phosphorendkonzentration zu erzielen, muß die Schlackenmenge mit wachsendem Phosphorgehalt $[\Sigma P]_E$ des Einsatzes zunehmen. Bei gegebener Schlackenmenge und Phosphoreinsatz wird um so mehr Phosphor oxydiert, je höher der Gesamtkalk- und -eisengehalt (ΣCaO) und (ΣFe) und je geringer der Kieselsäuregehalt der Schlacke (ΣSiO_2) ist. Eine weitere Begünstigung erfährt die Entphosphorung — wie wir bereits früher erkannten — durch Senkung der Temperatur und Steigerung des Manganoxydulgehalts der Schlacke.

Bei härteren Stählen gestaltet sich die Entphosphorung schwieriger, weil bei deren Herstellung eisenärmere Schlacken anwesend sind; insbesondere wenn diese Stähle mit hoher Temperatur abgestochen werden sollen, tritt leicht die Gefahr der Rückphosphorung auf.

Es sei hervorgehoben, daß die Gültigkeit der hier aufgeführten Gesetzmäßigkeiten für die Phosphorgleichgewichte keinesfalls von speziellen Betriebsbedingungen, z. B. flüssiger oder fester Einsatz, Ofenbauart, Windfrisch-, Herdfrisch- oder Elektroofenprozeß beeinflußt werden. Diese Bedingungen äußern sich nur in der Weise, daß die direkt in die Gesetzmäßigkeiten einzuführenden Größen (Schlackenzusammensetzung und Temperatur) oder indirekt wirksame Faktoren (Schlackenmenge, Phosphoreinsatz) Unterschiede aufweisen können, deren Berücksichtigung leicht möglich ist. Auch spielt es keine Rolle, ob Phosphor dem Prozeß etwa in Form von Phosphaten zugeführt wird; unsere Betrachtungen über den Hoeschprozeß werden beispielsweise keine Änderungen zu erfahren brauchen, wenn ein zu geringer Phosphorgehalt des Mischereisens durch Verwendung phosphorhaltiger Erze ausgeglichen wird. In einem solchen Fall kann man sich vorstellen, daß die Reaktion zu der gleichen Endlage führt, wie wenn der gesamte Phosphor im Roheisen vorhanden gewesen wäre.

Auch die Erklärung gewisser Prozeßeigenheiten bereiten bei Kenntnis der Gesetze keine Schwierigkeiten. So ist z. B. häufig die Frage angeschnitten worden, warum man Phosphor im Herdofen schon vor der Kohlenstoffabscheidung aus dem Stahl entfernen kann, während dies im Konverter erst nach praktisch vollständiger Verbrennung des Kohlenstoffs möglich ist. B. Osann[1] hat bereits die Erklärung gegeben, daß im Herdofen nach dem Einschmelzen sofort eine reaktionsfähige Schlacke vorhanden ist, während diese im Konverter erst im Laufe des Prozesses gebildet werden muß. Neben diese Erklärung muß der Hinweis treten, daß im Konverter nicht allein die Entphosphorung verzögert, sondern die Entkohlung — gegenüber dem S.M.-Prozeß — begünstigt wird, weil die Partialdruckgröße p_{CO} in der Gleichung der Kohlenstoffverbrennungsgeschwindigkeit:

$$v = [FeO]\,[\Sigma\,C] \cdot k_1 - k_2 \cdot p_{CO}$$

infolge der Stickstoffverdünnung verkleinert wird[2], was zur Beschleunigung der Kohlenstoffreaktion führt. Die Betrachtungen von S. 81 haben weiter gezeigt, daß ein weiterer Abfall von p_{CO} und damit eine erneute Erhöhung von v eintreten muß, wenn neben Kohlenstoff ein weiteres Begleitelement in Konverter verbrannt wird. Wenn also die Bedingungen für die Entphosphorung bereits bei Beginn des Blasens günstig liegen sollten, so wird gleichzeitig die Verbrennung des Kohlenstoffs so stark gefördert, daß sie doch wieder vor die Phosphorreaktion tritt. Auf Grund vorstehender Gleichung wäre es aber denkbar, daß man durch künstliche Erhöhung von p_{CO} die Entkohlung soweit abdämpfen kann, daß sie parallel mit der Phosphorabscheidung verläuft. Dies könnte beispielsweise durch Verminderung des Stickstoffballastes (Verwendung sauerstoffangereicherter Luft, dazu hoher Kühlschrottsatz) geschehen. Derartige Vorschläge sind bereits gemacht worden.

Es liegt keine Veranlassung zu der Annahme vor, daß im Elektroofen andere als die durch vorstehende Gesetze beschriebenen Entphosphorungsbedingungen vorliegen sollten. Namentlich die Oxydationsperiode hat vollständige Ähnlichkeit mit der im S.M.-Ofen. Wenn sodann zur Reduktionsperiode übergegangen wird, die durch Bildung einer metalloxydfreien Schlacke gekennzeichnet ist, muß die Schlacke der ersten Periode vollständig entfernt werden, da andernfalls parallel mit der Reduktion des Schlackenwesens eine praktisch quantitative Rückphosphorung auftritt. Das folgende Beispiel zeigt, daß in der Tat in einer weißen Elektroschlacke Phosphorsäure nicht beständig ist.

---

[1] Lehrbuch der Eisenhüttenkunde Bd. 2. Leipzig: Wilhelm Engelmann 1926.
[2] Vgl. S. 80f.

Bei 1627° C weist eine Schlacke der Gesamtzusammensetzung

(ΣFe)	(ΣSiO_2)	(ΣCaO)	(ΣP_2O_5)	$(\Sigma CaO)'$	(ΣMnO)	Rest neutrale Bestandteile
0,74	18,67	57,70	0,030	57,65	0,104	CaF_2, Al_2O_3, MgO, CaC_2

folgende Gehalte an freiem Kalk und Eisenoxydul auf[1]

$$(FeO) = 0{,}9, \quad (CaO) = 45{,}0.$$

Die Konzentration des Phosphors in dem mit dieser Schlacke koexsistierenden Metallbad errechnet sich mit $\log K_P^{IV} = 7{,}79$ (vgl. Zahlentafel 15, S. 264) zu:

$$\log[\Sigma P] = \log K_P^{IV} + \log(\Sigma P_2O_5) - 0{,}060\,(\Sigma P_2O_5) - 4\log(CaO) - 5\log(FeO) = -0{,}12$$

oder $[\Sigma P] = 0{,}76$. Aus dem Ergebnis ist zu ersehen, daß die Reduktion der Phosphorsäure aus der weißen Schlacke praktisch quantitativ erfolgt.

Ein neuartiges Verfahren zur Entphosphorung des Stahls hat M. Perrin[2] entwickelt, das hinsichtlich seiner Chemie zwar den Vorgängen im basischen S.M.-Ofen nahekommt, in seiner praktischen Durchführung dagegen eigene Wege geht. Der Grundgedanke ist, daß die Reaktion bei äußerst inniger Vermischung des Stahls mit einer zur Entphosphorung befähigten Schlacke mit großer Geschwindigkeit vor sich gehen und den Gleichgewichtszustand schnell erreichen muß. Praktisch wird dies erreicht, indem man den Stahl aus großer Höhe in die Schlacke einstürzen läßt. Letztere besteht hauptsächlich aus Kalk und Eisenoxyden und dem zum Erzielen des notwendigen hohen Flüssigkeitsgrades benötigten Flußmittel (CaF_2). Über die Ergebnisse des Verfahrens werden unter anderem folgende Mitteilungen gemacht:

Stahlgewicht	Schlackengewicht	Zusammensetzung der Schlacke				P-Gehalt des Stahls		Bemerkungen
		CaO	SiO_2	CaF_2	Fe-Oxyde	vorher	nachher	
14 t	1,1 t	60	3	2	35	0,436	0,042	0,10% C
14 t	0,3 t	62	3	10	25	0,048	0,010	0,10% C
						0,060	0,013	
13,5 t	0,3 t	—	—	—	—	0,22	0,007	0,20% C (Elektrostahl)

Das Verhalten des Phosphors bei den sauren Stahlherstellungsverfahren.

Nachdem wir erkannt haben, daß die Abscheidung von Phosphor aus dem Stahl vorwiegend an die Bildungsmöglichkeit von Kalkphosphaten geknüpft ist, wird verständlich, daß der saure Herdofen und der Bessemerprozeß zur Entphosphorung nicht geeignet sein können. Selbst wenn der sauren Schlacke des S.M.-Ofens Kalkzusätze zugeführt werden, die 12% kaum übersteigen dürften, wird derartig viel Kalk durch Kieselsäure abgebunden, daß die in der Gleichung

$$\log K_P^{IV} = \log \frac{[\Sigma P]\,(FeO)^5\,(CaO)^4}{(\Sigma P_2O_5)} + 0{,}060\,(\Sigma P_2O_5)$$

befindliche Konzentration des freien Kalks sehr gering wird. Das Gleichgewicht ist daher so weitgehend in Richtung auf die Ausgangsstoffe der Entphosphorung verschoben, daß eine stärkere Bildung von Kalkphosphat nicht möglich ist.

Beispiel. Eine saure Schlacke mit der Zusammensetzung

$$(\Sigma Fe) = 15\%, \quad (\Sigma SiO_2) = 52\%, \quad (\Sigma MnO) = 15\%, \quad (\Sigma CaO)' = 12\%$$

[1] Vgl. S. 135. [2] Rev. Métallurg. Bd. 30 (1933) S. 1f., Brit. Pat. Nr. 405633.

enthält gemäß Tafel IV bei 1627° C an freiem Eisenoxydul und Kalk

$$(FeO) = 6{,}2\,\%, \quad (CaO) = 4{,}1\,\%; \text{ ferner ist } \log K_P^{IV} = 7{,}79 \text{ (Zahlentafel 15, S. 264).}$$

Das Stahlbad enthalte 0,05% Phosphor. Somit wird nach obiger Gleichung

$$\log(\Sigma P_2O_5) - 0{,}060\,(\Sigma P_2O_5) = \log([\Sigma P]\cdot(FeO)^5\,(CaO)^4) - \log K_P^{IV} = 5{,}11 - 7{,}79 = -2{,}68.$$

Daraus ergibt sich

$$(\Sigma P_2O_5) = 2{,}1 \cdot 10^{-3}\,\%.$$

Die in der Schlacke enthaltene Phosphorsäure ist also nur in sehr geringer Konzentration beständig.

Dieses Beispiel möge genügen, um die aus der Erfahrung hinlänglich bekannte Unmöglichkeit einer Entphosphorung bei den sauren Stahlherstellungsverfahren zu illustrieren.

Die Reaktionen des Schwefels.

Allgemeines.

Die Tatsache, daß die Möglichkeit, Schwefel aus dem Eisenbad zu entfernen, wesentlich von der Einhaltung günstiger Reaktionsbedingungen abhängt, weist darauf hin, daß auch die damit verbundenen chemischen Umsetzungen durch Gleichgewichtszustände begrenzt sind, deren Verschiebung unter Umständen auch zu dem entgegengesetzten Vorgang, der Rückschwefelung, führen kann.

Es ist bekannt, daß die sauren Wind- und Herdfrischprozesse eine Verminderung des mit dem Metall eingesetzten Schwefels praktisch nicht zulassen, während die entsprechenden basischen Verfahren — je nach der Höhe der Temperatur und der Schlackenzusammensetzung — mehr oder weniger weit zur Entschwefelung herangezogen werden kann. Als idealstes Verfahren ist schließlich der basische Elektroofenprozeß bekannt, bei dem in der Desoxydationsperiode eine Schlacke gebildet wird, die dem Metall praktisch den gesamten Schwefel entzieht.

Eine exakte Formulierung der Gleichgewichtsgesetze für die Schwefelreaktionen ist zur Zeit noch recht schwierig aus folgenden Gründen:

1. Wie alle anderen Schlackenbestandteile liegt auch Schwefel in Form der verschiedensten Verbindungen vor, die im einzeln nicht analytisch erfaßbar sind; bestimmbar ist lediglich der Gesamtschwefelgehalt der Schlacke (Σ S).

2. Die Zusammensetzung der Schlacke scheint (neben der Temperatur) von entscheidendem Einfluß auf die Löslichkeit der verschiedenen Sulfide zu sein, wie aus den bisher aufgestellten Zustandsdiagrammen[1] zu schließen ist. Dies wirkt sich dahin aus, daß die Gleichgewichtskonstanten, auch wenn sie unter Einführung der „freien" Konzentrationen gebildet werden, mit der Zusammensetzung der Schlacke veränderlich sein müssen.

3. Die Heizgase des S.M.-Ofens können an Stahl und Schlacke Schwefel abgeben oder ihnen Schwefel entziehen, was an Unstimmigkeiten in der Schwefelbilanz erkennbar ist. Es erfolgt also häufig eine Störung des Metall-Schlackengleichgewichts durch „Zusätze von außen", die die Verwendbarkeit von Betriebsuntersuchungen zur quantitativen Festlegung der Gleichgewichtsbedingungen in Frage stellt.

4. Die analytische Untersuchung von Stahl und Schlacke auf Schwefel ist infolge der geringen Konzentrationen mit verhältnismäßig größeren Fehlern behaftet; beim Auflösen der Schlacke kann Schwefel gasförmig entweichen, wenn dies nicht besonders beachtet wird; es ist fraglich, ob die Angaben des Schrifttums in dieser Richtung immer als zuverlässig anzusehen sind.

---

[1] Vgl. Bd. I, S. 287—290.

Diese Schwierigkeiten würden sich durch planmäßige Laboratoriumsforschungen umgehen lassen, die bereits, ausgehend von reinen Systemen, in Gang gesetzt sind[1].

Als Zwischenlösung schlägt der Verfasser die Verwendung der folgenden Gesetzmäßigkeiten vor, die sich für viele Zwecke als quantitativ brauchbar erwiesen haben und mit allen Stahlwerkserfahrungen in qualitativ bester Übereinstimmung stehen.

Grundlage dieser Gesetzmäßigkeit ist die Bilanzgleichung des in der Schlacke vorhandenen Gesamtschwefels:

$$(\Sigma\,S) = (S)_{Fe} + (S)_{Ca} + (S)_{Mn} + (S)_{Mg} + (S)_{Al} + \ldots\ldots,$$

in der angenommen ist, daß zahlreiche, durch die Indizies gekennzeichnete Sulfide anwesend sein können (FeS, CaS, MnS, MgS, Al_2S_3 usw.).

In der Reihe dieser Verbindungen scheinen nur Kalziumsulfid und Mangansulfid eine maßgebende Rolle für den Verlauf der Entschwefelung zu spielen, so daß obiger Ausdruck ohne die Gefahr ins Gewicht fallender Fehler verkürzt werden kann auf:

$$(\Sigma\,S) = (S)_{Ca} + (S)_{Mn}.$$

Wir stellen uns vor, daß diese beiden Sulfide durch Ablauf der folgenden Reaktionen entstehen:

$$CaO + FeS \rightleftharpoons FeO + CaS \qquad \text{und} \qquad Mn + FeS \rightleftharpoons Fe + MnS,$$

deren Gleichgewichtsbedingungen lauten:

$$\frac{(CaO)\,[S]}{(FeO)\,(S)_{Ca}} = K_{1S} \qquad \text{und} \qquad \frac{[Mn]\,[S]}{(S)_{Mn}} = K_{2S}.$$

In den Gleichungen des M.W.G. bedeute [S] den (analytisch bestimmten) Schwefelgehalt des Metalls, von dem angenommen wird, daß er praktisch vollständig als Eisensulfid vorliege. Mit Hilfe dieser Ausdrücke erhält die verkürzte Bilanzgleichung die Gestalt:

$$(\Sigma\,S) = (S)_{Ca} + (S)_{Mn} = \frac{(CaO)\,[S]}{(FeO)\cdot K_{1S}} + \frac{[Mn]\,[S]}{K_{2S}}$$

oder

$$\eta_{S\,Gl.} = \left(\frac{(\Sigma\,S)}{[S]}\right)_{Gl.} = \frac{(S)_{Ca}}{[S]} + \frac{(S)_{Mn}}{[S]} = \frac{(CaO)}{(FeO)\cdot K_{1S}} + \frac{[Mn]}{K_{2S}}. \qquad (1)$$

Das Gleichgewichtsverhältnis von Schlacken- zu Metallschwefel $\left(\frac{(\Sigma\,S)}{[S]}\right)_{Gl.}$ ist für den Ablauf der Schwefelreaktionen von grundlegender Bedeutung, denn eine Entschwefelung kann nur so lange stattfinden, als dieses Verhältnis größer ist, als das tatsächlich vorhandene, durch die Analyse bestimmte Verhältnis $\left(\frac{(\Sigma\,S)}{[S]}\right)_{an.} = \eta_{S\,an.}$. Eine weitgehende Entschwefelung des Stahls verlangt demnach hohe Gleichgewichtswerte $\eta_{S\,Gl.}$ Rückschwefelung wird eintreten, sobald $\eta_{S\,an.} > \eta_{S\,Gl.}$ ist.

---

[1] O. Meyer u. J. Görrissen (demnächst); O. Meyer u. F. Schulte (demnächst) (vgl. J. Görissen: Diss. Techn. Hochsch. Aachen 1933 und F. Schulte: Diss. Techn. Hochsch. Aachen 1933). Herrn Dr. Meyer (Aachen) danke ich für die freundliche Überlassung dieser Arbeiten vor der Drucklegung. Während der Drucklegung wurde ferner eine eingehende Untersuchung von P. Bardenheuer und W. Geller bekannt [Mitt. Kais.-Wilh.-Inst. Eisenforschg. Düsseldorf Bd. 16 (1934) S. 77—91] bekannt, bei der die Entschwefelungsgleichgewichte unter reinen FeO-, FeO—MnO-, CaO—FeO-Schlacken, sowie ihre Beeinflussung durch SiO_2 und Al_2O_3 im Laboratorium gemessen wurden.

Der Einfluß der Temperatur ist in den Gleichgewichtskonstanten K_{1S} und K_{2S}, sowie in den Konzentrationsgrößen (CaO) und (FeO) enthalten, die sich natürlich ebenfalls nur auf „freien" Kalk und „freies" Eisenoxydul beziehen dürfen und als solche auch bei gegebener Schlackenzusammensetzung mit der Temperatur veränderlich sind.

Wie zu erwarten[1], hat sich herausgestellt, daß die Größe K_{1S} in starkem Maße von der sonstigen Zusammensetzung der Schlacke, insbesondere von ihrem Kieselsäuregehalt ($\Sigma\ SiO_2$) abhängig ist, derart, daß K_{1S} mit wachsendem ($\Sigma\ SiO_2$) zunimmt.

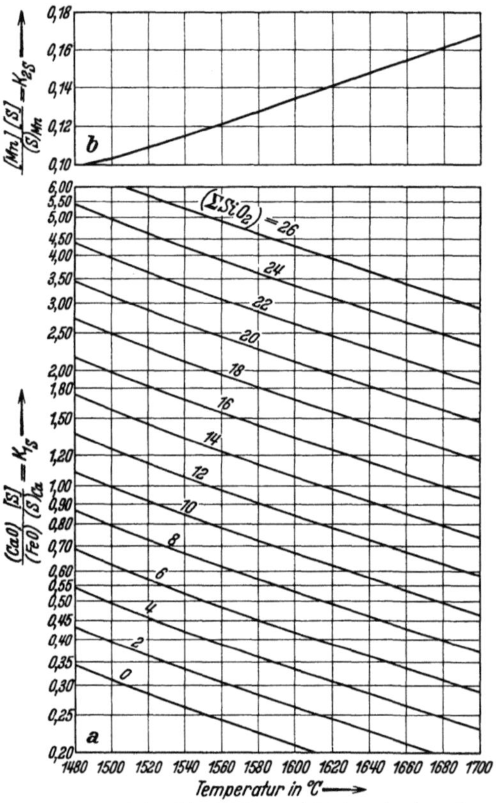

Abb. 93a und b. Die Gleichgewichtskonstanten der Entschwefelung mit Kalk (a) und Mangan (b) gemäß den Gleichungen (IXa) und (IXb).

Als Näherungsgleichung ergab sich bei der Auswertung zahlreicher Betriebsschmelzungen:

$$\left.\begin{aligned}\log K_{1S} = \log \frac{(\mathrm{CaO})\,[\mathrm{S}]}{(\mathrm{FeO})\,(\mathrm{S})_{\mathrm{Ca}}} = \\ \frac{5700}{T} - 3{,}72 + 0{,}05\,(\Sigma\,\mathrm{SiO_2})\end{aligned}\right\} \quad \text{(IXa)}$$

Für die über Mangan verlaufenden Schwefelreaktionen scheint dagegen der Einfluß der Schlackenzusammensetzung nicht so erheblich; in der hier verwendeten Temperaturfunktion

$$\left.\begin{aligned}\log K_{2S} = \log \frac{[\mathrm{Mn}]\,[\mathrm{S}]}{(\mathrm{S})_{\mathrm{Mn}}} = \\ -\frac{3840}{T} + 1{,}17\end{aligned}\right\} \quad \text{(IXb)}$$

ist er vernachlässigt. Zahlenangaben für die beiden Konstanten in Zahlentafel 15 (S. 264) und in Abb. 93.

Zur näheren Charakteristik obiger Gleichungen sei mit aller Deutlichkeit hervorgehoben, daß sie keinesfalls darauf Anspruch erheben, als wahre Gleichgewichtsbedingungen zu gelten. Dies geht bereits aus der Vernachlässigung mehrerer Glieder der vollen Bilanzgleichung hervor; die dadurch begangenen Fehler müssen notwendigerweise mit den verwendeten Gleichungen ausgeglichen werden, ohne daß es bisher klar ist, wieweit diese dadurch in Mitleidenschaft gezogen werden. Unklar ist insbesondere, in welchem Umfang Eisensulfid durch reine Verteilung in die Schlacke übergehen kann, mit anderen Worten, wie groß die Verteilungskonstante (FeS):[FeS] = $(\mathrm{S})_{\mathrm{Fe}}:[\mathrm{S}] = L_{\mathrm{FeS}}$ ist. Diese würde bei der Berechnung des Gleichgewichtsverhältnisses (Σ S):[S] additiv hinzuzufügen sein. Aus den Versuchen von O. Meyer und F. Schulte[2] wäre zu entnehmen, daß die reine Verteilung des Eisensulfids für das reine System FeS + Mn $\rightleftharpoons$ MnS + Fe eine recht erhebliche Rolle spielt; die Konstante würde danach für 1600° C in der Größenordnung $L_{\mathrm{FeS}} = 8$ zu suchen sein. Offenbar hat diese Größe aber bei Gegenwart basischer S.M.-Schlacken wesentlich geringere Werte, was schon daraus hervorgeht, daß bei diesen meist sogar das Verhältnis (Σ S):[S] < 8 ist, obwohl sie zweifellos den Hauptteil des Schwefels an Kalzium und Mangan gebunden enthalten. Demnach muß die Löslichkeit des Eisensulfids in

[1] Vgl. S. 166, Punkt 2. [2] Vgl. S. 167, Anm. 1.

basischen Schlacken gegenüber reinen FeS—MnS-Schlacken entscheidend herabgesetzt sein. Dagegen ist die Konstante der Manganentschwefelung K_{2S} mit der von Meyer und Schulte gefundenen sowohl hinsichtlich ihrer Größenordnung, wie ihrer Temperaturabhängigkeit gut vergleichbar.

Ebenso liefert die Konstante der Kalkentschwefelung K_{1S} bei 1600° C praktisch die gleichen Werte für $(S)_{Ca}:[S]$, wie sie von O. Meyer und J. Görrissen[1] im Laboratorium für das Gleichgewicht von Eisen mit Schlacken aus Kalk, Kieselsäure und Eisenoxyden gefunden wurden, so daß ihre Verwendung gerechtfertigt erscheint, wenn auch eine theoretisch ausreichende Begründung der betreffenden Gleichung noch nicht gegeben werden kann.

Das Verhalten des Schwefels bei den basischen Stahlerzeugungsverfahren.

An Hand einiger Schmelzungen aus dem basischen S.M.-Ofen und dem Thomaskonverter sei zunächst der tatsächliche Verlauf der Schwefelreaktionen mit der Lage des Gleichgewichtes verglichen, wie sie nach den im vorigen Abschnitt aufgeführten Gesetzmäßigkeiten aus Schlackenzusammensetzung und Temperatur berechnet wurde.

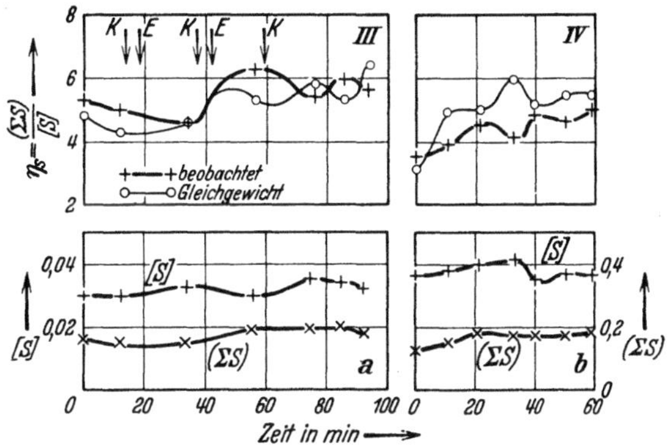

Abb. 94. Vergleich des Verlaufs der Schwefelreaktion mit den entsprechenden Gleichgewichten für basische S.M.-Schmelzungen.

Im Gegensatz zu den früher ähnlich durchgeführten Vergleichen (Mangan- und Phosphorreaktion) haben wir hier in den meisten Fällen nicht den analytisch bestimmten Schwefelgehalt des Stahls seiner berechneten Gleichgewichtskonzentration gegenübergestellt, sondern den zeitlichen Verlauf der Verhältnisse

$$\eta_{S\,\mathrm{Gl.}} = \left(\frac{(\Sigma\,\mathrm{S})}{[\mathrm{S}]}\right)_{\mathrm{Gl.}} \quad \text{und} \quad \eta_{S\,\mathrm{an.}} = \left(\frac{(\Sigma\,\mathrm{S})}{[\mathrm{S}]}\right)_{\mathrm{an.}}$$

betrachtet. Die Ursache dieses abweichenden Verfahrens ist — wie wir sehen werden — in der offensichtlich vorhandenen Mitwirkung der Gasphase zu suchen, die dem Bade sowohl Schwefel entziehen, wie auch zuführen kann.

Grundsätzlich gilt auch hier, daß die Entschwefelung des Stahls durch die Schlacke an die Bedingung geknüpft ist: $\eta_{S\,\mathrm{Gl.}} > \eta_{S\,\mathrm{an.}}$ Wird aber von außen (Heizgase) Schwefel zugeführt, so ist es möglich, daß eine Zunahme von $(\Sigma\,\mathrm{S})$ unter gleichzeitigem Anwachsen von $\eta_{S\,\mathrm{an.}}$ stattfindet.

Ein Beispiel möge dies verdeutlichen. Wir nehmen an, die Zusammensetzung der Schlacke und die Höhe der Temperatur seien so geartet, daß das Gleichgewicht dauernd bei

$$\eta_{S\,\mathrm{Gl.}} = \left(\frac{(\Sigma\,\mathrm{S})}{[\mathrm{S}]}\right)_{\mathrm{Gl.}} = 6$$

gelegen ist; aus der Analyse, nämlich $(\Sigma\,\mathrm{S}) = 0{,}20$ und $[\mathrm{S}] = 0{,}050$, berechnen sich dagegen $\eta_{S\,\mathrm{an.}} = 4$. Infolgedessen müssen Reaktionen einsetzen, die $\eta_{S\,\mathrm{an.}}$ erhöhen, was nur möglich ist, indem sich $(\Sigma\,\mathrm{S})$ vermehrt und $[\mathrm{S}]$ entsprechend vermindert, z. B. bis

$$\eta_{S\,\mathrm{an.}} = \frac{0{,}24}{0{,}06} = 6$$

[1] Vgl. S. 167, Anm. 1.

erreicht ist. Es ist aber auch denkbar, daß die Gase den Schwefelgehalt der Schlacke erhöhen, wodurch $\eta_{S\,\text{an.}}$ wachsen kann, ohne daß ein Übergang des Schwefels vom Stahl zur Schlacke stattfindet. Nimmt die Schlacke beispielsweise 0,10% Schwefel auf, so daß (Σ S) auf 0,20 + 0,10 = 0,30 zunimmt, so vermag sich das Gleichgewicht

$$\eta_{S\,\text{Gl.}} = \eta_{S\,\text{an.}} = \frac{0{,}30}{0{,}05} = 6$$

einzustellen, ohne daß der Schwefelgehalt des Metalls davon berührt wird. Wie erwähnt, ist sogar eine Schwefelzunahme des Stahls unter gleichzeitiger Zunahme von $\eta_{S\,\text{an.}}$ möglich $\left(\text{z. B. auf } \eta_{S\,\text{an.}} = \frac{0{,}36}{0{,}06} = 6\right)$.

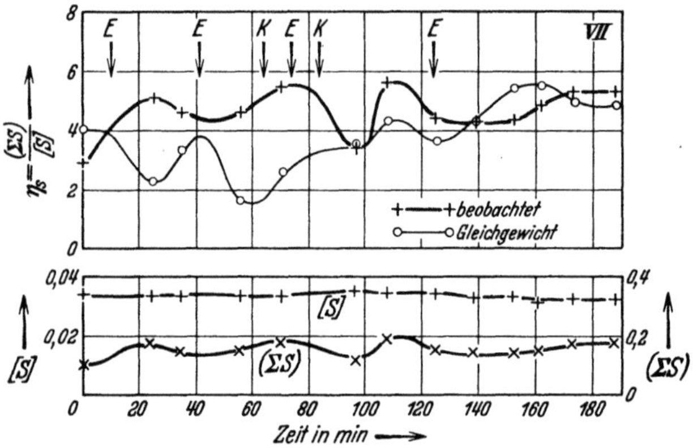

Abb. 95. Wie Abb. 94.

Diese Überlegungen sollen zeigen, daß die Wahl des Schwefelgehaltes [S] als Vergleichsgröße unsicher ist, sobald die Mitwirkung der Gasphase in Betracht kommt, während der Vergleich von η_S durch diese Vorgänge nicht in so starkem Maße beeinträchtigt wird, wenn er auch keineswegs einwandfrei ist.

Abb. 94a, Beobachter H. Schenck und W. Rieß, bas. S.M.-Ofen, 30 *t*. In den ersten 40 Minuten sinkt $\eta_{S\,\text{an.}}$ ab, weil $\eta_{S\,\text{Gl.}}$ tiefer liegt. Anschließend setzt eine geringfügige Entschwefelung ein, gleichzeitig scheint aber auch eine Schwefelaufnahme der Schlacke aus

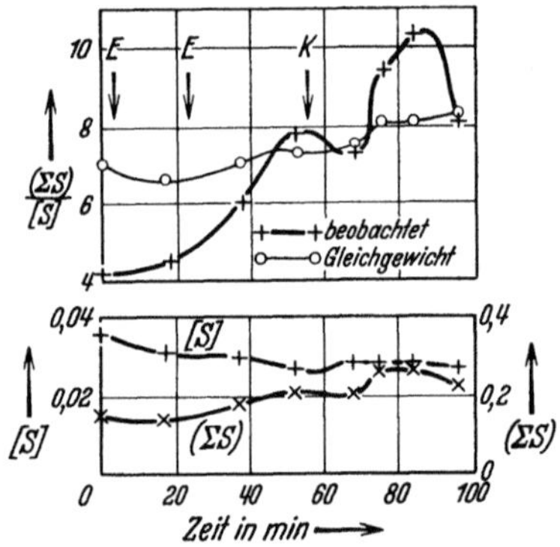

Abb. 96. Wie Abb. 94.

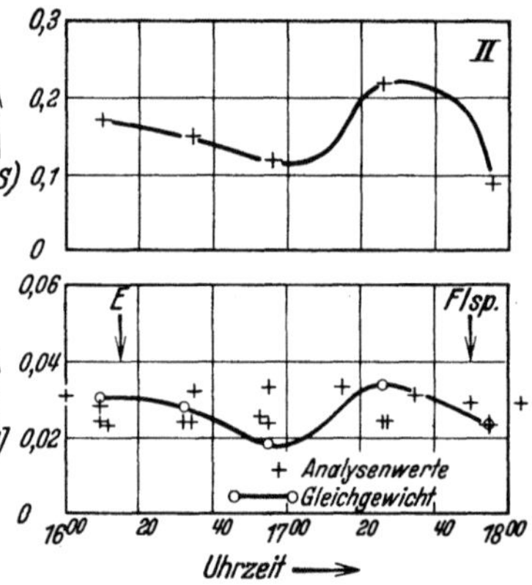

Abb. 97. Wie Abb. 94.

den Gasen stattzufinden, durch die $\eta_{S\,\text{an.}}$ über $\eta_{S\,\text{Gl.}}$ gesteigert wird. Dies äußert sich nach der 60. Minute in einer Rückschwefelung, an die sich unter praktischer Gleichgewichtseinstellung wieder eine geringfügige Entschwefelung anschließt.

Abb. 94b, (ebenso). Die Kurve für $\eta_{S\,\text{Gl.}}$ liegt dauernd über der für $\eta_{S\,\text{an.}}$, die demzufolge ansteigt. An den Konzentrationskurven für [S] und (Σ S) ist aber zu erkennen, daß in den ersten 20 Minuten Schwefel von außen her aufgenommen wird. Im Anschluß daran scheint die Gasphase unwirksam zu werden; das Anwachsen von $\eta_{S\,\text{an.}}$ erfolgt nunmehr unter Entschwefelung des Metalls. Am Schluß ist das Gleichgewicht nahezu eingestellt.

Abb. 95 (ebenso). Zu Beginn der Beobachtung verschleiert die Mitwirkung der Heizgase, die — bei nahezu gleichbleibendem [S] — an der Wellenbewegung von (Σ S) kenntlich wird, das Erkennen der Reaktionsrichtung. Erst nach der 130. Minute setzt eine schwache

Entschwefelung des Metalls ein, die gegen Ende des Prozesses unter angenäherter Gleichgewichtseinstellung zum Stillstand kommt.

Abb. 96, Beobachter H. Schenck[1], Schmelzung XII. In den ersten 50 Minuten findet bei hohem Gleichgewichtsabstand eine ziemlich kräftige Entschwefelung des Metalls statt. Nach der 70. Minute steigt (Σ S), offenbar unter dem Einfluß der Heizgase kurzzeitig erheblich an, wodurch sich $\eta_{S\,\text{an.}}$ über $\eta_{S\,\text{Gl.}}$ erhebt. Am Schluß des Prozesses hat sich das Gleichgewicht wieder eingestellt.

Zweifellos wird die Beurteilung des Reaktionsverlaufs bei den vorangegangenen Schmelzungen nicht nur durch die Mitwirkung der Heizgase, sondern auch durch geringe Fehler bei der Probenahme und Analyse erschwert. Wie stark z. B. die Probenahme am S.M.-Ofen (Betriebsproben, unruhige oder aluminierte Proben) auf den Schwefelgehalt des Stahls einwirkt, zeigt Abb. 97 nach C. Schwarz, E. Schröder und G. Leiber[2], in der der Schwefelgehalt des Stahls veranschaulicht und dem berechneten Gleichgewichtsschwefelgehalt gegenübergestellt ist. Letzterer wird ermittelt, indem man $\eta_{S\,\text{Gl.}}$ nach den Formeln des vorigen Abschnitts aufsucht und den Schwefelgehalt der Schlacke durch diesen Wert dividiert:

$$[\text{S}]_{\text{Gl.}} = \frac{(\Sigma\,\text{S})_{\text{an.}}}{\eta_{S\,\text{Gl.}}}.$$

Der dem Gleichgewicht entsprechende Kurvenzug liegt innerhalb des Streugebiets der Analysenwerte.

In Abb. 98 wurden vom Beobachter (F. Körber[3], 20 *t* bas. S.M.-Ofen) nur einige, auf Hundertstel Prozent

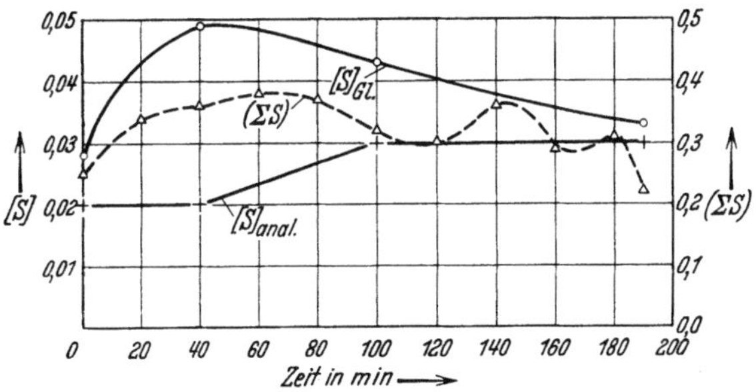

Abb. 98. Wie Abb. 4.

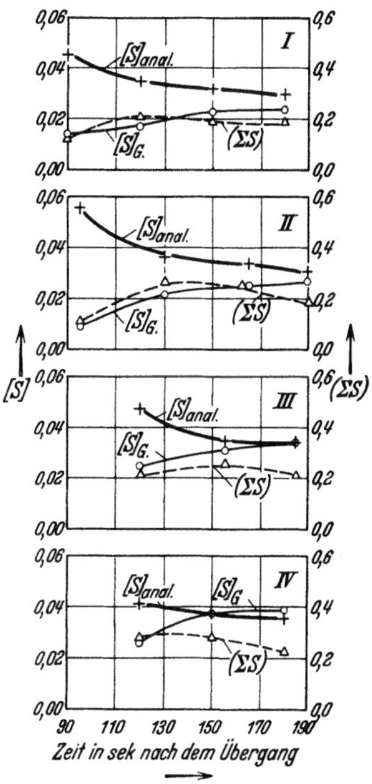

Abb. 99. Wie Abb. 94, jedoch für die Nachblaseperiode von vier Thomasschmelzungen.

auf- oder abgerundete, Schwefelgehalte des Stahls mitgeteilt; immerhin ist erkennbar, daß sich in den ersten 100 Minuten in Übereinstimmung mit der Berechnung eine Rückschwefelung vollzieht, die bei angenäherter Gleichgewichtseinstellung vor dem Abstich zum Stillstand kommt.

Abb. 99 zeigt den Verlauf der Schwefelreaktionen in der Nachblaseperiode von vier Thomasschmelzungen (Beobachter E. Herzog und H. Schenck[4]); auch hier ist der beobachtete Schwefelgehalt des Stahls dem berechneten Gleichgewichtsgehalt gegenübergestellt, und man sieht, daß die Entschwefelung nach dem Übergang zunächst bei hohem Gleichgewichtsabstand recht schnell vor sich geht und sich gegen Schluß des Blasens stark dem Gleichgewicht nähert.

Die Einstellung der Gleichgewichtslage scheint für die Reaktionen des Schwefels mehr Hemmungen zu begegnen, als für andere Reaktionen. Dies dürfte darauf zurückzuführen sein, daß die Diffusionsfähigkeit des Schwefels im Stahlbad nach den Untersuchungen von S. Schleicher[5] sowie W. Alberts[6]

---

[1] Arch. Eisenhüttenwes. Bd. 3 (1929/30) S. 518, Zahlentafel 5. [2] A. a. O.
[3] A. a. O. [4] Vgl. Abb. 74 u. 87. [5] Stahl u. Eisen Bd. 50 (1930) S. 1049—1068.
[6] Stahl u. Eisen Bd. 51 (1931) S. 117—126.

wesentlich geringer ist, als die der anderen Begleitelemente (C, P, Mn). Schleicher fand in den verschiedenen Höhenlagen des Bades Konzentrationsunterschiede[1] bis zu $\pm$ 15%, und es scheint, daß auch ein lebhafter Kochprozeß nicht immer in der Lage ist, diese Unterschiede auszugleichen. Auch die Schlacken scheinen häufig eine ungleichmäßige Schwefelverteilung aufzuweisen; wieweit hierfür die Mitwirkung der Gasphase verantwortlich zu machen ist, kann nicht immer übersehen werden. Es ist aber bekannt, daß dickflüssige Schlacken, selbst wenn sie der Entschwefelung chemisch günstig sind, nur eine langsame Einwirkung auf das Metallbad zeigen. Ihre Verflüssigung durch Flußspat hat eine bemerkenswerte Beschleunigung der Entschwefelung zur Folge.

Trotz aller dieser Unklarheiten bleibt bestehen, daß eine hohe Wirksamkeit der Schwefelreaktion nur zu erwarten ist, wenn Schlackenzusammensetzung und Temperatur einen hohen Gleichgewichtswert $\eta_{S\,\text{Gl.}} = \frac{(\Sigma\,\text{S})}{[\text{S}]}$ ermöglichen. Dieses Verhältnis ist offenbar die vom Standpunkt der chemischen Reaktion her zu betrachtende maßgebende Größe; es leuchtet ein, daß eine alleinige Wiedergabe des Schwefelgehalts im Stahl — wie dies im Schrifttum häufig zu bemerken ist — zur Beurteilung des Reaktionserfolges ungenügend sein muß, wenn nicht besondere Einschränkungen hinsichtlich des Schwefeleinsatzes und der Schlackenmenge gegeben sind. Diese beiden Größen sind neben η_S von beherrschendem Einfluß auf den Schwefelgehalt des Stahls; bezeichnen wir mit m_E das Gewicht des metallischen Einsatzes, mit $[\text{S}]_E$ dessen Schwefelgehalt und mit m_M bzw. m_S die Gewichte von Metall und Schlacke, so folgt aus der Stoffbilanz des Schwefels: $m_E\,[\text{S}]_E = m_M\,[\text{S}] + m_S\,(\Sigma\,\text{S})$ unter Verwendung von η_S der Ausdruck:

$$[\text{S}] = \frac{m_E \cdot [\text{S}]_E}{m_M + m_S \cdot \eta_S}$$

oder, wenn wir mit A den prozentualen Metallabbrand, mit % m_S die prozentuale Schlackenmenge bezeichnen:

$$[\text{S}] = \frac{\frac{10\,000}{100 - A} \cdot [\text{S}]_E}{100 + \%\, m_S \cdot \eta_S}. \tag{2}$$

Aus dieser Formel ergibt sich, daß — bei gleicher Ausnutzung der Reaktion η_S — der Schwefelgehalt des Metalls um so geringer sein wird, je geringer der Schwefeleinsatz $[\text{S}]_E$ und der Abbrand und je höher die prozentuale Schlackenmenge ist. (Neben $[\text{S}]_E$ und % m_S ist A praktisch von verhältnismäßig kleinem Einfluß.) Die Formel gilt natürlich für alle hier betrachteten Stahlerzeugungsverfahren; die auf- oder entschwefelnde Mitwirkung der Heizgase, das Ziehen von Schlacke und der durch Erz und Kalk eingebrachte Schwefel ist durch entsprechende Korrektur von $[\text{S}]_E$ zu berücksichtigen.

Nach der hier verwendeten Gleichgewichtsformel:

$$\begin{aligned} \eta_{S\,\text{Gl.}} = \frac{(\Sigma\,\text{S})}{[\text{S}]} &= \underbrace{\frac{(\text{CaO})}{(\text{FeO})\,K_{1S}}} + \underbrace{\frac{[\text{Mn}]}{K_{2S}}} \\ &= \frac{(\text{S})_{\text{Ca}}}{[\text{S}]} + \frac{(\text{S})_{\text{Mn}}}{[\text{S}]} \end{aligned} \tag{1}$$

[1] Angesichts der Fehlermöglichkeiten der Probenahme mit der bleiumhüllten Stange (vgl. S. 11) fallen diese Unterschiede um so stärker auf.

verläuft die Entschwefelung sowohl über Kalk unter Bildung von Kalziumsulfid, wie unter Bildung von Mangansulfid.

Wir wollen beide Vorgänge getrennt betrachten. In Abb. 100 ist das Ausmaß der Kalkentschwefelung, also das Verhältnis $(S)_{Ca} : [S]$ für Schlacken mit verschiedenen Gesamteisengehalten (Σ Fe) (= 5, 10, 15%) und mehreren Kalk- und Kieselsäuregehalten (Σ CaO)′ und (Σ SiO_2) (gemäß der beigefügten Aufstellung) errechnet.

Abb. 100 ist zustande gekommen, indem für jede Schlacke mit Hilfe der Tafeln II—IV die „freien" Konzentrationen (CaO) und (FeO) ermittelt wurden, aus denen die gesuchte Größe mit Hilfe von Abb. 93a zu ermitteln ist.

Wir ersehen daraus, daß die Entschwefelung über Kalk um so mehr begünstigt wird,

je geringer der Eisengehalt
je geringer der Kieselsäuregehalt } der Schlacke ist.
je höher der Kalkgehalt (Σ CaO)′

Dies ergab sich bei den Messungen von Bardenheuer und Geller[1] ebenfalls.

Die Temperatur kann in ihrem Einfluß wechseln, einige Schlacken zeigen ein Minimum der Kalkschwefelreaktion bei etwa 1600° C[2], während die Reaktion bei Thomasschlacken gleicher Zusammensetzung mit wachsender Temperatur gefördert wird. Hoher Phosphorsäuregehalt der Schlacke erschwert die Entschwefelung, weil er die Konzentrationsgröße (Σ CaO)′ = (Σ CaO) − 1,57 (Σ P_2O_5) vermindert. Eine Erhöhung des Manganoxydulgehalts der Schlacke begünstigt die Bindung des Schwefels an Kalk, weil sie den freien Kalk (CaO) anwachsen läßt. Dieser Einfluß ist jedoch nur gering, so daß er praktisch nicht in Erscheinung tritt; aus diesem Grund wurde in Abb. 100 mit den Mittelwerten (Σ MnO) = 10 für S.M.-Schlacken und (Σ MnO) = 5 für Thomasschlacken gerechnet. Abweichungen von diesen Gehalten ändern die Kurven nur unwesentlich; sie äußern sich dagegen in veränderten Mangangehalten des Stahls und demgemäß in einer veränderten Bildungsmöglichkeit von Mangansulfid.

Der Anteil der Schwefelumsetzungen, die über Mangansulfid laufen, wird — wie erwähnt — durch die Formel

$$\frac{(S)_{Mn}}{[S]} = \frac{[Mn]}{\cdot K_{2S}}$$

beherrscht, wobei hervorzuheben ist, daß [Mn] die mit der Schlacke im Gleichgewicht befindliche Konzentration sein muß. Alle Bedingungen, die die Reduktion des Mangans befördern, fördern demnach auch die Bildung von Mangansulfid; in Übereinstimmung mit den Ausführungen von S. 96f. erkennen wir also als günstige Bedingungen für die Manganentschwefelung:

geringen Eisengehalt
geringen Kieselsäuregehalt } der Schlacke.
hohen Kalkgehalt (Σ CaO)′
hohen Manganoxydulgehalt

Bezüglich der Rolle der Temperatur ist zu beachten, daß heißes Schmelzen zwar das Anwachsen von [Mn] befördert, daß andererseits aber auch K_{2S} steigt, wodurch die Bildung von Mangansulfid wieder beeinträchtigt wird. Ähnlich wie

[1] Vgl. S. 167, Anm. 1.

[2] Auf anderem Wege fand der Verfasser einen ähnlichen Temperatureinfluß [vgl. Arch. Eisenhüttenwes. Bd. 3 (1929/30) S. 690, Abb. 4a—c].

bei der Kalkentschwefelung tritt die Höhe der Temperatur daher nur wenig in Erscheinung[1].

Der Übergang des Schwefels aus dem Stahl in die Schlacke wird also für die Kalk- und die Manganreaktion durch die gleichen Bedingungen gefördert oder erschwert; das gleiche gilt mithin für die Summe der beiden Verhältnisse:

$$\frac{(\Sigma\,\mathrm{S})}{[\mathrm{S}]} = \frac{(\mathrm{S})_{\mathrm{Ca}}}{[\mathrm{S}]} + \frac{(\mathrm{S})_{\mathrm{Mn}}}{[\mathrm{S}]}\,.$$

Diese Schlußfolgerungen decken sich zumindest qualitativ mit allen Stahlwerkserfahrungen, wenn man von einigen Meinungsverschiedenheiten absieht, deren Aufklärung lehrreich sein dürfte und hier versucht werden soll. Mit den Ergebnissen der genannten Laboratoriumsforschungen besteht volle Übereinstimmung.

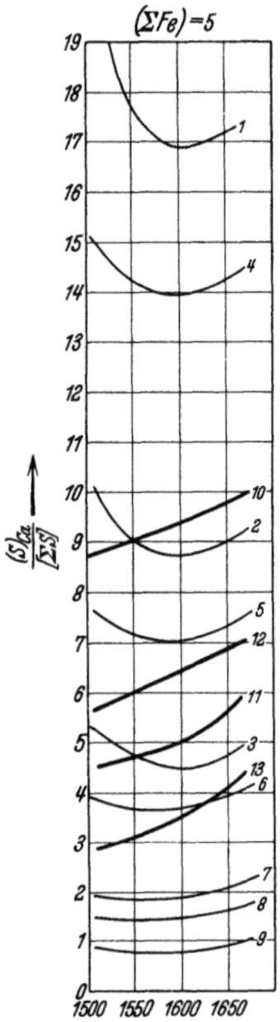

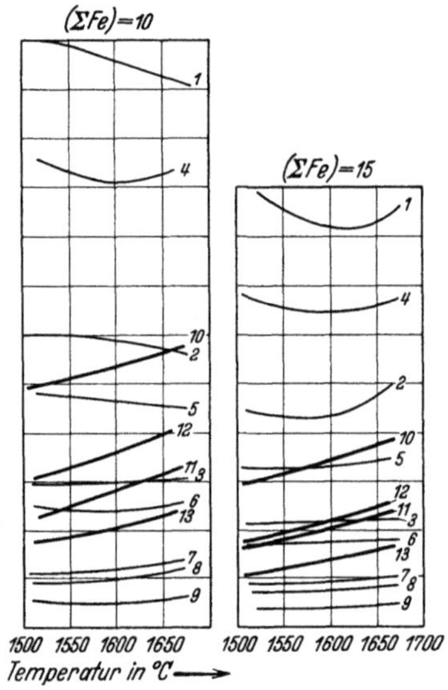

Kurve Nr.	(Σ CaO)'	(Σ SiO$_2$)	Speziell für
1		10	
2	45	15	
3		20	
4		10	S.M.-Ofen
5	40	15	(Σ MnO) =
6		20	etwa 10%
7		25	
8	35	25	
9		30	
10	20	5	Thomas-
11		10	prozeß
12	15	5	(Σ MnO) =
13		10	etwa 5%

Abb. 100. Gleichgewichtslage der Kalkentschwefelung bei den basischen Stahlerzeugungsverfahren.

So hat die Frage, ob Kalk oder Mangan als Träger der Entschwefelung zu betrachten seien, noch keine übereinstimmende Beantwortung gefunden. B. Osann[2] schloß auf Grund der Beobachtung, daß die Entschwefelung des Stahls häufig mit der Reduktion von Manganoxydul zusammenfällt, auf eine besondere Befähigung des in „statu nascendi" befindlichen Mangans zur Bildung von Mangansulfidsuspensionen, während K. Köhler[3] keinen ausgeprägten Zusammenhang zwischen Entschwefelung und Mangangehalt oder Höhe des Manganeinsatzes im S.M.-Ofen bemerken konnte. In einer früheren (überholten) Arbeit[4] glaubte der Verfasser ebenfalls, die Kalkentschwefelung als praktisch allein maßgebend ansehen zu müssen. In einer Aussprache[5] zu der Untersuchung

[1] Vgl. weiter unten.
[2] Lehrbuch der Eisenhüttenkunde Bd. 2. Leipzig: Wilhelm Engelmann 1926.
[3] Stahl u. Eisen Bd. 50 (1930) S. 1257—1264.
[4] Arch. Eisenhüttenwes. Bd. 3 (1929/30) S. 685f.
[5] Stahl u. Eisen Bd. 50 (1930) S. 1264f.

von Köhler wurde dagegen darauf hingewiesen, daß man ein schwefelreiches Eisen durch Nachsetzen von Mangan besser entschwefeln könne (W. Alberts) und auch durch Häufigkeitskurven die weitergehende Entschwefelung von Stählen mit höherem Mangangehalt zu belegen sei (F. Beitter).

Die Osannsche Auffassung darf durch die genannten Laboratoriumsmessungen[1] als widerlegt gelten für die bei der Stahlerzeugung auftretenden Konzentrationsgrößen, während sie für den Mischer von Bedeutung ist[2]. Die Lösung der Frage kann wohl damit gegeben werden, daß — wie von Köhler vermutet und von Bardenheuer und Geller bestätigt wurde — die entschwefelnde Wirkung des Mangans unter normalen Verhältnissen geringer ist, als die des Kalks; das aus dem Mangangehalt abgeleitete Verhältnis $\frac{(S)_{Mn}}{[S]}$ ist ein Zusatzglied, dessen Bedeutung namentlich dann nicht stark in Erscheinung tritt, wenn die Entschwefelung nur nach dem Schwefelgehalt, anstatt nach dem Verhältnis $(\Sigma\, S):[S]$ beurteilt wird. Dies geht aus folgendem Beispiel hervor.

Aus Abb. 100 ist zu entnehmen, daß bei 1600° C für eine Schlacke der Zusammensetzung $(\Sigma\, Fe) = 10$, $(\Sigma\, CaO)' = 40$, $(\Sigma\, SiO_2) = 10$ der Gleichgewichtswert $\frac{(S)_{Ca}}{[S]} = 4{,}7$ gegeben ist. Als Zusatzglied tritt hinzu $\frac{(S)_{Mn}}{[S]} = \frac{[Mn]}{K_{2\,S}}$ mit $K_{2\,S} = 0{,}134$ (Abb. 93).

Beträgt der Schwefeleinsatz $[S]_E = 0{,}1\%$, der Abbrand 4%, so erhält man für steigende [Mn]-Gehalte bei einer Schlackenmenge von 15% folgende Schwefelgehalte des Stahls[3]:

[Mn]	0	0,1	0,2	0,3	0,4	0,5	0,6	0,8	1,0
η_S	4,7	5,5	6,2	6,9	7,7	8,4	9,2	10,7	12,2
[S]	0,061	0,057	0,054	0,051	0,048	0,046	0,044	0,040	0,037

Bei einer Vermehrung des Mangangehalts auf das Zehnfache (von 0,1 auf 1,0%) sinkt der Schwefelgehalt des Metalls nur von 0,057 auf 0,037%.

Hieraus ist die Köhlersche Beobachtung zu verstehen, daß lediglich bei übermäßig hohem Manganeinsatz und gleichzeitig ausreichendem Kalkgehalt ein günstiger Einfluß des Mangans merkbar wird. In Wirklichkeit werden die Verhältnisse sich noch etwas mehr zugunsten eines hohen Manganeinsatzes verschieben, als oben berechnet, da damit gleichzeitig die Schlackenmenge wächst. Dies gilt aber in noch höherem Maße für hohen Kalksatz.

Wenn nun, wie erwähnt, durch Nachsetzen von Mangan oder bei manganreichen Stählen eine merkbare Begünstigung der Entschwefelung beobachtet wurde, so kann dies mit anderen Umständen in Zusammenhang gebracht werden. Der Mangannachsatz, der gleichzeitig mit einer entsprechenden Aufkohlung verbunden ist, entzieht der Schlacke etwas Eisen, und der anschließende Kochprozeß erhöht die Temperatur, beides Folgeerscheinungen, die der Schwefelabscheidung günstig sind. Ein hoher Mangangehalt des Stahls ist meist ein Indikator, daß die Temperatur und die „Basizität" hoch sind, womit ebenfalls die Beschleunigung der Schwefelreaktion ihre Erklärung findet.

Die Auffassung und Erfahrungen über den günstigen Einfluß hoher Temperatur scheint zunächst in Widerspruch mit den auf S. 173 gegebenen Ausführungen zu stehen; dieser läßt sich jedoch lösen, wenn wir beachten, daß dort

[1] Vgl. S. 167, Anm. 1.

[2] Für den Mischer erweist sich jedoch die Hilfsvorstellung des „statu nascendi" als nicht notwendig. [3] Zu berechnen nach Formel (2), S. 172.

ein verhältnismäßig geringer Temperatureinfluß nur für den Fall gleichbleibender Schlackenzusammensetzung abgeleitet wurde. Erinnern wir uns nun, daß ein mit gleicher Frischgeschwindigkeit auf den gleichen Kohlenstoffgehalt heruntergearbeiteter S.M.-Stahl bei hoher Temperatur einen geringeren Eisengehalt in der Schlacke benötigt (S. 67f.) als bei niedriger, so wird die weitergehende Schwefelabscheidung bei heißen Schmelzungen verständlich. Theoretisch müßte aus dem Zusammenhang zwischen niedriger Frischgeschwindigkeit und geringerem Eisengehalt (Σ Fe) auf eine Begünstigung der Entschwefelung geschlossen werden; praktisch scheint sich diese Folgerung erst merklich zu verwirklichen, wenn man erhebliche Unterschiede der Kochgeschwindigkeit betrachtet. Die gemeinhin geringeren Schwefelgehalte harter Schmelzungen, die von F. Beitter[1] sowie C. Bettendorf und J. N. Wark[2] nachgewiesen wurden, lassen sich dagegen ohne weiteres mit dem geringeren Eisengehalt der entsprechenden Schlacken erklären.

Beitter hat den günstigen Einfluß geringer Erzsätze durch Großzahlforschung festgestellt; in scheinbarem Widerspruch dazu stehen die auf gleichem Wege gewonnenen Angaben von A. Ristow[3], der ein Gleichbleiben oder sogar einen geringen Abfall des Stahl-Schwefelgehaltes mit wachsendem Eisengehalt der Schlacke bemerkte. Auch hier ist zu betonen, daß die aus Abb. 100 abgeleitete Folgerung einer beim Anwachsen von (Σ Fe) verschlechterten Entschwefelung nur dann Gültigkeit hat, wenn (Σ CaO)' und (Σ SiO_2) gleich bleiben. Stellt man aber einen Stahl gleicher Zusammensetzung bei etwa gleicher Frischgeschwindigkeit und Temperatur[4] her, so ist ein hoher Eisengehalt der Schlacke als Indikator eines höheren Kalkgehalts und geringeren Kieselsäuregehalts[5] zu betrachten, was wiederum der Entschwefelung zuträglich ist. Diese Erklärung wurde bereits von R. Back[6] gegeben; sie zeigt, daß die Übertragbarkeit der aus der Großzahlforschung abgeleiteten Aussagen auf andere Verhältnisse durch wissenschaftliche Überprüfung wesentlich gefördert werden kann.

Der Einfluß einer hohen Schlackenbasizität auf den Übergang des Schwefels in die Schlacke ist erfahrungsmäßig als günstig bekannt und durch die erwähnten Untersuchungen, zu denen noch die Arbeit von A. N. Diehl[7] tritt, hinreichend belegt. Durch Kieselsäureaufnahme der Schlacke wird das Gleichgewichtsverhältnis $\frac{(\Sigma S)}{[S]} = \eta_{S\,Gl.}$ vermindert; infolgedessen kann Rückschwefelung einsetzen, wenn der Wert η_S durch Kieselsäureaufnahme unter den tatsächlich eingestellten Wert $\left(\frac{(\Sigma S)}{[S]}\right)_{an.}$ verschoben wird. Die gelegentlich zu beobachtende Rückschwefelung in der Pfanne findet durch die Auflösung des sauren Futters ihre Erklärung[8].

Mit Hilfe der Entschwefelungsgleichung (S. 167):

$$\left(\frac{(\Sigma S)}{[S]}\right)_{Gl.} = \eta_{S\,Gl.} = \frac{(CaO)}{(FeO)\cdot K_{1S}} + \frac{[Mn]}{K_{2S}} \tag{1}$$

[1] Stahl u. Eisen Bd. 53 (1933) S. 369f. [2] Stahl u. Eisen Bd. 52 (1932) S. 577f.
[3] Stahl u. Eisen Bd. 53 (1933) S. 402.
[4] Die „freie“ Konzentration (FeO) bleibt hierbei gleich.
[5] Wahrscheinlich ist auch die Schlackenmenge bei höherer „Basizität“ größer.
[6] Stahl u. Eisen Bd. 53 (1933) S. 404.
[7] Yearb. Amer. Iron Stl. Inst. 1926 S. 54—116; vgl. Stahl u. Eisen Bd. 47 (1927) S. 925. [8] Vgl. hierzu S. 232.

läßt sich die bekannte hervorragende Entschwefelung im basischen Elektroofen bei Herstellung der weißen oder grauen Desoxydationsschlacke ohne weiteres ableiten. Infolge des geringen Eisengehalts dieser Schlacken wird (FeO) klein und damit das erste Glied der rechten Seite hoch, zumal wegen des Fehlens von Kalkferriten auch (CaO) hoch liegt.

Beispiel. Eine Schlacke folgender Zusammensetzung (vgl. S. 135):

(ΣFe)	(ΣCaO)	(ΣSiO_2)	(ΣP_2O_5)	$(\Sigma CaO)'$	(ΣMnO)
0,74	57,70	18,7	0,03	57,65	0,104

enthält bei 1627° C an freien Verbindungen: (CaO) = 45,0, (FeO) = 0,9, (MnO) = 0,10. Der Gleichgewichtsgehalt des Mangans im Stahlbad beträgt [Mn] = 0,062.

Nach Abb. 93 ist $K_{1S} = 1,7$, $K_{2S} = 0,144$. Demnach wird

$$\eta_S = \frac{(\Sigma S)}{[S]} = \frac{45,0}{0,9 \cdot 1,7} + \frac{0,06}{0,144} = 29,5 + 0,4 = 29,9\,.$$

Eine Übersicht über das Schrifttum[1] lehrt, daß derartig hohe Ausnutzungswerte η_S für den basischen Elektroofen durchaus nicht ungewöhnlich sind.

Aus der bei Gegenwart von Kohlenstoff gleichzeitig in der Desoxydationsschlacke stattfindenden Kalziumkarbidbildung ist des öfteren der Schluß gezogen worden, daß dieser Stoff selbst an der Entschwefelung teilnehme. Es erscheint jedoch nicht notwendig, diese Annahme in die Gleichung der Schwefelreaktion einzubeziehen, wenn wir beachten, daß das Auftreten von CaC_2 als Indikator eines geringen Eisenoxydulgehalts zu betrachten ist[2]. Daran ändert auch die Tatsache nichts, daß man die Entschwefelung durch Kalziumkarbidzugabe verbessern kann; man kann sich vorstellen, daß hierbei eine Verminderung des Eisenoxyduls stattfindet ($3\,FeO + CaC_2 \rightleftharpoons 2\,CO + CaO + 3\,Fe$), deren günstiger Einfluß weiter oben klargelegt wurde. Natürlich kann man auch die Formel[3] $CaC_2 + FeS + 2\,FeO \rightleftharpoons CaS + 2\,CO + 3\,Fe$ zur Beschreibung des Entschwefelungsvorgangs heranziehen, nach den grundlegenden Sätzen der physikalischen Chemie ist es aber für die Gleichgewichtslage ohne Belang, auf welchem Wege man den Umsatz vor sich gehend denkt.

Wie aus Abb. 99 hervorgeht, scheinen sich die angegebenen Formeln zur Berechnung der Gleichgewichtslage für die Entschwefelung in Thomaskonverter zu bewähren, mit der sich bereits E. Herzog[4] eingehend befaßt hatte. Dieser wies auf den einschneidenden Einfluß einer hohen Basizität hin, was sich mit den Kurven von Abb. 100 deckt. Wenn der Einfluß der Temperatur beim Thomaskonverter — trotz des Temperaturanstiegs der genannten Kurven — nicht deutlich in Erscheinung tritt, so liegt dies wiederum daran, daß hohe Temperatur zwecks ausreichender Entphosphorung einen höheren Eisengehalt der Schlacke erfordert.

In einer Reihe von Arbeiten wird die Entschwefelung des Stahls mit der Bildung von Kalziumsulfat in Zusammenhang gebracht. Wenn auch die Bildung dieser Verbindung, die man sich im Sinne der Gleichung $FeS + CaO + 3\,FeO \rightleftharpoons CaSO_4 + 4\,Fe$ vorzustellen hätte, vom theoretischen Standpunkt her nicht abgeleugnet werden kann, sprechen doch andererseits zahlreiche Beobachtungen gegen die Auffassung, daß das Sulfat merklichen Anteil am Umsatz des Schwefels nimmt.

---

[1] Vgl. z. B. Sisco-Kriz: Die Elektrostahlverfahren. Berlin: Julius Springer.

[2] Vgl. S. 199f. [3] Diese Formulierung wird im Schrifttum häufig angetroffen.

[4] Stahl u. Eisen Bd. 41 (1921) S. 781—789.

Das M.W.G. würde für die Gleichgewichtslage der Sulfatbildung den Ausdruck liefern:

$$\frac{[S](CaO)(FeO)^3}{(S)_{CaSO_4}} = K \quad \text{oder} \quad \frac{(S)_{CaSO_4}}{[S]} = \frac{(CaO)(FeO)^3}{K},$$

d. h. die Entschwefelung würde sich wachsend mit der 3. Potenz des (freien) Eisenoxydulgehalts verbessern. Alle Beobachtungen deuten aber darauf hin, daß der Übergang des Schwefels aus der Schlacke in den Stahl durch Reduktion gefördert wird.

K. Köhler[1] berichtete über einen Versuch, bei dem der Schlacke im S.M.-Ofen Kalziumsulfat zugesetzt wurde, ohne daß eine merkliche Rückschwefelung erzielt wurde, während S. Schleicher[2] auf die von ihm beobachtete Schwefelaufnahme des Stahls hinwies, der in der Pfanne mit Braunkohlenbrikettasche (60% CaO, 12% Sulfate) abgedeckt wurde. Eine Erklärung der verschiedenartigen Vorgänge ist möglich, wenn wir bedenken, daß eine Rückschwefelung nur dann einsetzen kann, wenn das Gleichgewichtsverhältnis η_S durch den Zusatz des Sulfates überschritten wird.

Der analytische Nachweis von Kalziumsulfat in der erstarrten Schlacke (A. N. Diehl[3], K. Köhler) läßt nicht ohne weiteres Folgerungen auf die Anwesenheit dieser Verbindung im flüssigen Zustande zu, da sehr wohl eine Oxydation des Sulfids zu Sulfat bei der Erstarrung denkbar ist.

Als ein die Entschwefelung fördernder Zusatz ist der Flußspat (Kalziumfluorid CaF_2) bekannt; doch bestehen über seine Wirkungsweise noch verschiedene Ansichten.

Als wahrscheinlich kann man mit F. T. Sisco[4], B. Neumann[5] und A. N. Diehl annehmen, daß die Wirkung des Flußspats indirekt ist, indem er erlaubt, im basischen Herdofen Schlacken zu verwenden, die bei genügender Dünnflüssigkeit eine Steigerung des Kalkgehaltes zulassen.

Daneben stellte S. Schleicher[6] an Hand von Stoffbilanzen eine Abnahme der Gesamtschwefelmenge im System Schlacke—Bad fest, die ihn zu der Vermutung führte, daß eine gasförmige Fluorschwefelverbindung entstehe und mit den Verbrennungsgasen entweiche. Der Auffassung, daß eine derartige unmittelbare Entschwefelung möglich oder wahrscheinlich sei, fand von mehreren Seiten her Zustimmung, ohne daß jedoch der direkte Beweis durch Bestimmung des Fluors oder seiner Schwefelverbindung analytisch angetreten wurde. Erst neuerdings erbrachten O. Meyer und J. Görrissen[7] den experimentellen Nachweis, daß eine Bildung der am ehesten zu erwartenden Gase Schwefelhexafluorid (SF_2) oder Sulfurylfluorid (SO_2F_2) beim Zusammenschmelzen von CaF_2, CaS und FeO selbst im Vakuum praktisch nicht eintritt; sie schließen daraus, daß die von Schleicher beobachtete Unstimmigkeit der Schwefelbilanz bei flußspathaltigen Schlacken mit deren höherer Dünnflüssigkeit und Beweglichkeit zu erklären sei, womit sie den Heizgasen gegenüber reaktionsfähiger werden.

Damit kommen wir zu der wichtigen Frage der Wechselwirkung zwischen Gas, Metall und Schlacke bezüglich des Schwefels, die — wie wir sahen — erheblich in die Metallschlackenreaktion eingreifen kann und in erster Linie für den S.M.-Ofen bedeutungsvoll sind.

---

[1] A. a. O. [2] Erörterung zur Arbeit von Köhler.
[3] Yearb. Amer. Iron Stl. Inst. 1926 S. 54—116; vgl. Stahl u. Eisen Bd. 47 (1927) S. 925.
[4] Chem. metallurg. Engng. Bd. 26 (1922) S. 17—22.
[5] Stahl u. Eisen Bd. 41 (1921) S. 116.
[6] Stahl u. Eisen Bd. 41 (1921) S. 357—364. [7] Vgl. S. 167, Anm. 1.

Diese Vorgänge finden im S.M.-Ofen schon während des Einschmelzens statt: ein schwefelreiches Gas gibt Schwefel an den Schrott ab; umgekehrt ist aber bekannt, daß das Gas dem oxydierten Schrott Schwefel zu entziehen vermag. Betriebliche Feststellungen zu dieser Frage hat C. H. Herty jr.[1] unternommen, der in Abb. 101 kurvenmäßig zeigte, wieviel Schwefel in festen, flüssigen und gasförmigen Brennstoffen vorhanden sein muß, damit sich das daraus bei der Verbrennung entstehende Gas dem Schrott gegenüber gerade neutral verhält. Koksofengas mit 0,3 g Schwefel im Normalkubikmeter bzw. dessen Verbrennungsprodukte würden sich darnach einem Schrottstück mit 0,035% S gegenüber inaktiv verhalten; höherer (geringerer) Schwefelgehalt des Gases würde zur Aufschwefelung (Entschwefelung) des Schrotts führen.

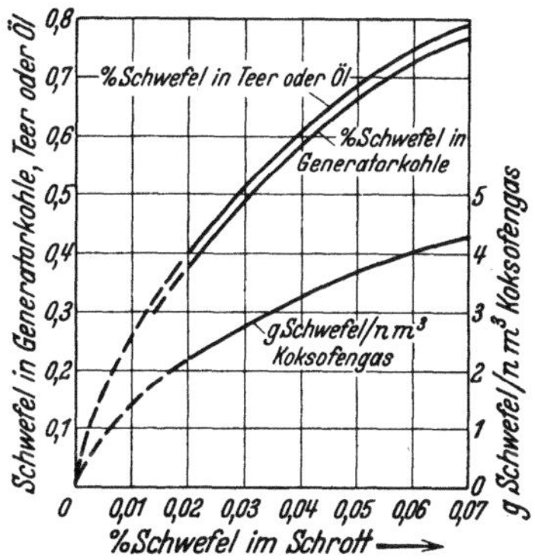

Abb. 101. Abhängigkeit der Auf- und Entschwefelung von Schrott im S.M.-Ofen vom Schwefelgehalt der Brennstoffe (Herty).

Man wird diese Kurven nur als einen rohen Anhalt betrachten dürfen, da nicht allein der Schwefelgehalt von Gas und Schrott, sondern auch der Sauerstoffgehalt bzw. das Verhältnis $CO_2 : CO$ im Heizgas, sowie die Temperatur die Richtung des Schwefelübergangs beherrschen. Theoretisch sind diese Verhältnisse vom Verfasser[2] eingehender untersucht worden mit dem Ergebnis, daß der Übergang des Schwefels vom Gas zum Schrott durch reduzierende Bedingungen, niedrige Temperatur und hohen Gasschwefelgehalt gefördert wird, während die entgegengesetzten Bedingungen zu einer Entschwefelung des Schrotts durch das Gas führen. Hinsichtlich des Einflusses oxydierender oder reduzierender Bedingungen stehen obige Folgerungen in Übereinstimmung mit den Feststellungen der großangelegten Untersuchung von F. Eisenstecken und E. H. Schulz[3].

Die Wechselwirkungen zwischen Schrott und Gas verlaufen natürlich um so weitergehend, je größer die dem Gase dargebotene Oberfläche ist.

Die Auf- und Entschwefelung des geschmolzenen Bades durch die Heizgase während des Kochprozesses ist z. B. von A. Jung[4], J. N. Nead[5], St. Dahlström und A. Ahrén[6], K. Köhler[7] und besonders F. Eisenstecken und E. H. Schulz[8] festgestellt und untersucht worden. Man wird sich vorstellen können, daß die Wechselwirkung sich hauptsächlich zwischen Gas und Schlacke vollzieht, während das Metallbad den Einflüssen der Gasphase auf dem Umweg über die Schlacke unterliegt. Nehmen wir an, daß der Gasschwefel, der nach der Verbrennung praktisch nur als SO_2 vorliegt, mit dem in der Schlacke enthaltenen freien Kalk reagiert, so kann man unter gleichzeitiger Angabe der Gleichgewichtsbedingung schreiben:

$$SO_2 + 3\,CO + CaO \rightleftharpoons CaS + 3\,CO_2 \qquad \frac{p_{SO_2}}{(CaS)} = \frac{K}{(CaO)}\left(\frac{p_{CO_2}}{p_{CO}}\right)^3 = \frac{K}{(CaO)\,D_{CO_2}^{\frac{3}{2}}} \cdot p_{O_2}^{\frac{3}{2}}.$$

[1] Trans. Amer. Inst. min. metallurg. Engr. 1929 S. 260; vgl. Stahl u. Eisen Bd. 49 (1929) S. 1769f. [2] Vgl. Bd. I, Abschnitt S—Fe—O—C—H, S. 276f.
[3] Stahl u. Eisen Bd. 52 (1932) S. 677—686. [4] Stahl u. Eisen Bd. 44 (1924) S. 911.
[5] Trans. Amer. Inst. Min. Met. Engr. Bd. 70 (1924) S. 176.
[6] Jernkont. Ann. Bd. 113 (1929) S. 59—74. [7] A. a. O. [8] A. a. O.

Diese einfache Gleichung, die auch leicht auf die Bildung anderer Sulfide übertragbar ist, gibt uns qualitativ Auskunft, in welcher Weise sich der Schwefelumsatz bei mehr oder weniger oxydierenden Bedingungen und bei Auftreten von freiem Sauerstoff im Gas vollzieht.

Die Beziehung zwischen dem Verhältnis $p_{CO_2}:p_{CO}$ und dem Teildruck p_{O_2} des Sauerstoffs ergibt sich aus der Dissoziationsgleichung des Kohlendioxyds[1].

Je höher das Verhältnis $p_{CO_2}:p_{CO}$ oder der Luftüberschuß (p_{O_2}) ist, desto höher muß im Gleichgewichtsfalle das Verhältnis p_{SO_2} : (CaS) liegen und damit auch die Neigung des Gases, der Schlacke Schwefel zu entziehen, während unter reduzierenden Bedingungen die Aufschwefelung der Schlacke gefördert wird.

C. H. Herty jr. und Mitarbeiter[2] haben als Gleichgewichtsbedingung der Schlacken-Gasreaktion die Beziehung angegeben:

$$\frac{\%\ SO_2 \text{ im Gas}}{\%\ S \text{ in der Schlacke}} = 0{,}270 \quad \text{oder umgerechnet} \quad \frac{\text{g S/nm}^3 \text{ Heizgas}}{(\Sigma S)} = 3{,}84.$$

Darnach können z. B. die Verbrennungsgase aus einer Schlacke mit 0,3% S nur dann Schwefel entfernen, wenn sie weniger als $0{,}3 \cdot 3{,}84 = 1{,}15$ g/S nm³ enthalten.

Nach den gleichen Beobachtern soll sich die Auf- und Entschwefelung mit der gleichen Geschwindigkeit vollziehen, wenn obige Beziehung nicht erfüllt ist; sie geben an, daß das von der Schlacke aufgenommene oder abgegebene Schwefelgewicht proportional der Differenz des tatsächlichen Schwefelgehalts gegenüber demjenigen ist, der zur Erfüllung vorstehender Beziehung erforderlich wäre. Der Proportionalitätsfaktor ist 0,02 kg S pro Minute, Quadratmeter Schlackenfläche und Prozent Differenz. Weist das Gas z. B. 3 g S/nm³ auf, so würde es sich einer Schlacke mit

$$(\Sigma S) = \frac{\text{g S/nm}^3}{3{,}84} = \frac{3}{3{,}84} = 0{,}78\%\ S$$

gegenüber neutral verhalten. Beträgt der tatsächliche Schwefelgehalt $(\Sigma S) = 0{,}4\%$, die Differenz mithin 0,38% S, so würden rund $0{,}38 - 0{,}02 = 0{,}0076$ kg S in der Minute in jedes Quadratmeter Schlackenoberfläche einwandern.

Beide Beziehungen bedürfen der Nachprüfung; es ist nicht denkbar, daß diese Wechselwirkungen von den oxydierenden oder reduzierenden Bedingungen im Ofenraum unbeeinflußt bleiben.

Bereits St. Dahlström und A. Ahrén hatten beobachtet, daß ein erheblicher Teil des im Frischgas enthaltenen Schwefels von der Kammerpackung festgehalten und beim Umstellen des Ofens mit den Verbrennungsgasen in den Kamin abgeführt wird. In ihrer mehrfach erwähnten aufschlußreichen Untersuchung an mit Mischgas (Koks- + Hochofengas mit 2—5 g S/nm³) beheizten basischen S.M.-Ofen stellten Eisenstecken und Schulz umfangreiche Stoffbilanzen des Schwefels auf, die besonders wertvolle Einblicke in das Verhalten des Gasschwefels in den Kammern zulassen.

Die Wechselwirkungen in der Kammer werden ermöglicht, sobald die Steinpackung sich mit einer reaktionsfähigen Schicht von Kalk, Eisen- und Manganoxyden bedeckt hat, die erst im Laufe der Ofenreihe von den Verbrennungsgasen als Staub oder Dämpfe mitgenommen und dort abgelagert werden. Neue Kammern können dem Gas daher nur wenig Schwefel entziehen.

Chemisch lassen sich die Kammerreaktionen durch dieselben Gleichungen beschreiben, wie die Wechselwirkung zwischen Gas- und Schlackenschwefel (S. 179). Neben Eisenstecken und Schulz hat der Verfasser ihre Theorie eingehender erörtert und die Gleichgewichte der Gasentschwefelung durch Kalk, Mangan- und Eisenoxydul in Abhängigkeit von der Temperatur und dem

[1] Vgl. Bd. I, S. 138. [2] Trans. Amer. Inst. min. metallurg. Engr. 1925.

Mischungsverhältnis $CO : CO_2$ errechnet[1]. Geringe Temperatur und reduzierende Bedingungen fördern darnach die Abgabe des Gasschwefels an die Bodenkörper; die entgegengesetzten Bedingungen lassen den umgekehrten Vorgang in Erscheinung treten. Damit wird die Kammerwirkung ohne weiteres verständlich.

Die in der Kammer erfolgende Entschwefelung des Frischgases kann sich nach Eisenstecken und Schulz bis auf 60% des Gasschwefels erstrecken. Sie läßt bei höherer Temperatur $> 1150^0$ C nach; die günstigste Wirkung wurde von den Beobachtern zwischen 1000 und 1100^0 C bemerkt.

Der in der Gaskammer festgehaltene Schwefel des Frischgases wird übrigens beim Durchgang des Abgases nicht restlos entfernt und in den Kamin geführt; es findet vielmehr ständig eine Schwefelanreicherung statt. Umgekehrt halten die Luftkammern beim Durchgang des Abgases einen Teil des darin befindlichen Schwefels fest, der nun beim Umstellen auf Luft oxydiert und in die Flamme übergeführt wird. Auch diese Vorgänge gleichen sich nicht vollständig aus, so daß eine geringe Schwefelanreicherung ebenfalls in den Luftkammern zu bemerken ist. Eisenstecken und Schulz folgerten aber aus weiteren Untersuchungen, daß die Anreicherungen teilweise rückgängig gemacht werden können, wenn die Abgase einen besonders hohen Sauerstoffgehalt aufweisen.

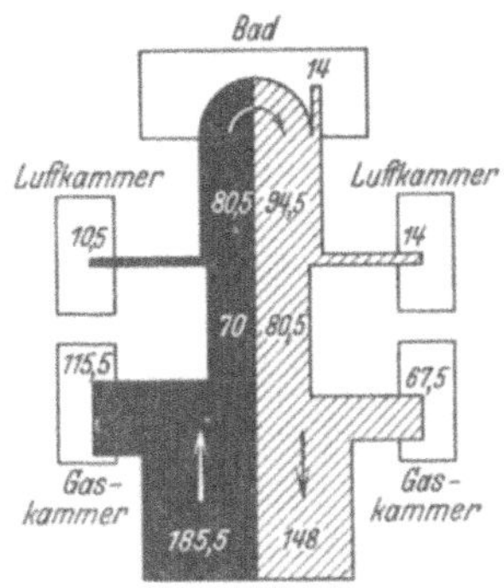

Abb. 102. Beispiel einer Stoffbilanz des mit den Gasen in den S.M.-Ofen ein- und ausgebrachten Schwefels (Eisenstecken und Schulz).

Im ganzen darf die von den genannten Beobachtern für zwei Schmelzungen entworfene Abb. 102 als qualitativ typisch für das Verhalten des Gasschwefels in den Kammern des S.M.-Ofens betrachtet werden.

Die analog den Wärmeschaubildern von Sankey gezeichnete Abb. 102 zeigt links die Summe der Wirkungen auf den Eintritts-, rechts auf den Austrittsseiten der Gase, bezogen auf die ganze Schmelzdauer. Das insgesamt eingeströmte Mischgas enthält 185,5 kg S, von dem 115,5 kg in der Gaskammer verblieben. Aus den Luftkammern wurden der Flamme noch 10,5 kg S zugeführt, so daß insgesamt 80,5 kg S in den Ofenraum gelangten, die vermehrt um 14 kg S aus der Schlacke den Ofenraum verlassen. Die Abgase geben 14 kg S an die Luftkammern ab und entziehen den Gaskammern 67,5 kg, so daß schließlich 148 kg S durch den Kamin austreten.

Die Kammern lösen also neben ihrer eigentlichen wärmetechnischen Aufgabe das Problem der Gasentschwefelung so weit, daß eine besondere Entschwefelung der Heizgase auf Ausnahmefälle beschränkt bleiben kann.

Das Verhalten des Schwefels bei den sauren Stahlerzeugungsverfahren.

Bekanntlich ist eine Verminderung des im Metall enthaltenen Schwefels durch Einwirkung saurer Schlacken praktisch nicht möglich. Die Schlacken nehmen nur sehr wenig Schwefel auf, so daß dessen analytische Bestimmung im Schrifttum meist unterblieben ist. Aus den wenigen vorliegenden Angaben kann

[1] Bd. I, S. 277, Abb. 150 und S. 285, Abb. 157.

man entnehmen, daß das tatsächlich erreichte Verhältnis $\eta_{S\,\mathrm{an.}} = (\Sigma\,\mathrm{S}) : [\mathrm{S}]$ den Wert 2 niemals überschreitet.

Aus den von R. v. Seth[1] durchgeführten Untersuchungen am Bessemerkonverter errechnet sich das Verhältnis η_S durchwegs ziemlich genau zu 1. Demgegenüber erreicht $\eta_{S\,\mathrm{an.}}$ beim Thomasprozeß den Wert 6, beim basischen S.M.-Ofen bis zu 10 und bei Anwesenheit der Reduktionsschlacken im basischen Elektroofen meist Werte über 25. Beachten wir ferner, daß die Schlackenmenge, die nach S. 172 den Endschwefelgehalt des Stahls ebenfalls maßgebend beherrscht, bei den sauren Prozessen gewöhnlich kleiner ist, als bei den basischen, so erkennt man das Zusammentreffen der ungünstigen Umstände, die von vornherein die Wahl eines schwefelarmen Einsatzes notwendig machen.

Die Ursache der niedrigen tatsächlichen $\eta_{S\,\mathrm{an.}}$-Werte ist offenbar, daß die sauren Schlacken nur geringe Gleichgewichtswerte $\eta_{S\,\mathrm{Gl.}}$ zulassen. Dies erklärt sich wiederum aus dem Umstand, daß die für die Entschwefelung wichtige Komponente des freien Kalks entweder ganz fehlt oder bei Kalkzusätzen durch die Silikatbildung weitgehend herabgesetzt wird. Schließlich liegen auch die Mangangehalte des Stahls im sauren Ofen oder Konverter meist unterhalb den bei den basischen Prozessen angetroffenen Konzentrationen, so daß das mit [Mn] verbundene Glied der Gleichgewichtsformel (1), S. 167 in seiner Wirkung ebenfalls zurücktritt.

Es ist überdies zweifelhaft, ob die Gleichgewichtsformel für die sauren Prozesse noch angewendet werden kann. Wahrscheinlich wird auch das Glied $\frac{[\mathrm{Mn}]}{K_{2S}}$ für die Bedingungen der sauren Schlacken von deren Kieselsäuregehalt abhängig (ähnlich wie die Konstante K_{1S} der Kalziumsulfidbildung); einen Anhalt hierfür bieten auch die Untersuchungsergebnisse von O. Meyer und J. Görrissen[2].

Bemerkenswerterweise scheint η_S nach Meyer und Görrissen mit wachsendem Eisenoxydulgehalt der Schlacke zuzunehmen, woraus sie den Schluß ziehen, daß bei den sauren Prozessen wahrscheinlich die reine Verteilungsentschwefelung, also der Übergang des Eisensulfids selbst in die Schlacke, mehr in den Vordergrund trete; diese Folgerung, die in der höheren Löslichkeit des Eisensulfids in Eisenoxydul begründet ist, kann im Hinblick auf die zu vermeidende Stahloxydation allerdings nicht praktisch ausgewertet werden.

Wenn somit eine Schlackenentschwefelung bei den sauren Prozessen nicht eintreten kann, ist um so mehr Wert darauf zu legen, daß der mit dem Einsatz in das Metall gelangende Schwefel im S.M.-Ofen nicht noch durch die Heizgase vermehrt wird. Während des Kochprozesses scheint diese Gefahr praktisch ohne erhebliche Bedeutung, wohl weil die Gase in den kalkfreien oder -armen Schlacken weniger zur Sulfidbildung befähigte Oxyde vorfinden. Die Gefahr der Schwefelaufnahme liegt zeitlich in der Einschmelzperiode; man kann ihr, wie auch F. Beitter hervorhob, durch frühzeitigen Einsatz saurer Schlacke begegnen, die die Schrottoberfläche mit einer Schutzschicht überzieht.

Ob die entschwefelnde Wirkung der Kammern auf das Gas bei den sauren Ofen die gleiche Höhe erreicht, wie bei den basischen, muß noch untersucht werden; wegen der Abwesenheit von Kalkablagerungen auf dem Steingitterwerk ist dies zu bezweifeln.

---

[1] A. a. O. [2] Vgl. S. 167, Fußnote 1.

Die Sauerstoffaufnahme des Stahls.

Allgemeines.

Die Wichtigkeit des Problems, den Sauerstoffgehalt des Stahls sowohl in seiner absoluten Höhe, wie nach der Art seines Auftretens zu kennen, beruht bekanntlich auf der Auffassung, daß er die technologischen Eigenschaften des Stahls maßgebend beherrsche und auf der Erkenntnis, daß Oberflächenfehler und sichtbare nichtmetallische Einschlüsse des Stahls vielfach auf eine unzulässige Überoxydation zurückzuführen sind.

In welcher Form tritt nun der Sauerstoff auf? Die Auffassung, daß er als gelöstes Gas im Metall vorliege, dürfte heute allgemein als erledigt zu betrachten sein, da die Affinität des freien Sauerstoffs zum Eisen genügend groß ist, um das Gas bis zu seiner praktisch vollkommenen Aufzehrung als Metalloxyd zu binden. Neben Eisenoxydul können zwar grundsätzlich alle Oxyde, die in der Schlacke gelöst sind, auch vom Metall gelöst werden; die Aufnahmefähigkeit des Eisens ist aber für die meisten Schlackenbestandteile außerordentlich gering und kommt praktisch nicht in Frage. So wird man annehmen können, daß die Oxyde von Kalzium, Magnesium und Aluminium nicht in nennenswertem Betrage vom Metall gelöst werden können. Ebenso dürfte die Löslichkeit komplizierterer Verbindungen, wie Silikate, Ferrite, Phosphate, im Metall so gering sein, daß sie für praktische Zwecke außer Betracht bleiben kann. Die lange umstrittene Frage, ob Manganoxydul und Kieselsäure im flüssigen Stahl löslich ist, haben F. Körber und W. Oelsen[1] dahingehend entschieden, daß auch diese Oxyde nur in verschwindend geringem Maße gelöst vorliegen können.

Die einzige Oxydverbindung, deren Löslichkeit im flüssigen Metall außer Zweifel steht und durch Untersuchungen genauer festgelegt wurde, ist Eisenoxydul; seine Löslichkeit überragt die aller anderen Oxydverbindungen in so hohem Maße, daß man die Frage der Sauerstoffaufnahme des Stahls beim Schmelzprozeß weitgehend geklärt hat, wenn es gelingt, in der Frage des Übergangs von Eisenoxydul klar zu sehen.

Neben dem gelösten (Eisenoxydul-) Sauerstoff spielt der „suspendierte" eine für die Eigenschaften des Stahls häufig maßgebende Rolle, worunter wir die in feinster Verteilung schwebenden unlöslichen Oxyde verstehen, deren Abscheidung durch den Auftrieb allein schwer möglich ist. Als solche treten uns vor allem die mit dem Einsatz in das Bad gekommenen oxydischen (anhaftenden und eingeschlossenen) Verunreinigungen entgegen, ferner die unlöslichen Verbrennungsprodukte des im Roheisen und Schrott enthaltenen Siliziums (und Aluminiums). Ihr mengenmäßiges Auftreten wird nicht von vornherein durch physikalisch-chemische Gesetze geregelt; vielmehr hängt es von dem Betrag und der Ausbildungsform der eingesetzten Verunreinigungen bzw. der Verbrennungsprodukte ab. Durch gewisse Kunstgriffe gelingt es, die Menge der im flüssigen Stahl befindlichen suspendierten Oxyde weitgehend zu vermindern[2].

Die Eisenoxydulaufnahme des Stahls bei den Herdfrischverfahren.

Die Abgabe von Eisenoxydul aus der Schlacke an das Metall.

Es wurde ausgeführt, daß das im Stahl gelöste Eisenoxydul praktisch dessen gesamten in Lösung befindlichen Sauerstoff repräsentiert. Seine Anlieferung

[1] Mitt. Kais.-Wilh.-Inst. Eisenforschg., Düsseld. Bd. 14 (1932) S. 181f. (für MnO), Bd. 15 (1933) S. 271f. (für SiO_2). [2] Vgl. S. 224f.

zum Metall erfolgt teils direkt durch die oxydierende Einwirkung der Heizgase [$2\ Fe + O_2 \rightarrow 2\ FeO$, $Fe + CO_2\ (H_2O) \rightarrow FeO + CO\ (H_2)$] beim Einschmelzen und beim Kochen, sowie durch die Schlacke, aus der das Bad freies Eisenoxydul herauslöst, bis sich das Verteilungsgleichgewicht eingestellt hat, das der einfachen Beziehung folgt:

$$\frac{[FeO]}{(FeO)} = L_{FeO}.$$

Der Verfasser und seine Mitarbeiter haben angenommen, daß die von Körber und Oelsen für reine FeO—MnO-Schlacken gefundene Abhängigkeit $L_{FeO} = 5{,}88 \cdot 10^{-5} \cdot t^0\ C - 0{,}0793$ (vgl. Zahlentafel 15, S. 264) auch für die technischen basischen und sauren Schlacken ihre Gültigkeit behält, sofern unter (FeO) die Konzentration des freien Eisenoxyduls verstanden wird. Inzwischen leiteten Körber und Oelsen[1] für saure Schlacken unter Einbeziehung ihrer Gesamteisenoxydulkonzentration (Σ FeO) ab:

$$L^s_{FeO} = \frac{[FeO]}{(\Sigma\, FeO)} = 3{,}8 \cdot 10^{-5} \cdot t^0\ C - 0{,}0512 \quad \text{(vgl. Zahlentafel 13, S. 263).} \quad \text{(C)}$$

Tritt gegenüber der Verteilung des Eisenoxyduls aus der Schlacke in das Metall die oxydierende Wirkung der Heizgase in den Vordergrund, wobei das Metall mehr Eisenoxydul aufnimmt, als die Schlacke abgeben kann, so muß die Folge sein, daß die Schlacke nunmehr Eisenoxydul aus dem Stahl herauslöst.

Die Einstellung des Gleichgewichts scheint sich — wie bei der Besprechung der Entkohlung gezeigt wurde — mit recht großer Geschwindigkeit zu vollziehen, so daß man bei Kenntnis der Konzentration des freien Eisenoxyduls in der Schlacke sowie der Temperatur in der Lage wäre, [FeO] mit Hilfe von L_{FeO} bzw. L^s_{FeO} zu ermitteln. Diesem Beginnen stehen keine grundsätzlichen Schwierigkeiten im Wege, nachdem wir in einem früheren Abschnitt die Beziehungen zwischen der Zusammensetzung der Schlacke und ihrem Gehalt an freiem Eisenoxydul erläutert und in den Tafeln I—IV zur graphischen Darstellung gebracht haben.

Beispiel: Für eine basische Schlacke der Zusammensetzung

(Σ Fe)	(Σ MnO)	(Σ SiO_2)	(Σ CaO)	(Σ P_2O_5)	und (Σ CaO)′ = (Σ CaO) — 1,57 · (Σ P_2O_5)
15	10	16	43	2,5	39,1

ist nach Tafel IV bei 1627° C die Konzentration des freien Eisenoxyduls (interpoliert); (FeO) = 7,2%; die Verteilungskonstante L_{FeO} hat für die gleiche Temperatur den Wert 0,0164. Infolgedessen ist der Gleichgewichtsgehalt des Stahls $[FeO] = (FeO) \cdot L_{FeO} = 7{,}2 \cdot 0{,}0164 = 0{,}118\%$.

Befindet sich das Metall bei 1577° C ($L_{FeO} = 0{,}0134$) mit einer sauren Schlacke von der Zusammensetzung

(Σ FeO)	(Σ MnO)	(Σ SiO_2)
20%	21%	59%

in Berührung, die gemäß Tafel Ib 5,0% freies Eisenoxydul enthält, so errechnet sich [FeO] = 0,067%.

In den Abb. 103a—c ist ein Vergleich der in dieser Weise aus Schlackenzusammensetzung und Temperatur berechneten und der analytisch ermittelten [FeO]-Gehalte zur Darstellung gebracht, der in Anbetracht der analytischen Fehlermöglichkeiten im allgemeinen befriedigend ausfällt. Nur kurz nach der Zugabe von Erz zeigen sich unter dem Einfluß der Gleichgewichtsstörung größere Unstimmigkeiten.

Wesentlich höher liegen die nach Körber und Oelsen ermittelten Konzentrationen für die saure S.M.-Schmelzung. Dabei ist zu beachten, daß sich

[1] Vgl. S. 139.

die Körber-Oelsensche Konstante L^{s}_{FeO} auf reine an Kieselsäure gesättigte Dreistoffschlacken bezieht, während die Schlacke der angezogenen Schmelzung noch etwa 6% Fremdoxyde enthält; vielleicht sind auch die Temperaturen nicht unmittelbar vergleichbar. Dennoch sind die Divergenzen so hoch, daß sie

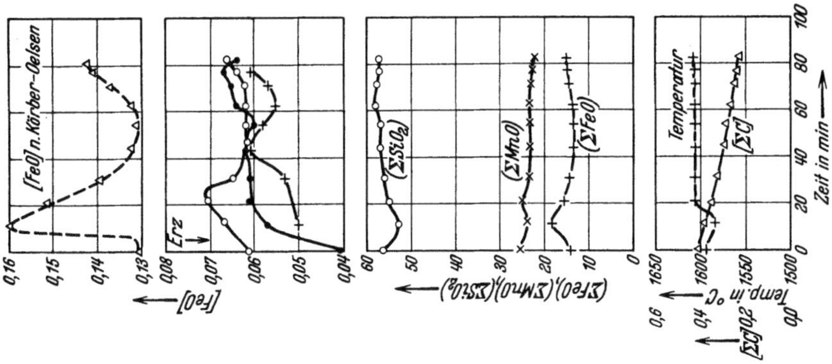

Abb. 103c. Wie Abb. 103a und b, jedoch für den sauren S.M.-Ofen (Schmelzung von Schenck und Brüggemann).

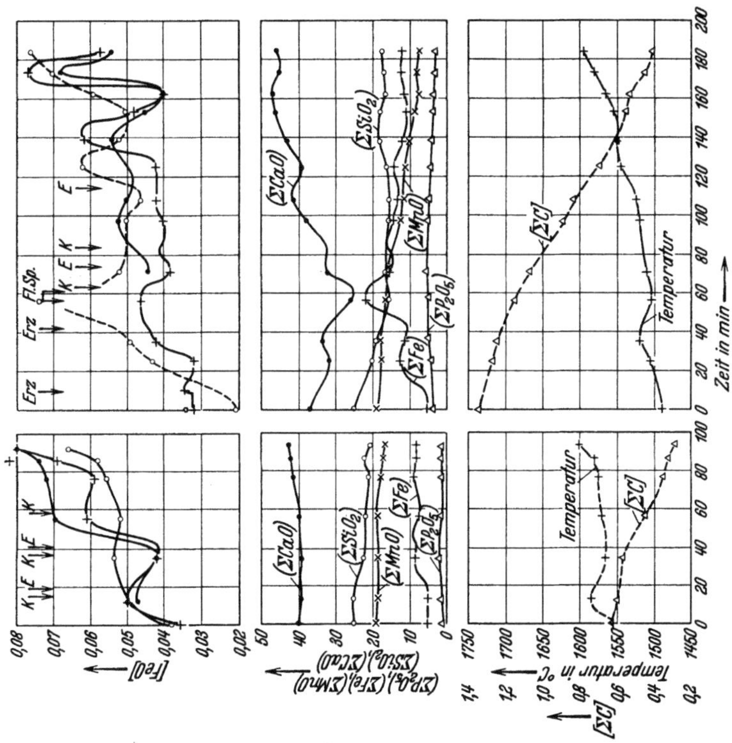

Abb. 103a und b. Vergleich der analytisch bestimmten Eisenoxydulgehalte des Stahls (+ ———) im basischen S.M.-Ofen mit dem aus der Schlackenzusammensetzung ermittelten Gleichgewichtsgehalt (○ ———) und der aus der Kohlenstoffreaktion errechneten Konzentration (● ———) (Schmelzungen von Schenck und Rieß).

mit diesen wahrscheinlich geringfügigen Unterschieden der Laboratoriums- und betrieblichen Bedingungen allein nicht zu erklären sind. Es wäre nun denkbar, daß die — im vorliegenden Falle allerdings nur langsam vorschreitende — Kohlenstoffreaktion die Gleichgewichtslage nicht zur Einstellung kommen läßt, d. h. daß die Schlacken tatsächlich in der Lage wären, Eisenoxydul in höheren Konzentrationen in das Bad zu drücken, wenn dies nicht durch Kohlenstoff sofort zerlegt würde. Eine solche Auffassung hatten z. B. C. H. Herty jr.[1] und Mitarbeiter vertreten, nach deren Feststellungen ein flüssiger Stahl mit 0,1% C nur 88%, mit 0,3% C nur 80% und mit 0,5% C nur 75% des vom Gleichgewicht mit der (basischen) Schlacke geforderten [FeO]-Gehalts aufnehmen soll. (Das freie Eisenoxydul in der Schlacke wird dabei von Herty nach den Ausführungen von S. 26 bestimmt und L_{FeO} gemäß Abb. 15 gewählt.) Ob derartige Einflüsse sich tatsächlich in dem Maße auswirken können, daß Differenzen in der von Abb. 103c gezeigten Höhe entstehen, wäre noch zu untersuchen.

Es bleibt immerhin bemerkenswert, daß die Berechnung von [FeO] aus der Schlackenzusammensetzung mit Hilfe der Tafeln I—IV auch bei wechselnden Frischgeschwindigkeiten und Kohlenstoffgehalten zu befriedigenden Ergebnissen führen. Wenn auch die Nachprüfung mangels genügender Unterlagen an Schmelzungen fremder Beobachter nicht vorgenommen werden kann, so darf doch als Beweis für die allgemeinere Gültigkeit der hier gegebenen Zusammenhänge gelten, daß sich die Verbrennungsgeschwindigkeit des Kohlenstoffs im S.M.-Ofen bei Kenntnis der Temperatur und der Schlackenzusammensetzung für zahlreiche Schmelzungen befriedigend beschreiben ließ (vgl. S. 58f.); denn — wie weiterhin gezeigt wird — ist der Verlauf der Kohlenstoffreaktion ein recht sicherer Indikator für die Konzentration des im Stahl gelösten Eisenoxyduls.

Im allgemeinen ist es allerdings nicht möglich, schon während des Schmelzprozesses aus der Untersuchung der Schlacke zahlenmäßige Angaben über den Eisenoxydulgehalt des Stahls zu erhalten, da die analytische Bestimmung der für die Konzentration des freien Eisenoxyduls maßgebenden Größen (Σ Fe) bzw. (Σ FeO), (Σ MnO), (Σ SiO_2), (Σ CaO) und (Σ P_2O_5) zu lange Zeit beansprucht. Zwar kann die verhältnismäßig schnell ausführbare Bestimmung des Gesamteisengehalts (Σ Fe) für die basischen Herdfrischverfahren in Verbindung mit der Temperaturmessung bereits einen Anhalt über die Höhe von [FeO] zur Zeit der Probenahme geben, aber nur dann, wenn man erfahrungsmäßig (d. h. durch Beobachtung gleichartiger Schmelzungen) in etwa über die Höhe von (Σ CaO)′ und (Σ SiO_2) orientiert ist.

Die Kohlenstoffreaktion als Indikator der Eisenoxydulkonzentration im Stahl.

Das Bestreben, auch während des Betriebes einigermaßen zuverlässige Aussagen über den Eisenoxydulgehalt des Stahles in jeder Phase des Schmelzprozesses zu gewinnen, regte H. Schenck, W. Rieß und E. O. Brüggemann[2] zu einer erneuten Untersuchung der Beziehungen zwischen dem Verlauf der Kohlenstoffreaktion und dem Eisenoxydulgehalt des Stahls an. Bereits C. H. Herty jr.[3] hatte durch ähnliche Messungen Regelmäßigkeiten gefunden, aber anscheinend nicht die wichtige Schlußfolgerung gezogen, daß man durch Umformung der bekannten Gleichung für die Geschwindigkeit des Kohlenstoffabbrandes[4]:

$$v = [\mathrm{FeO}] \cdot [\Sigma \mathrm{C}] \cdot k_1 - k_2 \cdot p_{\mathrm{CO}}$$

in

$$[\mathrm{FeO}] = \frac{v + k_2 \cdot p_{\mathrm{CO}}}{[\Sigma \mathrm{C}] \cdot k_1}$$

[1] C. H. Herty jr., C. F. Christopher, M. W. Lightener u. H. Freeman: Min. metallurg. Invest. 1932 Nr. 58; vgl. Stahl u. Eisen Bd. 53 (1933) S. 862.

[2] Z. Elektrochem. Bd. 38 (1932) S. 562f. [3] Vgl. Bd. I, S. 151. [4] Vgl. auch S. 46.

aus der Verbrennungsgeschwindigkeit v (= % C/min) und dem Kohlenstoffgehalt des Metalls [Σ C], dessen Eisenoxydulgehalt [FeO] rechnerisch bestimmen könne. Nachdem die Messungen des Verfassers und seiner Mitarbeiter ergeben hatten, daß die Geschwindigkeitskonstanten k_1 und k_2 — entgegen früheren Annahmen — auch vom Kohlenstoffgehalt [Σ C], dagegen praktisch nicht von der Temperatur abhängig sind, scheinen die bestehenden Unklarheiten weitgehend beseitigt zu sein.

Die folgerichtige Durchführung dieses Gedankengangs hat in der Tat die Möglichkeit eröffnet, sich mit Hilfe einiger Kohlenstoffanalysen auf indirektem Wege über den Eisenoxydulgehalt des flüssigen S.M.-Stahls Klarheit zu verschaffen, solange sich der Stahl noch im Ofen befindet. Die direkte analytische Bestimmung beansprucht demgegenüber bekanntlich mehrere Stunden.

Die zur Berechnung notwendigen Konstanten k_1 und k_2 finden sich in Zahlentafel 14, S. 263; gleichzeitig ist dort das Produkt $k_2 \cdot p_{CO}$ angegeben, das mit $p_{CO} = 1{,}1$ at[1] berechnet wurde und unmittelbar in obige Gleichung einzusetzen ist. Eine Berechnung von [FeO] sei mit folgendem Beispiel erläutert.

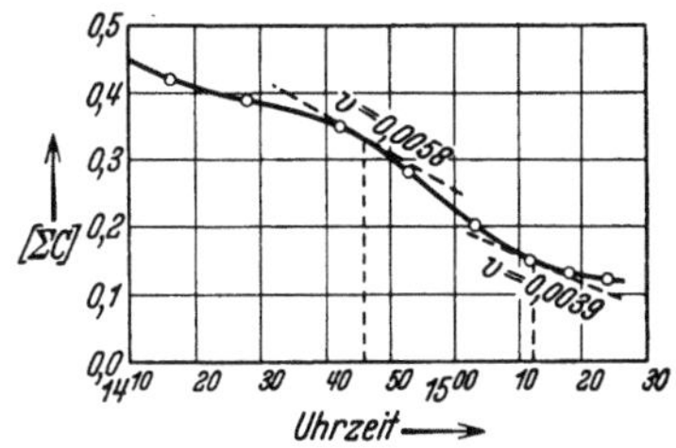

Abb. 104. Zur Berechnung der Eisenoxydulkonzentration im Stahl aus dem Verlauf der Kohlenstoffreaktion.

In Abb. 104 ist eine im S.M.-Betrieb ermittelte Frischkurve des Kohlenstoffs dargestellt; sofern keine Zusätze zu Schlacke oder Metallbad gegeben werden, kann man die Punkte nach Augenmaß durch eine stetige Kurve verbinden und findet durch Anlegen der Tangente z. B. zur Zeit 14 Uhr 46 Minuten die Frischgeschwindigkeit $v = 0{,}0058$% C/min. Das Metall enthält zu diesem Zeitpunkt [Σ C] = 0,33%; für diese Konzentration ergeben sich aus Zahlentafel 14 (interpoliert): $k_1 = 0{,}397$ und $k_2 \cdot p_{CO} = 0{,}00500$. Somit wird nach vorstehender Gleichung:

$$[\mathrm{FeO}] = \frac{0{,}0058 + 0{,}0050}{0{,}379 \cdot 0{,}33} = 0{,}086\,\%.$$

Zur Zeit 15 Uhr 12 Minuten ist $v = 0{,}0039$, [Σ C] = 0,15 und mithin [FeO] = 0,144%.

Eine Vereinfachung der [FeO]-Ermittlung hat A. Fischer[2] angeregt, indem er die Herstellung eines Nomogramms vorschlug, aus dem [FeO] bei Kenntnis von [Σ C] und v sofort zu entnehmen ist. Durch dieses Verfahren wird die Interpolation von k_1 und $k_2 \cdot p_{CO}$ vermieden; auf die vorherige Berechnung von v (durch Tangentenbildung) kann jedoch nicht verzichtet werden.

Zur Vermeidung jeder rechnerischen Operation wählte der Verfasser[3] einen durch folgende Überlegung vorgezeichneten Weg:

Gemäß obiger Gleichung ist bei gegebenem Eisenoxydulgehalt des Stahls [FeO] jeder Kohlenstoffkonzentration eine ganz bestimmte Frischgeschwindigkeit zugeordnet, und zwar sinkt v mit fallendem [Σ C]; mit anderen Worten: Für jede gegebene Konzentration [FeO] gibt es eine ganz bestimmte Frischkurve des Kohlenstoffs. Abb. 105 zeigte solche Kurven für eine Anzahl verschiedener [FeO]-Werte. Diese Darstellung gibt z. B. an: Folgt der Frischverlauf im Betrieb der dritten Kurve von oben, so enthält der Stahl 0,05% FeO. In Wirklichkeit wird nun die betriebliche Frischkurve in ihrem ganzen Verlauf nicht nur einem einzigen FeO-Gehalt entsprechen; sie wird vielmehr fortlaufend, gemäß der tatsächlichen Veränderung von [FeO], abschnittweise mit

[1] Vgl. S. 49. [2] Stahl u. Eisen Bd. 53 (1933) S. 1333.

[3] Stahl u. Eisen Bd. 53 (1933) S. 1049—1052.

verschiedenen solcher Kurven gleich laufen, d. h. eine gemeinsame Tangente besitzen. Weist die betriebliche Frischkurve zu einer beliebigen Zeit mit einer der Kurven von Abb. 105, die wir als Vergleichskurven bezeichnen können, eine gemeinsame Tangente auf, so gibt die Vergleichskurve den Eisenoxydulgehalt des Stahls für diesen Zeitpunkt an.

Zur Übersetzung dieses Gedankenganges in die Praxis[1] empfiehlt sich die Herstellung eines Diapositivs von Abb. 105, wobei darauf zu achten ist, daß die Einteilung der Achsen im gleichen Maßstab erfolgt, wie bei der Zeichnung der betrieblichen Frischkurve. Für den Betrieb haben sich die Maßstäbe 1 cm = 0,1% C und 1 cm = 10 Minuten bewährt. Indem man die durchsichtige Vergleichsplatte systematisch auf der betriebsseitig aufgezeichneten Frischkurve verschiebt und die gemeinsamen Tangenten aufsucht, gelingt es,

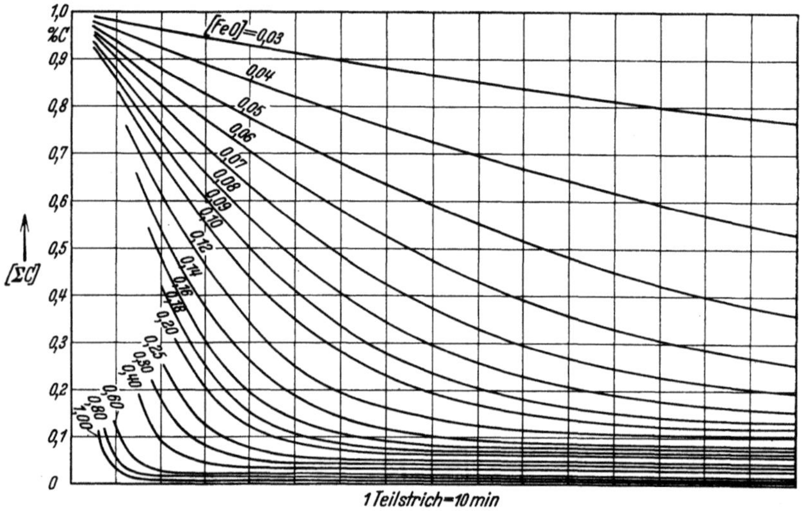

Abb. 105. Kurventafel zur graphischen Ermittelung des im flüssigen (sauren oder basischen) Stahl gelösten Eisenoxyduls aus der Konzentrations-Zeitkurve des Kohlenstoffs.

den zeitlichen Verlauf von [FeO] während des ganzen Frischprozesses zu bestimmen, wie die in Abb. 103a—c durchgeführten Beispiele zeigen. Hervorgehoben sei, daß die Verschiebung der Platte nur in horizontaler Richtung erfolgen darf, derart, daß ihre Kohlenstoffgehalte mit denen der Betriebskurve übereinstimmen.

Die Berechnung der Vergleichskurven geschieht durch Integration der Geschwindigkeitsgleichung wie auf S. 56 durch Gl. (2) angegeben.

Bei den indirekten Bestimmungsverfahren ist mit einem mittleren Fehlerbereich von ± 0,008% FeO zu rechnen, sofern die Bestimmung der Zeit und des Kohlenstoffgehalts genügend genau erfolgt; letztere Bedingung erfordert gewisse Vorsichtsmaßregeln, auf die S. 11 hingewiesen wurde. Es sei aber hervorgehoben, daß die Verfahren zunächst nur für unlegierte Flußstähle aus dem basischen und sauren S.M.- oder Elektroofen gültig sein können; enthält das Stahlbad Legierungselemente, die wenig dissoziierte Karbide (Cr) bilden, so muß eine Änderung der Konstanten k_1 und k_2 erwartet werden. Die üblichen Begleitelemente des Flußstahls, wie Mangan, Silizium, Phosphor und Schwefel beeinflussen die Konstanten praktisch nicht, solange ihre Gehalte das normale Maß nicht überschreiten.

Während man auf Grund der theoretischen Unterlagen durch die Kohlenstoffreaktion nur das gelöste Eisenoxydul erhält, kann die Gesamtsauerstoff-

[1] Vgl. hierzu den Originalaufsatz.

bestimmung höhere Gehalte liefern, weil sie auch den in Form unlöslicher oxydischer Suspensionen vorhandenen Sauerstoff erfaßt.

Von Wichtigkeit ist der Hinweis, daß das indirekte analytische Verfahren an Sicherheit verliert, wenn die Kohlenstoffverbrennungsgeschwindigkeit $v = 0$ oder sogar negativ (Aufkohlung im Lichtbogenofen) ist. Denken wir uns z. B., das Metall sei bis zum Gleichgewicht $v = 0$ ausgekocht. Hat man die Gewißheit, daß dieses Gleichgewicht erhalten bleibt, so stehen der Berechnung von [FeO] keine Bedenken entgegen. Es kann aber eintreten, daß [FeO] weiter unter den Gleichgewichtsbetrag sinkt, z. B. wenn die Temperatur abnimmt oder Kalk[1] oder Desoxydationsmittel zugesetzt werden. Dieser Vorgang wird von der Kohlenstoffreaktion nicht mehr angezeigt[2]; es besteht also die Möglichkeit, daß man auf dem indirekten Wege zu hohe [FeO]-Konzentrationen ermittelt, wenn das Metall nach dem Auskochen längere Zeit tot im Ofen liegt.

Die Brauchbarkeit des indirekten analytischen Verfahrens wurde von P. Herasymenko und G. Pondělik[3] für unlegierte Stähle bestätigt; auch für legierte Stähle fanden sie Übereinstimmung von Rechnung und Analyse, sobald bei letzterer gewisse Vorsichtsmaßregeln beachtet wurden. Das von anderer Seite[4] gelegentlich bei hoher Frischgeschwindigkeit beobachtete Versagen der Rechnung scheint auf die Probenahme und das analytische Verfahren zurückzuführen zu sein.

Gewisse Schwierigkeiten bereitet die Frage, ob das Metall bezüglich seines Eisenoxydulgehalts homogen sei, oder ob man nur die an der Oberfläche herrschenden Verhältnisse erfasse. Theoretisch ist sicher denkbar, daß das Eisenoxydul auf seinem Diffusionswege in das Innere des Bades teilweise zersetzt wird; aber abgesehen davon, daß sein Umsatz wegen des Gleichgewichts niemals bis zum völligen Verschwinden ablaufen kann, macht der sichtlich aus dem Inneren des Bades heraus erfolgende Kochvorgang ein schnelles Eindringen des Eisenoxyduls wahrscheinlich. Die inzwischen vom Verfasser dauernd vorgenommene Überprüfung des indirekten Verfahrens an 80 t-Öfen hat bisher nicht die Notwendigkeit erkennen lassen, den Einfluß größerer Badtiefen besonders zu berücksichtigen.

Demnach scheint eine mit den notwendigen Vorsichtsmaßregeln aufgenommene Verbrennungskurve des Kohlenstoffs mit hoher Sicherheit Aufschluß über das Verhalten des im Stahl gelösten Eisenoxyduls zu geben.

Das auf dieser Grundlage aufgebaute indirekte Verfahren ermöglicht ferner, den Einfluß von Temperaturänderungen und Zusätze zu Schlacke oder Metall auf [FeO] zu erkennen, sofern diese Änderungen nicht die Kohlenstoffverbrennung zum Stillstand bringen.

Erfahrungsmäßig weiß man, daß Schmelzungen, die gegen Schluß noch eine hohe Frischgeschwindigkeit zeigen (z. B. infolge von Erzzusätzen kurz vor dem Abstich) qualitativ minderwertig sind. F. Beitter[5] hat insbesondere auf diesen Punkt hingewiesen und die nach Möglichkeit über den Prozeß hin einzuhaltende Frischgeschwindigkeit durch eine geradlinige Kohlenstoffverbrennungskurve (sog. Richtkurve) festgelegt, deren Neigung für Cr—Ni-Stähle beim basischen Herdofen, z. B. 0,0037% C/min, beim sauren 0,0019% C/min entsprechen soll.

[1] Abnahme der Temperatur und Zunahme des Kalkgehalts bewirken erhöhte Bindung des freien Eisenoxyduls in der Schlacke (vgl. S. 40) und damit eine Abnahme von [FeO].

[2] Theoretisch müßte sich die Abnahme von [FeO] unter den Gleichgewichtsgehalt, der der C-Reaktion entspricht, in einem negativen v, also einer Zunahme des Kohlenstoffs äußern, sobald Kohlenoxyd mit dem Stahl in Berührung kommt. Abgesehen davon, daß Kohlenoxyd in S.M.-Ofengasen nur bei Luftmangel auftritt, erschwert die Schlacke seinen Durchtritt zum Metall, so daß eine Steigerung von [Σ C] praktisch nicht eintritt (s. S. 66).

[3] Stahl u. Eisen Bd. 53 (1933) S. 381—382.

[4] Stahl u. Eisen Bd. 53 (1933) S. 1051—1052.

[5] Stahl u. Eisen Bd. 53 (1933) S. 398f.

Diese Zahlen hatten sich in Übereinstimmung mit Schmelzschaubildern ergeben, die P. Goerens[1] als charakteristisch mitgeteilt hatte.

Es mag zunächst auffallen, daß man in Anbetracht der Zusammenhänge zwischen v und [FeO] nicht eine möglichst geringe Frühgeschwindigkeit wählt; bekanntlich ist aber genügende Lebhaftigkeit des Kochvorgangs notwendig, um Gase und Schlacken zu entfernen; diese Wirkung hat nicht nur mechanische Ursachen (Bewegung), vielmehr werden wir erkennen, daß die Anwesenheit von Eisenoxydul in höheren Konzentrationen wahrscheinlich die primäre Ursache der Reinigung des Stahls ist[2]. In den meisten Fällen wird man Wert darauf legen, den Stahl vor dem Abstich langsam auszukochen; es ist nicht überflüssig, darauf hinzuweisen, daß man durch Senken der Frischgeschwindigkeit vor dem Abstich die Nachteile einer übermäßig hohen Anfangsoxydation ausgleichen kann. Wenn demgegenüber Erfahrungen vorliegen, daß sich ein mit starker Anfangsoxydation erschmolzener Stahl qualitativ schlecht verhält, so ist das nur darauf zurückzuführen, daß nicht rechtzeitig Maßnahmen zum Abbremsen der Kohlenstoffreaktion getroffen wurden, d. h. daß es nicht mehr gelingt, den angestrebten Endkohlenstoffgehalt mit geringer Geschwindigkeit zu erreichen. Die rechtzeitige Überwachung der Änderung des Kohlenstoffgehalts ist also, wie auch Beitter hervorhob, von großer Bedeutung.

Maßnahmen zur Senkung der Frischgeschwindigkeit können in Eingriffen in die Schlackenzusammensetzung (Kalkzugaben) oder in der Verhinderung der Metalloxydation (Verminderung der Luftmenge) bestehen. Schließlich kann eine mit hoher Geschwindigkeit zu Endkohlenstoffgehalt hingefrischte Schmelzung durch nochmalige Zugabe von Roheisen oder Spiegeleisen unter gleichzeitiger Kalkzugabe und langsamem Auskochen regeneriert werden; doch ist dieses Mittel nicht immer zu empfehlen, weil diese Zusätze unter Umständen Suspensionen in das Metallbad mitbringen, die wegen der Kürze der Zeit nicht mehr abgeschieden werden[3].

Man stößt häufig auf die Ansicht, ein stark verrosteter und oxydierter Schrott habe auch hoch sauerstoffhaltige Endprodukte zur Folge. Demgegenüber muß betont werden, daß diese Auffassung hinsichtlich des gelösten Eisenoxyduls nicht zutreffend sein muß. Gelingt es, ein Bad mit derartigem verunreinigten Schrott langsam auszukochen, so enthält es nicht mehr Eisenoxydul, als ein in gleicher Weise ausgekochtes, jedoch mit reinem Schrott hergestelltes Metallbad. Der Unterschied besteht lediglich darin, daß es schwieriger ist, ein anfänglich stark oxydiertes Metall hinsichtlich seiner Frischgeschwindigkeit genügend abzubremsen, sowie in dem Umstand, daß der verunreinigte Schrott gewöhnlich mehr Gase und Suspensionen mitbringt.

Beobachtungen über die qualitativen Erfolge der Eisenoxydulbestimmung aus der Frischkurve (mittels der Glasplatte) hat O. Hengstenberg[4] mitgeteilt. Abb. 106 zeigt, daß der Ausfall von Erzeugnissen aus einem Kohlenstoffstahl bei der technologischen Probe eine Abhängigkeit vom Eisenoxydulgehalt unmittelbar vor der Desoxydation aufweist, derart, daß der geringste Ausfall bei [FeO] = 0,055% erzielt wird. Diese Abhängigkeit, die natürlich nur für die hier ins Auge gefaßten Stahlmarke gilt, ist später[3] noch zu deuten. In Anbetracht der Qualitätsunterschiede, die eine verschiedenartige Desoxydation, sowie die Nach-

[1] Z. VDI Bd. 70 (1926) S. 1135. [2] Vgl. S. 224 f. [3] Vgl. S. 227.
[4] Techn. Mitt. Krupp 1933 S. 115.

oxydation durch mitlaufende Schlacke hervorrufen können, können Zusammenhänge nach Art von Abb. 106 nur ausgeprägt in Erscheinung treten, wenn die beiden letzteren etwa gleich bleiben. Da der Eisenoxydulgehalt des Stahls zu einem gegebenen Zeitpunkt nur indiziert wird von der gerade in diesem Zeitpunkt herrschenden Frischgeschwindigkeit und dem Kohlenstoffgehalt, leuchtet es ein, daß die alleinige Berücksichtigung der mittleren (auf die Gesamtzeit der Schmelzung bezogenen) Kohlenstoffverbrennungsgeschwindigkeit keine oder nur undeutliche Beziehungen zu qualitativen Merkmalen des Erzeugnisses geben kann.

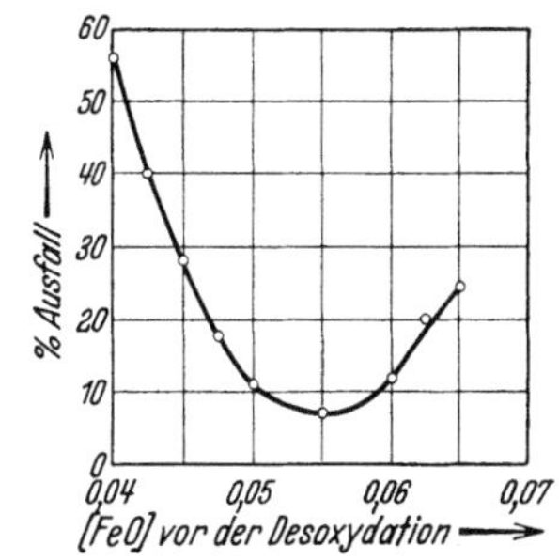

Abb. 106. Einfluß des im Stahl unmittelbar vor der Desoxydation gelösten Eisenoxyduls auf das Verhalten des Werkstoffs bei der technologischen Prüfung.

Eisenoxydul und die Reaktionen von Mangan und Silizium.

Besondere Aufmerksamkeit hat man von jeher dem Verhalten des Mangans entgegengebracht, in dem man einen wichtigen Indikator für die Güte des Endproduktes zu erblicken pflegt. Es sind zweifellos Beziehungen dieser Art vorhanden, doch muß theoretisch und auf Grund praktischer Erfahrungen bestritten werden, daß der Mangangehalt des flüssigen Stahls ein zuverlässiger Maßstab für dessen Eisenoxydulgehalt sei, was häufig angenommen wird. Verfolgen wir in den Tafeln II—IV für die basischen oder in Tafel I für die sauren Prozesse die Kurven gleicher Mangangehalte, so sehen wir, daß diese eine große Zahl von Kurven gleicher Konzentration des freien Eisenoxyduls (FeO) in der Schlacke schneiden können und mithin kein eindeutiger Zusammenhang zwischen beiden besteht; da (FeO) aber gemäß dem Verteilungssatz proportional dem Eisenoxydulgehalt des Stahls [FeO] ist (bei gegebener Temperatur), besteht offensichtlich kein Zusammenhang zwischen [Mn] und [FeO], sofern nicht gewisse Einschränkungen hinsichtlich der Schlackenzusammensetzung und der Temperatur gemacht werden.

Das Fehlen direkter theoretischer Zusammenhänge ergibt sich aus der Gleichung des M.W.G. für die Reaktion FeO + Mn $\rightleftharpoons$ MnO + Fe, die unter Zuhilfenahme des Verteilungssatzes $L_{\mathrm{FeO}} = [\mathrm{FeO}]:(\mathrm{FeO})$ in der Form erscheint:

$$K_{\mathrm{Mn}} = \frac{[\mathrm{Mn}]\,(\mathrm{FeO})}{(\mathrm{MnO})} = \frac{[\mathrm{Mn}]\,[\mathrm{FeO}]}{L_{\mathrm{Feo}}\,(\mathrm{MnO})} \quad \text{oder} \quad [\mathrm{FeO}] = K_{\mathrm{Mn}} \cdot L_{\mathrm{Feo}} \frac{(\mathrm{MnO})}{[\mathrm{Mn}]}.$$

Das im Stahl gelöste Eisenoxydul ist (bei gegebener Temperatur und im Gleichgewicht) also proportional der Konzentration des freien Manganoxyduls in der Schlacke und umgekehrt proportional dem Mangangehalt des Metalls. Ist dieses Verhältnis gleich, so steigt [FeO] infolge des Anwachsens von K_{Mn} und L_{FeO} mit steigender Temperatur. Nun ändert sich außerdem die Konzentration (MnO) selbst bei gegebenem Gesamtmanganoxydulgehalt (Σ MnO) mit der sonstigen Zusammensetzung der Schlacke, so daß hierdurch die Eindeutigkeit der Beziehungen noch mehr in Frage gestellt wird.

Gehen wir bei Herstellung von S.M.-Schmelzungen stets von gleichen Einsatzmengen (Kalk, Erz, Kohlenstoff, Silizium, Mangan, Schrott) aus, so wird man bei gleichem Ofenzustand, gleichen Gasverhältnissen (Heizwert, Luftüberschuß, Führung) und gleicher Schrottbeschaffenheit zu angenähert gleichen Konzentrationen von C und Mn beim Einschmelzen und einem durchaus ähnlichen Verhalten dieser Stoffe im weiteren Verlauf des Prozesses gelangen. Treten aber trotz dieser Einschränkungen im Verhalten des Mangans große

Abweichungen auf, so wird man folgern müssen, daß die Temperatur oder die Oxydationsverhältnisse schwanken. Niedrige Mangangehalte des Stahls deuten auf niedrige Temperaturen oder höhere Oxydation hin[1]; insofern kann also das Verhalten des Mangans tatsächlich einen gewissen Indikator für den Eisenoxydulgehalt des Metalls darstellen. Es wäre aber falsch, dann aus geringen Mangangehalten ohne weiteres auf eine Überoxydation zu schließen, wenn der Manganeinsatz geringer als sonst gewesen ist. Wenn andererseits ein (bei sonst gleichen Bedingungen) erzielter hoher Mangangehalt auf eine hohe Temperatur hindeutet, so ist zu beachten, daß diese an sich einen Vorteil für die Stahlqualität bedeutet, weil sie die Abscheidung der Suspensionen infolge größerer Dünnflüssigkeit des Stahls befördert. Diese Stahlverbesserung beruht dann aber nicht auf einem geringeren Eisenoxydulgehalt des Stahls, vielmehr wird man an Hand der C-Verbrennungskurve feststellen können, daß der Eisenoxydulgehalt des Stahls sogar größer sein kann (vgl. ferner S. 224 f.).

Eine Reihe interessanter, jedoch in ihren Ursachen noch nicht ausdeutbarer Feststellungen über die Beziehungen der Schmelzführung zu den Stahleigenschaften haben E. Maurer und W. Bischof[2] machen können, als sie letztere mit der Größe

$$(K_{\mathrm{Mn}}) = \frac{(\Sigma\,\mathrm{Fe})\,[\mathrm{Mn}]}{(\Sigma\,\mathrm{Mn})} \left(\sim \frac{(\Sigma\,\mathrm{FeO})\,[\mathrm{Mn}]}{\Sigma\,(\mathrm{MnO})}\right)$$

in Zusammenhang brachten. Sie beobachteten, daß Proben aus dem basischen S.M.-Ofen bei der Rotbruchprobe um so schlechter abschnitten, je höher die — aus Stahl- und Schlackenanalyse berechnete — Größe (K_{Mn}) lag. Auch der — allerdings nicht näher definierte — Walzausfall eines weichen Flußeisens für Siederohre zeigte eine erhebliche Zunahme mit (K_{Mn}) (Abb. 107 a). Wenn sich sonach das Anwachsen von (K_{Mn}) hier ungünstig auf das Verhalten des Materials auswirkte, so konnte andererseits an einem schwach legierten Cr—Ni-Stahl eine Steigerung der Einschnürung und noch deutlicher der Dehnung bei zunehmenden (K_{Mn}) beobachtet werden; später zeigte Maurer[3], daß sich durch Steigerung von (K_{Mn}) die Zahl der Sandeinschlüsse in Schmiedestäben vermindern ließ (Abb. 108).

Die Beobachter enthalten sich bewußt jeder Deutung dieser interessanten Zusammenhänge, über die in der Tat auch nur Vermutungen angestellt werden können. Eine Deutung ist um so schwieriger, als die Frage, ob ein hoher Eisenoxydulgehalt des Stahls unbedingt in allen Fällen schädlich sein muß, entgegen den heutigen Auffassungen doch keinesfalls in bejahendem Sinne entschieden werden kann. Es sei daher an Hand der früheren Ausführungen[4] nochmals wiederholt, daß eine Steigerung von (K_{Mn}) stattfinden kann durch:

1. Erhöhung der Temperatur.
2. Erhöhung des Kalkgehalts und Erniedrigung des Kieselsäuregehalts der Schlacke.
3. Erhöhung des Gesamteisengehalts und Erniedrigung des Gesamtmangangehalts der Schlacke.

---

[1] Bleiben alle Bedingungen gleich, so kann die höhere Oxydation z. B. auf stark oxydierten Schrott oder Begünstigung der Metalloxydation vor dem Schmelzen (sperriger Schrott mit großer Oberfläche, vgl. S. 45) zurückgeführt werden.

[2] Ergebn. angew. physiol. Chemie, Leipzig, Bd. 1 (1931) S. 128f; sowie Arch. Eisenhüttenwes. Bd. 5 (1931/32) S. 549f.

[3] Stahl u. Eisen Bd. 53 (1933) S. 321. [4] Vgl. S. 96 f.

Schlacken gleicher Zusammensetzung enthalten bei höherer Temperatur mehr freies Eisenoxydul, ebenso das darunter befindliche Metall; es wäre denkbar, daß sich dies hinsichtlich des Rotbruches ungünstig auswirkt, während die Abscheidung von Suspensionen (Sandeinschlüssen) befördert wird[1]. Will man die Kohlenstoffverbrennung nach festen Richtlinien führen, so benötigt die basischere Schlacke bei gleicher Temperatur einen höheren Gesamteisengehalt[2]; zugleich wächst (K_{Mn}) (Punkt 2 und 3). Da aber hoch eisenhaltige Schlacken in der Pfanne eine besonders starke Wechselwirkung mit dem Metall zeigen[3], erscheint die Deutung nicht abwegig, daß (K_{Mn}) unter Umständen als Indikator einer stark nachoxydierenden Schlacke betrachtet werden kann. Daß der Gehalt der Endschlacke an den leichter reduzierbaren Oxyden von Eisen und Mangan z. B. für den von Maurer und Bischof angegebenen Walzausfall infolge von Pfannenreaktionen eine Rolle gespielt haben kann, geht aus Abb. 107b hervor.

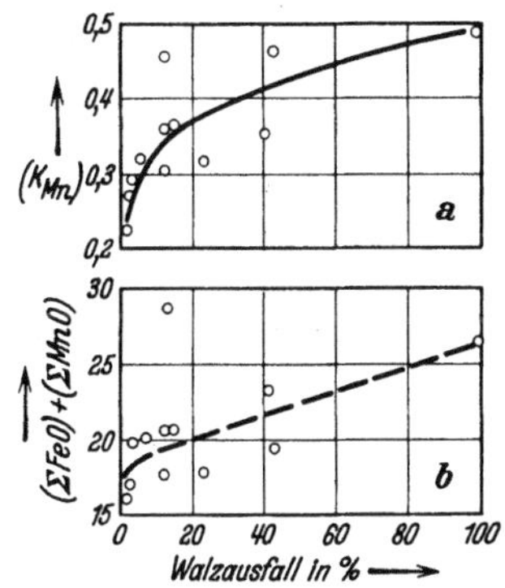

Abb. 107a und b. Abhängigkeit des Walzausfalls eines weichen Flußeisens von (K_{Mn}) (a nach Maurer-Bischof) und von der Konzentrationssumme von Eisen- und Manganoxydul in der Schlacke (b).

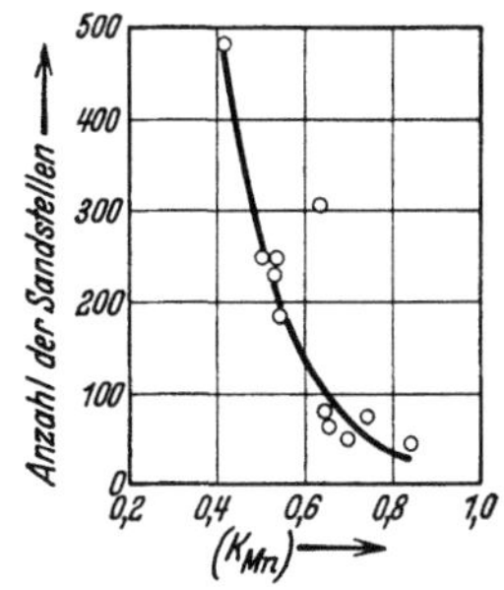

Abb. 108. Abhängigkeit des Auftretens von Sandeinschlüssen in Schmiedestäben von (K_{Mn}). Abgeleitet für Schlacken mit 45—52% CaO und 14—19% SiO_2 (Maurer).

K. Daeves[4] hatte nach Auswertung zahlreicher Betriebsbeobachtungen mit den Mitteln der Großzahlforschung auf den Vorteil eines hohen Manganeinsatzes zur Vermeidung von Sandeinschlüssen in schweren Schmiedestücken hingewiesen; er erkannte, daß diese Einschlüsse in erster Linie beim Gießen durch Reaktion der im Stahl gelösten Oxyde mit feuerfestem Material entstehen. Wir werden überdies zeigen können, daß ein hoher Mangangehalt des Stahls die Abscheidung von Suspensionen begünstigt; daneben gibt Mangan kraft seiner höheren Sauerstoffaffinität dem Eisen beim Einschmelzen einen gewissen Schutz gegen Oxydation, so daß das Bad von vornherein weniger Eisenoxydul aufnimmt. Leider sind in dem Bericht von Daeves keine Kurven über die analytische Zusammensetzung von Stahl und Schlacke zur Darstellung gekommen, so daß ein Urteil über den Eisenoxydulgehalt an Hand von Frischkurven nicht möglich ist. Immerhin könnte der Befund, daß es zweckmäßiger sei, mit einem hoch manganhaltigen Roheisen an Stelle eines größeren Anteils von Roheisen mit niedrigeren Gehalten zu arbeiten, den Hinweis geben, daß ein hoher Kohlenstoffeinsatz leicht zu einer Beschleunigung der Frischung verleitet. Der ungünstige Einfluß eines größeren Einsatzes von Kohlenstoffträgern ließ sich in der Tat deutlich beobachten. Schließlich wird auch der Umstand, daß man bei hohem Manganeinsatz wenig oder kein Ferromangan

[1] Vgl. S. 224f. [2] S. 67f. [3] S. 229f. [4] Stahl u. Eisen Bd. 52 (1932) S. 1162—1168.

zum Fertigmachen der Schmelzung benötigt, zu einem reineren Stahl führen, denn es ist bekannt, daß die Desoxydationszuschläge selbst noch Verunreinigungen enthalten können, die in kurzer Zeit nicht abgeschieden werden können.

Wir sehen also, daß der Verlauf der Manganreaktion zwar — unter von Fall zu Fall zu prüfenden Bedingungen — ein Indikator einer zweckmäßigen Schmelzführung sein kann, daß dieser Indikator aber keinesfalls aus unmittelbaren Beziehungen des Mangangehaltes zum Eisenoxydulgehalt des Stahls herzuleiten ist.

In noch höherem Maße als Mangan ist bei den sauren Herdfrischprozessen das Silizium als Indikator des im Eisen gelösten Eisenoxyduls angesehen worden und in der Tat lehrt ein Vergleich der Kurven für [Si] und die Konzentration des freien Eisenoxyduls (FeO) in sauren Schlacken (Tafel Ia—d), daß beide und mithin auch die Eisenoxydulkonzentration des Metalls einen weitgehend ähnlichen Verlauf aufweisen. Bei näherer Betrachtung ergibt sich allerdings, daß die (FeO)- und [Si]-Kurven nicht vollständig gleich laufen, sondern sich überschneiden. Bei gegebener Temperatur ist nur dann eine eindeutige Abhängigkeit des Silizium- vom Eisenoxydulgehalt des Stahls zu erwarten, wenn man die Schlacke als an Kieselsäure gesättigt anzusehen hat[1], wenn also die Schlackenzusammensetzung durch einen Punkt innerhalb oder dicht an der Begrenzungskurve des Feldes *II* (Tafel I) wiedergegeben wird. Einwandfrei kann der Indikator auch unter diesen Umständen natürlich nur arbeiten, wenn das Gleichgewicht eingestellt ist. Dann berechnet sich der Eisenoxydulgehalt des Stahls aus der auf den Umsatz $2\,FeO + Si_2 \rightleftharpoons SiO_2 + 2\,Fe$ angewendeten Gleichung des M.W.G.: $K'_{Si} = [FeO]^2\,[Si]$.

H. Schenck und E. O. Brüggemann leiteten als Temperaturfunktion dieser Konstanten aus Betriebsversuchen ab:

$$\log K'_{Si} = -\frac{23\,450}{T} + 9{,}07 \text{ (vgl. Zahlentafel 15, S. 264).} \qquad \text{(VIIa)}$$

F. Körber und W. Oelsen[2] haben diese Beziehungen im Laboratorium untersucht; sie werden gewonnen, indem man die beiden — für gesättigte Silikatschlacken abgeleiteten — Gleichgewichtsbedingungen (B) und (C) (vgl. S. 139 u. 184):

$$K^s_{Si} = (\Sigma\,FeO)^2\,[Si] \quad \text{und} \quad L^s_{FeO} = [FeO] : (\Sigma\,FeO)$$

(s. Zahlentafel 13, S. 263) miteinander verknüpft.

Die dick ausgezogenen bzw. gestrichelten Kurven in Abb. 109 geben die Resultate der beiden Rechnungswege für 1577 und 1627° C wieder; bei gleichem Siliziumgehalt liefern die Gleichungen von Körber-Oelsen etwas höhere [FeO]-Werte als die eigene, ohne daß die unterschiedlichen Ergebnisse der Betriebs- und Laboratoriumsmessungen jetzt schon einwandfrei aufgeklärt werden können (vgl. S. 143 u. 184).

Man wird die Bedingung, daß die Schlacke an Kieselsäure gesättigt ist, bei den sauren Herdfrischverfahren wenigstens gegen Schluß des Prozesses als praktisch erfüllt betrachten können; nimmt man vollständige Gleichgewichtseinstellung an, so kann man in der Tat dem Siliziumgehalt die Bedeutung eines

[1] Da das System sich aus vier Bausteinen zusammensetzt und vier Phasen zugegen sind (Metall, flüssige Schlacke, überschüssige Kieselsäure, Gas) verfügt es nach der Phasenregel (vgl. Bd. I, S. 14) über zwei Freiheitsgrade, d. h. es gilt $f(T, [FeO], [Si]) = 0$.

[2] Mitt. Kais.-Wilh.-Inst. Eisenforschg, Düsseld., Bd. 15 (1933) S. 271f.

Indikators für die Höhe von [FeO] zubilligen, **sofern man über die Temperatur unterrichtet ist.** Letztere Bedingung ist allerdings wesentlich, denn es zeigt sich, daß — bei gleichem Siliziumgehalt — der Eisenoxydulgehalt des Stahls sehr schnell mit der Temperatur anwächst (Abb. 109).

Ist die Schlacke nicht an Kieselsäure gesättigt (Feld *I* von Tafel I) so werden die Beziehungen zwischen [Si] und [FeO] — auch bei gegebener Temperatur — von der Schlackenzusammensetzung beherrscht. Man findet aus Tafel I, daß bei gleichem Siliziumgehalt (FeO) und damit [FeO] um so mehr absinkt, je höher der Gesamtgehalt (Σ MnO) ist. In Abb. 109 (dünn ausgezogene Kurven) haben diese Beziehungen eine andere Darstellung gefunden, die darauf beruht, daß sich — bei gleichem Siliziumgehalt — neben (FeO) bzw. [FeO] auch der Mangangehalt des Stahls eindeutig mit der Schlackenzusammensetzung ändert. Man kann also den Einfluß des Mangangehalts auf die Zusammenhänge zwischen [Si] und [FeO] veranschaulichen, was in Abb. 109 für [Mn] = 0,3 und 0,5% geschehen ist. Bei gegebenem Siliziumgehalt und gegebener Temperatur enthält das Bad um so weniger Eisenoxydul, je höher sein Mangangehalt ist. Es sei hervorgehoben, daß diese Beziehungen nur für an Kieselsäure ungesättigte Schlacken und natürlich bei allgemeiner Gleichgewichtseinstellung gelten. Für gesättigte Schlacken scheidet der Einfluß von [Mn] auf die Zusammenhänge zwischen [Si] und [FeO] aus.

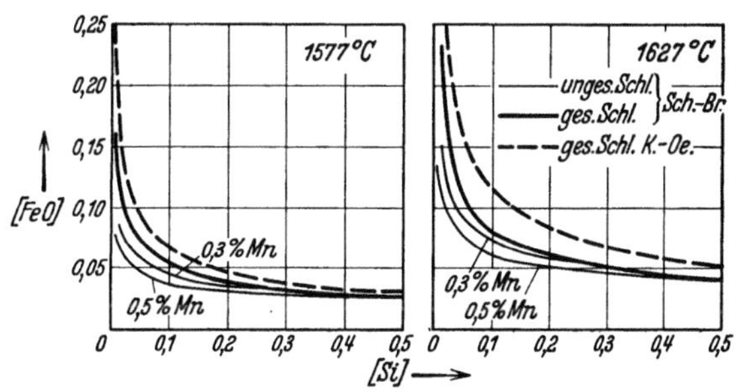

Abb. 109. Zusammenhänge zwischen dem Eisenoxydul- und Siliziumgehalt des Stahls im sauren S.M.-Ofen.

Es sei hier die Gelegenheit ergriffen, um einer fast allgemein verbreiteten Auffassung von der sog. automatischen Desoxydation im sauren Herdofen entgegenzutreten, derzufolge das aus der Schlacke in das Metall hineinreduzierte Silizium die Fähigkeit haben soll, das im Stahl gelöste Eisenoxydul zu zerstören ($Si + 2\,FeO \rightarrow SiO_2 + 2\,Fe$). Dieser Vorgang würde einem „perpetuum mobile 2. Art“[1] entsprechen; er ist daher nicht möglich. Nehmen wir nämlich der Einfachheit halber eine an Kieselsäure gesättigte Schlacke an, so wird die Reduktion des Siliziums durch die Gleichgewichtsbedingung begrenzt:

$$K'_{Si} = [FeO]^2\,[Si] \quad \text{oder} \quad [Si] = K'_{Si} : [FeO]^2$$

d. h. [Si] kann nur zunehmen, wenn [FeO] abnimmt, bzw. wenn $[FeO]^2[Si] < K'_{Si}$ ist. Die unter Verminderung von [Si] und [FeO] ablaufende Desoxydation kann dagegen nur eintreten, solange $[FeO]^2[Si] > K'_{Si}$ ist. Der oben gekennzeichneten Auffassung zufolge müßte also dauernd ein Pendeln um den Gleichgewichtszustand herum stattfinden, was theoretisch eine Unmöglichkeit darstellt. Man hat sich vielmehr vorzustellen, daß Silizium erst dann in den Stahl einwandern kann, wenn [FeO] infolge anderer Vorgänge (Umsatz mit Kohlenstoff, Wechselwirkung mit dem Herd) **bereits genügend entfernt** worden ist; im Sinne der vorangegangenen Überlegungen ist also ein hoher Siliziumgehalt die **Folge** (und Indikator) eines bereits geringen Eisenoxydulgehalts, nicht umgekehrt.

Die Eisenoxydulaufnahme des Stahls bei den Windfrischverfahren.

Im Gegensatz zu den Herdfrischverfahren entsteht das im Thomas- und Bessemerstahl gelöste Eisenoxydul ausschließlich durch Umsatz mit dem in

[1] Vgl. Bd. I, S. 57.

das Metall eingeblasenen Sauerstoff; die weitere Reaktion des Eisenoxyduls mit den Roheisenbegleitern Silizium und Mangan führt zu einer Silikatlösung, die ihrerseits aus dem Metall Eisenoxydul herauslöst und — gegebenenfalls unter Verflüssigung der Zuschläge (Kalk beim Thomasverfahren) — als Schlacke in Erscheinung tritt.

Mit zunehmender Abscheidung der Begleitelemente des Roheisens wächst dessen Eisenoxydulgehalt dauernd an; um die Einstellung des Verteilungsgleichgewichts zu verwirklichen, muß die Schlacke entsprechend fortlaufend wieder Eisenoxydul aus dem Metall herauslösen, so daß sie im Laufe des Prozesses eisenreicher wird.

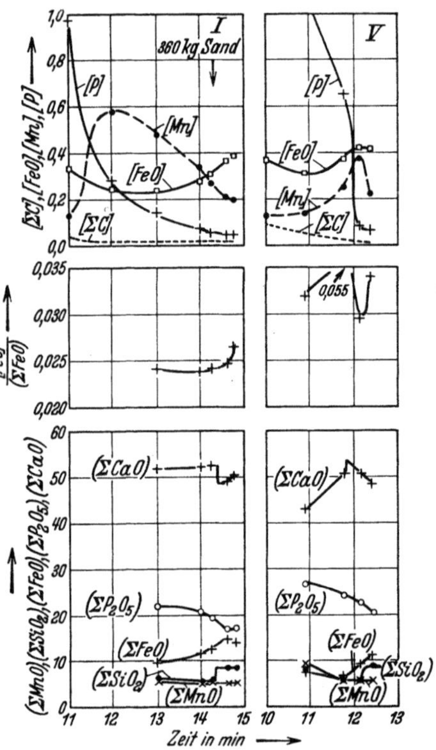

Abb. 110. Eisenoxydulaufnahme des Stahls im Thomaskonverter (Körber und Thanheiser).

Nun erfolgt die Eisenoxydulzufuhr zum Metall bei den Windfrischverfahren mit so großer Geschwindigkeit, daß es — wie F. Körber und G. Thanheiser[1] hervorhoben — zweifelhaft sein muß, ob das Verteilungsgleichgewicht des Eisenoxyduls überhaupt zur Einstellung kommen kann. Tatsächlich lassen ihre Messungen am Thomaskonverter erkennen, daß das Verhältnis $\frac{[\mathrm{FeO}]}{(\Sigma \mathrm{FeO})}$ wesentlich größer wird, als die Verteilungskonstante

$$L_{\mathrm{FeO}} = \frac{[\mathrm{FeO}]}{(\mathrm{FeO})}.$$

Bei eingestelltem Gleichgewicht müßte aber

$$\frac{[\mathrm{FeO}]}{(\Sigma\,\mathrm{FeO})} < L_{\mathrm{FeO}}$$

sein, da $(\Sigma\,\mathrm{FeO})$ außer dem freien Eisenoxydul auch alle anderen Eisenoxydverbindungen in der Schlacke mit umfaßt. Als Mittelwert des Verhältnisses $\frac{[\mathrm{FeO}]}{(\Sigma\,\mathrm{FeO})}$ fanden Körber und Thanheiser bei ihren Untersuchungen, deren einige in Abb. 110 wiedergegeben sind, den Wert 0,031; wenn das gesamte Schlackeneisen in Form von freiem Eisenoxydul vorhanden und das Gleichgewicht eingestellt wäre, würde dies — wie die Genannten bemerkten — einer Gleichgewichtstemperatur von etwa 1880° C entsprechen, die aber im Thomaskonverter bestimmt nicht erreicht wird. Die anhaltende Störung des Gleichgewichts durch die fortgesetzte Windzufuhr verhindert also hier, aus der Temperatur und der Zusammensetzung der Schlacke Schlüsse auf den Eisenoxydulgehalt des Metalls zu ziehen.

Als untere und obere Grenze der Eisenoxydulkonzentration im Thomasstahl bei Schluß des Prozesses fanden Körber und Thanheiser etwa 0,35 und 0,44%, also wesentlich höhere Werte, als sie bei Herstellung eines S.M.-Stahls mit 0,1% C in Betracht kommen. Da die Dauer des Nachblasens durch das

[1] Mitt. Kais.-Wilh.-Inst. Eisenforschg., Düsseld. Bd. 14 (1932) S. 206.

Verhalten des Phosphors beherrscht wird, wird man annehmen können, daß für den am Schluß zu erwartenden Eisenoxydulgehalt ähnliche Beziehungen maßgebend sind, wie für die Konzentration des freien Eisenoxyduls in der Schlacke[1]; d. h. auch für den vom Thomasstahl aufgenommenen Eisenoxydulgehalt gilt, daß er um so stärker wachsen muß, je höher die Temperatur, ($\Sigma\, SiO_2$) und ($\Sigma\, P_2O_5$) liegen und je geringer der Kalkgehalt der Schlacke und der Phosphorgehalt des Metalls sind.

Bemerkenswert ist, daß die Konzentration des Eisenoxyduls nicht kontinuierlich ansteigt, sondern beim Einsetzen der lebhaften Phosphorabscheidung absinkt, was Körber und Thanheiser damit erklären, daß Phosphor in Gegenwart der hochbasischen Schlacke plötzlich so aktiv wird, daß er dem Bade zeitweise mehr Eisenoxydul entzieht, als vom Wind nachgeliefert wird. Diese Periode fällt zeitlich etwa mit dem Manganbuckel zusammen. Es gilt auch hier, daß der Mangangehalt des Stahls kein eindeutiger Indikator für die Höhe von [FeO] sein kann[2].

Beim Bessemerprozeß, für den derartige Untersuchungen noch ausstehen, werden bezüglich der Verteilung des Eisenoxyduls zwischen Stahl und Schlacke ähnliche Beziehungen bestehen, wie beim Thomasverfahren, d. h. die Berechnung von [FeO] aus der Schlackenzusammensetzung und der Temperatur wird zu geringe Werte ergeben. Eine derartige Berechnung, die z. B. in den Zahlentafeln 4 und 5 (S. 93 u. 95) für 1627° C durchgeführt ist, kann daher nur zu der Angabe führen, wieviel Eisenoxydul der Stahl mindestens enthält. Es ist anzunehmen, daß der Stahl beim sauren nicht so hohe Eisenoxydulgehalte wie beim basischen Windfrischprozeß erreicht, weil die Entphosphorungsperiode mit ihrem hohen Eisenoxydulbedarf fehlt.

Obwohl es theoretisch nicht ausgeschlossen scheint, aus der Gleichung der Kohlenstoffverbrennungsgeschwindigkeit

$$v = [\mathrm{FeO}]\,[\Sigma\,\mathrm{C}]\,k_1 - k_2\,p_{\mathrm{CO}}$$

den Eisenoxydulgehalt des Metalls im Konverter zu errechnen, stehen diesem Beginnen große praktische Schwierigkeiten entgegen, die vor allem in der Veränderlichkeit des Kohlenoxydpartialdrucks p_{CO} begründet sind. Zwar läßt sich p_{CO} grundsätzlich nach den auf S. 80f. angegebenen Gesichtspunkten feststellen; die Rechnung erfordert aber derartige analytische Vorarbeiten, daß hier die unmittelbare Sauerstoffanalyse vorzuziehen ist.

Die Desoxydation des Stahls.

Allgemeines.

Unter Desoxydation verstehen wir in erster Linie die Entfernung des im Stahl gelösten Eisenoxyduls. Es gibt drei grundsätzlich verschiedene Desoxydationsverfahren.

Das erste Verfahren kann man nach dem Vorgang von F. T. Sisco und St. Kriz[3] mit „Diffusionsdesoxydation" bezeichnen; es ist dadurch gekennzeichnet, daß man den eisenoxydulhaltigen Stahl mit einer weitgehend von Eisenoxydul befreiten Schlacke in Berührung bringt, die die Eigenschaft hat,

---

[1] Vgl. S. 150f. [2] Vgl. S. 191f.

[3] Die Elektrostahlverfahren. Berlin: Julius Springer 1929.

das Oxydul aus dem Metall herauszulösen, solange das Verteilungsgesetz $\frac{[FeO]}{(FeO)} = L_{FeO}$ nicht erfüllt, d. h. $[FeO] > L_{FeO} \cdot (FeO)$ ist.

Die Abwanderung des Eisenoxyduls aus der metallischen Lösung vollzieht sich dabei unter dem Einfluß der zum Konzentrationsausgleich drängenden Kräfte durch Diffusion in homogener Lösung; in der Nähe seiner Berührungsfläche mit der Schlacke verarmt das Metall an Eisenoxydul, das nunmehr aus den entfernteren Schichten nachwandert, solange ein Konzentrationsgefälle besteht. Der Eisenoxydulgehalt der Schlacke nimmt hingegen zu. Bei der schließlich zu erwartenden Gleichgewichtseinstellung kommen die Vorgänge zum Stillstande; sie setzen erneut ein, wenn das Gleichgewicht durch wiederholte Zerstörung des Schlackeneisenoxyduls gestört wird.

Dieses Verfahren wird hauptsächlich im Elektroofen ausgeübt; die Befreiung der Schlacke von Eisenoxydul durch Aufwerfen von Desoxydationsmitteln (Kohle, Silizium, wobei gleichzeitig die anderen leicht reduzierbaren Oxyde, insbesondere MnO, zerlegt werden) führt zu der weißen oder grauen Raffinationsschlacke.

Bei dem eben beschriebenen Verfahren bleibt das Metallbad eine homogene Lösung, im Gegensatz zu dem zweiten und am häufigsten angewendeten Verfahren, bei dem Desoxydationsmittel in das Metall eingebracht werden, die dort das Eisenoxydul unter Bildung unlöslicher Verbindungen zerlegen. Der chemische Umsatz wird damit in das Innere des Stahlbades verlegt, wobei ein heterogenes Gemenge von Metall und suspendierten Desoxydationsprodukten entsteht, das sich im Laufe der Zeit infolge der Dichteunterschiede zu schichten sucht.

Dieses Desoxydationsverfahren hat weitgehende Ähnlichkeit mit jenen im chemischen Laboratorium ständig zu beachtenden Vorgängen, bei denen ein homogen gelöster Stoff durch Zusatz von Reagenzien „ausgefällt" wird. Man könnte das zweite Desoxydationsverfahren daher als „Fällungsdesoxydation" bezeichnen.

Als drittes Verfahren ist schließlich die Desoxydation mit Kohlenstoff zu nennen, bei der ein gasförmiges Reaktionsprodukt entsteht; es ist in den Grundzügen bereits besprochen worden, soweit es sich auf das flüssige Metall erstreckt [1]. Die Vorgänge bei der Erstarrung und Vakuumbehandlung werden später (S. 240f. u. 260f.) behandelt werden [2].

Die „Diffusionsdesoxydation".

Die Grenze, bis zu der dem Stahl Eisenoxydul durch Diffusionsdesoxydation entzogen werden kann, hängt ab von der Konzentration des freien Eisenoxyduls in der Schlacke und der Temperatur; es ist wieder:

$$[FeO] = L_{FeO} \cdot (FeO),$$

worin L_{FeO} die temperaturabhängige Verteilungskonstante (vgl. Zahlentafel 15, S. 264) bedeutet. Bei reiner Diffusionsdesoxydation [3] bleibt diese Beziehung als Grenzgesetz bestehen, gleichgültig, mit welchen Mitteln oder Zusätzen man die Verminderung von (FeO) erzielt hat.

Zur zahlenmäßigen Aufklärung des im Grenzfall (Verteilungsgleichgewicht) im Stahl verbleibenden Eisenoxyduls und seiner Abhängigkeit von Schlacken-

[1] S. 186f. [2] S. 238f.

[3] D. h., wenn auf gleichzeitige Fällungsdesoxydation verzichtet wird.

zusammensetzung und Temperatur ist wieder zu beachten, daß (FeO) das freie Eisenoxydul darstellt. Diese Größe ist also erst in einer Schlacke gegebener Zusammensetzung und Temperatur nach den früher gegebenen Richtlinien zu bestimmen, etwa nach folgendem Beispiel:

In dem Durchführungsbeispiel von S. 135 ergab sich, daß eine basische Schlacke der Zusammensetzung:

(Σ Fe)	(Σ CaO)′	(Σ SiO_2)	(Σ MnO)	Rest
0,74	57,7	18,7	0,104	CaF_2, Al_2O_3, CaC_2, MgO

bei 1627° C aufweist: (FeO) = 0,9%. Für die gleiche Temperatur ist $L_{FeO} = 0{,}0164$. Somit ist in dem Metall äußerstenfalls beständig

$$[FeO] = 0{,}9 \cdot 0{,}0164 = 0{,}015\% \sim 0{,}0033\% \text{ Eisenoxydulsauerstoff und}^1 \, [Si] = 0{,}27\%.$$

Enthält das Bad einen höheren Eisenoxydulbetrag, so ist die Schlacke noch zur weiteren Desoxydation befähigt.

Die entsprechenden Beziehungen gelten auch für saure Schlacken; sie wurden bereits durch ein Beispiel erläutert (vgl. S. 184).

Ganz allgemein gelten für den Eisenoxydulgehalt, mit dem der Stahl unter Schlacken verschiedener Zusammensetzung und bei verschiedenen Temperaturen beständig ist, die gleichen qualitativen Aussagen, wie für die Konzentration des freien Eisenoxyduls in der Schlacke[2].

Wie erwähnt, werden die Diffusionsvorgänge gewöhnlich im basischen Elektroofen zur Desoxydation nutzbar gemacht. Nach möglichst vollständiger Entfernung der Frischschlacke[3] und Neubildung einer zum größten Teil aus Kalk gebildeten „Raffinier-" oder „Feinungsschlacke" kann das Metall praktisch vollständig von gelöstem Oxydul befreit werden. Bald nach der Verflüssigung nimmt die Feinungsschlacke eine Färbung an, teils weil sie sich mit den Resten der vorherigen Schlacke vermischt hat, teils weil sie dem Metall Oxyde entzieht. Wie leicht einzusehen, führt also schon die Neubildung der Schlacke allein zu einer gewissen Desoxydation des Metalls, die um so weiter gehen kann, je größer das Schlackengewicht ist. Doch genügt die so erzielbare Verminderung des Metallsauerstoffs nicht den Ansprüchen, die man an einen Qualitätsstahl zu stellen hat; es muß die Reaktion zu Hilfe genommen werden, die die in der Schlacke enthaltenen Metalloxyde zerstört und somit zu einem erneuten Ablauf der Verteilungsvorgänge Veranlassung gibt. Zu einer solchen „Reduktion der Schlacke" finden Kohlenstoff (Koks, Holzkohle, Graphit) und gelegentlich gepulvertes Ferrosilizium Verwendung, die Eisenoxydul im Sinne der Gleichungen:

$$FeO + C \rightarrow Fe + CO$$
$$2\,FeO + Si \rightarrow 2\,Fe + SiO_2$$

zerstören. Es leuchtet ein, daß die Zerstörung des Eisenoxyduls in der Schlacke durch aufgeworfenen Kohlenstoff bzw. Silizium sehr viel weiter fortschreiten kann, als wenn man die gleiche Menge dieser Stoffe in das Metallbad eingebracht hätte; denn da eine Löslichkeit dieser Desoxydationsmittel in der Schlacke kaum anzunehmen ist, wirken sie unverdünnt auf die Oxyde der Schlacke ein.

Die Verminderung der Metalloxyde in der Schlacke zeigt sich äußerlich an einer Aufhellung bis zur weißen Färbung, die, wenn Kohlenstoff anwesend ist, bald darauf infolge der Bildung von Kalziumkarbid in eine graue Färbung

[1] Vgl. S. 135. [2] Vgl. S. 38f.

[3] Die vollständige Entfernung der Frischschlacke ist wegen der bei der Desoxydation unvermeidlichen Rückphosphorung notwendig.

umschlägt. Das Auftreten von Kalziumkarbid ist wiederum ein Indikator, der die weitgehende Verminderung von freiem Eisenoxydul anzeigt, d. h. es ist eine Wirkung der Desoxydation, nicht ihre Ursache wie oft angenommen wird. Dabei scheint dieser Indikator sehr empfindlich zu sein; denn Kalziumkarbid würde nach der Gleichung:

$$CaC_2 + 3\,FeO \rightarrow 2\,CO + CaO + 3\,Fe$$

zerlegt werden, solange Eisenoxydul in höheren Konzentrationen auftritt.

Die Anwendung des M.W.G. auf obigen Vorgang:

$$(CaC_2) = \frac{p^2_{CO}\,(CaO)}{(FeO)^3} \cdot K$$

zeigt, daß sich die Konzentration des neben Eisenoxydul beständigen Kalziumkarbids umgekehrt proportional der 3. Potenz von (FeO) ändert. Die Konstante ist ihrer Größe nach im Lichtbogenofen, wo unter den Elektroden örtliche Überhitzung stattfindet, wahrscheinlich stark schwankend.

Mit der Verminderung des freien Eisenoxyduls in der Schlacke bzw. des (Eisenoxydul-) Sauerstoffs im Stahl kann nun auch Silizium in höheren Konzentrationen im Metall beständig werden, ohne daß es Neigung zeigt, sich zu Kieselsäure umzusetzen. Seine Anreicherung im Stahl erfolgt entweder durch Zusätze von Ferrosilizium oder durch eine Reduktion der Schlackenkieselsäure, wenn mit anderen Desoxydationsmitteln gearbeitet wird; im letzteren Falle spielt der Siliziumgehalt wiederum die Rolle eines Indikators, aus dem man auf das Ausmaß der Desoxydation schließen kann. Im allgemeinen ist das Metall bis zur vollkommenen Beruhigung desoxydiert, wenn es 0,2% Silizium aufgenommen hat.

Bei den sehr geringen Eisenoxydulgehalten des Stahls vollzieht sich der Konzentrationsausgleich recht langsam, zumal eine Kochbewegung nicht mehr möglich ist. Normalerweise erfordert die Herstellung eines einwandfrei desoxydierten Stahls über 2 Stunden, während deren eine oxydfreie Schlacke aufrecht erhalten werden muß. Diese Zeit schwankt überdies mit der Ofengröße; Öfen höherer Fassung, bei denen der Diffusionsweg größer ist, benötigen längere Zeiten als kleine Ofen. Eine Beschleunigung der Diffusion von Eisenoxydul läßt sich durch mechanische Bewegung des Bades von Hand oder unter dem Einfluß thermischer oder elektrischer Felder erzielen.

Der Vorteil einer durch elektrische Felder veranlaßten intensiven Badbewegung, wie sie z. B. bei den Induktionsofen in Erscheinung treten, scheint auch für die guten Erfolge verantwortlich zu sein, die man dem Hochfrequenzofen zuschreibt.

Ein die Desoxydation erschwerender Umstand muß in der Mitwirkung der Ofenauskleidung erblickt werden. Solange das Metall während des Frischens mit einer eisenoxydhaltigen Schlacke in Berührung steht, und somit selbst (Eisenoxydul-) Sauerstoff in höheren Konzentrationen enthält, wird die Auskleidung des Ofens bestrebt sein, ihrerseits aus dem Metall Eisenoxyde herauszulösen und festzuhalten. Wenn nun infolge der Desoxydation das Metall an Eisenoxydul verarmt, tritt der umgekehrte Vorgang ein, indem jetzt ein Übergang von Eisenoxydul aus der Herdwand in den Stahl erfolgt, bis auch dieser Vorgang mit Erreichen eines Verteilungsgleichgewichts zum Stillstand kommt. Es ist also auf dem Wege der Diffusion grundsätzlich auch die Herdauskleidung von Eisenoxyden zu befreien, ehe man einen vollständig desoxydierten Stahl erwarten kann.

Eine Diffusionsdesoxydation in der Art, wie sie eben für den Elektroofenprozeß geschildert wurde, läßt sich im Prinzip natürlich auch im S.M.-Ofen vornehmen; der Erfolg eines solchen Verfahrens wird gegenüber dem Elektroofen dadurch beeinträchtigt werden, daß die auf die Schlacke gegebenen Reduktionsmittel zum Teil durch die stark oxydierenden Heizgase verbrannt und ihrer eigentlichen Bestimmung entzogen werden[1].

Als Diffusionsdesoxydation ist ferner das von M. Perrin[2] angegebene Verfahren zu betrachten, der von der Tatsache ausgeht, daß metalloxydfreie saure Schlacken infolge ihrer Neigung zur Bildung von Eisensilikaten dem Stahl beträchtliche Mengen Eisenoxydul zu entziehen vermögen. Um den Vorgang zu beschleunigen und die durch die günstige Gleichgewichtslage gegebenen Verhältnisse möglichst ausnutzen zu können, wird die Desoxydationsschlacke nicht auf das Bad gebracht, sondern innig mit dem Metall gemischt, wobei eine große Berührungsfläche der beiden Phasen geschaffen wird. Man erhält dabei Abnahmen des Sauerstoffgehalts von beispielsweise 0,061% auf 0,012%. Die Desoxydation wird (ähnlich wie das entsprechende Entphosphorungsverfahren[3]) so ausgeführt, daß der Stahl aus großer Höhe in das mit der Desoxydationsschlacke gefüllte Gefäß gegossen wird, wobei Schlacken geeigneter Viskosität emulsionsartig im Metall aufgeschlämmt werden und langsam nach oben steigen.

Aus den Untersuchungen von Perrin ergaben sich folgende Regelmäßigkeiten:

1. Bei Verwendung einer Schlacke gleicher Zusammensetzung und Menge ist der Sauerstoffendgehalt um so geringer, je kleiner der Anfangsgehalt war.
2. Bei gleichen Anfangs-Sauerstoffgehalt ist der Endgehalt um so kleiner, je größer die Menge der (gleichen) Schlacke war.
3. Man erhält mit der gleichen Schlackenmenge ein Ergebnis, wenn man sie nacheinander in zwei Abschnitten, anstatt auf einmal, auf das Metall einwirken läßt.

Neben den chemischen Eigenschaften der benutzten Schlacken (Kieselsäuregehalt und Aufnahmefähigkeit für Eisenoxydul) tritt ihre Dünnflüssigkeit entscheidend in den Vordergrund, weil diese Eigenschaft maßgebend für die Bildungsmöglichkeit feiner Emulsionen ist[4]. In umfangreichen Versuchen wurden daher geeignete Schlackenmischungen aus Kieselsäure, Tonerde, Kalk und Magnesiumoxyd herausgearbeitet. Darüber hinaus scheint die Verwendung von Schlacken mit dem Hauptbestandteil Titansäure TiO_2 gute Aussichten zu eröffnen.

Die Fällungsdesoxydation.

Physikalische Gesetzmäßigkeiten.

Zur Fällungsdesoxydation werden Elemente benutzt, deren Affinität zu Sauerstoff größer ist, als die des Eisens. In Anwendung kommen in erster Linie Mangan, Silizium und Aluminium, die beiden ersteren in Form von Ferrolegierungen. Überdies werden Desoxydationslegierungen angewendet, die außer Eisen zwei oder drei der genannten Elemente, sowie Kohlenstoff enthalten. Bei der Wahl solcher Legierungen ist der Gedanke maßgebend, ein gemischtes

---

[1] Auch hier ist die Vermeidung der Rückphosphorung durch sorgfältiges Abschlacken geboten.

[2] Rev. Métallurg. Bd. 30 (1933) S. 1, 71. [3] Vgl. S. 165.

[4] Da die Schlacken in einem Lichtbogenofen mit Kohlenstoffherd geschmolzen werden, ist ferner auf gute elektrische Leitfähigkeit Wert zu legen.

und flüssiges Desoxydationsprodukt zu erhalten, das befähigt ist, leichter im Stahl in die Höhe zu steigen, als das Desoxydationsprodukt nur eines der Elemente.

Von einer gut durchgeführten Desoxydation erwartet man nämlich, außer der weitgehenden Zerstörung des gelösten Eisenoxyduls, eine schnelle Abscheidung der dabei gebildeten Reaktionsprodukte; infolgedessen ist das Zusammenwirken der folgenden Bedingungen zur befriedigenden Durchführung der Fällungsdesoxydation notwendig:

schnelle Auflösung der Desoxydationslegierungen,
hohe Umsatzgeschwindigkeit der Desoxydationselemente mit Eisenoxydul,
große Sauerstoffaffinität der Desoxydationselemente,
hohe Auftriebsgeschwindigkeit der Desoxydationsprodukte.

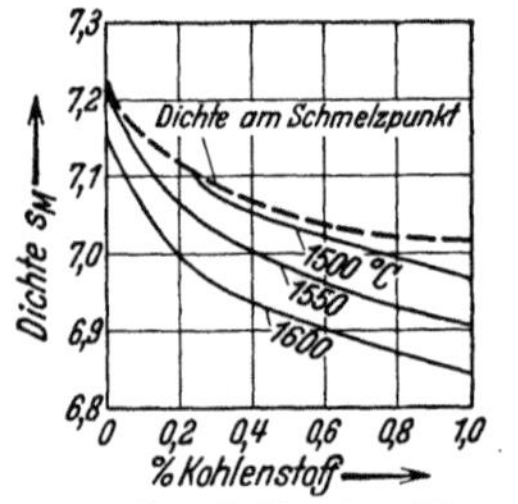

Abb. 111. Dichte flüssiger Eisen-Kohlenstofflegierungen (Benedicks und Mitarbeiter).

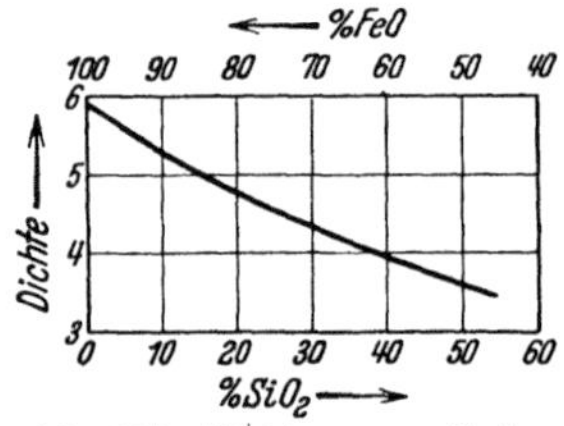

Abb. 112. Dichten von FeO—SiO_2-Schlacken bei 20° C (Körber und Oelsen).

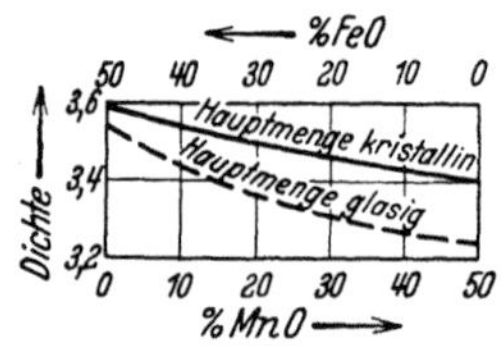

Abb. 113. Dichten von FeO—MnO—SiO_2-Schlacken mit 50 % SiO_2 bei 20° C (Körber und Oelsen).

Die Auftriebsgeschwindigkeit c der Desoxydationsprodukte wird, sofern wir dieselben als kugelig betrachten dürfen, durch das Stokesche Gesetz beherrscht, nach dem anzusetzen ist:

$$c = \frac{2}{9} g \cdot r^2 \frac{s_M - s_D}{\eta} \text{ cm/sec} = r^2 \frac{s_M - s_D}{\eta} \cdot 218 \text{ cm/sec},$$

darin bedeuten:

g die Erdbeschleunigung $= 981 \text{ cm} \cdot \text{sec}^{-2}$, η die Viskosität des Metalls,
s_M die Dichte des Metalls g/cm³, s_D die Dichte des Desoxydationsproduktes g/cm³,
r den Radius der Kugel in Zentimetern.

Da der Radius mit dem Kugelvolumen V (cm³) durch die Beziehung $V = \frac{4}{3} r^3 \pi$ verknüpft ist, nimmt die Stokesche Gleichung auch die Form an:

$$c = \frac{2}{9} g \frac{s_M - s_D}{\eta} \cdot \left(\frac{3}{4} \frac{V}{\pi}\right)^{\frac{2}{3}} = V^{\frac{2}{3}} \frac{s_M - s_D}{\eta} \cdot 84 \text{ cm/sec}.$$

Die Aufstiegsgeschwindigkeit eines kugeligen Teilchens nimmt also im Quadrat des Radius oder in der 0,67. Potenz des Volumens zu.

Die Bedingung der Kugelform ist nur für flüssige Desoxydationsprodukte erfüllt, denen außerdem die Eigenschaft gegeben ist, unter Vergrößerung des Radius bzw. des Volumens zusammenzufließen (Koagulation). Man versteht daher das Bestreben, durch Wahl geeigneter Bedingungen auf die Ausbildung flüssiger Desoxydationsprodukte hinzuarbeiten[1].

[1] Sehr geringe Abweichungen von der Kugelgestalt scheinen die Gültigkeit des Stokeschen Gesetzes nicht in Frage zu stellen. So konnte R. Ladenburg [Ann. Physik Bd. 22 (1907) S. 287] feststellen, daß blanke und korrodierte Kugeln gleicher Größe im gleichen Medium mit gleicher Geschwindigkeit zu Boden sanken. Offenbar bildet sich um den steigenden bzw. fallenden Körper eine Gleitschicht des Mediums, die geringe Ungleichmäßigkeiten der Kugelgestalt ausgleicht.

Feste Desoxydationsprodukte weisen meist ein von der Kugelform mehr oder weniger abweichende Gestalt auf; sie kristallisieren zum Teil in Form sperriger Nadeln, die nur mit sehr geringer Geschwindigkeit im Metall aufsteigen können.

Die Dichte des Eisens und seiner Legierungen im flüssigen Zustand wurde von C. Benedicks, N. Ericsson und G. Ericson[1] mit großer Sicherheit bestimmt; Abb. 111 zeigt ihre Ergebnisse (auszugsweise) für Eisen-Kohlenstofflegierungen.

Das spezifische Gewicht der Desoxydationsprodukte ist für hohe Temperaturen noch unbekannt; für 20° C haben F. Körber und W. Oelsen[2] die Dichten der Eisensilikate und der an Kieselsäure gesättigten Eisenmangansilikate untersucht (Abb. 112 und 113). Ferner finden sich im Schrifttum[3] noch folgende Angaben für die Dichten hier interessierender Oxyde:

Desoxydationsprodukt		s_D
Al_2O_3	amorph	3,85
Al_2O_3	kristallisiert	4,00
MnO		4,73
SiO_2	amorph	2,2
SiO_2	kristallisiert	2,4
$Al_2O_3SiO_2$	künstlich, kristallisiert	3,05
Cr_2O_3		5,0

In Ermangelung der Angaben von s_D für hohe Temperaturen wird es sich empfehlen, für die Dichte des Metalls in die Stokesche Gleichung ebenfalls s_M für 20° C (= etwa 7,8) einzusetzen.

Als einzige unbekannte Größe bleibt dann noch die innere Reibung des flüssigen Stahls η zurück. Ihre Bestimmung bereitet leider derartig große Schwierigkeiten, daß bisher nur die Viskositätszahlen η für die niedrig schmelzenden Roheisensorten bis 1400° C gemessen werden konnten. Die entsprechenden Ergebnisse von A. Wimmer und H. Thielmann[4], sowie H. Esser, F. Greis und W. Bungardt[5] lassen lediglich die rohe Extrapolation zu, daß die Viskosität von Flußeisen bei 1600° C in der Größenordnung $\eta = 0{,}01$ zu suchen ist. Mit wachsendem Kohlenstoffgehalt und steigender Temperatur nimmt η ab. Die Wirkung der verschiedenen Begleitelemente des Flußeisens in ihren verhältnismäßig geringen Konzentrationen ist noch unbekannt.

Immerhin läßt sich mit diesen Zahlen bereits größenordnungsmäßig der Radius eines kugelförmigen Einschlusses berechnen, der mit der Geschwindigkeit $c = 1$ m/sec = 100 cm/sec im Metall aufsteigen kann. Wir lösen die Stokesche Gleichung nach r auf und setzen beispielsweise $s_M - s_D = \Delta s = 3$ und $\eta = 0{,}01$.

Es ergibt sich:

$$r = \sqrt{\frac{\eta \cdot c}{218 \cdot \Delta s}} = \sqrt{\frac{0{,}01 \cdot 100}{218 \cdot 3}} = \sqrt{0{,}0015} = \text{etwa } 0{,}04 \text{ cm}.$$

Der Durchmesser eines solches Einschlusses müßte also in der Größenordnung $D = 0{,}8$ mm liegen.

Die Desoxydation mit Mangan.

Unter den experimentellen Untersuchungen über die Mangandesoxydation[6] darf die Arbeit von F. Körber und W. Oelsen[7] heute als die vollkommenste angesprochen werden, so daß wir uns auf die Wiedergabe ihrer Ergebnisse

[1] Arch. Eisenhüttenwes. Bd. 3 (1929/30) S. 473/486.
[2] Mitt. Kais.-Wilh.-Inst. Eisenforschg., Düsseld. Bd. 15 (1933) S. 291.
[3] Landolt-Börnstein: Physikalisch-chemische Tabellen.
[4] Stahl u. Eisen Bd. 47 (1927) S. 389—399.
[5] Arch. Eisenhüttenwes. Bd. 7 (1933/34) S. 385—388. [6] Vgl. Bd. I, S. 240 u. 294.
[7] Mitt. Kais.-Wilh.-Inst. Eisenforschg., Düsseld. Bd. 14 (1932) S. 183—204.

beschränken können. Bei der Reaktion von Eisenoxydul mit Mangan scheiden sich FeO—MnO-Gemische ab, die bei hohen Temperaturen (> 1610° C) durchweg flüssig sind. Bei tieferen Temperaturen erstarrte die flüssige Oxydullösung unter Abscheidung homogener Mischkristalle gemäß dem Zustandsdiagramm[1] Abb. 111. Betrachten wir zunächst den Fall, daß nur die flüssige Lösung als Desoxydationsprodukt erscheint; bei Temperaturen < 1610° C enthalte also das Desoxydationsprodukt soviel FeO, daß die Erstarrung noch nicht eintritt. Dann gilt für die Beziehungen zwischen dem Mangangehalt des Metalls [Mn] und der Zusammensetzung der Oxydullösung das M.W.G.[2], angewandt auf den Umsatz $FeO + Mn \rightleftharpoons MnO + Fe$:

$$K_{Mn} = \frac{[Mn]\,(FeO)}{(MnO)} = \frac{[Mn]\,(\Sigma FeO)}{(\Sigma MnO)} = \frac{[Mn]\,(\Sigma FeO)}{100 - (\Sigma FeO)}.$$

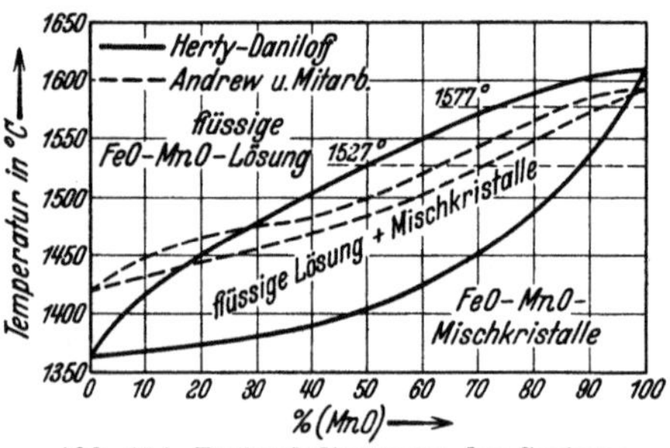

Abb. 114. Zustandsdiagramm des Systems FeO—MnO.

Die Konzentration des freien Eisenoxyduls im Desoxydationsprodukt ist mit dem im Metall gelösten Eisenoxydul wieder durch den Verteilungssatz $L_{FeO} = [FeO]:(FeO)$ verknüpft; daher kann man schreiben

$$[FeO] = \frac{100 \cdot K_{Mn} \cdot L_{FeO}}{[Mn] + K_{Mn}}.$$

Mit den Größen K_{Mn} und L_{FeO}, die sich in Zahlentafel 15, S. 264 finden, gelangt man leicht zu einer bildlichen Darstellung, die angibt, wieviel Eisenoxydul das Metall in Lösung zu halten vermag, ohne daß es von Mangan zerlegt wird; es entstehen die in Abb. 115 mit f_1—f_6 bezeichneten Kurven, die nach unten durch e_1—e_5 begrenzt werden.

Die Kurven f_1—f_6 führen bereits zu einer wichtigen Schlußfolgerung: Wir sehen, daß sich z. B. bei 1627° C (f_6) Mangan in der Konzentration [Mn] = 1% mit gelöstem Eisenoxydul von der Konzentration [FeO] = 0,59% im Gleichgewicht befindet, d. h. daß unter diesen Konzentrations- und Temperaturbedingungen keine Desoxydation stattfindet. Eine Reaktion zwischen beiden Stoffen allein kann erst stattfinden, wenn der den Gehalten [Mn] und [FeO] entsprechende Punkt oberhalb der in Frage kommenden Isotherme liegt. Um eine Wechselwirkung zwischen gelöstem Eisenoxydul und Mangan mit der Konzentration [Mn] = 0,5 zu erzwingen, müßte — bei 1627° C — [FeO] > 0,86% sein. Wenn man beachtet, daß derartig hohe Sauerstoffgehalte im flüssigen S.M.- oder Thomasstahl kaum anzutreffen sind, wird die Behauptung verständlich, daß normalerweise ein Manganzusatz in den Herdofen nicht in dem Sinne desoxydierend wirkt, daß sich reine FeO—MnO-Tröpfchen im Stahle bilden[3].

Die Desoxydation mit Mangan im Herdofen kann sich vielmehr nur in Gegenwart der Schlacke abspielen, die das entstehende Manganoxydul aufnimmt, solange $(MnO) < \frac{(FeO)\,[Mn]}{K_{Mn}}$ ist.

[1] Vgl. Bd. I Abb. 123.

[2] Da Verbindungen zwischen FeO und MnO nicht auftreten, werden die freien und die Gesamtkonzentrationen der Oxydule identisch.

[3] Lediglich infolge der Bildung hochkonzentrierter Mn-Schlieren während der Auflösung des Zuschlags (vgl. S. 219f.) ist das Entstehen von Desoxydationsprodukten möglich, die aber nach dem Konzentrationsausgleich wieder im Metall in Lösung gehen müssen.

Weiterhin ist es möglich, sich über das Verhältnis (Σ MnO) : (Σ FeO) im Desoxydationsprodukt Klarheit zu verschaffen; nach dem M.W.G. ist dieses proportional [Mn] : K_{Mn}. Die Linien gleicher Konzentrationsverhältnisse sind in Abb. 115 ebenfalls eingetragen.

Berücksichtigen wir nun Abb. 114, so wird ersichtlich, daß das Verhältnis (Σ MnO) : (Σ FeO) bei Unterschreitung von 1610° C ständig geringer werden muß, wenn die Oxydule als flüssige Lösung vorliegen sollen. Bei 1527° C tritt z. B. teilweise Erstarrung der Schlacke ein, wenn (Σ MnO) : (Σ FeO) > 1 ist. Wir können also in Abb. 115 eine Grenzkurve $e_1 - e_5$ konstruieren, die angibt,

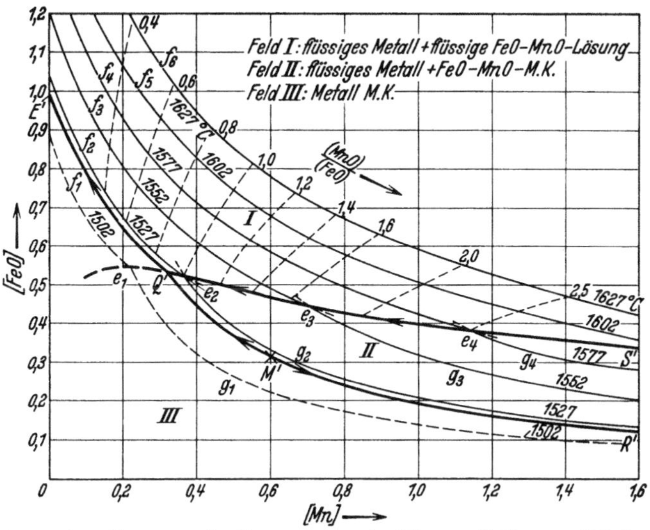

Abb. 115. Gleichgewichtsdiagramm der Desoxydation des Eisens mit Mangan (Körber und Oelsen).

bei welchem Verhältnis (Σ MnO) : (Σ FeO) und damit bei welchem Mangangehalt [Mn] die Oxydule in Mischkristallform ausgeschieden werden. Das unterhalb $e_1 - e_5$ liegende Feld kennzeichnet also die Gehalte [FeO] und [Mn], bei denen die Desoxydation Mischkristalle liefert.

Zur Berechnung der im Feld der MnO—FeO-Mischkristalle liegenden Isothermen g_1—g_4 (Abb. 115) bedienen wir uns (mit Körber und Oelsen) der folgenden Ergebnisse physikalisch-chemischer Grundgesetze:

a) Befindet sich die flüssige FeO—MnO-Lösung einerseits mit dem Metallbad, andererseits mit FeO—MnO-Mischkristalle im Gleichgewicht, so sind auch die M.K. mit dem Metall im Gleichgewicht (Satz von der Vertretbarkeit der Phasen[1]).

b) Der Mangan- und Eisenoxydulgehalt des flüssigen Metalls, das sich mit flüssiger und mit kristallisierter FeO—MnO-Lösung im Gleichgewicht befindet, ist bei gegebener Temperatur konstant (Phasenregel[2]: $n = 3$, $P = 4$ (einschließlich Gasphase), also $F = 1$, d. h. $f(T, [\mathrm{Mn}]) = 0$ oder $f(T, [\mathrm{FeO}]) = 0$). Unter Berücksichtigung der Temperatur kann also Gleichgewicht zwischen den genannten Phasen nur auf dem Kurvenzug e_1—e_5 herrschen.

Da wir für e_1—e_5 die jeder Temperatur zugeordneten Werte von [Mn], [FeO], (MnO) und (FeO) kennen und aus Abb. 114 ferner zu entnehmen ist, welche Konzentrationen (FeO)′ und (MnO)′ den koexistierenden Mischkristallen zukommen, können wir nunmehr die Konstanten

$$K'_{\mathrm{Mn}} = \frac{[\mathrm{Mn}]\,(\mathrm{FeO})'}{(\mathrm{MnO})'} \quad \text{und} \quad L'_{\mathrm{FeO}} = \frac{[\mathrm{FeO}]}{(\mathrm{FeO})'}$$

errechnen, in der Annahme, daß die Gültigkeit der idealen Beziehungen auch für kristallisierte FeO—MnO-Lösungen erhalten bleibt. Es ergibt sich folgendes:

[1] Vgl. Bd. I, S. 12. [2] Vgl. Bd. I, S. 14.

t^0 C	Liquiduskurve Abb. 114		Soliduskurve Abb. 114		Kurve e_1—e_5 Abb. 115		$L'_{FeO} = \frac{[FeO]}{(FeO)'}$	$K'_{Mn} = \frac{[Mn](FeO)'}{(MnO)'}$
	(FeO)	(MnO)	(FeO)′	(MnO)′	[Mn]	[FeO]		
1502	60	40	16	84	0,22	0,54	0,034	0,042
1527	50	50	12	88	0,37	0,52	0,043	0,050
1552	39	61	72	92,8	0,70	0,44	0,061	0,054
1577	28	72	5	95	1,14	0,38	0,076	0,060

Mit den Größen L'_{FeO} und K'_{Mn} kann die Rechnung wie früher fortgesetzt werden; es ergeben sich die Isothermen g_1—g_4.

Die in Abb. 115 gezeichneten Isothermen g_1—g_4 (Feld *II*) haben die gleiche Bedeutung, wie f_1—f_6 mit dem Unterschied, daß die Desoxydationsreaktion nur unter Bildung von Oxydulmischkristallen erfolgt. Darnach ergibt sich die Möglichkeit zur Bildung von Mischkristallen unterhalb 1610° C um so eher, je höher der Mangangehalt des Metalls ist.

Schließlich ist zu berücksichtigen, daß das Metall nach Erreichen seiner Erstarrungstemperatur metallische Mischkristalle absondert, während sich die Schmelze an Mangan und Eisenoxydul anreichert. Nach der Phasenregel ist das Gleichgewicht zwischen den beiden metallischen Phasen (Mischkristalle, Schmelze) und einer Oxydulphase (flüssige oder kristallisierte FeO—MnO-Lösung) ebenfalls an die Bedingung gebunden, daß der Mangan- und Eisenoxydulgehalt des Metalls sich mit der Temperatur längs eines Kurvenzugs ändern. Für den Fall, daß das Metall außer FeO und Mn andere Bestandteile nicht enthält, haben Körber und Oelsen hierfür die Kurvenzüge $E'Q'$ und $Q'R'$ (Abb. 115) errechnet[1]. Während der Erstarrung des Metalls kann die Desoxydation nur längs dieser Kurvenzüge verlaufen, und zwar treten als Desoxydationsprodukte längs $E'Q'$ flüssige und längs $Q'R'$ feste Lösungen der Oxydule auf. Der Punkt Q' ist dadurch gekennzeichnet, daß sich aus dem erstarrenden Metall gleichzeitig feste und flüssige Desoxydationsprodukte abscheiden[2]. Erst wenn die gesamte metallische Schmelze erstarrt ist, kann die Desoxydation zu [FeO]-Werten führen, die unterhalb $E'Q'R'$ (Feld *III*) liegen.

Die gestrichelt gezeichneten Isothermen f_1 und g_1 (1502° C), die innerhalb des Feldes *III* liegen, haben also für den Fall, daß das Metall außer FeO und Mn keine anderen gelösten Bestandteile enthält, keine Bedeutung. Erst wenn sich der Kurvenzug $E'Q'R'$ infolge der Anwesenheit anderer Begleitelemente des Metalls (*C*, *P*, *S* usw.) und der dadurch bewirkten Senkung der Erstarrungstemperatur soweit nach links verschiebt, daß f_1 und g_1 in die Felder *I* und *II* gelangen, können sie die Desoxydation des flüssigen Metalls bei 1502° C beschreiben.

Wie gesagt ist der in Q' gebrochene Kurvenzug $E'Q'R'$ keine Isotherme; die ihm entsprechenden Temperaturen steigen vielmehr von E' (1520° C) zunächst mit wachsendem [Mn] an bis zum Punkte M' (etwa 0,6% Mn, 1523,5° C) um weiterhin wieder abzufallen (bei 1,6% Mn 1520° C). Die Richtung fallender Temperatur ist durch Pfeile gekennzeichnet. Wenn auch die Temperaturänderungen längs $E'Q'R'$ nicht erheblich sind, so haben sie doch für den Verlauf der

[1] Die Berechnung erfolgt in der Annahme, daß sich die gesamte Gefrierpunkserniedrigung additiv aus denen der Einzelbestandteile zusammensetzet (vgl. S. 239f. und das Original).
[2] Nonvariantes Gleichgewicht (vgl. Bd. I, S. 11).

Desoxydation große Bedeutung; denn bei der Abkühlung wird die Reaktionsbahn in Richtung fallender Temperatur eingeschlagen und diese kann, je nach dem [Mn]- und [FeO]-Gehalt (Lage zum Punkt M'), verschieden sein. Die Lage des Punktes M' ist noch nicht ganz sichergestellt, da die seiner Berechnung zugrunde liegenden Liquiduskurven der Fe—Mn—O-Legierungen ebenfalls nicht unbedingt sicher sind. Das gleiche gilt für die Grenzkurve e_1—e_5, die an Hand des von Herty und Daniloff angegebenen Zustandsdiagramm FeO—MnO (Abb. 114) entwickelt wurde. Obwohl neuere Untersuchungen von

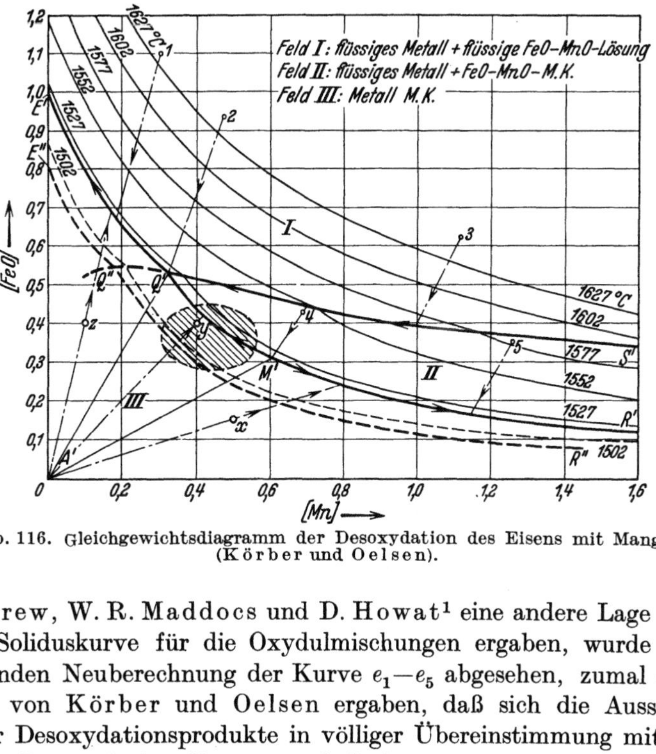

Abb. 116. Gleichgewichtsdiagramm der Desoxydation des Eisens mit Mangan (Körber und Oelsen).

J. H. Andrew, W. R. Maddocs und D. Howat[1] eine andere Lage der Liquidus- und Soliduskurve für die Oxydulmischungen ergaben, wurde von einer entsprechenden Neuberechnung der Kurve e_1—e_5 abgesehen, zumal die Untersuchungen von Körber und Oelsen ergaben, daß sich die Ausscheidungsformen der Desoxydationsprodukte in völliger Übereinstimmung mit den Aussagen ihres Desoxydationsdiagramms befinden.

In Abb. 116 ist das Desoxydationsdiagramm nochmals wiedergegeben; mit seiner Hilfe mögen die Kozentrationsänderungen des Metalls bei der Desoxydation besprochen werden, wobei bemerkt sei, daß für die Stahlherstellung praktisch nur die Bedingungen des Feldes *III* in Betracht kommen.

Enthält das flüssige Metall vor der Desoxydation Eisenoxydul und Mangan in den Konzentrationen $[\mathrm{FeO}]_a$ und $[\mathrm{Mn}]_a$, so ist der nach der Desoxydation verbleibende Eisenoxydulgehalt [FeO] mit diesen durch den Ausdruck verknüpft:

$$[\mathrm{FeO}]_a = [\mathrm{Mn}]_a \frac{100}{0{,}78\left(100 - \frac{[\mathrm{FeO}]}{L_{\mathrm{FeO}}}\right)} - \frac{100 \cdot K_{\mathrm{Mn}} \cdot L_{\mathrm{FeO}}}{0{,}78\ [\mathrm{FeO}]} + [\mathrm{FeO}],$$

worin K_{Mn} und L_{FeO} für die Endtemperatur einzusetzen ist. Die Gleichung ist für den Fall entwickelt, daß die Desoxydationsprodukte sich dauernd mit dem Metall ins Gleichgewicht setzen; ihre Gültigkeit ist ferner darauf beschränkt, daß die Desoxydation nur im Feld *I* oder nur im Feld *II* erfolgt (im letzteren Fall sind K'_{Mn} und L'_{FeO} einzusetzen

[1] J. Iron Steel Inst. Bd. 124 (1931) S. 285; vgl. Abb. 114.

(vgl. S. 205f). In Abb. 116 ist die Änderung der Konzentrationen für 5 verschiedene Ausgangsgehalte in Form von Ausscheidungsbahnen wiedergegeben, von den drei (*1*—*3* in Feld *I*) für alleinige Ausscheidung flüssiger FeO—MnO-Lösungen und zwei (*4* und *5*, Feld *II*) für alleinige Ausscheidung von Oxydul-Mischkristallen berechnet sind.

Trifft die Ausscheidungsbahn nach dem Durchgang durch Feld *I* auf die Grenzkurve *Q' S'*, so scheidet das Desoxydationsprodukt Mischkristalle ab, wobei sich die zurückbleibende Oxydullösung an FeO anreichert (vgl. Abb. 116). Diese Anreicherung führt nun wieder zu einer Zunahme von [FeO], indem die Ausscheidungsbahn mit der Grenzkurve *S' Q'* in Pfeilrichtung verläuft, bis das gesamte Desoxydationsprodukt erstarrt ist. Liegen dann nur noch FeO—MnO-Mischkristalle vor, so wird eine durch Feld *II* führende Ausscheidungsbahn eingeschlagen. Wie groß die längs *S' Q'* eingeschlagene Strecke ist, hängt von der Menge des Desoxydationsproduktes ab, die ihrerseits wieder mit $[FeO]_a$ steigt.

Wenn das Desoxydationsprodukt im flüssigen Metall schnell hochsteigt und sich an dessen Oberfläche sammelt, ist die den vorstehenden Ableitungen zugrunde liegende Bedingung einer ständigen Gleichgewichtseinstellung zwischen der metallischen und nichtmetallischen Phase nicht mehr gegeben. Infolgedessen kommt auch die erneute Überführung von Eisenoxydul aus dem erstarrenden Desoxydationsprodukt in das Metall nicht in Betracht; die Ausscheidungsbahn kreuzt vielmehr die Grenzkurve *S' Q'*, ohne an ihr entlang zu laufen und trifft schließlich auf die Grenzkurve *R' M' Q'*, wo die Desoxydation gemeinsam mit der Metallkristallisation in der betreffenden Pfeilrichtung verläuft.

Liegen die Ausgangsgehalte $[FeO]_a$ und $[Mn]_a$ links der durch Punkt *Q'* gehenden Ausscheidungsbahn (z. B. Punkt 1), so trifft die Ausscheidungsbahn auf die Grenzkurve *Q' E'*, an der die Desoxydation in Pfeilrichtung unter gleichzeitiger Metallerstarrung erfolgt, ohne daß Oxydul-Mischkristalle in Erscheinung treten.

Die technischen Schmelzungen liegen hinsichtlich ihres Eisenoxydul- und Mangangehaltes fast ausschließlich in Feld *III* (Abb. 116), das dadurch gekennzeichnet ist, daß die Desoxydation nur während der Erstarrung des Metalls erfolgen kann. Hierbei reichert sich die metallische Restschmelze an FeO und Mn an, wodurch ihre Zusammensetzung an die Grenzkurve *E'Q' M' R'* gedrückt wird, die nun für den Verlauf der Desoxydation maßgebend ist. Da der Mangan- und Eisenoxydulgehalt der metallischen Mischkristalle gegenüber denen der Restschmelze sehr gering sind, kann man die bei der Kristallisation erfolgende Anreicherung mit Körber und Oelsen durch Gerade beschreiben, die durch den der Metallzusammensetzung zugehörigen Punkt gehen und deren rückwärtige Verlängerung nach *A'* weist.

In Abb. 116 stellt Punkt *x* die nicht ungewöhnliche Zusammensetzung eines unruhigen Flußeisens ([Mn] = 0,5%, [FeO] = 0,15%) dar. Bei der Kristallisation verschiebt sich die Zusammensetzung der Restschmelze an dem Kurvenzug *Q' R'* und erst wenn dieser erreicht ist, setzt die Desoxydation des restlichen flüssigen Metalls in Pfeilrichtung längs *Q' R'* ein, indem sich neben den primär entstehenden Metallkristallen sekundär Oxydulmischkristalle bilden.

Punkt *y* entspricht einer für flüssigen Thomasstahl nicht ungewöhnlichen Zusammensetzung. Sobald die Restschmelze nach primärer Abscheidung von Metallkristallen die Grenzkurve erreicht hat, verläuft die Ausscheidungsbahn in Richtung auf *Q'*, wobei sekundär Oxydulmischkristalle auftreten, denen bei weiterer Abkühlung auf *Q'E'* flüssige FeO—MnO-Tröpfchen tertiär folgen. Tatsächlich zeigen sich nach F. Körber und G. Thanheiser[1] in unberuhigten Thomasstahlproben (unverformt) beide Einschlußarten (Abb. 117).

In Metallen mit hohen Eisenoxydul- und niedrigen Mangangehalten (Punkt *z*) würden nur flüssige Desoxydationsprodukte zu erwarten sein.

[1] Mitt. Kais.-Wilh.-Inst. Eisenforschg., Düsseld. Bd. 14 (1932) S. 213f.

Es ist an Hand dieser Beispiele verständlich, daß das Feld *III* (Abb. 116) durch die Geraden $A'Q'$ und $A'M'$ in drei Abschnitte unterteilt werden kann:

Links von A' Q' erscheinen nur flüssige Desoxydationsprodukte,

zwischen A' Q' und A' M' scheiden sich zunächst FeO—MnO-Kristalle aus, denen beim Überschreiten von Q' in Richtung auf E' flüssige Lösungen folgen,

rechts von A' M' bilden sich lediglich kristallisierte Desoxydationsprodukte.

Enthält das Metall außer Mangan und Eisenoxydul andere Stoffe, so wird die beginnende Erstarrung zu tieferen Temperaturen und mithin die Kurve $E'Q'M'R'$ nach links verlegt (z. B. nach $E''Q''R''$), wobei sich auch die Geraden $A'Q'$ und $A'M'$ verlagern. Die Abscheidung von FeO—MnO-Mischkristallen

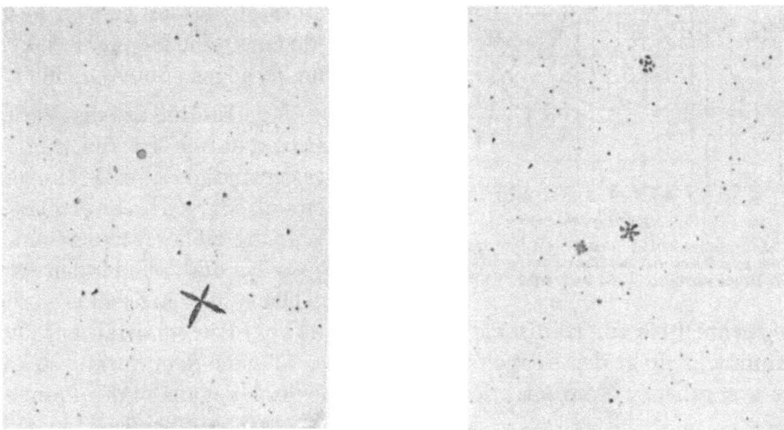

Abb. 117. Desoxydationsprodukte des Mangans in Thomasstahl (Körber und Thanheiser, 150 ×).

wird hierdurch, wie man leicht erkennt, bevorzugt auf Kosten flüssiger Desoxydationsprodukte.

Nachdem wir erkannten, daß die reine Mangandesoxydation praktisch nur nach eingeleiteter Kristallisation des Metalls, also in der Kokille, vor sich gehen kann, ist zu erwarten, daß die Erstarrungs- und Abkühlungsgeschwindigkeit von erheblichem Einfluß auf den Sauerstoffgehalt des Materials sein muß. In kleinen Güssen mit schneller Kristallisation werden sich die aus der Restschmelze herausgebildeten Desoxydationsprodukte weniger gut ausscheiden können, als in großen Kokillen. Andererseits wird ihre Abscheidung durch die Kohlenoxydentwicklung des unruhigen Stahls[1] begünstigt, durch die die metallische Restschmelze weitgehend aus dem Bereich der Randkristalle in die Gußmitte gedrückt wird, aus der heraus sich die Desoxydationsprodukte als „Blockschaum" im Kopf absetzen.

Dennoch ist nicht damit zu rechnen, daß das gesamte, aus dem Metall ausgefällte Desoxydationsprodukt den Weg zur Oberfläche findet; durch die Sauerstoffbestimmung am erstarrten Material wird daher immer auch das zurückbleibende Desoxydationsprodukt neben dem sehr geringen Anteil gelösten Eisenoxyduls erfaßt.

Ergebnisse einer analytischen Verfolgung des Sauerstoffgehalts nach der Mangandesoxydation von Thomasstahl finden sich in der von Körber und

[1] Der allein mit Mangan desoxydierte Stahl, der hier allein betrachtet wird, ist bekanntlich immer unruhig (vgl. S. 241f.).

Thanheiser angegebenen Abb. 118, aus der hervorgeht, daß der Sauerstoffgehalt im Block (*e—f*) etwa halb so hoch ist, wie in der entsprechenden Pfannenprobe. Mit der Verlängerung der Abhängezeit der Pfanne bis zum Abgießen wurde der Sauerstoffabfall größer; wenn er sich bis unter den vom Desoxydationsdiagramm (Abb. 116) geforderten Betrag ($Q' R'$) bewegt, obwohl eine Erstarrung in der Pfanne nicht in Frage kommt, so ist zu beachten, daß die saure Pfannenauskleidung die Desoxydation begünstigt, so daß es sich hier nicht um eine reine Mangandesoxydation im strengen Sinne handelt.

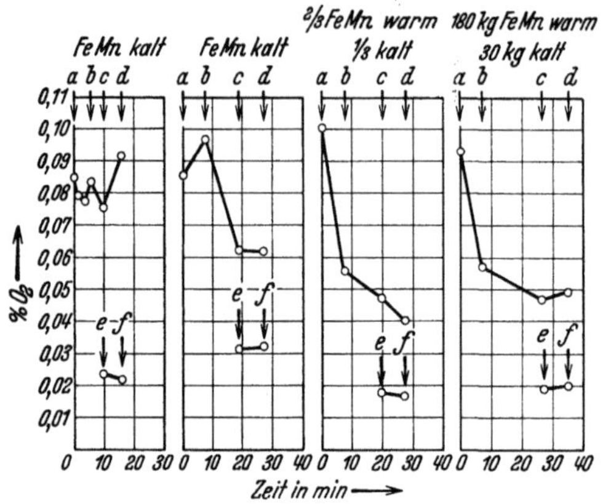

Abb. 118. Sauerstoffgehalte von Thomasstahl nach der Desoxydation mit Mangan; *a—d* Pfannenproben, *c—f* Blockproben (Körber und Thanheiser).

Von Einfluß auf den Verlauf der Desoxydation ist die Auflösungsgeschwindigkeit des Mangans im Metall. S. Schleicher[1] hat diesen Vorgang näher studiert und festgestellt, daß die in den Ofen gegebenen festen Zusätze verhältnismäßig schnell bis zur Herdsohle vordringen, obwohl Ferromangan auf dem Bad schwimmt. Erfolgt der Abstich des Ofens etwa 15′ nach dem Zusatz, so hat man keine wesentlichen Konzentrationsunterschiede des Mangans in der Pfanne zu erwarten. Bei Zusatz von festem Ferromangan in die Pfanne reicht die Zeit im allgemeinen nicht aus, um einen befriedigenden Konzentrationsausgleich zu gewährleisten; erfahrungsgemäß treten häufig — namentlich bei härteren Stählen — Materialungleichmäßigkeiten in Erscheinung, die auf Mangananreicherungen zurückzuführen sind[2]. Die Wärmeverluste, die der Stahl in der Pfanne und durch das Erwärmen und Schmelzen der Zusätze erfährt, äußern sich in einer Temperaturerniedrigung, die die genügend schnelle Verteilung der Zusätze verhindert.

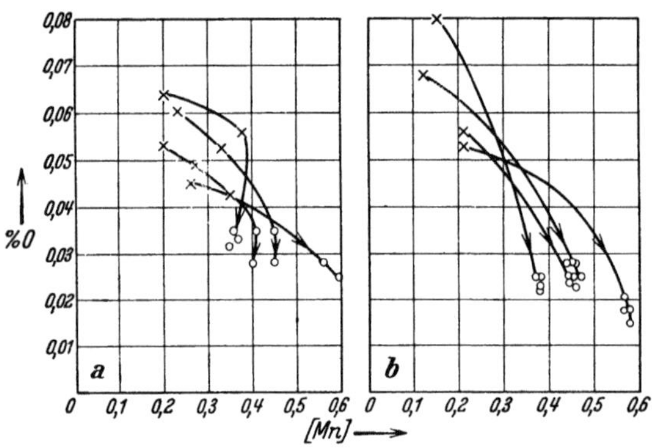

Abb. 119. Verlauf der Desoxydation von S.M.-Flußeisen (0,03—0,10 % C) mit Ferromangan in fester (a) und flüssiger (b) Form (Alberts).
× Proben aus dem S.M.-Ofen, ○ Proben aus der Pfanne.

Infolgedessen bietet der Zusatz von erwärmten oder flüssigem an Stelle von festem Ferromangan erhebliche Vorteile. Aus Abb. 118 geht dies für den Thomaskonverter hervor, in dem die Sauerstoffabscheidung durch erwärmte Manganzusätze stark begünstigt wird. Das gleiche Ergebnis lieferten die Unter-

[1] Stahl u. Eisen Bd. 50 (1930) S. 1049/61.
[2] Vgl. C. Schwarz: Stahl u. Eisen Bd. 50 (1930) 1060/61 Erörterung.

suchungen von W. Alberts[1] über die Desoxydation von basischem S.M.-Stahl mit kaltem und geschmolzenem Ferromangan (Abb. 119).

Es ist bemerkenswert, daß die Untersuchungen von Körber und Thanheiser (Abb. 118) einen Vorteil flüssiger gegenüber rotglühenden Ferromanganzusätzen nicht erkennen ließen. Bei den Versuchen von Alberts wurde $^1/_3$ des Mangans kalt in den Ofen, $^2/_3$ kalt in die Pfanne gegeben (Abb. 119a); bei Abb. 119b wurde flüssiges Ferromangan beim Abstich in den Metallstrahl eingeführt.

Die Desoxydation mit Silizium.

Da die technischen Stähle stets Mangan enthalten, liegen bei der Desoxydation mit Silizium grundsätzlich die im nächsten Abschnitt zu schildernden Bedingungen vor. Dennoch ist die Erörterung der reinen Siliziumdesoxydation im Hinblick auf die folgende Besprechung der gemeinsamen Wirkung der beiden Elemente nützlich.

Die Reaktion $2\,FeO + Si \rightleftharpoons 2\,Fe + SiO_2$ kann zu verschiedenartigen Endlagen führen, je nachdem ob sich an dem schließlich erreichten Gleichgewichtszustand als Desoxydationsprodukt eine flüssige Eisensilikatlösung oder reine ungeschmolzene Kieselsäure beteiligt.

Bei Anwesenheit flüssiger Desoxydationsprodukte wurde unter der Annahme, daß Eisenoxydul und Kieselsäure teilweise zu dem Orthosilikat $(FeO_2)SiO_2$ zusammentreten, vom Verfasser der Ausdruck[2] abgeleitet:

$$[Si] = K_{Si}\,\frac{100 - (FeO)}{(FeO)^2 + \dfrac{(FeO)^4}{D_{(FeO)_2SiO_2}}} = K_{Si}\,\frac{100 - [FeO] : L_{FeO}}{\dfrac{[FeO]^2}{L_{FeO}^2} + \dfrac{[FeO]^4}{L_{FeO}^4 \cdot D_{(FeO)_2SiO_2}}}.$$

Die Konzentration (FeO) bezieht sich auf das frei im Desoxydationsprodukt vorliegende Oxydul; sie ist also mit Hilfe des Verteilungssatzes $[FeO] = L_{FeO} \cdot (FeO)$ durch den Eisenoxydulgehalt des Stahls ersetzbar. Die Bedeutung der Konstanten K_{Si} und $D_{(FeO)_2SiO_2}$ wurde bereits auf S. 24 und 133 erläutert; ihre Werte finden sich für mehrere Temperaturen in Zahlentafel 15, S. 264.

Tritt reine Kieselsäure als Desoxydationsprodukt auf, so gilt einfach (vgl. S. 194):

$$K'_{Si} = [FeO]^2\,[Si] \quad \text{und} \quad \log K'_{Si} = -\frac{23\,450}{T} + 9{,}07 \qquad \text{(VII a)}$$

(Zahlenwerte von K'_{Si} vgl. Zahlentafel 15, S. 264).

F. Körber und W. Oelsen haben das gleiche Problem im Laboratorium für an Kieselsäure gesättigte Silikatschlacken verfolgt und für diesen Fall die bereits mitgeteilten Gleichungen (B) und (C) (S. 139 und 184, sowie Zahlentafel 13, S. 263) gefunden:

$$K^s_{Si} = (\Sigma\,FeO)^2 \cdot [Si] \quad \text{und} \quad L^s_{FeO} = [FeO]/(\Sigma\,FeO).$$

Die Ergebnisse der beiden Arbeiten sind in den Abb. 120 a und b nebeneinandergestellt, wobei zu erkennen ist, daß der zu einer gegebenen Siliziumkonzentration gehörige Eisenoxydulgehalt des Metalls bei der gleichen Temperatur nach Körber-Oelsen höher ist, als nach Schenck-Brüggemann[3].

---

[1] Stahl u. Eisen Bd. 51 (1931) S. 117—126.

[2] Die Ableitung dieses Ausdrucks aus der primären Gleichung des M.W.G. $\left(K_{Si} = \frac{[Si]\,(FeO)^2}{(SiO_2)}\right)$ findet sich in Bd. I, S. 186. Dortselbst sind die Gleichgewichtsbeziehungen eingehend erörtert.

[3] Vgl. S. 143f. und insbesondere S. 215.

Das Feld, in dem die Desoxydation zu flüssigen Eisensilikaten führt, ist in Abb. 120a wesentlich ausgedehnter. (Die beiden Teilbilder enthalten in der rechten oberen Ecke eine vergrößerte Darstellung der für das Auftreten flüssiger Desoxydationsprodukte vorgefundenen Beziehungen.)

Da die Kurven der genannten Abbildungen Gleichgewichtsbedingungen repräsentieren, beziehen sich die Silizium- und Eisenoxydulgehalte auf den Zustand nach der Desoxydation; insbesondere sind also die Siliziumkonzentrationen nicht identisch mit der Siliziumzugabe. Man gelangt aber — solange das schmale Feld der Bildung flüssiger Eisensilikate unberücksichtigt bleibt — sehr leicht zu den Beziehungen zwischen Silizium- und Eisenoxydulgehalt vor

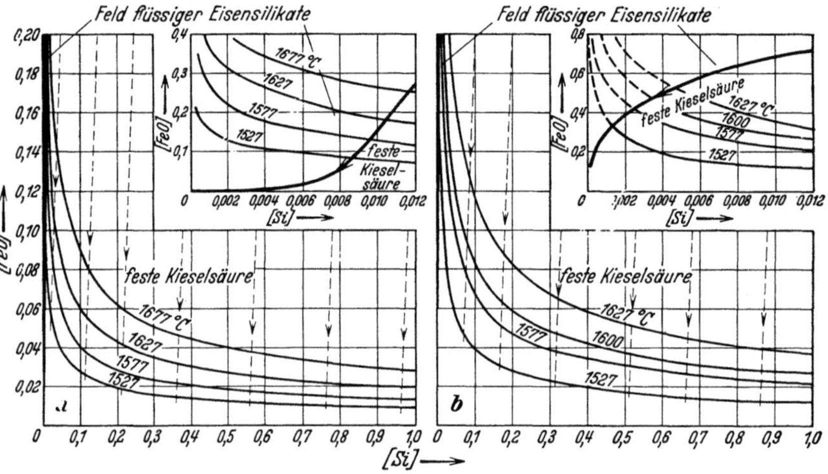

Abb. 120a und b. Gleichgewichtsdiagramme der Desoxydation des Stahls mit Silizium allein nach Schenck-Brüggemann (a) und Körber-Oelsen (b).

und nach der Desoxydation, indem man beachtet, daß sich 0,1% Si mit 0,51% FeO umsetzen. Hiermit ergeben sich — ausgehend von den Anfangsgehalten $[Si]_a$ und $[FeO]_a$ — geradlinige Reaktionsbahnen, deren Schnittpunkt mit der in Frage kommenden Gleichgewichtsisotherme die Endgehalte nach der Desoxydation angibt. Einige dieser Reaktionsbahnen finden sich in Abb. 120a und b (gestrichelt) eingezeichnet.

Bewegt sich die Desoxydation im Bereiche flüssiger Ausscheidungen, so verlaufen die Reaktionsbahnen nicht nach derartig einfachen Beziehungen, da sich ein gewisser Anteil des dem Bade entzogenen Eisenoxyduls im Desoxydationsprodukt als solches gelöst vorfindet, ohne daß es mit Silizium reagierte. Diese Zusammenhänge haben Körber und Oelsen eingehender untersucht und in Abb. 121 für 1600° C wiedergegeben.

Als Ordinate ist hier an Stelle von [FeO] der in Form von Eisenoxydul gelöste Sauerstoffgehalt $[O]_{Fe}$ gewählt ($[FeO] = 4,5 \cdot [O]_{Fe}$). Ferner ist die mit *L* bezeichnete Kurve die Gleichgewichtsisotherme für 1600° C (entspr. Abb. 120b); die zu *L* gehörige Ordinate ist der (nach der Reaktion verbleibende) Siliziumgehalt [Si]. Die mit *1*—*4* bezeichneten Kurven geben — für verschiedene Anfangssauerstoffgehalte — den Restsauerstoffgehalt $[O]_{Fe}$, die Kurven *1a*—*4a* den Restsiliziumgehalt $[Si]_{gelöst}$ nach Zusatz wechselnder Mengen Silizium (Ordinate) wieder.

Kurve *1*, Anfangssauerstoffgehalt 0,20%. Bleibt der Siliziumzusatz unterhalb etwa 0,06% (Punkt *V*), so erhält man Restsauerstoffgehalte längs *U*—*V* und als Desoxydationsprodukte sind nur flüssige Lösungen von FeO + SiO_2 zu erwarten, da der nach der Reaktion verbleibende Restsiliziumgehalt [Si] (Kurve *1a*) noch nicht in dem Feld fester Kieselsäure (Abb. 120b) liegt. Bei einer Erhöhung des Siliziumzusatzes auf Werte zwischen 0,06 und 0,08% (Stufe *V—W*) nimmt der Restsauerstoffgehalt $[O]_{Fe}$ nicht ab; der zugesetzte Mehrbetrag des Siliziums wird vielmehr verbraucht, um das in den flüssigen Silikatsuspensionen gelöste Eisenoxydul zu reduzieren. Längs *V—W* bleibt der Restsiliziumgehalt unverändert[1]. Bei Siliziumzusätzen von mehr als 0,08% tritt nur noch reine Kieselsäure auf; mit wachsenden Zusätzen fällt der Restsauerstoffgehalt (*1*) und steigt der Restsiliziumgehalt (*1a*).

Bei einem Anfangssauerstoffgehalt von 0,15% (Kurven *2* und *2a*) treten die gleichen Erscheinungen auf, insbesondere auch eine der Stufe *V—W* entsprechende Horizontale, unterhalb deren feste Kieselsäure entsteht. Diese Stufen, die bei gegebener Temperatur alle den gleichen Rest-$[O]_{Fe}$- und [Si]-Werten entsprechen[2], werden um so kürzer, je geringer der Anfangssauerstoffgehalt ist. Sie verschwinden, wenn der Anfangssauerstoffgehalt so gering ist, daß flüssige Silikatlösungen nicht mehr auftreten können.

Letzteres ist für die Kurve *3* und *4* (Anfangssauerstoffgehalt 0,105% bzw. 0,05%) der Fall. Hier sind die Beziehungen zwischen zugesetztem und Restsiliziumgehalt nach den bereits erwähnten einfachen stöchiometrischen Gesichtspunkten zu erfassen. Bei Anfangs-$[O]_{Fe}$-Gehalten, die die Bildung flüssiger Silikatlösungen nicht zulassen, beginnt die Wirksamkeit des Siliziums erst, wenn sein Zusatz so hoch bemessen wird, daß die Gleichgewichtsisotherme (*L*) überschritten ist (vgl. den horizontalen Ast von Kurve *4* und das entsprechende Gleichlaufen von *4a* mit der Geraden des zugesetzten Siliziums).

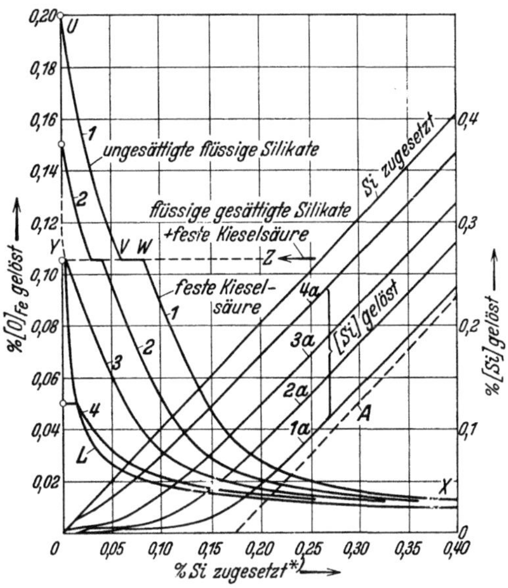

Abb. 121. Verlauf der Desoxydation flüssigen Eisens mit verschiedenen Sauerstoffgehalten durch steigende Siliziumzusätze (Körber und Oelsen; *) für die Kurve *L* gibt die Abszisse das gelöste Silizium an).

Nach Vorstehendem ist es nicht möglich, durch Desoxydation mit Silizium allein flüssige Desoxydationsprodukte zu erzielen, sobald der Stahl bei 1600° C weniger als 0,105% Sauerstoff, entsprechend 0,47% FeO, enthält. Dieser Sauerstoffgehalt liegt aber bereits über demjenigen, der normalerweise bei der Stahlerzeugung anzutreffen ist. Hier setzt nun die im nächsten Abschnitt zu besprechende Mitwirkung des Mangans ein, dessen Anwesenheit auch bei viel geringeren Sauerstoffgehalten noch die Bildung flüssiger Desoxydationsprodukte ermöglicht.

Ein Vergleich der Abb. 120 a und b mit Abb. 116 zeigt die bedeutend intensivere Desoxydationswirkung des Siliziums gegenüber der von Mangan; die Entfernung des Eisenoxyduls schreitet schon bei geringen Siliziumgehalten in flüssigem Eisen zu Werten fort, die bei der Verwendung von Mangan allein nur nach der Erstarrung des Metalls erzielbar sind.

---

[1] Es herrscht Gleichgewicht zwischen (Gas), Metall, flüssiger Silikatlösung und fester Kieselsäure, für welches die Phasenregel als Gleichgewichtsbedingung liefert $f(T, [FeO], [Si]) = 0$.

[2] Für 1600° C ergeben sich als Koordinaten $[O]_{Fe} = 0{,}105$ und $[Si] = 0{,}0035$ aus Abb. 120b.

Der Zusatz des Siliziums erfolgt in Form seiner Ferrolegierungen, die mit den verschiedensten Siliziumgehalten (10—15%, 40—50%, 70—80% > 90%) geliefert werden. Neben dem Preise der Legierungen ist für ihre Verwendung der Gesichtspunkt maßgebend, daß mit niedrig legiertem Ferrosilizium eine größere Eisenmenge in das Metall gebracht werden muß, das zum Aufschmelzen Wärme braucht und die Stahltemperatur erniedrigt. Bei hochlegiertem Ferrosilizium tritt dieser Nachteil nicht auf; im Gegenteil ist wahrscheinlich, daß das darin noch enthaltene freie Silizium im Stahl Silizide bildet, deren Entstehen vermutlich mit einer beträchtlichen Wärmeentwicklung verbunden ist.

Die Auflösung des Siliziums im Stahl erfolgt um so schneller, je höherprozentig die gewählte Legierung und je feinstückiger sie ist. S. Schleicher hat die praktisch augenblickliche Mischung von — allerdings gepulvertem — 75% Ferrosilizium in der gefüllten Pfanne festgestellt.

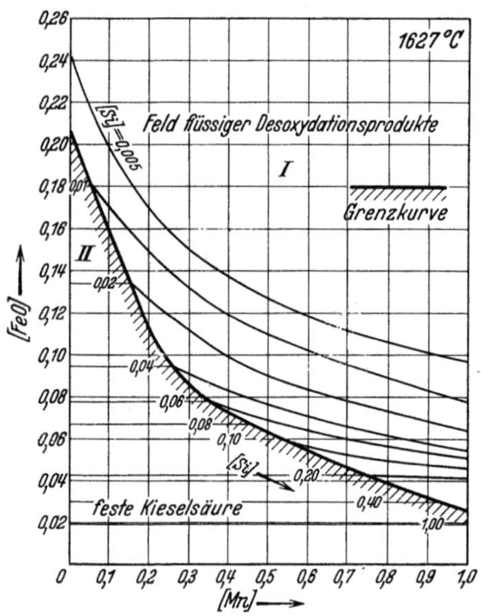

Abb. 122. Gleichgewichtsdiagramm der Desoxydation mit Mangan und Silizium gemeinsam für 1627° C (Schenck und Brüggemann).

Die Desoxydationsreaktion selbst erfolgt mit großer Geschwindigkeit, wie man leicht aus der dem Zusatz augenblicklich folgenden Beruhigung eines kochenden Stahls entnehmen kann.

Die Desoxydation mit Silizium und Mangan gemeinsam.

Aus der Tafel I geht hervor, daß bei gegebener Temperatur Gleichgewichtsbeziehungen herrschen zwischen dem Mangan- und Siliziumgehalt des Metalls und der Konzentration des freien Eisenoxyduls (FeO) in sauren Schlacken aus Kieselsäure, Eisen- und Manganoxydul. Da letztere dem Eisenoxydulgehalt des Metalls [FeO] proportional ist, lassen sich ohne weiteres die bei Gegenwart saurer Schlacken waltenden Beziehungen zwischen [Mn], [Si] und [FeO] ermitteln. Für das Gleichgewicht ist es nun bedeutungslos, ob die Schlacke als geschlossene Schicht das Metall bedeckt oder ob sie sich in Form von Suspensionen innerhalb des Stahls aufhält, wie es bei den Produkten einer gemeinsamen Desoxydation von Mangan und Silizium zum Zeitpunkt ihres Entstehens der Fall ist. Die durch Untersuchung der sauren Prozesse gewonnenen Gleichgewichtsbeziehungen müßten also prinzipiell Aufschluß über die Desoxydationsgleichgewichte geben können. Auf Grund dieser Überlegung entsteht z. B. aus Tafel I die Abb. 122 für 1627° C.

Durch unmittelbare Laboratoriumsuntersuchungen gelangten F. Körber und W. Oelsen[1] zu qualitativ gleichartigen Beziehungen (vgl. Abb. 123), die sich jedoch zahlenmäßig zum Teil erheblich von den, auf dem Umweg über Betriebsmessungen erhaltenen, unterscheiden. Die Ursache dieser Verschiedenheiten ist die gleiche, die bei der Übertragung der Laboratoriumsergebnisse auf

[1] Mitt. Kais.-Wilh.-Inst. Eisenforschg., Düsseld. Bd. 15 (1933) S. 271—309.

die Betriebsschmelzungen eine volle Übereinstimmung verhinderte[1] (Verunreinigungen der technischen Schlacken, Temperaturmessungen); es besteht aber kein Zweifel, daß die Desoxydationsvorgänge durch die unmittelbaren Untersuchungen von Körber und Oelsen wesentlich klarer und genauer erfaßt sind, als es betriebsseitig möglich war. Ihre Arbeit soll daher zur Grundlage der folgenden Betrachtungen gewählt werden; wenn die Ergebnisse und Ausführungen hier stark gekürzt und bewußt nur auf die praktischen Zusammenhänge gerichtet wiedergegeben sind, so sei nicht verfehlt, auf die glänzende und scharfsinnige Logik hinzuweisen, die die theoretisch-metallurgischen Erörterungen von Körber und Oelsen auszuzeichnen pflegt.

Zur Konstruktion der Abb. 123 werden die von Körber und Oelsen für saure Schlacken gefundenen Gleichgewichtsbeziehungen verwendet, die bereits auf S. 139 und 184 aufgeführt wurden, nämlich:

für $FeO + Mn \rightleftharpoons MnO + Fe$:

$$K^s_{Mn} = \frac{(\Sigma FeO)\,[Mn]}{(\Sigma MnO)}, \quad (A)$$

für $2\,FeO + Si \rightleftharpoons SiO_2 + 2\,Fe$:

$$K^s_{Si} = (\Sigma FeO)^2_l\,[Si], \quad (B)$$

für die Verteilung von FeO zwischen Schlacke und Metall: $L^s_{FeO} = [FeO] : [\Sigma FeO]$. (C)

Die Zahlenwerte der Konstanten finden sich in Zahlentafel 13, S. 263.

Die vorstehenden Beziehungen haben nur für den Fall Gültigkeit, daß die Schlacke bzw. das Desoxydationsprodukt an Kieselsäure gesättigt ist, d. h. bei $(\Sigma SiO_2) \geqq 50\%$. Dieser Fall liegt in Abb. 123 rechts von der Grenzkurve vor, die das Feld homogener flüssiger Desoxydationsprodukte (*I*) von dem Feld *II* trennt, in dem nur feste Kieselsäure als Desoxydationsprodukt beständig ist. Auf der Grenzkurve selbst kann feste Kieselsäure neben flüssiger Silikatlösung als Desoxydationsprodukt auftreten.

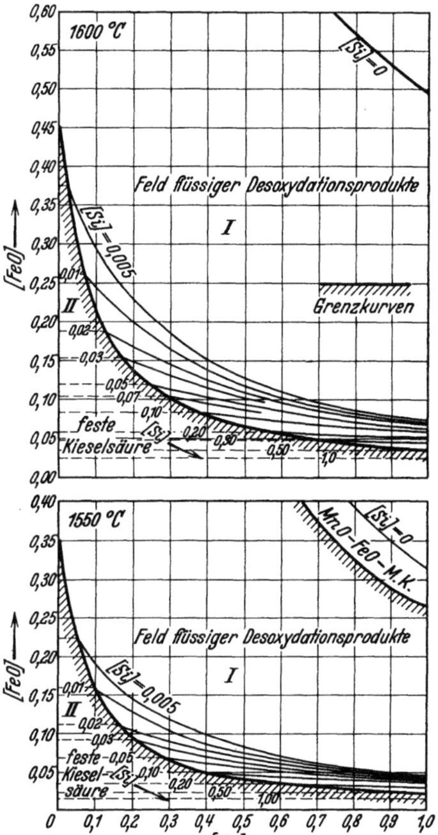

Abb. 123. Wie Abb. 122 für 1550 und 1600° C (Körber und Oelsen).

Die Kurven innerhalb des Feldes *I* sind experimentell nicht belegt; der Verfasser hat sie unter der Annahme gezogen, daß die Gleichgewichtsbedingungen (A) bis (C) auch dort ihre Gültigkeit behalten. Betreffs Gl. (B) wurde angenommen, daß [Si] im Gebiete der homogenen Silikatlösung proportional mit (ΣSiO_2) sinkt oder steigt.

Abb. 123 zeigt in qualitativer Übereinstimmung mit Abb. 122 folgendes:

1. Schon durch sehr geringe Konzentrationen von gelöstem Silizium im Stahl wird die Beständigkeit des gelösten Eisenoxyduls ganz erheblich herabgesetzt [vgl. die Kurven für 0,005% Si mit der für die reine Mangandesoxydation (0,00% Si) in Abb. 123 (rechts oben) bzw. Abb. 116].

2. Durch wachsende Mangangehalte ist es möglich, auch bei geringen [FeO]- und hohen [Si]-Gehalten des Stahls noch flüssige Desoxydationsprodukte zu

[1] Vgl. S. 143.

erzielen (vgl. den Verlauf der Grenzkurven, die das Feld flüssiger Desoxydationsprodukte gegen das der festen Kieselsäure abgrenzen, sowie Abb. 120 für die reine Siliziumdesoxydation).

3. Mangan beteiligt sich an der Desoxydation nur, solange flüssige Desoxydationsprodukte auftreten; je höher der Siliziumgehalt des Stahls ist, um so höher muß [Mn] sein, um dessen Mitwirkung zu erzielen. Im Gebiete fester Kieselsäure ist [FeO] nur von [Si] abhängig und um so weniger beständig, je höher [Si] liegt.

4. Bei fallender Temperatur sinkt die Beständigkeit des Eisenoxyduls gegenüber den Desoxydationsmitteln; wenn sich das Gleichgewicht bei höherer Temperatur eingestellt hat, schreiten die Desoxydationsreaktionen bei der Abkühlung weiter vor.

5. Das Feld flüssiger Desoxydationsprodukte dehnt sich bei der Abkühlung zu geringeren [FeO]-Gehalten hin aus.

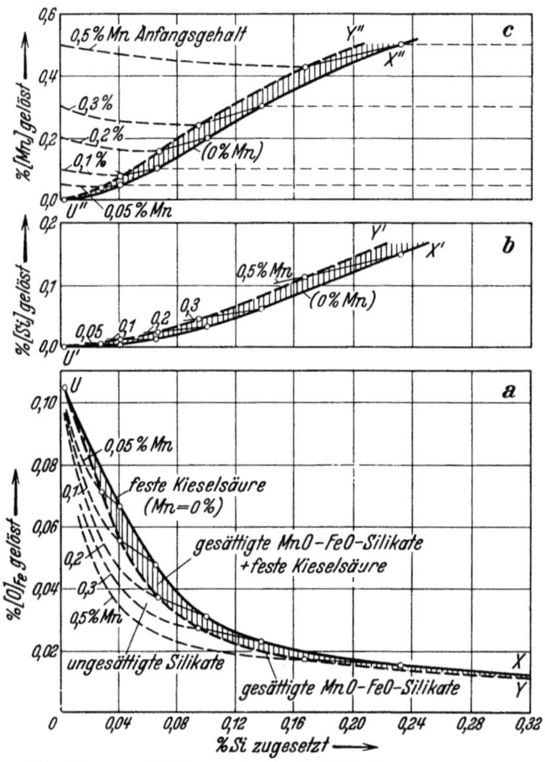

Abb. 124a—c. Wirkung steigender Siliziumsätze auf Mn-haltige Stähle mit einem Anfangsgehalt von 0,105 % Sauerstoff (Körber und Oelsen).

Bei den Abb. 123a und b handelt es sich wiederum um Gleichgewichtsdiagramme, die also die Konzentrationsbeziehungen nach erfolgter Desoxydation wiedergeben; die zugesetzten Silizium- und Mangankonzentrationen sind nicht mit den Gleichgewichtsgehalten zu identifizieren, weil diese Stoffe durch die Reaktion teilweise aus dem Stahl abgeschieden werden.

Körber und Oelsen haben eine Darstellung der Desoxydationsvorgänge in Abhängigkeit von der Menge des zugesetzten Mangans und Siliziums gegeben:

Abb. 124 a—c ist für 1600° C und einen Anfangssauerstoffgehalt von 0,105% (= 0,47% FeO) entwickelt; die reine Siliziumdesoxydation führte bei diesen und geringeren Sauerstoffgehalten immer zur Bildung von fester Kieselsäure längs der Kurve *U—X* (Abb. 124), die der Kurve 3 in Abb. 121 entspricht. Das von *U—X* begrenzte, schraffierte Feld ist gekennzeichnet durch das Auftreten heterogener Ausscheidungen von fester Kieselsäure neben flüssigen FeO — MnO — SiO_2-Lösungen, während in dem Felde links von *U—Y* nur ungesättigte flüssige Silikatlösungen entstehen. Man sieht nun, daß man — ohne in das Feld der heterogenen Ausscheidungen zu gelangen — um so mehr Silizium zusetzen kann, je höher der Mangangehalt liegt (gestrichelte Kurven links von *U—Y*). Bei einem Ausgangs-[Mn]-Gehalt von 0,5% beträgt die Siliziumzugabe, die maximal ohne das Entstehen fester Kieselsäure möglich ist, beispielsweise 0,17% für die gewählte Temperatur und den Anfangssauerstoffgehalt von 0,105%; die dabei nach der Desoxydation zurückbleibenden Restgehalte ergeben sich aus Abb. 124b und c zu [Si] = 0,11 und [Mn] = 0,42. Erhöht man den Siliziumzusatz über die genannte Grenze hinaus, so wächst der Mangangehalt des Stahls wieder an, weil nunmehr das in den Desoxydationsprodukten enthaltene MnO wieder reduziert wird. Siliziumzusätze, die höher sind, als die Kurve *U—X* angibt, haben stets die Ausbildung reiner Kieselsäure zur Folge; Mangan nimmt dann nicht an der Desoxydation teil und sein Gehalt bleibt unverändert, wie aus Abb. 124c hervorgeht.

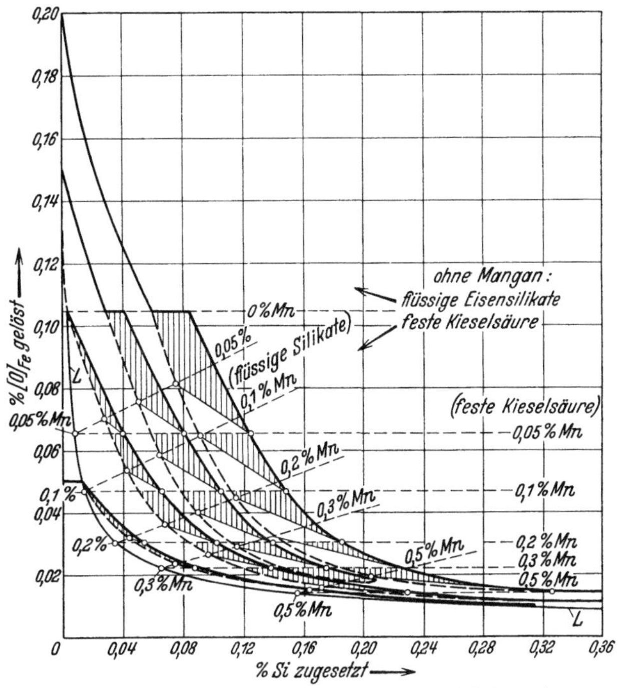

Abb. 125. Desoxydierende Wirkung steigender Siliziumsätze zu Mn-haltigen Stählen mit 0,20, 0,15, 0,105 und 0,05 % Sauerstoff. (Körber und Oelsen).

In Abb. 125 sind eine Anzahl von Desoxydationskurven für die Ausgangs-Sauerstoffgehalte $[O]_{Fe} = 0,20$, 0,15, 0,105 und 0,05% (entsprechend $[FeO] = 0,90$, 0,67, 0,47 und 0,22%) für 1600° C zusammengestellt, die an Hand der Beschreibung von Abb. 124a ohne weiteres verständlich sind. Bemerkenswert ist nun, daß bei geringen Anfangssauerstoffgehalten ($[O]_{Fe} < 0,05\% = [FeO] < 0,2\%$) die Felder der heterogenen Ausscheidungen stark zu sammenschrumpfen und der Verbrauch an Silizium und Mangan so gering ist, daß man in guter Annäherung die Gleichgewichtsschaubilder (Abb. 123) zur Beurteilung der Desoxydation unmittelbar heranziehen kann. Dies wird praktisch meist der Fall sein, sofern man nicht die Desoxydation von fertig geblasenem Thomasstahl[1], der etwa 0,4% FeO enthalten kann, (S. 196) oder sehr weicher Kohlenstoffstähle[2] mit weniger als etwa 0,07% C ins Auge faßt.

Da das im Stahl befindliche Eisenoxydul mit fallender Temperatur gegen Silizium und Mangan immer unbeständiger wird, setzen sich die Desoxydationsreaktionen bei der Abkühlung immer weiter fort; auch bei der Erstarrung findet noch eine Aufzehrung des Eisenoxyduls statt, die nun unter veränderten Bedingungen verläuft, da sich die entstehenden Metallkristalle in ihrer Zusammensetzung von der metallischen Restschmelze unterscheiden. Man kann

[1] Für die Mn + Si-Desoxydation von Thomasstahl gilt in erster Annäherung Abb. 124a—c.
[2] Vgl. die Zusammenhänge zwischen [FeO] und Kohlenstoffverbrennung, Abb. 105, S. 188.

mit Körber und Oelsen annehmen, daß die zunächst gebildeten Metallkristalle praktisch frei von Mangan und Silizium erstarren; diese Stoffe reichern sich in der metallischen Restschmelze an, wobei das Verhältnis ihrer Konzentrationen ungefähr das gleiche, wie im flüssigen Zustande bleibt. In einem Schaubild, dessen Achsen den Mangan- und Siliziumgehalt messen (Abb. 126), verschieben sich also die [Mn]- und [Si]-Konzentrationen während der Erstarrung längs Strahlen, die durch die, dem flüssigen Zustand entsprechenden, Punkte (z. B. X, Y, U) gehen und deren rückwärtige Verlängerung auf den Koordinatennullpunkt A weist. Durch gleichartige Rechnungen, wie sie zur Aufstellung der Gleichgewichtsdiagramme (Abb. 123) führten, kann man nunmehr wieder die Grenze festlegen, die das Feld fester Kieselsäureausscheidungen von dem der flüssigen Silikatausscheidungen trennt; für einen Temperaturbereich von etwa 1500—1520° C entsteht die Grenzkurve $A-Z'-Y'-X'$, auf deren rechter Seite (schraffiertes Feld) nur flüssige Silikate als Desoxydationsprodukte beständig sind. Gleichzeitig sind in dem Diagramm die Gleichgewichts-Sauerstoffgehalte $[O]_{Fe}$ eingetragen.

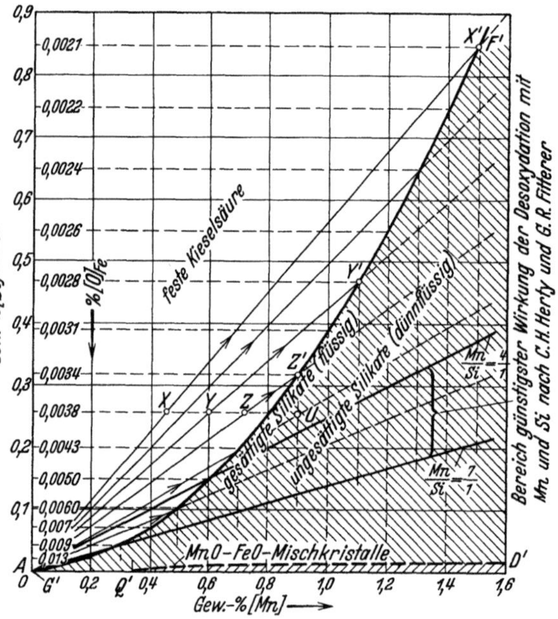

Abb. 126. Der Verlauf der Desoxydation mit Mangan und Silizium bei der Erstarrung des Metall (abgeleitet für 1500—1520° C, Körber und Oelsen).

Enthält das Metallbad vor der Erstarrung Mangan und Silizium gemäß dem Punkt X ($[Mn] = 0{,}45$, $[Si] = 0{,}26$), so kann die Desoxydation zunächst nur zur Bildung fester Kieselsäure führen; mit fortschreitender Kristallisation nimmt der Mangan- und Siliziumgehalt der Restschmelze längs $X-X'$ zu, aber erst wenn X' überschritten ist, können im Bade flüssige Silikatlösungen entstehen. Wie groß der Anteil gebildeter Metallkristalle sein muß, damit X' erreicht wird, läßt sich aus der Hebelbeziehung entnehmen, nach der sich die Mengen der metallischen Restschmelze und der Kristalle ($m_{fl.}$ und $m_{kr.}$) verhalten, wie die Längen der Strecke $X-A$ und $X-X'$. Es ergibt sich hier:

$$\frac{m_{fl.}}{m_{kr.}} = \frac{X-A}{X-X'} = \frac{1}{2{,}32},$$

d. h. im vorliegenden Fall scheiden sich erst flüssige Silikate aus, wenn 70% der ganzen Schmelze bereits kristallisiert sind. (In gleicher Weise ergibt sich, daß die der Grenzkurve näher liegender Schmelzungen Y zu 45% oder Z zu 20% erstarrt sein müssen, ehe flüssige Silikate gebildet werden.)

Obwohl Abb. 126 für reine Mn—Si-Legierungen, frei von Kohlenstoff, entwickelt wurde, dürfte sie auch für die technischen Flußstähle weitgehend Gültigkeit behalten. Als wichtige und für die Reinheit des Stahls entscheidende Bedingung gibt sie an, den Mangan- und Siliziumgehalt zur Desoxydation so zu bemessen, daß das schraffierte Feld erreicht wird. Geschieht dies nicht, so bilden sich zunächst Ausscheidungen von fester Kieselsäure, bis eine genügende Menge des Metalls erstarrt ist; es leuchtet aber ein, daß die feinen und zur Koagulation nicht befähigten Kieselsäurekristalle sich schlecht aus dem Stahl abscheiden und zwischen den Metalldendriten bevorzugt festgehalten werden.

Ferner gibt Abb. 126 eine Bestätigung der von C. H. Herty jr. und G. R. Fitterer[1] im Betrieb gewonnenen Feststellungen, daß Desoxydationslegierungen, in denen Mangan und Silizium im Verhältnis 4 : 1 bis 7 : 1 vorliegen, besonders reine Stähle liefern. In der Tat dringen die entsprechenden Strahlen

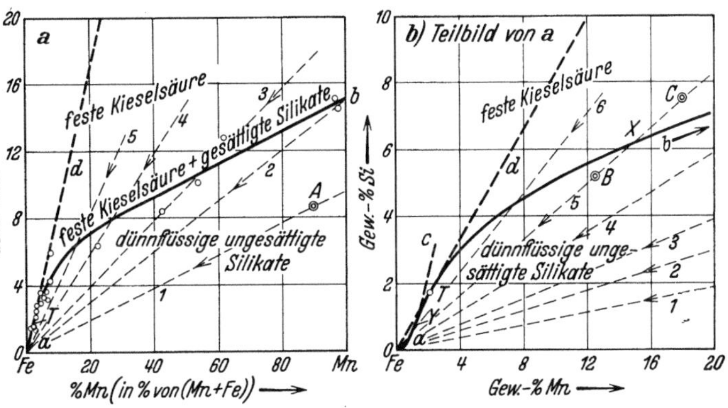

Abb. 127a und b. Bedingungen für die Zusammensetzungen von Mn—Si-Desoxydationslegierungen, die feste oder flüssige Desoxydationsprodukte ergeben (Körber und Oelsen).

in Abb. 126 schon frühzeitig in das Gebiet flüssiger Silikatlösungen ein. Allerdings ist ersichtlich, daß auch andere Legierungen diesen Zweck befriedigend erfüllen können, sofern sie gewährleisten, daß der zu einem bestimmten Mangangehalt gehörige Siliziumgehalt nicht überschritten wird.

Besondere Aufmerksamkeit ist dem Punkte zu schenken, daß auch während der Auflösung der Desoxydationsmittel nicht Bedingungen entstehen, die die Bildung von fester Kieselsäure zur Folge haben. Wenn wir z. B. einem Stahlbade mit 0,6% Mn Silizium im Betrage von 0,1% zuführen, so würden wir nach Abb. 126 noch im Felde flüssiger Ausscheidungen liegen; in Wirklichkeit ist aber zu beachten, daß das Silizium während seiner Auflösung zunächst hochkonzentrierte Schlieren bildet, so daß örtlich die Bedingungen zur Bildung flüssiger Silikate keinesfalls gegeben sind. Die Wirkung geeigneter Mn—Si-Legierungen besteht also darin, wie Körber und Oelsen erkannten, daß auch während ihrer Auflösung stets das richtige Konzentrationsverhältnis der beiden Elemente aufrecht erhalten bleibt. Es war also zu untersuchen, wie der Mangan- und Siliziumgehalt der Desoxydationsmittel aufeinander abgestimmt sein muß, damit das Feld der festen Kieselsäure während der Konzentrationsverschiebungen zwischen der beginnenden Auflösung und der vollendeten Verteilung der Legierung in keinem Falle berührt wird. Dahingehende Versuchsergebnisse der genannten Forscher werden durch Abb. 127a und ihr vergrößertes Teilbild b wiedergegeben, in denen die Felder fester Kieselsäure und flüssiger Silikate

[1] U. S. Bureau of Mines Invest 1930 Nr. 3054 und 1931 Nr. 3081.

durch den Kurvenzug $a-b$ getrennt werden. Bei der Auflösung einer Legierung in einem Mn- und Si-freien Stahl wird sich der Konzentrationsausgleich annähernd so vollziehen, daß eine zum Koordinatennullpunkt weisende Gerade beschrieben wird. Bemerkenswert ist, daß die Grenzkurve $a-b$ in der Nähe der Eisenecke einen Wendepunkt aufweist, so daß — wie die schematische Abb. 128 zeigt — bei der Auflösung einer an sich im Gebiete flüssiger Silikate gelegenen Legierung D doch das Feld fester Kieselsäure noch bestrichen wird. Enthält aber der Stahl vor dem Zusatz des Desoxydationsmittels einen geringen Mangangehalt n, der oberhalb etwa 0,2% gelegen ist, so kann auch hier die Bildung fester Kieselsäure unterdrückt werden (Abb. 128).

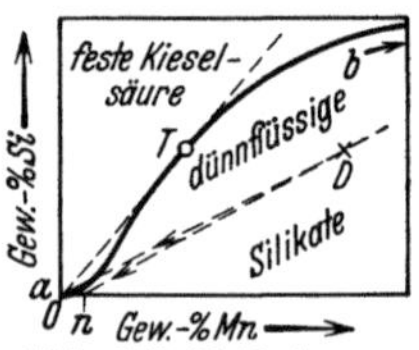

Abb. 128. Erläuterungsschema zu Abb. 127.

In den Abb. 129a und b haben Körber und Oelsen die Wirkung der Legierungen B und C (Abb. 127b) schematisch zur Darstellung gebracht (man hat sich die Vorgänge räumlich zu denken). Die Legierung B liegt unterhalb des Kurvenzugs $a—b$; sie bildet also zunächst einen Hof flüssiger Desoxydationsprodukte und erst bei sehr weitgehender Verdünnung, d. h. nach dem Schnitt der Geraden 5 mit $a—b$ (Eisenecke) kommt feste Kieselsäure zur Abscheidung. Die oberhalb $a—b$ gelegene Legierung C bildet dagegen sofort feste Kieselsäure, bis durch Verdünnung der Schnittpunkt V der Geraden erreicht ist, worauf sich die Desoxydation ähnlich wie bei Legierung B fortsetzt.

Als geeignet zur Desoxydation erweisen sich also alle Legierungen, die unterhalb $a-b$ liegen, insbesondere wenn das Bad aus den oben erwähnten Gründen bereits etwas Mangan enthält. Auch die Legierungen auf der Kurve $a-b$ selbst sind verwendbar, jedoch nur in dem Abschnitt zwischen b und dem Punkte T, der nach Abb. 127 und 128 durch das Auftreten fester Kieselsäure gekennzeichnet ist. Man sieht ferner, daß das Verhältnis Mn: Si mit wachsendem Mangangehalt der Desoxydationslegierungen ansteigen muß, wenn $a-b$ überschritten werden soll.

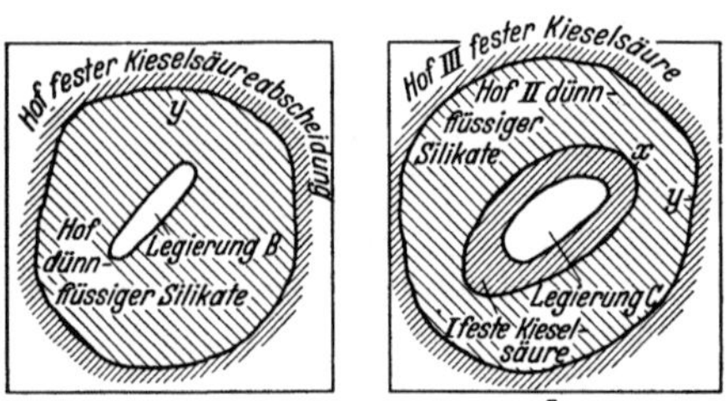

a b

Abb. 129. Wirkungsweise der Desoxydationslegierungen B und C in Abb. 127b (Körber und Oelsen).

Als praktische Richtlinien für die Desoxydation mit Mangan und Silizium ergeben sich folgende:

Die Zugabe von Silizium vor der Manganzugabe ist zu verwerfen, weil die hoch konzentrierten Siliziumschlieren während der Auflösung mit Eisenoxydul unter Bildung fester Kieselsäure reagieren. Der nachfolgende Manganzusatz ist für die Desoxydation fast wirkungslos.

Weist der Stahl bereits einen genügenden Mangangehalt (evtl. durch Fe—Mn-Zusatz) auf, so wird man vermeiden, mehr Silizium zuzusetzen, als die Kurve $G'-F'$ der Abb. 126 angibt. Verlangt die Art des Stahls einen höheren Siliziumgehalt, so ist der entsprechende Mehrbetrag erst nach einiger Zeit zuzusetzen, damit die zunächst gebildeten flüssigen Desoxydationsprodukte bereits weitgehend abgeschieden sind und nicht noch innerhalb des Metalls durch die zweite Siliziumteilmenge unter Bildung fester Kieselsäure reduziert werden können. Der zweite Teilzuschlag findet dann nur noch wenig gelösten Sauerstoff vor, so daß die dabei gebildete feste Kieselsäure mengenmäßig gering bleibt und die Zugabe voll als Legierungsbestandteil im Metall verbleibt. Es bleibt aber immer zu berücksichtigen, daß die Auflösung des Siliziums infolge Schlierenbildung immer zu teilweiser Bildung fester Kieselsäure führen wird, gleichgültig ob der Zusatz vor oder nach dem Mangan erfolgt.

Bei geeigneten Mangan-Siliziumlegierungen gemäß Abb. 127 fällt die Bildung fester Kieselsäure auch bei der Auflösung ganz fort, wenn das Bad bereits etwas Mangan enthält. Zur Erzielung eines höheren Siliziumgehalts ist erst die desoxydierende Wirkung der Legierung und die Abscheidung der Silikate abzuwarten, ehe der Zusatz weiteren Siliziums erfolgt.

Obwohl die Ergebnisse und Folgerungen der Körber-Oelsenschen Arbeit im Laboratorium und an kohlenstofffreien Schmelzungen gewonnen wurden, bewährt sie sich für den Betrieb ganz ausgezeichnet. Sie decken sich mit den Ergebnissen mehrerer Arbeiten von C. H. Herty jr. und seinen Mitarbeitern[1], bei denen weniger die Gleichgewichte als die praktischen Wirkungen verschiedener Desoxydationsverfahren hinsichtlich der Größe, Zusammensetzung und des mengenmäßigen Auftretens der Einschlüsse studiert wurden.

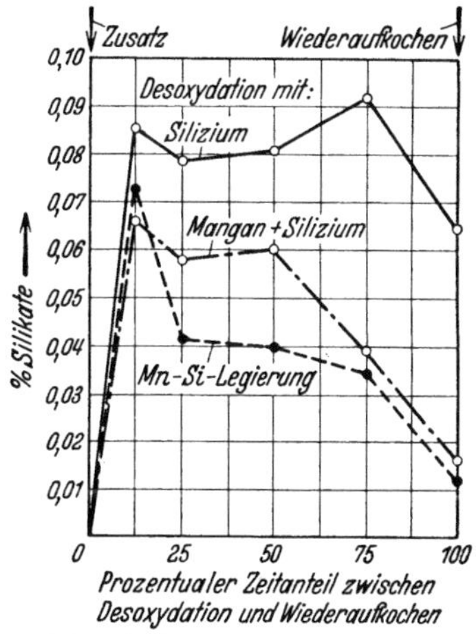

Abb. 130. Wirkung der verschiedenartigen Desoxydation auf die Menge der Silikateinschlüsse in Stahl (Herty und Mitarbeiter).

Eindeutig hat sich dabei die (etwa proportionale) Zunahme des $MnO—SiO_2$-Verhältnisses in den Einschlüssen mit dem Verhältnis Mn:Si und eine Erhöhung des Einschlußdurchmessers in schnell abgekühlten Proben nachweisen lassen. Bei Verwendung von Ferrosilizium allein waren Kieselsäure- und Silikateinschlüsse unvermeidlich; die Abscheidung der Desoxydationsprodukte wurde wesentlich beschleunigt, wenn Ferromangan oder Spiegeleisen vor der Siliziumzugabe zugesetzt wurde. Es gelingt zwar, die durch primären Siliziumzusatz gebildeten festen Kieselsäuresuspensionen durch Mangannachsatz teilweise zu verflüssigen, doch beansprucht dieser Vorgang eine gewisse Zeit. Die Überlegenheit der Desoxydation mit einer Mangan-Siliziumlegierung (31% Mn, 4,9% Si, 2,4% C) gegenüber der getrennten Zugabe dieser Elemente belegen Herty und Jakobs mit der Angabe, daß der Silikatgehalt des Stahls in dem einen Fall 0,001%, im anderen 0,01% betragen habe.

Bei den Untersuchungen von C. H. Herty jr., C. F. Christopher, M. W. Lightener und H. Freeman[2] wurde besonders eingehend die Desoxydation im Ofen berücksichtigt, wo die — gegenüber der Pfanne — verminderte Badhöhe Vorteile mit sich bringt. Abb. 130 zeigt wieder die Überlegenheit von Mangan-Siliziumlegierungen hinsichtlich der Silikatabscheidung. Bei der Ofendesoxydation ist allerdings neben einer gewissen Rückphosphorung[3] die Rückwanderung von Eisenoxydul aus der Schlacke zu berücksichtigen, deren Ausmaß von

[1] C. H. Herty jr.: Allgemeine Übersicht vgl. Stahl u. Eisen Bd. 50 (1930) S. 1782f.; C. H. Herty u. G. R. Fitterer: U. S. Bur. of Mines, Rep. Investigations 1931 Nr. 3081; vgl. Stahl u. Eisen Bd. 51 (1931) S. 1124f.; C. H. Herty: Trans. Amer. Soc. Stl. Treat. Bd. 19 (1931) S. 1—40, vgl. Stahl u. Eisen Bd. 52 (1932) S. 443f.; C. H. Herty u. J. E. Jacobs: Blast Furn. & Steel Plant Bd. 19 (1931) S. 553 u. 683, vgl. Stahl u. Eisen Bd. 51 (1931) S. 1592; C. H. Herty jr., C. F. Christopher, M. W. Lighterer u. H. Freeman: Min. metallurg. Invest 1932 Nr. 58, vgl. Stahl u. Eisen Bd. 53 (1933) S. 862f.

[2] Vgl. Anm. 1.

[3] Bei cremeartigen und dicken Schlacken scheint die Phosphorzunahme des Stahls bei 0,01% zu liegen, wenn 0,1% Silizium in den Ofen gegeben wird [vgl. Stahl u. Eisen Bd. 53 (1933) S. 865, Abb. 8].

der Menge des zugegebenen Siliziums, von der Dünnflüssigkeit und dem Eisengehalt der Schlacke und der Zeit abhängt. Es wird daher empfohlen, die Schmelzung bei Siliziumzugaben von 0,1% in weniger als 25 Minuten, bei geringeren Siliziumzuschlägen in weniger als 17 Minuten nach der Zugabe abzustechen; dabei ist eine cremeartige Schlacke vorausgesetzt.

Es hat sich ferner eine Begrenzung der Siliziumzusätze in den Öfen auf den Gehalt zwischen 0,10 und 0,13% als zweckmäßig erwiesen[1]. Ein geringerer Zuschlag setzt noch nicht die genügende Menge Eisenoxydul um; bei höheren Zusätzen zeigte sich wieder eine erhöhte Verunreinigung des Stahls, weil offenbar das im Stahl enthaltene Mangan neben Silizium nicht zur Wirkung kommen konnte, so daß sich feste Kieselsäure bildet. (Hierbei ist allerdings zu beachten, daß die von den Genannten beobachteten Schmelzungen sehr niedrige Gehalte < 0,2% Mn aufwiesen.)

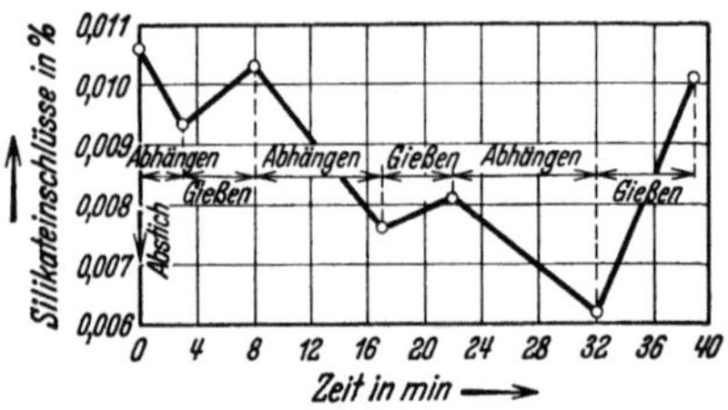

Abb. 131. Änderung des Silikatgehaltes von flüssigem Stahl während des Gießens (Herty und Mitarbeiter).

Bei dem Vergleich der Pfannen- mit der Ofendesoxydation stellte sich heraus, daß zwar eine nicht im Ofen behandelte Schmelze beim Abstich einen geringeren Silikatgehalt aufweist, daß sie aber unter dem Einfluß der in die Pfanne gegebenen Zuschläge schließlich im Enderzeugnis doch mehr Verunreinigungen enthält, als diejenigen Schmelzungen, in denen das Eisenoxydul schon im Ofen weitgehend zerstört wurde. Tatsächlich geht nach Abb. 131 die Abscheidung der Silikate in der Pfanne recht langsam vor sich; besonders gefährdet sind (wie die Erfahrung bestätigt) die letzten Güsse, zumal in der Nähe der Pfannenschlacke mit einer erhöhten Eisenoxydulaufnahme aus der Schlacke und damit erneuter Bildung von Desoxydationsprodukten zu rechnen ist.

Im Zusammenhang mit diesen Untersuchungen wies W. S. Reagan[2] auf die Ausschußverminderung von 3,50 auf 2,25% und die Kostenersparnis an Desoxydationsmitteln hin, die er durch die Ofendesoxydation mit Mangan und hoch siliziertem Spiegeleisen erzielen konnte.

Die Desoxydation mit Aluminium und aluminiumhaltigen Legierungen.

Aluminium ist als das am intensivsten zur Zerstörung von Eisenoxydul befähigte Element bekannt; die Reaktion $2\,Al + 3\,FeO \rightleftharpoons Al_2O_3 + 3\,Fe$ verläuft praktisch quantitativ nach rechts.

Unmittelbare Bestimmungen der Reaktionsgleichgewichte, die von C. H. Herty jr.[3] und Mitarbeitern versucht wurden, haben noch kein befriedigendes Ergebnis geliefert; es scheint, daß die rechnerische Ermittlung der Isothermen zu der Größenordnung nach wesentlich besseren Werten der Gleichgewichtskonstanten führt. Letztere besitzt, sofern die alleinige Wirksamkeit des Aluminiums ins Auge gefaßt wird, die Gestalt:

$$K_{Al} = [FeO]^3\,[Al]^2.$$

Rechnungsmäßig fand der Verfasser[4]:

t^0 C	1527	1577	1627	1677
K_{Al}	$5{,}3 \cdot 10^{-15}$	$6{,}3 \cdot 10^{-14}$	$6{,}9 \cdot 10^{-13}$	$8{,}9 \cdot 10^{-12}$

[1] Vgl. hierzu Stahl u. Eisen Bd. 53 (1933) S. 865, Abb. 7.

[2] Vgl. Stahl u. Eisen Bd. 53 (1933) S. 866.

[3] C. H. Herty jr., G. R. Fitterer u. J. M. Byrns: Min. metallurg. Invest. Nr. 36 u. 38, vgl. die kritischen Bemerkungen in Stahl u. Eisen Bd. 50 (1930) S. 1783.

[4] Bd. I, S. 294.

Ähnliche Affinitätsrechnungen von J. Chipman[1] stimmen hiermit in ihren Ergebnissen überein, wenn man vorstehende Temperaturen um etwa 30° erhöht.

Mit Hilfe vorstehender Zahlen ergibt sich Abb. 132, deren Vergleich mit Abb. 116, 120 und 123 die außerordentlich große Überlegenheit des Aluminiums über Mangan und Silizium hinsichtlich der Zerstörung des Eisenoxyduls belegt. Die Gleichgewichtsisothermen der Abb. 132 beziehen sich natürlich wieder auf den Zustand nach der Desoxydation; da 1 Gewichtsteil Al genau 4 Gewichtsteile FeO zerstört, kann man leicht die (gestrichelten) Reaktionsbahnen zeichnen, die von dem Punkte des Anfangs-FeO-Gehalts und der Konzentration des zugesetzten Aluminiums zu dem auf der betreffenden Isotherme gelegenen Endpunkt führen.

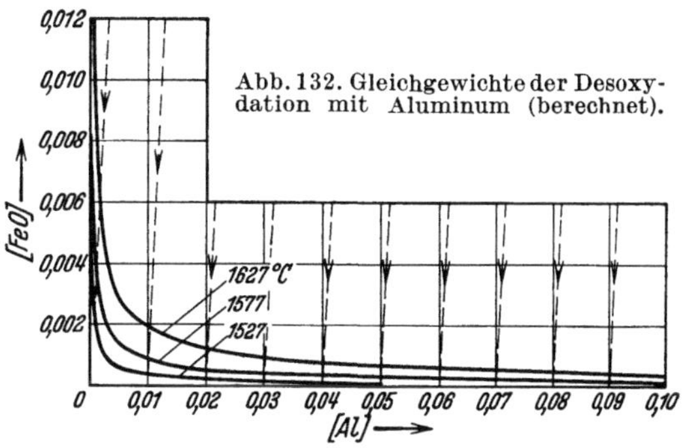

Abb. 132. Gleichgewichte der Desoxydation mit Aluminum (berechnet).

Bekanntlich erfordert die Verwendung mit Aluminium gewisse Vorsichtsmaßregeln, da bei der Reaktion feste Tonerde entsteht, die wahrscheinlich in Form sehr kleiner, sperriger und damit zur Abscheidung aus dem Stahl kaum befähigter Nadeln ausgebildet ist. Es ist daher notwendig, durch andere Desoxydationsmittel, vorzugsweise Mangan und Silizium, möglichst viel Eisenoxydul zu zerstören und zur Abscheidung zu bringen, damit das nachgegebene Aluminium nur die letzten Reste umsetzen und entsprechend geringe Tonerdemengen bilden kann. Auch bei diesem Vorgehen besteht noch die Gefahr, daß zu langsam aufsteigende Silikatsuspensionen unter Tonerdebildung reduziert werden. Die sorgfältige Leitung der Mn—Si-Desoxydation gewinnt daher eine ganz besondere Bedeutung, wenn eine Schlußdesoxydation mit Aluminium beabsichtigt ist und weiter leuchtet ein, daß letztere so spät vor genommen wird, wie es mit Rücksicht auf die beim Abstich nachfolgende Schlacke und den Konzentrationsausgleich des Aluminiums möglich ist.

Es ist wahrscheinlich, daß auch das Gleichgewichtsdiagramm der Aluminiumdesoxydation, ähnlich wie das der Siliziumdesoxydation (Abb. 120) ein Feld aufweist, in dem flüssige FeO—Al_2O_3-Lösungen zur Ausscheidung kommen. Dieses liegt aber bei so hohen Eisenoxydul- und so geringen Aluminiumgehalten des Stahls, daß die spezielle Eigenschaft des Aluminiums, auch die letzten Eisenoxydulreste praktisch vollkommen zu zerstören, nicht ausgenutzt wird.

Gehen wir zu der kombinierten Desoxydation mit Aluminium und Mangan oder Silizium oder beiden über, so treten uns — mit zahlenmäßig veränderten Konzentrationen — die gleichen Beziehungen, wie bei der Mn—Si-Desoxydation entgegen. Die Elemente mit der geringeren Sauerstoffaffinität werden neben Aluminium unter gleichzeitiger Bildung flüssiger Desoxydationsprodukte erst wirksam werden können, wenn sie in erheblich größeren Konzentrationen vorliegen; im Stahlbad wird das Verhältnis [Mn] : [Al] bedeutend höher sein müssen als [Si] : [Al] und [Mn] : [Si]. Eine Möglichkeit zur Beurteilung der notwendigen Konzentrationsverhältnisse besteht zur Zeit noch nicht[2], da

[1] Trans. Amer. Soc. Steel Treat. 1933.

[2] Wie bei der Mn—Si-Desoxydation wird weniger ein festes Konzentrationsverhältnis [Mn]:[Al] oder [Si]:[Al] in Betracht kommen, als ein vom jeweiligen [Mn]- bzw. [Si]-Gehalt abhängiger [Al]-Gehalt, der nicht überschritten werden darf.

namentlich bei Anwesenheit aller drei Elemente recht verwickelte Beziehungen herrschen.

Daß Mangan neben Aluminium allein unter den praktisch vorkommenden Konzentrationsverhältnissen zur Wirkung kommen kann, ist wenig wahrscheinlich; C. H. Herty jr.[1] konnte eine merkliche Beeinflussung der Desoxydation bei Zusatz von Mangan nicht feststellen. Dagegen führt die gemeinsame Reaktion von Aluminium und Silizium zu Aluminiumsilikaten, deren Flüssigkeitsbereich nach dem Zustandsdiagramm Al_2O_3—SiO_2* allerdings sehr eng ist, so daß bei Überschuß von Tonerde oder Kieselsäure sofort feste Ausscheidungen auftreten. Nach Herty bestanden die Einschlüsse in einem Stahl mit nicht sehr hohen Siliziumgehalten auch bei geringen Aluminiumgehalten stets aus 75 bis 95% Al_2O_3 und 25—5% SiO_2 und unterschieden sich nur wenig von denen, die bei der Desoxydation mit Aluminium allein auftreten. Doch zeigten sie — im Gegensatz zu reinen Tonerdeausscheidungen — eine schwache Neigung zur Koagulation, die sie befähigt, aus dem Bereich der bei der Erstarrung gebildeten Dendriten zu entweichen. Bei — im Vergleich zu dem Aluminiumgehalt — hohen Siliziumgehalten des Stahls bildeten sich kieselsäurereichere Desoxydationsprodukte.

Erst in Gegenwart von Aluminium und Silizium scheint sich Mangan an der Desoxydation beteiligen zu können; nach Herty[2] soll das entstehende Manganoxydul die Fähigkeit zu besitzen, den schmalen Flüssigkeitsbereich der Aluminiumsilikate wesentlich zu erweitern.

Immer ist aber — wie ähnlich bei der Mn—Si-Desoxydation ausgeführt wurde — zu beachten, daß sich bei der Auflösung reinen Aluminiums (oder auch von Ferroaluminium) zunächst hoch konzentrierte Schlieren bilden, in denen nur feste Tonerde entstehen kann. Wenn daher nicht die Menge des — für den Umsatz mit Aluminium verfügbaren — Eisenoxyduls durch sorgfältige Vordesoxydation weitgehend herabgesetzt ist, wird man zu Legierungen des Aluminiums mit Silizium, Mangan (Eisen und Kohlenstoff) greifen, deren Zusammensetzung so gewählt ist, daß durch Mitwirkung der schwächeren Desoxydationselemente auch während der Auflösung stets flüssige Produkte entstehen.

Im Handel werden Legierungen angeboten, in denen die Konzentrationsverhältnisse Mn:Si:Al bespielsweise Werte von 6:3:1, 4:2:1, 3:2:1, und 2:2:1 aufweisen. Welche dieser Legierungen sich hinsichtlich der Bildung flüssiger und gut koagulierender Desoxydationsprodukte am günstigsten verhalten, ist bisher wissenschaftlich nicht untersucht worden.

Die Abscheidung suspendierter Oxyde aus dem Stahl.

Wir haben auf S. 183 bereits auf das Vorhandensein von hochdispersen Oxydteilchen im flüssigen Stahl hingewiesen, die mit der Bildung von Desoxydationsprodukten in keinerlei Zusammenhang stehen, sondern schon während des Schmelzprozesses im Bade suspendiert sind. Es handelt sich hier in erster Linie um die Verbrennungsprodukte von Begleitelementen des metallischen Einsatzes, nämlich von Silizium im Roheisen, Silizium, Aluminium und evtl. anderen Legierungselementen (Cr, V, Ti) aus dem Schrott, ferner um abgelöste

---

[1] Vgl. Stahl u. Eisen Bd. 50 (1930) S. 1784.

* Siehe Bd. I, S. 218, Abb. 102; darnach sind bei 1600° C nur die Gemische mit etwa 5—10% Kieselsäure flüssig. [2] Vgl. Stahl u. Eisen Bd. 53 (1933) S. 862.

Teilchen aus der Zustellung des Herdes von geringsten Abmessungen, die unter Umständen bis zum Abstich im schwebenden Zustand erhalten bleiben.

Da eine Verlängerung der Schmelzdauer hinsichtlich der Abscheidung dieser Suspensionen nicht von ausgesprochenem Nutzen und im Hinblick auf die gesteigerten Erzeugungskosten keinesfalls wünschenswert ist, bleibt als einzige Maßnahme eine künstliche Volumenvergrößerung der Teilchen übrig. Diese erfolgt mit Hilfe des im Stahl gelösten Eisenoxyduls, das unter geeigneten Bedingungen die Fähigkeit besitzt, in die suspendierten Teilchen überzugehen, wobei diese sich verflüssigen und nun auch in der Lage sind, mit benachbarten Teilchen zu koagulieren und im Metall aufzusteigen. Enthält das Bad darüber hinaus andere Bestandteile (Mangan), die in Gegenwart der suspendierten Teilchen durch Eisenoxydul oxydiert werden, so erfolgt eine zusätzliche Volumvermehrung und eine weitere Herabsetzung des Schmelzpunktes der Teilchen.

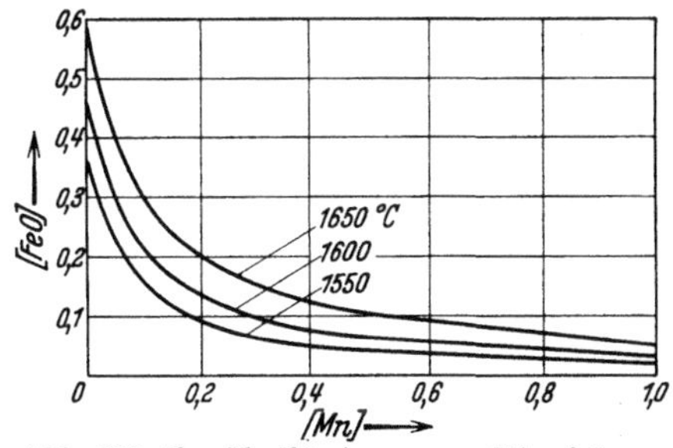

Abb. 133. Zur Verflüssigung von Kieselsäuresuspensionen notwendige Mindest-[FeO]-Gehalte des Stahls.

Die zur Verflüssigung von Kieselsäuresuspensionen einzuhaltenden Bedingungen lassen sich heute bereits vollständig überblicken, denn wir kennen aus den Untersuchungen von Körber und Oelsen[1] über das Gleichgewicht von SiO_2—FeO—MnO-Schlacken mit flüssigem Eisen diejenigen Gehalte [Mn], [FeO] und [Si] des Metalls, bei denen nur eine flüssige Schlacke existenzfähig ist. Für die Übertragbarkeit der Beziehungen ist es wieder ohne Belang, ob die Schlacke eine geschlossene Decke auf dem Metall bildet, oder ob sie sich in feinster Form suspendiert innerhalb des Metalls befindet.

Wenn ein Metallbad, das seiner Zusammensetzung nach nur mit flüssigen Silikatlösungen im Gleichgewicht sein kann, Suspensionen von fester Kieselsäure aufweist, ist das Gleichgewicht gestört; es müssen daher Vorgänge einsetzen, die die Kieselsäure zur Verflüssigung bringen. Man hat sich den Ablauf der Vorgänge so vorzustellen, daß die Kieselsäure aus dem Metallbad Eisenoxydul herauslöst und gleichzeitig die Bildung von Mangenoxydul veranlaßt, wobei eine ternäre flüssige Silikatlösung entsteht. Diese Vorgänge haben ihr Ende erreicht, wenn die Silikatlösung die Zusammensetzung der Gleichgewichtsschlacke angenommen hat; sie werden unter Umständen schon früher abgebrochen, indem die Tröpfchen koagulieren und in die Schlacke aufsteigen.

Die Mangan- und Eisenoxydulgehalte des Metalls, die die Stabilitätsgebiete fester Kieselsäure und flüssiger Silikatlösungen gegeneinander abgrenzen, sind in den Desoxydationsdiagrammen (Abb. 123, S. 215) eingezeichnet; bei gegebener Temperatur ist jedem Mangangehalt ein bestimmter Eisenoxydulgehalt des Metalls zugeordnet, der überschritten sein muß, damit das Auftreten flüssiger Silikate gewährleistet ist. In Abb. 133 sind die Beziehungen in anderer Form nochmals zur Darstellung gebracht; die [FeO]-Gehalte stellen also die zur Verflüssigung der Kieselsäuresuspensionen notwendigen Mindestkonzentrationen im Stahlbad dar und man sieht, daß der Stahl zu diesem Zweck

[1] Vgl S. 214f.

um so weiter überfrischt werden muß, je geringer sein Mangangehalt und je höher die Temperatur ist.

Wir erkennen also die vorteilhafte Wirkung eines erhöhten Mangangehalts, der die Verflüssigung der Suspensionen bereits bei geringerem Eisenoxydulgehalt des Stahls ermöglicht; wenn wir auf S. 191f. zu der Auffassung gelangten, daß der Mangangehalt oder die Höhe des Manganeinsatzes nicht als sicherer Indikator für die Konzentration des im Stahl gelösten Eisenoxyduls betrachtet werden könnten, so vermögen wir nun die von K. Daeves[1] beobachtete Ausschußverminderung bei höherem Manganeinsatz vielleicht auch damit zu erklären, daß die Abscheidung von Kieselsäuresuspensionen schon bei geringeren Eisenoxydulgehalten günstige Bedingungen vorfand. Die vorteilhafte Wirkung von Manganzusätzen ergab sich auch bei den von C. H. Herty jr. und J. E. Jakobs[2] durchgeführten Untersuchungen.

Infolge der engen Beziehungen zwischen [FeO] und dem Verlauf der Kohlenstoffverbrennung (vgl. Abb. 105, S. 188) erweist sich bei gegebenem Mangangehalt und gegebener Temperatur eine Mindestfrischgeschwindigkeit notwendig, die um so höher sein muß, je höher der Kohlenstoffgehalt liegt. Es ist denkbar, daß man die Ursachen der häufig beobachteten Nachteile einer zu geringen Frischgeschwindigkeit[3] in der zu geringen Eisenoxydulkonzentration zu suchen hat, die eine Verflüssigung der Suspensionen noch nicht gestattete. Daneben wird man eine lebhafte Kochbewegung als günstig für die Koagulation der Tröpfchen ansehen können; doch dürfte diese Wirkung sekundärer Natur sein, da eine Koagulation ja nur bei verflüssigten Teilchen in Betracht kommt. Die einmal im Schrifttum gegebene Erklärung, daß sich bei der Kohlenoxydentwicklung an den suspendierten Teilchen Gasblasen anhafteten und ihnen einen erhöhten Auftrieb erteilten, ist ebenfalls einleuchtend.

Die Abscheidung der Suspensionen wird übrigens nicht an die Bedingung gebunden sein, daß der zu ihrer Verflüssigung notwendige Mindest-[FeO]-Gehalt während des ganzen Schmelzprozesses aufrecht erhalten bleibt. Man scheint vielmehr damit rechnen zu können, daß sich die Verflüssigung, Koagulation und Abscheidung in verhältnismäßig kurzer Zeit vollzieht, sobald die angeführten physikalisch-chemischen Bedingungen gegeben sind. Haben aber die Silikattröpfchen das Bad verlassen, so wird sich empfehlen, die Frischgeschwindigkeit wieder so weit zu verringern, daß man den Zeitpunkt des Abstichs und der Desoxydation mit einem möglichst geringen [FeO]-Gehalt erreicht. Als wünschenswertes Bild der Entkohlung ergibt sich also eine nach dem Einschmelzen stark geneigte Frischkurve, die unter langsamem Auskochen in einen asymptotisch an den Endkohlenstoffgehalt heranlaufenden Ast übergeht.

Die Herstellung harter Stähle ist im Hinblick auf das Auswaschen der Suspensionen erheblich schwieriger, da die mit ausreichend hohem Eisenoxydulgehalt verbundene hohe Frischgeschwindigkeit gegen Ende der Schmelzung schlecht abgebremst werden kann. Erleichternd ist allerdings, daß diese Stähle meist bei geringerer Temperatur erschmolzen werden, die gemäß Abb. 133 einen geringeren Eisenoxydulgehalt erfordert. Vielfach wird der notwendige

[1] Vgl. S. 193.

[2] Blast Furn. & Steel Plant Bd. 19 (1931) S. 553 und 683; vgl. Stahl u. Eisen Bd. 51 (1931) S. 1592.

[3] Beittersche „Richtkurve“, siehe S. 189.

Mindest-[FeO]-Gehalt erst gegen Ende der Entkohlung erreicht werden können und man kann sich vorstellen, daß gerade bei derartigen Stählen dem [FeO]-Gehalt vor der Desoxydation besondere Aufmerksamkeit zu schenken ist. Ein zur Verflüssigung der Suspensionen nicht ausreichender Eisenoxydulgehalt wird der Stahlreinheit ebenso abträglich sein, wie eine zu hohe [FeO]-Konzentration, die wieder mit einem vermehrten Gehalt an Desoxydationsprodukten verknüpft ist. In dieser Weise möchte der Verfasser den in Abb. 106 (S. 191) dargestellten Kurvenverlauf erklären.

Besonders hohe Werte erreicht der Eisenoxydulgehalt im Thomasstahl[1], so daß dieser hinsichtlich der Anwesenheit von Suspensionen, die aus dem Einsatz herrühren, am wenigsten gefährdet sein dürfte. Dagegen kann die Abscheidung der Suspensionen im Elektrostahlofen ganz unterdrückt werden, wenn man sich verleiten läßt, eine aus verunreinigtem Einsatz mit ungenügender Oxydation hergestellte Schmelzung zu früh reduzierenden Bedingungen auszusetzen; dies gilt insbesondere für harte Stähle.

Bei der Herstellung harter Stähle ist schließlich der Weg gangbar, einen ausreichenden Eisenoxydulgehalt zu erzielen, indem man auf geringe Kohlenstoffgehalte herunterfrischt und eine Aufkohlung anschließt. Dabei hat man natürlich Vorsicht in der Wahl der Rückkohlungsmittel walten zu lassen. Wenn die Rückkohlung nicht in der Pfanne mittels reiner Kohlenstoffsorten (Anthrazit, Holzkohle) vorgenommen wird, muß man zu hochgekohlten Eisenlegierungen greifen, die ihrerseits erneut zu Suspensionen führen können. Neben bereits dispers in den Legierungen vorhandenen Oxyden kann zulegiertes Silizium sofort zur Verunreinigung mit Kieselsäure Veranlassung geben, so daß der Erfolg in Frage gestellt ist. Wenn ein siliziumarmes Roheisen nicht verfügbar ist, wird man daher Sorge tragen, daß die Legierung soviel Mangan enthält, daß dieses nach den auf S. 225 gegebenen Ausführungen gleichzeitig mit Silizium unter Bildung flüssiger Silikate mit Eisenoxydul reagieren kann. Der Aufkohlung mit Ferromangan und siliziertem Spiegeleisen im Ofen stehen daher keine Bedenken entgegen, wenn einige Zeit für die Abscheidung der Silikattröpfchen zur Verfügung steht; dagegen sind Hämatitroheisensorten mit niedrigem Mn-Gehalt für diesen Zweck nicht zu empfehlen.

Was vorstehend zugunsten der Verflüssigung von Kieselsäuresuspensionen ausgeführt wurde, gilt qualitativ auch für andere Oxyddispersionen, unter denen als wichtig besonders die Tonerde zu betrachten ist. Quantitative Untersuchungen über die Bildungsgrenzen flüssiger Al_2O_3—FeO—MnO-Lösungen fehlen noch; auch sind behelfsmäßige Rechnungen über diesen Gegenstand in Ermangelung des ternären Zustandsdiagramms zur Zeit nicht möglich. Dennoch unterliegt keinem Zweifel, daß die Neigung der Tonerde zur Verflüssigung mit steigendem [FeO]-Gehalt wächst und in Gegenwart von Mangan infolge der zusätzlichen Aufnahme von Manganoxydul verstärkt wird. Es ist denkbar, daß darüber hinaus Silizium in sehr geringen Gehalten eine weitere Begünstigung der Tonerdeabscheidung zur Folge hat, indem es zur Bildung tonerdehaltiger Silikatlösungen Veranlassung gibt.

Da die Suspensionen in erster Linie aus dem Einsatz stammen, liegt es nahe, die umstrittene Frage des „jungfräulichen" Einsatzes in diesem Zusammenhang

[1] Nach S. 193 nimmt Thomasstahl bis zu 0,45% FeO auf.

zu untersuchen. In der Tat deuten die Erfahrungen, daß gerade bei Herstellung harter, manganarmer Stähle, besonders im Elektroofen (also unter Bedingungen, die der Verflüssigung der Suspensionen ungünstig sind) ein bemerkenswerter Einfluß des Einsatzes vorliegt[1], darauf hin, daß unter einem Einsatz mit jungfräulichen Eigenschaften ein solcher zu verstehen ist, der keinen Anlaß zur Bildung feindispers verteilter Teilchen im Stahl gibt. Es ist ferner bekannt, daß Walzwerksabfälle von weichem, unruhigem Flußeisen als vielfach durchaus hochwertiger Einsatz zu betrachten sind, selbst wenn es aus Handelsschrott erschmolzen wurde, der sicherlich keinen Anspruch auf jungfräuliche Eigenschaften erheben kann, aber durch starke Oxydation weitgehend von Suspensionen gereinigt wurde. Auch dies deutet darauf hin, daß vorstehende Definition — in Zusammenhang mit dem später zu besprechenden Gasgehalt[2] — der Lösung des umstrittenen Problems nahekommt.

Die Verunreinigung des Stahls auf dem Wege vom Abstich bis zur Gußform.

Der im Ofen oder Konverter hergestellte Stahl ist auf dem Weg vom Ofen bis zur Form noch mancherlei gefährdenden Einflüssen ausgesetzt, insbesondere der Luftoxydation, der Wechselwirkung mit der Schlacke in der Pfanne und der Verunreinigung durch feuerfestes Steinmaterial. Diese drei Gefahrenquellen sind verhältnismäßig wenig erforscht, doch können auch heute schon die Gesichtspunkte angegeben werden, bei deren Beachtung sich ihr Einfluß weitgehend ausschalten läßt.

Am einfachsten liegt der Fall bei der Luftoxydation; sie nimmt um so bemerkenswertere Ausmaße an, je langsamer der Stahl beim Abstich aus dem Ofen läuft und je größer damit seine der umgebenden Luft dargebotene Oberfläche ist. Auch der Temperaturverlust des Stahls zwischen Ofen und Pfanne wächst infolge vergrößerter Abstrahlung mit der abstrahlenden Oberfläche[3]; aus beiden Gründen ist neben einem kurzen Weg zur Pfanne die Herstellung einer Abstichöffnung von genügendem Durchmesser geboten, der jedoch nicht soweit wachsen darf, daß die Schlacke den Ofen gleichzeitig mit dem Stahl verläßt.

Nimmt man in erster Annäherung an, daß der aus dem Ofen fließende Strahl bis in die Pfanne einen kreisförmigen Querschnitt vom gleichen Durchmesser wie die Abstichöffnung besitzt, so gilt roh für gleich bleibendes Schmelzungsgewicht:

$$\frac{O_1}{O_2} = \frac{d_2}{d_1} = \frac{\sqrt{z_1}}{\sqrt{z_2}}.$$

Darin sind O_1 und O_2 die Oberflächen, z_1 und z_2 die Ausflußzeiten, die zu den Durchmessern d_1 und d_2 der Abstichöffnung bzw. des fließenden Metallstrahls gehören.

Auf die Gefahr einer Durchwirbelung des Stahls in der Pfanne mit der Ofenschlacke hat F. Pacher[4] deutlich hingewiesen und modellmäßig die Vorteile von Kippöfen gegenüber feststehenden Öfen hinsichtlich des Zurückhaltens der Schlacke klargelegt.

Während bei kippbaren Öfen — gute Abstichtechnik vorausgesetzt — fast die gesamte Schlacke bis zum beendeten Stahlabfluß im Ofen gehalten werden kann, bildet sich im

[1] Vgl. W. Rohland: Stahl u. Eisen Bd. 49 (1929) S. 1477. [2] Vgl. S. 252.
[3] Vgl. F. Latta, E. Killing u. F. Sauerwald: Stahl u. Eisen Bd. 53 (1933) S. 313 bis 319. [4] Stahl u. Eisen Bd. 42 (1932) S. 485f.

feststehenden bei Sinken des Metallspiegels über dem Abstich mehr und mehr ein Saugtrichter aus, durch den die Schlacke vorzeitig mitfließt (Pacher). Gegenmaßnahmen[1] sind das Ansteifen der basischen Schlacken mit Kalk, kleine und tief auf der Herdsohle liegende Abstichöffnung oder das Zurückhalten und Ableiten der Schlacke mittels einer durch einen Schlackenklotz verdickten Stange.

Der Auffassung Pachers, daß die Schädlichkeit der innigen Schlackenmetalldurchwirbelung auf der Bildung einer nicht mehr rückgängig zu machenden Emulsion beruhe, kann sich der Verfasser nicht anschließen; dann müßte auch das Perrin-Verfahren[2], bei dem derartige Emulsionen absichtlich herbeigeführt werden, in seiner Wirkung durch aufgeschlämmte Teilchen erheblich beeinträchtigt werden. Tatsächlich hat man bei der analytischen Untersuchung der im basischen Stahl enthaltenen oxydischen Verunreinigungen fast niemals Kalk feststellen können[3]. Die Einwirkung der Schlacke auf den Stahl beruht vielmehr in erster Linie auf chemischen Wechselwirkungen in der Pfanne.

Gelangt eisenoxydulhaltiger Stahl allein mit dem Schamottemauerwerk der Pfanne (34—36% Al_2O_3, 63—65% SiO_2, Rest Fe_2O_3, TiO_2) in Berührung, so hat dieses das Bestreben, sich mit dem Metall ins Gleichgewicht zu setzen. Dabei entsteht unter teilweiser Auflösung des Mauerwerks eine Silikatlösung, die außer den Bestandteilen der Schamotte Eisen- und Manganoxydul enthält. Das Bad verliert dabei etwas Eisenoxydul; es wird also leicht desoxydiert in ähnlicher Weise wie beim Perrin-Verfahren, nur daß letzteres natürlich seiner Eigenart entsprechend unvergleichlich wirksamer ist.

Diese geringfügige Desoxydation schlägt aber ins Gegenteil um, sobald sich basische Schlacke mit ihrem hohen Gehalt an Kalk und Eisenoxyden mit der Silikatlösung vermischt und ihrerseits die Auflösung der Ausmauerung veranlaßt. Wir wissen, daß der Zusatz von Kieselsäure zu basischen Schlacken infolge der Zerlegung von Kalkferriten zu einer Zunahme des freien Eisenoxyduls und damit einem erhöhten Übergang von Eisenoxydul in den Stahl führt. Dies ist natürlich in besonderem Maße der Fall, wenn die Schlacke schon gleichzeitig mit dem Stahl in die Pfanne schießt; bei spätem Nachlaufen der Schlacke vermindert sich die Zeit und der Raum der Reaktionen, und die inzwischen in stärkerem Umfang erfolgte Abkühlung des Stahls steht der Zunahme des freien Eisenoxyduls ebenfalls hemmend entgegen.

Die in der Pfanne erfolgende nachträgliche Oxydation des Metalls ist wahrscheinlich um so intensiver, je höher die Gehalte der Schlacke an Eisen- und Manganoxydul liegen. Vielleicht ist hierin die Ursache der Verschiebung des Walzausfalles zu erblicken, den Maurer und Bischof mit der Konstanten (K_{Mn}) in Beziehung brachten[4]; trägt man nämlich an Stelle von (K_{Mn}) die Summe (Σ FeO) + (Σ MnO) in Abb. 107b, S. 193 als Ordinate auf, so tritt eine ähnliche Abhängigkeit mit gleicher Deutlichkeit hervor. Ohne weitere Untersuchungen kann nicht entschieden werden, ob diese Vermutung zutrifft.

Auch die folgenden Untersuchungen sind zunächst nur theoretisch abgeleitet; die tatsächlichen Auswirkungen im Betrieb wären noch zu prüfen. Nach früheren Ausführungen steigt mit wachsendem Kalkgehalt (oder Basizität) der Schlacke auch ihr Eisengehalt an, sofern auf ein und denselben Stahl bei gleicher Temperatur hingearbeitet wird. Eine unter dem Einfluß der Pfannenauskleidung verstärkte Metalloxydation erscheint daher um so wahrscheinlicher, als sich solche

[1] Vgl. Arch. Eisenhüttenwes. Bd. 5 (1932/33) S. 510. [2] Vgl. S. 201.
[3] Vgl. K. Daeves: Stahl u. Eisen Bd. 52 (1932) S. 1162—1168. [4] Vgl. S. 192.

Zahlentafel 10. Veränderung von Stahl und Schlacke

Schm. Nr.	Proben	Stahl								
		C	Si	Mn	P	S	$Al_{ges.}$	$[\Sigma O]$	$[O]_{SiO_2}$	$[O]_{Al_2O_3}$
V	1. Probe und Ofenschlacke	0,09	Spur	0,43	0,009	0,033	—	—	—	—
	nach 50 Min.	0,08	,,	0,38	0,010	0,037	—	—	—	—
	Rest (52 Min.)	0,09	,,	0,27	0,009	0,033	—	—	—	—
VI	1. Probe und Ofenschlacke	0,19	,,	0,62	0,046	0,038	—	—	—	—
	Rest (32 Min.)	0,19	,,	0,56	0,050	0,040	—	—	—	—
VII	1. Probe und Ofenschlacke .	0,12	0,15	0,57	0,008	0,044	—	0,010	0,008	Spur
	nach 50 Min..	0,12	0,12	0,56	0,010	0,040	—	0,009	0,009	,,
	Rest 63 Min. .	0,11	0,06	0,51	0,014	0,046	—	0,020	0,016	,,
IX	1. Probe und Ofenschlacke .	0,15	0,04	0,49	0,016	0,026	> 0,09	—	—	—
	nach 82 Min. .	0,15	0,06	0,48	0,017	0,027	0,05	0,005	Spur	0,003
	Rest 52 Min. .	0,15	0,05	0,42	0,024	0,028	0,02	0,018	,,	0,010
X	1. Probe und Konverter-schlacke . . .	0,43	0,12	0,84	0,051	0,054	—	0,012	0,015	Spur
	nach 18 Min. .	0,43	0,12	0,81	0,060	0,050	—	0,015	0,013	,,
	Rest 24 Min. .	0,42	0,08	0,74	0,098	0,044	—	0,010	0,008	,,
XVIII	1. Probe und Ofenschlacke .	0,25	0,31	0,68	0,020	0,023	—	0,004	0,003	—
	nach 88 Min. .	0,25	0,24	0,70	0,028	0,022	—	0,004	0,005	Spur
	Rest 93 Min. .	0,25	0,22	0,75	0,035	0,026	—	0,005	0,004	—
XX	1. Probe und Ofenschlacke .	0,08	0,76	0,44	0,033	0,035	—	0,017	0,012	0,003
	nach 48 Min. .	0,08	0,68	0,47	0,048	0,040	—	0,011	0,012	0,003
	nach 72 Min. .	0,07	0,57	0,48	0,085	0,039	—	0,012	0,010	0,003
	Rest 75 Min. .	0,07	0,32	0,49	0,140	0,036	—	0,023	0,020	Spur

hochbasischen Schlacken — wenn sie nicht genügend steif sind — dem Mauerwerk gegenüber recht aktiv verhalten. In dieser Richtung würde die zeitweise vertretene Auffassung liegen, daß zu hohe Schlackenbasizität den Stahleigenschaften abträglich ist. Durch Ansteifen der Schlacke mit Kalk vor oder bei dem Abstich läßt sich die Korrosion der Pfanne stark vermindern.

Die Rolle der Temperatur ist nicht ganz klar. Heiße Schmelzungen sind durch einen geringeren Eisengehalt der Schlacke ausgezeichnet; ihre Fähigkeit, die Pfannenauskleidung anzugreifen, ist dagegen höher, wenn keine absichtliche Verminderung des Flüssigkeitsgrades vorgenommen wird. Der verstärkte Pfannengriff scheint in seiner Wirkung auf die Metalloxydation durch den geringeren Eisengehalt ausgeglichen zu werden.

Es ist nach Vorigem leicht verständlich, daß die mit sauren Prozessen erzeugten Stähle durch Pfannenreaktionen nur wenig in Mitleidenschaft gezogen werden. Abgesehen von dem geringeren Lösevermögen der sauren Schlacken für das ebenfalls saure Steinmaterial wird die Konzentration der freien Oxydule durch das Hinzutreten von Kieselsäure eher vermindert, als vermehrt; eine nachträgliche Oxydation in der Pfanne findet also nicht statt.

Es ist klar, daß diejenigen Reaktionen zwischen Stahl und Schlacke, die im Ofen oder im Konverter noch nicht bis zum Gleichgewichtszustand fortin der Pfanne (nach Bardenheuer und Ranfft).

Schlacke							Bemerkungen
Σ Fe	SiO_2	Al_2O_3	CaO	MnO	P_2O_5	S	
17,1 — 19,6	11,0 — 16,2	2,37 — 4,81	39,3 — 33,6	11,8 — 10,9	1,03 — 0,85	0,36 — 0,23	S.M.-Stahl, unsiliziert, viel Schlacke
8,1 7,6	18,4 25,4	2,68 3,67	40,0 37,1	14,4 13,2	1,93 1,75	0,23 0,24	S.M.-Stahl unsiliziert, normale Schlackenmenge
13,9 — 11,5	15,0 — 23,0	1,91 — 5,07	41,3 — 36,9	13,8 — 12,4	0,71 — 0,54	0,25 — 0,18	S.M.-Stahl schwach siliziert, viel Schlacke
15,8 — 9,4	10,0 — 21,2	2,0 — 9,8	41,4 — 36,4	13,5 — 9,7	1,12 — 1,08	0,15 — 0,13	Mit Al und wenig Si behandelt, S.M.-Ofen
10,8 — 6,0	9,0 — 29,7	0,76 — 5,3	50,0 — 34,1	5,2 — 18,8	15,4 — 2,8	0,12 — 0,16	Thomasstahl schwach siliziert
10,3 — 4,1	13,8 — 22,8	3,3 — 9,5	44,1 — 36,9	13,1 — 8,9	1,39 — 0,44	0,24 — 0,11	S.M.-Stahl siliziert, erst nachträglich Ofenschlacke
12,3 — — 5,3	16,6 — — 28,3	3,6 — — 7,2	39,1 — — 36,6	15,9 — — 12,1	2,41 — — 1,08	0,16 — — 0,11	S.M.-Stahl, hochsiliziert, mit Schlacke abgestochen

geschritten sind, sich in der Pfanne weiter fortsetzen werden. Darüber hinaus schaffen die Veränderung der Schlacke durch Auflösung des Mauerwerks, der Temperaturabfall und die Zusätze vollständig neue Gleichgewichtsverhältnisse, von denen praktisch alle Reaktionen betroffen werden.

An Hand der Zahlentafel 10, die auszugsweise einige Untersuchungsergebnisse von P. Bardenheuer und A. Ranfft[1] enthält, kann man sich ein Bild der Konzentrationsänderung von Stahl und Schlacke in der Pfanne machen, das sich auch mit den Untersuchungen von N. Wark[2] und C. H. Herty jr.[3] im wesentlichen deckt.

Darnach tritt bei den unsilizierten Schmelzungen gewöhnlich, namentlich kurz vor Beendigung des Gießens, ein starker Manganverlust auf, der bei schwacher Silizierung nachläßt und bei höheren Siliziumzusätzen in das Gegenteil, eine Manganreduktion, umschlägt. Der Phosphorgehalt des Stahls scheint sich in der Pfanne nur in steigender Tendenz bewegen zu können, weil die Abnahme des Kalk- und Zunahme des Kieselsäuregehalts das Gleichgewicht

[1] Mitt. Kais.-Wilh.-Inst. Eisenforschg., Düsseld. Bd. 13 (1931) S. 291—305.
[2] Arch. Eisenhüttenwes. Bd. 5 (1931/32) S. 503—510.
[3] Trans. Amer. Inst. min. metallurg. Engr. Iron Steel Div. 1929 S. 260—283, vgl. Stahl u. Eisen Bd. 49 (1929) S. 1769.

zugunsten der Rückphosphorung verschieben. Die Rückphosphorung nimmt mit dem Phosphorsäuregehalt der Schlacke (s. Thomasstahl, Schmelzung Nr. X), vor allem aber mit dem Siliziumgehalt des Stahls stark zu. Schwefel zeigt ein wechselndes Verhalten, was darauf zurückzuführen ist, daß die gleichzeitig eintretenden Vorgänge abnehmender „Basizität" und abnehmenden Eisengehalts der Schlacke von gegensätzlicher Wirkung auf die Verschiebung der Gleichgewichtslage sind. Wenn der Eisengehalt der Schlacke — wie bei unsiliziertem Material — in der Pfanne nur wenig verändert wird, tritt vorzugsweise Rückschwefelung ein. Der Siliziumgehalt des Stahls nimmt in der Pfanne unter nicht reduzierten Schlacken ausnahmslos ab; die absoluten Konzentrationsänderungen sind um so höher, je höher der Siliziumgehalt ist. Besonders stark ist die Änderung des Siliziumgehalts, ebenso wie die des Mangan- und Phosphorgehalts kurz vor Beendigung des Gießens, wie aus Zahlentafel 10 deutlich hervorgeht. Das Ausmaß der Wechselwirkungen wird ferner beherrscht von der Konzentration der leichter reduzierbaren Oxyde in der Schlacke (Fe und Mn); Wark zeigte, daß die Wechselwirkungen in der Pfanne bei Elektrostahlschmelzen mit reduzierten Schlacken ganz unterbleiben.

Besonders aufschlußreich sind die von Bardenheuer und Ranfft verfolgten Änderungen des Sauerstoffgehalts, den sie analytisch im Gesamtsauerstoff und den als Kieselsäure bzw. Tonerde gebundenen Sauerstoff aufteilten[1]. Zweifellos handelt es sich hier nicht um die Produkte der Metalldesoxydation allein, sondern auch um die Reaktionsprodukte der Desoxydationselemente mit der Schlacke. Man kann sich vorstellen, daß letztere namentlich dann in größerer Anzahl im Stahl auftreten werden, wenn die Schlacke schon vorzeitig mit dem Bade in die Pfanne gelangt und mechanisch durchgerührt wird. Sehr gering und gleichmäßig sind dagegen die Sauerstoffgehalte bei Schmelzung Nr. XVIII (Zahlentafel 10); es handelt sich hierbei um den ersten Abstich aus einem Kippofen, der in zwei Pfannen abgestochen wird; dabei kann bekanntlich die erste Pfanne nahezu schlackenfrei gefüllt werden. Die anderen Schmelzungen weisen wesentlich höhere Sauerstoffgehalte auf, die zum Teil gegen Ende des Vergießens stark zunehmen. Bei Gegenwart von genügend Silizium ($> 0{,}10\%$) liegt der Sauerstoff vornehmlich in Form von Kieselsäure[2] vor; bei geringeren Siliziumgehalten (Schmelzung Nr. VII, Rest) scheint daneben Mangan- und Eisenoxydul vorhanden zu sein. Bei mit Aluminium desoxydierten Stählen (Schmelzung Nr. IX) ist ein großer Teil des Gesamtsauerstoffs als Tonerde gebunden.

Wesentlich ist ferner das aus den Beobachtungen von Bardenheuer und Ranfft zu entnehmende Ergebnis, daß der Sauerstoffgehalt des silizierten Stahls offenbar in erster Linie auf Desoxydations- bzw. Reaktionsprodukte zurückzuführen ist, die sich mit sinkendem Metallspiegel in der Pfanne meist vermehren; ihrer chemischen Zusammensetzung nach ist es unwahrscheinlich, daß sie als mechanisch mitgerissene Pfannenfutter- oder Schlackenteilchen anzusehen sind.

Bei geringer Schlackenmenge wird der Umfang ihrer Wechselwirkungen mit dem Metall nicht allein deswegen eingeschränkt, weil hierbei der Abstich

[1] Wenn gelegentlich die Summe von Kieselsäure- und Tonerde-Sauerstoff den Gesamtsauerstoff übersteigt, so ist dies auf geringe analytische Fehler zurückzuführen.

[2] Im erstarrten Metall.

im allgemeinen vorsichtiger gehandhabt und das frühzeitige Mitlaufen der Schlacke verhindert wird; vielmehr hemmt auch die bei geringer Schlackenmenge durchgreifendere Abkühlung der Schlackenschicht den Ablauf der Reaktionen. Eine unzulässige Abkühlung des Stahls bei fehlender Schlackendecke kann durch Abdecken der Pfanne mit einem Erhitzungspulver verhindert werden.

Auf dem Wege von der Pfanne bis zur Form kann bei fallendem Guß die Luftoxydation, bei steigendem (kommunizierendem) Guß die mechanische oder chemische Beanspruchung der Gießsteine zu einer weiteren Verunreinigung des Stahls führen.

Die Luftoxydation läßt sich durch Begrenzung des Abstands zwischen Pfannenausguß und Form einschränken; die Gefahr einer Verunreinigung liegt hauptsächlich im Innern der Form, wo der Metallstrahl beim Auftreffen auf den Metallspiegel zum Spritzen neigt. Die an den Formwänden hängen bleibenden Spritzkugeln werden durch die Luft oxydiert und geben, wenn sie vom Metallspiegel erreicht werden, zu örtlichen Verunreinigungen und zur Randblasenbildung Veranlassung. Durch Regelung des Metallstrahls mittels Zwischengefäßen und Verwendung von Anstrichmitteln, die durch Gasbildung die Luft verdrängen, können diese Fehlermöglichkeiten vermindert werden. Eine weitere Gefahrenquelle bildet die an kalten Formen stets vorhandene filmdünne Schicht adsorbierten Wassers, die den Stahl oxydiert und zur Bildung von Gasblasen an der Oberfläche des Blocks führt. Bei mäßig warmen Formen (etwa 60° C nach A. Stadeler und H. J. Thiele[1]) ist diese Gefahr behoben.

Dem Verfahren des steigenden Gusses wurde häufig entgegengehalten, daß in der intensiven Berührung des Stahls mit feuerfestem Steinmaterial eine Gefahr für die Stahlreinheit zu erblicken sei und K. Daeves[2] hat nachgewiesen, daß ein Teil der im Stahl vorgefundenen Einschlüsse zweifellos aus dieser Quelle stammt. Die Entwicklung der Steinfabrikation ist allmählich soweit vorgeschritten, daß die Produkte bei geeigneten Rohstoffen, richtiger Konstruktion und Herstellung dem mechanischen Angriff des durchfließenden Stahls weitgehend Widerstand zu bieten vermögen; wesentlich ist es aber, den Stahl derartig zu verarbeiten, daß auch seine chemische Wechselwirkung mit den Steinen auf ein Mindestmaß herabgesetzt werden.

Der chemische Angriff besteht in der Auflösung des Steinmaterials durch das im Stahl enthaltene Eisenoxydul und Mangan; sie wird durch die gleichen Bedingungen gefördert, die wir als günstig für die Verflüssigung der im Metall enthaltenen Suspensionen erkannten. Für reine Silikatsteine würde Abb. 133 (S. 225) die Bedingungen wiedergeben, unter denen die Auflösung erfolgt; qualitativ gibt sie die Erfahrungen insofern richtig wieder, als die besondere Befähigung von Stählen mit hohem Mangan- und Eisenoxydulgehalt (überfrischtes Metall) zur Auflösung des feuerfesten Materials bekannt ist. In Wirklichkeit bestehen die Steine zum Teil aus Tonerde (Schamottesteine mit etwa 32% Al_2O_3), was wahrscheinlich eine Verschiebung der Kurven nach unten zur Folge hat und den chemischen Angriff der Steine erleichtert. Besonders interessant ist die Rolle der Temperatur, denn Abb. 133 würde aussagen, daß matt abgestochene noch mehr als heiße Stähle gleicher Zusammensetzung auf das Steinmaterial einzuwirken vermögen. Dagegen wird bei hoher Temperatur

[1] Vgl. S. 257. [2] Stahl u. Eisen Bd. 52 (1932) S. 1162—1168.

die Reaktionsgeschwindigkeit und die Ablösung der verflüssigten Teilchen vom Stein begünstigt sein. Da bei der Wechselwirkung zwischen Metall und Stein eine gewisse Menge Eisenoxydul zur Verflüssigung verbraucht wird, ist eine geringfügige Desoxydation des Stahls die Folge; leider wird dieser Vorteil infolge der zu erwartenden Silikateinschlüsse illusorisch. Während der Eisenoxydulgehalt des Stahls durch Silizium soweit gedrückt werden kann, daß er zur Auflösung des Steinmaterials nicht mehr in Betracht kommt, bringt ein hoher Mangangehalt des Stahls die Gefahr einer Steinauflösung wieder näher, indem durch Reduktion von Kieselsäure nach $2\,Mn + SiO_2 \rightarrow 2\,MnO + Si$ soviel Manganoxydul entstehen kann, daß die Bildung flüssiger Mangansilikate gefördert wird.

Das Verhalten der im Stahl vorhandenen Gase.

Allgemeines.

Wenn der im Ofen oder Konverter hergestellte Stahl ohne besondere Zusätze vergossen wird, zeigt er bei beginnender Erstarrung eine mehr oder weniger lebhafte Gasabgabe; der Stahl ist „unruhig". Durch Zusatz von „Beruhigungsmitteln" wird die sichtbare Gasentwicklung unterbunden, doch können auch äußerlich ruhig erstarrende Güsse im Innern Gasblasen aufweisen, die — wenn sie nicht im Laufe der Warmverarbeitung zugeschweißt werden — zu Materialfehlern Veranlassung geben können.

Angesichts der Bedeutung, die diese Fragen für die Güte der Erzeugnisse besitzen — E. H. Schulz[1] hat den Gegenstand ausführlicher erörtert — wurde schon verhältnismäßig früh versucht, durch analytische und Mengenmessungen ein Bild über das Auftreten und die Zusammensetzung der Erstarrungsgase zu gewinnen. Nach F. C. G. Müller[2] haben Ruhfuß[3], Münker[4], Kahrs[5], Herwig[6], E. Piwowarsky[7], P. Klinger[8], E. Améen und H. Willners[9] mit fortlaufend weiterentwickelten Apparaturen Versuche angestellt, die im wesentlichen übereinstimmend ergeben, daß das aus dem Stahl entweichende Gas Kohlenoxyd, Wasserstoff und in geringerem Maße Stickstoff enthält; daneben fanden sich gelegentlich kleine Beträge Kohlendioxyd, Methan und auch freier Sauerstoff. Inwieweit die drei letztgenannten auf sekundäre Vorgänge zurückzuführen sind, läßt sich nicht immer entscheiden. Freier Sauerstoff dürfte jedenfalls nicht aus flüssigem Eisen entweichen können. Wie die Bildung von CO_2 selbst in hochsauerstoffhaltigem Stahl vernachlässigt werden kann[10], lassen auch die gut bekannten Gleichgewichtsbedingungen[11] des Methans seine Bildung innerhalb des flüssigen Stahls nicht zu; erst bei der Abkühlung der ausgetretenen Gase können Vorgänge wie $2\,CO + 2\,H_4 \rightleftharpoons CH_4 + CO_2$ stattfinden, die ebenso wie der nachträgliche Zerfall des Kohlenoxyds ($2\,CO \rightleftharpoons CO_2 + C$) für das Auftreten dieser Gase in höheren Mengen verantwortlich zu

[1] Z. Metallkde. Bd. 21 (1929) S. 7—11.
[2] Stahl u. Eisen Bd. 2 (1882) S. 531, Bd. 3 (1883) S. 443, Bd. 4 (1884) S. 69.
[3] Stahl u. Eisen Bd. 17 (1897) S. 41—44. [4] Stahl u. Eisen Bd. 24 (1904) S. 23—27.
[5] Vgl. P. Klinger: A. a. O. S. 12. [6] Stahl u. Eisen Bd. 33 (1913) S. 773, 1365.
[7] Stahl u. Eisen Bd. 40 (1920) S. 1365. [8] Kruppsche Mh. Bd. 6 (1925) S. 11—18.
[9] Jernkont. Ann. Bd. 83 (1928) S. 195—265. [10] Vgl. S. 238.
[11] Vgl. Bd. I, S. 158 u. 165.

machen sind. Daneben können die bei Betriebsversuchen schwer auszuschaltenden Fehlerquellen (Undichtigkeit, Feuchtigkeit, Oxydhäutchen der Kokillen) naturgemäß das Bild etwas verschleiern. Theoretisch läßt sich voraussehen, daß auch Wasserdampf aus dem Metall entweichen kann; dieser ist allerdings wegen der experimentellen Schwierigkeiten nicht nachgewiesen worden.

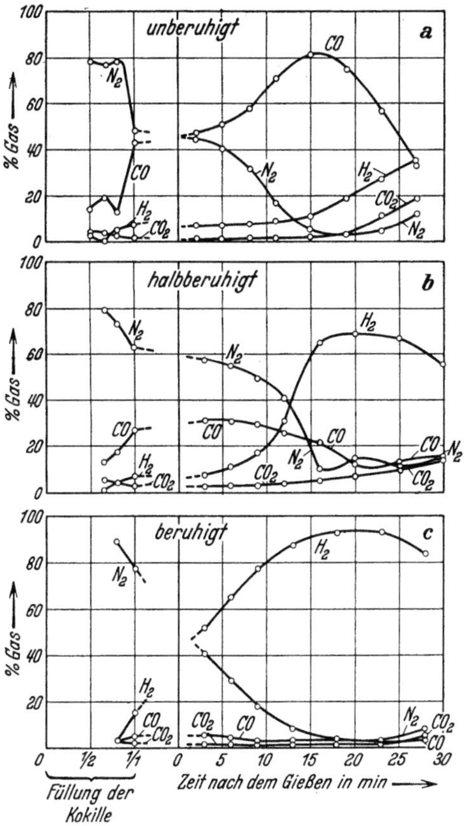

Abb. 134. Zusammensetzung der aus dem Stahl bei und nach dem Gießen entweichenden Gase (Klinger):

Guß	C	Si	Mn	Bemerkungen
a	0,08	Sp.	0,35	unberuhigt, unruhig
b	0,10	Sp.	0,45	teilweise beruhigt mit Si—Al, unruhig
c	0,10	0,15	0,44	beruhigt mit Si—Al, ruhig

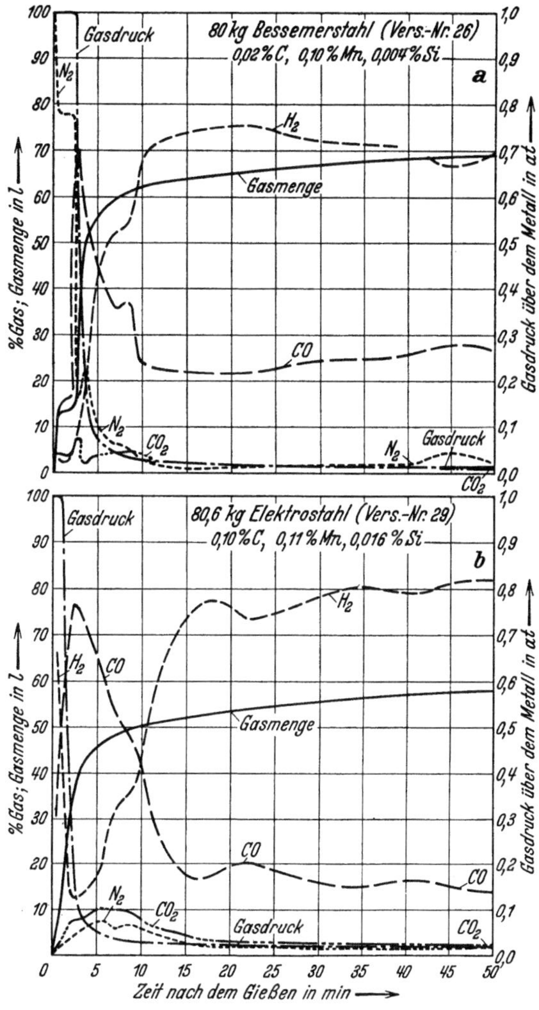

Abb. 135. Zusammensetzung und Menge der aus unberuhigtem, erstarrendem Stahl abgezogenen Gase (Améen und Willners).

Abb. 134a—c zeigt einige der von Klinger erhaltenen Versuchsergebnisse an basischem S.M.-Stahl, der in Güssen von 640 kg gespannweise vergossen wurde.

Die Stähle waren teils ohne Zusatz, teils nach geringem und hohem Zusatz von Siliko-Aluminium vergossen, so daß sie in verschiedenem Grad zur Gasabgabe neigten. Es fällt auf, daß der Anteil des Wasserstoffs bei zunehmendem Grad der Beruhigung auf Kosten des Kohlenoxyds zunimmt, was auch von der Mehrzahl der anderen Beobachter bemerkt wurde und später erklärt wird[1]. Die Kurven des Stickstoffs stehen in ihrem Anfang wohl

[1] S. 259.

noch unter dem Einfluß der in der Kokille enthaltenen Luft. Nachträgliche Versuche, bei denen die Form vor dem Gießen mit Wasserstoff ausgespült wurde, zeigten aber, daß der erstarrende Stahl auch Stickstoff abgibt.

Erwähnt sei noch, daß die zwischen Abstich und Guß vergangene Zeit (8—25 Minuten) für die Gaszusammensetzung ohne Belang war.

Die Meßergebnisse von Améen und Willners finden sich in Abb. 135 und Zahlentafel 11. Ihr Untersuchungsverfahren ist durch die Verwendung eines merklichen Unterdrucks beim Absaugen der Gase und die Verzögerung der Metallerstarrung durch Wärmeisolation gekennzeichnet. Die Gasentwicklung spielte sich daher mit höherer Geschwindigkeit ab und die Ergebnisse werden mit denen von Klinger nicht ganz vergleichbar sein. Bei dem Versuche mit Bessemerstahl (Abb. 135a) war die Kokille vor dem Gießen mit Stickstoff, bei dem mit Elektrostahl (Abb. 135b) mit Wasserstoff gefüllt, so daß der anfängliche Verlauf der entsprechenden Kurven die Verhältnisse nicht genau wiedergibt. Im übrigen zeigt sich aber, wie bei den Klingerschen Versuchen, daß der unberuhigte Stahl zuerst hauptsächlich Kohlenoxyd entwickelt, an dessen Stelle bei weiterem Absaugen Wasserstoff tritt.

Zahlentafel 11. Ergebnisse der Messungen von Améen und Willners über die Gasabgabe erstarrender Stähle.

Stahlart	Versuchs-Nr.	Zusammensetzung				Abstichtemperatur °C	Abgegebene Gasmenge in Normal-cm³/kg-Stahl			
		C	Mn	Si	Cr		CO	CO_2	H_2	N_2
Saurer S.M.-Stahl										
C-Stahl	13	0,88	0,36	0,194	—	1485	54	20	30	—
C-Stahl	9	1,44	0,42	0,214	—	—	(122)	(1,9)	(114)	—[1]
Cr-Stahl	14	0,93	0,38	0,216	0,10	—	66	3,6	54	—
Cr-Stahl	8	1,01	0,39	0,236	0,62	—	(121)	(31)	(109)	—[1]
Cr—V-Stahl	10	0,50	0,60	0,198	0,95 0,15 Va	1445	176	5,6	87	—
Cr—V-Stahl	11	0,49	0,59	0,164	0,86 0,18 Va	1465—70	204	10,0	149	—
Elektrostahl (Frickofen)										
C-Stahl	29	0,10	0,11	0,016	—	—	394	43,0	—	24,1[2]
C-Stahl	21	0,10	0,42	0,050	—	—	182	5,0	32	—
C-Stahl	28	0,10	0,53	0,024	—	—	304	18,4	79	—
C-Stahl	15	0,12	0,70	0,050	—	—	142	10,7	65	—
Mn-Stahl	27	1,00	11,85	0,230	—	—	26	1,4	51	—
Cr-Stahl	25	0,35	0,43	0,380	13,97 0,47 Ni	—	80	5,1	86	—
Cr-Stahl	19	0,99	0,30	0,270	0,50	—	27	1,6	29	—[3]
Cr-Stahl	23	0,98	0,32	0,228	0,41	—	135	8,7	133	—[4]
Bessemerstahl										
C-Stahl	26	0,02	0,10	0,004	—	—	396	25,1	175	—
C-Stahl	18	0,09	0,10	0,002	—	—	318	13,1	39	—
C-Stahl	30	0,57	0,23	0,023	—	—	159	10,9	144	—
C-Stahl	20	0,77	0,24	0,023	—	—	134	10,2	85	—
C-Stahl	24	0,77	0,34	0,042	—	—	384	13,0	388	—
C-Stahl	17	0,85	0,23	0,024	—	—	72	1,9	25	—
C-Stahl	22	0,93	0,31	0,207	—	—	184	23,1	153	—

[1] Blockgewicht nicht festgestellt. [2] Nicht desoxydiert.
[3] Vor dem Abstich erstarrt. [4] Vor dem Zusatz des Schrotts erstarrt.

Nach dieser beschreibenden Darstellung der bei der Erstarrung frei werdenden Gase sei versucht, durch einige theoretische Betrachtungen tiefer in die Bedingungen ihrer Entwicklung einzugehen.

Der Gehalt, mit dem ein Gas im Metall gelöst sein kann, wird außer von der Temperatur durch den Partialdruck beherrscht, unter dem das mit dem Metall in Berührung befindliche Gas steht. Umgekehrt ist die Konzentration des Gases in der Lösung bestimmend für den Druck, mit dem es bestrebt ist, sich in den gasförmigen Zustand zurückzuverwandeln; dieser „Entwicklungsdruck" ist gleich demjenigen, unter den man das Gas zu setzen hätte, um gerade sein Entweichen aus dem Metall zu verhindern, d. h. den Gleichgewichtszustand zwischen Gasphase und Metall herzustellen. Bei Kenntnis der Gleichgewichtskonstanten ist es also möglich, in Gestalt des Entwicklungsdrucks die Triebkraft zu errechnen, mit der ein Gas aus dem Metall auszutreten strebt.

Diese Überlegungen brauchen keine Änderung zu erfahren, wenn das Gas bei der Auflösung eine andere molekulare Form annimmt, d. h. aufgespaltet wird wie Wasserstoff und Stickstoff oder mit dem Metall reagiert wie Kohlenoxyd.

In der Praxis können offenbar zwei Fälle auftreten:

1. Das Gas entweicht an der Oberfläche des Metalls und wird dort durch die übrigen Fremdgase verdünnt.

2. Das Gas entwickelt sich in Form von Blasen im Innern des Metalls und steigt dort unter einem Druck, der den Blasen durch die auf ihnen liegenden äußeren Druckkräfte aufgezwungen wird, im Metall auf. Die Gasentwicklung hört auf, wenn dieser Druck dem (Gleichgewichts-) Entwicklungsdruck entspricht; sie setzt sich fort, wenn der Entwicklungsdruck höher ist, als die äußeren Druckkräfte. Sind letztere dagegen größer als der Entwicklungsdruck, so ist das Entstehen einer Gasblase von vornherein unmöglich, denn sie würde sich ja unter einem höheren, als dem Gleichgewichtsdruck bilden.

Die äußeren Druckkräfte $\Sigma\,\mathrm{P_a}$, unter die eine im Innern des Metalls befindliche Gasblase gelangt, setzen sich zusammen aus dem Druck der Atmosphäre p_{at} und den hydrostatischen Drucken der über der Gasblase befindlichen Metall- und gegebenenfalls Schlackensäule p_M und p_S; hierzu tritt, sobald sich die Gasblase bewegt, eine weitere kleine (zahlenmäßig unbekannte) Druckgröße, die der inneren Reibung des Metalls Rechnung trägt, so daß wir schreiben können.

$$\begin{aligned}\Sigma\,\mathrm{P_{a\,fl.}} &= p_{\mathrm{at}} + p_M + p_S + p_R\\ &= \text{etwa } 1 + \frac{h_M \cdot s_M}{10} + \frac{h_S \cdot s_S}{10} + p_R\end{aligned}$$

(h_M und h_S, Höhe der Metall- und Schlackensäule in Metern, $s_M =$ etwa 7 und $s_S =$ etwa 3 sind die entsprechend spezifischen Gewichte; alle Drucke in Atmosphären).

Die Ausbildung einer Gasblase im Innern eines erstarrten Metalls erfordert eine Materialtrennung, zu deren Zustandekommen offenbar eine Kraft notwendig ist, die der Zugfestigkeit entspricht und die ebenfalls in Atmosphären (p_z) gemessen werden kann. Für kristallisiertes Metall ist demnach p_z vorstehender Summe hinzuzufügen; sie dürfte aber schon wenig unter der Temperatur beendeter Erstarrung alle übrigen Druckgrößen so weitgehend überwiegen, daß $\Sigma\,P_{\mathrm{a\,kr.}} = p_z$ gesetzt werden kann.

Was für die Entwicklung eines einzelnen Gases gesagt wurde, gilt auch für ihre Gesamtheit; der Gesamtentwicklungsdruck im Inneren des Metalls setzt sich aus der Summe der einzelnen zusammen:

$$\Sigma P_i = p_{CO} + p_{CO_2} + p_{H_2} + p_{H_2O} + p_{N_2} + \cdots$$

und es gilt in gleicher Weise: $\Sigma P > \Sigma P_a$: Gasblasenbildung (Unruhe), $\Sigma P_i = \Sigma P_a$: Gleichgewicht, $\Sigma P_i < \Sigma P_a$: keine Gasentwicklung.

In den nachfolgenden Abschnitten soll unter anderem dem Verhalten der einzelnen Partialdruckgrößen im Zusammenhang mit ihrer Verschiebung bei veränderlichen Temperatur- und Konzentrationsbedingungen nachgegangen werden.

Kohlenoxyde.

Die häufig zu findende Auffassung, daß Kohlenoxyd im Stahl als solches gelöst sei, ist bisher in keinem Fall unter Beweis gestellt worden; wenn auch die Möglichkeit eines solchen Vorgangs theoretisch nicht bestritten werden kann, so steht dem andererseits entgegen, daß sich die Entkohlung des Stahls befriedigend behandeln läßt, wenn man die durch die Gleichung $FeO + C \rightleftharpoons Fe + CO$ wiederzugebende „Reaktionstheorie" zur Grundlage wählt. Es scheint darnach, daß ein Übergang des Gases in das Metall ohne gleichzeitige Reaktion von untergeordneter Bedeutung ist[1].

Der Entwicklungs- oder Reaktionsdruck des Kohlenoxyds ergibt sich für flüssiges Eisen aus der Gleichung der Frischgeschwindigkeit[2] für $v = 0$ (Gleichgewicht) zu

$$p_{CO} = [FeO]\,[\Sigma C] \cdot K,$$

worin $K = k_1 : k_2$ (vgl. Zahlentafel 14, S. 263), ebenso wie die Geschwindigkeitskonstanten k_1 und k_2 von der Temperatur praktisch unabhängig[3], dagegen mit dem Kohlenstoffgehalt $[\Sigma C]$ veränderlich ist.

Gleichzeitig mit Kohlenoxyd kann sich Kohlendioxyd bilden, wobei es für die Gleichgewichtslage ohne Bedeutung ist, ob man eine direkte Einwirkung des Kohlenstoffs ($2\,FeO + C \rightleftharpoons 2\,Fe + CO_2$) oder eine indirekte des Kohlenoxyds ($FeO + CO \rightleftharpoons Fe + CO_2$) annimmt. Für den zweiten Vorgang ergibt sich der Entwicklungsdruck des Dioxyds aus dem M.W.G. zu:

$$p_{CO_2} = \frac{p_{CO}\,[FeO]}{K_{CO_2}}$$

und mithin wird der Gesamtentwicklungsdruck beider Gase:

$$P_{C/O} = p_{CO} + p_{CO_2} = [FeO]\,[\Sigma C] \cdot K + \frac{[FeO]^2\,[\Sigma C] \cdot K}{K'_{CO_2}} = [FeO]\,[\Sigma C] \cdot K\left(1 + \frac{[FeO]}{K_{CO_2}}\right).$$

Die Konstante K_{CO_2} läßt sich ihrer Größenordnung nach einigermaßen berechnen[4] (Abb. 136); da [FeO] normalerweise gering ist und während der Erstarrung weiter abnimmt, wird das Glied $[FeO] : K_{CO_2}$ in der Klammer so klein, daß es vernachlässigt werden, d. h. die Bildung von CO_2 kann außer acht gelassen werden kann.

Das gegenseitige Verhalten von Kohlenstoff und Eisenoxydul in einem flüssigen Eisenbad ist durch die früheren Ausführungen[5] dahin geklärt worden,

---

[1] Die „Reaktionstheorie" hat in neuerer Zeit wohl allgemeine Zustimmung gefunden (Klinger, Herzog, Körber-Oelsen, Eichholz u. a.).

[2] Vgl. S. 186.

[3] Die Temperaturunabhängigkeit wurde nur für die Temperaturen des flüssigen Stahlbads nachgewiesen; in Ermanglung anderer Meßergebnisse soll angenommen werden, daß dies auch während der Erstarrung für die Mutterlauge zutrifft.

[4] Bd. I, S. 292, Zahlentafel 22; dort K'_3 genannt. [5] S. 186 f.

daß ihre Wechselwirkung und damit die Bildung von Kohlenoxyd bei bestimmten, einander zugeordneten Konzentrationen zum Stillstand kommt; es gilt dann wieder für die Frischgeschwindigkeit $v = 0$: $[\mathrm{FeO}]\,[\Sigma\,\mathrm{C}] = \frac{p_{\mathrm{CO}}}{K}$, worin p_{CO} für die Herdofenprozesse mit etwa 1,1 at anzusetzen ist. Während des Abstichs findet dann noch eine geringfügige Kohlenstoffabnahme statt, doch zeigt der Stahl — auch ohne Zusatz von Beruhigungsmitteln — keine besonders lebhafte Gasentwicklung, solange er sich im vollständig flüssigen Zustand befindet[1]. Erst bei der Erstarrung setzt im unberuhigten Stahl eine lebhafte Kohlenoxydabgabe ein, die ihn in eine mehr oder weniger lebhafte mechanische Bewegung versetzt. Diesen sprunghaft einsetzenden Vorgang hat man verschiedentlich in Analogie gesetzt zu der Auslösung des „Siedeverzugs" in Wasser; aus der Tatsache, daß durch das Einbringen fester Körper eine spontane Dampfbildung hervorgerufen werden kann, schloß man auf eine ähnliche Beschleunigung der Kohlenoxydbildung unter dem Einfluß der bei der Erstarrung ausgeschiedenen Mischkristalle.

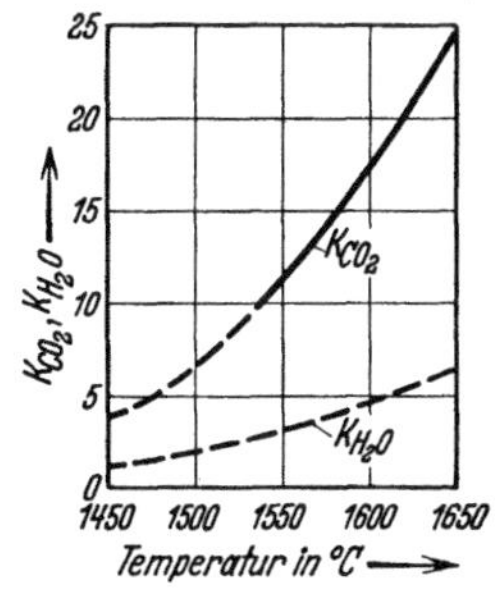

Abb. 136. Gleichgewichtskonstanten der Reaktionen: $FeO + CO \rightleftharpoons Fe + CO_2$ und $FeO + H_2 \rightleftharpoons Fe + H_2O$ für flüssiges Eisen (berechnet).

Die eigentliche Ursache ist jedoch zweifellos darin zu suchen, daß sich nach Beginn der Kristallisation die flüssige Restschmelze an Eisenoxydul und Kohlenstoff anreichert, womit im Sinne der eingangs gegebenen Gleichung $p_{\mathrm{CO}} = [\mathrm{FeO}]\,[\Sigma\,\mathrm{C}] \cdot K$ eine Steigerung von p_{CO} und damit eine Gasabgabe bei der Erstarrung einsetzen muß. Es leuchtet nun ein, daß p_{CO} vermindert wird, wenn man [FeO] vermindert, d. h. den Stahl desoxydiert. Die Wirkung der Beruhigungsmittel beruht also — wenn wir die Verhinderung der Kohlenoxydabgabe ins Auge fassen — auf ihrer Fähigkeit, das im Stahl gelöste Eisenoxydul soweit zu zerstören, daß dessen Wechselwirkung mit Kohlenstoff nicht zu CO-Entwicklungsdrucken führt, die die äußeren Druckkräfte übersteigen. Je intensiver das Desoxydationsmittel wirkt, um so intensiver ist seine beruhigende Wirkung; wenn wir in den vorhergehenden Abschnitten zu dem Ergebnis gelangten, daß in der Reihe Mangan, Silizium, Aluminium das erste Element das schwächste, das letzte das stärkste Desoxydationsmittel darstellt, erkennen wir in Übereinstimmung mit allen Erfahrungen, daß die gleiche Reihenfolge auch für ihre Fähigkeit bestehen bleibt, die Kohlenoxydentwicklung zu unterdrücken.

Die „Reaktionstheorie" gibt also die Möglichkeit, das Verhalten des Kohlenoxyds zu beurteilen; der quantitativen Behandlung steht allerdings noch die Schwierigkeit entgegen, daß die Erstarrungsdiagramme der technischen Flußeisensorten (insbesondere ihre Beeinflussung durch Eisenoxydul) nicht genügend genau bekannt sind. Immerhin vermögen bereits die folgenden angenäherten Rechnungen einen guten Einblick in die Vorgänge zu geben.

Zu diesem Zwecke sei zunächst mit dem Gesetz der Gefrierpunktserniedrigung[2] die Konzentrationszunahme berechnet, die die im Stahl gelösten Elemente in der Restschmelze während der Erstarrung erfahren.

---

[1] Nur stärker überfrischte, unberuhigte Stähle brodeln in der Pfanne.

[2] Vgl. Bd. I, S. 76.

Es sei eine geradlinig mit der Konzentration der gelösten Stoffe zunehmende Gefrierpunktserniedrigung ΔT angenommen, die sich aus der durch die einzelnen Stoffe bewirkten Gefrierpunktserniedrigungen additiv zusammensetzt:

$$\Delta T = \Delta T_{FeO} + \Delta T_{Mn} + \Delta T_{Si} + \Delta T_C + \ldots .$$

Wir wollen in Übereinstimmung mit Körber und Oelsen setzen: $\Delta T_{FeO} = [FeO] \cdot 10{,}2$, $\Delta T_{Mn} = [Mn] \cdot 5{,}6$, und nehmen ferner an: $\Delta T_C = [\Sigma C] \cdot 125$. Es sei betont, daß diese Annahmen nur angenähert zutreffen und nur für geringe Konzentrationen zulässig sind. Für den Schmelzpunkt des reinen Eisens setzen wir 1530° C.

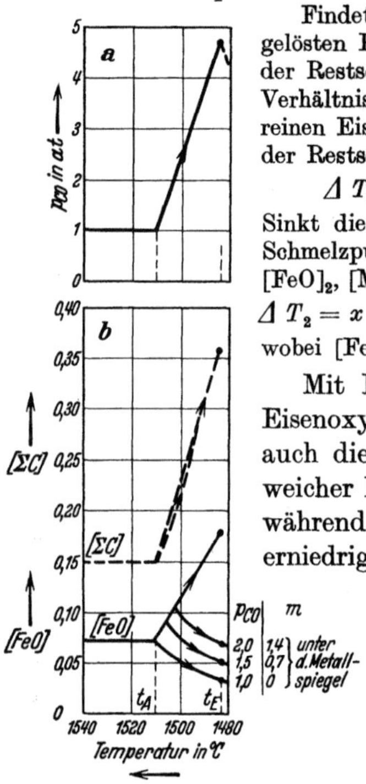

Abb. 137 a und b. Änderungen der CO-Entwicklungsdrucke und der [FeO]- und [ΣC]-Gehalte im flüssigen Metall bei der Erstarrung (p_{CO} in Abb. 137 a gilt nur für den Fall unterdrückter Gasentwicklung).

Findet während der Erstarrung keine Reaktion zwischen den gelösten Elementen statt, so erfolgt ihre Konzentrationszunahme in der Restschmelze, sowie die Gefrierpunktserniedrigung im gleichen Verhältnis. Ist die Temperatur um ΔT_1 unter den Schmelzpunkt des reinen Eisen (1530° C) gefallen, so betragen die Konzentrationen in der Restschmelze:

$$\Delta T_1 = ([FeO]_1 \cdot 10{,}2 + [Mn]_1 \cdot 5{,}6 + [\Sigma C]_1 \cdot 125 + \ldots)$$

Sinkt die Temperatur um den Betrag $\Delta T_2 = x \cdot \Delta T_1$ unter den Schmelzpunkt des reinen Eisens, so errechnen sich die Konzentrationen $[FeO]_2$, $[Mn]_2$ usw. in der Restschmelze nach:

$$\Delta T_2 = x \cdot \Delta T_1 = x\,([FeO]_1 \cdot 10{,}2 + [Mn]_1 \cdot 5{,}6 + [\Sigma C]_1 \cdot 125 + \ldots)$$

wobei $[FeO]_2 = x\,[FeO]_1$, $[Mn]_2 = x\,[Mn]_1$ usw. wird.

Mit Hilfe dieser Beziehungen kann das Verhalten von Eisenoxydul und Kohlenstoff bzw. des Kohlenoxyds, also auch die Desoxydation mit Kohlenstoff, bei der Erstarrung weicher Eisensorten bereits weitgehend untersucht werden, während härtere Stähle wegen der hohen Gefrierpunktserniedrigung bloß qualitativ behandelt werden können.

Als Beispiel sei zunächst die Erstarrung eines weichen, manganfreien Eisens mit der Zusammensetzung $[\Sigma C]_1 = 0{,}15\%$ und $[FeO]_1 = 0{,}072\%$ behandelt[1]. Solange das Metall flüssig ist, beträgt der Entwicklungsdruck $p_{1CO} = 1$ at, d. h. die Gasabgabe kann allenfalls an der Metalloberfläche stattfinden, wo der äußere Druck ebenfalls diese Höhe aufweist. Die Gasabgabe kommt aber bald zum Stillstand, weil p_{CO} mit dem Verbrauch von Kohlenstoff und Eisenoxydul sofort unter 1 at sinkt. Eine Steigerung von p_{CO} beginnt erst bei der Anfangstemperatur der Erstarrung t_A, die sich mit $\Delta T_1 = 0{,}072 \cdot 10{,}2 + 0{,}15 \cdot 125 = 19{,}5$ zu $t_A = 1530 - \Delta T_1 = 1510{,}5°$ C berechnet.

Lassen wir die Abkühlung bis 1505° C ($\Delta T_2 = 25° = 1{,}28\,\Delta T_1$) fortschreiten, so wachsen nach Vorstehendem auch die Konzentrationen um den 1,28fachen Betrag, d. h. es wird $[\Sigma C]_2 = 0{,}192$, $[FeO]_2 = 0{,}092$ und der Reaktionsdruck $p_{2CO} = 1{,}64$ at. Das Gas kann also innerhalb der Restschmelze überall da entstehen, wo die äußeren Druckkräfte unter 1,64 at bleiben; seine Entwicklung kommt unterhalb einer gewissen Tiefe zum Stillstand, die dadurch gekennzeichnet ist, daß der atmosphärische Druck $p_{at} = 1$ at, vermehrt um den hydrostatischen Druck der Metallsäule p_M größer als 1,64 at wird. Als Grenze der Kohlenoxydbildung errechnet sich aus $p_M = \frac{h_M \cdot 7}{10} = 0{,}64$ at eine Tiefe $h_M = 0{,}91$ m unterhalb des Flüssigkeitsspiegels.

[1] Wir haben die Annahme gemacht, daß C und FeO während des Abstiches und Gießens noch soweit miteinander reagiert haben, daß $p_{CO} = 1$ at ist.

Das Verhalten von p_{CO}, $[\Sigma C]$ und [FeO] bei weiterer Abkühlung zeigt die in gleicher Weise errechnete Abb. 137 a und b in Gestalt der beim Erstarrungspunkt ansteigenden Geraden[1]. Nach der bei t_E beendeten Erstarrung geht der Reaktionsdruck p_{CO} wieder zurück, was in Abb. 137 angedeutet ist, aber wegen der für diesen Bereich nicht näher bekannten Löslichkeit von Eisenoxydul in Eisen-Kohlenstofflegierungen nicht weiter rechnerisch verfolgt werden kann. Das Wiederabsinken von p_{CO} bei der Abkühlung des kristallisierten Metalls ergibt sich aus dem Abfall des zwischen reinem FeO und reinem C zustande kommenden Reaktionsdrucks[2] im Verein mit der Erweiterung des γ-Gebietes.

Vorstehender Rechnung liegt die Annahme zugrunde, es finde kein Umsatz zwischen C und FeO statt, was technisch z. B. realisierbar ist, indem man das erstarrende Metall unter hohen äußeren Druck (Harmet-Presse) setzt. Diese Annahme trifft im allgemeinen nicht zu; infolge der Reaktion verschwinden vielmehr äquivalente Mengen C und FeO aus dem Metall, was nunmehr berücksichtigt werden soll.

Wir wollen die Verhältnisse für drei verschiedene Höhenlagen der Flüssigkeitssäule betrachten, und zwar an der Oberfläche, in 0,70 m und in 1,40 m Abstand von der Oberfläche des Metalls. Dies entspricht äußeren Drucken $\Sigma P_a = p_{at} + p_M$ von 1,0, 1,5 und 2 at. Die Berechnung wird (für jede Höhenlage gesondert) in folgender Weise ausgeführt: Man nimmt an, daß das Metall sich zunächst ohne Gasentwicklung um einen bestimmten Betrag abkühle, wobei [FeO], $[\Sigma C]$ und p_{CO} anwachsen. Hierauf erfolge der Umsatz von C und FeO bis zum Gleichgewicht $p_{CO} = \Sigma P_a$. Die durch die Reaktion bewirkte Verminderung der Konzentrationen [FeO] und $[\Sigma C]$ erfordert eine Erhöhung der Erstarrungstemperatur, die sich aus der Gefrierpunktserniedrigung berechnen läßt. Von der zuletzt ermittelten Gleichgewichtstemperatur ausgehend, wird die Rechnung nochmals wiederholt und stufenweise so fort.

Durchführung für die Höhenlage 0,7 m $\sim p_{CO} = 1,5$ at: Aus Abb. 137 folgt, daß eine Reaktion zwischen C und FeO nicht eher erfolgen kann, bis mit der Steigerung der Konzentrationen auf $[\Sigma C]_3 = 0,185$ und $[FeO]_3 = 0,089$ der Entwicklungsdruck $p_{CO} = 1,5$ at erreicht ist. Die entsprechende Gefrierpunktserniedrigung beträgt $\Delta T_3 = 24^0$, die Temperatur mithin $t_3 = 1506^0$ C.

1. Stufe. Weitere Abkühlung auf 1500^0 C $\sim \Delta T = 30^0$ ohne CO-Entwicklung. Es wird $[FeO]_4 = 0,112$ $[\Sigma C]_4 = 0,231$ und $p_{CO} = 2,35$. Bei der nunmehr einsetzenden Gasentwicklung werden auf 0,01% C 0,06% FeO verbraucht; dabei fallen die Konzentrationen[3] auf $[\Sigma C]_5 = 0,225$ und $[FeO]_5 = 0,075$, womit p_{CO} auf 1,5 at abgenommen und die Gasabgabe auf dieser Stufe ihr Ende erreicht hat. Die zu den Konzentrationen $[\Sigma C]_5$ und $[FeO]_5$ gehörige Gefrierpunktserniedrigung ist $\Delta T = 28,9^0 \sim t_5 = 1501,1^0$ C.

2. Stufe. Abkühlung auf 1490^0 C $\sim \Delta T = 40^0$. Vor der CO-Entwicklung Konzentrationszunahme auf: $[\Sigma C] = 0,311$, $[FeO] = 0,104$; nach der CO-Abgabe: $[\Sigma C]_6 = 0,303$, $[FeO]_6 = 0,058$, $t_6 = 1491,5\,^0$ C.

Ebenso die weiteren Stufen.

Hiermit entstehen die in Abb. 137b verzeichneten, bei fallender Temperatur absinkenden Kurven für [FeO] in den verschiedenen Höhenlagen. Die Reaktion zwischen C und FeO setzt beim Übergang des aufsteigenden (bzw. horizontalen)

[1] Für p_{CO} entsteht infolge der Veränderlichkeit von K mit $[\Sigma C]$ eine leicht gekrümmte Kurve. [2] Vgl. Bd. I, S. 146f.

[3] Zur Ermittlung der Konzentrationen nach der CO-Abgabe zeichnet man sich zweckmäßig die Beziehungen zwischen $[\Sigma C]$ und [FeO] für die in Frage kommenden Entwicklungsdrucke auf und zieht die Geraden, die der äquivalenten Verminderung der Konzentrationen entsprechen.

[FeO]-Astes in den absteigenden ein und man sieht, daß sie bei um so tieferer Temperatur beginnt, je größer der Abstand vom Flüssigkeitsspiegel ist. Dies bedeutet, daß es in den tieferen Zonen eines Gusses erst zur Gasentwicklung kommen kann, wenn sich die Kristalle weiter in die Flüssigkeit vorgeschoben haben, und man sieht leicht ein, daß die zwischen den bereits vorgewachsenen

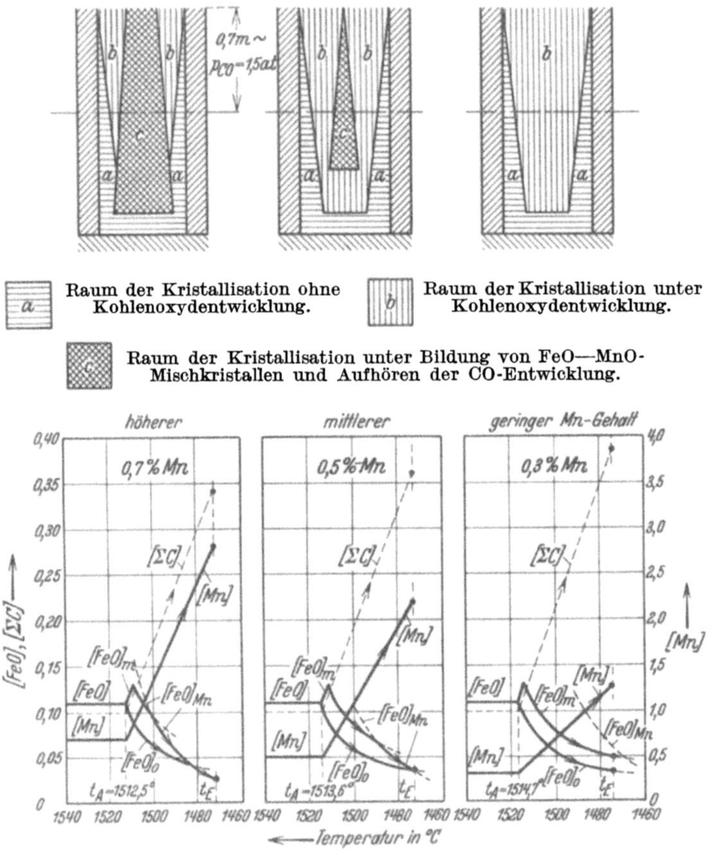

Abb. 138. Wirkung verschiedener Mangangehalte auf die Kohlenoxydentwicklung bei der Erstarrung, sowie die Desoxydation durch Kohlenstoff und Mangan in einem unruhigen Flußeisen mit 0,10 % C.

Dendriten gebildeten Gasblasen zum Teil festgehalten werden können. Hieraus erklärt sich die in unruhigem Flußeisen zu bemerkende verstärkte Anwesenheit der Randblasen im unteren Blockteil (vgl. S. 257).

In den Diagrammen der Abb. 138 wurde in gleicher Weise die Kohlenoxydentwicklung eines weichen Flußeisens mit 0,10% C, 0,11% FeO und Mangangehalten von 0,7, 0,5 und 0,3% behandelt. Der Übersichtlichkeit halber wurden nur die Eisenoxydulgehalte für die Oberfläche $[FeO]_o$ ($p_{CO} = 1$ at) und für 0,7 m unter der Oberfläche (etwa Gußmitte) $[FeO]_m$ ($p_{CO} = 1{,}5$ at) eingezeichnet. Die Temperaturen der beginnenden und beendeten Erstarrung werden mit steigendem Mangangehalt etwas herabgesetzt[1]; im übrigen zeigen sich bei

[1] Die geringe Beeinflussung der Erstarrungstemperaturen durch die normalen Verunreinigungen (P, S) ist hier vernachlässigt.

der Abkühlung die gleichen Erscheinungen, wie in Abb. 137. Bemerkenswert ist aber, daß sich auch das Mangan innerhalb der Restschmelze anreichert und allmählich so hohe Konzentrationen annimmt, daß schließlich eine Reduktion des Eisenoxyduls erfolgen muß. Die Konzentration $[FeO]_{Mn}$, mit der Eisenoxydul neben Mangan beständig ist, läßt sich nach den auf S. 204f. gegebenen Überlegungen berechnen; sie erscheint in Abb. 138 in Form steiler Kurven, die die Kurven für $[FeO]_o$ und $[FeO]_m$ vor beendeter Erstarrung schneiden können. Dies ist für die Mangangehalte 0,5 und 0,7% der Fall und bedeutet, daß der zur Aufrechterhaltung der FeO—C-Reaktion notwendige $[FeO]_o$- bzw. $[FeO]_m$-Gehalt unterschritten wird, ein Zustand, der sich um so eher einstellt, je höher der Mangangehalt des Stahls und je größer der Abstand von der Metalloberfläche ist. Bei der Erstarrung eines unruhigen, manganhaltigen Flußeisens wird also die Kohlenstoffdesoxydation fortschreitend von den unteren nach den oberen Gußzonen durch die Mangandesoxydation abgelöst; sobald an einem Punkte des erstarrenden Gusses der Umsatz zwischen Mn und FeO erfolgt, ist eine Kohlenoxydentwicklung am gleichen Punkt nicht mehr möglich. Für den Stahl mit 0,3% Mn kann eine Manganoxydulbildung innerhalb des Erstarrungsbereichs nicht mehr stattfinden; infolgedessen entwickelt sich in der gesamten Restschmelze Kohlenoxyd bis zur beendeten Erstarrung.

In den oberen Teilbildern von Abb. 138 ist der Verlauf der Kohlenoxydentwicklung in unruhigem Flußeisen mit höherem, mittlerem und geringem Mangangehalt schematisch dargestellt worden, wozu bemerkt sei, daß die den darunter befindlichen Diagrammen entsprechenden Mangangehalte nur als Anhalt zu betrachten sind. Zum Verständnis der Bilder ist die Annahme notwendig, daß die Erstarrung unter Bildung parallel zu den Seitenflächen und der Grundfläche wachsender Schichten erfolgt. Sobald die Kristallschichten auf die mit *a*, *b* und *c* benannten Räume stoßen, erfolgt an und unterhalb der Berührungsstelle der durch diese Räume gekennzeichnete Vorgang.

Wir sehen wieder, daß die Kohlenoxydentwicklung (kenntlich an dem Absinken des FeO-Gehaltes) in den tieferen Zonen des Gusses später einsetzt, als in den oberen (Raum *b* in Abb. 138).

Bei höheren Mangangehalten des Stahls kann der für die Mangandesoxydation charakteristische Raum *c* im unteren Teil der Form unmittelbar an den Raum *a* anschließen, so daß es dort nicht zur Gasentwicklung, sondern zur sofortigen Ausscheidung von MnO—FeO-Mischkristallen kommt, die zum Teil im Kristallgeflecht hängen bleiben, zum Teil an die Oberfläche aufsteigen werden. Der Kochvorgang setzt nur in den oberen Schichten unter Abgabe entsprechend geringerer Gasmengen ein; bei weiterer Abkühlung tritt er nach und nach auf Kosten der Bildung von Desoxydationsprodukten in den Hintergrund.

Bei mittleren Mangangehalten erfolgt die Gasabgabe zunächst nach Maßgabe der vorschreitenden Kristallisation von unten her, bis mit der Volumeneinengung der Restschmelze nach einiger Zeit der Raum *c* angeschnitten wird, wobei die Gasentwicklung von unten nach oben allmählich durch die Ausscheidung von Desoxydationsprodukten abgelöst wird.

Bei Stählen mit geringen Mangangehalten wird die CO-Entwicklung wenig oder gar nicht durch die Manganreaktion unterbunden, weil die Anreicherung des Mangans in der Restschmelze nicht ausreicht, um dessen Reaktion mit Eisenoxydul zu veranlassen.

Obwohl die hier scharf nebeneinander gestellten Vorgänge infolge der mechanischen Bewegung des gasenden Stahls in der Form und des dadurch beförderten Konzentrationsausgleichs, sowie beim Gießen selbst ineinander eingreifen[1]

[1] Von Einfluß ist wahrscheinlich weiter, daß die Reaktion zwischen Kohlenstoff und Eisenoxydul mit begrenzter Geschwindigkeit erfolgt, was hier nicht berücksichtigt wurde.

erkennen wir doch die für die Herstellung unruhigen Materials wichtige Eigenschaft des Mangans, das gelöste Eisenoxydul weiter zu zerstören, als es durch Kohlenstoff möglich ist und die Menge des entwickelten Gases entsprechend der Volumenverminderung der Schmelze zu regulieren.

Die Erfahrung hat dazu geführt, für jeden unruhigen Stahl einen mittleren, begrenzten Konzentrationsbereich des Mangans als den günstigsten zu betrachten, dessen Höhe vom Kohlenstoffgehalt und auch von der Gußform abhängt. Bei Unterschreiten dieses Bereichs braust das Metall stürmisch auf und steigt in der Form empor, weil eine Regulierung der Gasentwicklung ausbleibt. Bei zu hohen Mangangehalten wird der Stahl zu früh „dick", weil die sich früh und zahlreich ausscheidenden Desoxydationsprodukte (Blockschaum) den Durchtritt des in geringerer Menge gebildeten Gases erschweren, auch pflegt der Stahl einen sehr nahe an der Blockoberfläche gelegenen Blasenkranz zu zeigen, wohl weil die geringe mechanische Bewegung ein dichteres und zum Festhalten der Restschmelze und Gasblasen mehr befähigtes Primärdendritengeflecht zur Folge hat.

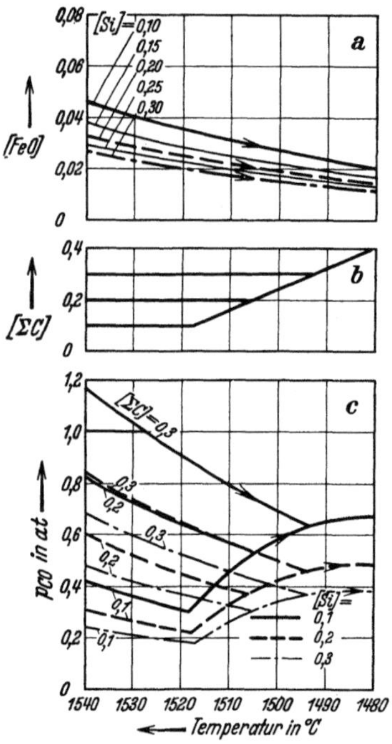

Abb. 139. Einfluß des Siliziums im flüssigen Metall (Mutterlange) auf den Entwicklungsdruck des Kohlenoxyds.

Je geringer der Eisenoxydulgehalt des Stahls (bei gleichbleibendem Kohlenstoffgehalt) ist, um so mehr kann die Abkühlung vorschreiten, ehe der Reaktionsdruck die zur Gasentwicklung notwendige Höhe erreicht. Bei nicht gut ausgekochten Schmelzungen, die also einen gewissen FeO-Überschuß aufweisen, braust der Stahl ähnlich wie bei zu geringem Mn-Gehalt und die Gasentwicklung beginnt in allen Gußzonen entsprechend früher, so daß die äußere Randblasen näher an die Blockwand heranrückt. Eine ganz schwache Verminderung des Eisenoxydulgehalts, wie sie z. B. infolge der Wechselwirkung des Stahls mit den Gießsteinen bei steigendem Guß denkbar ist[1], scheint sich nach den Beobachtungen von W. Eichholz und J. Mehovar[2] auf die Breite des dichten Blockrands günstig auszuwirken. Ein Zusatz von Silizium ohne die Absicht, den Guß zu beruhigen, darf jedoch nur mit äußerster Vorsicht gegeben werden, da sonst die Steigerung des Reaktionsdrucks erst dann erfolgt, wenn mit der Bildung von Globularkristallen im Innern des Gusses ein steifes, dickflüssiges Kristallschmelzgemenge entstanden ist, das durch die schlecht entweichenden Gase hochgedrückt wird.

In Abb. 139 a—c ist eine Berechnung der Kohlenoxydreaktionsdrücke durchgeführt, die bei der Erstarrung von mit Silizium desoxydierten Kohlenstofflegierungen auftreten. Im oberen Teilbild sind die [FeO]-Gehalte dargestellt, die die siliziumhaltige (Rest-) Schmelze aufweisen kann[3], Teilbild b zeigt die

[1] Vgl. S. 234. [2] Arch. Eisenhüttenwes. Bd. 5 (1931/32) S. 456.

[3] Die Abhängigkeit zwischen [Si] und [FeO] wurde mit Hilfe der nach tieferen Temperaturen extrapolierten Konstanten $K'_{Si} = [FeO]^2\,[Si]$ ermittelt (vgl. S. 264, Zahlent. 15).

Zunahme des Kohlenstoffgehalts in der Restschmelze während der Erstarrung und Teilbild c die aus [FeO] und [Σ C] errechneten Reaktionsdrucke für einige Siliziumgehalte. Die Darstellung ist nicht ganz exakt, weil die Anreicherung des Siliziums in der Restschmelze nicht berücksichtigt ist[1]. Immerhin zeigt sich, daß selbst bei Anwesenheit von 0,1% Si in der Restschmelze der Druck $p_{CO} = 1$ at nicht erreicht wird, eine Bildung von Kohlenoxydblasen demnach unmöglich ist. Selbst bei sehr harten Stählen dürften 0,2% Si ausreichen, um die Entwicklung von Kohlenoxyd vollständig zu unterbinden. (Wenn derartige Stähle dennoch blasig sind, ist dies auf die gleichzeitige Anwesenheit anderer Gase zurückzuführen[2].)

Auf ähnlichem Wege läßt sich der Nachweis führen, daß bei Gegenwart von Aluminium schon in sehr geringen Konzentrationen die Gefahr einer Kohlenoxydbildung vollkommen gebannt ist.

Wasserstoff und seine Verbindungen.

Der Druck, mit dem das im Stahl gelöste Wasserstoffgas zu entweichen sucht, ergibt sich aus der Absorptionsgleichung:

$$K_{\text{Fe—H}} = \frac{[\text{H}]}{\sqrt{p_{\text{H}_2}}} \quad \text{zu} \quad p_{\text{H}_2} = \frac{[\text{H}]^2}{K^2_{\text{Fe—H}}},$$

worin $K_{\text{Fe—H}}$, wenn der Wasserstoffgehalt [H] des Metalls in Gewichtsprozenten gemessen wird, für die verschiedenen Eisenmodifikationen und die Schmelze durch folgende Gleichungen wiedergegeben werden kann[3]:

$$\begin{aligned} \text{Für } \alpha\text{-Fe: } K_{\alpha-\text{H}} &= 48 \cdot 10^{-8}\, t^0\,\text{C} - 17{,}2 \cdot 10^{-5}, \\ \text{für } \gamma\text{-Fe: } K_{\gamma-\text{H}} &= 88 \cdot 10^{-8}\, t^0\,\text{C} - 37{,}2 \cdot 10^{-5}, \\ \text{für } \delta\text{-Fe: } K_{\delta-\text{H}} &= 60 \cdot 10^{-8}\, t^0\,\text{C} - 30{,}0 \cdot 10^{-5}, \\ \text{für die Schmelze: } K_{\text{fl.}-\text{H}} &= 275 \cdot 10^{-8}\, t^0\,\text{C} - 175{,}5 \cdot 10^{-5}. \end{aligned}$$

Die Konstanten wurden an reinem Eisen gemessen; es ist aber anzunehmen, daß sich ihre Werte bei Anwesenheit der im technischen Eisen vorhandenen Begleitelemente nicht wesentlich ändern. Dagegen muß berücksichtigt werden, daß während Erstarrung des Metalls neben der flüssigen Phase Kristalle bestehen, die je nach der Zusammensetzung des Stahls der δ- oder der γ-Modifikation (oder beiden) angehören, und mengenmäßig mit sinkender Temperatur zunehmen. Auch bei den Umwandlungen des kristallisierten Metalls sind in gewissen Temperaturbereichen zwei Modifikationen nebeneinander beständig.

Wie an anderer Stelle[4] eingehender beschrieben wurde, kann der gleichzeitigen Anwesenheit von zwei Aggregatzuständen oder kristallisierten Modifikationen des Metalls durch die Bildung einer „mittleren“ Gleichgewichtskonstanten K_m Rechnung getragen werden, deren Höhe sich aus den den betreffenden Phasen zugehörigen Konstanten und den Phasengewichten ergibt; es ist allgemein:

$$K_m = \frac{[\text{H}]_m}{\sqrt{p_{\text{H}_2}}} = \frac{K_I \cdot G_I + K_{II} \cdot G_{II}}{G_I + G_{II}},$$

worin $[\text{H}]_m$ den Gesamtwasserstoffgehalt des Phasengemenges, K_I und G_I, K_{II} und G_{II} die Konstanten bzw. Gewichte der Phasen I und II bedeuten.

[1] Wegen der Unsicherheit des Zustandsdiagramms für das Dreistoffsystem Fe—Si—C.

[2] Vgl. S. 258f.

[3] Vgl. Bd. I, S. 155. Die Konstante für den flüssigen Zustand ist nicht sehr sicher, was jedoch die meisten Schlußfolgerungen nicht berührt. [4] Bd. I, S. 156.

Für die hier beabsichtigten Überlegungen dürfen die Konstanten mit Hilfe vorstehender Temperaturfunktionen ohne nennenswerten Fehler extrapoliert werden, wenn der Schmelzpunkt des Eisens infolge der Anwesenheit gelöster Stoffe sinkt oder seine Umwandlungspunkte verschoben werden. Die Phasengewichte G kann man mit der Hebelbeziehung oder rechnerisch finden; Rechnungsbeispiele finden sich in Bd. I, S. 156f. Auch folgender Weg ist gangbar, um K_m mit ausreichender Genauigkeit während der Erstarrung oder einer Umwandlung aufzusuchen, sobald die Anfangs- und Endtemperatur dieser Vorgänge bekannt sind: Man zeichnet die Konstanten der einzelnen Phasen gemäß vorstehenden Gleichungen in Abhängigkeit von der Temperatur im gleichen Diagramm ein und verbindet die K-Werte der oberhalb und unterhalb des Erstarrungs- (Umwandlungs-) bereichs beständigen Phasen für die Anfangs- und Endtemperatur des Vorganges durch eine gerade Linie; letztere gibt die Temperaturabhängigkeit von K_m während der Phasenumwandlung an.

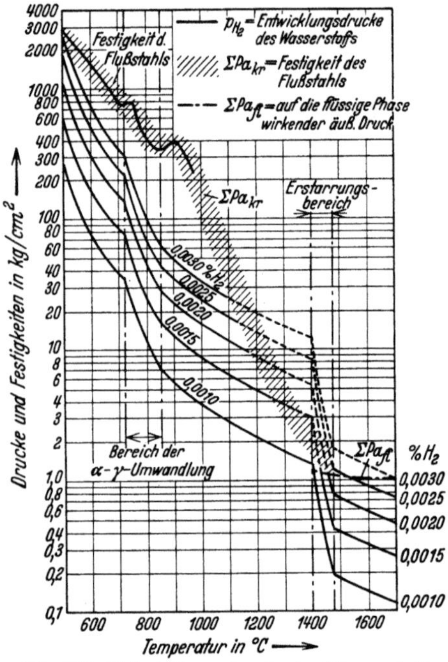

Abb. 140. Entwicklungsdrucke des Wasserstoffs in einem Stahl.

Gemäß der eingangs gegebenen Gleichung steigt der Entwicklungsdruck p_{H_2} bei gegebenem Wasserstoffgehalt des Metalls umgekehrt mit dem Quadrat der (mittleren) Gleichgewichtskonstante an. Da die Konstanten mit sinkender Temperatur fallen, erhöht sich der Entwicklungsdruck im allgemeinen bei der Abkühlung; dies trifft ausnahmslos zu solange das Metall eine einzige Phase darstellt, ferner bei der Erstarrung und beim Übergang der γ- in die α-Modifikation. Der Übergang der δ- in die γ-Modifikation ist dagegen mit einer Abnahme von p_{H_2} verbunden, weil der ersteren die kleinere Absorptionskonstante zugehörig ist.

In welcher Größenordnung sich die Entwicklungsdrucke des Wasserstoffs zu bewegen vermögen, zeigt die vom Verfasser gemeinsam mit L. Luckemeyer-Hasse[1] mitgeteilte Abb. 140, in der ein Stahl angenommen ist, der zwischen 1480 und 1400° C unter Ausscheidung von γ-M.K. erstarrt und zwischen 840 und 720° C in die α-Modifikation übergeht. Die Drucke wurden nach den vorstehend beschriebenen Verfahren für Wasserstoffgehalte von 0,001—0,003% berechnet.

Neben diesen Druckkurven ist eine mit $\Sigma\, P_{a\,fl.}$ benannte Kurve eingetragen, die die auf die Restschmelze wirkenden äußeren Druckkräfte kennzeichnen soll; ihre Lage ist gemäß dem hydrostatischen Druck der Flüssigkeitssäule nach oben zu verändern. Man sieht, daß der Entwicklungsdruck p_{H_2} im Erstarrungsbereich schon bei sehr geringen Wassergehalten des Metalls größer als $\Sigma\, P_{a\,fl.}$ werden kann, was die als „Wasserstoffunruhe" bekannte Gasentwicklung aus der Restschmelze zur Folge haben muß. Diese Gefahr scheint aufzutreten, sobald der Wasserstoffgehalt 0,0010% überschreitet. Sobald sich infolge der Gasausscheidung der Wasserstoffgehalt des Metalls vermindert, verlieren natürlich die über $\Sigma\, P_{a\,fl.}$ hinausgehenden p_{H_2}-Kurven ihre Bedeutung.

[1] Arch. Eisenhüttenwes. Bd. 6 (1932/33) S. 209—214; Techn. Mitt. Krupp H. 4 (1933. S. 121—126.

Es erscheint nun die Feststellung von höchstem Interesse, daß der Entwicklungsdruck p_{H_2} auch für geringe Wasserstoffgehalte, die an sich noch nicht zur Unruhe führen, bei der weiteren Abkühlung in eine Größenordnung gelangen kann, die die Festigkeit des Stahls erreicht oder überschreitet. Man kann voraussehen, daß dies nicht ohne Folgen für den Zusammenhang des Materials bleiben kann; die inneren Spannungen müssen zu einer Materialtrennung führen. In Abb. 140 wurde die Temperaturfestigkeitskurve eines Stahls, der sich bezüglich seines Erstarrungs- und Umwandlungsgebiets von den dortigen Annahmen nicht wesentlich unterscheiden durfte, nach den Messungen von P. Goerens[1] eingezeichnet (umgerechnet auf kg/cm² $\sim$ at). Nach der Seite höherer Temperaturen ist die Festigkeit, die nach S. 237 praktisch den äußeren Druckkräften $\Sigma P_{a\,kr.}$ gleichgesetzt werden kann, nicht bekannt; ihr Verlauf kann dort nur unter dem Gesichtspunkt geschätzt werden, daß die Festigkeit der Kristalle im Erstarrungsbereich sehr klein ist. Die p_{H_2}-Kurve für $[H] = 0{,}001\,\%$ würde die Festigkeitskurve etwa bei 400° C schneiden.

Ähnliche Gedankengänge wurden übrigens schon vor vielen Jahren von H. Wedding[2] geäußert: „Bei längerem Liegen z. B. von aus Flußeisen hergestellten Maschinenteilen können in denselben durch den im Innern des Stückes ausgeschiedenen Wasserstoff, der unter einem hohen Druck steht, wenn keine Auslässe vorhanden sind, Spannungen erzeugt werden, durch deren Einwirkung die Festigkeitseigenschaften des Eisens erheblich beeinflußt werden müssen."

Über die Erscheinungsform derart zu erwartender Materialtrennungen können nur Vermutungen geäußert werden. Es ist nicht recht vorstellbar, wie eine Zerreißung aussehen soll, wenn das Gas und damit seine Entwicklungsspannungen homogen durch das kristallisierte Material verteilt sind. Andererseits ist denkbar, daß sich der Konzentrationsausgleich des Gases nicht restlos vollzieht; in Analogie zu den Vorgängen bei der Kristallseigerung, die bekanntlich auf mangelhafte Diffusion gelöster Begleitelemente in den Kristallen während und nach der Erstarrung zurückzuführen ist, kann man sich vorstellen, daß die zuletzt erstarrende und mit dem höchsten Wasserstoffgehalt behaftete Restschmelze den Ort der Materialtrennung bildet. Dies ist um so wahrscheinlicher, als die bei nahezu beendeter Erstarrung zwischen den Kristallen hängende Restschmelze den Hauptteil der Verunreinigungen enthält und gewissermaßen durch einen für das Gas undurchlässigen Film von Desoxydationsprodukten gegen die Kristalle abgeschlossen ist. Somit könnte man sich das Bild machen, daß zwischen den Primärkristallen Orte geringster Festigkeit und höchsten Wasserstoffgehalts entstehen, die bei der Abkühlung im kristallisierten Zustand unter außergewöhnlich hohe Spannungen geraten und gesprengt werden; damit tritt zugleich die „Reinheit" des Stahls als bedeutungsvolle Eigenschaft in den Vordergrund, indem anzunehmen ist, daß örtlich hohe Entwicklungsdrucke des Wasserstoffs mit ihrer angenommenen Sprengwirkung in einem reinen Stahl infolge besserer Diffusionsmöglichkeiten nicht zur Ausbildung kommen können. Schließlich muß man nach Versuchen von G. Lewkonja und W. Bankloh[3] annehmen, daß die Ausbildung kleiner Kristalle die Diffusion des Wasserstoffs begünstigt; durch die Gieß- und Erstarrungsbedingungen wird man daher das Verhalten

[1] Vgl. P. Oberhoffer: Das technische Eisen, S. 280, Abb. 232. Berlin: Julius Springer 1925. [2] Stahl u. Eisen Bd. 23 (1903) S. 1273.
[3] Arch. Eisenhüttenwes. Bd. 6 (1932/33) S. 453—457.

des Gases bei der Abkühlung noch beeinflussen können, ebenso wie es denkbar ist, daß lang dauerndes Glühen des Materials, unterstützt durch mechanische Verformung, den Konzentrationsausgleich und unter Umständen ein Entweichen des Gases soweit begünstigt, daß eine schädliche Wirkung nicht mehr in Betracht kommt.

Es muß jedoch noch erwähnt werden, daß ein Überschreiten der (örtlichen) Festigkeit durch die Entwicklungsspannung des Gases nicht unbedingt notwendig erscheint, um die vermuteten Wirkungen hervorzurufen; hierzu genügt offenbar bereits, daß sich zu vorhandenen mechanischen (Abkühlungs-)Spannungen eine Gasspannung von genügender Höhe addiert.

Enthält der flüssige Stahl Eisenoxydul, so kann sich bei Anwesenheit von Wasserstoff **Wasserdampf** nach $FeO + H_2 \rightleftharpoons Fe + H_2O$ mit einem Entwicklungsdruck bilden, der von dem des Wasserstoffs und der Konzentration des Eisenoxyduls abhängt; es gilt (M.W.G.):

$$\frac{p_{H_2}}{p_{H_2O}}[FeO] = K_{H_2O}$$

und mithin für den Gesamtdruck beider Gase:

$$p_{H_2} + p_{H_2O} = \frac{[H]^2}{K^2_{Fe-H}}\left(1 + \frac{[FeO]}{K_{H_2O}}\right).$$

Die Konstante K_{H_2O} ist in Abb. 136, S. 239 für flüssiges Eisen dargestellt[1]; bei geringen Eisenoxydulgehalten kann das zweite Glied in der Klammer unberücksichtigt bleiben, d. h. der Entwicklungsdruck des Wasserdampfs ist zu vernachlässigen.

Bei tiefen Temperaturen führt die Reaktion zwischen Kohlenstoff und gelöstem Wasserstoff zur Bildung von **Methan**: $C + 2\,H_2 \rightleftharpoons CH_4$. Liegt Kohlenstoff in elementarer Form oder (wie im Perlit) karbidisch als selbständige Phase vor, so besteht die Beziehung[2]:

$$\frac{p^2_{H_2}}{p_{CH_4}} = K_{CH_4} \text{ bzw. } p_{CH_4} = \frac{p^2_{H_2}}{K_{CH_4}} = \frac{[H]^4}{K^4_{Fe-H} \cdot K_{CH_4}}.$$

Der Einfachheit halber sei hier nur auf Kohlenstoffstähle unterhalb des Perlitpunkts eingegangen, für die der Reaktionsdruck des Methans von erheblicher Bedeutung sein kann. Die Meßergebnisse von R. Schenck und Mitarbeitern[2] können für diesen Fall durch die Gleichung: $\log K_{CH_4} = -7990 : T + 8,75$ wiedergegeben werden (vgl. Zahlentafel 12).

Zahlentafel 12.
Konstanten der Reaktion:
Zementit + $2\,H_2 \rightleftharpoons$ Ferrit + CH_4.

t^0 C	T	$\log K_{CH_4}$	K_{CH_4}
327	600	—4,57	$2,7 \cdot 10^{-5}$
377	650	—3,55	$2,8 \cdot 10^{-4}$
427	700	—2,66	$2,2 \cdot 10^{-3}$
477	750	—1,91	$1,2 \cdot 10^{-2}$
527	800	—1,24	$5,8 \cdot 10^{-2}$
577	850	—0,65	0,22
627	900	—0,13	0,74
677	950	+ 0,34	2,1
720	993	+ 0,70	5,0

Beachten wir, daß der Entwicklungsdruck p_{H_2} in einem Stahl mit 0,0010% Wasserstoff bei etwa 627° C (gemäß Abbildung 140) 200 at beträgt, so ergibt sich für den Reaktionsdruck des Methans:

$$p_{CH_4} = \frac{p^2_{H_2}}{K_{CH_4}} = \frac{40000}{0,74} = 54000 \text{ at.}$$

[1] Vgl. Bd. I, S. 292, Zahlentafel 22; dort K' genannt. [2] Vgl. Bd. I, S. 165f.

Die berechnete Druckgröße[1], die mit fallender Temperatur weiter wächst, übersteigt die Festigkeit jeden Materials so weitgehend, daß ein Einfluß auf den Materialzusammenhang unbedingt zu erwarten ist. Die Gefahren der Bildung gasförmiger Verbindungen des Wasserstoffs sind um so größer, als diese wegen ihres großen Molekülvolumens nur sehr langsam durch das Metall diffundieren können. Tatsächlich konnten W. S. Meßkin und J. M. Margolin[2] die zerstörende Wirkung des Wasserstoffs in Verbindung mit seiner Reaktion mit Kohlenstoff augenfällig demonstrieren.

Schließlich kann sich in einem stickstoffhaltigen Stahl zu vorstehenden Druckgrößen noch der Reaktionsdruck p_{NH_3} des Ammoniaks addieren, dessen Bildung im Sinne der Gleichung $3\,H_2 + N_2 \rightleftharpoons 2\,NH_3$ erfolgen wird. Er berechnet sich aus der Gleichung des M.W.G.:

$$\frac{p_{H_2}^3 \cdot p_{N_2}}{p_{NH_3}^2} = D_{NH_3},$$

in die der vom Stickstoffgehalt des Metalls und der Temperatur abhängige Entwicklungsdruck[3] p_{N_2} einzusetzen ist. Die Dissoziationskonstante D_{NH_3} des gasförmigen Ammoniaks[4] wird allerdings erst bei niedrigen Temperaturen ($< 300^0$ C) so klein, daß p_{NH_3} neben den anderen Druckgrößen ins Gewicht fällt.

Wenn die chemische Energie, mit der sich die Assoziation der im Metall gelösten Wasserstoffatome zum Gasmolekül bzw. ihr Umsatz mit Kohlenstoff (und Stickstoff) zu vollziehen strebt, nach Vorstehendem mit fallender Temperatur wächst, so nimmt andererseits die Geschwindigkeit der Vorgänge ab; obwohl wir uns ein zahlenmäßig greifbares Bild der letzteren nicht machen können, läßt sich doch vermuten, daß die Ausbildung der auf das Entweichungsbestreben der Gase zurückzuführenden inneren Spannungen des Metalls durch genügend schnelle Abkühlung unterbunden werden kann.

Ein Mittel, den im flüssigen Stahl gelösten Wasserstoff durch chemische Bindung, d. h. durch eine „Dehydrierung" in Analogie zur Desoxydation unschädlich zu machen, kennen wir zur Zeit nicht. Die beruhigende Wirkung von Aluminium und Silizium erstreckt sich auf die Kohlenoxydreaktion[5]; eine Bindung des Wasserstoffs oder die im Schrifttum oft vermutete „Erhöhung der Gaslöslichkeit" ist von diesen Stoffen nicht zu erwarten[6]. Es ist bekannt, daß hochsiliziertes Transformatorenmaterial (etwa 4% Si), wenn es unter ungünstigen Bedingungen erschmolzen wurde (z. B. Zugabe von feuchten Ferrosilizium), Wasserstoffblasen aufweisen kann[7], und der Verfasser konnte sogar in einem mit 1% Aluminium legierten Stahl Gasentwicklung beobachten. Diese Tatsachen dürften die Ansicht von einer allgemein gasbindenden Eigenschaft der genannten Elemente widerlegen.

Das einzige Mittel, den Wasserstoffgehalt des Metalls zu drücken, bietet eine lebhafte und zeitlich genügend ausgedehnte Kochreaktion, deren Wirkung teils mechanisch und teils chemisch begründet ist. Indem sich im Inneren des Metalls

---

[1] Möglicherweise beschreibt vorstehende Gleichung des M.W.G. die Verhältnisse bei sehr hohen Drucken nicht mehr quantitativ richtig, weil die Gase sich nicht mehr ideal verhalten. Die Schlußfolgerungen werden dadurch nicht berührt.

[2] Arch. Eisenhüttenwes. Bd. 6 (1932/33) S. 399—405. [3] Vgl. S. 252.

[4] Vgl. Bd. I, S. 174f. [5] Aluminium bindet überdies Stickstoff.

[6] Die von E. Martin (vgl. Bd. I, S. 192) beobachtete Wasserstofflöslichkeit kristallisierten Fe—Si-Legierungen darf nicht auf den flüssigen Zustand verallgemeinert werden.

[7] Vgl. Sisco-Kriz: Das Elektrostahlverfahren. Berlin: Julius Springer 1929.

zahlreiche Blasen bilden, die aus reinem Kohlenoxyd bestehen, ist dem Wasserstoffgas die Möglichkeit gegeben, auf verhältnismäßig kurzen Wegen in Hohlräume einzudringen, die zunächst bezüglich Wasserstoffdrucks Vakuum ($p_{H_2} = 0$) aufweisen[1]. Das an die Badoberfläche aufsteigende Gasgemisch puffert das Metall gegen die Ofengase ab und hemmt so den Zutritt des darin enthaltenen oder durch Reduktion von Wasserdampf ($Fe + H_2O \rightarrow FeO + H_2$) entstehenden Wasserstoffs. Bei wachsendem Eisenoxydulgehalt des Stahls, insbesondere beim Frischen auf sehr geringe Kohlenstoffgehalte, tritt wahrscheinlich auch die Oxydation des Gases ($FeO + H_2 \rightarrow Fe + H_2O$) mehr und mehr in den Vordergrund.

Während die Wasserstoffaufnahme des Stahls aus den Heizgasen des S.M.-Ofens wegen der großen Zahl der sie beherrschenden Umstände kaum rechnerisch zu erfassen ist, kann man für die Windfrischverfahren in etwa die obere Konzentrationsgrenze festlegen, mit der man durch Eindringen der Luftfeuchtigkeit zu rechnen hat.

Wir wollen den ungünstigsten Fall annehmen, daß die Luft an einem heißen, regnerischen Tage mit Wasserdampf gesättigt sei. Bei 30° C Lufttemperatur würde der Partialdruck des Wasserdampfes in der Luft $p_{H_2O} = 0{,}04$ at betragen; in den Konverter gelangt demnach ein Gasgemisch, bestehend aus etwa 4% H_2O, 75,8% N_2 und 20,2% O_2. Ferner sei angenommen, daß der Windsauerstoff vollkommen zur Bildung flüssiger Oxyde verbraucht wird, so daß das Abgas keine Kohlenoxyde enthält. Das innerhalb des Metallbades befindliche Gasgemisch besteht nach Verbrauch des Luftsauerstoffs und Zersetzung des Wasserdampfes aus rund 95% N_2 und 5% ($H_2 + H_2O$); befindet es sich unter einem mittleren Gesamtdruck $\Sigma P_a = 1{,}3$ at, so beträgt die Summe der Partialdrucke:

$$\Sigma P' = p_{H_2} + p_{H_2O} = \Sigma P_a \frac{5}{100} = 0{,}065 \text{ at.}$$

Das Metall möge sich auf 1630° C befinden und 0,3% FeO enthalten; aus der Gleichgewichtsbedingung der Reaktion $FeO + H_2 \rightleftharpoons Fe + H_2O$ ergibt sich dann der für die Wasserstoffaufnahme des Metalls maßgebende p_{H_2}-Wert. Die Gleichung[2]:

$$K_{H_2O} = \frac{[FeO]\, p_{H_2}}{p_{H_2O}} = \frac{[FeO]\, p_{H_2}}{\Sigma P' - p_{H_2}} \text{ liefert}^3\text{:} \quad p_{H_2} = \frac{K_{H_2O} \cdot \Sigma P'}{[FeO] + K_{H_2O}} = \frac{6 \cdot 0{,}065}{0{,}3 + 6} = 0{,}06 \text{ at.}$$

Die maximal mögliche Wasserstoffaufnahme des Metalls aus der Luft ergibt sich dann zu[4]:

$$[H] = K_{fl.-H} \cdot \sqrt{p_{H_2}} = 272 \cdot 10^{-5} \sqrt{0{,}06} = 0{,}00067\,\%.$$

Hingewiesen sei auf die nicht vollständige Zersetzung des Wasserdampfes, die hier nur etwa 88% ausmacht. In diesem Zusammenhang ist bemerkenswert, daß H. Bansen[5] in den Abgasen des Thomaskonverters eine Wasserzersetzung von im Mittel nur 70% nachweisen konnte. Erst nach genauerer Kenntnis von K_{H_2O} und unter Berücksichtigung von [FeO] läßt sich entscheiden, wieweit dieser Wert vom Gleichgewichte abweicht.

Auffallend sind die von Améen und Willners gefundenen Wasserstoffgehalte des Bessemerstahls (Zahlentafel 11, S. 236) die (umgerechnet 1 ncm³/kg = $9 \cdot 10^{-6}$ Gew.-%) zwischen 0,00025 und 0,0035% liegen. Die höheren Werte wurden nach der für $K_{fl.-H}$ angegebenen Gleichung, die aus Messungen von A. Sieverts abgeleitet wurde, die Sättigung für $p_{H_2} = 1$ at überschreiten.

Die in erstarrten Stählen enthaltenen Wasserstoffmengen sind — gelegentlich von Sauerstoffanalysen — z. B. von W. Hessenbruch und P. Oberhoffer[6] und von H. Diergarten[7] mitgemessen worden. Die gefundenen Gehalte liegen zwischen 0,0001 und etwa 0,0014% Wasserstoff, ohne daß sich Beziehungen

---

[1] Vgl. hierzu P. Bardenheuer: Stahl u. Eisen Bd. 53 (1933) S. 488—496.
[2] Vgl. S. 248. [3] K_{H_2O} = etwa 6 nach Abb. 136, S. 239.
[4] $K_{fl.-H}$ = etwa $272 \cdot 10^{-5}$ nach S. 245. [5] Stahl u. Eisen Bd. 50 (1930) S. 672.
[6] Arch. Eisenhüttenwes. Bd. 1 (1927/28) S. 583—603.
[7] Stahl u. Eisen Bd. 49 (1929) S. 1053f.

zu der Zusammensetzung und Herstellung der Stähle ergaben. Das Fehlen solcher Beziehungen ist verständlich, wenn man beachtet, daß in den Unterschieden der Feuchtigkeit von Rohstoffen und Heizgasen, in der Führung des Kochprozesses und in der Desoxydation eine Reihe neuer Abhängigkeiten zu erblicken sind, deren Einfluß nur durch umfassende Großversuche nachgegangen werden kann. Hinzu tritt die je nach den Abmessungen des Gusses, seiner Abkühlungsdauer und Warmverarbeitung verschiedene Möglichkeit einer Wasserstoffdiffusion durch das glühende Metall.

Bisher liegen verhältnismäßig wenige Betriebsbeobachtungen dieser Art vor, doch können aus diesen bereits die Vorsichtsmaßregeln gewonnen werden, mit deren Hilfe man die Gefahren eines zu hohen Wasserstoffgehalts begegnen kann. Man wird häufig feststellen können, daß ein Bad, das nicht gut gekocht hat oder nach dem Kochen längere Zeit ruhig im Ofen belassen wird, beim Guß zur Gasblasenbildung oder sogar zur Wasserstoffunruhe neigt. Es ist anzunehmen, daß im letzteren Fall eine nachträgliche Reaktion mit Wasserdampf stattgefunden hat, der sowohl aus dem Heizgas, wie aus Zuschlägen stammen könnte. Es scheint, daß die Schlackendecke selbst ein vollkommen ruhig im Ofen liegendes Bad nicht gegen die Einwirkung feuchter Ofengase abschließen kann; dies ist vielleicht mit den Untersuchungsergebnissen von H. Salmang und A. Becker[1] zu erklären, nach denen geschmolzene Gläser geringe Mengen Wasserdampf, wahrscheinlich unter chemischer Bindung, zu lösen vermögen. Wenngleich sich die metallurgischen Schlacken in ihrer Zusammensetzung wesentlich von den untersuchten Kalk-Natrongläsern unterscheiden, ist eine ähnliche Wasserdampfbindung in ihnen denkbar. Man hätte sich dann vorzustellen, daß die Schlacke aus den Ofengasen Wasserdampf herauslöst, der seinerseits zur Metalloberfläche wandert und dort zersetzt wird.

Eine weitere Gefahrenquelle muß man nach den Versuchen von O. v. Keil und E. Czermak[2] in der Feuchtigkeit des Kalks erblicken, namentlich wenn dieser mit einem ausgekochten oder desoxydierten Stahl in Berührung kommt. Bekanntlich nimmt gebrannter Kalk, im Gegensatz zu ungebranntem, verhältnismäßig schnell (unter Zerfall) Luftfeuchtigkeit auf. Demgemäß konnten die Beobachter feststellen, daß basische Elektrostähle, die mit gebranntem Kalk hergestellt waren, wesentlich mehr Gasblasen im Blockinneren zeigten, als die mit ungebranntem Kalk, im übrigen aber gleichartig verarbeiteten Stähle. Damit ergibt sich von selbst die Notwendigkeit, nur guten, unzerfallenen Kalk namentlich dann zu verarbeiten, wenn mit einem weiteren Herauskochen des Wasserstoffs aus dem Stahl nicht mehr zu rechnen ist. Aus dem gleichen Grunde wird man vermeiden, den Stahl in ungenügend getrocknete Pfannen abzustechen und ihn beim Gießen mit feuchten Trichterrohren und Kanalsteinen in Berührung zu bringen.

Derartige Vorsichtsmaßregeln sind besonders angebracht, sobald Stähle unter Umgehung eines ausreichenden Kochprozesses erschmolzen werden. Bei diesen Verfahren tritt dann neben dem Wassergehalt der äußeren Verunreinigungen (hydroxydischer Rost) der Wasserstoffgehalt des metallischen Einsatzes selbst als Gefahrenquelle in Erscheinung. Angesichts der auf S. 246f. erörterten Schädigungsmöglichkeiten infolge hoher innerer Gasspannungen erscheint die

[1] Glastechn. Ber. Bd. 5 (1927/28) S. 520—537, Bd. 6 (1928/29) S. 625—634.

[2] Stahl u. Eisen Bd. 52 (1932) S. 749—758.

Vermutung nicht von vornherein abwegig, daß ein Einsatz von „jungfräulichen Eigenschaften“ u. a.[1] durch die Abwesenheit von gelöstem Wasserstoff gekennzeichnet enden kann. Wenn diese Vermutung aus Gründen experimenteller Schwierigkeiten bisher nicht analytisch geprüft wurde, so ist immerhin bemerkenswert, daß der in erster Linie als jungfräulicher Einsatz angesehene Eisenschwamm unter Bedingungen hergestellt wird, die eine nennenswerte Wasserstoffaufnahme nicht zulassen.

Stickstoff.

Die Löslichkeit des Stickstoffs im Eisen und die für sein Ausscheidungsbestreben bezeichnenden Entwicklungsdrucke werden — ebenso wie beim Wasserstoff — durch das „Quadratwurzelgesetz“ geregelt:

$$K_{\mathrm{Fe-N}} = \frac{[\mathrm{N}]}{\sqrt{p_{\mathrm{N_2}}}} \quad \text{bzw.} \quad p_{\mathrm{N_2}} = \frac{[\mathrm{N}]^2}{K^2_{\mathrm{Fe-N}}}.$$

Mit welcher Unsicherheit betreffs der Konstanten im Gebiete höherer Temperaturen heute noch zu rechnen ist, geht aus der nach den bisher vorliegenden Messungen[2] gezeichneten Abb. 141 hervor. Der Verlauf der schwach ausgezeichneten Kurven beruht auf einer sehr unsicheren Extrapolation, die dem Charakter einer nur schematischen Darstellung nahekommt. Die Stickstofflöslichkeit des flüssigen Eisens wurde leider ohne Angabe der Temperatur gemessen; die Verlegung des von Sawyer angegebenen Mittelwertes $K_{\mathrm{fl.-N}} = 0{,}021$ auf 1600° C ist daher ebenso willkürlich, wie der eingezeichnete Temperaturverlauf oberhalb 1530° C.

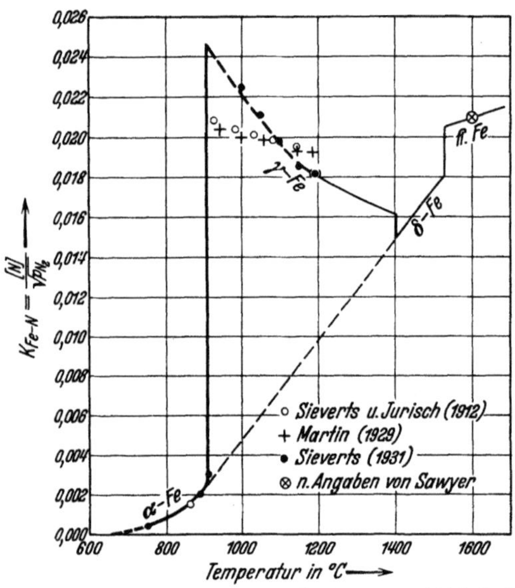

Abb. 141. Konstanten der Löslichkeit von Stickstoff in Eisen.

Bei der Einzeichnung der Löslichkeitskonstanten unterhalb des Schmelzpunktes wurde vorausgesetzt, daß die für das δ-Eisen in Frage kommenden Werte auf der Verlängerung der für die α-Modifikation bestimmten Kurve liegen. Diese, in der Identität der α- und δ-Modifikation begründete Vermutung hat sich bekanntlich für die entsprechenden Wasserstoffgleichgewichte bestätigt[3]. Bei der Unsicherheit der Extrapolation ist nicht ausgeschlossen, daß die Konstante des δ-Eisens — im Gegensatz zu dem Kurvenverlauf in Abb. 141 — größer als die des γ- und des flüssigen Eisens ist. Im Erstarrungs- und Umwandlungsbereich des technischen Eisens hat man — in vollkommener Analogie zu den entsprechenden Überlegungen für Wasserstoff (S. 245f.) — mit mittleren Löslichkeitskonstanten zu rechnen.

Die Frage des Stickstoffs im Thomasstahl ist eingehend von F. Wüst und J. Duhr[4], sowie von E. H. Schulz und R. Frerich[5] studiert worden. In den

[1] Vgl. S. 227f. [2] Vgl. Bd. I, S. 172 und 294. [3] Vgl. Bd. I, S. 156.
[4] Mitt. Kais.-Wilh.-Inst. Eisenforschg., Düsseld., Bd. 2 (1921) S. 39, Bd. 4 (1922) S. 95.
[5] Mitt. Vers.-Anst. Dortmunder Union, Bd. 1 (1922/23) S. 251—257.

Abb. 142—144 sind einige Ergebnisse der genannten Arbeiten niedergelegt. Schulz und Frerich stellten fest, daß die Höhe der Temperatur, besonders während der Nachblaseperiode von weitreichendem Einfluß auf den Stickstoffgehalt des Metalls ist; hohe Temperaturen begünstigen die Aufnahme des Gases. Daneben spielt die Blasezeit eine erhebliche Rolle; doch ist es infolge der gegenseitigen Beziehungen zwischen Blasezeit und Temperatur noch nicht möglich, den speziellen Einfluß der beiden Größen gegeneinander abzugrenzen. Das gleiche gilt für den Einfluß der Windmenge, deren Zunahme ebenfalls zur gesteigerten Stickstoffaufnahme des Metalls führt, in ihrer Wirkung aber hinter der von Temperatur und Zeit zurückbleibt.

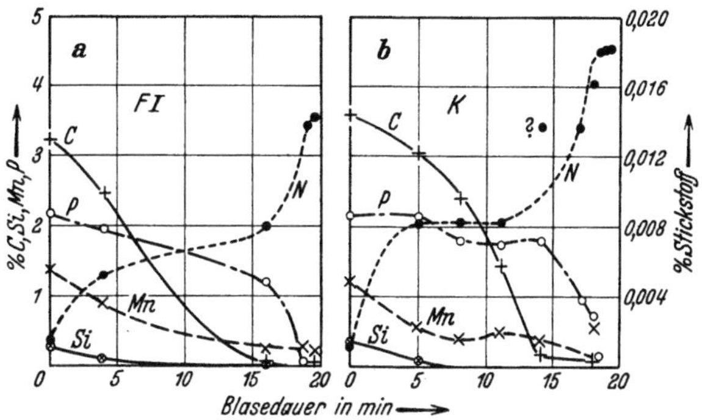

Abb. 142. Stickstoffaufnahme des Stahls beim Thomasverfahren (Wüst und Duhr).

Über die Stickstoffaufnahme des Metalls im Bessemerkonverter hat M. N. Svetchnikoff[1] gearbeitet; einige Ergebnisse seiner Untersuchungen finden sich in Abb. 145.

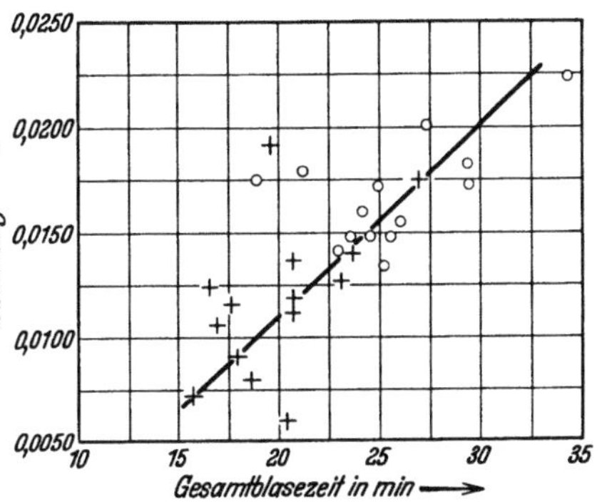

Abb. 143. Abhängigkeit des Stickstoffgehaltes in Thomasstahl von der Blasezeit (Schulz und Frerich).

+ < 1550° C } Mitteltemperatur
○ > 1550° C

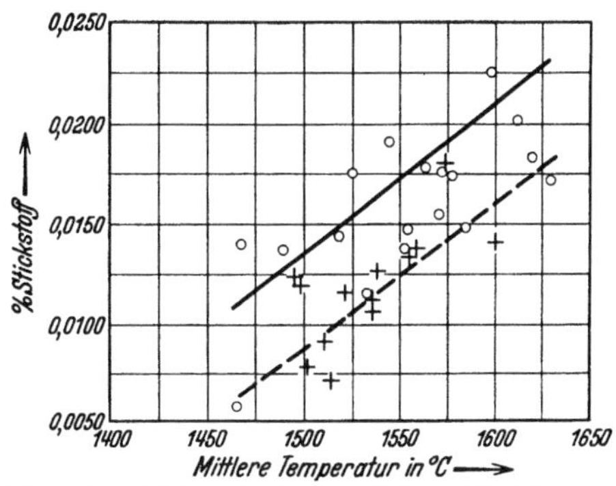

Abb. 144. Abhängigkeit des Stickstoffgehaltes in Thomasstahl von der mittleren Temperatur (Schulz und Frerich).

○ über 0,2 min } Nachblasezeit
+ unter 0,2 min } je t Einsatz.

Da die Aufnahmefähigkeit des Metalls bei gegebener Temperatur nur vom Partialdruck des mit ihm in Berührung stehenden Stickstoffs beherrscht wird, muß die Gasaufnahme besonders in jenem Zeitabschnitt begünstigt werden, in dem der gesamte Luftsauerstoff vorwiegend zur Bildung nichtgasförmiger Oxyde verbraucht wird, d. h. wenn der Stickstoffballast unverdünnt durch Kohlenoxyd durch das Bad geht. Auf diesen Umstand hat F. Wüst bereits hingewiesen und die Abbildungen bestätigen diese Folgerungen, indem sie ein verstärktes Ansteigen der Stickstoffgehalte dann erkennen lassen, wenn der Kohlenstoff im wesentlichen verbrannt ist. Allerdings steigen die Stickstoffkurven der Bessemerschmelzungen

[1] Rev. Métallurg. Bd. 25 (1928) S. 212 u. 289.

(Abb. 145) schon während der Entkohlung stark an, woraus zu folgern war, daß der Einfluß steigender Temperatur den des steigenden Partialdrucks p_{N_2} überragt.

Die genannten Untersuchungen, zu denen u. a. noch die von F. Körber und G. Thanheiser[1] sowie P. Bardenheuer und G. Thanheiser[2] am Thomaskonverter treten, zeigen übereinstimmend, daß bei den Windfrischverfahren mit einem höchsten Stickstoffgehalt des Stahls von etwa 0,020% zu rechnen ist, sofern der Stahl fertig geblasen wird; die untere Grenze liegt bei etwa 0,010% Stickstoff. Berechnet man hieraus die Gleichgewichtskonstanten unter der Voraussetzung, daß der Stickstoff praktisch unverdünnt unter einem mittleren Druck $p_{N_2} = 1{,}3$ at durch das Bad gehe, so ergibt sich $K_{\text{fl.}-N} = 0{,}009-0{,}018$. Die hohen Gehalte kommen dem in Abb. 141 angegebenen Wert schon sehr nahe.

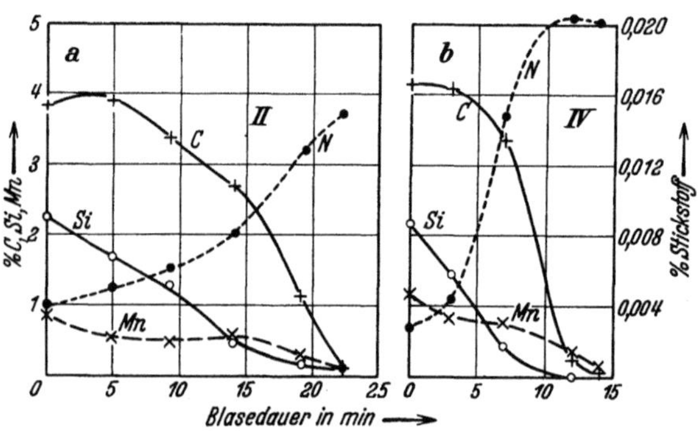

Abb. 145. Stickstoffaufnahme des Stahls beim Bessemerverfahren (Svetchnikoff).

S. M.-Stähle, die Wüst und Duhr ebenfalls untersuchten, zeigen wesentlich geringere Stickstoffgehalte, als das aus den Windfrischverfahren stammende Material; es wurden Konzentrationen zwischen 0,0015 und 0,008% Stickstoff gefunden, ohne daß ein Einfluß des Kohlenstoffgehalts oder des Herstellungsverfahrens (basisch, sauer) erkennbar war. Die geringsten Gehalte wurden beim Talbot-Verfahren beobachtet (0,0015—0,003% N).

Auffallend waren die Ergebnisse der gleichen Beobachter an einigen Schmelzen aus dem Elektro- (Induktions-) Ofen, deren Stickstoffgehalte (bis 0,016%) sich in den für Thomasmaterial üblichen Bereich erstreckten. Sie erklären diesen Befund mit dem Stickstoffgehalt des zur Desoxydation verwendeten Koks, darüber hinaus wäre denkbar, daß die Schlackendecke infolge der den Induktionsofen eigentümlichen Wirbelbewegung beiseite geschoben und so dem Luftstickstoff ungehinderten Zutritt zum Metall verschafft wurde.

Errechnen wir mit Hilfe der Gleichung $p_{N_2} = ([N] : K_{Fe-N})^2$ und Abb. 141 die Entwicklungsdrucke des gelösten Stickstoffs, so finden wir, daß eine Bildung von Stickstoffblasen, oder sogar eine „Stickstoffunruhe" bei der Erstarrung eines sonst gasfreien S.M.-Stahls kaum zu erwarten ist. Unter der Annahme, daß K_{Fe-N} bei beendeter Erstarrung 0,014 betrage, müßte das Metall mehr als 0,014% Stickstoff enthalten, um das Gas gegen den Atmosphärendruck zu entwickeln. Thomas- oder Bessemerstahl ist dagegen der Gefahr einer Stickstoffblasenbildung eher ausgesetzt. Infolge der Zunahme der Konstanten des γ-Eisens mit fallender Temperatur nehmen die Entwicklungsdrucke des Stickstoffs nach der Erstarrung bis zum Beginn der $\gamma \to \alpha$-Umwandlung ab, um dann eine erhebliche Steigerung zu erfahren. Bei 700° C (K_{Fe-N} = etwa 0,0002 nach Abb. 141) würde z. B. ein Stahl mit 0,010% N einem Entwicklungsdruck $p_{N_2} = 2500$ at

[1] Mitt. Kais.-Wilh.-Inst. Eisenforschg., Düsseld. Bd. 14 (1932) S. 205—219.
[2] Mitt. Kais.-Wilh.-Inst. Eisenforschg., Düsseld. Bd. 15 (1933) S. 311—314.

(~ 25 kg/mm²) Widerstand zu leisten haben; für einen halb so hohen Stickstoffgehalt fällt der Entwicklungsdruck auf den vierten Teil. Bei noch tieferen Temperaturen würde man mit der Möglichkeit ähnlicher Zersprengungserscheinungen rechnen müssen, wie wir sie von Wasserstoff und seinen Verbindungen vermuteten, wenn nicht aus der erfahrungsgemäß geringen Zersetzungsgeschwindigkeit des gelösten Nitrides zu schließen wäre, daß die Ausbildung höherer Gasspannungen normalerweise unterdrückt wird.

Zur chemischen Bindung des im flüssigen Metall gelösten Stickstoffs ist unter den gebräuchlichen Desoxydationsmitteln wahrscheinlich nur das Aluminium befähigt. Der Denitrierungsvorgang $N_{gel.} + Al \rightleftharpoons AlN$ wird in ähnlicher Weise, wie die Desoxydationsreaktionen durch Gleichgewichtszustände begrenzt sein, derart, daß die Konzentration des gelösten Stickstoffs mit fallender Temperatur und steigendem Aluminiumgehalt sinkt[1]; nähere Untersuchungen fehlen noch. Die Nitride des Mangans[2] und Siliziums[3] sind bei hohen Temperaturen so instabil, daß mit einer Denitrierung des Stahls durch diese Stoffe kaum gerechnet werden kann. Auch eine Erhöhung der Gaslöslichkeit im Metall, die im Schrifttum gelegentlich vermutet wurde, dürfte nicht in Betracht kommen, sofern die Stoffe nicht in außergewöhnlich hohen Konzentrationen zugegeben werden.

Eine durchgreifend denitrierende Wirkung haben Zusätze von Titan, das sehr stabile Nitride[4] bildet; quantitative Angaben über die Gleichgewichtslagen der Reaktionen liegen nicht vor.

Das sicherste und billigste Mittel zur Entfernung größerer Stickstoffgehalte aus dem Metall bietet sich automatisch in einem lebhaften Kochvorgang, worauf P. Goerens[5] und P. Bardenheuer[6] bereits hinwiesen; die Vorgänge verlaufen ähnlich, wie bei der Entfernung des Wasserstoffs.

Die Wirkung der Gase in ihrer Gesamtheit und ihre Bekämpfung.

Je nach dem Herstellungsverfahren, den verwendeten metallischen und nichtmetallischen Einsätzen und nach beabsichtigten oder nicht beabsichtigten Einwirkungen beim Abstich, in der Pfanne und beim Gießen, wird sowohl die absolute Menge der im Stahl gelösten oder durch Reaktion entstehenden Gase, wie auch ihr Einzelanteil an der Gesamtmenge verschieden sein.

Für die Entwicklung der Gase aus dem Metall, die sich in äußerlich sichtbarer (Unruhe) oder unsichtbarer Form (Bildung feinster Gashohlräume) mit allen dazwischen liegenden Übergängen abspielen kann, ist ihr Gesamtentwicklungs- oder Reaktionsdruck ΣP_i und sein Verhalten zu den von außen auf das Metall wirkenden Druckkräften ΣP_a entscheidend.

Der Gesamtdruck ΣP_i setzt sich additiv aus den Entwicklungs- bzw. Reaktionsdrucken der Einzelgase zusammen; es ist demnach, wenn wir

---

[1] Betr. der Stabilität des Aluminiumnitrides vgl. Bd. I, S. 214.

[2] Bd. I, S. 245. [3] Bd. I, S. 193f.

[4] Bekannt sind die Verbindungen TiN, TiN_2, Ti_3N_4, Ti_5N_1; vgl. Spiegel: Der Stickstoff und seine wichtigsten Verbindungen S. 722. Braunschweig 1903.

[5] Stahl u. Eisen Bd. 30 (1910) S. 107f.

[6] Stahl u. Eisen Bd. 53 (1933) S. 488—496.

zugleich die besprochenen Beziehungen zu den Metallkonzentrationen einführen:

$$\left.\begin{array}{l}
\left.\begin{array}{rl}
\Sigma \mathrm{P_i} = & p_{\mathrm{CO}} \quad + \quad p_{\mathrm{CO_2}} \quad + \quad p_{\mathrm{H_2O}} \quad + \quad p_{\mathrm{N_2}} \; + \\
= & [\mathrm{FeO}]\,[\Sigma \mathrm{C}] \cdot K + \dfrac{[\mathrm{FeO}]^2\,[\Sigma \mathrm{C}] \cdot K}{K_{\mathrm{CO_2}}} + \dfrac{[\mathrm{H}]^2\,[\mathrm{FeO}]}{K^2_{\mathrm{Fe-H}} \cdot K_{\mathrm{H_2O}}} + \dfrac{[\mathrm{N}]^2}{K^2_{\mathrm{Fe-N}}} +
\end{array}\right\} \\
\left.\begin{array}{l}
+ \; p_{\mathrm{H_2}} \quad + \quad (p_{\mathrm{CH_4}})^* \quad + \cdots \\
+ \dfrac{[\mathrm{H}]^2}{K^2_{\mathrm{Fe-H}}} + \left(\dfrac{[\mathrm{H}]^4}{K^4_{\mathrm{Fe-H}} \cdot K_{\mathrm{CH_4}}}\right)^* + \cdots
\end{array}\right\}
\end{array}\right|$$

In den vorangegangenen Abschnitten kamen wir zu dem Ergebnis, daß im Erstarrungsbereich alle Einzeldruckgrößen ausnahmslos eine Zunahme zeigen; das Gleiche gilt infolgedessen für ihre Summe Σ $\mathrm{P_i}$.

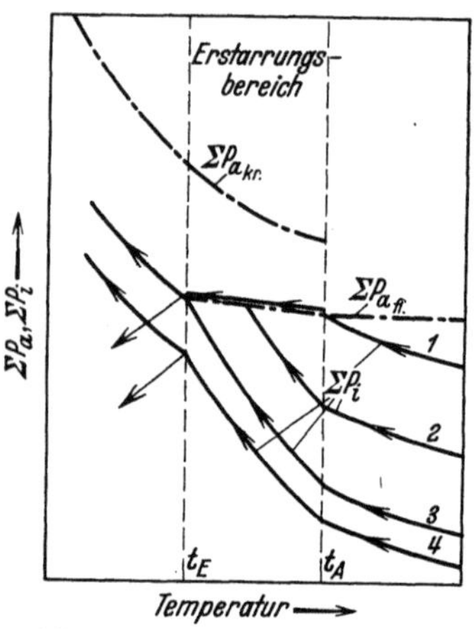

Abb. 146. Einfluß der Gasentwicklungsdrucke im Stahl auf die Unruhe und Gasblasenbildung (schematisch).

Schematisch kann dann an Hand der Abb. 146 eine Beschreibung der gemeinsamen Wirkung der Gase gegeben werden. Erreicht oder überschreitet der Gesamtdruck Σ $\mathrm{P_i}$ die äußeren (mit der Höhe der Flüssigkeitssäule wachsenden) Außendrucke Σ $\mathrm{P_a}$ bei Beginn der Erstarrung t_A (Fall 1), so setzt von vornherein eine lebhafte Gasentwicklung ein; ein Teil der gebildeten Gasblasen bleibt im Flechtwerk der Dendriten hängen. Im Fall 2 bedarf es eines weiter in das Erstarrungsgebiet reichenden Temperaturabfalls, ehe die Gasausscheidung sichtbar wird; häufig ist dann die Oberfläche des Gusses infolge der Abstrahlung schon steif geworden (Deckenbildung) und wird durch den Innendruck gehoben. Der größte Teil des Gases befindet sich in Hohlräumen innerhalb des Gusses. Die Bildung von Gasblasen ohne äußerlich feststellbare Bewegung des Stahls in der Form ist dann zu erwarten, wenn der Gesamtgasdruck Σ $\mathrm{P_i}$ die äußeren Druckkräfte Σ $\mathrm{P_a}$ erst kurz vor beendeter Erstarrung erreicht (Fall 3). Zwischen diesen drei Fällen sind alle Übergänge denkbar. Im Fall 4 unterbleibt jegliche Gasausscheidung, weil Σ $\mathrm{P_i}$ stets unterhalb Σ $\mathrm{P_a}$ liegt.

Nach der bei t_E beendeten Erstarrung hängt das weitere Verhalten von Σ $\mathrm{P_i}$ von dem Konzentrationsanteil der einzelnen Gase im Metall ab; bei der Abkühlung bis zur γ—α-Umwandlung steigt nur der Entwicklungsdruck des Wasserstoffs, während alle anderen Gase abfallende Drucke zeigen. Je nachdem, ob an dem Gesamtgasgehalt des erstarrten Metalls mehr oder weniger Wasserstoff beteiligt ist, wird Σ $\mathrm{P_i}$, wie in Abb. 146 angedeutet, nach der Erstarrung steigen oder fallen.

Da Σ $\mathrm{P_{a\,fl.}}$ mit steigender Gußtiefe infolge Zunahme des ferrostatischen Druckes wächst, setzt die Gasentwicklung in den unteren Zonen unruhiger Güsse später ein, als in den oberen; bei der Erörterung der Kohlenoxydbildung wurde bereits darauf hingewiesen, daß die in den tieferen Zonen

* Nur bei niedrigen Temperaturen von Bedeutung, s. S. 248.

erst nach Bildung längerer Dendritennadeln zur Ausscheidung kommenden Gase festgehalten werden und als äußerer Blasenkranz in Erscheinung treten (Abb. 147). In Blöcken von geringer Höhe fehlt der äußere Blasenkranz häufig vollkommen.

Wenn die zu nahe der Oberfläche gelegenen Blasen bei der Weiterverarbeitung aufbrechen und infolge von Oxydation der Wände nicht mehr verschweißen, zeigt das Material Oberflächenfehler. Je nach dem Verwendungszweck strebt man daher eine möglichst große Entfernung des äußeren Blasenkranzes von der Blockoberfläche an, was auf mehreren Wegen zu erzielen ist. So haben u. a. W. Eichholz und J. Mehovar[1] den vorteilhaften Einfluß einer geringen Gießgeschwindigkeit auf die Lage des äußeren Blasenkranzes bei steigendem Guß feststellen können, der wohl darauf zurückzuführen ist, daß das langsam in der Form aufsteigende Metall im unteren Blockteil länger unter geringem ferrostatischem Druck steht, wobei die Entgasung von Anfang an unter Bildung einer starken Kristallschicht schon so verläuft, wie sonst im oberen Blockteil.

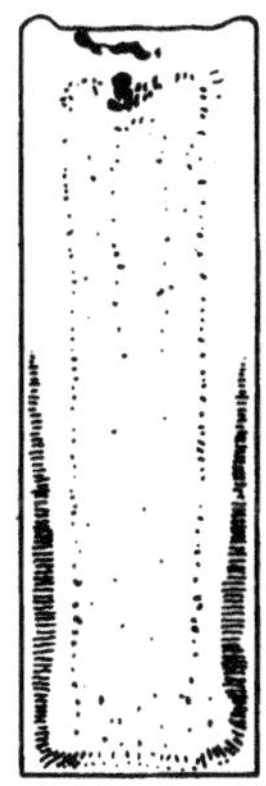

Abb. 147. Normale Anordnung der Gasblasen in unberuhigtem Flußeisen.

P. Oberhoffer[2] zeigte, daß durch Füttern des Stahls mit sauberem Schrott eine ähnliche Verstärkung des blasenfreien Blockrandes zu erzielen sei. Durch diese Maßnahme wird die Gasabgabe kurzzeitig in das Innere des Gusses verlegt, indem das Metall in Berührung mit dem Kühlschrott zunächst örtlich unter Gasentwicklung erstarrt, um anschließend wieder aufzuschmelzen. Infolge dieser Vorgänge verarmt die Restschmelze an Eisenoxydul und Kohlenstoff und es bedarf erst einer weiteren Temperaturabnahme und eines entsprechenden Anwachsens der Randkristalle, bis die Gasentwicklung auch dort einsetzen kann. Da die Reaktion zwischen Kohlenstoff- und Eisenoxydul eine gewisse Zeit beansprucht, wäre auch denkbar, daß die durch Schrottzusatz beschleunigte Abkühlung und Kristallisation schneller vor sich geht, als die Einstellung des zur Gasentwicklung notwendigen Reaktionsdrucks. Beide Erklärungen werden zutreffend sein; die zweite deckt sich mit den Mutmaßungen von A. Stadeler und H. J. Thiele[3], deren Feststellung, daß der äußere Blasenkranz bei zu hoher Kokillentemperatur in die Nähe der Blockwand rückt, ebenfalls in der zu geringen Abkühlungsgeschwindigkeit begründet ist. Als günstigste Temperatur der Kokille wird von ihnen etwa 60° C angegeben.

In diesem Zusammenhang muß der bekannten Erscheinung der Gasblasenseigerungen nachgegangen werden, d. h. der an Fremdstoffen (P, S, C) angereicherten Materialansammlungen, die sich in nächster Umgebung von Gasblasen vorfinden. Sie kommen nach P. Oberhoffer[4], O. v. Keil und A. Wimmer[5] zustande, wenn ein gasgefüllter Hohlraum nach der Seite der noch flüssigen Mutterlaugenreste geöffnet ist, und das bei der Abkühlung kontrahierende Gas die restliche Flüssigkeit in den Hohlraum einsaugt, oder indem

[1] Arch. Eisenhüttenwes. Bd. 5 (1931/32) S. 451.
[2] Das technische Eisen, S. 327. Berlin: Julius Springer 1925.
[3] Stahl u. Eisen Bd. 51 (1931) S. 449—457; vgl. auch S. 233.
[4] Stahl u. Eisen Bd. 40 (1920) S. 705. [5] Stahl u. Eisen Bd. 45 (1925) S. 837.

die Mutterlauge bei der Gußschrumpfung in die Hohlräume hineingedrückt wird. Beide Deutungen reichen nicht aus, um zu erklären, daß das Volumen der Gasblasenseigerung oft größer ist, als das der noch vorhandenen Gasblase, denn weder die thermische Gaskontraktion noch die Schrumpfung des Gusses können im Erstarrungsbereich zu derartig großen Hohlraumverminderungen Anlaß geben. Im Gegenteil nimmt — wie wir sahen — der Reaktions- und Entwicklungsdruck aller Gase in der Restschmelze bis zur beendeten Erstarrung zu. Dies scheint aber die eigentliche Ursache der Gasblasenseigerungen zu sein; wenn überhaupt ein gashaltiger Hohlraum zustande kommt, ist er auf Entwicklung des Gases aus der zuletzt erstarrenden und damit am stärksten angereicherten Restschmelze zurückzuführen, d. h. die Restschmelze ist der Herd der Gasblase, eine Erklärung, zu der auch bereits E. Herzog[1] gelangte. Bei der Bildung des Hohlraums und der damit verbundenen plastischen Deformation der noch weichen Kristalle wird die Restschmelze ebenfalls weggedrückt; sie fließt dabei unter Umständen mit der zwischen benachbarten Kristallen noch vorhandenen Mutterlauge zusammen ähnlich, wie sich bei der Erstarrung unruhigen Stahls die noch flüssige Schmelze selbst aus dem Kristallisationsraum in die Mitte des Gusses abstößt.

Die Bekämpfung der Gasblasenbildung erfolgt in erster Linie auf chemischem Wege, indem man die Konzentration der gelösten Gase oder ihrer Reaktionskomponenten soweit herabsetzt, daß ihre Entwicklungsdrucke klein werden. Die entscheidende Rolle spielen dabei die Desoxydationsmittel, denn gemäß der eingangs dieses Abschnitts gegebenen Gleichung für ΣP_i beherrscht der Eisenoxydulgehalt des Stahls die Drucke des Kohlenoxyds, der Kohlensäure und des Wasserdampfs. Unter diesen steht das Kohlenoxyd seiner Bedeutung nach an erster Stelle; bei unruhigem Stahl ist sein Reaktionsdruck in den verschiedenen Gußtiefen für das Verhalten des Metalls in der Kokille maßgebend und es genügt hier, auf die Ausführungen von S. 242f. hinzuweisen, mit denen die Rolle des Mangans als eines die Kohlenoxydentwicklung regulierende, nicht aber verhindernden Elementes geschildert wurde. Mit dem Kohlenoxyd entweichen gleichzeitig die anderen Gase (H_2, N_2) aus dem Guß, wie aus den Abb. 134 und 135 (S. 235) zu entnehmen ist. (Sofern man damit rechnen kann, daß die einzelnen Gase sich mit gleicher Geschwindigkeit entwickeln, würde die Zusammensetzung des Abgases den Entwicklungsdrucken der einzelnen Gase entsprechen.)

Zur Herstellung eines ruhigen Stahls kann man nicht auf die Verwendung stärkerer Desoxydationsmittel, als Mangan, verzichten. Den Einfluß des Siliziums auf die Höhe des Reaktionsdrucks von Kohlenoxyd haben wir in Abb. 139 (S. 244) wiedergegeben. Daraus wird ersichtlich, daß p_{CO} zwar schon bei verhältnismäßig geringen Siliziumgehalten des Stahls in die Größenordnung $^1/_2$ at verlegt wird; dies reicht aber offenbar zur Verhinderung jeglicher Gasentwicklung nicht aus, wenn der Gesamtdruck $\Sigma P_i = p_{CO} + p_{H_2} + p_{N_2} + \dots$ infolge der Anwesenheit anderer Gase doch über die äußeren Druckkräfte gesteigert wird. Tatsächlich zeigen auch Stähle mit Siliziumgehalten von über 0,2% bei unvorsichtiger Behandlung häufig Gasblasen, weil Silizium auf Stickstoff und Wasserstoff nicht einwirkt[2]. Aus diesem Grunde wird auch die Erhöhung des

[1] Stahl u. Eisen Bd. 51 (1931) S. 458. [2] Vgl. S. 249 und 255.

Siliziumgehaltes — falls sie mit Rücksicht auf die Analysenvorschrift statthaft ist — nicht immer von Nutzen sein[1]. Erst durch die Zugabe von Aluminium, das die letzten Reste von Eisenoxydul zerstört und zudem Stickstoff[2] bindet, werden p_{CO} und p_{N_2} soweit herabgesetzt, daß eine Gasblasenbildung nicht mehr eintritt, es sei denn, der Wasserstoffgehalt des Metalls liege sehr hoch. Entsprechend diesen Überlegungen zeigen z. B. die Abb. 134 b und c (S. 235) nach Klinger, wie durch teilweise und vollständige Beruhigung des Stahls mit Silizium und Aluminium der Kohlenoxyd- und Stickstoffgehalt des abgesaugten Gases zurückgeht, während sein Wasserstoffgehalt steigt.

Umgekehrt kann man den Schluß ziehen, daß Unruhe oder Blasenbildung in einen weitgehend mit Silizium behandelten Stahl auf zu hohen Wasserstoff- und Stickstoffgehalt, in einem mit Aluminium behandelten Stahl in erster Linie auf Wasserstoff zurückzuführen ist.

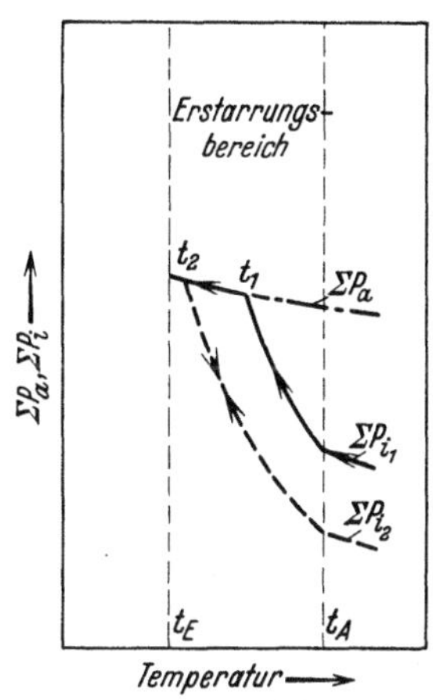

Abb. 148. Das Einfrieren und Wiederaufschmelzen des Stahls in seiner Wirkung auf die Gasentwicklungsdrucke (schematisch).

Da der Gesamtgasgehalt eines Stahls bei der Erstarrung zurückgeht, sobald der anfängliche Druck ΣP_{i_1} die äußeren Druckkräfte bei t_1 überschreitet (Abb. 148), kann man sich vorstellen, daß durch (unter Umständen mehrmaliges) Einfrieren und Wiederaufschmelzen des Stahls im Ofen eine genügend weitgehende Entgasung stattfindet, um die Blasenbildung im Guß stark einzuschränken oder zu beheben. Der Entwicklungsdruck ΣP_{i_2} wird dann ΣP_a erst bei der Temperatur t_2 erreichen, bis zu der sich das Gas bei dem vorangegangenen Einfrieren ausgeschieden hat. Bei einem in dieser Richtung von Amèen und Willners (Zahlentafel 11, S. 236) angestellten Versuch (Nr. 19) wurde in der Tat eine erhebliche Gasabnahme durch Einfrieren beobachtet. Bei Versuch Nr. 23 zeigte sich hingegen eine erhöhte Gasabgabe nach dem Einfrieren, wohl weil der nachträgliche Schrottzusatz erneut Sauerstoff und Wasserstoff in Form von Rost in den Stahl gebracht hatte. Die allgemeine technische Durchführung des Einfrierens und Aufschmelzens dürfte allenfalls in Induktionsofen möglich sein, an dem die genannten Versuche auch ausgeführt wurden; eine ausgedehntere Anwendung eines solchen Verfahrens ist bisher nicht bekannt geworden.

Im gleichen Sinne, wie durch hohen ferrostatischen Druck, nur wesentlich verstärkter, ist die Gasentwicklung in der Form durch künstliche Steigerung der äußeren Druckkräfte regelbar, wie sie z. B. mit Hilfe der Harmet-Presse durchgeführt wird. Nachdem das Harmet-Verfahren einige Zeit lang in Mißkredit gekommen war, haben A. Kriz[3], W. Eichholz und J. Mehovar[4] seine Brauchbarkeit nach umfangreichen Versuchen wieder hervorgehoben. Bezüglich seines Einflusses auf die Gasentwicklung im Guß fanden letztere, daß die Bildung von Gasblasen im unberuhigten Stahl durch geeignetes Pressen ganz unterbunden

[1] Erinnert sei an das Beispiel des hochsilizierten Transformatorenmaterials, S. 249.
[2] Vgl. S. 255. [3] Stahl u. Eisen Bd. 50 (1930) S. 1682.
[4] A. a. O. vgl. S. 244; im Original weitere Schrifttumsangaben.

werden kann; zumindest wird aber die Entfernung des äußeren Blasenkranzes von der Blockwand vergrößert und das Innere ist blasenfrei. Erfolgt das Pressen früh genug, so wird es unter Umständen gar nicht erst zur Blasenbildung kommen; bei spätem Pressen wird das ausgeschiedene Gas, soweit seine Umgebung noch genügend komprimierbar ist, unter derart hohen Druck gesetzt, daß die Ausscheidungen bzw. Reaktionen rückläufig werden. Nach J. Schreiber[1] wird auch die beschleunigte Abkühlung des an die Kokillenwinde gedrückten Materials die Gasausscheidung erschweren.

Eine gewisse Erhöhung des Außendrucks tritt ferner bei den in England und Amerika gebräuchlicheren Kokillen ein, die oben — bis auf eine kleine Öffnung zum Entweichen der Luft — geschlossen sind[2]. Da der Stahl nach Füllung der Kokille oben schnell abgeschreckt und zunächst von unten durch die im Gießtrichter noch flüssige Metallsäule, später infolge der allseitigen Schrumpfung der erstarrten Außenhaut zusammengedrückt wird, ist ein gewisses Abrücken des äußeren Blasenkranzes von der Blockwand denkbar. In ähnlicher Weise kann eine frühzeitige Deckelbildung die Ausscheidung der Gase verzögern, worauf Stadeler und Thiele besonders aufmerksam machten.

Zur Herstellung hochwertigster Legierungen für Sonderzwecke genügen alle die vorstehend beschriebenen Verfahren noch nicht. Durch desoxydierende Zusätze vermag man zwar mit der Zerstörung des Eisenoxyduls alle von ihm ausgehenden Gasreaktionen zu unterbinden und auch zu denitrieren (Al), der erforderliche Überschuß an diesen Elementen schließt aber das nachträgliche Entstehen feiner Oxydteilchen durch Luftsauerstoff beim Vergießen nicht aus. Durch Unterbinden der Gasentwicklung bleibt ferner der gelöste Wasserstoff mit seinen vermuteten Wirkungsmöglichkeiten bei tiefen Temperaturen weitgehend im Guß erhalten. Hier setzt die Behandlung und das Vergießen des flüssigen Stahls im Vakuum ein, bei der alle beschriebenen Nachteile in Fortfall kommen. Indem man die Partialdrucke aller Gase im Ofenraum über längere Zeiträume auf sehr kleine Werte herabsetzt, werden sich auch ihre Entwicklungs- bzw. Reaktionsdrucke den äußeren Druckkräften anzupassen suchen, was im Sinne des (verkürzten) Ausdrucks:

$$\Sigma \mathrm{P_a} < \Sigma \mathrm{P_i} = p_{\mathrm{CO}} + p_{\mathrm{H_2}} + p_{\mathrm{N_2}} + \cdots = [\mathrm{FeO}]\,[\Sigma \mathrm{C}] \cdot K + \frac{[\mathrm{H}]^2}{K^2_{\mathrm{Fe-H}}} + \frac{[\mathrm{N}]^2}{K^2_{\mathrm{Fe-N}}} + \cdots$$

zu einer fortgesetzten Zerstörung des Eisenoxyduls (solange Kohlenstoff vorhanden ist) und zur Extraktion des Wasserstoffs und Stickstoffs führt.

In der Gleichung $\Sigma \mathrm{P_a} = p_{\mathrm{at}} + p_M + p_S + p_R$ fällt das erste Glied, der atmosphärische Druck, bei vollkommenem Vakuum ganz fort, während die hydrostatischen Druckgrößen p_M und p_S und der Reibungsdruck p_R unverändert zurückbleiben. Daraus sieht man, daß die Gasextraktion im Innern des Metalls gegenüber der Oberfläche benachteiligt ist. Durch Diffusion und die bei der Gasabgabe stattfindende mechanische Bewegung werden aber die in tieferen Badschichten herrschenden Konzentrationen schließlich denen an der Metalloberfläche angeglichen. In elektrischen Induktionsofen wird der Ausgleich durch die Wirbelung des Metalls wesentlich unterstützt.

[1] Stahl u. Eisen Bd. 51 (1931) S. 459.

[2] Vgl. A. Ristow: Stahl u. Eisen Bd. 51 (1931) S. 458.

Immerhin beansprucht die vollständige Desoxydation und Entgasung des Metalls auch im Vakuum recht ausgedehnte Zeit; nach W. Rohn[1], der sich um die Entwicklung der Vakuumschmelzverfahren hochverdient gemacht hat, ist dies zum Teil auf etwaige, in der Ofenauskleidung vorhandene Feuchtigkeit zurückzuführen. Die Notwendigkeit einer vollkommenen Entgasung liegt vor allem dann vor, wenn das Metall auch im Vakuum vergossen werden soll, denn gerade beim Vergießen unter vermindertem Druck zeigt ein ungenügend entgastes Material viel eher die Neigung, porig zu erstarren, als bei normalem Druck (Rohn).

In diesem Zusammenhange ist auf ein mehrfach aufgetauchtes Mißverständnis einzugehen, das die Möglichkeit der Entfernung eines Gases durch Überleiten eines anderen über die Schmelze betrifft. Aus der Tatsache, daß man den Partialdruck des Kohlenoxyds p_{CO} im Ofenraum durch dauerndes Fortspülen mit Stickstoff vermindern kann, folgerte man die Möglichkeit einer starken Desoxydation ($[FeO] = p_{CO}/[\Sigma\, C] \cdot K$). Man vergaß dabei, daß diese Maßnahme nur an der Oberfläche wirksam wird, während im Innern der äußere Gesamtdruck $\Sigma\, P_a = p_{at} + p_M + p_S + p_R$ erhalten und für die Entwicklung des Kohlenoxyds maßgebend bleibt. Die Kohlenstoffdesoxydation erfolgt also nur an der Oberfläche; die Nachlieferung der dort verschwundenen Reaktionsteilnehmer durch Diffusion kann aber so lange Zeiträume erfordern, daß der Erfolg dieses Verfahrens in Frage gestellt wird.

Stellen wir uns vor, das von Kohlenoxyd zu befreiende Metall habe eine Badtiefe von 0,6 m und sei nicht von Schlacke überschichtet, so wird in mittlerer Badtiefe 0,3 m (unter Vernachlässigung von p_S und p_R):

$$\Sigma\, P_a = p_{at} + p_M =$$

für Vakuumbehandlung bei 10 mm Q.S. ~ 0,013 at: $\Sigma\, P_a = 0{,}013 + \frac{0{,}3 \cdot 6{,}9}{10} = 0{,}22\,\text{at},$

bei Überleiten eines Fremdgases: $\Sigma\, P_a = 1 + \frac{0{,}3 \cdot 6{,}9}{10} = 1{,}21\,\text{at}.$

Enthält der Stahl 0,2% Kohlenstoff und ist die Kohlenoxydreaktion bis zur Angleichung von p_{CO} an $\Sigma\, P_a$ vorgeschritten, so ist der Eisenoxydulgehalt unter Vakuum auf $[FeO] = p_{CO}/[\Sigma\, C] \cdot 90 = 0{,}012\%$, unter Fremdgas auf 0,067% zurückgegangen. Um durch Siliziumdesoxydation auf den für diese Vakuumbehandlung errechneten [FeO]-Gehalt zu gelangen, müßte sich der Siliziumgehalt des Metalls bei 1527° C (nach Abb. 120b, S. 212) auf 1% belaufen. In Wirklichkeit werden die [FeO]-Gehalte bei der Vakuumbehandlung infolge Diffusion zur Badoberfläche noch weiter gesenkt, im Grenzfall auf die dem oben angenommenen Vakuum entsprechende Konzentration $[FeO] = 0{,}013/0{,}20 \cdot 90 = 0{,}0007\%$. Zu derartig geringen Grenzgehalten gelangt man jedoch im allgemeinen nicht, wie aus neueren Untersuchungen von W. Eilender, A. v. Bohlen und Halbach und O. Meyer[2] hervorgeht. Neben der geringen Geschwindigkeit der Reaktion bei geringen [FeO]-Gehalten verhindert die Mitwirkung des Ofenfutters (z. B. nach $Al_2O_3 + 3\,Fe \rightarrow 3\,FeO + 2\,Al$), daß Sauerstoffgehalte von etwa 0,0007% entsprechend 0,003% FeO unterschritten

[1] Z. Metallkde. Bd. 21 (1929) S. 12—18.

[2] Arch. Eisenhüttenwes. Bd. 7 (1933/34) S. 493f.

werden[1]. Immerhin erkennt man die hervorragende Eignung des Vakuumverfahrens zur Desoxydation unter Bildung unschädlich bleibender Desoxydationsprodukte, worauf W. Eilender[2] besonders hinwies. Als niedrigsten Stickstoffgehalt im Flußeisen fanden die gleichen Beobachter bei einem Vakuum von etwa 5 mm Q.S. $[N] = 0{,}0006\,\%$.

Die Durchführbarkeit des Vakuumschmelzverfahrens kann von der technischen Seite her dadurch gekennzeichnet werden, daß das Fassungsvermögen ausgeführter, betriebssicherer Vakuumöfen durch die Arbeiten von W. Rohn[3] auf 4000 kg gesteigert wurde.

[1] Aus Abb. 132 (S. 223) können die Gehalte entnommen werden, mit denen Aluminium aus Tonerde in den Stahl hineinreduziert wird, wenn dessen Eisenoxydulgehalt weit herabgesetzt wird. [2] Stahl u. Eisen Bd. 44 (1924) S. 164.

[3] Vgl. „Die Heraeus-Vakuumschmelze" Jubiläumsschrift 1923/33, insbesondere S. 22f. Hanau: G. M. Alberti 1933.

Anhang.

Zahlentafel 13. Zahlenwerte und Temperaturfunktionen der von F. Körber und W. Oelsen ermittelten Konstanten zur Beschreibung der Metall-Schlacken-gleichgewichte unter an Kieselsäure gesättigten FeO—MnO—SiO_2-Schlacken. (Die Werte unterhalb etwa 1527° C sind extrapoliert und weniger sicher.)

t^0 C	1477	1502	1527	1552	1577	1602	1627	1652	1677	1702
T	1750	1775	1800	1825	1850	1875	1900	1925	1950	1975
(A) K^s_{Mn}	0,0432	0,0500	0,0577	0,0662	0,0759	0,0845	0,0984	0,111	0,126	0,142
log	*−1,365*	*−1,301*	*−1,239*	*−1,179*	*−1,120*	*−1,063*	*−1,007*	*−0,953*	*−0,900*	*−0,848*
(B) K^s_{Si}	1,63	2,32	3,27	4,56	6,31	8,65	11,8	15,9	21,3	28,3
log	*+0,211*	*+0,365*	*+0,514*	*+0,659*	*+0,800*	*+0,937*	*+1,071*	*+1,201*	*+1,328*	*+1,452*
(C) L^s_{FeO}	0,0049	0,0059	0,0068	0,0078	0,0087	0,0097	0,0106	0,0116	0,0125	0,0135

Gleichung und Temperaturfunktion	Zuerst erwähnt auf Seite
(A) $\log K^s_{Mn} = \log \frac{(\Sigma\,FeO)\,[Mn]}{(\Sigma\,MnO)} = -\frac{7940}{T} + 3{,}172$	139
(B) $\log K^s_{Si} = \log\ (\Sigma\,FeO)^2\,[Si] = -\frac{19057}{T} + 11{,}101$	139
(C) $L^s_{FeO} = [FeO] : (\Sigma\,FeO) = 0{,}38 \cdot 10^{-4}\,t^0\,C - 0{,}0512$	184

Zahlentafel 14. Geschwindigkeits- und Gleichgewichtskonstanten der Reaktion $FeO + C \rightleftharpoons Fe + CO$ nach H. Schenck und Mitarb. (praktisch temperaturunabhängig).

$[\Sigma\,C]$	k_1	k_2	$k_2 \cdot p_{CO}$ *	$K = \frac{k_1}{k_2}$	$K \cdot [\Sigma\,C]$
0	0,418	0,00458	0,00504	91,4	0
0,1	0,416	0,00458	0,00504	91,0	9,1
0,2	0,414	0,00457	0,00503	90,5	18,1
0,3	0,388	0,00455	0,00501	85,3	25,6
0,4	0,357	0,00453	0,00498	78,9	31,6
0,5	0,332	0,00450	0,00495	73,8	36,9
0,6	0,301	0,00446	0,00490	67,5	40,5
0,7	0,271	0,00440	0,00485	61,6	43,1
0,8	0,250	0,00435	0,00479	57,5	46,0
0,9	0,232	0,00429	0,00472	54,1	48,7
1,0	0,220	0,00424	0,00466	51,8	51,8
1,1	0,207	0,00417	0,00459	49,6	54,6
1,2	0,194	0,00412	0,00453	47,1	56,5
1,3	0,178	0,00407	0,00448	43,7	56,9
1,4	0,165	0,00403	0,00444	41,0	57,3
1,5	0,157	0,00398	0,00438	39,5	59,3

Gleichungen (S. 46f., 186f. und 238):

$v = [FeO]\,[\Sigma\,C] \cdot k_1 - k_2 \cdot p_{CO} = (FeO) \cdot L_{FeO}\,[\Sigma\,C] \cdot k_1 - k_2 \cdot p_{CO}$ (v in % C/min, p_{CO} in at).

Im Gleichgewicht ist $v = 0$ und

$$\frac{p_{CO}}{[FeO]\,[\Sigma\,C]} = \frac{p_{CO}}{(FeO) \cdot L_{FeO}\,[\Sigma\,C]} = \frac{k_1}{k_2} = K \quad \text{bzw.} \quad p_{CO} = [FeO]\,[\Sigma\,C] \cdot K\,.$$

* $k_2 \cdot p_{CO}$ (mit $p_{CO} = 1{,}1$ at berechnet) nur für Herdöfen, vgl. S. 49 und 187f.

Zahlentafel 15. Zahlenwerte und Temperaturfunktionen der vom Verfasser basischen und

(Die Werte für Temperaturen unterhalb etwa 1527° C

		t ° C T	1477 1750	1502 1775	1527 1800	1552 1825
(I)	$D_{(FeO)_2SiO_2}$		21,9	26,9	33,1	40,8
		log	*+ 1,34*	*+ 1,43*	*+ 1,52*	*+ 1,61*
(II)	$(K_{FeO/CaO})$		$3{,}8 \cdot 10^4$	$7{,}9 \cdot 10^4$	$1{,}6 \cdot 10^5$	$3{,}3 \cdot 10^5$
		log	*+ 4,58*	*+ 4,90*	*+ 5,21*	*+ 5,52*
(III)	$D_{(MnO)_2SiO_2}$		0,96	1,3	1,9	2,7
		log	*— 0,02*	*+ 0,13*	*+ 0,28*	*+ 0,43*
(IV)	D_{CaOSiO_2}		6,3	6,7	7,0	7,3
		log	*+ 0,79*	*+ 0,82*	*+ 0,84*	*+ 0,86*
(V)	L_{FeO}		0,0076	0,0090	0,0105	0,0120
(VI)	K_{Mn}		0,291	0,327	0,366	0,407
		log	*— 0,536*	*— 0,486*	*— 0,437*	*— 0,390*
(VII)	K_{Si}		0,014	0,017	0,021	0,026
		log	*— 1,85*	*— 1,76*	*— 1,68*	*— 1,59*
(VIIa)	K'_{Si}		$3{,}0 \cdot 10^{-5}$	$4{,}7 \cdot 10^{-5}$	$7{,}2 \cdot 10^{-5}$	$1{,}1 \cdot 10^{-4}$
		log	*— 4,53*	*— 4,33*	*— 4,4*	*— 3,96*
(VIII)	K_P^{IV}		$2{,}7 \cdot 10^5$	$7{,}4 \cdot 10^5$	$1{,}9 \cdot 10^6$	$4{,}7 \cdot 10^6$
		log	*+ 5,43*	*+ 5,87*	*+ 6,27*	*+ 6,67*
(IXa)	K_{1S}		0,34	0,31	0,28	0,25
		log	*— 0,46*	*— 0,51*	*— 0,55*	*— 0,60*
(IXb)	K_{2S}		0,095	0,102	0,109	0,116
		log	*— 1,02*	*— 0,99*	*— 0,96*	*— 0,93*

Gleichung und Temperaturfunktion	Abgeleitet von	Zuerst erwähnt auf Seite
(I) $\log D_{(FeO)_2SiO_2} = \log \frac{(FeO)^2(SiO_2)}{((FeO_2)SiO_2)} = -\frac{11\,230}{T} + 7{,}76$	Schenck-Brüggemann	24
(II) $\log (K_{FeO/CaO}) = \log \frac{(CaO)^3(FeO)^4}{((CaO)_3Fe_3O_4)} = -\frac{39\,684}{T} + 27{,}26$	Schenck-Rieß	27
(III) $\log D_{(MnO)_2SiO_2} = \log \frac{(MnO)^2(SiO_2)}{((MnO)_2SiO_2)} = -\frac{18\,880}{T} + 10{,}77$	Schenck-Brüggemann	29
(IV) $\log D_{CaOSiO_2} = \log \frac{(CaO)\,(SiO_2)}{(CaOSiO_2)} = -\frac{3186}{T} + 2{,}61$	Schenck-Rieß	29
(V) $L_{FeO} = [FeO] : (FeO) = 0{,}588 \cdot 10^{-4}\, t\,°\,C - 0{,}0793$	Körber-Oelsen	47
(VI) $\log K_{Mn} = \log \frac{[Mn]\,(FeO)}{(MnO)} = -\frac{6234}{T} + 3{,}026$	„ „	105
(VII) $\log K_{Si} = \log \frac{[Si]\,(FeO)^2}{(SiO_2)} = -\frac{11\,106}{T} + 4{,}50$	Schenck-Brüggemann	133f.

verwendeten Konstanten zur Beschreibung der Reaktionsgleichgewichte bei sauren Prozessen.

sind extrapoliert und weniger sicher.)

1577 1850	1602 1875	1627 1900	1652 1925	1677 1950	1702 1975
49,0 + *1,69*	58,9 + *1,77*	70,8 + *1,85*	85,1 + *1,93*	100 + *2,00*	118 + *2,07*
$6{,}5 \cdot 10^5$ + *5,81*	$1{,}3 \cdot 10^6$ + *6,10*	$2{,}3 \cdot 10^6$ + *6,37*	$4{,}5 \cdot 10^6$ + *6,65*	$8{,}1 \cdot 10^6$ + *6,91*	$1{,}5 \cdot 10^7$ + *7,17*
3,7 + *0,57*	5,0 + *0,70*	6,8 + *0,83*	9,2 + *0,96*	12 + *1,09*	16 + *1,21*
7,8 + *0,89*	8,2 + *0,91*	8,6 + *0,93*	9,2 + *0,96*	9,6 + *0,98*	10,0 + *1,00*
0,0134	0,0149	0,0164	0,0178	0,0193	0,0208
0,453 — *0,344*	0,502 — *0,299*	0,556 — *0,255*	0,614 — *0,212*	0,675 — *0,171*	0,741 — *0,130*
0,031 — *1,51*	0,037 — *1,43*	0,045 — *1,35*	0,053 — *1,27*	0,063 — *1,20*	0,075 — *1,13*
$1{,}6 \cdot 10^{-4}$ — *3,78*	$2{,}5 \cdot 10^{-4}$ — *3,61*	$3{,}6 \cdot 10^{-4}$ — *3,44*	$5{,}3 \cdot 10^{-4}$ — *3,28*	$7{,}6 \cdot 10^{-4}$ — *3,12*	$10{,}9 \cdot 10^{-4}$ — *2,96*
$1{,}1 \cdot 10^7$ + *7,05*	$2{,}6 \cdot 10^7$ + *7,42*	$6{,}2 \cdot 10^7$ + *7,79*	$1{,}4 \cdot 10^8$ + *8,14*	$3{,}1 \cdot 10^8$ + *8,49*	$6{,}6 \cdot 10^8$ + *8,82*
0,23 — *0,64*	0,21 — *0,68*	0,19 — *0,72*	0,17 — *0,76*	0,16 — *0,80*	0,15 — *0,83*
0,124 — *0,91*	0,132 — *0,88*	0,141 — *0,85*	0,150 — *0,82*	0,159 — *0,80*	0,168 — *0,77*

Gleichung und Temperaturfunktion	Abgeleitet von	Zuerst erwähnt auf Seite
(VIIa) $\log K'_{Si} = \log [FeO]^2 [Si] = -\frac{23\,450}{T} + 9{,}07$	Schenck-Brüggemann	194
(VIII) $\log K_P^{IV} = \log \frac{[\Sigma P]\,(FeO)^5 (CaO)^4}{(\Sigma P_2O_5)} + 0{,}060\,(\Sigma P_2O_5) = -\frac{51\,800}{T} + 35{,}05$	Schenck-Rieß	152
(IXa) $\log K_{1S} = \log \frac{(CaO)\,[S]}{(FeO)\,(S)_{Ca}} - 0{,}05\,(\Sigma SiO_2) = +\frac{5700}{T} - 3{,}72$	Schenck	168
(IXb) $\log K_{2S} = \log \frac{[Mn]\,[S]}{(S)_{Mn}} = -\frac{3840}{T} + 1{,}17$	,,	168

Namenverzeichnis.

Sachverzeichnis.

Die Edelstähle. Von Dr.-Ing. **Franz Rapatz,** Stahlwerk Düsseldorf, Gebr. Böhler & Co., A.-G., Düsseldorf-Oberkassel. Zweite gänzlich umgearbeitete Auflage. Mit 163 Abbildungen und 112 Zahlentafeln. VIII, 386 Seiten. 1934.
Gebunden RM 22.80

Seit dem Erscheinen der ersten Auflage sind in der Metallurgie der Edelstähle bedeutende Fortschritte gemacht worden. Mit dem Wissensgebiet hat sich auch der Inhalt des Buches wesentlich geändert, so daß ein völlig neues Werk entstanden ist. Insbesondere sind die verschiedenen Verwendungsgebiete für Edelstähle ausführlicher behandelt worden, wodurch die Bedeutung des Werkes für den Praktiker gegenüber der ersten Auflage noch gewinnt.

Die Auswahl und Bearbeitung des gesamten Materials macht das Buch wiederum zu einem unentbehrlichen Ratgeber für Erzeuger und Verbraucher von Edelstählen, mögen sie praktisch oder wissenschaftlich tätig sein.

Rostfreie Stähle. Berechtigte deutsche Bearbeitung der Schrift „Stainless Iron and Steel" von **J. H. G. Monypenny,** Sheffield. Von Dr.-Ing. **Rudolf Schäfer.** Mit 122 Textabbildungen. VIII, 342 Seiten. 1928. Gebunden RM 27.—*

Das Elektrostahlverfahren. Ofenbau, Elektrotechnik, Metallurgie und Wirtschaftliches. Nach **F. T. Sisco,** „The Manufacture of Electric Steel" umgearbeitet und erweitert von Dr. Ing. **St. Kriz,** Stahlwerksleiter im Stahlwerk Düsseldorf, Gebr. Böhler & Co., A.-G. Mit 123 Textabbildungen. IX, 291 Seiten. 1929.
Gebunden RM 22.50*

Die ferromagnetischen Legierungen und ihre gewerbliche Verwendung. Von Dipl.-Ing. **W. S. Messkin,** Leningrad. Umgearbeitet und erweitert von Regierungsrat Dr. phil. **A. Kussmann,** Berlin. Mit 292 Textabbildungen. VIII, 418 Seiten. 1932. Gebunden RM 44.50

Das technische Eisen. Konstitution und Eigenschaften. Von Prof. Dr.-Ing. **Paul Oberhoffer,** Aachen. Dritte Auflage. Neubearbeitet von Prof. Dr.-Ing. e. h. **W. Eilender** und Priv.-Doz. Dr.-Ing. **H. Esser.** Erscheint 1935.

Ⓦ **Elektrische Schmelzöfen.** Von Dr. **Rudolf Taussig,** Beratend. Ingenieur-Chemiker. Mit 214 Textabbildungen. VI, 241 Seiten. 1933.
RM 39.—; gebunden RM 40.50

Der Temperguß. Ein Handbuch für den Praktiker und Studierenden. Von Dr.-Ing. **E. Schüz** und Dr.-Ing. **R. Stotz.** Mit 366 Abbildungen im Text und auf 3 Tafeln. VII, 390 Seiten. 1930. Gebunden RM 39.—*

Sintern, Schmelzen und Verblasen sulfidischer Erze und Hüttenprodukte. Die unmittelbare Verhüttung sulfidischer Erze und Hüttenprodukte sowie Richtlinien für Bau und Betrieb der erforderlichen Agglomerationsanlagen. Schachtöfen und Konvertoren. Von Dr. phil. **Ernst Hentze,** Hüttenbetriebsingenieur. Mit 104 Textabbildungen. VII, 405 Seiten. 1929.
RM 45.—; gebunden RM 46.50*

Blöcke und Kokillen. Von **A. W.** und **H. Brearley.** Deutsche Bearbeitung von Dr.-Ing. **F. Rapatz.** Mit 64 Abbildungen. IV, 142 Seiten. 1926.
Gebunden RM 13.50*

Ⓦ **Allgemeine und technische Elektrometallurgie.** Von Prof. Dr. **Robert Müller,** Leoben. Mit 90 Textabbildungen. XII, 580 Seiten. 1932.
Gebunden RM 32.50

Elektrothermie. Die elektrische Erzeugung und technische Verwendung hoher Temperaturen. Vorträge zahlreicher Fachleute, veranstaltet durch den Elektrotechnischen Verein E. V. zu Berlin, in Gemeinschaft mit dem Außeninstitut der Technischen Hochschule zu Berlin. Herausgegeben von Prof. Dr. phil. **M. Pirani.** Mit 268 Abbildungen im Text. VIII, 293 Seiten. 1930. Gebunden RM 36.—*

---

* Abzüglich 10% Notnachlaß. Ⓦ Verlag von Julius Springer-Wien.

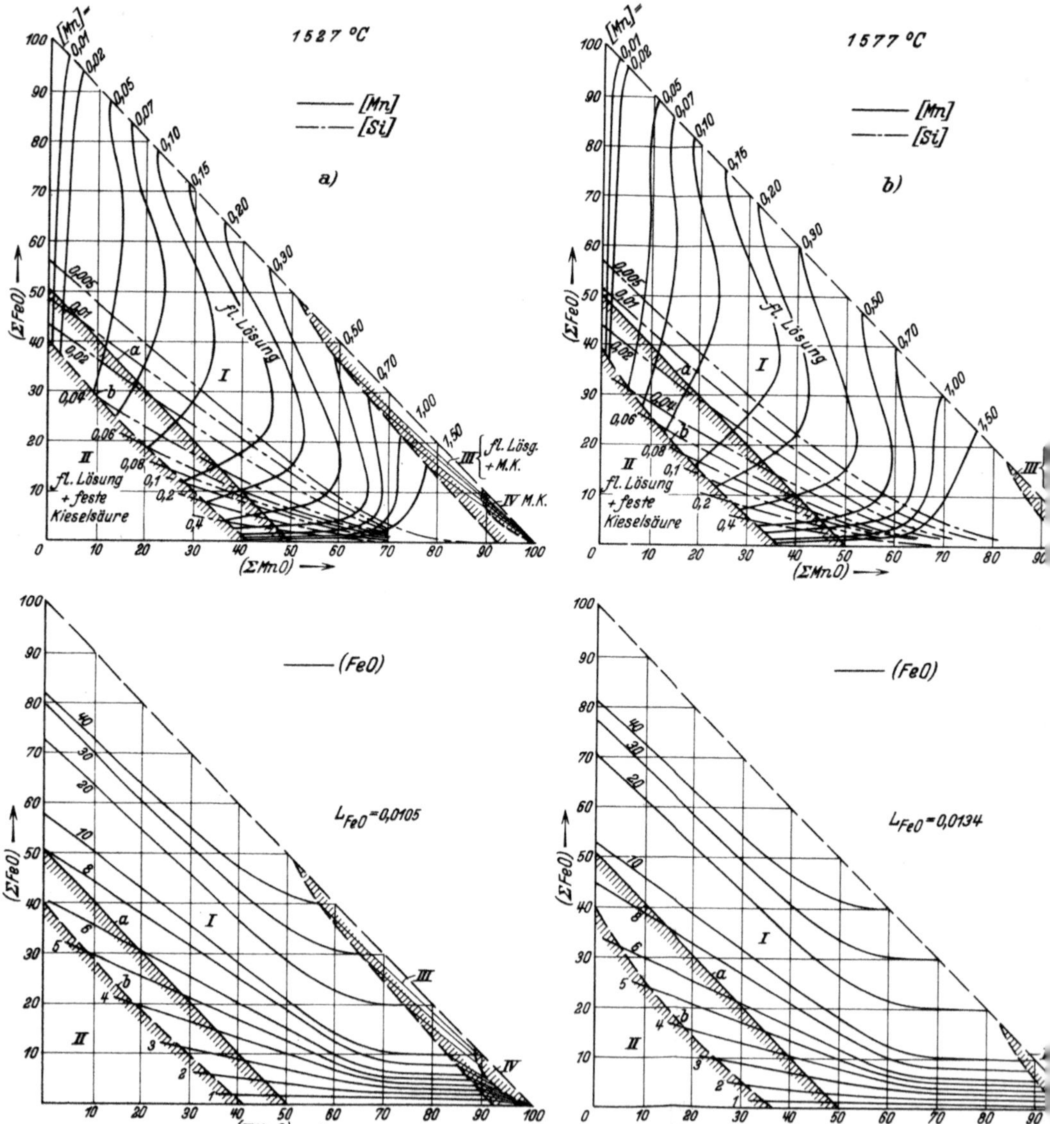

Obere Teilbilder: Die Gleichgewichtskonzentrationen von Mangan
Untere Teilbilder: Die Konzentration (FeO) des freien Eisenoxydu

Entstanden aus Betriebsuntersuchungen über die Reaktions- und Verteilun
(Die Sättigungsgrenzen der Schlacken für Kieselsäure sind gezeichnet nach den U

und 1677° C

Tafel I a—d

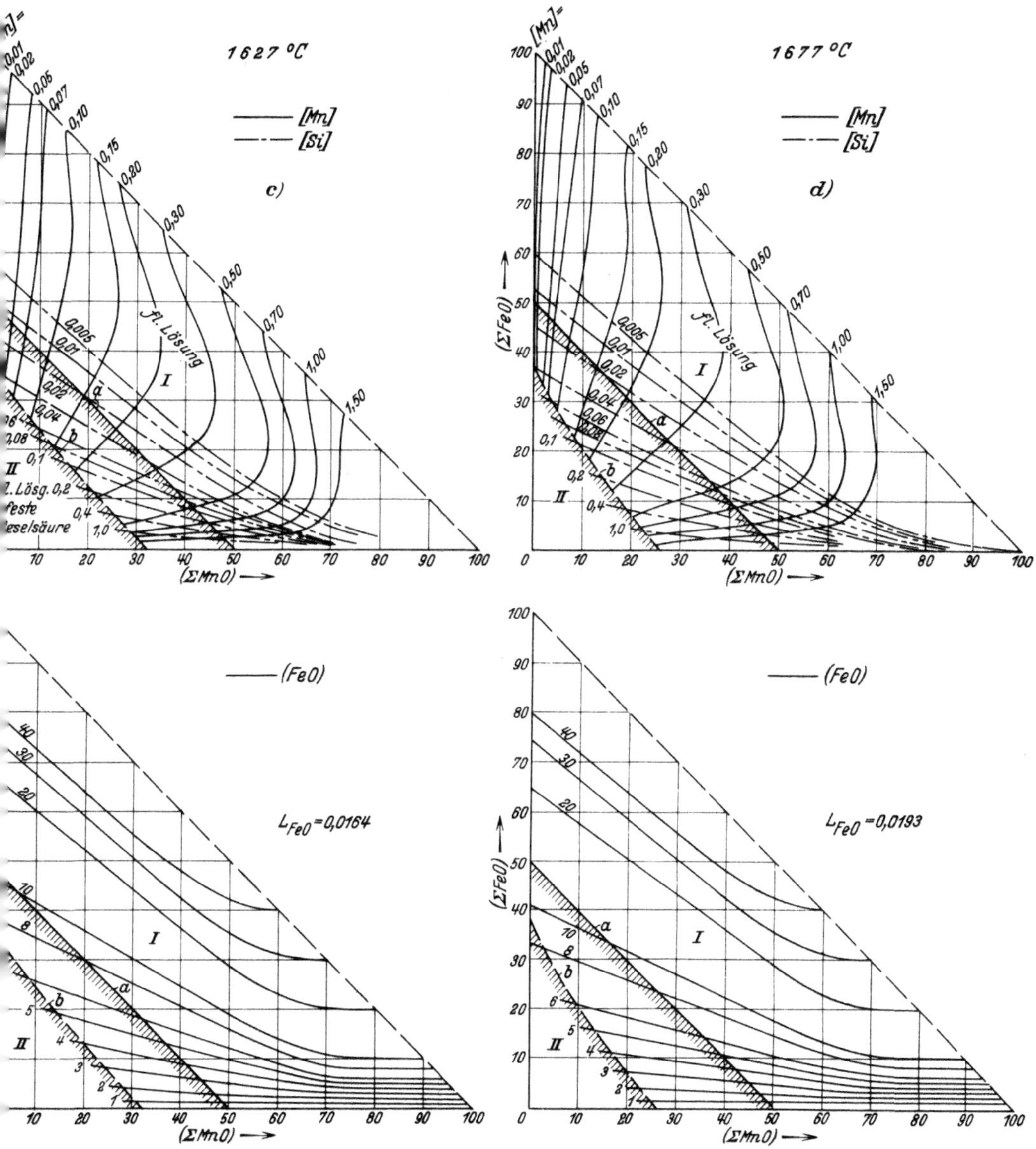

zium [Si] im flüssigen Eisen unter FeO—MnO—SiO_2-Schlacken.
InO—SiO_2-Schlacken.

e im sauren Siemens-Martin-Ofen von H. Schenck und E. O. Brüggemann.
von F. Körber und W. Oelsen (a), sowie von C. H. Herty jr. und Mitarbeitern (b)).

Verlag von Julius Springer in Berlin.

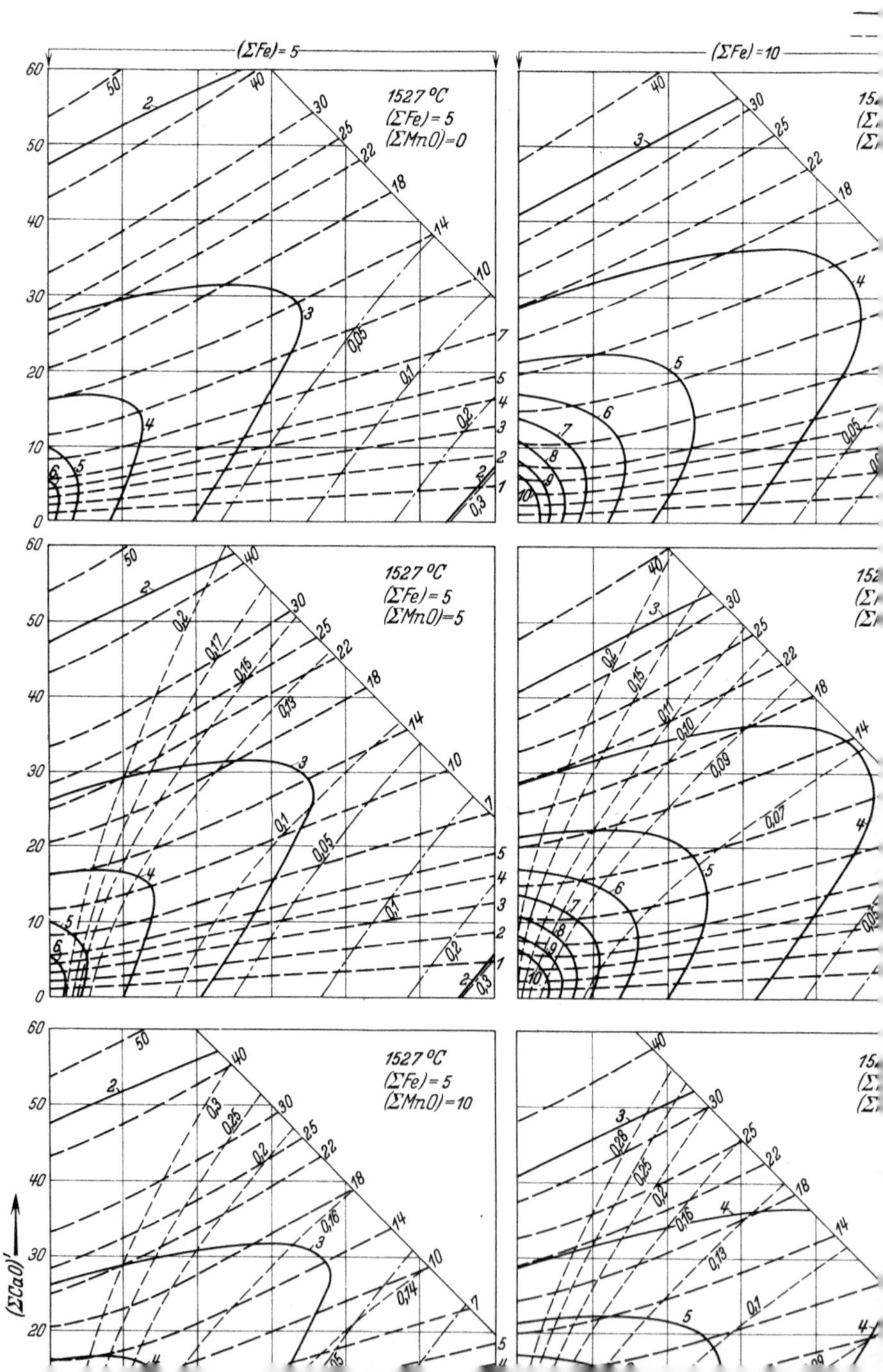

(ΣFe) = 5
(ΣFe) = 10
1527 °C
(ΣFe) = 5
(ΣMnO) = 0
1527 °C
(ΣFe) = 5
(ΣMnO) = 5
1527 °C
(ΣFe) = 5
(ΣMnO) = 10
(ΣCaO)'

Tafel II

7° C

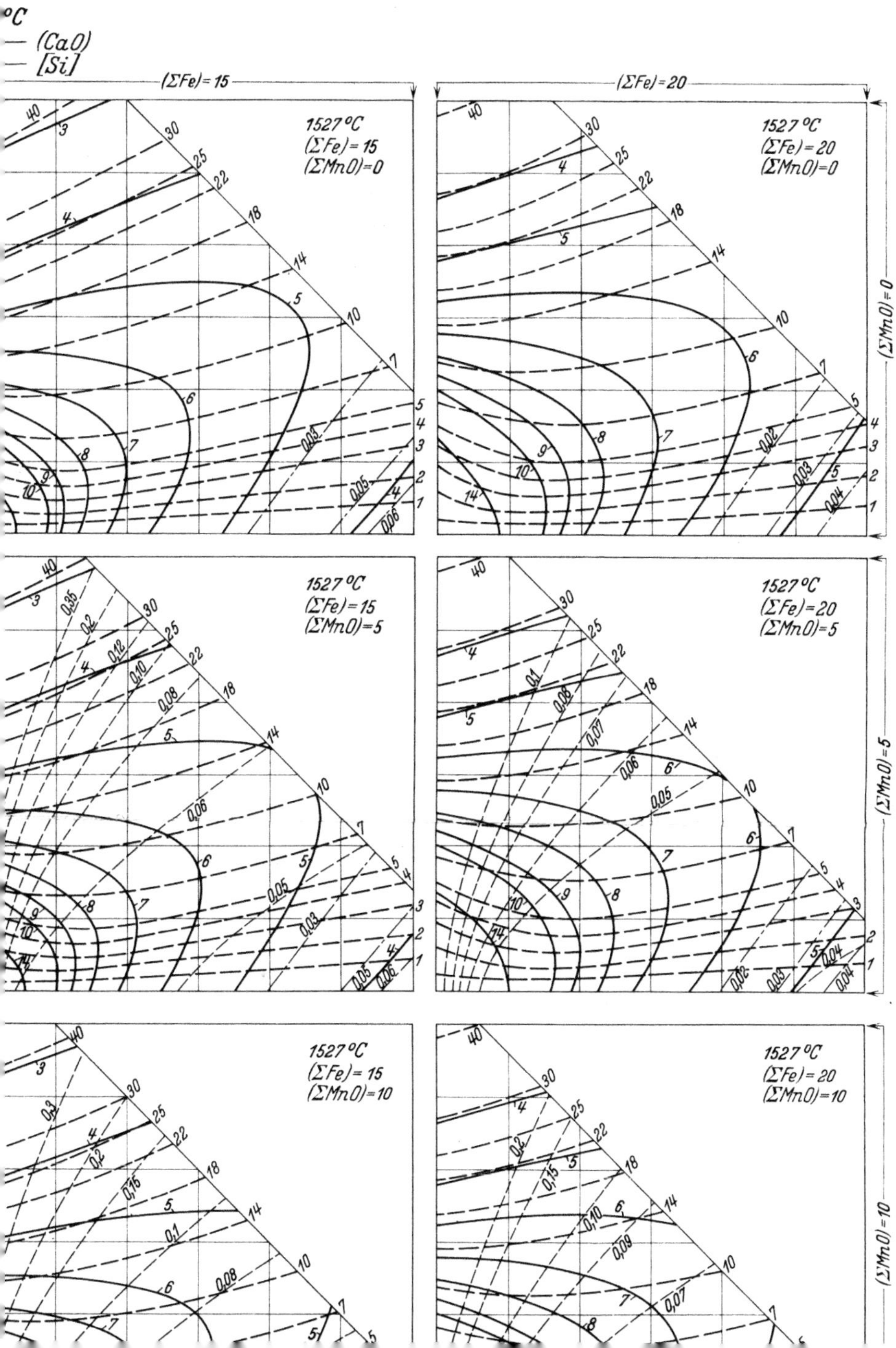

°C
— (CaO)
— [Si]
(ΣFe) = 15
(ΣFe) = 20
1527 °C
(ΣFe) = 15
(ΣMnO) = 0
1527 °C
(ΣFe) = 20
(ΣMnO) = 0
(ΣMnO) = 0
1527 °C
(ΣFe) = 15
(ΣMnO) = 5
1527 °C
(ΣFe) = 20
(ΣMnO) = 5
(ΣMnO) = 5
1527 °C
(ΣFe) = 15
(ΣMnO) = 10
1527 °C
(ΣFe) = 20
(ΣMnO) = 10
(ΣMnO) = 10

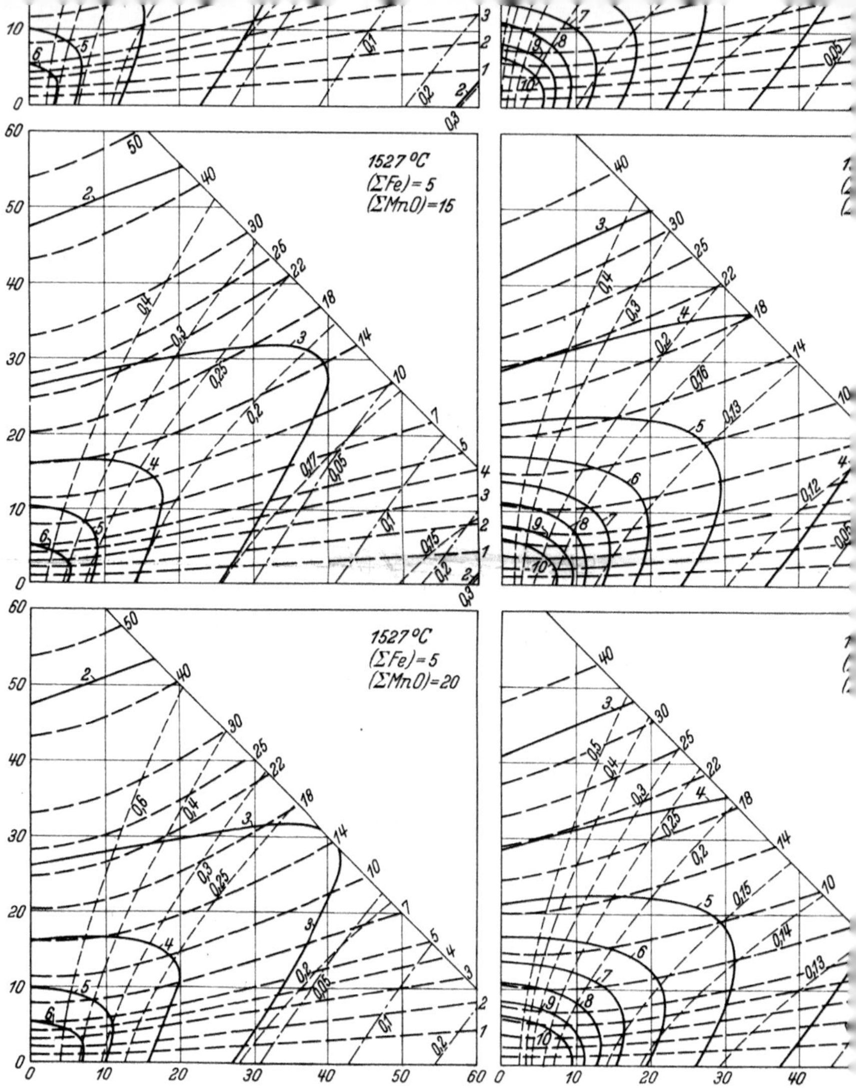

1. Die Konzentration von freiem Eisenoxydul (FeO) } in der
2. Die Konzentration von freiem Kalk (CaO) } Sc

für die Schlac

in Abhängigkeit von deren Gesamt-Kieselsäurege
und für verschiedene Gesamt-Eisengehalte

Entstanden aus Betriebsuntersuchungen über die Reakti
von H. Schen

(Die dargestellten Zusammenhänge gelten für Schlacke
des Metalls [Mn] sind gemäß S. 108 für wechselnde Pho
Der Einfluß des Phosphorsäuregehaltes (ΣP_2O_5) der Schl

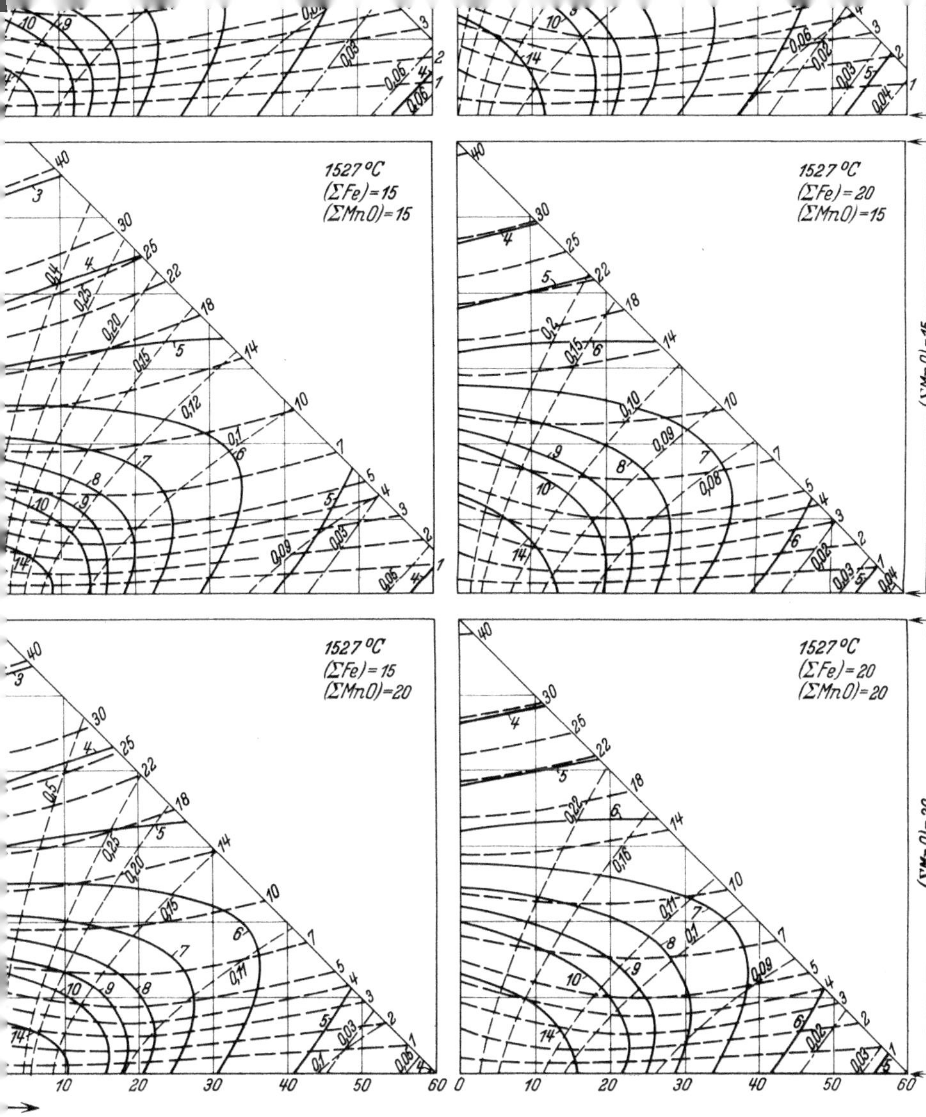

3. Die Gleichgewichtskonzentration von Mangan [Mn] } im flüssigen
4. Die Gleichgewichtskonzentration von Silizium [Si] } Stahl

hlerzeugungs-Verfahren

und dem Kalkgehalt $(\Sigma CaO)' = (\Sigma CaO) - 1,57 \cdot (\Sigma P_2O_5)$

esamt-Manganoxydulgehalte (ΣMnO) der Schlacken.

eilungsgleichgewichte in sauren und basischen Siemens-Martin-Öfen
und E. O. Brüggemann.

en Gehalten an Tonerde und Magnesiumoxyd. Die Mangangehalte
les Stahls und Magnesiumoxydgehalte der Schlacke zu berichtigen.
die Wahl der Konzentrationsgröße $(\Sigma CaO)'$ bereits berücksichtigt.)

Verlag von Julius Springer in Berlin.

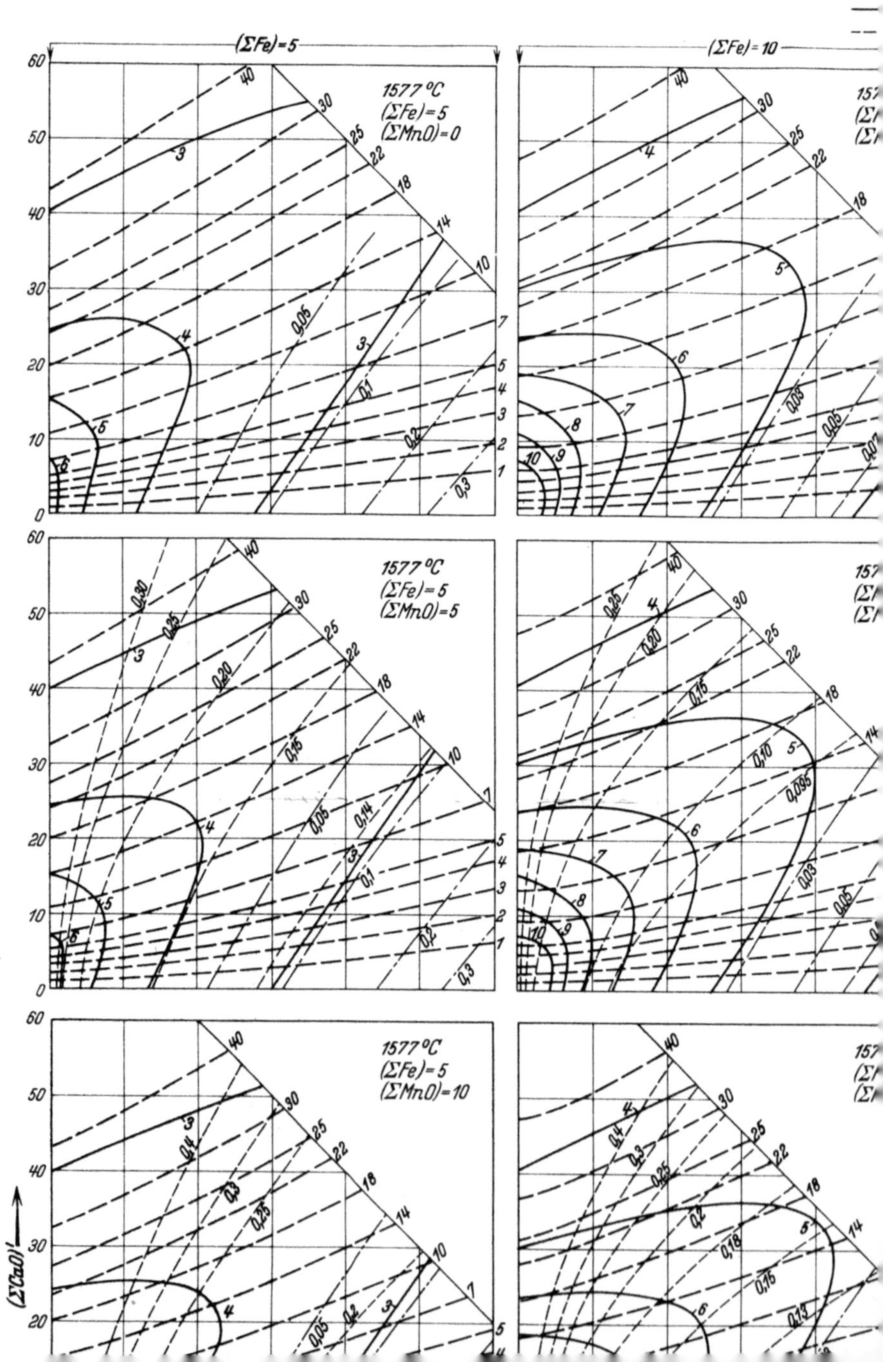

(ΣFe)=5
(ΣFe)=10
1577 °C
(ΣFe)=5
(ΣMnO)=0
1577 °C
(ΣFe)=5
(ΣMnO)=5
1577 °C
(ΣFe)=5
(ΣMnO)=10
(ΣCaO)'

Tafel III

7° C.

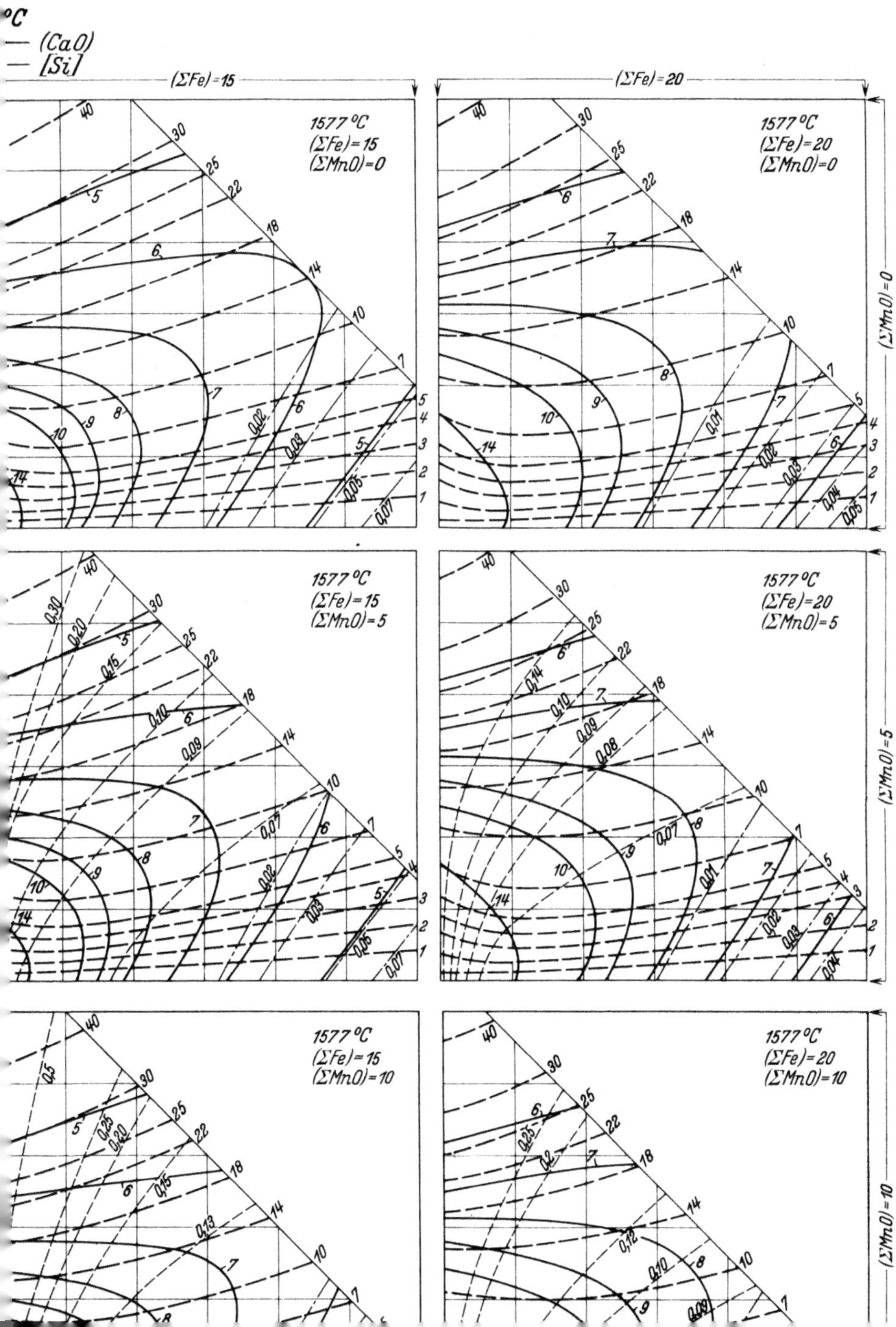
°C
— (CaO)
— [Si]
(ΣFe) = 15
(ΣFe) = 20
1577 °C (ΣFe) = 15 (ΣMnO) = 0
1577 °C (ΣFe) = 20 (ΣMnO) = 0
1577 °C (ΣFe) = 15 (ΣMnO) = 5
1577 °C (ΣFe) = 20 (ΣMnO) = 5
1577 °C (ΣFe) = 15 (ΣMnO) = 10
1577 °C (ΣFe) = 20 (ΣMnO) = 10
(ΣMnO) = 0
(ΣMnO) = 5
(ΣMnO) = 10

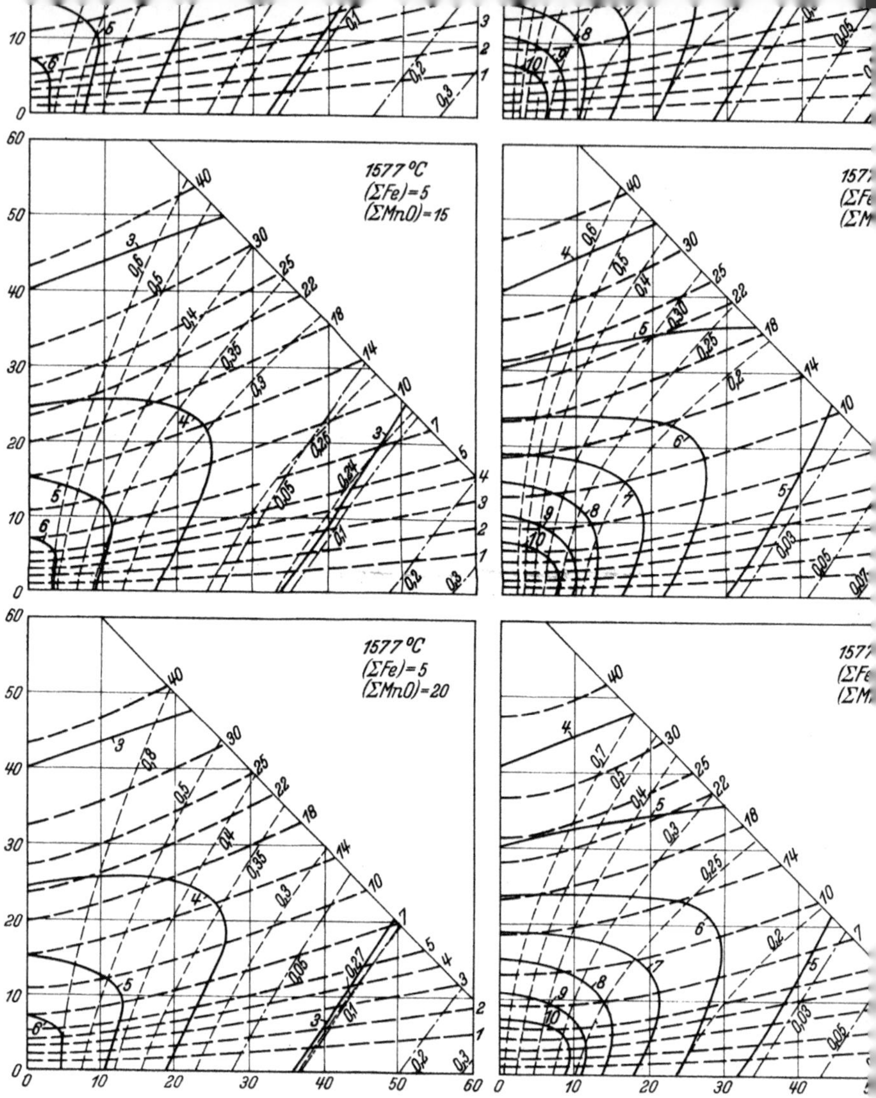

1. Die Konzentration von freiem Eisenoxydul (FeO) } in der
2. Die Konzentration von freiem Kalk (CaO) } Sch

für die Schlack

in Abhängigkeit von deren Gesamt-Kieselsäuregeh
und für verschiedene Gesamt-Eisengehalte (Σ

Entstanden aus Betriebsuntersuchungen über die Reaktion
von H. Schenck

(Die dargestellten Zusammenhänge gelten für Schlacken
des Metalls [Mn] sind gemäß S. 108 für wechselnde Phosp
Der Einfluß des Phosphorsäuregehaltes (ΣP_2O_5) der Schlac

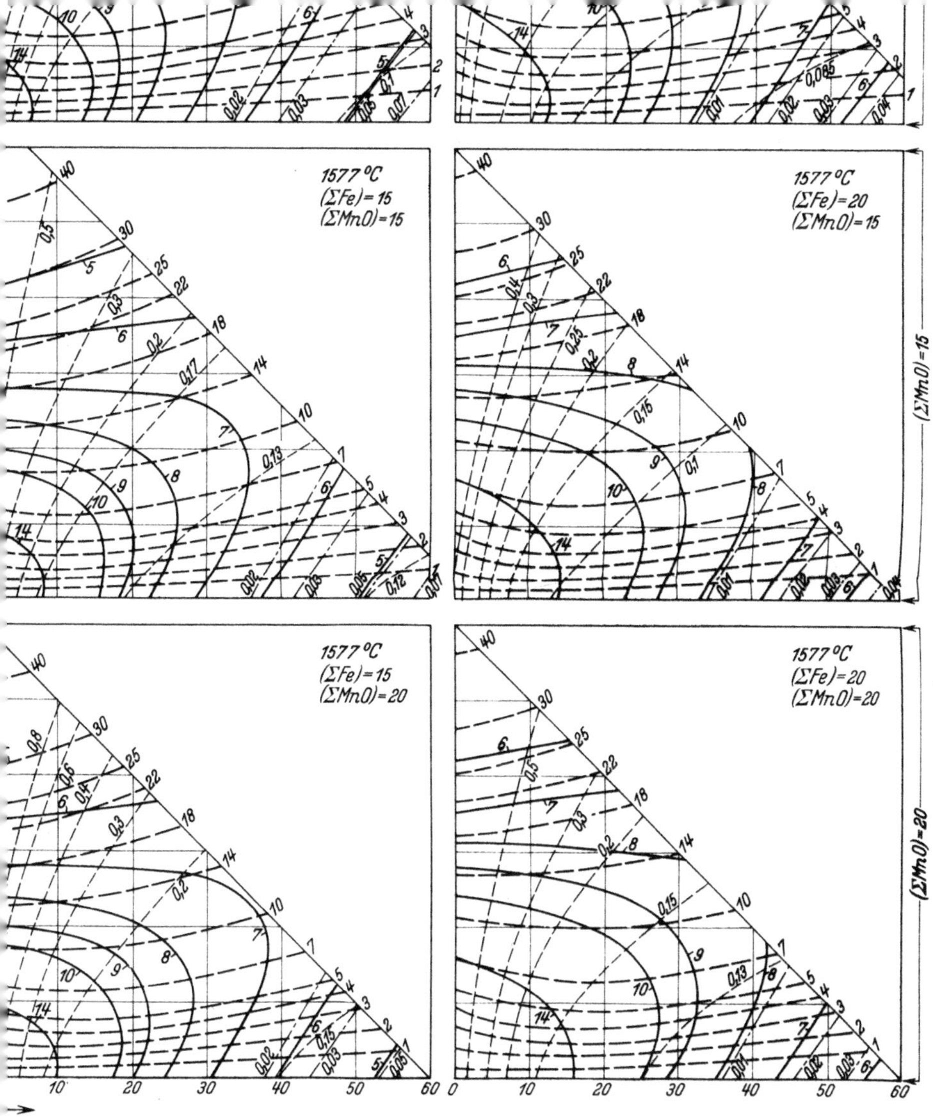

3. Die Gleichgewichtskonzentration von Mangan [Mn] ⎫ im flüssigen
4. Die Gleichgewichtskonzentration von Silizium [Si] ⎭ Stahl

hlerzeugungs-Verfahren

und dem Kalkgehalt $(\Sigma CaO)' = (\Sigma CaO) - 1{,}57 \cdot (\Sigma P_2O_5)$
esamt-Manganoxydulgehalte (ΣMnO) der Schlacken.

ilungsgleichgewichte in sauren und basischen Siemens-Martin-Öfen
nd E. O. Brüggemann.

n Gehalten an Tonerde und Magnesiumoxyd. Die Mangangehalte
es Stahls und Magnesiumoxydgehalte der Schlacke zu berichtigen.
die Wahl der Konzentrationsgröße $(\Sigma CaO)'$ bereits berücksichtigt.)

Verlag von Julius Springer in Berlin.

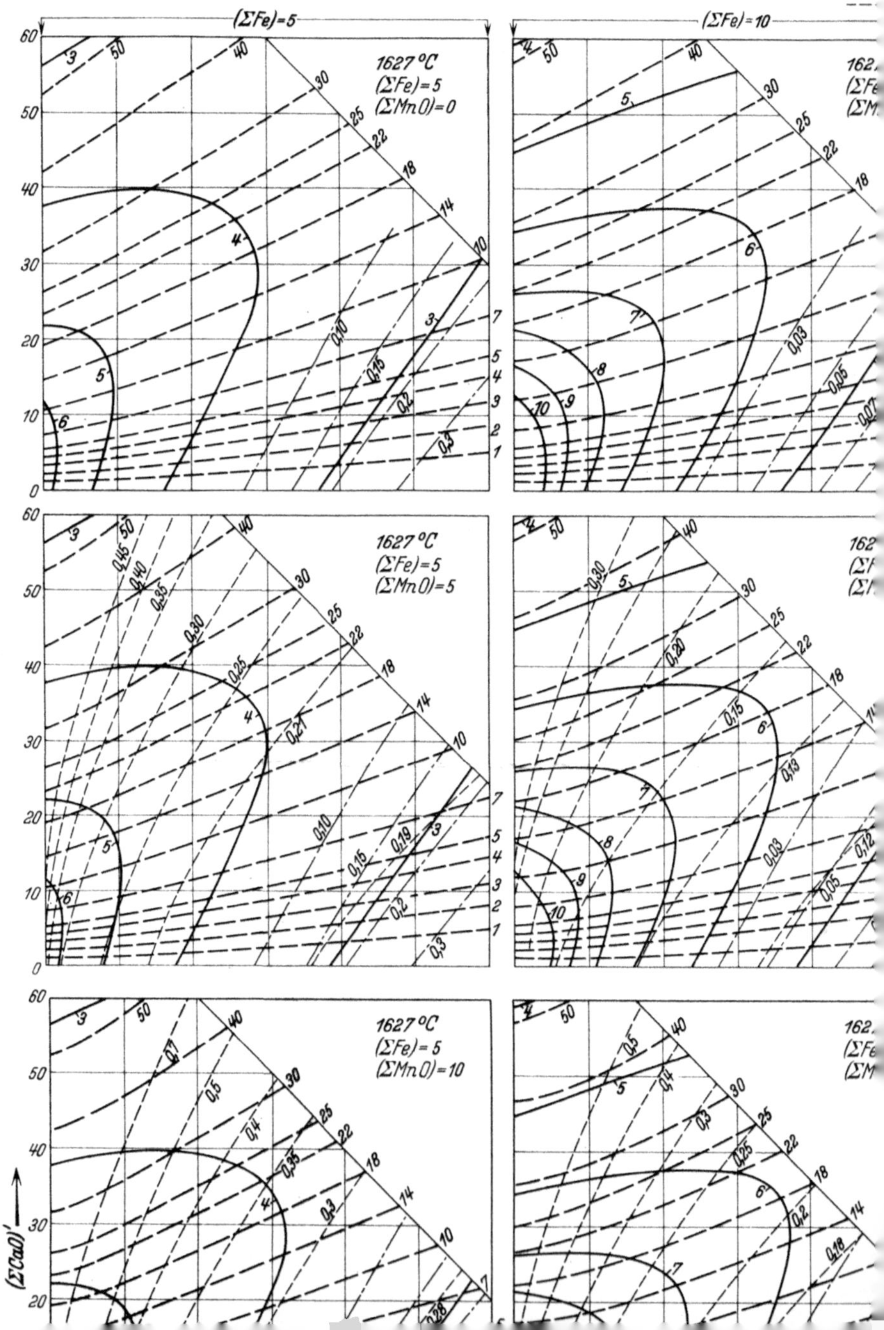

(ΣFe)=5
(ΣFe)=10
1627 °C
(ΣFe)=5
(ΣMnO)=0
1627 °C
(ΣFe)=5
(ΣMnO)=5
1627 °C
(ΣFe)=5
(ΣMnO)=10
(ΣCaO)'

Tafel IV

° C.

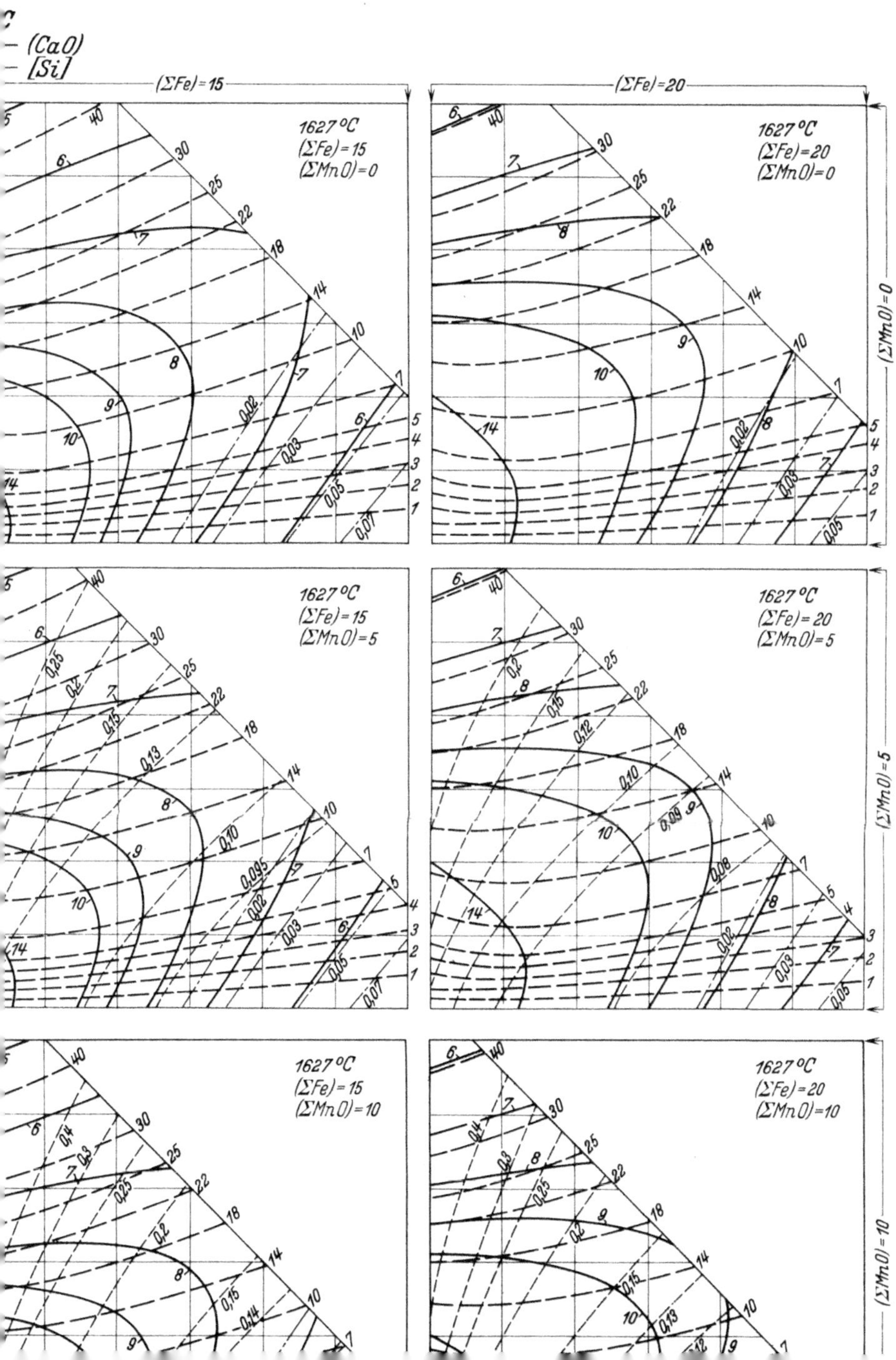

— (CaO)
— [Si]
(ΣFe) = 15
(ΣFe) = 20
1627 °C
(ΣFe) = 15
(ΣMnO) = 0
1627 °C
(ΣFe) = 20
(ΣMnO) = 0
(ΣMnO) = 0
1627 °C
(ΣFe) = 15
(ΣMnO) = 5
1627 °C
(ΣFe) = 20
(ΣMnO) = 5
(ΣMnO) = 5
1627 °C
(ΣFe) = 15
(ΣMnO) = 10
1627 °C
(ΣFe) = 20
(ΣMnO) = 10
(ΣMnO) = 10

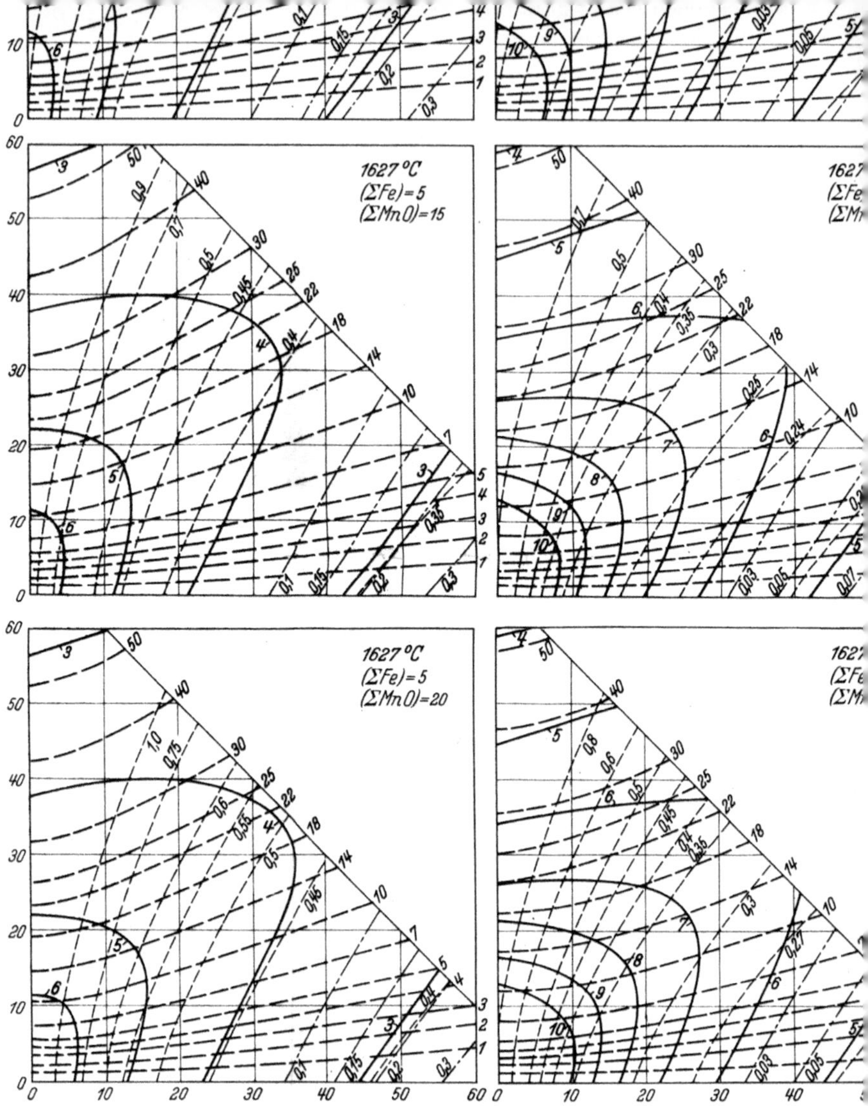

1. Die Konzentration von freiem Eisenoxydul (FeO) } in der f
2. Die Konzentration von freiem Kalk (CaO) } Schl

für die Schlacke

in Abhängigkeit von deren Gesamt-Kieselsäuregeha
und für verschiedene Gesamt-Eisengehalte (Σ

Entstanden aus Betriebsuntersuchungen über die Reaktions
von H. Schenck

(Die dargestellten Zusammenhänge gelten für Schlacken
des Metalls [Mn] sind gemäß S. 108 für wechselnde Phosph
Der Einfluß des Phosphorsäuregehaltes (ΣP_2O_5) der Schlack

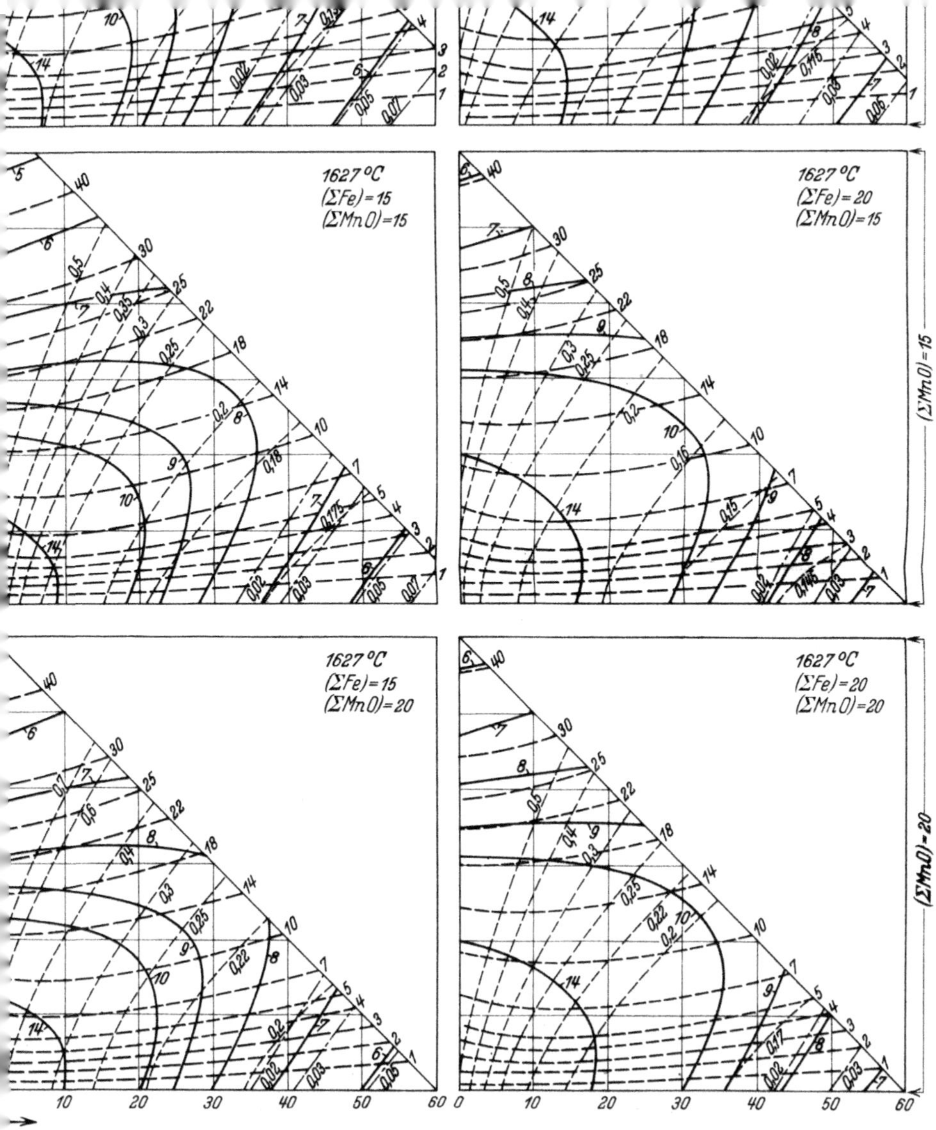

3. Die Gleichgewichtskonzentration von Mangan [Mn] } im flüssigen
4. Die Gleichgewichtskonzentration von Silizium [Si] } Stahl

lerzeugungs-Verfahren

und dem Kalkgehalt $(\Sigma CaO)' = (\Sigma CaO) - 1{,}57 \cdot (\Sigma P_2O_5)$

samt-Manganoxydulgehalte (ΣMnO) der Schlacken.

lungsgleichgewichte in sauren und basischen Siemens-Martin-Öfen
d E. O. Brüggemann.

ı Gehalten an Tonerde und Magnesiumoxyd. Die Mangangehalte
s Stahls und Magnesiumoxydgehalte der Schlacke zu berichtigen.
lie Wahl der Konzentrationsgröße $(\Sigma CaO)'$ bereits berücksichtigt.)

Verlag von Julius Springer in Berlin.

GPSR Compliance

The European Union's (EU) General Product Safety Regulation (GPSR) is a set of rules that requires consumer products to be safe and our obligations to ensure this.

If you have any concerns about our products, you can contact us on ProductSafety@springernature.com

In case Publisher is established outside the EU, the EU authorized representative is:

Springer Nature Customer Service Center GmbH
Europaplatz 3
69115 Heidelberg, Germany

Batch number: 10683525

Printed by Printforce, the Netherlands